教育部 财政部职业院校教师素质提高计划成果系列丛书

机电一体化系统设计及应用

主编 祁文军 姜 宏

主审 韩亚兰 李郝林

华东师范大学出版社

图书在版编目(CIP)数据

机电一体化系统设计及应用/祁文军,姜宏主编. —上海:华东师范大学出版社,2017
ISBN 978-7-5675-6641-5

Ⅰ.①机… Ⅱ.①祁…②姜… Ⅲ.①机电一体化-系统设计-教材 Ⅳ.①TH-39

中国版本图书馆 CIP 数据核字(2017)第 241415 号

机电一体化系统设计及应用

主　　编　祁文军　姜　宏
责任编辑　李　琴
审读编辑　张红英
版式设计　庄玉侠
封面设计　黄　旭

出版发行　华东师范大学出版社
社　　址　上海市中山北路 3663 号　邮编 200062
网　　址　www.ecnupress.com.cn
电　　话　021-60821666　行政传真 021-62572105
客服电话　021-62865537　门市(邮购)电话 021-62869887
地　　址　上海市中山北路 3663 号华东师范大学校内先锋路口
网　　店　http://hdsdcbs.tmall.com

印 刷 者　常熟市文化印刷有限公司
开　　本　787×1092　16 开
印　　张　24.5
字　　数　632 千字
版　　次　2017 年 11 月第 1 版
印　　次　2017 年 11 月第 1 次
书　　号　ISBN 978-7-5675-6641-5/G·10470
定　　价　49.00 元

出 版 人　王　焰

师 **教育部　财政部职业院校教师素质提高计划成果系列丛书**

出版说明 >>>

自《国家中长期教育改革和发展规划纲要(2010—2020年)》颁布实施以来,我国职业教育进入到加快构建现代职业教育体系、全面提高技能型人才培养质量的新阶段。加快发展现代职业教育,实现职业教育改革发展新跨越,对职业学校"双师型"教师队伍建设提出了更高的要求。为此,教育部明确提出,要以推动教师专业化为引领,以加强"双师型"教师队伍建设为重点,以创新制度和机制为动力,以完善培养培训体系为保障,以实施素质提高计划为抓手,统筹规划,突出重点,改革创新,狠抓落实,切实提升职业院校教师队伍整体素质和建设水平,加快建成一支师德高尚、素质优良、技艺精湛、结构合理、专兼结合的高素质专业化的"双师型"教师队伍,为建设具有中国特色、世界水平的现代职业教育体系提供强有力的师资保障。

目前,我国共有60余所高校正在开展职教师资培养,但由于教师培养标准的缺失和培养课程资源的匮乏,制约了"双师型"教师培养质量的提高。为完善教师培养标准和课程体系,教育部、财政部在"职业院校教师素质提高计划"框架内专门设置了职教师资培养资源开发项目,中央财政划拨1.5亿元,系统开发用于本科专业职教师资培养标准、培养方案、核心课程和特色教材等系列资源。其中,包括88个专业项目,12个资格考试制度开发等公共项目。该项目由42家开设职业技术师范专业的高等学校牵头,组织近千家科研院所、职业学校、行业企业共同研发,一大批专家学者、优秀校长、一线教师、企业工程技术人员参与其中。

经过三年的努力,培养资源开发项目取得了丰硕成果。一是开发了中等职业学校88个专业(类)职教师资本科培养资源项目,内容包括专业教师标准、专业教师培养标准、评价方案,以及一系列专业课程大纲、主干课程教材及数字化资源;二是取得了6项公共基础研究成果,内容包括职教师资培养模式、国际职教师资培养、教育理论课程、质量保障体系、教学资源中心建设和学习平台开发等;三是完成了18个专业大类职教师资资格标准及认证考试标准开发。上述成果,共计800多本正式出版物。总体来说,培养资源开发项目实现了高效益:形成了一大批资源,填补了相关标准和资源的空白;凝聚了一支研发队伍,强化了教师培养的"校—企—校"协同;引领了一批高校的教学改革,带动了"双师型"教师的专业化培养。职教师资培养资源开发项目是支撑专业化培养的一项系统化、基础性工程,是加强职教教师培养培训一体化建设的关键环节,也是对职教师资培养培训基地教师专业化培养实践、教师教育研究能力的系统检阅。

自2013年项目立项开题以来,各项目承担单位、项目负责人及全体开发人员做了大量深入细致的工作,结合职教教师培养实践,研发出很多填补空白、体现科学性和前瞻性的成果,有力推进了"双师型"教师专门化培养向更深层次发展。同时,专家指导委员会的各位专家以及项目管理办公室的各位同志,克服了许多困难,按照两部对项目开发工作的总体要求,为实施项目管理、研发、检查等投入了大量时间和心血,也为各个项目提供了专业的咨询和指导,有力地保障了项目实施和成果质量。在此,我们一并表示衷心的感谢。

编写委员会
2016年3月

前 言>>>

本书是教育部　财政部职业院校教师素质提高计划成果系列丛书之一。

新疆大学项目组负责《机电一体化系统设计及应用》、《机械制造精度检测》、《机电设备的电气控制与维护》、《机电设备的电子传感器应用技术》、《机电一体化设备安装与调试》等5本核心教材的编著。新疆大学项目组成员：祁文军、孟凡丽、姜宏、张建杰、许燕、方建疆、万晓静、黄艳华、胡国玉、周建平、李长勇、董平、冷洪勇、祁雷、章翔峰、赵冬梅。本项目系列教材主编为孟凡丽教授、祁文军教授，主审为全国职业教育技术装备评审专家韩亚兰教授。

系列教材的内容贯彻"专业性"、"职业性"和"师范性"三性融合的要求，以职教教师教育专业化及应用型本科的培养目标为导向，以打破普通高等教育课程、专业学科课程、教育学科课程各自为政、课程割裂的现有局面为突破，在教材编写过程中，以基于职业岗位分析和工作过程系统化的职业教育思想及课程开发模式为指导，充分考虑了职教师资的"专业性"、"职业性"和"师范性"三性融合的特点。

教材编写组调研多家企业、职业院校、全国职教师资培养培训基地，掌握职业岗位对机电类中职教师及应用型本科毕业生的要求，在广泛征求教育部专家指导委员会专家、行业专家、教育专家及高校、职业院校教师的意见基础上，根据《培养标准》要求，确定了教材的编写形式、教材内容以及涉及专业理论知识的深度与广度。

《机电一体化系统设计及应用》是本项目系列教材中的一本。机电一体化是多学科综合交叉的技术密集型系统工程，它是融合检测传感技术、信息处理技术、自动控制技术、伺服驱动技术、精密机械技术、计算机技术和系统总体技术等多种技术于一体的新兴综合型学科。随着机电一体化技术的产生与发展，在全世界范围内掀起的机电一体化热潮，使机电一体化越来越显示出强大的威力，工业机器人、3D打印无一不是机电一化技术的代表产品，任何一个国家、地区、企业如不拥有这方面人才、技术和生产手段，就不具备国际、国内竞争所必需的基础。

本书从机电一体化系统、整体的角度出发，重点培养学习者分析、设计和应用典型机电一体化产品的能力。教材内容呈现方式为：以知识应用为目的，以工作任务为驱动，建立学习情境—任务—训练结构框架。全书共分六个学习情境，包括概论、机电一体化机械系统设计、检测系统设计、接口设计、伺服系统设计及综合设计实例，学习情境一至学习情境五均有学习情境小结和习题与思考题，小结中包含有教学网络图和任务—知识点矩阵图，教学网络图指明本学习情境的普适学习流程及较适宜的教学方法；任务—知识点矩阵图梳理了本学习情境中各任务所包含的知识点，是解构基于知识存储的学科知识、重构基于知识应用的工作过程系统化知识框架的成果。

参加本书编著工作的有：新疆大学祁文军、姜宏、黄艳华、李长勇、周建平，新疆轻工学院张蜀红，新疆众和股份有限公司左小刚，由祁文军、姜宏担任主编，祁文军负责全书统稿。

全书由国家教育部机械工程专业教学指导委员会委员、上海理工大学李郝林教授审阅，提出了许多宝贵意见。在教材编写过程中，教育部职业技术教育中心研究所姜大源教授、吴全全主任提出了很多关键性、建设性的意见，此外，书中内容还涉及一些教学仪器厂商提供的产品资料，在此一并表示感谢。由于作者水平有限，书中难免有错漏或不妥之处，恳请读者提出以便修改。

编　者

2016年11月

目　录 >>>

学习情境一　概论

情境导入

机电一体化产品无处不在，从家用全自动洗衣机到数控机床，从医疗设备到航天航空领域……机电一体化产品正朝着高性能、智能化、系统化以及轻量化、微型化方向发展。

情境剖析

知识目标

1. 了解机电一体化系统的构成和主要特征；
2. 了解机电一体化系统的共性关键技术和设计方法。

技能目标

1. 分析机电一体化系统的功能构成；
2. 拆装简单的机电一体化产品。

任务 1　了解机电一体化系统

1.1　认识典型的机电一体化产品

1. 机电一体化系统概述

机电一体化系统是由计算机信息网络协调与控制的，用于完成包括机械力、运动和能量流等动力学任务的机械及机电部件相互联系的系统。其核心是由计算机控制的，包括机械、电力、电子、液压、气压、光学等技术的伺服系统。它的主要功能是完成一系列机械运动，每一个机械运动可单独由控制电动机、传动机构和执行机构组成的子系统来完成，而这些子系统要由计算机协调和控制，以完成整个系统的功能要求。

2. 典型的机电一体化系统

从传统的机电系统向机电一体化系统的过渡，主要是依靠应用不断完善的控制技术加以实现，其范围包括监控、开环控制、闭环控制、自适应控制、模糊控制以及智能控制等。但是控制技术和机电一体化两者之间存在着基本的区别，机电一体化伴随着机械系统的再设计，机电一体化系统往往是将复杂的功能，如精密定位，由机械转移给电子，从而产生更加简单的机械系统。

根据机电一体化系统的概念，在工厂自动化中，典型的机电一体化系统有以下几种形式。

(1) 机械手关节伺服系统

图 1.1.1 是机械手的一个关节伺服系统，它的受控过程是机器人的关节运动。

伺服系统(servo system)又称为随动系统，它是一种反馈控制系统，它的受控变量是机械运动中的各变量，如位置、速度及加速度。多数伺服系统用来控制运动机械的位置(输出)，让其紧紧跟随电的输入参考信号来变化。

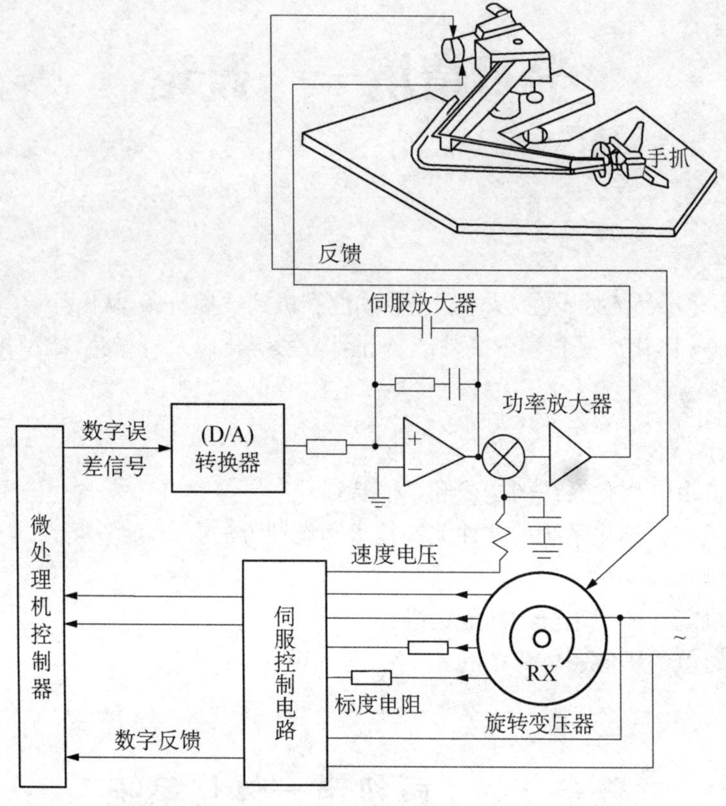

图 1.1.1　机械手关节伺服系统

表 1.1.1　机械手关节伺服系统的组成分析表

部件名称	微处理机控制器	伺服控制电路	旋转变压器（传感器）	D/A 转换器	伺服放大器及功率放大器	机械手
部件功能	控制	信号处理	信号检测	信号转换	功率放大	执行机构

关节伺服系统可采用微处理机作为控制器，关节轴的实际位置由旋转变压器测量，转换为电的数字信号后，反馈给微处理机控制器。微处理机经过控制算法运算后，输出控制命令，再经过数/模(D/A)转换和伺服功率放大，供给关节轴上的伺服电机。伺服电机根据控制指令驱动关节轴转动，直至机器人手抓到达输入参考信号设定的希望位置为止。

(2) 数控机床

通过数字控制(NC)系统控制加工过程的机床称为数控机床。数控机床是一种利用预先决定的指令控制一系列加工作业的系统。指令以数码的形式贮存在某种形式的输入介质上，如磁带、磁卡、U 盘等。指令确定位置、方向、速度以及切割速度等。零件程序包含加工零件所需要的全部指令。数控机床可以形成镗、钻、磨、铣、冲、锯、车、铆、弯、焊以及特种加工等加工作业。

图 1.1.2 表示了一种三坐标闭环数控机床。它利用闭环系统控制 x、y 及 z 三个坐标位置。x 位置控制器沿 x 方向水平移动工件。y 位置控制器沿 y 方向水平移动铣床头。z 位置控制器沿 z 方向垂直运动铣刀。图中，箭头表示改变 x 位置的信息传递过程。计算机转换符号程序为零件程序或者机器人程序。零件或机器人程序存贮在磁带或磁卡上。数控机床操作人员将数控

信息代码输入数控装置，并且监视操作。如果需要改变，必须编制新程序。现在，可以把程序存贮在公共数据库内，按需要分配给数控机床。加工中心的图形终端容许操作人员评阅程序，必要时可以加以修改。

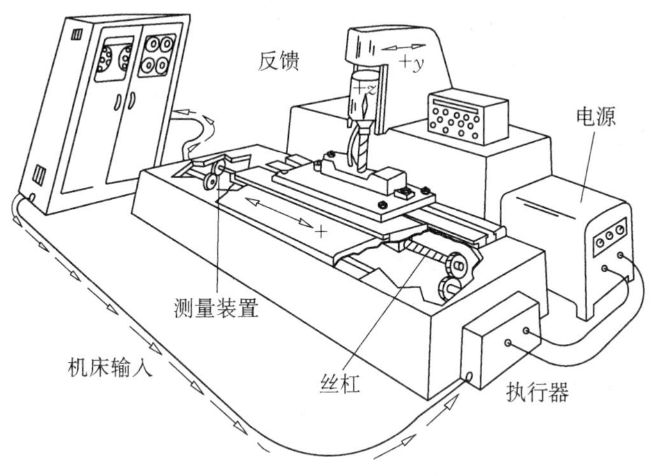

图 1.1.2 三坐标数控机床

表 1.1.2 数控机床系统的组成分析表

部件名称	微处理控制器	机床输入电路	测量装置	D/A 转换器	伺服放大器及功率放大器	执行器
部件功能	控制	信号处理	信号检测	信号转换	功率放大	执行机构

(3) 工业机器人

工业机器人是另一类数控机器。它是可编程多自由度的，通过一系列动作，如搬运物料、零件、工具，或者其他装置，以实现给定的任务。工业机器人有能力移动零件、加载数控机床、操作压铸机、装配产品、焊接、喷漆、打毛刺，以及包装产品等。最典型的工业机器人是具有六个自由度的机械手，如图 1.1.3 所示。

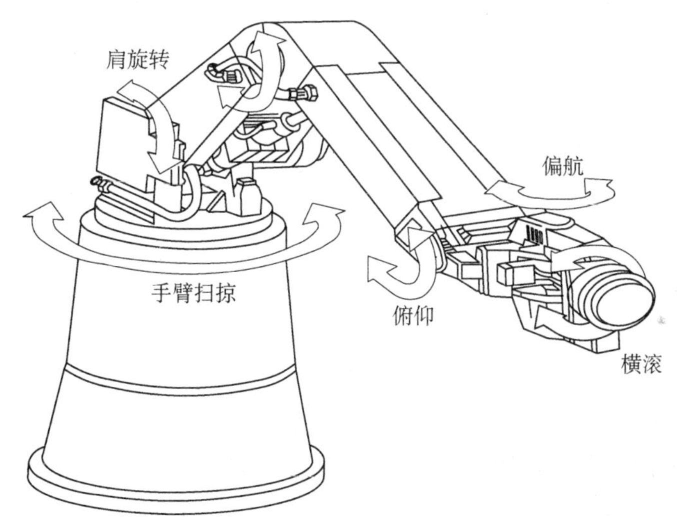

图 1.1.3 六自由度工业机器人

表 1.1.3 工业机器人系统的组成分析表

部件名称	微处理控制器	伺服控制电路	传感器	D/A 转换器	伺服放大器及功率放大器	机械手
部件功能	控制	信号处理	信号检测	信号转换	功率放大	执行机构

每一个运动轴都与自己的执行器连接到机械传动链，以实现关节运动。执行器最常用的是伺服电机，也可以是气缸、气动马达、液压缸、液压马达。

(4) 自动导引车

自动导引车(Automatic Guided Vehicle，AGV)是另一种形式的移动工业机器人。它能够跟踪编程路径，在工厂内将零件从一个地方送到另一个地方。在汽车工业、电子产品加工工业以及柔性制造系统中，自动导引车物料运输系统已得到广泛应用。

图 1.1.4 表示了一种感应导线式 AGV。该车采用单驱动轮/驾驶机构，即前轮为驱动轮，它能够绕驾驶轴转动，因而又是驾驶轮。两个后轮安装在固定轴上，允许沿车身纵轴方向滚动。

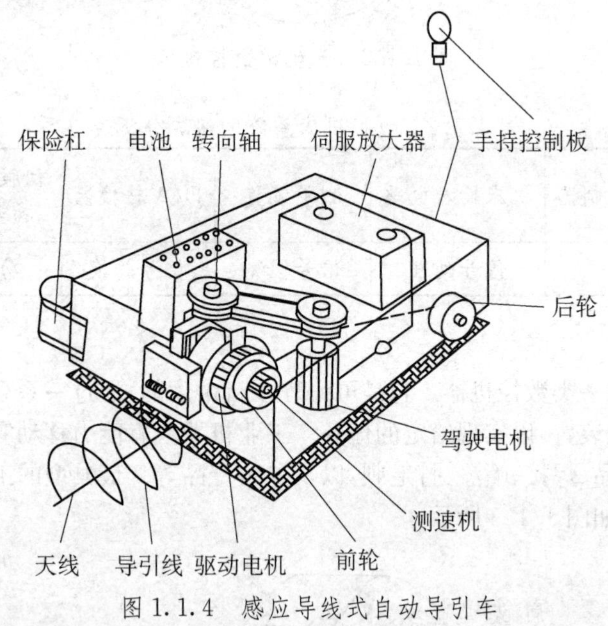

图 1.1.4 感应导线式自动导引车

表 1.1.4 自动导引车系统的组成分析表

部件名称	电池	控制板	天线	测速机	伺服放大器	驱动电机、驾驶电机、转向轴
部件功能	动力源	控制	信号接收/发射	信号检测	功率放大	执行机构

(5) 顺序控制系统

顺序控制系统是按照预先规定的次序完成一系列操作的系统。在顺序控制系统中，每一步操作是一个简单的二进制动作，如电源开关的通断或制造设备专用控制器的启停等。实现顺序控制功能可有多种手段，如继电器逻辑、集成电路、通用微型计算机等。

图 1.1.5 表示了一个自动加工过程的事件驱动顺序控制系统。它由供料和卸料传送带、

上料和下料机器人、加工机床、自动配置机以及编码转台等制造设备组成。这些制造设备都与可编程序逻辑控制器(PLC)相连,进行I/O信息交换。PLC根据各个输入、输出状态,通过逻辑运算,决定了各个输出状态的变化,控制相应设备的启动,从而实现制造过程的自动化。

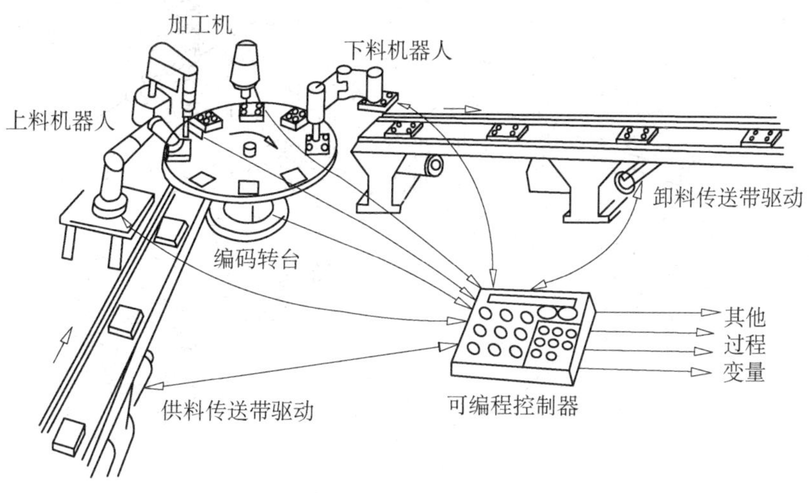

图 1.1.5　加工过程顺序控制系统

表 1.1.5　顺序控制系统的组成分析表

部件名称	可编程控制器	供料、卸料传送带驱动	编码转台	加工机	上料、下料机器人
部件功能	控制	物料传送	物料定位	物料加工	执行机构

(6) 数控自动化制造系统

在制造业中,要求生产系统有能力适应不断变化的市场,以很短的周期生产出各种形式的小批量新产品。不管是手工生产,或是大批量生产线,都是不能满足这些要求的。前者虽然适应性强,但生产率低;后者固有的装配与传送线缺少柔性,改变起来耗费大量时间和代价。这种在制造过程中增加柔性的要求,必然导致柔性制造系统概念的发展。

① 柔性制造系统(Flexible Manufacturing System, FMS)是由统一的信息控制系统、物料储运系统和一组数字控制加工设备组成,能适应加工对象变换的自动化机械制造系统。FMS兼有加工制造和部分生产管理两种功能,因此能综合地提高生产效益。图1.1.6表示一个柔性制造系统。它由两台数控机床、两台工业机器人、三辆自动导引车以及装卸站与刀具库等组成,并通过单元控制器以局域网(LAN)相连接,以实现各个设备之间的通信。这样的制造系统可以独立应用,也可作为生产线中的一个独立的自动化制造岛。它是机电一体化系统在工厂自动化中应用的范例。

② 计算机集成制造系统(Computer Integrated Manufacturing System, CIMS)是随着计算机辅助设计与制造的发展而产生的。它是在信息技术、自动化技术与制造技术的基础上,通过计算机技术把分散在产品设计制造过程中各种孤立的自动化子系统有机地集成起来,形成适用于多品种、小批量生产,实现整体效益的集成化和智能化制造系统。图1.1.7表示了一个经济型CIMS的组成。它通过计算机网络,将计算机辅助设计、计算机辅助规划以及计算机辅助制造统一连成一个大系统,实现全厂的自动化。

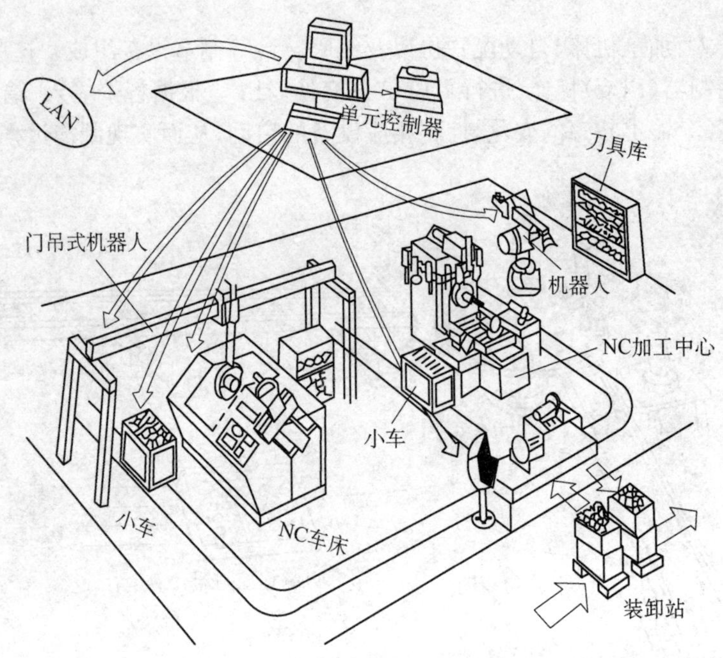

图 1.1.6　柔性制造系统

表 1.1.6　柔性制造系统的组成分析表

部件名称	单元控制器	NC 加工中心、NC 车床	LAN	机器人	小车	装卸站
部件功能	控制	加工处理	信号传输	换刀	物料搬运	物料装卸

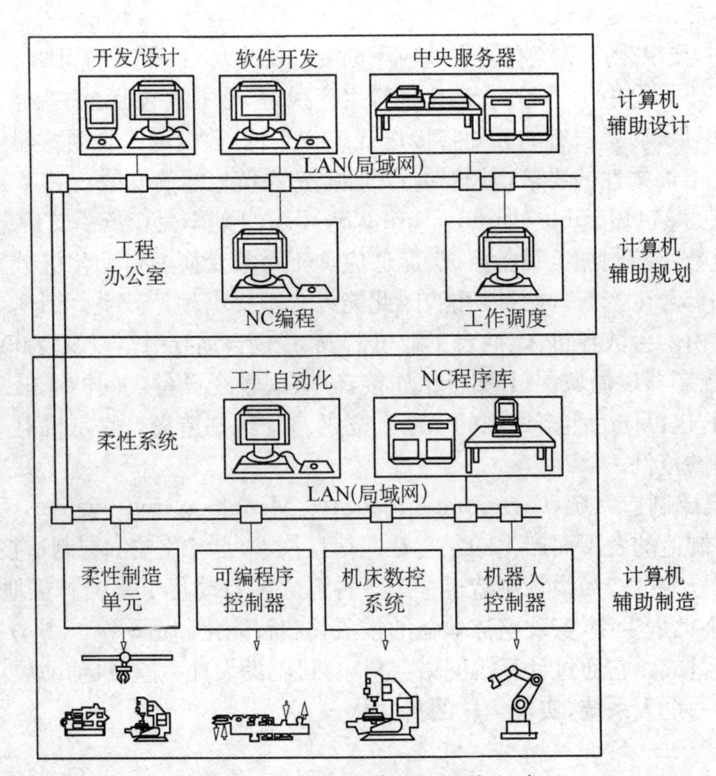

图 1.1.7　经济型 CIMS 的组成

在 CIMS 制造环境条件下，为使所有信息都能顺利传输，各个独立设备之间的通信是由局域网实现的，并且通信网络是分级管理的，如图 1.1.8 所示。

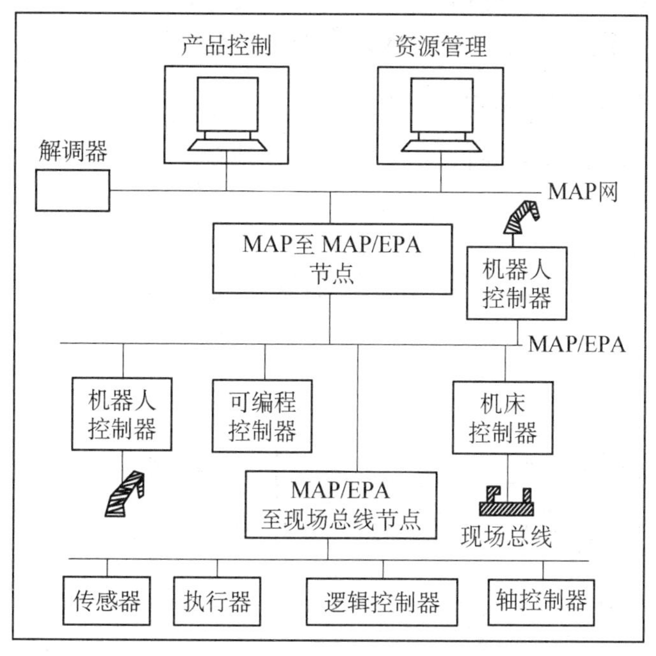

图 1.1.8　制造系统通信网络分级管理

在这样一个分级管理的通信结构中，最高级的是制造自动化协议(Manufacturing Automation Protocol, MAP)网络，它由 7 层协议堆栈实现，并采用宽频带技术，能连接不同厂商提供的各种非标准协议的设备，但是价格较高、实时性不足。中间级采用增强性能结构(Enhanced Performance Architecture, EPA)的 MAP 网，简记为 MAP/EPA。MAP/EPA 网采用 3 层的协议堆栈和简单的物理层以及载波频带技术，因此价格便宜，响应速度快。最低级采用现场总线(Field Bus)。现场总线给传感器、执行器以及底层控制器提供了柔性的通信系统。

(7) 微机电系统

机电一体化在微型化领域的发展产生了微机电系统(Microelectromechanical Systems, MEMS)。关于微机电系统一个较普遍的定义为："微机电系统是电子和机械元件相结合的微装置或系统，采用与集成电路(IC)兼容的批加工技术制造，尺寸可从毫米级到微米量级范围内变化。这些系统结合了传感和执行功能并进行运算处理，改变了我们感知和控制物理世界的方式。"这一新的领域在欧洲多称为微系统技术(MicroSystems Technology, MST)，这一称谓更强调系统的观点，即如何将多个微型化的传感器、执行器、处理电路等元件集成为一个智能化的有机整体。该领域在精密机械加工方面有传统优势的日本则称为微机器(Micro-Machine)。

20 世纪 80 年代中后期以来，以集成电路工艺和微机机械加工工艺为基础制造的微机电系统平均年增长率达到 30%。微机电系统是尺寸从毫米量级到微米量级的将电子元件和机械元件集成到一起的机电一体化系统，可以对微小尺寸进行感知、控制、驱动，单独或配合地完成特定的功能；具有体积和质量小、成本和能耗低、集成度和智能化程度高等一系列

特点。

分析各种典型的机电一体化系统可知，机电一体化系统是运用机电一体化技术，把各种机电一体化设备按目标产品的要求组成的一个高生产率、高柔性、高质量、高可靠性、低能耗的生产系统。机电一体化系统以机为主，机、电、光、气、液相互结合。

1.2 机电一体化系统的构成

体例 1.1.1 机器人(教师指导)

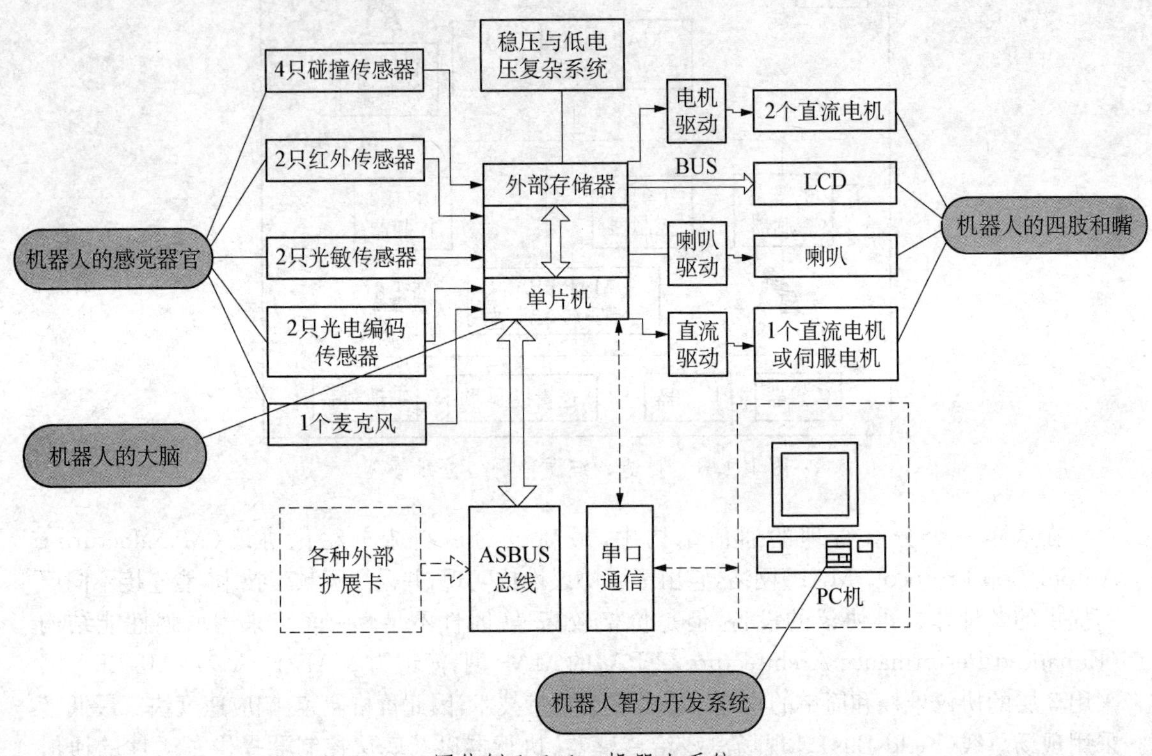

图体例 1.1.1 机器人系统

表体例 1.1.1 机器人系统的构成元素表

组成要素	机械本体	控制及信息单元	传感检测部分	动力与驱动	执行部分
组成元件	机器人机械部分	PC机、单片机、外部存储器	各种传感器	电能、电机驱动、喇叭驱动、直流驱动	电机、LCD、喇叭、机器人四肢、嘴

体例 1.1.2 ________(学生完成)

要求：通过文献查阅，完成某典型机电一体化系统图例，分析该系统的组成要素，填入表体例 1.1.2。

表体例 1.1.2 ________系统的构成元素表

组成要素	机械本体	控制及信息单元	传感检测部分	动力与驱动	执行部分
组成元件					

一个典型的机电一体化系统应包含以下几个基本要素：机械本体、动力与驱动部分、执行机构、传感测试部分、控制及信息处理部分。我们将这些部分归纳为：结构组成要素、动力组成要素、运动组成要素、感知组成要素、智能组成要素；这些组成要素内部及其之间，形成通过接口耦合来实现运动传递、信息控制、能量转换等有机融合的一个完整系统。

机电一体化系统的组成要素及功能如图1.1.9所示。

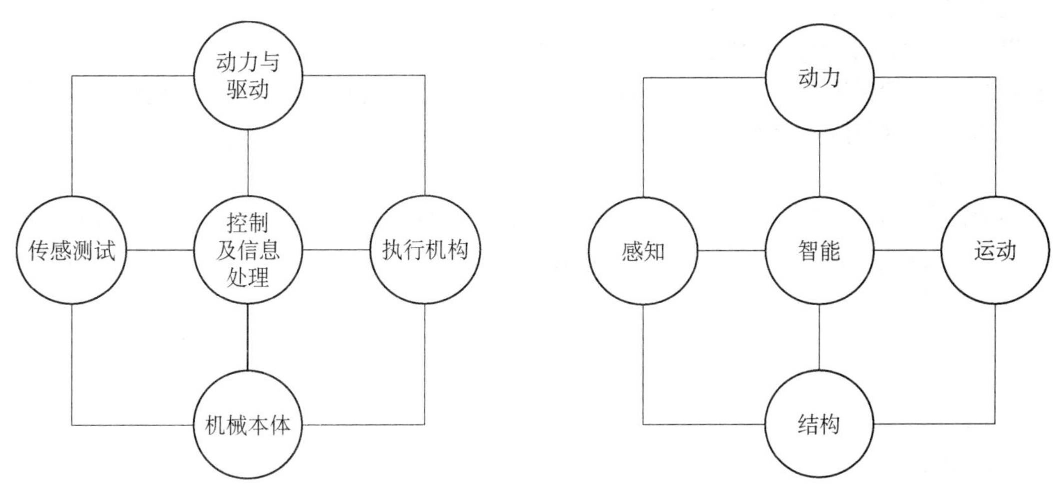

图1.1.9　机电一体化系统的组成要素及功能

1. 机械本体

机电一体化系统的机械本体包括机身、框架、连接等。由于机电一体化产品的技术性能、水平和功能的提高，机械本体要在机械结构、材料、加工工艺性以及几何尺寸等方面适应产品高效率、多功能、高可靠性和节能、小型、轻量、美观等要求。

2. 动力与驱动部分

动力部分的功能是按照系统控制要求，为系统提供能量和动力，使系统正常运行。用尽可能小的动力输入获得尽可能大的功能输出，是机电一体化产品的显著特征之一。

驱动部分的功能是在控制信息作用下提供动力，驱动各执行机构完成各种动作和功能。机电一体化系统一方面要求驱动的高效率和快速响应特性，另一方面要求对水、油、温度、尘埃等外部环境的适应性和可靠性。由于电力电子技术的高度发展，高性能的步进驱动、直流伺服和交流伺服驱动方式大量应用于机电一体化系统。

3. 传感测试部分

传感测试部分的功能是对系统运行中所需要的本身和外界环境的各种参数及状态进行检测，生成相应的可识别信号，传输到信息处理单元，经过分析、处理后产生相应的控制信息。这一功能一般由专门的传感器及转换电路完成。

4. 执行机构

执行机构的功能是根据控制信息和指令，完成要求的动作。执行机构是运动部件，一般采用机械、电磁、电液等机构。根据机电一体化系统的匹配性要求，执行机构需要考虑改善系统的动、静态性能，如提高刚性、减小重量和保持适当的阻尼，应尽量考虑组件化、标准化和系列化，以提高系统的整体可靠性等。

5. 控制及信息单元

控制及信息单元的功能是将来自各传感器的检测信息和外部输入命令进行集中、储存、分析、加工，根据信息处理结果，按照一定的程序和节奏发出相应的指令，控制整个系统有目的地运行。该单元一般由计算机、可编程逻辑控制器(PLC)、数控装置以及逻辑电路、A/D与D/A转换、I/O(输入/输出)接口和计算机外部设备等组成。机电一体化系统对控制和信息处理单元的基本要求是提高信息处理速度和可靠性，增强抗干扰能力以及完善系统自诊断功能，实现信息处理智能化。

以上这五部分我们通常称为机电一体化的五大组成要素。在机电一体化系统中的这些单元和它们内部各环节之间都遵循接口耦合、运动传递、信息控制、能量转换的原则(四大原则)。

6. 接口耦合与能量转换

(1) 变换

两个需要进行信息交换和传输的环节之间，由于信息的模式不同(数字量与模拟量、串行码与并行码、连续脉冲与序列脉冲等等)，无法直接实现信息或能量的交流，需要通过接口完成信息或能量的统一。

(2) 放大

在两个信号强度相差悬殊的环节间，经接口放大，达到能量的匹配。

(3) 耦合

变换和放大后的信号在各环节间能可靠、快速、准确地交换，必须遵循一致的时序、信号格式和逻辑规范。接口具有保证信息的逻辑控制功能，使信息按规定模式进行传递。

(4) 能量转换

执行元件包含执行器和驱动器，它们将其他类型能量转换为机械能。该转换涉及能量间的最优转换方法与原理。

7. 信息控制

在系统中，作为智能组成要素的系统控制单元，在软、硬件的保证下，完成数据采集、分析、判断、决策功能，以达到信息控制的目的。对于智能化程度高的系统，还包含了知识获取、推理及知识自学习等以知识驱动为主的信息控制。

8. 运动传递

运动传递是指运动各组成环节之间的不同类型运动的变换与传输。如位移变换、速度变换、加速度变换及直线运动和旋转运动变换等。运动传递还包括以运动控制为目的的运动优化设计，目的是提高系统的伺服性能。

1.3 机电一体化技术与其他技术的主要区别

体例 1.1.3 传统机电系统与机电一体化系统(教师指导)

表体例 1.1.3 传统机电系统与机电一体化系统的比较

系统名称	系统类型	特点
张力控制系统	传统机电系统	无计算机控制，机械本体和电气驱动界限分明，整个装置是刚性的
EPS系统	机电一体化系统	计算机控制，各器件相互作用，具有智能性

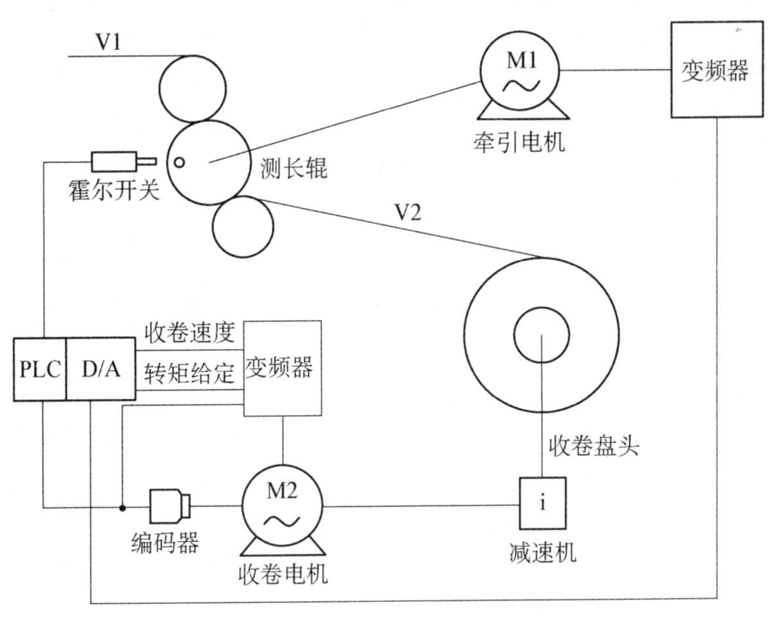

(a) 张力控制系统(传统机电系统)

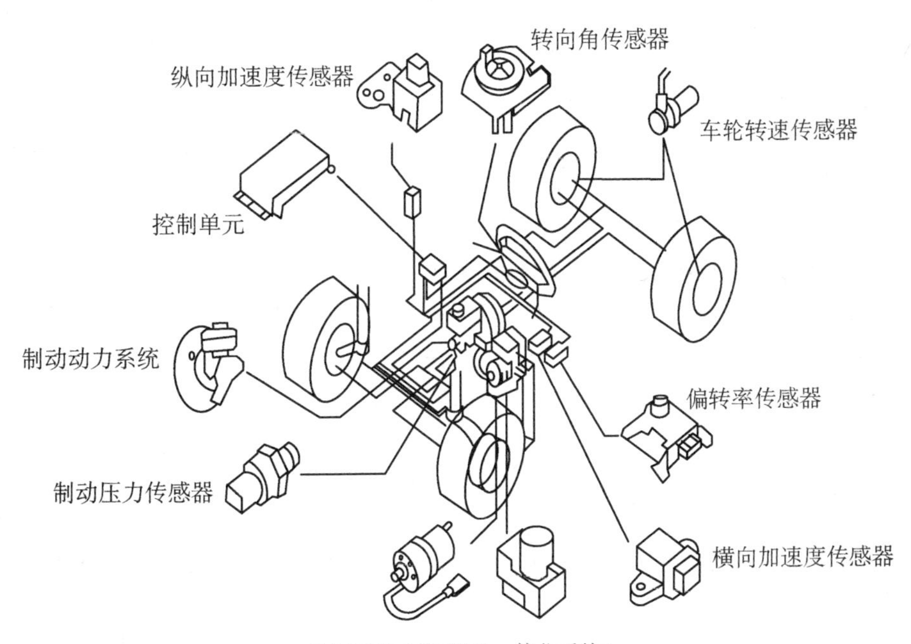

(b) EPS系统(机电一体化系统)

图体例 1.1.2　传统机电系统与机电一体化系统的比较

体例 1.1.4　________(学生完成)

要求：通过文献查阅，完成某传统机电系统与机电一体化系统比较，分析两个系统的特点，填入表体例 1.1.4。

表体例 1.1.4 ________的系统比较

系统名称	系统类型	特点

机电一体化技术有其自身的显著特点和技术范畴，为了正确理解和恰当运用机电一体化技术，必须认识机电一体化技术与其他技术之间的区别。

1. 机电一体化技术与传统机电技术的区别

传统机电技术的操作控制主要通过具有电磁特性的各种电器来实现，如继电器、接触器等，在设计中不考虑或很少考虑彼此间的内在联系；机械本体和电气驱动界限分明，整个装置是刚性的，不涉及软件和计算机控制。机电一体化技术以计算机为控制中心，在设计过程中强调机械部件和电器部件间的相互作用和影响，整个装置在计算机控制下具有一定的智能性。

2. 机电一体化技术与并行工程的区别

机电一体化技术将机械技术、微电子技术、计算机技术、控制技术和检测技术在设计和制造阶段就有机地结合在一起，十分注意机械和其他部件之间的相互作用。而并行工程将上述各种技术尽量在各自范围内齐头并进，只在不同技术内部进行设计制造，最后通过简单叠加完成整体装置。

3. 机电一体化技术与自动控制技术的区别

自动控制技术的侧重点是讨论控制原理、控制规律、分析方法和自动系统的构造等。机电一体化技术将自动控制原理及方法作为重要支撑技术，将自控部件作为重要控制部件应用自控原理和方法，对机电一体化装置进行系统分析和性能测算。

4. 机电一体化技术与计算机应用技术的区别

机电一体化技术只是将计算机作为核心部件应用，目的是提高和改善系统性能。计算机在机电一体化系统中的应用仅仅是计算机应用技术中的一部分，它还可以在办公、管理及图像处理等方面得到广泛应用。机电一体化技术研究的是机电一体化系统，而不是计算机应用本身。

1.4 机电一体化技术的主要特征

机电一体化技术作为现代工业最主要的技术之一，它集成计算机技术、传感技术、控制技术等多项技术，所以机电一体化技术有自己的特点。

1. 整体结构最优化

在传统的机械产品中，为了增加一种功能，或实现某一种控制规律，往往用增加机械机构的办法来实现。例如，为了达到变速的目的，出现一系列齿轮组成的变速箱；为了控制机床的走刀轨迹，出现了各种形状的靠模；为了控制柴油发动机的喷油规律，出现了凸轮机构等。随着电子技术的发展，人们逐渐发现，过去笨重的齿轮变速箱可以用轻便的变频调速电子装置来代替；准确的运动规律可以通过计算机的软件来调节。由此看来，可以从机械、电子、硬件、软件等四个方面来实现同一种功能。

这里所指的“最优”不一定是尖端技术，而是指满足用户的要求。它可以是以高效、节能、节材、安全、可靠、精确、灵活、价廉等许多指标中用户最关心的一个或几个指标为主进行衡量的结果。机电一体化技术的实质是从系统的观点出发，应用机械技术和电子技术进行有机的组合、渗透和综合，以实现系统的最优化。

2. 系统控制智能化

系统控制智能化是机电一体化技术与传统的工业自动化最主要的区别之一。电子技术的引入显著地改变了传统机械那种单纯靠操作人员按照规定的工艺顺序或节拍，频繁、紧张、单调、重复的工作状况。可以靠电子控制系统，按照预定的程序一步一步地协调各相关机构的动作及功能关系。目前大多数机电一体化系统都具有自动控制、自动检测、自动信息处理、自动修正、自动诊断、自动记录、自动显示等功能。在正常情况下，整个系统按照人的意图(通过给定指令)进行自动控制，一旦出现故障，就自动采取应急措施，实现自动保护。在某些情况下，单靠人的操纵是难以应付的，特别是在危险、有害、高速、精确的使用条件下，应用机电一体化技术不但是有利的，而且是必要的。

3. 操作性能柔性化

计算机软件技术的引入，能使机电一体化系统的各个传动机构的动作通过预先给定的程序，一步一步地由电子系统来协调。在生产对象变更需要改变传动机构的动作规律时，无须改变其硬件机构，只要调整由一系列指令组成的软件，就可以达到预期的目的。这种软件可以由软件工程人员根据控制要求事先编好，使用磁盘或数据通信方式，装入机电一体化系统里的存储器中，进而对系统机构动作实施控制和协调。

1.5　机电一体化共同的关键技术

机电一体化系统种类很多，但它们有共同的关键技术。

1. 检测传感技术

传感与检测装置是系统的感受器官，它与信息系统的输入端相联并将检测到的信号传送到信息处理部分。传感与检测是实现自动控制、自动调节的关键环节，它的功能越强，系统的自动化程度就越高。

传感与检测的关键元件是传感器。传感器是将被测量(包括各种物理量、化学量和生物量等)变换成系统可以识别的，与被测量有确定对应关系的有用电信号的一种装置。机电一体化技术要求传感器能快速、精确地获得信息，并能在相应的应用环境中具有高可靠性。

2. 信息处理技术

信息处理技术包括信息的输入、变换、运算、存储和输出技术。信息处理的硬件包括有输入/输出设备、显示器、磁盘、计算机、可编程控制器和数控装置等。实现信息处理的工具是计算机，因此计算机技术与信息处理技术是密切相关的。

在机电一体化系统中，计算机与信息处理部分指挥及实时控制整个系统工作的质量和效率，因此计算机应用及信息处理技术已成为促进机电一体化技术发展和变革最活跃的因素。

3. 自动控制技术

自动控制技术范围很广，主要包括：基本控制理论；在此理论指导下，对具体控制装置或控制系统的设计；设计后的系统仿真，现场调试，系统可靠的投入运行等。由于控制对象种类繁多，所以控制技术的内容极其丰富。例如高精度的PLC定位控制与速度控制、自适应控制、自诊断、校正、补偿、再现、检索等。

由于计算机的广泛应用，自动控制技术越来越多地与计算机控制技术联系在一起，成为机电一体化中十分重要的关键技术。

4. 伺服驱动技术

"伺服"(Serve)即"伺候服从"的意思，就是等待控制系统发出指令后，控制驱动元件，使机械的运动部件按照指令的要求进行运动，并具有良好的动态性能。伺服驱动的动力类型包括电动、气动、液动等。由微型计算机通过接口输出信息至伺服驱动系统，再由伺服驱动器控制它们的运动，带动生产机械作回转、直线以及其他各种复杂的运动。伺服系统是实现电信号到机械动作的转换装置与部件。它对系统的动态性能、控制质量和功能具有决定性的影响。常见的伺服驱动装置有电液马达、脉冲液压缸、步进电动机、直流伺服电动机和交流伺服电动机。近年来由于变频技术的进步，交流伺服驱动技术取得突破性进展，为机电一体化系统提供高质量的伺服驱动单元，促进了机电一体化技术的发展。

5. 精密机械技术

机电一体化技术要求精密机械减轻重量、减少体积、提高精度、提高刚度、改善性能，而且，还应延长机械部分的使用寿命，提高关键零部件的精度，使零部件模块化、标准化、规格化，从而提高维修效率，减少停工时间。

6. 系统总体技术

系统总体技术是一种从整体目标出发，用系统的观点和方法，将总体分解成若干功能单元，找出能完成各个功能的技术方案，再把功能与技术方案组成方案组进行分析、评价和优选的综合应用技术。系统总体技术包括的内容很多，例如接口转换、软件开发、微机应用技术、控制系统的成套性和成套设备自动化技术等。即使各个部分的性能、可靠性都很好，如果整个系统不能很好协调，系统也很难保证正常运行。

任务2　了解机电一体化系统的设计

2.1　机电一体化系统的分类

机电一体化系统种类繁多，可根据不同的角度进行划分。

① 从控制的角度来讲，机电一体化系统可分为开环控制系统和闭环控制系统。

开环控制的机电一体化系统是没有反馈的控制系统，如图1.2.1所示，这种系统的输入直接送给控制器，并通过控制器对受控对象产生控制作用。一些家用电器、简易NC机床和精度要求不高的机电一体化产品都采用开环控制方式。开环控制机电一体化系统的优点是结构简单，成本低，维修方便；缺点是精度较低，对输出和干扰没有诊断能力。

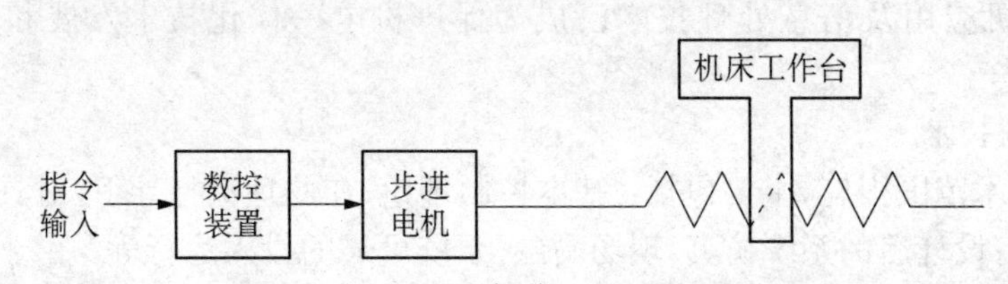

图1.2.1　数控机床开环控制系统

闭环控制的机电一体化系统的输出结果经传感器和反馈环节与系统的输入信号比较后产生输出偏差，输出偏差经控制器处理再作用到受控对象，对输出进行补偿，实现更高精度的系统输出，如图 1.2.2 所示。现在的许多制造设备和具有智能的机电一体化产品都选择闭环控制方式，如数控机床、加工中心、机器人、雷达、汽车等。闭环控制的机电一体化系统具有高精度，动态性能好，抗干扰能力强等优点。它的缺点是结构复杂，成本高，维修难度较大。

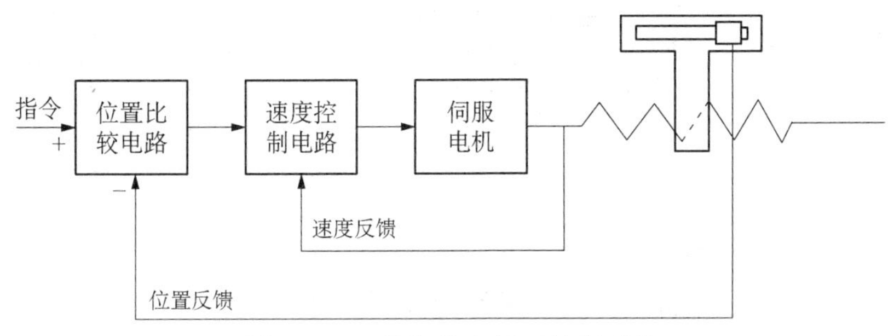

图 1.2.2 数控机床闭环控制系统

② 从用途的角度分类，机电一体化系统的种类繁多，如机械制造业机电一体化设备、电子器件及产品生产用自动化设备、军事武器及航空航天设备、家庭智能机电一体化产品、医学诊断及治疗机电一体化产品，以及环境、考古、探险、玩具等领域的机电一体化产品。

表 1.2.1 机电一体化系统分类表

分类角度	分类系统	特点
控制角度	开环控制系统	精度不高
	闭环控制系统	有补偿，精度高
用途角度	机械制造业，电子器械及产品，医学诊断	涉及面广，种类繁多

2.2 机电一体化系统设计的类型

机电一体化系统(产品)开发的类型，依据该系统与相关产品比较的新颖程度和技术独创性，可分为开发性设计、适应性设计和变参数设计。

体例 1.2.1 超声波无损检测系统(教师指导)

超声波无损检测系统是指让超声波与试件相互作用，就反射、透射和散射的波进行研究，对试件进行宏观缺陷检测、几何特性测量、组织结构和力学性能变化的检测和表征，进而对其特定应用性能进行评价的技术。它的作用主要是控制质量、节约原材料、改进工艺、提高劳动生产率。

表体例 1.2.1 超声波无损检测系统的设计表

设计系统	设计目的	设计类型	设计特点
机电一体化系统	检测、测量、表征、评价	开发型设计	独创、抽象思维、理论分析、敏锐的洞察力

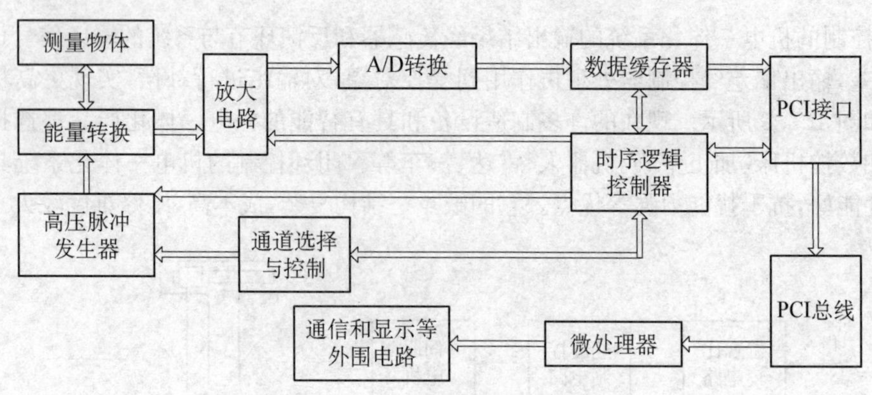

图体例 1.2.1　超声波无损检测系统

体例 1.2.2　______(学生完成)

要求：通过文献查阅，分析某机电一体化系统的设计类型，填入表体例 1.2.2。

表体例 1.2.2　______的设计表

设计系统	设计目的	设计类型	设计特点

1. 开发性设计

开发性设计是一种独创性的设计方式，即在没有参考样板的情况下，通过抽象思维和理论分析，依据产品性能和质量要求设计出系统原理和制造工艺。开发性设计属于产品发明专利范畴。最初的电视机和录像机、中国的神 5 航天飞船等都属于开发性设计。

2. 适应性设计

所谓适应性设计，就是在参考同类产品的基础上，在主要原理和设计方案保持不变的情况下，通过技术更新和局部结构调整使产品的性能、质量提高或成本降低的产品开发方式。这一类设计属于实用新型专利范畴，如用电脑控制的洗衣机代替机械控制的半自动洗衣机，用照相机的自动曝光代替手动调整等。

3. 变参数设计

所谓变参数设计，就是在设计方案和结构原理不变的情况下，仅改变部分结构尺寸和性能参数，使之适用范围发生变化的设计方式。例如，同一种产品的不同规格型号的相同设计即属此设计。

2.3　机电一体化系统(产品)设计方法

1. 常用方法

在进行机电一体化系统(产品)设计之前，要依据该系统的通用性、可靠性、经济性和防伪性等要求合理地确定系统的设计方案。拟定设计方案的方法通常有取代法、整体设计法和组合法。

(1) 取代法

取代法就是用电气控制取代原系统中的机械控制机构。该方法是改造旧产品、开发新产品或对原系统进行技术改造常用的方法，也是改造传统机械产品的常用方法。如用电气调速控制系统取代机械式变速机构，用可编程序控制器取代机械凸轮控制机构及中间继电器等。

这不但大大简化了机械结构和电器控制，而且提高了系统的性能和质量。

(2) 整体设计法

整体设计法主要用于新产品的开发设计。在设计时完全从系统的整体目标出发，考虑各子系统的设计。由于设计过程始终围绕着系统整体性能要求，各环节的设计都兼顾了相关环节的设计特点和要求，因此使系统各环节间接口有机融合、衔接方便，且大大提高了系统的性能指标和制约了仿冒产品生产的难度，该方法的缺点是设计和生产过程的难度较大，周期较长，成本较高，维修和维护难度较大。例如，机床的主轴和电机转子融为一体，直线式伺服电机的定子绕组埋藏在机床导轨之中，带减速装置的电动机和带测速的伺服电机等。

(3) 组合法

组合法就是选用各种标准功能模块组合设计成机电一体化系统。例如，设计一台数控机床，可以依据机床的性能要求，通过对不同厂家的计算机控制单元、伺服驱动单元、位移和速度测试单元及主轴、导轨、刀架、传动系统等产品的评估分析，研究各单元间关系和各单元对整机性能的影响，通过优化设计确定机床的结构组成。用此方法开发的机电一体化系统(产品)具有设计研制周期短、质量可靠、生产成本低、有利于生产管理和系统的使用维护等优点。

表 1.2.2　三种设计方法比较

设计方法	设计特点	适用对象
取代法	电气控制取代机械控制机构	系统改造，例如电气调速控制系统取代机械式变速机构
整体设计法	从系统整体出发，各环节间接口有机融合、衔接方便	新产品的开发设计，例如机床的主轴和电机转子台
组合法	选用各种标准功能模块组合设计，周期短、质量可靠	复杂机电一体化系统设计，例如：数控机床

2. 机电一体化系统现代设计方法

随着工业技术的高度发展和人民生活水平的提高，人们迫切要求大幅度提高机电一体化系统设计工作的质量和速度，因此在机电一体化系统设计中推广和运用现代设计方法，提高设计水平，是机电一体化系统设计发展的必然趋势。现代设计方法与以经验公式、图表和手册为设计依据的传统方法不同，它是以计算机为手段，其设计步骤通常如下：

设计预测→信号分析→科学类比→系统分析设计→创造设计→选择各种具体的现代设计方法(如相似设计法、模拟设计法、有限元法、可靠性设计法、动态分析法、优化设计法、模糊设计法等)→机电一体化系统设计质量的综合评价。

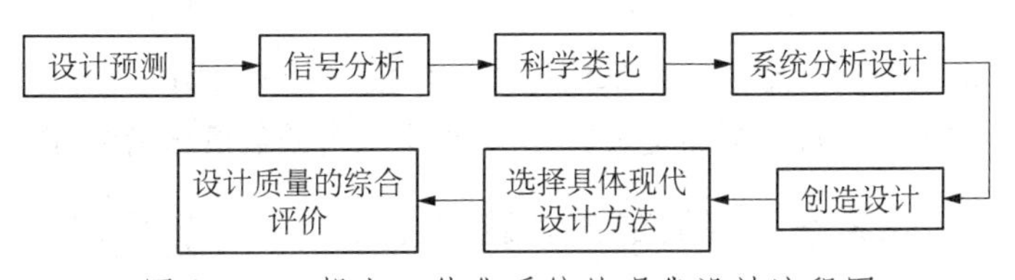

图 1.2.3　机电一体化系统的现代设计流程图

(1) 相似设计法

相似设计法是以相似理论和模拟试验为基础的一种设计方法。随着科学的不断发展和进步，相似设计法已被越来越多的人接受、掌握，成为广大科技工作者开展研究工作的一种重要方法、手段。目前，在大型复杂设备和结构设计过程中，一般都要在相似理论指导下，通过模块化方法和模型试验，使方案取得合理参数，预测设备的性能。当前用计算机辅助进行相似性设计用来代替模型试验，已取得明显的效果。

(2) 模拟设计法

模拟设计法，就是借助某种事物或过程来再现原型或模式的表象、性质、规律、特征，利用异类事物之间的相似性、相关性进行设计的科学类比方法。模拟与仿真和相似是性质相同的，而与临摹和照搬等是不同性质的，它是对原型的再现，但不是完全的照搬和复制，是以原型为基础，通过创造性思维对原型进行创作。模拟是一种介于临摹和创作之间的特殊思维形式，模拟必须在原型的基础之上逐渐脱离原型才可能出现新的创造性的因素，继而产生新的灵感得到新的成果。

(3) 有限元法

有限元法(finite element method)是一种高效能、常用的数值计算方法。它将连续的求解域离散为一组单元的组合体，用在每个单元内假设的近似函数来分片的表示求解域上待求的未知场函数，近似函数通常由未知场函数及其导数在单元各节点的数值插值函数来表达。从而使一个连续的无限自由度问题变成离散的有限自由度问题。

(4) 可靠性设计法

人们对于可靠性(reliability)的一般理解，就是认为可靠性表示元件、组件、零件、部件、总成、机器、设备或整个系统等产品，在正常使用条件下的工作是否长期可靠，性能是否长期稳定的特性。这里除了有概率统计等量的概念外，尚包含有预期使用条件、工作的满意程度、正常工作期间的长短等内容。例如，一台计算机在室内有空调的条件下，使用 3 000 小时不出故障的可能性为 70%，即意味着在 3 000 小时内无故障的概率为 70%。可靠性最集中反映了某产品或系统的时间—质量指标。

(5) 动态分析法

动态分析法又叫时序分析法。它是将不同时期的因素指标数值进行比较，求出比率，然后用以分析该项指标增减或发展速度的一种分析方法。如商品销售额在时间上的变化，商品寿命周期的变化、价格变化、市场供求情况变化等。

(6) 优化设计法

优化设计是一种规格化的设计方法，它首先要求将设计问题按优化设计所规定的格式建立数学模型，选择合适的优化方法及计算机程序，然后再通过计算机的计算，自动获得最优设计方案。优化设计方法的指导思想源于它所倡导的开放型思维方式，即在面对问题时，抛开现实的局限去想象一种最理想的境界，然后再返回到当前的现状中来寻找最佳的解决方案。

(7) 模糊设计法

模糊设计法是将模糊数学知识应用到机械设计中的一种设计方法。它的最大特点是，可以将各因素对设计结果的影响进行全面定量的分析，得出综合的数量化指标，作为选择决断的依据。

2.4 机电一体化系统(产品)的工程路线

机电一体化工程是指应用机电一体化技术进行产品开发的整个过程体系。各种机电一体化系统(产品)的研究、开发、生产及销售的过程各自有其自身特点，归纳其基本规律，机电一体化系统(产品)的工程路线如图 1.2.4 所示。

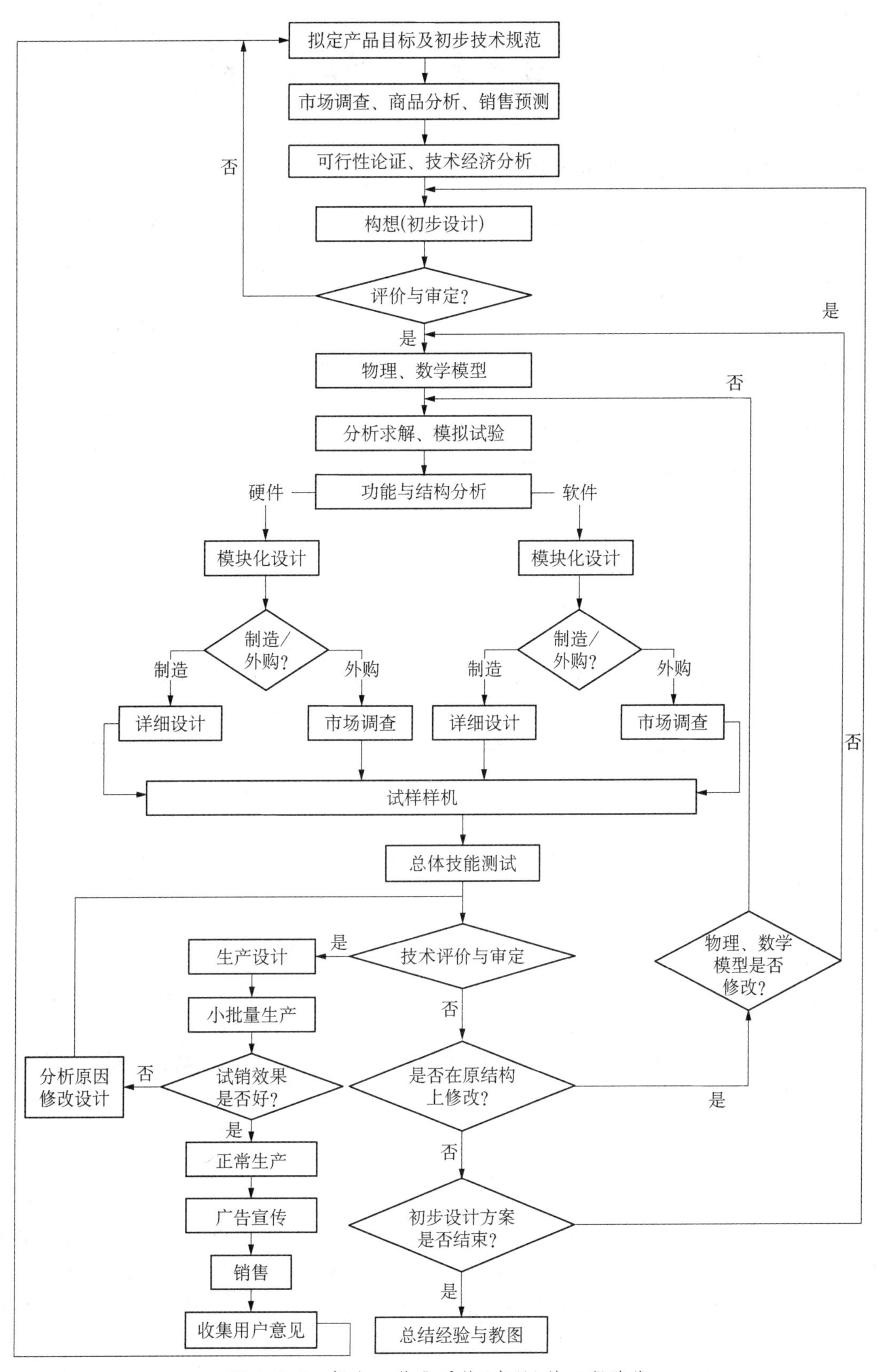

图 1.2.4　机电一体化系统(产品)的工程路线

任务3　了解机电一体化的发展趋势

3.1　机电一体化的技术现状

机电一体化占据主导地位是制造产业发展的必然趋势，而制造产业是整个科学技术和国家经济发展的基础工业，因而机电一体化在当前激烈的国际政治、军事、经济竞争中起着举足轻重的作用，受到各工业国家的极大重视。

日本将智能传感器，计算机芯片制造技术，具有视频、触觉和人机对话能力的人工智能工业机器人，柔性制造系统等，列为高技术领域的重大研究课题。

西欧高技术发展规划“尤里卡”计划，提出五大关键技术领域、24个重点攻关项目作为欧洲高技术发展战略目标，其中包括研制可自由行动、决策并易于人机对话的欧洲第三代安全民用机器人，广泛合作研究计算机辅助设计、制造、生产、管理的柔性系统，实现工厂全面自动化等机电一体化研究方向。

1991年3月，美国国家关键技术委员会在向总统提交的首份双年度报告《国家关键技术》中，列举了22项对于美国国家经济繁荣和国防安全至为关键的技术，并对各项入选技术的内容范围、选择依据和国际发展趋势进行了评述，着重强调了技术的有效利用。其中包括机器人、传感器、控制技术和CIMS及与CIMS相关的其他工具和技术，如仿真系统、计算机辅助设计(CAD)、计算机辅助工程(CAE)、成组技术(GT)、计算机辅助工艺规程编制(CAPP)、工厂调度工具等。报告指出：在制造业方面，目前的发展趋势是加速产品推广，缩短产品生产周期，增加柔性以及实现设计、生产、质量控制一体化技术，那些未朝这一方向努力的公司将变得愈加缺乏竞争力。要实现合理的生产经营活动，制造厂家必须在整个生产经营中实施先进的制造技术及管理策略。

2009年底奥巴马政府开始启动“再工业化”战略。提出先进制造业计划，其中包含了精益生产、准时生产、清洁生产、柔性制造、敏捷制造、计算机集成制造、虚拟制造、绿色制造等众多先进理念。

2009年2月17日，奥巴马签署《2009年美国复兴与再投资法》，推出了总额为7 870亿美元的经济刺激方案，其中可再生能源及节能项目、医疗信息化、环境保护等成为投资的重点，并且投资新一代机器人，开发创新型的节能制造工艺。

鉴于资金、技术密集型的高技术发展初期投资大、回报少的特点，多数国家政府给予资金支持和必要的政策优惠。

2013年汉诺威工业博览会后，由德国联邦教研部与联邦经济技术部联手资助，在德国工程院、弗劳恩霍夫协会、西门子公司等德国学术界和产业界的建议和推动下，形成工业4.0研究项目，并已上升为国家级战略。

《德国工业4.0战略计划实施建议》指出：在工厂4.0里，机器、装置、工件及其他元件将能实时交换数据及信息。这代表了从呆板的集中式工厂控制系统到分散式智能工厂控制系统的转变。由中央主控电脑执行的任务将会由组件来替代执行。这些元件将智能地彼此联网，可以自行配置，且过程简单，并且独立满足生产订单的各种需求。

我国是发展中国家，与发达国家相比工业技术水平存在一定差距，但有广阔的机电一体化

应用开拓领域和技术产品潜在市场。改革开放以来，面对国际市场激烈竞争的形势。国家和企业充分认识到机电一体化技术对我国经济发展具有战略意义，因此十分重视机电一体化技术的研究、应用和产业化，在利用机电一体化技术开发新产品和改造传统产业结构及装备方面都有明显进展，取得了较大的社会经济效益。

1986 年我国开始实施的《高技术研究发展计划纲要》即“八六三”计划，将自动化技术，重点是 CIMS 和智能机器人技术等机电一体化前沿技术确定为国家高技术重点研究发展领域。1985 年 12 月，国家科委组织完成了《我国机电一体化发展途径与对策》的软科学研究，探讨我国机电一体化发展战略，提出了数控机床、工业自动化控制仪表等 15 个机电一体化优先发展领域和 6 项共性关键技术的研究方向和课题，提出机电一体化产品的产值比率(即机电一体化产品总产值占当年机械工业总产值的比值)在 2000 年达到 15%～20%的发展目标。

我国的数控技术经过“六五”、“七五”、“八五”和“九五”计划这 20 年的发展，基本上掌握了关键技术，建立了多处数控设备开发和生产基地，培养了一批数控人才，初步形成了自己的数控产业。“八五”计划攻关开发的成果：华中 1 号、中华 1 号、航天 1 号和蓝天 1 号 4 种基本系统建立了具有中国自主知识产权的数控技术平台。1990 年，我国数控金切机床产量仅 2 634 台，而到 2001 年产量和消费量已分别上升至 17 521 台和 28 535 台。在 1990～2001 年的 11 年中，数控金切机床产量和消费量的年均增幅分别达到 18.8%和 25.3%。2000 年我国机床的数控化率为 6%，2004 年为 11%。2013 年已达 34.6%，预计到 2020 年将达到 80%。

近年来，我国已研制成功了用于喷漆、焊接、搬运以及能前后行走、能爬墙、能上下台阶、能在水下作业的多种类型机器人。CIMS 研究方面，我国已在清华大学建成国家 CIMS 工程研究中心(ERC)，在一些著名大学和研究单位建立了 7 个 CIMS 单元技术实验室和 8 个 CIMS 培训中心，在国家立项实施 CIMS 的企业已达 70 余家。

2015 年 3 月 5 日，我国提出了《中国制造 2025》计划，瞄准新一代信息技术、高端装备、新材料、生物医药等战略重点，引导社会各类资源集聚，推动十大重点领域突破发展，这将使得我国的机电一体化技术得到了巨大的提高。

从 1999 年到 2008 年，我国工业机器人的装机量每年都以超过 20%的速度增长，从 1999 年 550 台发展到 2008 年超过 3 万台。甚至在全球经济陷入一片萧条的 2009 年，中国工业机器人销量却逆势而上。2010 年中国的装机量为 52 290 台，2011 年上升到了 74 317 台，实现了 42%的年增长。从销售来看，中国的机器人销量从 2010 年的 14 978 台增加到 2011 年的 22 577 台，年增长超过 50%。据不完全统计，目前，国内工业机器人实际拥有量应该超过 10 万台。IFR 预计，中国将成为全球最大的工业机器人市场。

2001 年我国机床工业产值进入世界前五名，数控机床产量达 1.75 万台，比上年增长 28.5%，2004 年数控机床产量达 5.2 万台，同比增长 40%，2008 年数控机床产量 12.2 万台，2011 年数控机床产量 25.7 万台，2014 年数控机床产量达到 39.1 万台，是 2001 年的 22.3 倍。

近年来，我国积极探索 3D 打印技术的研发，初步取得成效。自 20 世纪 90 年代初以来，清华大学、西安交通大学、华中科技大学、华南理工大学、北京航空航天大学、西北工业大学等高校，在 3D 打印设备制造技术、3D 打印材料技术、3D 设计与成型软件开发，3D 打印工业应用研究等方面，开展了积极的探索，已有部分技术处于世界先进水平。其中，激光直接加工金属技术发展较快，已基本满足特种零部件的机械性能要求，有望率先应用于航天、航空装备制造；生物细胞 3D 打印技术取得显著进展，已可以制造立体的模拟生物组织，为我国生物、医学领域尖端科学研究提供了关键的技术支撑。目前，依托高校的研究成果，对 3D 打印设备进行产业化运作的公司实体主要有：北京殷华(依托清华大学)、陕西恒通智能机器(依托西安交通大学)、湖北滨湖机电(依托华中科技大学)。这些企业都已实现了一定程度的产业化，部分企业生产的便携式桌面3D打印机的价格已具备国际竞争力，成功进入欧美市场。一些中小企业成为国外3D打印设备的代理商，经销全套打印设备、成型软件和特种材料。还有一些中小企业购买了国内外各类3D打印设备，专门为相关企业的研发、生产提供服务。其中，广东省工业设计中心、杭州先临快速成型技术有限公司等企业，设立了3D打印服务中心，发挥科技人才密集的优势，向国内外客户提供服务，取得了良好的经济效益。在家用电器、汽车配件、通信技术、航天、军工等领域，3D打印技术被越来越多应用到产品研发和生产中。在医疗领域，国内高水平的医院使用3D打印技术，为患者提供定制的牙齿和骨骼替代物以及具有仿生性能的体内植入物。在教育领域，我国有很多高校购买了3D打印设备，开展多个学科的教学和研究工作。目前，中国已成为继美国、日本、德国之后的3D打印设备拥有国。

2006至2010年，我国自动仓储技术已经进入成熟应用阶段，每年市场需求平均达到90套左右，到2010年底，市场保有量超过1 000套。在所有建设的自动化立体仓库中，主要分布在烟草(17%)、医药(13%)、汽车(10%)、食品饮料(8%)、连锁零售(8%)、军队(8%)等行业，由于我国的自动化立体仓库已经渗透到各行各业，其他行业虽然比较分散，但仍占据了大部分。

3.2 机电一体化的发展趋势

随着科技的发展和社会经济的进步，人们对机电一体化技术提出了许多新的和更高的要求，制造业中的机电一体化应用就是典型的事例。毫无疑问，机械制造自动化中的计算机数控、柔性制造、计算机集成制造及机器人等技术的发展代表了机电一体化技术的发展水平。

为了提高机电产品的性能和质量，发展高新技术，现在有越来越多的零件要求的制造精度越来越高，形状也越来越复杂，如高精度轴承的滚动体圆度要求小于0.2 μm；液浮陀螺球面的球度要求为0.1～0.5 μm；激光打印机的平面反射镜和录像机磁头的平面度要求为0.4 μm，粗糙度为0.2 μm。所有这些，要求数控设备具有高性能、高精度和稳定加工复杂形状零件表面的能力。因而新一代机电一体化产品正朝着高性能、智能化、系统化以及轻量、微型化方向发展。

1. 机电一体化的高性能化

高性能化一般包含高速化、高精度、高效率和高可靠性。现代数控设备就是以此“四高”为基础，为满足生产急需而诞生的。它采用64位多CPU结构，以多总线连接，以32位数据宽度进行高速数据传递。因而，在相当高的分辨率(0.1 μm)情况下，系统仍有高速度(100 m/min)，可控及联动坐标达16轴，并且有丰富的图形功能和自动程序设计功能。为获取高效率，减少辅助时间，就必须在主轴转速进给率、刀具交换、托板交换等各关键部分实现高速化；为提高速度，一般采用实时多任务操作系统，进行并行处理，使运算能力进一步加强，通过设置多重缓冲器，保证连续微小加工段的高速加工。对于复杂轮廓，采用快速插补运算将加工形状用微小线段来逼近是一种通用的方法。在高性能数控系统中，除了具有直线、圆弧、螺旋线插补等一般功能外，还配置有特殊函数插补运算，如样条函数插补等。微位置段命令用样条函数来逼近，保证了位置、速度、加速度都具有良好的性能，并设置专门函数发生器、坐标运算器进行并行插补运算。超高速通信技术、全数字伺服控制技术是高速化的一个重要方面。

高速化和高精度是机电一体化的重要指标。高分辨率、高速响应的绝对位置传感器是实

现高精度的检测部件。采用这种传感器并通过专用微处理器的细分处理，可达极高的分辨率。采用交流数字伺服驱动系统，其位置、速度及电流环都实现了数字化，实现了几乎不受机械载荷变动影响的高速响应伺服系统和主轴控制装置。与此同时，还出现了所谓高速响应内装式主轴电机，它把电机作为一体装入主轴之中，实现了机电融合一体。这样就使得系统的高速性、高精度性极佳。如法国 IBAG 公司的磁浮轴承的高速主轴最高转速可达 15×10^4 r/min，一般转速为 $7\times10^3\sim25\times10^3$ r/min，加工中心换刀时间可达 1.5 s；切削速度方面，目前硬质合金刀具和超硬材料涂层刀具车削和铣削低碳钢的速度达 500 m/min 以上，而陶瓷刀具可达 800～1 000 m/min，比高速钢刀具 30～40 m/min 的速度提高数十倍。精车速度甚至可达 1 400 m/min。反馈控制可使位置跟踪误差消除，同时使系统位置控制得到高速响应。

至于系统可靠性方面，一般采用冗余、故障诊断、自动检错、系统自动恢复以及软、硬件可靠性等技术，使得机电一体化产品具有高性能。对于普及经济型以及升级换代提高型的机电一体化产品，因组成它们的命令发生器、控制器、驱动器、执行器以及检测传感器等各个部分都在不断采用高速、高精度、高分辨率、高速响应、高可靠的零部件，所以产品性能在不断提高。

2. 机电一体化的智能化趋势

人工智能在机电一体化技术中应用的研究日益得到重视，机器人与数控机床的智能化就是其重要应用。智能机器人通过视觉、触觉和听觉等各类传感器检测工作状态，根据实际变化过程反馈信息并做出判断与决定。数控机床的智能化主要用各类传感器对切削加工前后和加工过程中的各种参数进行监测，并通过计算机系统做出判断，自动对异常现象进行调整与补偿，以保证加工过程的顺利进行，并保证加工出合格产品。目前，国外数控加工中心多具有以下智能化功能：对刀具长度、直径的补偿和刀具破损的监测，切削过程的监测，工件自动检测与补偿等。随着制造自动化程度的提高，信息量与柔性也同样提高，出现了智能制造系统(IMS)控制器来模拟人类专家的智能制造活动。该控制器对制造中的问题进行分析、判断、推理、构思和决策，其目的在于取代或延伸制造工程中人的部分脑力劳动，并对人类专家的制造智能进行收集、存储、完善、共享、继承和发展。

机电一体化的智能化趋势包括以下几个方面：

(1) 诊断过程的智能化

诊断功能的强弱是评价一个系统性能的重要智能指标之一。通过引入人工智能的故障诊断系统，采用各种推理机制，能准确判断故障所在，并具有自动检错、纠错与系统恢复功能，从而大大提高了系统的有效度。

(2) 人机接口的智能化

智能化的人机接口，可以大大简化操作过程，这里包含多媒体技术在人机接口智能化中的有效应用。

(3) 自动编程的智能化

操作者只需输入加工工件素材的形状和需加工形状的数据，加工程序就可全部自动生成，这里包含：①素材形状和加工形状的图形显示；②自动工序的确定；③使用刀具、切削条件的自动确定；④刀具使用顺序的变更；⑤任意路径的编辑；⑥加工过程干涉校验等。

(4) 加工过程的智能化

通过智能工艺数据库的建立，系统根据加工条件的变更，自动设定加工参数。同时，将机床制造时的各种误差预先存入系统中，利用反馈补偿技术对静态误差进行补偿。还能对加工过程中的各种动态数据进行采集，并通过专家系统分析进行实时补偿或在线控制。

3. 机电一体化的系统化发展趋势

系统化的表现特征之一是系统体系结构进一步采用开放式和模式化的总线结构。系统可以灵活组态，并进行任意剪裁和组合，同时寻求实现多坐标多系列控制功能的NC系统。表现特征之二是机电一体化系统的通信功能的大大加强，一般除RS-232等常用通信方式外，实现远程及多系统通信联网需要的局部网络(LAN)正逐渐被采用，且标准化LAN的制造自动化协议(MAP)已开始进入NC系统，从而可实现异型机异网互联及资源共享。

4. 机电一体化的轻量化及微型化发展趋势

一般地，对于机电一体化产品，除了机械主体部分，其他部分均涉及电子技术。随着片式元器件(SMD)的发展，表面组装技术(SMT)正在逐渐取代传统的通孔插装技术(THT)而成为电子组装的重要手段，电子设备正朝着小型化、轻量化、多功能、高可靠方向发展。20世纪80年代以来，SMT发展异常迅速。1993年，电子设备平均60%以上采用SMT。同年，世界电子元件片式化率达到45%以上。因此，机电一体化中具有智能、动力运动、感知特征的组成部分将逐渐向轻量化、小型化方向发展。

此外，20世纪80年代末期，微型机械电子学及其相应的结构、装置和系统的开发研究取得了综合成果，科学家利用集成电路的微细加工技术，将机构及其驱动器、传感器、控制器及电源集成在一个很小的多晶硅上，使整个装置的尺寸缩小到几个毫米甚至几百微米，因而获得了完备的微机电系统MEMS。这表明机电一体化技术已进入微型化的研究领域。科学家预言，这种微型机电一体化系统将在未来的工业、农业、航天、军事、生物医学、航海及家庭服务等各个领域被广泛应用，它的发展将使现行的某些产业或领域发生深刻的技术革命。

综合训练　机电一体化产品拆装

精雕机(数控机床)的拆装实训

1. 实训目的

机电设备拆装是机械设计制造及其自动化专业教学计划中重要的实践教学环节之一，通过对机械典型部件的拆装与测绘，使学生从感性上认识机械典型部件的布局方式、传动关系、连接方法等，从而加深对机械类专业课的理解和应用。通过对机械典型部件的拆装与测绘实验，提高学生的动手能力，加深对机械典型部件内部具体结构的理解，学会使用各种工量具，并培养学生在实践中发现问题、解决问题、勤于思考的能力，为后续课程的学习打下基础。

2. 实训准备

① 设备：拆装用多种变速箱。

② 工具：扳手类、旋具类、拉出器、手锤类、铜棒、衬垫、弹性卡簧钳、油池、毛刷。

③ 材料：棉纱、柴油。

3. 实训基本内容

① 数控铣床(精雕CNC雕刻机)组成、布局及其主要技术参数。

② 机床操作面板与控制面板及其按钮使用。

③ 工件、刀具安装及调整，对刀，建立工件坐标系等及其注意事项。

④ 实训用数控铣床的特殊指令与常用指令及其使用方法。

4. 实训总结

<table>
<tr><td>实训名称</td><td colspan="7">精雕机(数控机床)的拆装</td></tr>
<tr><td>班级</td><td></td><td>学号</td><td></td><td>姓名</td><td></td><td>实训日期</td><td></td></tr>
<tr><td>实训目的</td><td colspan="7"></td></tr>
<tr><td>实训内容</td><td colspan="7"></td></tr>
<tr><td>实训心得</td><td colspan="7"></td></tr>
</table>

喷漆机器人开发的工程路线

1. 目标及技术规范

① 机器人的用途：自动喷漆。

② 工作方式：示教再现、示教盒、手把手。

③ 主要技术参数：存储量(3 800 点、128 min)、最大速度 1.7 m/s、位置精度 2.5 mm、动作频率(10 Hz，40 Hz)、6 自由度、8 kg 承载能力、作业空间。

④ 使用环境要求：喷漆、防爆。

2. 收集资料、市场分析、可行性分析、技术经济性分析

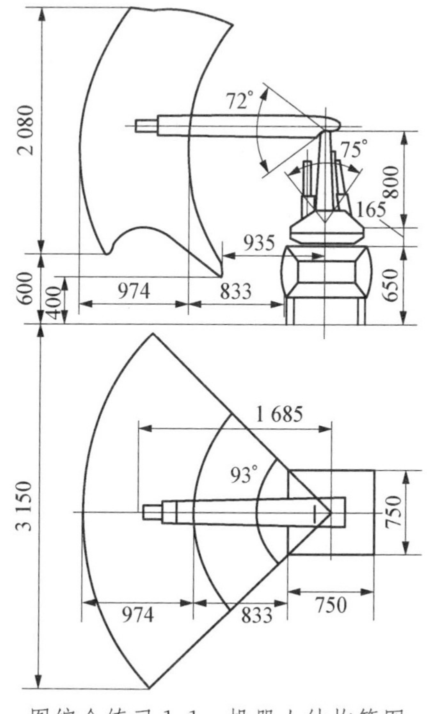

图综合练习 1.1　机器人结构简图

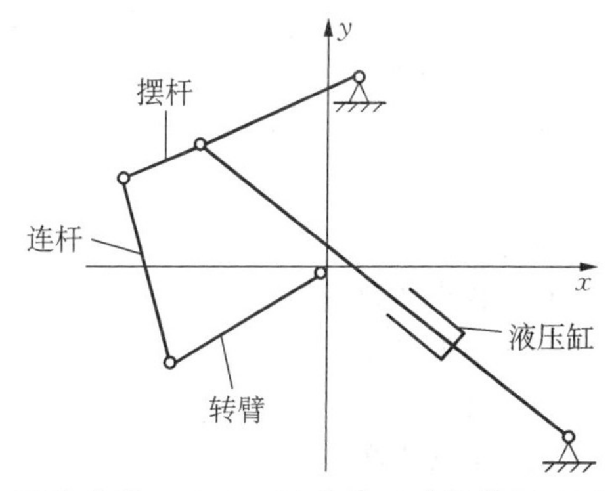

图综合练习 1.2　腰关节驱动机构原理图

3. 总体方案设计

① 总体结构方案：自由度数、坐标形式、作业空间、驱动方式、控制方式、手爪工具、使用环境。

② 制定研制计划：进度表、主要步骤、每一步骤的成果形式、人员需求情况。

③ 开发经费概算。

④ 开发风险分析。

4. 总体方案的评审、评价

通过后进入下一步，通不过回到上一步修改。

5. 理论分析阶段

① 机构运动学模型、作业空间分析。

② 机构的力学计算。

③ 驱动元件的选择、动力计算。

④ 动力学模型、仿真分析。

⑤ 传感器选择、精度分析。

⑥ 建立控制模型、仿真分析。

6. 详细设计

① 系统总体设计：布局、人机交互、维修对策、加工单位协调、产品性能。

② 业务的划分：作业模块、接口、联调方法、人员分工。

③ 控制系统设计：总体控制方案，计算机、硬件、接口、配电。

④ 程序设计：选配软件、研制软件、程序接口、调试。

⑤ 后备系统：检修方法、维修对策。

⑥ 设计说明书、使用说明书。

7. 详细设计方案评价

通过以后进入下一步，通不过回到 5 或 6 步骤修改。

8. 试制样机

① 机械本体。

② 动力驱动系统。

③ 供电系统。

④ 控制系统。

⑤ 传感器、检测系统。

9. 机器人样机的实验测试

① 调试控制系统、控制性能测试。

② 功能测试。

③ 精度、工作空间测试。

④ 动态指标测试。

⑤ 作业试验。

10. 技术评价与审定

11. 小批量生产

12. 试销

13. 正常生产

14. 销售

学习情景一小结

本课程学习要点

学会从系统化角度来分析和确定机电一体化系统的设计和机电一体化产品开发的工程路线。通过典型机电一体化系统开发工程路线的分析，深入了解工程路线中每一设计步骤所需完成的主要工作任务。具体学习要求如下：

1. 了解现代系统设计方法的基本特征、机电一体化系统设计的基本评价方法、系统设计中的质量控制和加工过程中的质量管理方法。
2. 熟悉机电一体化产品开发设计中的几个主要步骤、每个步骤所需完成的主要内容。
3. 掌握机电一体化产品开发设计的基本方法及工程路线。

系统设计的特征

1. 以理论作指导，不同于单纯依靠经验的传统设计方法，设计的成功率高；
2. 明确的设计目标、科学的设计过程、可获得优于传统设计方法的设计结果；
3. 重视设计过程、设计程序、规范化设计，工作质量好、效率高；
4. 强调抽象设计思维，以获得创新；
5. 采用扩展性设计思维，避免传统封闭式设计思维，满意度高；
6. 强调评价决策、避免主观决策，易获得最佳方案、最佳价值水平；
7. 采用优化设计，以求得综合优化的结果；
8. 运用计算机辅助设计，设计效率高、质量高；
9. 系统地进行概念设计，采用特殊形式表达设计结果。

一体化系统设计的评价方法

一个机电一体化系统设计水平的高低一般可以从以下 10 个方面来评价：工效实用性、系统可靠性、运行平稳性、操作宜人性、人机安全性、环境完善性、技术经济性、结构工艺性、造型艺术性、成果规范性。

教学网络图

学习情境		工作任务	学习流程	综合训练	评价	教学载体	教学环境	教学资源	教学方法
学习情景一　概论	任务一	了解机电一体化技术的特征和关键技术	知识资讯→决策→计划→实施→检查→评价	精雕机（数控机床）的拆装实训	学生自评	视频	1. 多媒体教室 2. 机电控制实训室 3. 机电数控实验室 4. 机电一体化实验室	PPT 课件、动画素材、视频材料、真实的机电产品零件、部件、机电仿真软件	情境教学法；项目教学法；现场直观教学法；模拟仿真教学法；小组学习法；自主学习法
	任务二	掌握机电一体化系统设计的类型和设计方法			学生互评				
	任务三	了解机电一体化的技术现状和发展趋势			老师评价				

习题与思考题

1. 典型的机电一体化产品有哪些,各有什么特点?
2. 机电一体化系统由哪几部分构成,起什么作用?
3. 机电一体化技术与其他技术有哪些区别,举例说明。
4. 机电一体化系统都有哪些共性关键技术,它们有哪些特征?
5. 机电一体化系统分为哪几类,它们的设计类型有哪些,采用什么设计方法?
6. 机电一体化系统有怎样的发展趋势?

学习情境二　机电一体化机械系统设计

 **情境导入**

当你看到某一机器人时，当你使用 ATM 机时，当你有机会操作数控机床时，你有没有想过它们的机械机构都由哪些部分组成？该如何设计才能完成相应的动作，实现相应的功能？

 **情境剖析**

知识目标

1. 了解机电一体化对机械系统的要求；
2. 熟悉机械系统的组成；
3. 熟练运用机械传动设计原则。

技能目标

1. 能根据产品功能需求进行传动机构和导向机构设计；
2. 应用 MATLAB 完成机构仿真，根据仿真结果修改机构；
3. 绘制传动机构、导向机构工程图。

机电一体化机械系统是由计算机信息网络协调与控制的，用于完成包括机械力、运动和能量流等动力学任务的机械及机械部件相互联系的系统。其核心是由计算机控制的，包括机械、电力、电子、液压、气压、光学等技术的伺服系统。它的主要功能是完成一系列机械运动。每一个机械运动可单独由控制电动机、传动机构和执行机构组成的子系统来完成，而这些子系统要由计算机协调和控制，以完成整个系统功能要求。因此机械系统设计流程可按以下程序进行。

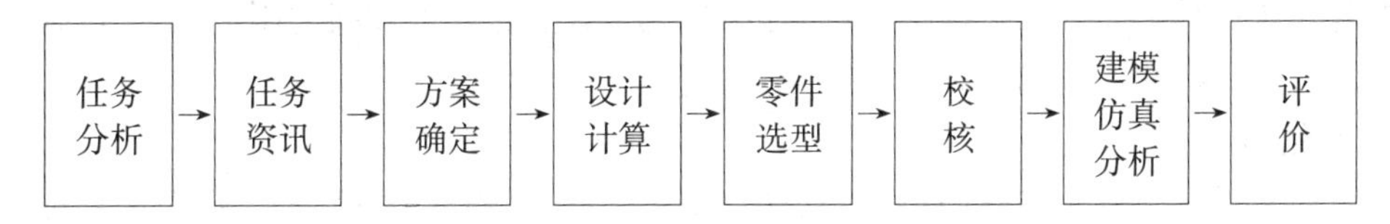

子情境 1　认识机电一体化机械系统

体例 2.1.1　工业机器人(教师指导)

表体例 2.1.1　工业机器人产品分析

产品名称	产品属性	产品功能	产品组成(结构)			机械装置运动形式		
工业机器人	机电一体化产品	夹持及搬运工件	机械装置	电子装置	控制部分	旋转运动	往复运动	夹持运动

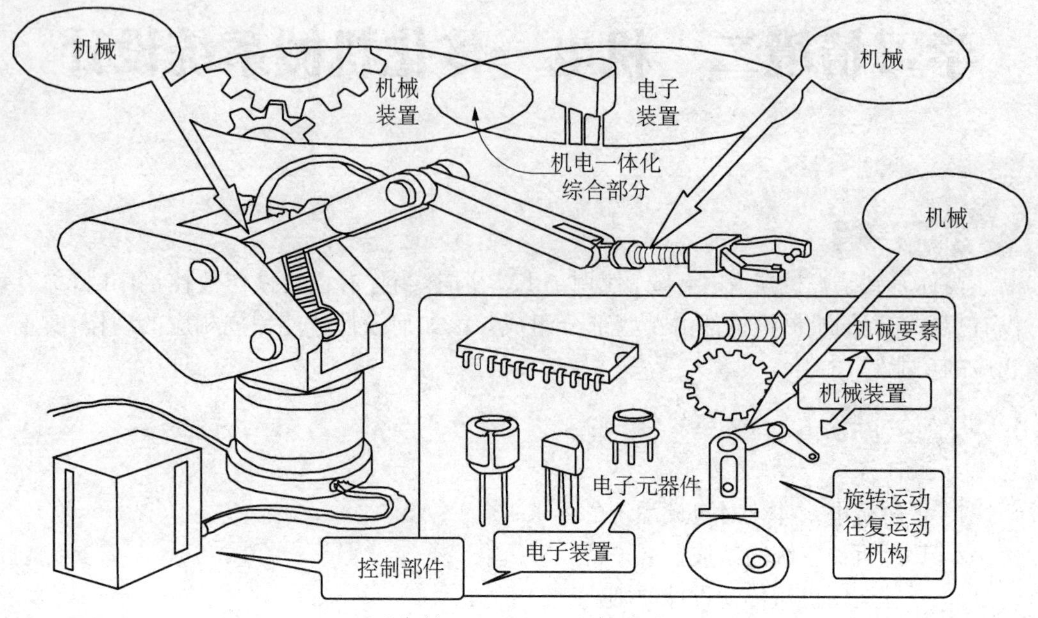

图体例 2.1.1 工业机器人

体例 2.1.2 ________(学生完成)

要求：学生以小组为单位通过查找资料、研讨，以典型项目形式完成文本说明，制作 PPT，通过项目过程考核对学生完成情况评价。

任务 1 了解机电一体化机械系统的组成

1.1 机电一体化对机械系统的要求

机电一体化系统的机械系统与一般的机械系统相比，除要求较高的制造精度外，还应具有良好的动态响应特性，即快速响应和良好的稳定性。

1. 高精度

精度直接影响产品的质量，尤其是机电一体化产品，其技术性能、工艺水平和功能比普通的机械产品都有很大的提高，因此机电一体化机械系统的高精度是其首要的要求。

2. 快速响应

机电一体化系统的快速响应即要求尽可能缩短机械系统从接到指令到开始执行指令之间的时间间隔。

3. 良好的稳定性

机电一体化系统要求其机械装置在温度、振动等外界干扰的作用下依然能够正常稳定地工作，即系统抵御外界环境的影响和抗干扰的能力要强。

为确保机械系统的上述特性，在设计中通常提出无间隙、低摩擦、低惯量、高刚度、高谐振频率和适当的阻尼比等要求。此外机械系统还要求具有体积小、重量轻、高可靠性、寿命长和绿色环保等特点。

1.2　机电一体化机械系统的组成

机电一体化机械系统应主要包括以下三大部分机构：

1. 传动机构

机电一体化机械系统中的传动机构不仅仅是转速和转矩的变换器，而且已成为伺服系统的一部分，它要根据伺服控制的要求进行选择设计，以满足整个机械系统良好的伺服性能。因此传动机构除了要满足传动精度的要求，还要满足小型、轻量、高速、低噪声和高可靠性的要求。

2. 导向机构

导向机构的作用是支承和导向，为机械系统中各运动装置能安全、准确地完成其特定方向的运动提供保障，一般指导轨、轴承等。

3. 执行机构

执行机构是用以完成操作任务的直接装置。执行机构根据操作指令的要求在动力源的带动下，完成预定的操作。一般要求它具有较高的灵敏度、精确度，良好的重复性和可靠性。由于计算机的强大功能，使传统的作为动力源的电动机发展为具有动力、变速与执行等多重功能的伺服电动机，从而大大地简化了传动和执行机构。

机电一体化系统的机械部分通常还包括机座、支架、壳体等。

任务2　了解机械系统的设计思想

机电一体化的机械系统设计主要包括两个环节：静态设计和动态设计。

2.1　静态设计

静态设计是指依据系统的功能要求，通过研究制定出机械系统的初步设计方案。该方案只是一个初步的轮廓，包括系统主要零部件的种类，各部件之间的联接方式，系统的控制方式，所需能源等。

有了初步设计方案后，开始着手按技术要求设计系统的各组成部件的结构、运动关系及参数；零件的材料、结构、制造精度确定；执行元件（如电机）的参数、功率及过载能力的验算；相关元部件的选择；系统的阻尼配置等。以上称为稳态设计。稳态设计保证了系统的静态特性要求。

2.2　动态设计

动态设计是研究系统在频率域或时域的特性，是借助静态设计的系统结构，通过建立系统组成各环节的数学模型（如微分方程）和推导出系统整体的传递函数，利用自动控制理论或现代控制理论的方法求得该系统的频率特性（幅频特性和相频特性）或时域特性。系统的频率特性体现了系统对不同频率信号的反应，决定了系统的稳定性、最大工作频率和抗干扰能力。系统的时域特性体现了系统随时间的变化，从时域特性中可直接明了地看出系统是否稳定。

静态设计是忽略了系统自身运动因素和干扰因素的影响状态下进行的产品设计，对于伺服精度和响应速度要求不高的机电一体化系统，静态设计就能够满足设计要求。对于精密和高速智能化机电一体化系统，环境干扰和系统自身的结构及运动因素对系统产生的影响会很大，因此必须通过调节各个环节的相关参数，改变系统的动态特性以保证系统的功能要求。动态分析与设计过程往往会改变前期的部分设计方案，有时甚至会推翻整个方案，要求重新进行静态设计。

任务3　了解机械传动设计的原则

3.1　机电一体化系统对机械传动的要求

机械传动是一种把动力机产生的运动和动力传递给执行机构的中间装置，是扭矩和转速的变换器，其目的是在动力机与负载之间进行扭矩和惯量的匹配，实现对输出速度的调节。

在机电一体化系统中，伺服电机的伺服变速功能在很大程度上代替了传统机械传动中的变速机构，只有当伺服电机的转速范围满足不了系统要求时，才通过传动装置变速。由于机电一体化系统对快速响应指标要求很高，因此机电一体化系统中的机械传动装置不仅仅是用来解决伺服电机与负载间的力矩匹配问题的，更重要的是为了提高系统的伺服性能。为了提高机械系统的伺服性能，要求机械传动部件的转动惯量小、刚度大、阻尼合适、摩擦小、间隙小、抗振性好，并满足小型、轻量、高速、低噪声、高可靠性和环保等要求。

3.2　传动装置总传动比的确定

机电一体化系统的传动装置在满足伺服电机与负载转矩匹配的同时，应具有较高的响应速度，即启动和制动速度。因此，在伺服系统中，通常采用负载角加速度最大原则选择总传动比，以提高伺服系统的响应速度。传动模型如图 2.1.1 所示。

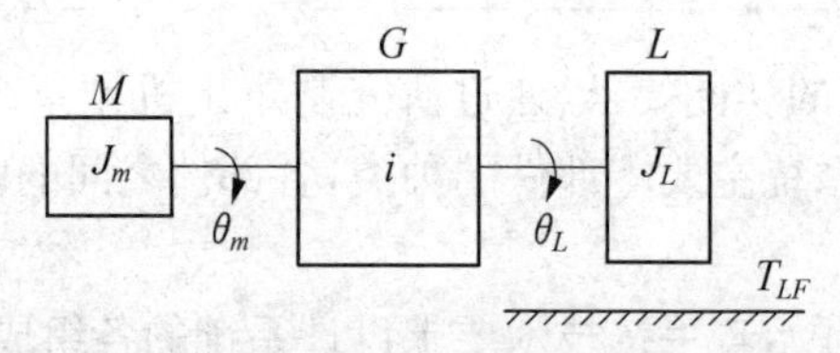

图 2.1.1　电机、传动装置和负载的传动模型

图中：θ_m—电动机 M 的角位移；

J_L—负载 L 的转动惯量；

θ_L—负载 L 的角位移；

T_{LF}—摩擦阻抗转矩；

i—齿轮系 G 的总传动比。

根据传动关系有：

$$i=\frac{\theta_m}{\theta_L}=\frac{\dot{\theta}_m}{\dot{\theta}_L}=\frac{\ddot{\theta}_m}{\ddot{\theta}_L} \tag{2.1.1}$$

式中：θ_m、$\dot{\theta}_m$、$\ddot{\theta}_m$—电动机的角位移、角速度、角加速度；

θ_L、$\dot{\theta}_L$、$\ddot{\theta}_L$—负载的角位移、角速度、角加速度。

T_{LF} 换算到电动机轴上的阻抗转矩为 T_{LF}/i，J_L 换算到电动机轴上的转动惯量为 J_L/i^2。设 T_m 为电动机的驱动转矩，在忽略传动装置惯量的前提下，根据旋转运动方程，电动机轴上的合转矩为：

$$T_a = T_m - \frac{T_{LF}}{i} = \left(J_m + \frac{J_L}{i^2}\right) \times \ddot{\theta}_m = \left(J_m + \frac{J_L}{i^2}\right) \times i \times \ddot{\theta}_L \tag{2.1.2}$$

$$\ddot{\theta}_L = \frac{T_m i - T_{LF}}{J_m i^2 + J_L} \tag{2.1.3}$$

式(2.1.2)中若改变总传动比 i，则 $\ddot{\theta}_L$ 也随之改变，令 $\mathrm{d}\ddot{\theta}_L/\mathrm{d}i = 0$，则解得：

$$i = \frac{T_{LF}}{T_m} + \sqrt{\left(\frac{T_{LF}}{T_m}\right)^2 + \frac{J_L}{J_m}} \tag{2.1.4}$$

若不计摩擦，即 $T_{LF} = 0$，则：

$$i = \sqrt{\frac{J_L}{J_m}}\left(\frac{T_L}{i^2} = T_m\right) \tag{2.1.5}$$

式(2.1.5)表明得到传动装置总传动比 i 的最佳值的时刻就是 J_L 换算到电动机轴上的转动惯量正好等于电动机转子的转动惯量 J_m 的时刻，此时，电动机的输出转矩一半用于加速负载，一半用于加速电动机转子，达到了惯性负载和转矩的最佳匹配。

当然，上述分析是忽略了传动装置的惯量影响而得到的结论，实际的总传动比要依据传动装置的惯量估算适当选择大一点。在传动装置设计完以后，在动态设计时，通常将传动装置的转动惯量负载折算到电机轴上，与实际负载一同考虑进行电机响应速度验算。

3.3　传动链的级数和各级传动比的分配

在机电一体化传动系统中，为了既满足总传动比的要求，又使结构紧凑，常采用多级齿轮副或蜗轮蜗杆等其他传动机构组成传动链。下面以齿轮传动链为例，介绍级数和各级传动比的分配原则，这些原则对其他形式的传动链也有指导意义。

1. 等效转动惯量最小原则

为了获得较高的响应速度，采用等效转动惯量最小原则设计传动机构。齿轮系传递的功率不同，其传动比的分配也有所不同。

(1) 小功率传动装置

电动机驱动的二级齿轮传动系统如图 2.1.2 所示。由于功率小，假定各主动轮具有相同的转动惯量，轴与轴承转动惯量不计，各齿轮均为实心圆柱齿轮，且齿宽 b 和材料均相同，效率不计，则有公式：

$$i_1 = (\sqrt{2} \times i)^{1/3},\ i_2 = 2^{-1/6} i^{2/3} \tag{2.1.6}$$

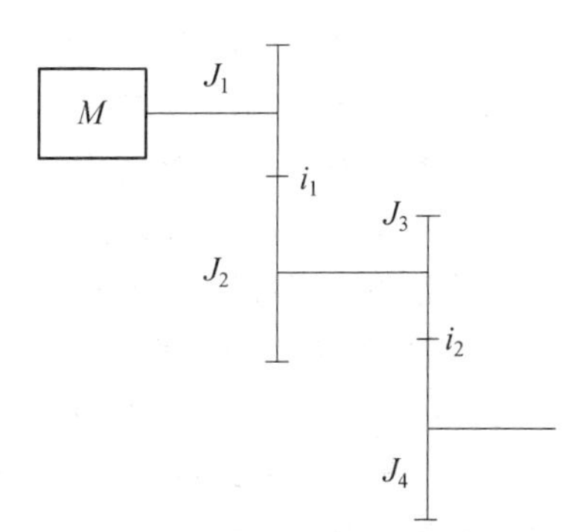

图 2.1.2　电动机驱动两级齿轮传动

式中：i_1、i_2—齿轮系中第一、第二级齿轮副的传动比；

i—齿轮系总传动比，$i = i_1 i_2$。

同理，对于 n 级齿轮系传动，则有：

$$i_1 = 2^{\frac{2^n-n-1}{2(2^n-1)}} i^{\frac{1}{2^n-1}} \tag{2.1.7}$$

$$i_k = \sqrt{2}\left(\frac{i}{2^{n/2}}\right)^{\frac{2^{(k-1)}}{2^n-1}} (k = 2, 3, 4, \cdots n) \tag{2.1.8}$$

由此可见,各级传动比分配应遵循“前小后大”的原则。

设计任务1　某 150 W 小型传送机构齿轮传动系统 $i = 100$,传动级数 $n = 5$,试确定各级传动比。

任务分析　150 W 属于小功率范围,传送机构对响应速度有较高要求,因此应该按照小功率传动装置等效转动惯量最小原则分配传动比。

设计计算

$$i_1 = 2^{\frac{2^5-5-1}{2(2^5-1)}} \times 100^{\frac{1}{2^5-1}} = 1.5515;\ i_2 = \sqrt{2} \times \left(\frac{100}{2^{5/2}}\right)^{\frac{2^{(2-1)}}{2^5-1}} = 1.7021$$

$$i_3 = \sqrt{2} \times \left(\frac{100}{2^{5/2}}\right)^{\frac{2^{(3-1)}}{2^5-1}} = 2.0487;\ i_4 = \sqrt{2} \times \left(\frac{100}{2^{5/2}}\right)^{\frac{2^{(4-1)}}{2^5-1}} = 2.9678$$

$$i_5 = \sqrt{2} \times \left(\frac{100}{2^{5/2}}\right)^{\frac{2^{(5-1)}}{2^5-1}} = 6.228$$

校核　$i = i_1 i_2 i_3 i_4 i_5 \approx 100$。

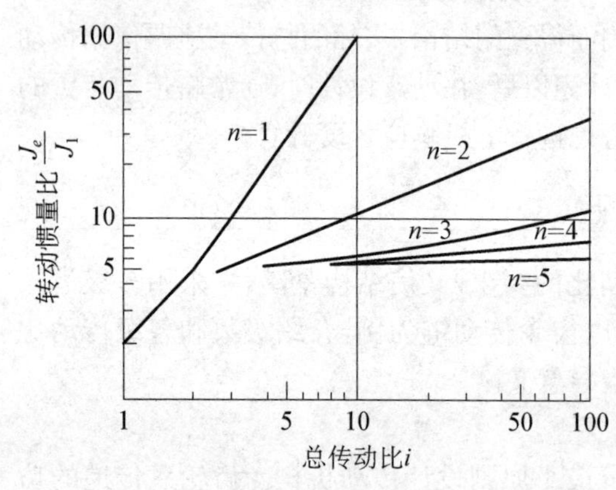

图 2.1.3　小功率传动装置确定传动级数曲线

以上是已知传动级数进行各级传动比的确定方法。若以传动级数为参变量,齿轮系中,折算到电动机轴上的总等效转动惯量与第一级主动齿轮的转动惯量之比为 J_e/J_1 其变化与总传动比 i 的关系如图 2.1.3 所示:

(2) 大功率传动装置

大功率传动装置传递的扭矩大。各级齿轮副的模数、齿宽、直径等参数逐级增加,各级齿轮的转动惯量差别很大。大功率传动装置的传动级数及各级传动比可依据图 2.1.4、图 2.1.5、图 2.1.6 来确定。传动比分配的基本原则仍应为“前小后大”。

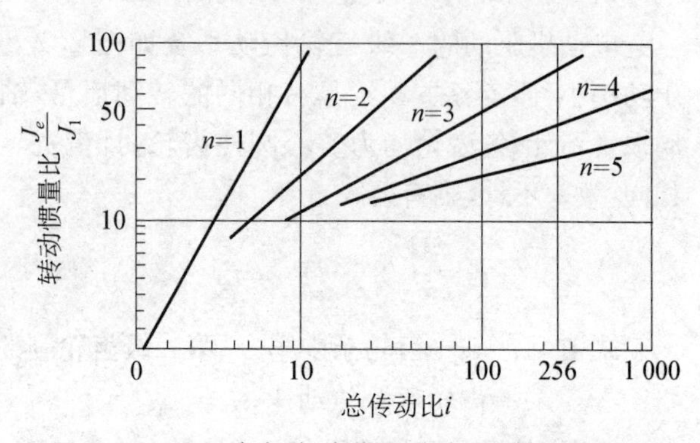

图 2.1.4　大功率传动装置确定传动级数曲线

设计任务2　某煤炭输送传动装置传动比为 256,试分配其传动比。

任务分析　煤炭输送传动装置属于大功率传动装置,考虑效益,采用等效转动惯量最小原则分配传动比。

设计计算　由图 2.1.4,得 $n = 3$, $J_e/J_1 = 70$; $n = 4$, $J_e/J_1 = 35$; $n = 5$, $J_e/J_1 = 26$,兼顾到 J_e/J_1 值的大小和传动装置的结构,选 $n = 4$。由图 2.1.5 得当 $i = 256$, $n = 4$ 时 $i_1 = 3.3$。由图 2.1.6

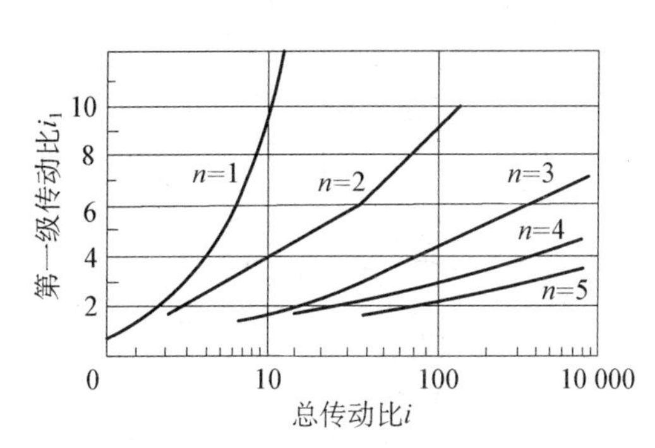

图 2.1.5 大功率传动装置确定各级传动比曲线

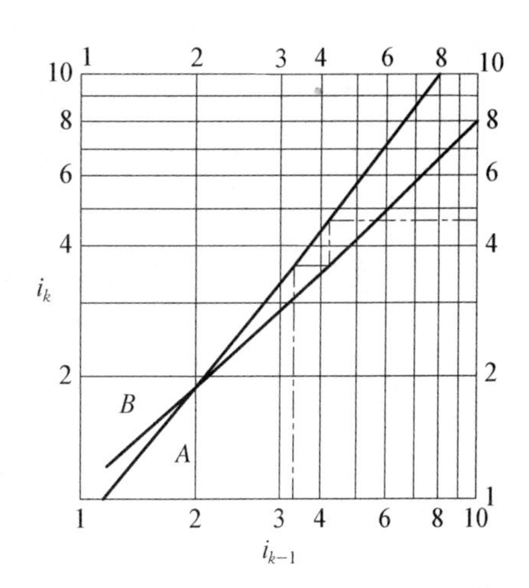

图 2.1.6 大功率传动装置确定第一级传动比曲线

得，在横坐标 i_{k-1} 上 3.3 处做垂线与 A 线交于第一点，在纵坐标 i_k 轴上查得 $i_2 = 3.7$，通过该点作水平线与 B 曲线相交得第二点 $i_3 = 4.24$，由第二点作垂线与 A 曲线相交得第三点 $i_4 = 4.95$。

校核 验算 $i_1 i_2 i_3 i_4 i_5 \approx 256.26$ 满足设计要求。

由上述分析可知：无论传递的功率大小如何，按转动惯量最小原则来分配时，从高速级到低速级的各级传动比总是逐级增加的。而且级数越多，总等效惯量越小。但级数增加到一定数量后，总等效惯量的减少并不明显；而且从结构紧凑、传动精度和经济性等方面考虑，级数也不能太多。

2. 质量最小原则

质量方面的限制常常是设计伺服系统时应考虑的重要问题，特别是用于航空、航天的传动装置，按质量最小的原则来确定各级传动比就显得十分必要。

(1) 大功率传动装置

对于大功率传动装置的传动级数确定，主要考虑结构的紧凑性。在给定总传动比的情况下，传动级数过少会使大齿轮尺寸过大，导致传动装置体积和质量增大；传动级数过多会增加轴、轴承等辅助构件，导致传动装置质量增加。设计时应综合考虑系统的功能要求和环境因素，通常情况下传动级数要尽量地少。

大功率减速传动装置按质量最小原则，确定的各级传动比表现为“前大后小”的传动比分配方式。减速齿轮传动的后级齿轮比前级齿轮的转矩要大得多，同样传动比的情况下齿厚、质量也大得多，因此减小后级传动比就相应减少了大齿轮的齿数和质量。大功率减速传动装置的各级传动比可以按图 2.1.7 和图 2.1.8 选择。

设计任务3 某飞机用齿轮传动机构 $n = 2$，$i = 40$，试确定各级传动比。

任务分析 飞机属于航空航天设备，其传动机构应该按照质量最小原则设计。

设计计算：由图 2.1.7 可得 $i_1 = 9.1$，$i_2 = 4.4$。

(2) 小功率传动装置

对于小功率传动装置，按质量最小原则来确定传动比时，通常选择相等的各级传动比。在假设各主动小齿轮的模数、齿数均相等的特殊条件下，各大齿轮的分度圆直径均相等，因而每

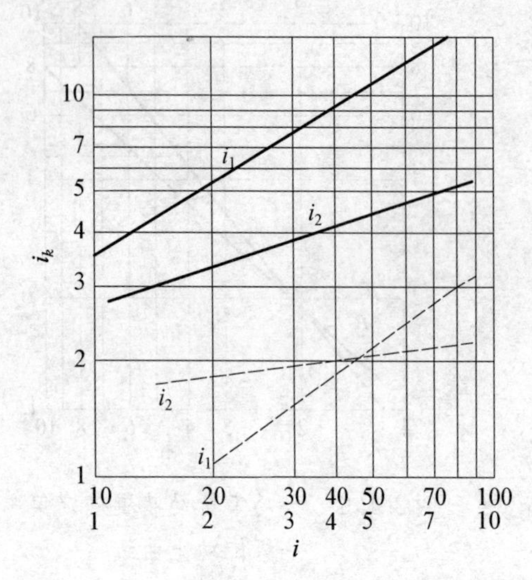

图 2.1.7 大功率传动装置二级传动比分配曲线（$i<10$ 时使用图中曲线）

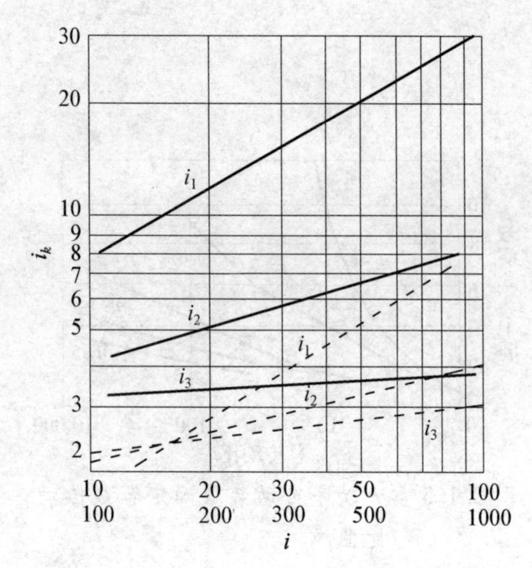

图 2.1.8 大功率传动装置三级传动比分配曲线（$i<100$ 时使用图中虚线）

级齿轮副的中心距也相等。这样便可设计成如图 2.1.9 中所示的回曲式齿轮传动链；其总传动比可以非常大。显然，这种结构十分紧凑。

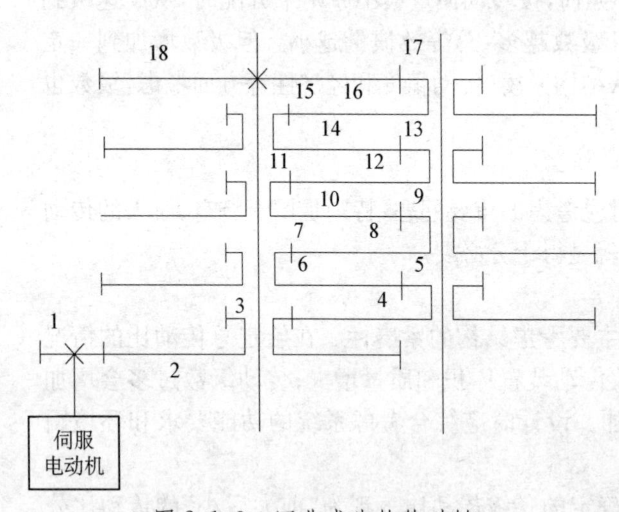

图 2.1.9 回曲式齿轮传动链

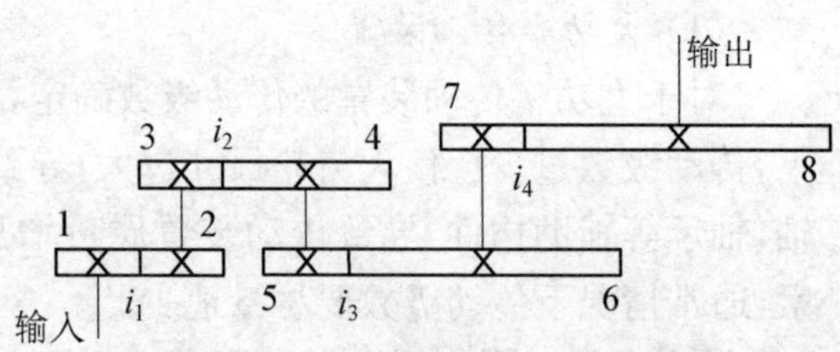

图 2.1.10 四级减速齿轮传动链

3. 输出轴转角误差最小原则

以图 2.1.10 所示四级齿轮减速传动链为例。四级传动比分别为 i_1、i_2、i_3、i_4，齿轮 1～8 的转角误差依次为 $\Delta\Phi_1$、$\Delta\Phi_2$、$\Delta\Phi_3$、$\Delta\Phi_4$、$\Delta\Phi_5$、$\Delta\Phi_6$、$\Delta\Phi_7$、$\Delta\Phi_8$。

该传动链输出轴的总转动角误差 $\Delta\Phi_{\max}$。

$$\Delta\Phi_{\max}=\frac{\Delta\Phi_1}{i_1 i_2 i_3 i_4}+\frac{\Delta\Phi_2+\Delta\Phi_3}{i_2 i_3 i_4}+\frac{\Delta\Phi_4+\Delta\Phi_5}{i_3 i_4}+\frac{\Delta\Phi_6+\Delta\Phi_7}{i_4}+\Delta\Phi_8 \tag{2.1.9}$$

由式(2.1.9)可以看出，如果从输入端到输出端的各级传动比按“前小后大”原则排列，则总转角误差较小，而且低速级的误差在总误差中占的比重很大。因此，要提高传动精度，就应

减少传动级数，并使末级齿轮的传动比尽可能大，制造精度尽可能高。

三种原则的选择：

① 在设计齿轮传动装置时，上述三条原则应根据具体工作条件综合考虑，对于传动精度要求高的降速齿轮传动链，可按输出轴转角误差最小原则设计。若为增速传动则应在开始几级就增速。

② 对于要求运转平稳、启停频繁和动态性能好的降速传动链，可按等效转动惯量最小原则和输出轴转角误差最小原则设计。对于负载变化的齿轮传动装置，各级传动比最好采用不可约的比数，避免同时啮合，使磨损均衡。

③ 对于要求质量尽可能小的降速传动链，可按质量最小原则设计。

任务4　了解机械系统性能的仿真分析

体例 2.1.3　数控机床性能仿真(教师指导)

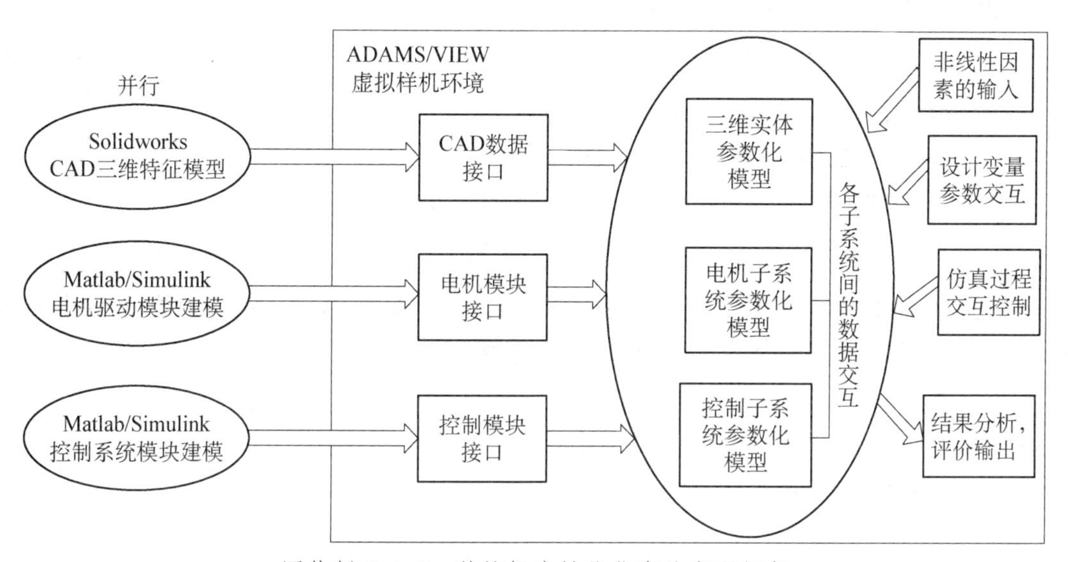

图体例 2.1.3　数控机床性能仿真的实现框架

表体例 2.1.3　数控机床性能仿真分析

产品名称	产品属性	分析任务	分析内容			
数控机床	机电一体化产品	性能仿真	非线性因素	设计变量	过程变量	系统输出与评价

体例 2.1.4　________(学生完成)

完成形式：学生以小组为单位通过查找资料、研讨，以典型项目形式完成文本说明，制作PPT，通过项目过程考核对学生完成情况评价。

4.1　直流伺服电动机动态特性仿真分析

直流伺服电动机主要用于闭环或半闭环控制的伺服系统中，其动态特性是指当给电动机电枢加上阶跃电压时，转子转速 ω 随时间 t 的变化规律。这一规律可用表达式 $\omega = f(t)$ 来描述。

动态特性的本质是由对输入信号响应的过渡过程来描述的。产生过渡过程的原因在于电动机中存在着两种惯性：机械惯性和电磁惯性。机械惯性是由直流伺服电动机和负载的转动惯量引起的，是造成机械过渡过程的原因；电磁惯性是由电枢回路中的电感引起的，是造成电磁过渡过程的原因。一般而言，电磁过渡过程比机械过渡过程要短得多。

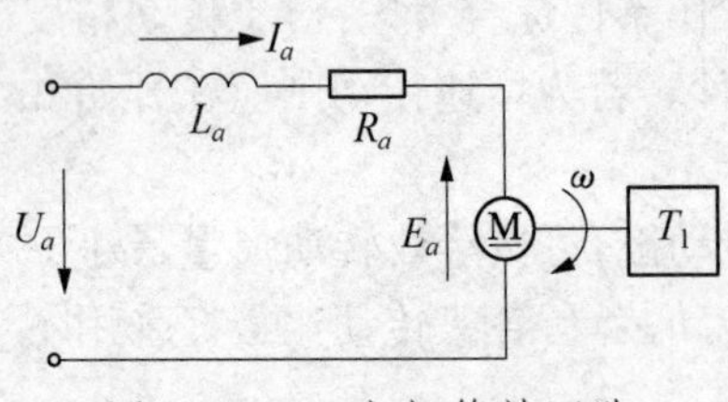

图 2.1.11　电枢等效回路

在直流伺服电动机的过渡过程中，电枢绕组中的电流是变化的。根据电枢等效回路(图 2.1.11)，并考虑过渡过程中电枢电感 L_a 的影响，可列出电枢回路中的动态电压平衡方程为：

$$L_a \frac{\mathrm{d}i_a}{\mathrm{d}t} + i_a R_a + e_a = u_a \tag{2.1.10}$$

式中：i_a、e_a、u_a 分别是电枢电流 I_a、电枢反电动势 E_a 和电枢绕组两端的控制电压 U_a 在过渡过程中的瞬时值。

根据电磁感应定律可知：

$$E_a = C_e \Phi \omega \tag{2.1.11}$$

式中：C_e—电动势常数，仅与电动机结构有关；

　　Φ—定子磁场中每极气隙磁通量。

此外，电枢电流切割磁力线所产生的电磁转矩 T_m 可表达为：

$$T_m = C_m \Phi I_a \tag{2.1.12}$$

在过渡过程中，直流伺服电动机的电磁转矩 T_m 除了要克服负载转矩 T_1 外，还要克服轴上的惯性转矩，因而直流伺服电动机的动态转矩平衡方程为：

$$T_m = T_1 + J \frac{\mathrm{d}\omega}{\mathrm{d}t} \tag{2.1.13}$$

式中：J—转子轴上的总转动惯量。

将式(2.1.12)中的 I_a 换成 i_a 并代入上式，可得：

$$i_a = \frac{T_1}{C_m \Phi} + \frac{J}{C_m \Phi} \frac{\mathrm{d}\omega}{\mathrm{d}t} \tag{2.1.14}$$

代入式(2.1.10)，得：

$$\frac{JL_a}{C_m \Phi} \frac{\mathrm{d}^2\omega}{\mathrm{d}t^2} + \frac{JR_a}{C_m \Phi} \frac{\mathrm{d}\omega}{\mathrm{d}t} + C_e \Phi \omega + \frac{L_a}{C_m \Phi} \frac{\mathrm{d}T_1}{\mathrm{d}t} + \frac{R_a}{C_m \Phi} T_1 = u_a \tag{2.1.15}$$

两边同时除以 $C_e\Phi$，并令：

$$\tau_j = \frac{JR_a}{C_e C_m \Phi^2} \tag{2.1.16}$$

$$\tau_d = \frac{L_a}{R_a} \tag{2.1.17}$$

$$K_m = \frac{1}{C_e \Phi} \tag{2.1.18}$$

整理得：

$$\tau_d\tau_j\frac{\mathrm{d}^2\omega}{\mathrm{d}t^2}+\tau_j\frac{\mathrm{d}\omega}{\mathrm{d}t}+\omega=K_m u_a-\frac{R_a}{C_eC_m\Phi^2}T_1-\frac{L_a}{C_eC_m\Phi^2}\frac{\mathrm{d}T_1}{\mathrm{d}t} \tag{2.1.19}$$

式中：τ_j 和 τ_d—分别称为直流伺服电动机的机电时间常数和电磁时间常数，是反映两种过渡过程时间长短的参数；

K_m—直流伺服电动机的静态放大系数。

式(2.1.19)就是直流伺服电动机带有负载转矩 T_1 时的过渡过程微分方程式。方程式右边第一项是理想空载角速度，第二项是负载转矩 T_1 引起的速降，第三项是负载转矩变化时引起的速降。当直流伺服电动机带有恒定负载时，则 $\mathrm{d}T_1/\mathrm{d}t=0$，于是公式(2.1.19)可简化成：

$$\tau_d\tau_j\frac{\mathrm{d}^2\omega}{\mathrm{d}t^2}+\tau_j\frac{\mathrm{d}\omega}{\mathrm{d}t}+\omega=K_m u_a-\frac{R_a}{C_eC_m\Phi^2}T_1 \tag{2.1.20}$$

在空载条件下，即 $T_1=0$ 时，上式还可进一步简化成：

$$\tau_d\tau_j\frac{\mathrm{d}^2\omega}{\mathrm{d}t^2}+\tau_j\frac{\mathrm{d}\omega}{\mathrm{d}t}+\omega=K_m u_a \tag{2.1.21}$$

对式(2.1.21)进行拉氏变换，得：

$$\tau_d\tau_j s^2\Omega(s)+\tau_j s\Omega(s)-\Omega(s)=K_m U_a(s) \tag{2.1.22}$$

经整理，得到电动机的传递函数：

$$G_m(s)=\frac{\Omega(s)}{U_a(s)}=\frac{\dfrac{K_m}{\tau_j\tau_d}}{s^2+\dfrac{s}{\tau_d}+\dfrac{1}{\tau_j\tau_d}} \tag{2.1.23}$$

令：

$$\omega_n=\sqrt{\frac{1}{\tau_d\tau_j}}\quad \zeta=\frac{1}{2}\sqrt{\frac{\tau_j}{\tau_d}} \tag{2.1.24}$$

得：

$$G_m(s)=\frac{\Omega(s)}{U_a(s)}=\frac{K_m\omega_n^2}{s^2+2\zeta\omega_n s+\omega_n^2} \tag{2.1.25}$$

式中：ω_n 称为电动机的无阻尼固有频率；ζ 称为电动机的阻尼比。由式(2.1.25)可见，直流伺服电动机是一个二阶系统。如果已知各参数及初始条件，求解上述各微分方程即可得到在各种负载条件下直流伺服电动机角速度随时间变化的规律。

1. 传统分析方法

以空载启动情况为例，分析直流伺服电动机的过渡过程及主要参数的影响。

传统经典方法是建立系统的传递函数，通过拉氏反变换对方程求解，得到系统的时域响应 $\omega(t)$。

当电动机启动时，输入的电枢控制电压 u_a 为一阶跃信号。为分析方便，设其为单位阶跃信号，即 $u_a=1$，则 $U_a(s)=1/s$，代入式(2.1.25)，得：

$$\Omega(s)=\frac{K_m\omega_n^2}{s(s^2+2\zeta\omega_n s+\omega_n^2)} \tag{2.1.26}$$

① 欠阻尼情况 $(0<\zeta<1)$：

当 $0<\zeta<1$ 时，对式(2.1.26)进行拉氏反变换，得：

$$\omega(t)=K_m\left[1-\frac{e^{-\zeta\omega_n t}}{\sqrt{1-\zeta^2}}\sin\left(\omega_n\sqrt{1-\zeta^2}\,t+\arctan\frac{\sqrt{1-\zeta^2}}{\zeta}\right)\right](t\geqslant 0) \tag{2.1.27}$$

由式(2.1.27)可见，在欠阻尼情况下，电动机角速度的过渡过程是一个衰减的振荡过程，衰减过程的长短由阻尼比 ζ 的大小决定，如图 2.1.12 所示。

由式(2.1.24)知，$\zeta<1$ 意味着 $\tau_d>\frac{1}{4}\tau_j$。说明电枢电路中电感 L_a 较大，电动机及负载部分的转动惯量 J 较小。L_a 大，容易引起电路的振荡，J 小，使得电动机对输入信号的变化及扰动输入反应灵敏。对于精度要求较高，过渡过程中不允许有过大超调的伺服系统是不利的。

按 ζ 的不同取值情况，分析电动机角速度的单位阶跃响应规律。

② 临界阻尼情况 $(\zeta=1)$：

当 $\zeta=1$ 时，式(2.1.26)可写成：

$$\Omega(s)=\frac{K_m\omega_n^2}{s(s+\omega_n)^2} \tag{2.1.28}$$

对式(2.1.28)进行拉氏反变换，可得：

$$\omega(t)=K_m[1-e^{-\omega_n t}(1+\omega_n t)] \tag{2.1.29}$$

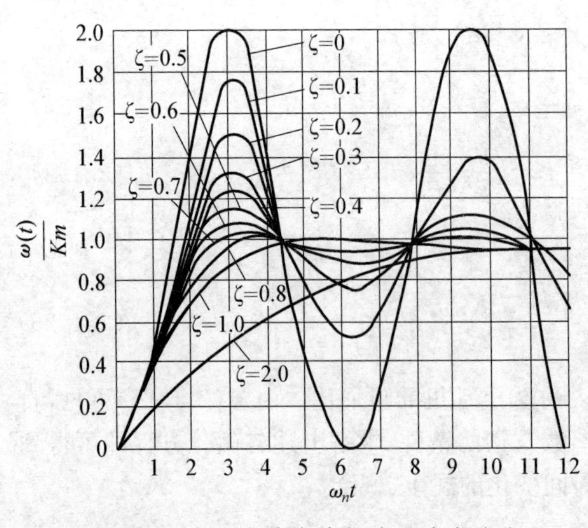

图 2.1.12 二阶系统单位阶跃响应曲线

显然，这是一条指数曲线，如图 2.1.12 所示。这表明在临界阻尼情况下，电动机角速度的过渡过程随时间增加按指数规律趋近于恒定值 K_m，过渡过程中没有超调，且达到稳定值的速度较快。

③ 过阻尼情况 $(\zeta>1)$：

过阻尼是直流伺服电动机最常见的情况。当 $\zeta>1$ 时 $\tau_d<\frac{1}{4}\tau_j$。为简化分析，可忽略电磁时间常数 τ_d 的影响。通过简化处理，可得电动机输出角速度 ω 的拉氏变换表达式：

$$\Omega(s)=\frac{K_m}{s(1+\tau_j s)}$$

对上式进行拉氏反变换，可得：

$$\omega(t) = K_m\left[1 - e^{-t/\tau_j}\right] \quad (2.1.30)$$

这就是在空载和忽略电磁过渡过程条件下，直流伺服电动机对单位阶跃电压输入信号的响应规律，即电动机角速度随时间变化的规律。由图 2.1.13 可见，电动机角速度按指数规律从零逐渐增加到稳定值 K_m，过渡过程的时间常数是 τ_j。

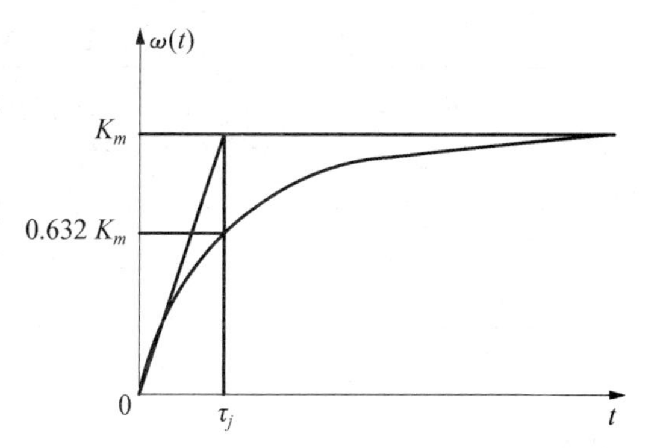

图 2.1.13　过阻尼时直流伺服电动机的单位阶跃响应

2. 现代分析方法——MATLAB 仿真

应用 MATLAB 中 SIMULINK 仿真工具，依据研究对象传递函数，建立仿真模型。针对三种阻尼情况，选择具体阻尼系数建立模型，如图 2.1.14 所示。

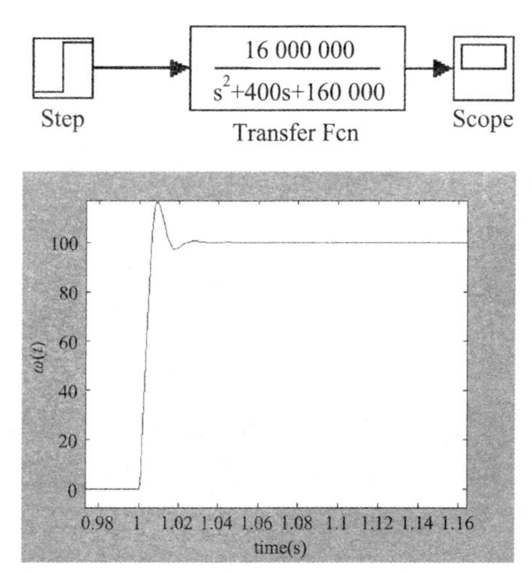

$K_m = 100$，$\omega_n = 400$，$\zeta = 0.5$(欠阻尼)

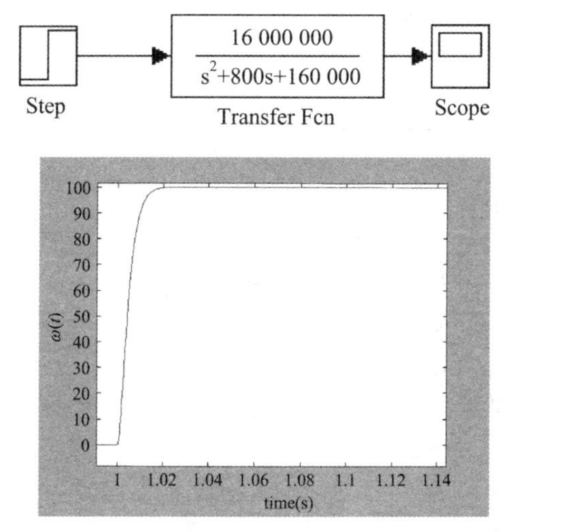

$K_m = 100$，$\omega_n = 400$，$\zeta = 1$(临界阻尼)

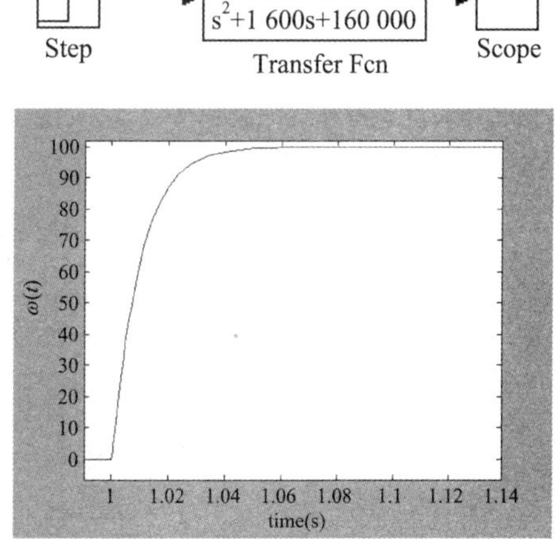

$K_m = 100$，$\omega_n = 400$，$\zeta = 2$(过阻尼)

图 2.1.14　电动机角速度的单位阶跃响应规律的 matlab 仿真

表 2.1.1　两种分析方法比较

比较内容	经典分析方法	现代分析方法
计算过程	复杂	简单
计算内容	部分需要简化处理	无需简化
结果呈现	抽象	直观

可以看出，应用 MATLAB 分析方法可以不用对研究对象作任何简化，从而使得分析结果更接近于实际情况。

通过上述对三种阻尼情况的分析可知，为使直流伺服电动机获得平稳的、无振荡的角速度过渡过程，为减小过渡过程时间，应尽量减小机电时间常数 τ_j，为减小 τ_j，可设法减小电动机电枢回路中的内阻 R_a 和转子及负载转动惯量 J，但这样又会使电动机易于振荡。机电时间常数还可表达成：

$$\tau_j = \frac{\omega_0}{\dfrac{T_d}{J}} \tag{2.1.31}$$

式中：T_d/J—称为力矩—惯量比。

可见通过加大力矩—惯量比的方法，既可加快过渡过程，又不至于引起振荡。小惯量直流伺服电动机和大惯量直流伺服电动机都是基于这一原理设计的。

4.2　建模

机械系统的数学模型建立与电气系统数学模型建立基本相似，都是通过折算的办法将复杂的结构装置转换成等效的简单函数关系，数学表达式一般是线性微分方程(通常简化成二阶微分方程)。机械系统的数学模型分析的是输入(如电机转子运动)和输出(如工作台运动)之间的相对关系。等效折算过程是将复杂结构关系的机械系统的惯量、弹性模量和阻尼(或阻尼比)等机械性能参数归一处理，从而通过数学模型来反映各环节的机械参数对系统整体的影响。

下面以数控机床进给传动系统为例，来介绍建立数学模型的方法。在图 2.1.15 所示的数

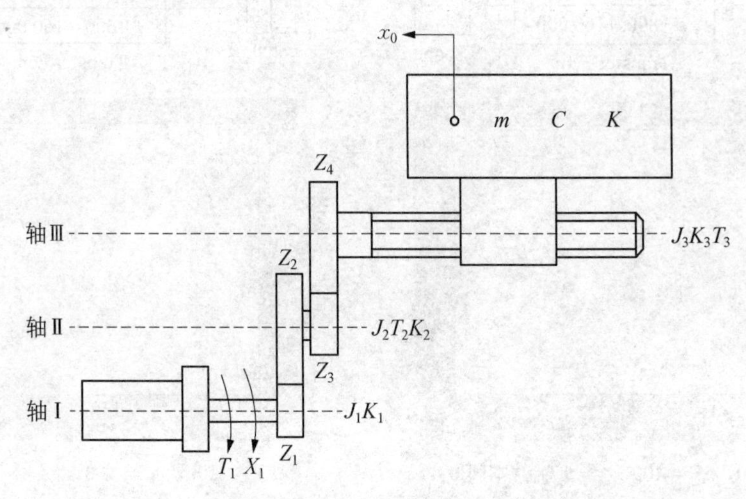

图 2.1.15　数控机床进给系统

控机床进给传动系统中，电动机通过两级减速齿轮 Z_1、Z_2、Z_3、Z_4（齿数分别为 z_1、z_2、z_3、z_4）及丝杠螺母副驱动工作台作直线运动。设 J_1 为轴Ⅰ部件和电动机转子构成的转动惯量；J_2、J_3 分别为轴Ⅱ、Ⅲ部件构成的转动惯量；K_1、K_2、K_3 分别为轴Ⅰ、Ⅱ、Ⅲ的扭转刚度系数；K 为丝杠螺母副及螺母底座部分的轴向刚度系数；m 为工作台质量；C 为工作台导轨粘性阻尼系数；T_1、T_2、T_3 分别为轴Ⅰ、Ⅱ、Ⅲ的输入转矩。

建立该系统的数学模型，首先是把机械系统中各基本物理量折算到传动链中的某个元件上（本例折算到轴Ⅰ上），使复杂的多轴传动关系转化成单一轴运动，转化前后的系统总机械性能等效；然后，在单一轴基础上根据输入量和输出量的关系建立它的输入/输出的数学表达式（即数学模型）。根据该表达式进行的相关机械特性分析就反映了原系统的性能。在该系统的数学模型建立过程中，分别针对不同的物理量（如 J、K、ω）求出相应的折算等效值。

机械装置的质量（惯量）、弹性模量和阻尼等机械特性参数对系统的影响是线性叠加关系，因此在研究各参数对系统影响时，可以假设其他参数为理想状态，单独考虑特性关系。下面就基本机械性能参数，分别讨论转动惯量、弹性模量和阻尼的折算过程。

1. 转动惯量的折算

把轴Ⅰ、Ⅱ、Ⅲ上的转动惯量和工作台的质量都折算到轴Ⅰ上，作为系统的等效转动惯量。设 T_1'、T_2'、T_3'分别为轴Ⅰ、Ⅱ、Ⅲ的负载转矩，ω_1、ω_2、ω_3 分别为轴Ⅰ、Ⅱ、Ⅲ的角速度；v 为工作台位移时的线速度。

（1）Ⅰ、Ⅱ、Ⅲ轴转动惯量的折算

根据动力平衡原理，Ⅰ、Ⅱ、Ⅲ轴的力平衡方程分是：

$$T_1 = J_1 \frac{\mathrm{d}\omega_1}{\mathrm{d}t} + T_1' \tag{2.1.32}$$

$$T_2 = J_2 \frac{\mathrm{d}\omega_2}{\mathrm{d}t} + T_2' \tag{2.1.33}$$

$$T_3 = J_3 \frac{\mathrm{d}\omega_3}{\mathrm{d}t} + T_3' \tag{2.1.34}$$

因为轴Ⅱ的输入转矩 T_2 是由轴Ⅰ上的负载转矩获得，且与它们的转速成反比，所以：

$$T_2 = \frac{z_2}{z_1} T_1 \tag{2.1.35}$$

又根据传动关系有：

$$\omega_2 = \frac{z_1}{z_2} \omega_1 \tag{2.1.36}$$

把 T_2 和 ω_2 值代入式(2.1.33)，并将式(2.1.32)中的 T_1 也带入，整理得：

$$T_1' = J_2 \left(\frac{z_1}{z_2}\right)^2 \frac{\mathrm{d}\omega_1}{\mathrm{d}t} + \left(\frac{z_1}{z_2}\right) T_2' \tag{2.1.37}$$

同理：

$$T_2' = J_3 \left(\frac{z_1}{z_2}\right)\left(\frac{z_3}{z_4}\right)^2 \frac{\mathrm{d}\omega_1}{\mathrm{d}t} + \left(\frac{z_3}{z_4}\right) T_3' \tag{2.1.38}$$

(2) 工作台质量折算

将工作台质量折算到Ⅰ轴，在工作台与丝杠间，T_3'驱动丝杠使工作台运动。

根据动力平衡关系有：

$$T_3' 2\pi = m\left(\frac{\mathrm{d}v}{\mathrm{d}t}\right)L \tag{2.1.39}$$

式中：v—工作台线速度；

L—丝杠导程。

即丝杠转动一周所做的功等于工作台前进一个导程时其惯性力所做的功。又根据传动关系有：

$$v = \frac{L}{2\pi}\omega_3 = \frac{L}{2\pi}\left(\frac{z_1}{z_2}\frac{z_3}{z_4}\right)\omega_1 \tag{2.1.40}$$

把 v 值代入上式整理后得：

$$T_3' = \left(\frac{L}{2\pi}\right)^2\left(\frac{z_1}{z_2}\frac{z_3}{z_4}\right)m\frac{\mathrm{d}\omega_1}{\mathrm{d}t} \tag{2.1.41}$$

(3) 折算到轴Ⅰ上的总转动惯量

把式(2.1.37)、(2.1.38)、(2.1.41)代入式(2.1.32)、(2.1.33)、(2.1.34)，消去中间变量并整理后求出电机输出的总转矩 T_1 为：

$$T_1 = \left[J_1 + J_2\left(\frac{z_1}{z_2}\right)^2 + J_3\left(\frac{z_1}{z_2}\frac{z_3}{z_4}\right)^2 + m\left(\frac{z_1}{z_2}\frac{z_3}{z_4}\right)^2\left(\frac{L}{2\pi}\right)^2\right]\frac{\mathrm{d}\omega_1}{\mathrm{d}t} = J_\Sigma\frac{\mathrm{d}\omega_1}{\mathrm{d}t} \tag{2.1.42}$$

$$J_\Sigma = J_1 + J_2\left(\frac{z_1}{z_2}\right)^2 + J_3\left(\frac{z_1}{z_2}\frac{z_3}{z_4}\right)^2 + m\left(\frac{z_1}{z_2}\frac{z_3}{z_4}\right)^2\left(\frac{L}{2\pi}\right)^2 \tag{2.1.43}$$

式中：J_Σ 为系统各环节的转动惯量(或质量)折算到轴Ⅰ上的总等效转动惯量。其中 $J_2\left(\frac{z_1}{z_2}\right)^2$、$J_3\left(\frac{z_1}{z_2}\frac{z_3}{z_4}\right)^2$、$m\left(\frac{z_1}{z_2}\frac{z_3}{z_4}\right)^2\left(\frac{L}{2\pi}\right)^2$ 分别为Ⅱ、Ⅲ轴转动惯量和工作台质量折算到Ⅰ轴上的折算转动惯量。

2. 粘性阻尼系数的折算

机械系统工作过程中，相互运动的元件间存在着阻力，并以不同的形式表现出来，如摩擦阻力、流体阻力以及负载阻力等，这些阻力在建模时需要折算成与速度有关的粘滞阻尼力。

当工作台匀速转动时，轴Ⅲ的驱动转矩 T_3 完全用来克服粘滞阻尼力的消耗。考虑到其他各环节的摩擦损失比工作台导轨的摩擦损失小得多，故只计工作台导轨的粘性阻尼系数 C。根据工作台与丝杠之间的动力平衡关系有：

$$T_3 2\pi = CvL \tag{2.1.44}$$

即丝杠转一周 T_3 所作的功，等于工作台前进一个导程时其阻尼力所作的功。

根据力学原理和传动关系有：

$$T_1 = \left(\frac{z_2}{z_1}\frac{z_4}{z_3}\right)^2\left(\frac{L}{2\pi}\right)^2 C\omega_1 = C'\omega_1 \tag{2.1.45}$$

式中：C'—工作台导轨折算到轴Ⅰ上的粘性阻力系数。

$$C' = \left(\frac{z_2}{z_1}\frac{z_4}{z_3}\right)^2\left(\frac{L}{2\pi}\right)^2 C \tag{2.1.46}$$

3. 弹性变形系数的折算

机械系统中各元件在工作时受力或力矩的作用，将产生轴向伸长、压缩或扭转等弹性变形，这些变形将影响到整个系统的精度和动态特性。建模时要将其折算成相应的扭转刚度系数或轴向刚度系数。

上例中，应先将各轴的扭转角都折算到轴Ⅰ上来，丝杠与工作台之间的轴向弹性变形会使轴Ⅲ产生一个附加扭转角，也应折算到轴Ⅰ上，然后求出轴Ⅰ的总扭转刚度系数。同样，当系统在无阻尼状态下，T_1、T_2、T_3 等输入转矩都用来克服机构的弹性变形。

(1) 轴向刚度的折算

当系统承担负载后，丝杠螺母副和螺母座都会产生轴向弹性变形，图 2.1.16 是它的等效作用图。在丝杠左端输入转矩 T_3 的作用下，丝杠和工作台之间的弹性变形为 δ，对应的丝杠

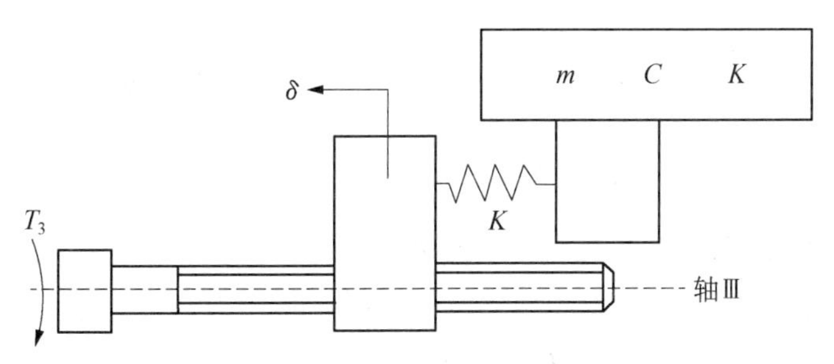

图 2.1.16　弹性变形的等效图

附加扭转角为 $\Delta\theta_3$。根据动力平衡原理和传动关系，在丝杠轴Ⅲ上有：

$$T_3 2\pi = K\delta L \tag{2.1.47}$$

$$\delta = \frac{\Delta\theta_3}{2\pi}L \tag{2.1.48}$$

所以：

$$T_3 = \left(\frac{L}{2\pi}\right)^2 K\Delta\theta_3 = K'\Delta\theta_3 \tag{2.1.49}$$

式中：K'—附加扭转刚度系数，其值为：

$$K' = \left(\frac{L}{2\pi}\right)^2 K \tag{2.1.50}$$

(2) 扭转刚度系数的折算

设 θ_1、θ_2、θ_3 分别为轴Ⅰ、Ⅱ、Ⅲ在输入转矩 T_1、T_2、T_3 的作用下产生的扭转角。根据动力平衡原理和传动关系有：

$$\theta_1 = \frac{T_1}{K_1} \tag{2.1.51}$$

$$\theta_2 = \frac{T_2}{K_2} = \left(\frac{z_2}{z_1}\right)\frac{T_1}{K_2} \tag{2.1.52}$$

$$\theta_3=\frac{T_3}{K_3}=\left(\frac{z_2}{z_1}\frac{z_4}{z_3}\right)\frac{T_1}{K_3} \tag{2.1.53}$$

由于丝杠和工作台之间轴向弹性变形使轴Ⅲ附加了一个扭转角 $\Delta\theta_3$，因此轴Ⅲ上的实际扭转角 $\theta_{Ⅲ}$ 为：$\theta_{Ⅲ}=\theta_3+\Delta\theta_3$。

将 θ_3、$\Delta\theta_3$ 值代入，则有：

$$\theta_{Ⅲ}=\frac{T_3}{K_3}+\frac{T_3}{K'}=\left(\frac{z_2}{z_1}\frac{z_4}{z_3}\right)\left(\frac{1}{K_3}+\frac{1}{K'}\right)T_1 \tag{2.1.54}$$

将各轴的扭转角折算到轴Ⅰ上得轴Ⅰ的总扭转角：

$$\theta=\theta_1+\left(\frac{z_2}{z_1}\right)\theta_2+\left(\frac{z_2}{z_1}\frac{z_4}{z_3}\right)\theta_{Ⅲ} \tag{2.1.55}$$

将 θ_1、θ_2、$\theta_{Ⅲ}$ 值代入上式有：

$$\begin{aligned}\theta&=\frac{T_1}{K_1}+\left(\frac{z_2}{z_1}\right)^2\frac{T_1}{K_2}+\left(\frac{z_2}{z_1}\frac{z_4}{z_3}\right)^2\left(\frac{1}{K_3}+\frac{1}{K'}\right)T_1\\&=\left[\frac{1}{K_1}+\left(\frac{z_2}{z_1}\right)^2\frac{1}{K_2}+\left(\frac{z_2}{z_1}\frac{z_4}{z_3}\right)^2\left(\frac{1}{K_3}+\frac{1}{K'}\right)\right]T_1=\frac{T_1}{K_\Sigma}\end{aligned} \tag{2.1.56}$$

式中：K_Σ—折算到轴Ⅰ上的总扭转刚度系数。

$$K_\Sigma=\frac{1}{\frac{1}{K_1}+\left(\frac{z_2}{z_1}\right)^2\frac{1}{K_2}+\left(\frac{z_2}{z_1}\frac{z_4}{z_3}\right)^2\left(\frac{1}{K_3}+\frac{1}{K'}\right)} \tag{2.1.57}$$

4. 建立系统的数学模型

根据以上的参数折算，建立系统动力平衡方程和推导数学模型。

设输入量为轴Ⅰ的输入转角 X_i，输出量为工作台的线位移 X_o。根据传动原理，把 X_o 折算成轴Ⅰ的输出角位移 Φ_o 在轴Ⅰ上根据动力平衡原理有：

$$J_\Sigma\frac{\mathrm{d}^2\Phi}{\mathrm{d}t^2}+C'\frac{\mathrm{d}\Phi}{\mathrm{d}t}+K_\Sigma\Phi=K_\Sigma X_i \tag{2.1.58}$$

又因为：

$$\Phi=\left(\frac{2\pi}{L}\right)\left(\frac{z_2}{z_1}\frac{z_4}{z_3}\right)X_o \tag{2.1.59}$$

因此，动力平衡关系可以写成下式：

$$J_\Sigma\frac{\mathrm{d}^2X_o}{\mathrm{d}t^2}+C'\frac{\mathrm{d}X_o}{\mathrm{d}t}+K_\Sigma X_o=\left(\frac{L}{2\pi}\right)\left(\frac{z_1}{z_2}\frac{z_3}{z_4}\right)K_\Sigma X_i \tag{2.1.60}$$

这就是机床进给系统的数学模型，它是一个二阶线性微分方程。其中 J_Σ、C'、K_Σ 均为常数。通过对式(2.1.60)进行拉氏变换求得该系统的传递函数为：

$$G(s)=\frac{X_o(s)}{X_i(s)}=\frac{\left(\frac{L}{2\pi}\right)\left(\frac{z_1}{z_2}\frac{z_3}{z_4}\right)K_\Sigma}{J_\Sigma s^2+C's+J_\Sigma}=\left(\frac{L}{2\pi}\right)\left(\frac{z_1}{z_2}\frac{z_3}{z_4}\right)\frac{\omega_n^2}{s^2+2\xi\omega_n s+\omega_n^2} \tag{2.1.61}$$

式中：ω_n—系统的固有频率。

$$\omega_n = \sqrt{K_\Sigma / J_\Sigma} \tag{2.1.62}$$

ζ—系统的阻尼比。

$$\zeta = \frac{C'}{2\sqrt{J_\Sigma K_\Sigma}} \tag{2.1.63}$$

ω_n 和 ζ 是二阶系统的两个特征参量，它们是由惯量(质量)、摩擦阻力系数、弹性变形系数等结构参数决定的。对于电气系统，ω_n 和 ζ 则由 R、C、L 物理量组成，它们具有相似的特性。

将 $s=j\omega$ 代入(2.1.62)可求出 $A(\omega)$ 和 $\Phi(\omega)$，即该机械传动系统的幅频特性和相频特性。由 $A(\omega)$ 和 $\Phi(\omega)$ 可以分析出系统输入输出之间不同频率的输入(或干扰)信号对输出幅值和相位的影响，从而反映了系统在不同精度要求状态下的工作频率和对不同频率干扰信号的衰减能力。

5. 机械性能参数对系统性能影响的仿真

机电一体化的机械系统要求精度高、运动平稳、工作可靠，这不仅仅是静态设计(机械传动和结构)所能解决的问题，而是要通过对机械传动部分与伺服电动机的动态特性进行分析，调节相关机械性能参数，达到优化系统性能的目的。

通过以上的分析可知，机械传动系统的性能与系统本身的阻尼比 ζ、固有频率 ω_n 有关。ω_n、ζ 又与机械系统的结构参数密切相关。因此，机械系统的结构参数对伺服系统性能有很大影响。

(1) 阻尼的影响

一般的机械系统均可简化为二阶系统，系统中阻尼的影响可以由二阶系统单位阶跃响应曲线来说明。由图 2.1.12 可知，阻尼比不同的系统，其时间响应特性也不同。

① 当阻尼比 $\zeta=0$ 时，系统处于等幅持续振荡状态，因此系统不能无阻尼；

② 当 $\zeta\geqslant1$ 时，系统为临界阻尼或过阻尼系统。此时，过渡过程无振荡，但响应时间较长；

③ 当 $0<\zeta<1$ 时，系统为欠阻尼系统，此时，系统在过渡过程中处于减幅振荡状态，其幅值衰减的快慢，取决于衰减系数 $\zeta\omega_n$。在 ω_n 确定以后，ζ 愈小，其振荡愈剧烈，过渡过程越长。相反，ζ 越大，则振荡越小，过渡过程越平稳，系统稳定性越好，但响应时间较长，系统灵敏度降低。

因此，在系统设计时，应综合考虑其性能指标，一般取 $0.5<\zeta<0.8$ 的欠阻尼系统，既能保证振荡在一定的范围内，过渡过程较平稳，过渡过程时间较短，又具有较高的灵敏度。

(2) 摩擦的影响

当两物体产生相对运动或有运动趋势时，其接触面要产生摩擦。摩擦力可分为粘性摩擦力、库仑摩擦力和静摩擦力三种，方向均与运动趋势方向相反。

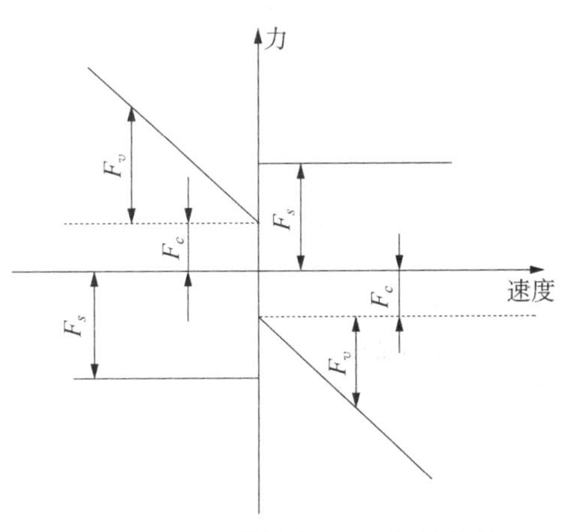

图 2.1.17　摩擦力——速度曲线

图 2.1.17 反映了三种摩擦力与物体运动速度之间的关系。当负载处于静止状态时，摩擦力为静

摩擦力 F_s，其最大值发生在运动开始前的一瞬间；当运动一开始，静摩擦力即消失，此时摩擦力立即下降为动摩擦(库仑摩擦)力 F_c，库仑摩擦力是接触面对运动物体的阻力，大小为一常数；随着运动速度的增加，摩擦力成线性增加，此时摩擦力为粘性摩擦 F_v。由此可见，只有物体运动后的粘性摩擦力是线性的，而当物体静止时和刚开始运动时，其摩擦是非线性的。摩擦对伺服系统的影响主要有：引起动态滞后，降低系统的响应速度，导致系统误差和低速爬行。

在图 2.1.18 所示机械系统中，设系统的弹簧刚度为 K。如果系统开始处于静止状态，当输入轴以一定的角速度转动时，由于静摩擦力矩 T 的作用，在 $\theta_i \leqslant \left|\frac{T_s}{K}\right|$ 范围内，输出轴将不会运动，θ_i 值即为静摩擦引起的传动死区。在传动死区内，系统将在一段时间内对输入信号无响应，从而造成误差。

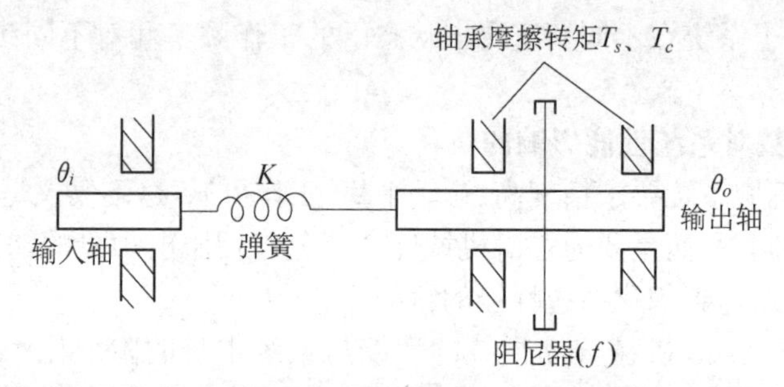

图 2.1.18　力传递与弹性变形示意图

当输入轴以恒速 Ω 继续运动，在 $\theta_i > \left|\frac{T_s}{K}\right|$ 后，输出轴也以恒速 Ω 运动，但始终滞后输入轴一个角度 θ_{ss}，若粘性摩擦系数为 f，则有：

$$\theta_{ss} = \frac{f\Omega}{K} + \frac{T_c}{K} \tag{2.1.64}$$

式中：$f\Omega/K$—粘性摩擦引起的动态滞后；

T_c/K—库仑摩擦所引起的动态滞后；

θ_{ss}—系统的稳态误差。

由以上分析可知，当静摩擦大于库仑摩擦，且系统在低速运行时(忽略粘性摩擦引起的滞后)，在驱动力引起弹性变形的作用下，系统总是启动、停止的交替变化之中运动，该现象被称为低速爬行现象，低速爬行导致系统运行不稳定。爬行一般出现在某个临界转速以下，而在高速运行时并不出现。

设计机械系统时，应尽量减少静摩擦和降低动、静摩擦之差值，以提高系统的精度、稳定性和快速响应性。因此，机电一体化系统中，常常采用摩擦性能良好的塑料—金属滑动导轨、滚动导轨、滚珠丝杠、静、动压导轨，静、动压轴承、磁轴承等新型传动件和支承件，并进行良好的润滑。

此外，适当增加系统的惯量 J 和粘性摩擦系数 f 也有利于改善低速爬行现象，但惯量增加将引起伺服系统响应性能的降低；增加粘性摩擦系数 f 也会增加系统的稳态误差，故设计时必须权衡利弊，妥善处理。

(3) 弹性变形的影响

机械传动系统的结构弹性变形是引起系统不稳定和产生动态滞后的主要因素，稳定性

是系统正常工作的首要条件。当伺服电动机带动机械负载按指令运动时，机械系统所有的元件都会因受力而产生不同程度的弹性变形。由前述可知，固有频率与系统的阻尼、惯量、摩擦、弹性变形等结构因素有关。当机械系统的固有频率接近或落入伺服系统带宽之中时，系统将产生谐振而无法工作。因此为避免机械系统由于弹性变形而使整个伺服系统发生结构谐振，一般要求系统的固有频率 ω_n 要远远高于伺服系统的工作频率。通常采取提高系统刚度、增加阻尼、调整机械构件质量和自振频率等方法来提高系统抗振性，防止谐振的发生。

采用弹性模量高的材料，合理选择零件的截面形状和尺寸，对轴承、丝杠等支承件施加预加载荷等方法均可以提高零件的刚度。在多级齿轮传动中，增大末级减速比可以有效地提高末级输出轴的折算刚度。

另外，在不改变机械结构固有频率的情况下，通过增大阻尼也可以有效地抑制谐振。因此，许多机电一体化系统设有阻尼器以使振荡迅速衰减。

(4) 惯量的影响

转动惯量对伺服系统的精度、稳定性、动态响应都有影响。惯量大，系统的机械常数大，响应慢。由式(2.1.63)可以看出，惯量大，阻尼比 ζ 将减小，从而使系统的振荡增强，稳定性下降；由式(2.1.62)可知，惯量大，会使系统的固有频率下降，容易产生谐振，因而限制了伺服带宽，影响了伺服精度和响应速度。惯量的适当增大只有在改善低速爬行时有利。因此，机械设计时在不影响系统刚度的条件下，应尽量减小惯量。

6. 传动间隙对系统性能的影响

机械系统中存在着许多间隙，如齿轮传动间隙，螺旋传动间隙等。这些间隙对伺服系统性能有很大影响，下面以齿轮间隙为例进行分析。

图 2.1.19 所示为一典型旋转工作台伺服系统框图。图中所用齿轮根据不同要求有不同的用途，有的用于传递信息(G_1、G_3)，有的用于传递动力(G_2、G_4)，有的在系统闭环之内(G_2、G_3)，有的在系统闭环之外(G_1、G_4)。由于它们在系统中的位置不同，其齿隙的影响也不同。

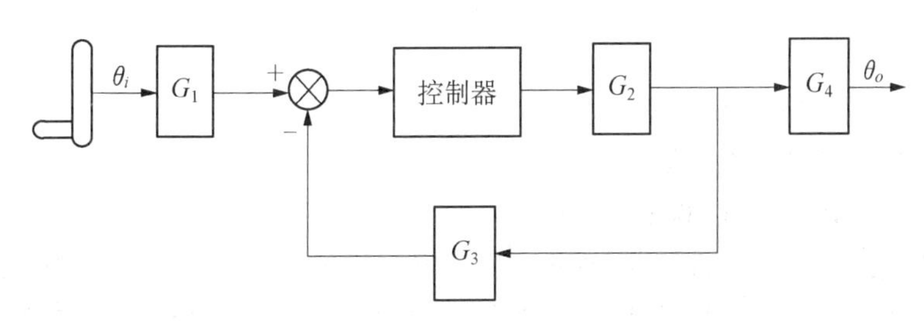

图 2.1.19　典型转台伺服系统框图

① 闭环之外的齿轮 G_1、G_4 的齿隙，对系统稳定性无影响，但影响伺服精度。由于齿隙的存在，在传动装置逆运行时造成回程误差，使输出轴与输入轴之间呈非线性关系，输出滞后于输入，影响系统的精度。

② 闭环之内传递动力的齿轮 G_2 的齿隙，对系统静态精度无影响，这是因为控制系统有自动校正作用。又由于齿轮副的啮合间隙会造成传动死区，若闭环系统的稳定裕度较小，则会使系统产生自激振荡，因此闭环之内动力传递齿轮的齿隙对系统的稳定性有影响。

③ 反馈回路上数据传递齿轮 G_3 的齿隙既影响稳定性，又影响精度。

因此，应尽量减小或消除间隙，目前在机电一体化系统中，广泛采取各种机械消隙机构来消除齿轮副、螺旋副等传动副的间隙。

同步训练　数控机床传动机构仿真分析

数控机床进给系统主要是由伺服驱动系统和机械传动系统两部分组成，结构简图如图2.1.20所示，建模仿真主要是针对这两部分。

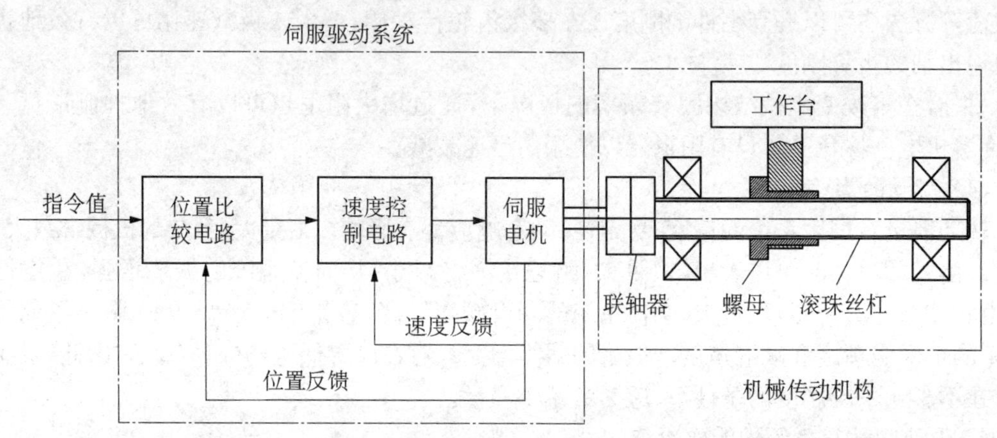

图 2.1.20　进给系统的结构简图

1. 伺服驱动系统建模仿真分析

伺服进给系统主要由位置控制电路、速度控制电路和伺服电机等组成。

(1) 位置控制的数学模型

位置检测单元可看作是一个比例放大，若数控机床采用的半闭环进给伺服系统，位置检测单元的反馈量是伺服电机轴的角位移，故有：

$$P_\theta(t) = k_p\theta_m(t) \tag{2.1.65}$$

式中：$P_\theta(t)$—位置反馈脉冲数；

k_p—位置反馈增益，脉冲/rad；

$\theta_m(t)$—伺服电机轴的角位移，rad。

位置控制根据数控机床控制系统的分析处理得到系统指令，该指令与机床实际位置相比较，通过分析处理得到位置偏差量，经变换得到速度给定电压，作为速度环的输入。位置控制单元的作用是一个比例放大环节，因此有：

$$U_c(t) = k_{pp}[P_p(t) - k_p\theta_m(t)] \tag{2.1.66}$$

式中：$U_c(t)$—位置环指令电压，V；

k_{pp}—位置环的增益，V/脉冲；

$P_p(t)$—位置指令脉冲。

(2) 速度控制的数学模型

速度反馈回路通常可近似视为一个无惯性的环节，故有：

$$U_g(t) = k_v \omega_m(t) \tag{2.1.67}$$

式中：$U_g(t)$—速度环反馈电压，V；

k_v—速度反馈系数，V·s/rad；

$\omega_m(t)$—伺服电机轴的角速度，rad/s。

速度偏差电压是速度指令电压 U_c 和速度环反馈电压 U_g 的差值，其经放大器放大后，就得到伺服电机的速度控制电压 U_A，忽略其滞后特性和非线性，将其视为比例放大环节，比例系数为 k_{vp}，其关系式：

$$U_A(t) = k_{vp}[U_c(t) - k_v \omega_m(t)] \tag{2.1.68}$$

式中：U_A—速度控制电压，V；

k_{vp}—速度控制放大器的增益。

(3) 交流伺服电机的数学模型

忽略磁饱和与电机组漏感，假设产生的反电动势是正弦的，励磁电压没有高次谐波，永磁同步电机(PMSM)的等效电路，如图 2.1.21 所示。建立永磁同步电动机的数学模型，如下：

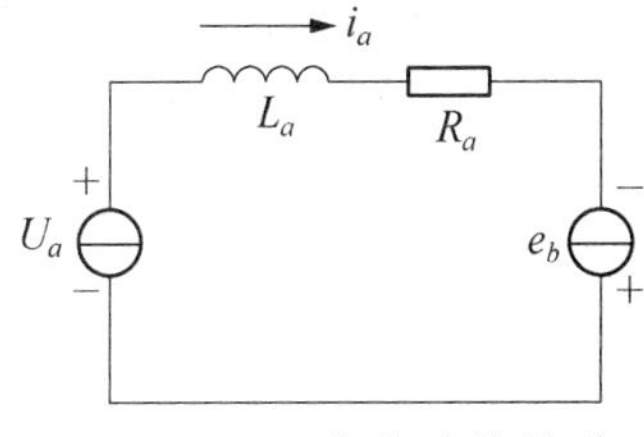

图 2.1.21　进给系统的结构简图

电压方程：
$$\left.\begin{cases} u_a(t) = R_a i_a + L_a \dfrac{\mathrm{d}i_a}{\mathrm{d}t} + e_b(t) \\ e_b(t) = K_b \omega_M(t) \end{cases}\right\} \tag{2.1.69}$$

电磁转矩方程：

$$T_M = K_T i_a(t) \tag{2.1.70}$$

机械运动方程：

$$T_M = J\frac{\mathrm{d}\omega_M(t)}{\mathrm{d}t} + B\omega_M(t) \tag{2.1.71}$$

式中：$u_a(t)$—电枢回路的控制电压；

L_a—电枢回路的电感；

$i_a(t)$—电枢回路的电流；

R_a—电枢回路的总电阻；

$e_b(t)$—电机的反电动势；

K_b—电机反电动势常数；

$\omega_M(t)$—电机的输出转速；

T_M—电机输出力矩；

K_T—电机转矩常数；

J—折算到电机轴上的总转动惯量；

B—折算到电机轴上的总粘性阻尼系数。

若设功率放大器的增益为 K_a，对式(2.1.69)—(2.1.71)进行拉氏变换，可获得伺服电机传递函数为：

$$G(s) = \frac{\omega_M(s)}{U_a(s)} = \frac{K_a K_T}{(L_a s + R_a)(Js + B) + K_T K_b} \tag{2.1.72}$$

2. 机械传动系统建模仿真分析

数控机床机械传动系统是一个动力学系统，该系统主要运动形式是：滚珠丝杠的转动和螺母副及工作台的直线移动。其结构主要由驱动电机、联轴器、丝杠支承轴承、滚珠丝杠、螺母副、工作台和运动导轨等部件组成。

其电机转矩平衡方程： $$J_m \frac{\mathrm{d}^2\theta_m}{\mathrm{d}t} + C_m \frac{\mathrm{d}\theta_m}{\mathrm{d}t} + M_s = M \tag{2.1.73}$$

式中：J_m—电动机转子转动惯量；

θ_m—电动机轴的转角；

M—电动机轴的驱动力矩，$M = K_t I$；

I—电动机绕组电流；

C_m—电动机转子系统的阻尼；

M_s—机械传动机构的输入转矩；

K_t—电动机转矩常数。

滚珠丝杠平衡方程： $$M_s(t) = K'_T(\theta_m - \theta_s) = J \frac{\mathrm{d}^2\theta_s}{\mathrm{d}t} + B \frac{\mathrm{d}\theta_s}{\mathrm{d}t} + M_g \tag{2.1.74}$$

式中：K'_T—滚珠丝杠的扭转刚度；

θ_s—滚珠丝杠的输出转角；

J—执行部件与各传动部件归算到滚珠丝杠上的转动惯量；

B—滚珠丝杠的阻尼系数；

M_g—滚珠丝杠对工作台的作用力矩。

对(2.1.74)进行拉氏变换，整理后得：

$$\theta_s(s) = \frac{K'_T\theta_m(s) - M_g(s)}{Js^2 + Bs + K'_T} \tag{2.1.75}$$

在弹性的线性变形范围内有：$K'_T(\theta_m - \theta_s) = M_s$ (2.1.76)

工作台的动力学平衡方程为：$$m\frac{\mathrm{d}^2x}{\mathrm{d}t} + C\frac{\mathrm{d}x}{\mathrm{d}t} + F_f = K_L(\theta_s k_i - x) = F \tag{2.1.77}$$

式中：m—工作台质量；

C—工作台的阻尼系数；

$k_i = L/2\pi$，转角与轴向位移转换系数；

L—滚珠丝杠的导程；

F_f—工作台外干扰力(切削力)；

x—工作台位移；

F—丝杠对工作台轴向输出力；

K_L—折算到工作台的等效轴向刚度。

对(2.1.77)进行拉氏变换，整理后得：

$$X(s) = \frac{k_i K_L \theta_s(s) - F_f(s)}{ms^2 + Cs + K_L} \tag{2.1.78}$$

建立的进给系统的 simulink 仿真模型如图 2.1.22 所示。

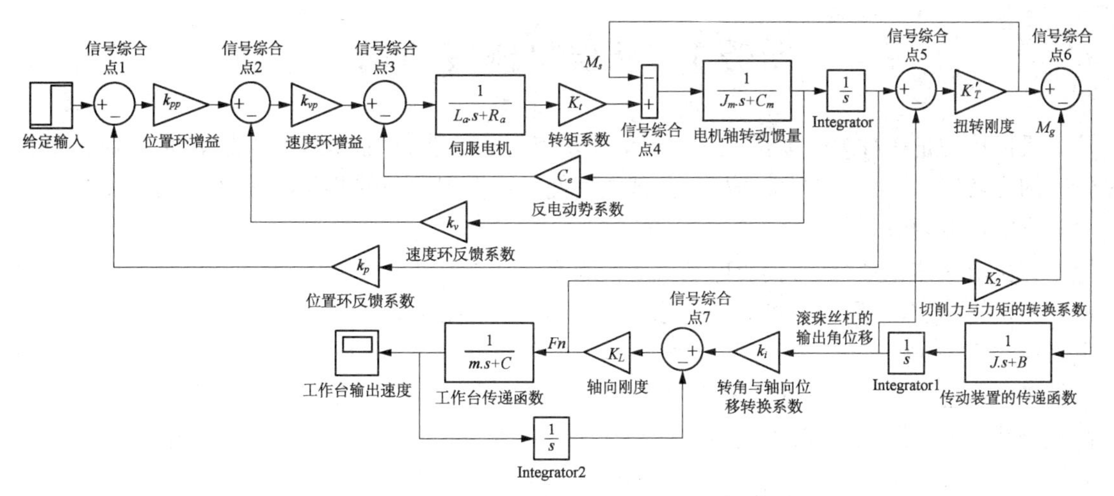

图 2.1.22　进给系统的 Simulink 仿真模型

子情境 2　传动机构

体例 2.2.1　数控机床伺服进给传动机构

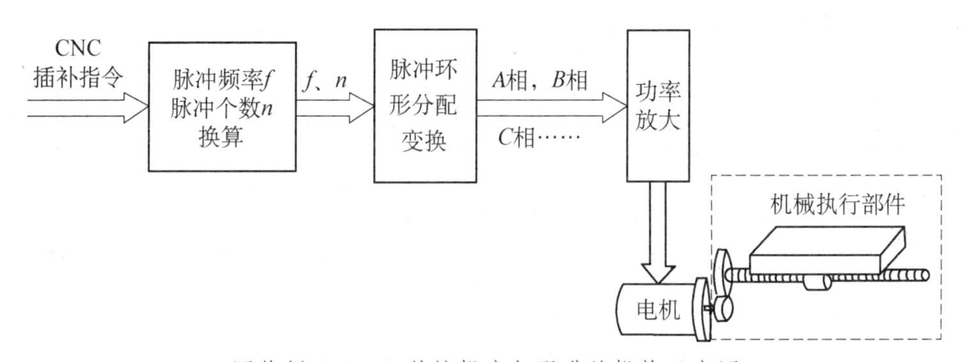

图体例 2.2.1　数控机床伺服进给机构示意图

表体例 2.2.1　数控机床伺服进给传动机构分析

产品名称	机构属性	机构类型	机构功能	零件类型	机构运动形式
数控机床	传动机构	齿轮传动	传动,转矩变换	直齿轮	旋转运动
		滚珠丝杠副传动	传动,运动形式变换	丝杠、螺母	旋转运动——直线运动

体例 2.2.2　________传动机构(学生完成)

完成形式：学生以小组为单位通过查找资料、研讨，以典型项目形式完成文本说明，制作PPT，通过项目过程考核对学生完成情况评价。

任务1　认识机械传动机构

机械传动是一种把动力机产生的运动和动力传递给执行机构的中间装置，是一种转矩和转速的变换器，其目的是在动力机与负载之间使转矩得到合理的匹配，并可通过机构变换实现对输出的速度调节。

在机电一体化系统中，伺服电动机的伺服变速功能在很大程度上代替了传统机械传动中的变速机构，只有当伺服电机的转速范围满足不了系统要求时，才通过传动装置变速。由于机电一体化系统对快速响应指标要求很高，因此机电一体化系统中的机械传动装置不仅仅是用来解决伺服电机与负载间的力矩匹配问题的，更重要的是为了提高系统的伺服性能。为了提高机械系统的伺服性能，要求机械传动部件的转动惯量小、摩擦小、阻尼合理、刚度大、抗振性好、间隙小，并满足小型、轻量、高速、低噪声和高可靠性等要求。

机构类型的选择将直接关系到传动系统方案设计的适用性、可靠性及先进性，选型时应考虑。传动机构可以按照复杂程度分为单一传动机构和复合传动机构，复合传动机构由若干个单一传动机构组合而成。单一传动机构又可按照运动变换形式分为旋转运动变为直线运动传动机构、旋转运动变为旋转运动传动机构，后者又可进一步按照输出轴与输入轴位置关系细分为两轴平行与两轴垂直。

机电一体化系统中常见的由旋转运动转变为直线运动的传动机构特点见表2.2.1。

表2.2.1　由旋转运动转变为直线运动的传动机构组成及特点

名称	组成	特点	示意图
凸轮机构	凸轮、从动件、机架	结构简单、紧凑、设计方便，能使从动件获得较复杂的运动规律。但行程不大，运动副为高副，不宜重载	
螺旋机构	螺杆、螺母，机架	工作平稳、传动精度高、结构简单、制造方便，可实现微动、增力、定位等功能，较小回转力矩、易于自锁。但效率低，易磨损	
曲柄滑块机构	机架、曲柄、连杆、滑块	面接触低副，压强小，便于润滑，磨损轻，寿命长，传递动力大；低副易于加工，可获得较高精度，成本低；杆可较长，可用作实现远距离的操纵控制；可利用连杆实现较复杂的运动规律和运动轨迹	
齿轮齿条机构	齿轮齿条传动机构、滑块限位机构、锁紧机构	传递动力大，效率高；寿命长，工作平稳，可靠性高；能保证恒定的传动比，能传递任意夹角两轴间的运动	
滚珠丝杠副传动机构	丝杠、螺母、滚珠、反向器（回程引导装置）	轴向刚度高（即通过适当预紧可消除丝杠与螺母之间的轴向间隙）、运动平稳、传动精度高、不易磨损、使用寿命长等。但由于不能自锁，具有传动的可逆性，在用作升降传动机构时，需要采取制动措施	

机电一体化系统中常见的由旋转运动转变为旋转运动的传动机构特点见表 2.2.2。

表 2.2.2　由旋转运动转变为旋转运动的传动机构组成及特点

名称	组成	特点	示意图
直齿轮机构	齿轮、传动轴	轮齿分布在圆柱体外表面且与其轴线平行，两轮的转动方向相反。容易产生冲击，振动和噪音	
斜齿轮机构	齿轮、传动轴	轮齿与其轴线倾斜一个角度，沿螺旋线方向排列在圆柱上，两轮转向相反，传动平稳，适合高速重载传动，但有轴向力	
锥齿轮机构	齿轮、传动轴	轮齿沿圆锥母线排列于圆锥表面，是相交轴齿轮传动的基本形式。寿命长，承载能力强，降噪、减振，润滑性好，制造较为简单	
带传动机构	主动轮、从动轮、张紧轮、环形带、机架	结构简单、传动平稳、能缓冲吸振、可以在大的轴间距和多轴间传递动力，且造价低廉、不需润滑、维护容易，适用于中心距较大的传动	
同步齿形带机构	齿轮、齿形带、传动轴	兼有带传动、齿轮传动及链传动的优点，能方便地实现较远中心距的传动，传动比恒定、准确、结构紧凑，耐磨性好；齿形带薄且轻，强度高，可用于低速及高速传动。齿形带无需特别张紧，作用在轴和轴承处的载荷小，传动效率高	
蜗轮蜗杆机构	蜗轮、蜗杆、传动轴	两轴垂直交错，可以得到很大的传动比，结构紧凑；两轮啮合齿面间为线接触，其承载能力高于交错轴斜齿轮机构；传动平稳、噪音小；可实现反向自锁；但传动效率较低，磨损较严重，蜗杆轴向力较大。广泛用于机床、汽车、起重设备等传统机械中	

任务 2　常用单一传动机构设计

传动机构设计的一般流程如图 2.2.1 所示。

图 2.2.1　传动机构设计流程图

2.1 滚珠丝杠副传动机构设计

1. 认识滚珠丝杠副

(1) 分类

分为内循环式和外循环式两种,外循环式的回程引导装置在螺母的外侧,内循环式的回程引导装置在螺母的内侧,所以内循环式的加工更困难。

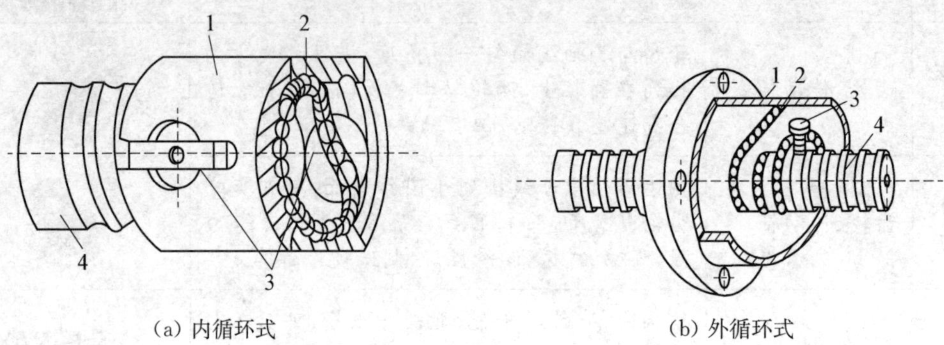

(a) 内循环式　　(b) 外循环式

1—螺母　2—滚珠　3—回程引导装置　4—丝杠

图 2.2.2　滚珠丝杠副

(2) 滚珠丝杠副的主要尺寸、精度等级及标注

滚珠丝杠副的主要尺寸如图 2.2.3 所示,图中 D_0 为公称直径,又称为标称直径;D_1 为螺母内径;D 为螺母外径;d 为丝杠外径;d_1 为丝杠内径;d_0 为滚珠直径;p 为丝杠导程;λ 为螺旋升角;R 为螺纹滚道半径;e 为偏心距;α 为接触角,一般为 45°; r_3 为螺纹牙顶圆角半径。各尺寸间的相互关系详见表 2.2.3。

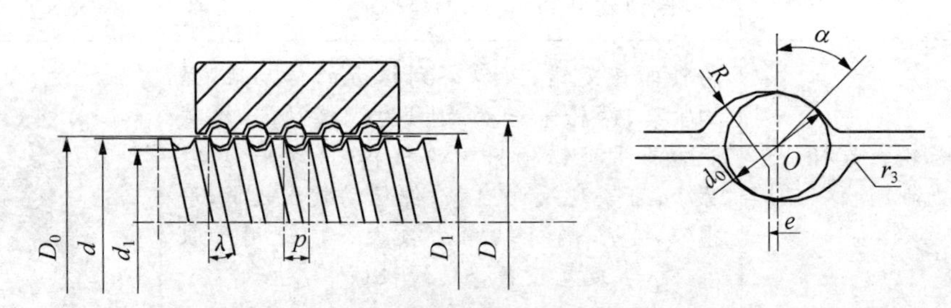

图 2.2.3　滚珠丝杠副的主要尺寸

表 2.2.3　滚珠丝杠副主要尺寸

主要尺寸	符号	计算公式												
标称直径(滚珠中心圆直径)	D_0 mm	30		40		50			60			80		根据承载能力选用
导程	p mm	5	6	6	8	6	8	10	8	10	12	10	12	根据承载能力选用
螺旋升角	λ (°)	3°2′	3°39′	2°44′	3°39′	2°11′	2°55′	3°39′	2°26′	3°2′	3°39′	2°17′	2°44′	$\lambda=\arctan\frac{p}{\pi D_0}$ 一般 $\lambda=2°\sim5°$

续　表

主要尺寸	符号	计算公式
滚珠直径	d_0 mm	3.175　3.969　3.969　4.763　3.969　4.763　5.953　4.763　5.953　7.144　5.953　7.144
螺纹滚道半径	R	一般取 $R=(0.52\sim0.58)d_0$ 目前，内循环常取 $R=0.52d_0$，外循环常取 $R=0.52d_0$ 或 $R=0.56d_0$
接触角	α	$\alpha=45°$
偏心距	e	$e=\left(R-\frac{d_0}{2}\right)\sin\alpha=0.707\left(R-\frac{d_0}{2}\right)$
丝杠外径	d	$d=D_0-(0.2\sim0.25)d_0$
丝杠内径	d_1	$d_1=D_0+2e-2R$
螺纹牙顶圆角半径	r_3	$r_3=0.1\,d_0$(用于内循环)
螺母外径	D	$D=D_0-2e+2R$
螺母内径	D_1	$D_1=D_0+(0.2\sim0.25)\,d_0$(外循环) $D_1=D_0+\frac{D_0-d}{3}$(内循环)

JB3162.2-82《滚珠丝杠副精度》标准规定分为六个等级：C、D、E、F、G、H。C级最高，H级最低。滚珠丝杠副精度包括各元件的制造精度和装配后的综合精度。为提高经济性，按实际使用的精度要求，在每一精度等级内再分项，用以规定各精度等级的检查项目。表2.2.4列出了精度等级的导程公差及导程精度的检验项目。未指定的检验项目，其误差值不超过下一等级的规定值，H级不做规定。例如 D_3 表示只检验前三个项目，其余两个项目不得超过E级的规定。

表2.2.4　精度等级的导程公差及导程精度的检验项目

序号	项目	符号	精度等级						检验项目选择号				
			C	D	E	F	G	H	1	2	3	4	5
1	任意300 mm内导程公差/μm	δL_{300}	5	10	15	25	50	100	√	√	√	√	√
2	螺纹全长内导程误差/μm	δL_1	$\delta L_1=\delta L_{300}\times\left(\frac{L-2L_0}{300}\right)^{K_1}$							√	√	√	√
		K_1	0.8	0.8	0.8	0.8	0.8	1.0					
3	导程误差曲线的带宽/μm	δL_b	$\delta L_b=\delta L_{300}\times\left(\frac{L-2L_0}{300}\right)^{K_2}$								√	√	√
		K_2	0.6	0.6	0.6	0.6	0.6	—					
4	基本导程偏差/μm	δL_0	±4	±5	±6	—	—	—				√	√
5	2π 弧度内导程误差/μm	$\delta L_{2\pi}$	4	5	6	—	—	—					√

设计选用滚珠丝杠副时，应根据传动机构的精度要求，选择滚珠丝杠副的精度等级，参见表 2.2.5，精度系数，见表 2.2.6，同时应该考虑机构工况即载荷系数，见表 2.2.7，丝杠所用材料即硬度系数，见表 2.2.8。

表 2.2.5 导程精度检验项目

机械种类		坐标方向			
		X(横向)	Y(立向)	Z(纵向)	W(刀杆、镗杆)
开环系统	数控压力机	E	—	E	—
	数控绘图机	E	—	E	—
	数控车床	E、D	—	E	—
	数控磨床	D、C	—	D	—
	数控线切割机	D	—	D	—
	数控钻床	E	E、F	E	—
	数控铣床	D	D	D	—
	数控镗床	D、C	D、C	D、C	E
	数控坐标镗床	D、C	D、C	D、C	D
	自动换刀数控机床	D、C	D、C	D、C	E
坐标镗床，螺纹磨床		D、C	D、C	D、C	D
仪表机床		D、C	D、C	D、C	—
普通机床，通用机床		F	F	F	—

JB3162.2－91《滚珠丝杠副精度》标准规定分为 7 个等级：1，2，3，4，5，7，10。1 级最高。

表 2.2.6 精度系数

精度等级	C、D	E、F	G	H
K_A	1.0	1.1	1.25	1.43

表 2.2.7 载荷系数

载荷性质	无冲击平稳运转	一般运转	有冲击和振动运转
K_F	1～1.2	1.2～1.5	1.5～2.5

表 2.2.8 硬度系数

滚道实际硬度 HRC	≥58	55	50	45	40
K_H	1.0	1.11	1.58	2.4	3.85

滚珠丝杠副的标注采用汉语拼音字母及数字，例如 FFZD40 5－3－D3/1400×900(南京工艺装备制造厂)，表示浮动式内循环、法兰与直筒螺母组合垫片预紧、标称直径 40 mm，基本导程 5 mm、承载滚珠总圈数为 3 圈、D 级精度、检验 1～3 项，右旋(左旋需标注“左”)、丝杠全长 1 400 mm，螺纹长度 900 mm。汉江机床厂 C1 型滚珠丝杠副基本参数参见表 2.2.9。

表 2.2.9　汉江机床厂 C1 型滚珠丝杠副基本参数

序号	滚珠丝杠系列代号	滚珠丝杠/mm			螺旋角	滚珠直径		循环列数×圈数	额定载荷	
		中径	大径	导程		英制 in	米制 mm		动载	静载
		d_2	d	p	λ	d_0		$J\times k$	C_a/N	C_{oa}/N
1	2004－2.5	20	19.5	4	3°38′	3/32	2.318	1×2.5	5 393	12 651
2	2005－2.5			5	4°33′	1/8	3.175	1×2.5	8 630	18 241
3	2005－3							2×2.5	10 493	22 850
4	2504－2.5	25	24.5	4	2°55′	3/32	2.381	1×2.5	5 982	16 083
5	2505－2.5			5	3°38′	1/8	3.175	1×2.5	9 610	23 340
6	2505－3							2×2.5	11 670	28 538
7	2506－2.5			6	4°22′	1/8	3.175	1×2.5	9 610	23 340
8	3204－2.5	32	31.5	4	2°16′	3/32	2.381	1×2.5	6 668	20 692
9	3205－2.5			5	2°51′	1/8	3.175	1×2.5	10 689	29 911
10	3205－3							2×2.5	12 945	37 364
11	3206－2.5			6	3°25′	1/8	3.175	1×2.5	10 689	29 911
12	4005－2.5	40	39.5	5	2°16′	1/8	3.175	1×2.5	11 670	37 658
13	4005－5							2×2.5	21 183	75 317
14	4006－2.5			6	2°44′	5/32	3.969	1×2.5	16 083	46 779
15	4008－2.5		39	8	3°38′	3/16	4.763	1×2.5	20 202	55 231
16	4010－2.5			10	4°33′	15/64	5.953	1×2.5	30 303	73 062
17	4010－5							2×2.5	55 017	146 418
18	5006－3	50	49.5	6	2°11′	5/32	3.969	2×2.5	21 379	72 277
19	5008－2.5		49	8	2°55′	3/16	4.763	1×2.5	22 556	69 825
20	5010－2.5			10	3°38′	15/64	5.953	1×2.5	33 638	93 166
21	5010－5							2×2.5	60 999	186 234
22	2012－2.5			12	4°22′	9/32	7.144	1×2.5	45 308	114 055
23	6308－3	63	62	8	2°19′	3/16	4.763	2×2.5	29 715	110 034
24	6310－2.5			10	2°53′	15/64	5.953	1×2.5	36 776	118 174
25	6310－5							2×2.5	66 785	236 446
26	6312－2.5			12	3°28′	9/32	7.144	1×2.5	50 113	145 437

续 表

序号	滚珠丝杠系列代号	滚珠丝杠/mm			螺旋角	滚珠直径		循环列数×圈数	额定载荷	
		中径	大径	导程		英制 in	米制 mm		动载	静载
		d_2	d	p	λ	d_0		$J\times k$	C_a/N	C_{oa}/N
27	8010-2.5	80	79	10	2°12′	15/64	5.953	1×2.5	40 895	150 635
28	8010-5							2×2.5	74 435	301 369
29	8012-2.5		78.5	12	2°44′	9/32	7.144	1×2.5	55 899	187 313
30	10012-3	100	98.5	12	2°11′	9/32	7.144	2×2.5	74 042	294 210
31	10016-3			16	2°55′	3/8	9.525	2×2.5	96 108	437 392
32	10020-3			20	3°28′	3/8	9.525	2×2.5	96 108	437 392

(3) 轴向间隙的调整和预紧力的施加

滚珠丝杠副的轴向间隙是承载时在滚珠与滚道型面接触点的弹性变形所引起的螺母位移量和螺母原有间隙的总和。通常采用双螺母预紧的方法，把弹性变形控制在最小限度内，以减小或消除轴向间隙，并可以提高滚珠丝杠副的刚度。单螺母滚珠丝杠副的轴向间隙达0.05 mm；双螺母预紧消除轴向间隙时应注意以下两点：

第一，预紧力大小必须合适，应不超过最大轴向负载的1/3；

第二，要特别注意减小丝杠安装部分和驱动部分的间隙。

双螺母预紧消除轴向间隙的结构形式有三种。

① 垫片调隙式　如图2.2.4所示，通过调整垫片厚度实现，该结构紧凑，工作可靠，调整方便，应用广，但不很准确，适用于一般精度的传动机构。

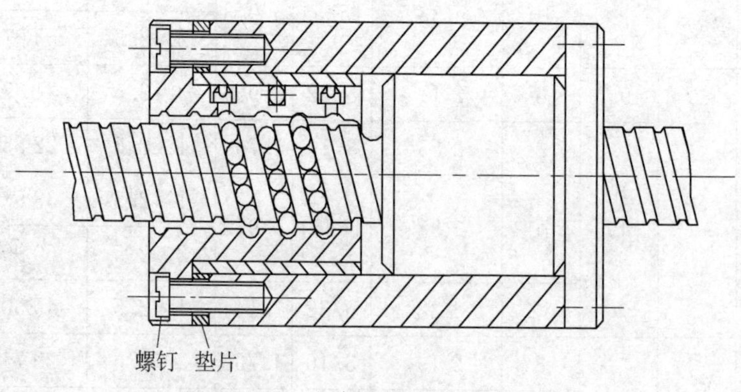

图2.2.4　垫片调隙式滚珠丝杠副

② 螺纹调隙式　如图2.2.5所示，该形式结构紧凑，工作可靠，调整方便，缺点是不很精确。

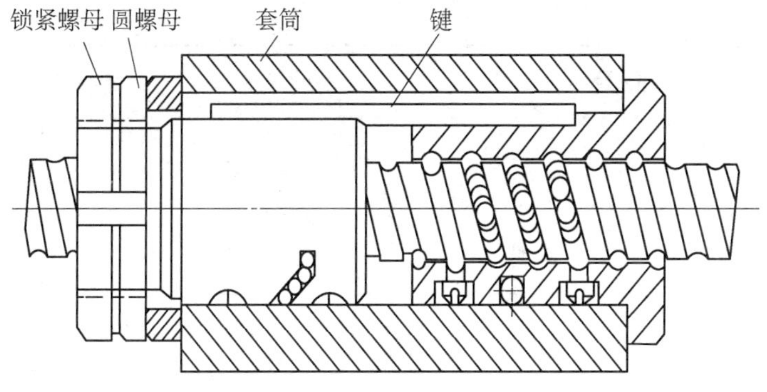

图 2.2.5　螺纹调隙式滚珠丝杠副

③ 齿差调隙式　如图 2.2.6 所示，在两个螺母的凸缘上各制有圆柱外齿轮(齿数为 z_1，z_2，且 $z_2-z_1=1$)，分别与内齿圈啮合。当两个螺母按同方向转过一个齿时，所产生的相对轴向位移为：

$$\Delta s=\left(\frac{1}{z_1}-\frac{1}{z_2}\right)p=\frac{z_2-z_1}{z_1z_2}p=\frac{1}{z_1z_2}p \tag{2.2.1}$$

式中：p 为导程。若 $z_1=99$，$z_2=100$，$p=6\ \text{mm}$，则 $\Delta s=0.6\ \mu\text{m}$。该形式调整精度很高，工作可靠。但结构复杂，加工和装配工艺性能较差。

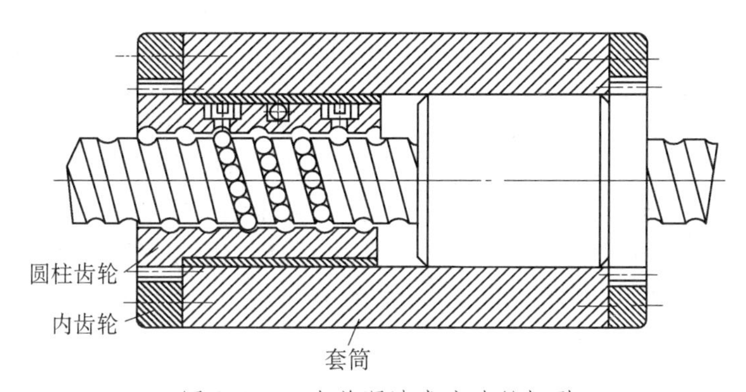

图 2.2.6　齿差调隙式滚珠丝杠副

(4) 滚珠丝杠副的安装

按其限制丝杠轴的轴向窜动情况，分为三种形式：一端固定、一端自由(F－O)，一端固定、一端游动(F－S)和两端固定(F－F)。它们的特点如表 2.2.10 所示。

表 2.2.10　滚珠丝杠副支撑形式

支撑形式	简图	特点
一端固定 一端自由 (F－O)	F　l　O	1. 结构简单 2. 丝杠的轴向刚度比两端固定低 3. 丝杠的压杆稳定性和临界转速都较低 4. 设计时尽量使丝杠受拉伸 5. 适用于较短和竖直的丝杠

续 表

支撑形式	简图	特点
一端固定 一端游动 (F-S)	F l S	1. 需保持螺母与两端支承同轴,故结构较复杂,工艺较困难 2. 丝杠的轴向刚度与F-O相同 3. 压杆稳定性和临界转速比同长度的F-O型高 4. 丝杠有热膨胀的余地 5. 适用于较长的卧式安装丝杠
两端固定 (F-F)	F l F	1. 同F-S的l 2. 只要轴承无间隙,丝杠的轴向刚度为一端固定的4倍 3. 丝杠一般不会受压,无压杆稳定问题,固有频率比一端固定要高 4. 可以预拉伸,预拉伸后可减少丝杠自重的下垂和热补偿膨胀,但需要一套预拉伸机构,结构及工艺都比较困难 5. 要进行预拉伸的丝杠,其目标行程应略小于公称行程,减少量等于拉伸量 6. 适用于对刚度和位移精度要求高的场合

① 一端固定、一端自由(F-O)　如图2.2.7所示,其固定端轴向、径向都需要有约束,采用圆锥滚子轴承3、5。轴承外圈由支承座4的台肩轴向限位,内圈由螺母1、2及轴肩轴向限位。两轴承采用背靠背组配方式,可增大轴承间的有效支点距离,可承受双向的轴向载荷和径向载荷,并有较大的承受倾斜力矩的能力。这种结构只能用于短丝杠或竖直安装的丝杠,在水平安装时,两轴承3、5之间的距离要尽量大一些。

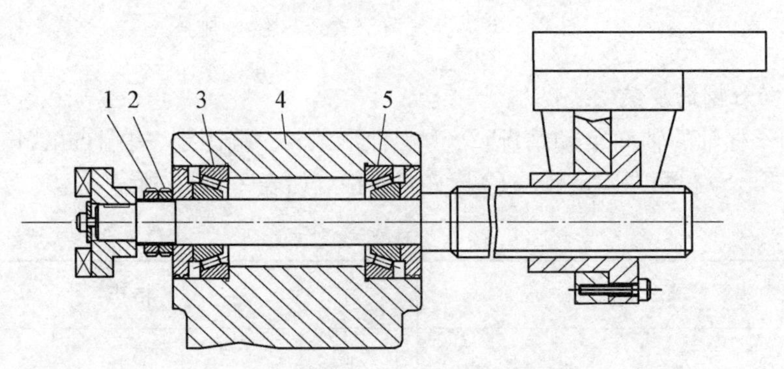

1、2—螺母　3、5—轴承　4—支承座

图2.2.7　一端固定一端自由支承

② 一端固定、一端游动(F-S)　如图2.2.8所示。固定端采用深沟球轴承2和双向推力球轴承4,可分别承受径向和轴向负载,螺母1、挡圈3、轴肩、支承座5台肩、端盖7提供轴向

限位，垫圈 6 可调节推力轴承 4 的轴向预紧力。游动端需要径向约束，轴向无约束。采用深沟球轴承 8，其内圈由挡圈 9 限位，外圈不限位，以保证丝杠在受热变形后可在游动端自由伸缩。

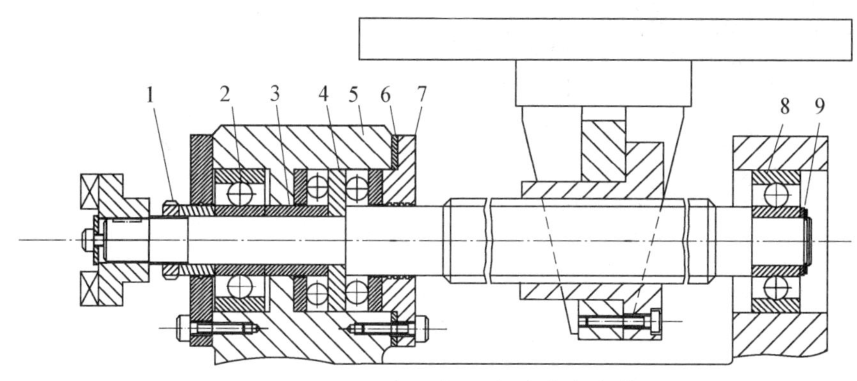

图 2.2.8　一端固定一端游动式支撑

③ 两端固定(F－F)　两端固定方式的支承为减少丝杠因自重的下垂和补偿热膨胀，应进行预拉伸。如图 2.2.9 所示，两端各采用一个推力角接触球轴承，外圈限位，内圈分别用螺母进行限位和预紧，调节轴承的间隙，并根据预计温升产生的热膨胀量对丝杠进行预拉伸。只要实际温升不超过预计的温升，这种支承方式就不会产生轴向间隙。

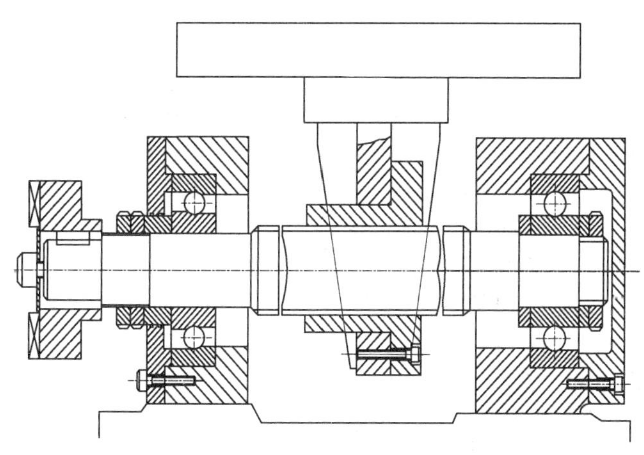

图 2.2.9　两端固定式支撑

(5) 润滑和密封

① 润滑。润滑剂可提高滚珠丝杠副的耐磨性和传动效率。润滑剂分为润滑油、润滑脂两大类。润滑油为一般机油或 90～180 号透平油或 140 号主轴油，可通过螺母上的油孔将其注入螺纹滚道，润滑脂可采用锂基油脂，它加在螺纹滚道和安装螺母的壳体空间内。

② 密封。滚珠丝杠副在使用时常采用一些密封装置进行防护。为防止杂质和水进入丝杠(否则会增加摩擦或造成损坏)，对于预计会带进杂质之处使用波纹管(右侧)或伸缩罩(左侧)，如图 2.2.10 所示，以完全盖住丝杠轴。对于螺母，应在其两端进行密封，如图 2.2.11 所示，密封材料必须具有防腐蚀和耐油性能。

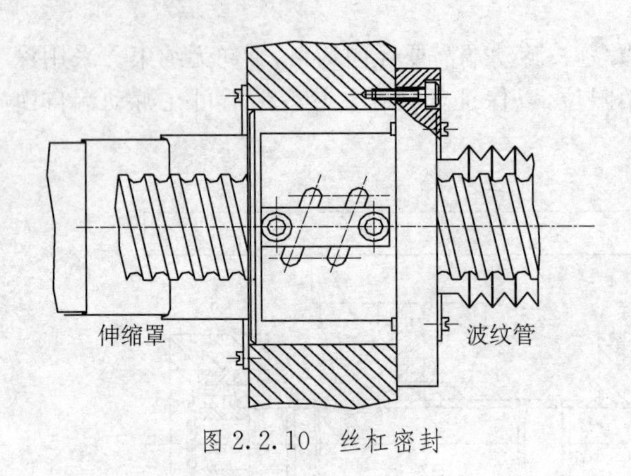

图 2.2.10　丝杠密封

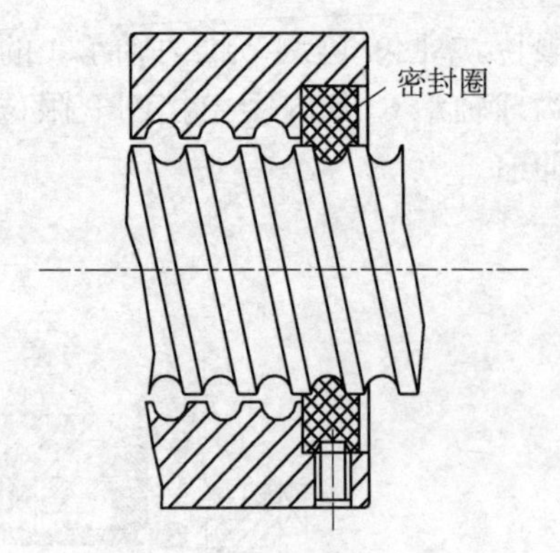

图 2.2.11　螺母端部密封

2. 滚珠丝杠副的设计选型

设计任务 1　设计某数控机床工作台进给用滚珠丝杠副。已知平均工作载荷 $F_m = 4\,000$ N，丝杠工作长度 $l = 2$ m，平均转速 $n = 120$ r/min，每天开机 6 小时，每年 300 个工作日，要求工作 8 年以上，丝杠材料为 CrWMn 钢，滚道硬度为 58～62 HRC，丝杠传动精度为 ±0.04 mm。滚珠丝杠副传动机构设计方案详见任务表 2.2.1.1。

任务表 2.2.1.1　滚珠丝杠副传动机构设计及相关资讯

设计方案一	设计方案二	资讯
滚珠丝杠副采用一端固定一端游动方式	滚珠丝杠副采用两端固定方式	机械传动设计的原则 滚珠丝杠副传动知识资讯 机械系统性能仿真 机械制图、计算机辅助设计

表 2.2.11　稳定性系数

有关系数 \ 支承方式	一端固定一端自由 (F-O)	一端固定一端游动 (F-S)	两端固定(F-F)
允许安全系数[S]	3～4	2.5～3.3	—
长度系数 μ	2	2/3	—
临界转速系数 f_c	1.827	3.927	4.730

方案一设计计算步骤如任务表 2.2.1.2 所示。

任务表 2.2.1.2　设计计算及选型校核

计算项目	设计计算与说明	计算结果
1. 求计算载荷 F_C	根据设计任务查表 2.2.5 决定选 D 级精度丝杠，查表 2.2.6、2.2.7、2.2.8，取 $K_A = 1.0$, $K_F = 1.2$, $K_H = 1.0$, $F_C = K_F \cdot K_H \cdot K_A \cdot F_m = 4\,000 \times 1.2 \times 1.0 \times 1.0 = 4\,800$ N	$F_C = 4\,800$ N

续　表

计算项目	设计计算与说明	计算结果
2. 计算额定动载荷	$L_{h'}=6\times300\times8=14\,400$ h $C'_a=F_C\sqrt[3]{\dfrac{n_mL'_n}{1.67\times10^4}}=4\,800\times\sqrt[3]{\dfrac{120\times14\,400}{1.67\times10^4}}=22\,534.6$ N	$C'_a=22\,534.6$ N
3. 初选丝杠	查表 2.2.9 可知,$FC_1-5008-2.5$　$C_a=22\,556$ N $FC_1-6308-3$　$C_a=29\,715$ N 考虑各种因素选用 $FC_1-6308-3$,由表 2.2.9 得 $D_0=63$ mm, $p=8$ mm, $d_0=4.763$ mm, $\lambda=2°19'$, $R=(0.52\sim0.58)d_0=2.477$ mm(取 0.52), $e=0.707(R-0.5d_0)=0.067\,5$ mm, $d_1=D_0+2e-2R=$ 58.18 mm	选用 $FC_1-6308-3$
4. 校验	E—弹性模量　　G—切变模量	
(1) 稳定性校验	1) 由于一端轴向固定的长丝杠在工作时可能会发生失稳,所以在设计时应验算其安全系数 S,其值应大于丝杠副传动结构允许安全系数[S](见表 2.2.11)。 临界载荷 F_{cr}(N)计算: $F_{cr}=\dfrac{\pi^2EI_a}{(\mu l)^2}$ 轴惯性矩 $I_a=\dfrac{\pi d_1^4}{64}=\dfrac{\pi\times0.058\,18^4}{64}=5.624\times10^{-7}\text{m}^4$ 查表 2.2.11, $\mu=2/3$, $f_c=3.937$, $[S]=2.5\sim3.3$。 $F_{cr}=\dfrac{3.14^2\times206\times10^9\times5.624\times10^{-7}}{(2\times2/3)^2}=6.432\times10^5$ N $S=\dfrac{F_{cr}}{F_m}=\dfrac{6.432\times10^5}{4\,000}=161>[S]$ 丝杠是安全的,不会失稳。 2) 高速长丝杠工作时可能发生共振,因此要求最高转速小于临界转速。本题未已知最高转速,所以需计算出临界转速以决定运行的最高转速 $n_{cr}=9\,910\times\dfrac{3.927^2\times0.058\,18}{(4/3)^2}=5\,001$ r/min 所以运行的最高转速应低于 5 000 r/min。 3) $D_0n=63\times120$ mm·r/min $=7\,560$ mm·r/min $<7\times10^4$ mm·r/min 所以该丝杠副工作稳定	丝杠安全,不会失稳; 最高转速 5 000 r/min; 丝杠副工作稳定
(2) 刚度校验	一个导程内的丝杠变形为: $\Delta L_0=\pm\dfrac{pF}{EA}\pm\dfrac{p^2T}{2\pi GJ_C}$ 其中截面积 $A=\dfrac{1}{4}\pi d_1^2=\dfrac{1}{4}\pi\times(58.18\times10^{-3})^2=2.66\times$	丝杠的最大变形为 $14.75\ \mu\text{m}<\dfrac{1}{2}\sigma$ 所以丝杠刚度满足要求

续　表

计算项目	设计计算与说明	计算结果
	$10^{-3}\ m^2$ 极惯性矩 $J_C=\frac{1}{32}\pi d_1^4=\frac{1}{32}\pi\times(58.18\times10^{-3})^4=1.12\times10^{-6}m^4$ 转矩计算 $T=F_m\frac{D_0}{2}\tan(\lambda+\rho)=4\,000\times\frac{0.063}{2}\times\tan(2°19'+8'40'')=$ $5.4\ N\cdot m$ 取最不利的情况 $\Delta L_0=\frac{pF}{EA}+\frac{p^2T}{2\pi GJ_C}=\frac{8\times10^{-3}\times4\,000}{206\times10^{-9}\times2.66\times10^{-3}}+$ $\frac{(8\times10^{-3})^2\times5.4}{2\pi\times83.3\times10^9\times1.126\times10^{-6}}=5.9\times10^{-8}\mu m$ 整个丝杠上的最大变形为： $\Delta L=\frac{L}{p}\Delta L_0=\frac{2}{8\times10^{-3}}\times0.059=14.75\ \mu m<\frac{1}{2}\sigma=\frac{1}{2}\times40\ \mu m$ $=20\ \mu m$ 所以该丝杠刚度满足要求。	
(3) 效率校验	$\eta=\frac{\tan\lambda}{\tan(\lambda+\rho)}=\frac{\tan2°19'}{\tan(2°19'+8'40'')}=0.937=93.7\%$ η要求在90%～95%之间。所以该丝杠效率满足要求	丝杠效率满足要求
结论		FC_1－6308－3型丝杠可满足要求

设计方案二由学生完成。

机械设计评价：

学生自评

正确性			科学性		
方案是否正确	计算过程	结论	可行性	性价比	创新

方案评价

学生自评	
学生互评	
教师评价	

2.2　齿轮传动机构

由于齿轮传动的瞬时传动比为常数，传动精确度高，可做到零侧隙无回差，强度大能承受重载，结构紧凑，摩擦力小和效率高等原因，齿轮传动副成为在机电一体化机械系统中目前使用最多的传动机构。

1. 齿轮传动机构消间隙方法及措施

机电一体化产品往往要求传动机构具有自动变向功能，这就要求齿轮传动机构必须采取措施消除齿侧间隙，以保证机构的双向传动精度。齿轮传动齿侧间隙的消除包括刚性消隙法和柔性消隙法。刚性消隙法是在严格控制轮齿齿厚和齿距误差的条件下进行的，调整后齿侧间隙不能自动补偿，但能提高传动刚度。柔性消隙法指调整后齿侧间隙可以自动补偿。采用柔性消隙法时，对轮齿齿厚和齿距的精度要求可适当降低，但对传动平稳性有负面影响，且传动刚度低，结构也较复杂。

(1) 直齿圆柱齿轮传动机构消隙

① 偏心轴套调整法—刚性消隙

如图 2.2.12 所示，转动偏心轴套 1 可以调整两啮合齿轮的中心距，从而消除直齿圆柱齿轮传动的齿侧间隙及其造成的换向死区。

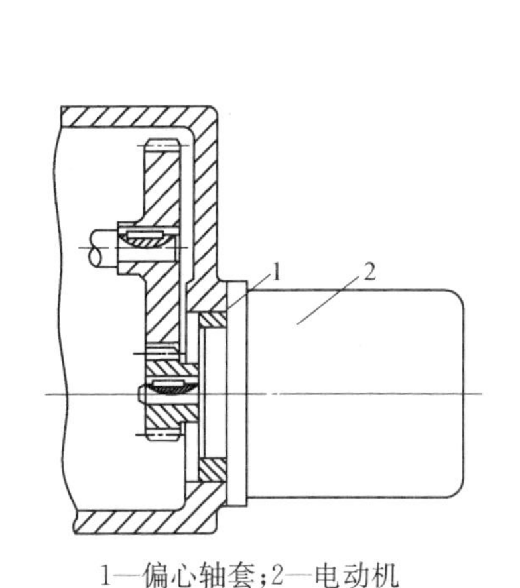

1—偏心轴套；2—电动机

图2.2.12　偏心轴套式消隙机构

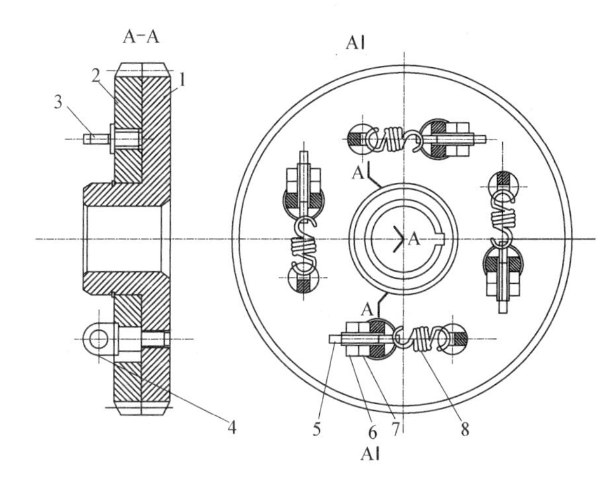

1、2—薄片齿轮；3、4—凸耳；5—螺钉；6、7—螺母；8—弹簧

图 2.2.13　圆柱薄片齿轮消隙结构

② 双片薄齿轮错齿调整法—柔性消隙

如图 2.2.13 所示，两个啮合的直齿圆柱齿轮中一个采用宽齿轮，另一个由两片可以相对转动的薄片齿轮组成。两个齿轮端面均布四个螺孔，分别安装凸耳 3、4。弹簧 8 两端分别钩在凸耳 4 和调节螺钉 5 上，由螺母 6 调节弹簧 8 的拉力，再由螺母 7 锁紧。在弹簧的拉力作用下，两薄齿轮的左右侧面分别与宽齿轮的左右齿面接触，从而消除侧隙。需要指出，弹簧拉力必须保证能承受最大转矩。

(2) 斜齿轮传动机构消隙

① 垫片调整法—刚性消隙

斜齿圆柱齿轮垫片调整法如图 2.2.14 所示。宽齿轮 4 同时与两相同齿数的薄片斜齿轮 1、2 啮合，两斜齿轮的齿形和键槽均拼装起来同时加工，加工时在两窄斜齿轮间装入厚度为 H 的垫片。装配时，通过改变垫片的厚度，使两齿轮的螺旋面错位，两齿轮的左右两齿面分别与宽齿轮齿面接触，以消除齿侧间隙。

$$H = \Delta \cdot \cot \beta \tag{2.2.2}$$

式中：Δ 为齿侧间隙，H 为垫片厚度，β 为螺旋角。

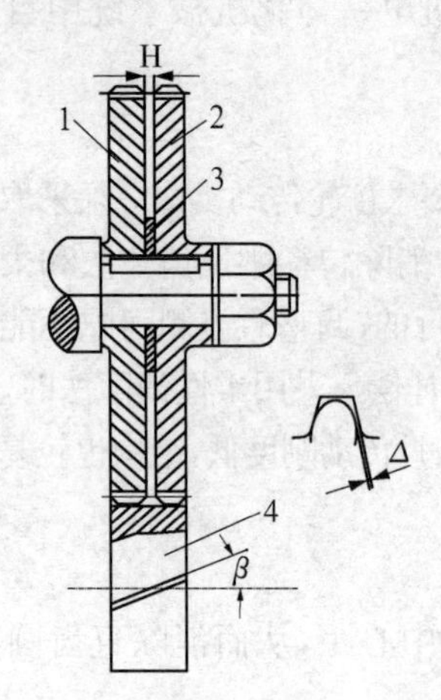

1、2—薄片齿轮；3—垫片；4—宽齿轮

图 2.2.14 斜齿轮垫片消隙结构

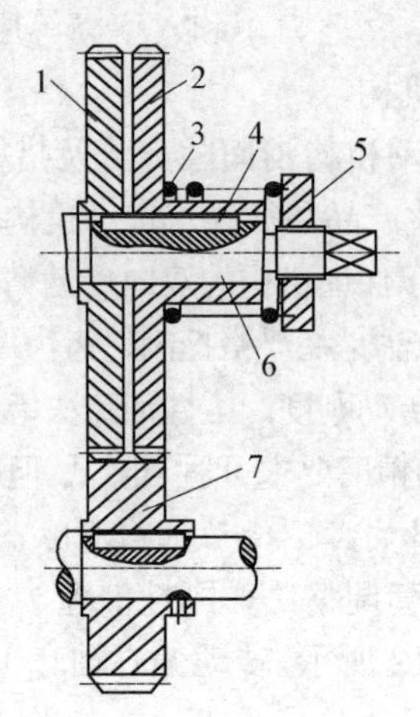

1、2—薄片齿轮；3—弹簧；4—键；5—螺母；6—轴；7—宽齿轮

图 2.2.15 斜齿薄片齿轮轴向压簧调整

② 轴向压簧调整法—柔性消隙

如图 2.2.15 所示，该方法是用弹簧 3 的轴向力来获得薄片斜齿轮 1、2 之间的错位，使其齿侧面分别紧贴宽齿轮 7 的齿面，从而消除齿侧间隙。两薄片齿轮用键 4 套在轴上，弹簧 3 的轴向力由螺母 5 来调节，其大小必须恰当。弹簧 3 也可以换成碟形弹簧。

(3) 锥齿轮传动机构消隙

① 轴向压簧调整法—柔性消隙

如图 2.2.16 所示。通过调节螺母 6 改变压簧 5 的轴向力，使锥齿轮 4 可沿轴向移动，从而消除了与其啮合的锥齿轮 1 之间的齿侧间隙。

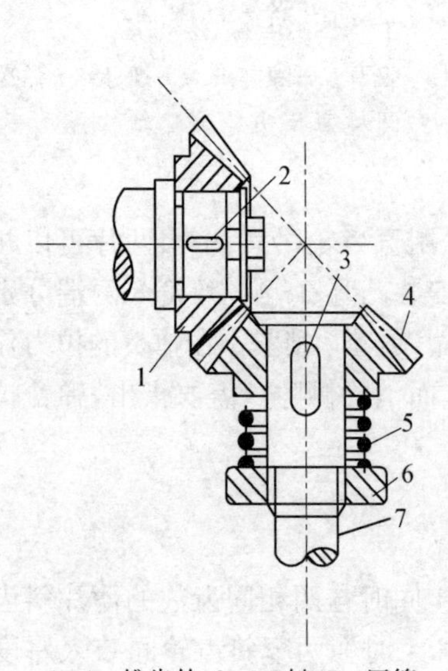

1、4—锥齿轮；2、3—键；5—压簧

6—螺母；7—轴

图 2.2.16 锥齿轮轴向压簧调整

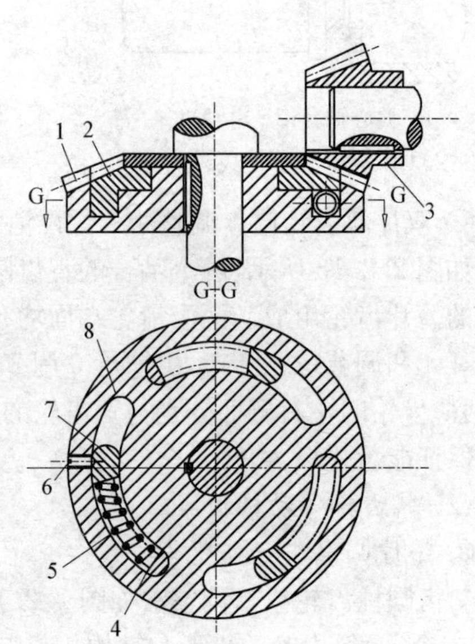

1—锥齿轮外圈；2—锥齿轮内圈；3—锥齿轮；4—镶块

5—弹簧；6—止动螺钉；7—凸爪；8—槽

图 2.2.17 锥齿轮周向压簧调整

② 周向弹簧调整法—柔性消隙

如图 2.2.17 所示。一个锥齿轮由内外两个可在切向相对转动的锥齿圈 1 和 2 组成，齿轮的外圈 1 有三个周向圆弧槽 8，齿轮的内圈 2 端面有三个凸爪 7，套装在圆弧槽内。弹簧 5 的两端分别顶在凸爪 7 和镶块 4 上，内外两齿圈切向错位进行消隙。螺钉 6 在安装时用，安装完毕将其卸下。

(4) 齿轮齿条传动机构消隙

① 双齿轮预载装置调整法—刚性消隙

如图 2.2.18 所示。小齿轮 1、6 分别与齿条 7 啮合，与小齿轮 1、6 分别同轴的大齿轮 2、5 与齿轮 3 啮合，通过预载装置 4 向齿轮 3 上预加负载，使大齿轮 2、5 同时向两个相反方向转动，并使得轴 8、9 产生左右两个相反方向的水平微动，从而带动小齿轮 1、6 转动，使齿轮 1、6 的齿面分别紧贴在齿条 7 的左、右齿面上，从而消除齿侧间隙。

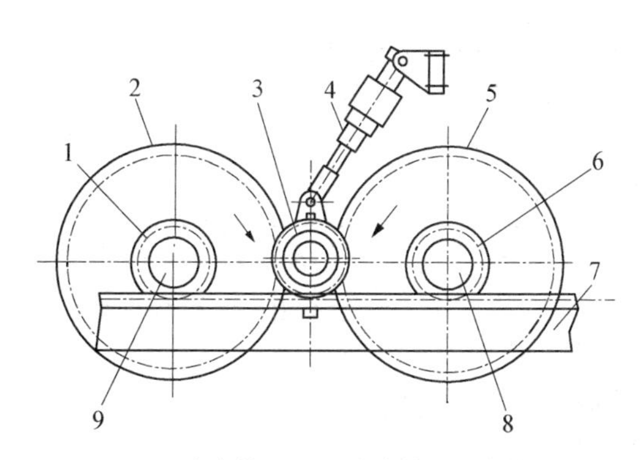

1、6—小齿轮；2、5—大齿轮；3—齿轮；
4—预载装置；7—齿条

图 2.2.18　双齿轮预载调整

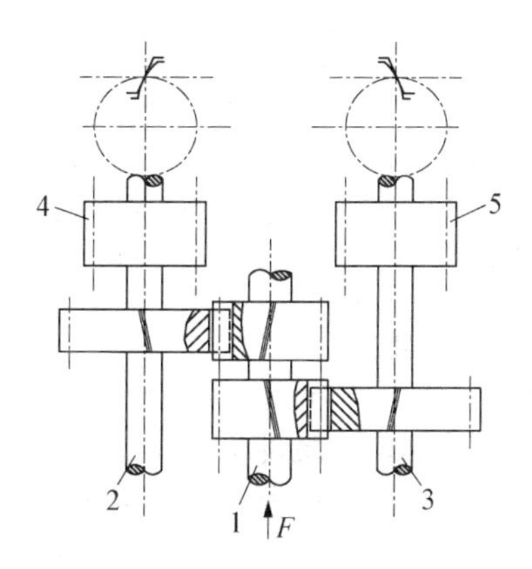

1—主动斜齿轮；2、3—被动斜齿轮；4、5—直齿轮

图 2.2.19　双斜齿轮消隙机构

② 双斜齿轮柔性消隙

如图 2.2.19 所示，轴 1 输入进给运动，通过两对斜齿轮将运动传给轴 2 和轴 3，再由直齿轮 4 和 5 驱动齿条运动。轴 1 上两个斜齿轮的螺旋方向相反。轴 1 在弹簧力 F 的作用下产生轴向位移，使斜齿轮产生微量轴向运动，轴 2 和轴 3 以相反方向转过微小角度，使齿轮 4 和 5 分别与同一根齿条的两齿面紧贴，从而消除侧隙。

2. 齿轮传动机构的设计计算

设计任务 2　设计某开环控制的数控车床纵向进给传动机构，传动链如任务图 2.2.2.1 所示。已知工作台质量为 80 kg，滚珠丝杠导程 $p = 6$ mm，直径 $d = 32$ mm，总长度 $L = 1\,400$ mm；步进电机步距角 $\alpha = 0.75°$，最大静转矩为 10 N·m，转子转动惯量 $J_m = 1.8 \times 10^{-3}$ kg·m^2。要求系统脉冲当量为 0.01 mm。

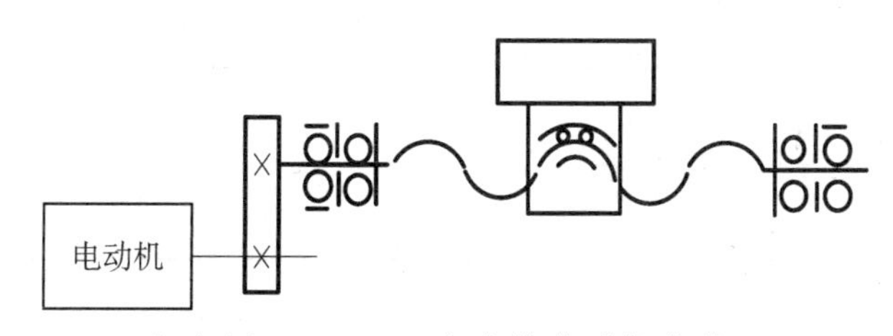

任务图 2.2.2.1　直齿轮传动机构简图

任务表 2.2.2.1　直齿轮传动机构方案设计及相关资讯

设计方案	传动结构确定	资讯
直齿轮传动	一级传动	机械传动设计的原则 机械系统性能仿真 机械制图、计算机辅助设计

按照等效转动惯量最小原则设计，设计计算步骤如任务表 2.2.2.2 所示。

任务表 2.2.2.2　直齿轮传动机构设计

计算项目	设计计算与说明	计算结果
1. 传动比计算	$i=\dfrac{\alpha p}{360\delta_p}=\dfrac{0.75\times 6}{360\times 0.01}=1.25$	$i=1.25$
2. 齿轮参数计算	$z_1=20,\ z_2=25$，模数 $m=2\ \text{mm}$，齿宽 $b=20\ \text{mm}$	$z_1=20,\ z_2=25$
3. 转动惯量计算		
(1) 各元件转动惯量	齿轮转动惯量 $J_{Z1}=\dfrac{\pi\rho d_1^4 b}{32}=\dfrac{\pi\times 7.8\times 10^3\times(2\times 20\times 10^{-3})^4\times 0.02}{32}$ $=3.92\times 10^{-5}\text{kg}\cdot\text{m}^2$ $J_{Z2}=\dfrac{\pi\rho d_2^4 b}{32}=\dfrac{\pi\times 7.8\times 10^3\times(2\times 25\times 10^{-3})^4\times 0.02}{32}$ $=9.57\times 10^{-5}\text{kg}\cdot\text{m}^2$ 丝杠转动惯量 $J_S=\dfrac{\pi\rho d^4 l}{32}=\dfrac{\pi\times 7.8\times 10^3\times(32\times 10^{-3})^4\times 1.4}{32}=1.12\times 10^{-3}\text{kg}\cdot\text{m}^2$	
(2) 总当量转动惯量	$J_d=J_{Z1}+\dfrac{1}{i^2}(J_{Z2}+J_S)+\left(\dfrac{p}{2\pi i}\right)^2 m$ $=3.92\times 10^{-5}+\dfrac{1}{1.25^2}(9.57\times 10^{-5}+1.12\times 10^{-3})+\left(\dfrac{0.006}{2\pi\times 1.25}\right)^2\times 80$ $=8.6\times 10^{-4}\text{kg}\cdot\text{m}^2$	
(3) 惯量匹配验算	$\dfrac{J_d}{J_m}=\dfrac{8.6\times 10^{-4}}{1.8\times 10^{-3}}=0.48\in[0.25,1]$	惯量匹配符合要求

3. 齿轮传动的可靠性优化设计

齿轮传动的随机性是指其设计参数的随机性，先量变后质变，人们常常只注重“唯一性”、“正确性”，追求质变的同时却忽略了量变。采用可靠性优化设计可以使齿轮的随机参量取值更加合理，并使其结构更加规范。

通常齿轮设计按保证齿面接触疲劳强度和齿根弯曲疲劳强度两准则进行计算，因而将齿轮的可靠度全部分配给齿根弯曲疲劳强度和齿面接触疲劳强度。

$$R = R_H \cdot R_F \tag{2.2.3}$$

式中：R—齿轮总的可靠度；

R_H—齿面接触强度的可靠度；

R_F—齿根弯曲强度的可靠度。

通常要根据两种失效出现后，危害程度大小来分配。大多数情况下，齿面接触强度可靠度可少分配一些。

(1) 设计变量

齿轮的结构可由四个参数来确定：齿轮模数 m_n、齿轮齿数 z_1、齿轮宽度系数 ϕ_a、螺旋角 β。设

$$X = \begin{bmatrix} m_n \\ z_1 \\ \phi_a \\ \beta \end{bmatrix} = \begin{bmatrix} x_1 \\ x_2 \\ x_3 \\ x_4 \end{bmatrix} = [x_1 x_2 x_3 x_4]^T \tag{2.2.4}$$

(2) 目标函数

减少齿轮传动中心距在工程实际应用中具有重要意义，因此，这里以传动中心距最小为齿轮传动优化设计追求的目标。

中心距：

$$a = (i+1)\frac{m_n z_1}{2\cos\beta} \tag{2.2.5}$$

式中：i—齿轮的传动比。

优化设计的目标函数：

$$F = \min\left\{\frac{(i+1)x_1 x_2}{2\cos x_4}\right\} \tag{2.2.6}$$

(3) 约束条件

① 齿数约束

通常，闭式齿轮传动 $z_1 \geqslant 20 \sim 30$，开式齿轮传动 $z_1 = 18 \sim 20$，由此可得：

$$g_1(x) = 20 - x_2 \leqslant 0 \text{ 或 } g_1(x) = 18 - x_2 \leqslant 0$$
$$g_2(x) = x_2 - 30 \leqslant 0 \text{ 或 } g_2(x) = 20 - x_2 \leqslant 0$$

② 模数约束

动力传动时模数 $m_n \geqslant 2\,\text{mm}$，考虑齿轮模数需向上圆整，因此在优化过程中模数可以略小于 2 mm。

$g_3(x)=2-\Delta-m_n\leqslant 0$（$\Delta$ 设计的误差许用范围值）

③ 齿宽系数的约束

齿宽系数，一般 $\phi_a=0.2\sim1.4$，增大齿宽系数，可以使中心距减小，但齿宽增大会使载荷沿齿宽方向分布更趋于不均，闭式齿轮通常取 $\phi_a=0.3\sim0.6$，开式齿轮 $\phi_a=0.1\sim0.3$，因此可得：

$$g_4(x)=0.3-x_3\leqslant 0 \text{ 或 } g_4(x)=0.1-x_3\leqslant 0$$
$$g_5(x)=x_3-0.6\leqslant 0 \text{ 或 } g_5(x)=x_3-0.3\leqslant 0$$

④ 螺旋角的约束

一般可取 $\beta=8^\circ\sim20^\circ$，$\beta$ 角过大使传动中轴向力增大，且齿轮加工困难，β 的最佳值在 $8^\circ\sim15^\circ$ 之间。

$$g_6(x)=8^\circ-x_4\leqslant 0$$
$$g_7(x)=x_4-15^\circ\leqslant 0$$

⑤ 强度约束

由于强度和应力的随机性，在强度计算时应考虑其失效的概率即建立可靠性约束。齿轮可靠性水平为 R_0，接触强度的可靠度设为 R_{H0}，弯曲强度的可靠度设为 R_{F0}，则有：

$$g_8(x)=R_{H0}-R_H \tag{2.2.7}$$

由于中心距的大小主要取决于接触强度，考虑当同时能满足接触强度和弯曲强度时，应尽量增大齿数 z_1，减小模数 m_n。以提高传动稳定性，减少齿轮重量及齿轮的切削量，因此对弯曲强度可靠度上限加以限制，因此可得。

$$g_9(x)=R_{F0}-R_F \tag{2.2.8}$$

$$g_{10}(x)=R_F-(R_{F0}+\Delta R)\leqslant 0 \tag{2.2.9}$$

R_{F0}—弯曲强度的可靠度；

ΔR—可靠度的变化量。

2.3 蜗轮蜗杆传动

设计任务3　设计某行走小车的蜗杆传动。已知蜗杆输入功率 $P_1=3$ kW，转速 $n_1=960$ r/min，传动比 $i=20$，蜗杆减速器的工作情况为单向传动，工作载荷稳定，长期连续运转，试设计此蜗杆减速器。

任务表 2.2.3.1　蜗轮蜗杆传动机构方案设计及相关资讯

设计方案	资讯
蜗轮蜗杆	机械传动设计的原则 机械系统性能仿真 机械制图、计算机辅助设计

表 2.2.12　铸锡青铜蜗轮的许用接触应力[σ_H](MPa)

蜗轮材料	毛坯铸造方法	滑动速度 v_s(m/s)	蜗杆表面硬度	
			≤350 HBS	>45 HRC
ZCuSn10P1	砂模 金属模	≤12 ≤25	180 200	200 220
ZCuSn5Pb5Zn5	砂模 金属模	≤10 ≤12	110 135	125 150

表 2.2.13　铸铝青铜及铸铁蜗轮的许用接触应力[σ_H](MPa)

蜗轮材料	蜗杆材料	滑动速度 v_s(m/s)						
		0.5	1	2	3	4	6	8
ZCuAl9Fe3 ZCuAl10Fe3Mn2	淬火钢[①]	250	230	210	180	160	120	90
HT 150，HT 200	渗碳钢	130	115	90	—	—	—	—
HT 150	调质钢	110	90	70	—	—	—	—

① 杆未经淬火，[σ_H]应降低 20%。

表 2.2.14　根据传动比 i 推荐采用的蜗杆头数 z_1

传动比 i 的范围	蜗杆头数 z_1(大约的)
29～82 14～30 7～15 ≈5	1 2 4 6

表 2.2.15　蜗轮轮齿的许用弯曲应力[σ_F](MPa)

蜗轮材料	毛坯铸造方法	单向传动[σ_F]$_0$	双向传动[σ_F]$_{-1}$
ZCuSn10P1	砂模 金属模	51 70	32 40
ZCuSn5Pb5Zn5	砂模 金属模	33 40	24 29
ZCuAl10Fe3	砂模 金属模	82 90	64 80
ZCuAl10Fe3Mn2	砂模 金属模	— 100	— 90
HT 150	砂模	40	25
HT 200	砂模	48	30

表 2.2.16　蜗轮的齿形系数 Y_F

z_2	26	28	30	32	35	37	40
Y_F	2.51	2.48	2.44	2.41	2.36	2.34	2.32
z_2	45	50	60	80	100	150	300
Y_F	2.27	2.24	2.20	2.14	2.10	2.07	2.04

表 2.2.17　模数 m 与分度圆直径 d_1 的搭配及 m^2d_1 值

m/mm	1	1.25		1.6		2				2.5		
d_1/mm	18	20	22.4	20	28	(18)	22.4	(28)	35.5	22.4	28	
m^2d_1/mm³	18	31.25	35	51.2	71.68	72	89.6	112	142	140	175	
m/mm	2.5		3.15				4					
d_1/mm	(35.5)	45	(28)	35.5	(45)	56	(31.5)	40	(50)	71		
m^2d_1/mm³	221.9	281	277.8	352.2	446.5	556	504	640	800	1 136		
m/mm	5				6.3				8			
d_1/mm	(40)	50	(63)	90	(50)	63	(80)	112	(63)	80	(100)	140
m^2d_1/mm³	1 000	1 250	1 575	2 250	1 985	2 500	3 175	4 445	4 032	5 376	6 400	8 960
m/mm	10				12.5							
d_1/mm	71	90	(112)	160	(90)	112	(140)	200				
m^2d_1/mm³	7 100	9 000	11 200	16 000	14 062	17 500	21 875	31 250				
m/mm	16				20							
d_1/mm	(112)	140	(180)	250	(140)	160	(224)	315				
m^2d_1/mm³	28 672	35 940	46 080	64 000	56 000	64 000	89 600	126 000				

任务表 2.2.3.2　蜗轮蜗杆传动主要零件设计

设计计算项目	设计计算与说明	计算结果
1. 蜗轮轮齿表面接触强度计算		
1）选择材料及确定许用接触应力[σ_H]	蜗杆用 45 钢，表面淬火硬度＞45 HRC，蜗轮用 ZCuSn10P1 铸锡青铜，砂模铸造。查表 2.2.12 得[σ_H]＝200 MPa	[σ_H]＝200 MPa
2）选择蜗杆头数 z_1 及蜗轮齿数 z_2	根据传动比 i＝20，由表 2.2.14 取 z_1＝2，则蜗轮齿数 $z_2 = i \times z_1 = 20 \times 2 = 40$	$z_1 = 2$，$z_2 = 40$

续　表

设计计算项目	设计计算与说明	计算结果
3）确定作用在蜗轮上的转矩 T_2	因 $z_1=2$，故初步取 $\eta=0.8$，则 $T_2=9\,550\times\frac{P_1\eta}{n_2}\times10^3=9\,550\times\frac{3\times0.8}{960/20}=4.775\times10^5\ \mathrm{N\cdot mm}$	$T_2=4.775\times10^5\ \mathrm{N\cdot mm}$
4）确定载荷系数 K	因工作载荷稳定，且速度较低，故取 $K=1.1$	
5）计算模数 m，确定蜗杆分度圆直径 d_1	$m^2d_1=\left(\frac{510}{z_2[\sigma_H]}\right)^2KT_2$ $=\left(\frac{510}{40\times200}\right)^2\times1.1\times4.775\times10^5=2\,135\ \mathrm{mm}$ 查表 2.2.17 得接近的 $m^2d_1=2\,250\ \mathrm{mm}^3$，则标准模数 $m=5\ \mathrm{mm}$，$d_1=90\ \mathrm{mm}$。	$m=5\ \mathrm{mm}$ $d_1=90\ \mathrm{mm}$
6）验算效率	计算蜗杆导程角 $\tan\gamma=\frac{z_1m}{d_1}=\frac{2\times5}{90}=0.111$ $\gamma=6°20'25''$ 因蜗杆副是在油池中工作，故取当量摩擦角 $\rho\approx2°$，则 $\eta=\frac{\tan\gamma}{\tan(\gamma+\rho)}=0.76$ 比假设的 $\eta=0.8$ 略小，偏于安全	$\eta=0.76$ 偏于安全
7）确定其他尺寸	蜗杆分度圆直径 $d_1=90\ \mathrm{mm}$ 蜗杆齿顶圆直径 $d_{a1}=d_1+2m=90+2\times5=100\ \mathrm{mm}$ 蜗轮分度圆直径 $d_2=z_2m=40\times5=200\ \mathrm{mm}$ 蜗轮齿顶圆直径 $d_{a2}=d_2+2m=200+2\times5=210\ \mathrm{mm}$ 中心距　$a=\frac{d_1+d_2}{2}=\frac{90+200}{2}=145\ \mathrm{mm}$	$d_1=90\ \mathrm{mm}$ $d_{a1}=100\ \mathrm{mm}$ $d_2=200\ \mathrm{mm}$ $d_{a2}=210\ \mathrm{mm}$ $a=145\ \mathrm{mm}$
2. 蜗轮轮齿的弯曲强度计算		
1）确定许用弯曲应力	由表 2.2.16 查得 $[\sigma_F]_0=51\ \mathrm{MPa}$	$[\sigma_F]_0=51\ \mathrm{MPa}$
2）确定齿形系数 Y_F	$z_2=40$，由表 2.2.15 查得 $Y_F=2.32$	$Y_F=2.32$
3）验算弯曲应力	$\sigma_F=\frac{2.2KT_2Y_F}{m^2d_1z_2\cos\gamma}=\frac{2.2\times1.1\times4.775\times10^5\times2.32}{5^2\times90\times40\times\cos6°20'25''}$ $=29.97\ \mathrm{MPa}<51\ \mathrm{MPa}$ 验算结果满足要求	弯曲应力满足要求

学生自评

正确性			科学性		
方案是否正确	计算过程	结论	可行性	性价比	创新

方案评价

学生自评	
学生互评	
教师评价	

2.4 同步带传动

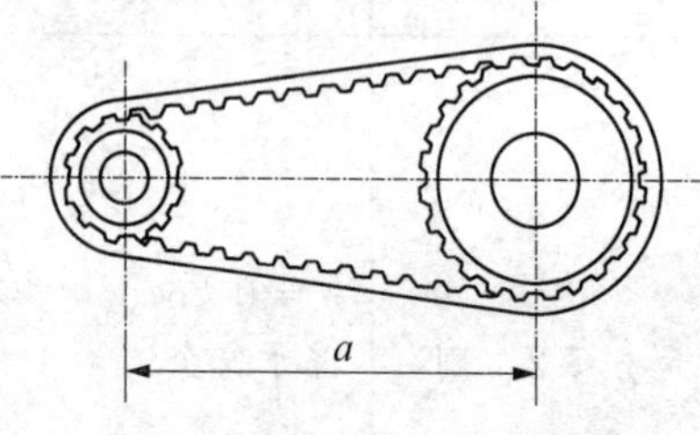

图 2.2.20 同步带传动

1. 认识同步齿形带

(1) 同步带传动的特点

同步带传动是综合了带传动、齿轮传动和链传动特点的一种新型传动。如图 2.2.20 所示，带的工作表面制有带齿，它与制有相应齿形的带轮相啮合，用来传递运动和动力。与一般带传动相比较，同步带传动具有如下特点。

① 传动比准确，传动效率高；

② 工作平稳，能吸收振动；

③ 不需润滑，耐油、水、耐高温、耐腐蚀，维护保养方便；

④ 中心距要求严格，安装精度要求高；

⑤ 制造工艺复杂，成本高。

(2) 同步带的分类及应用

同步带的分类及应用见表 2.2.18。本节主要介绍梯型齿同步带传动。

表 2.2.18 同步带的分类及应用

分类方法	种类	应用	标准
按用途分	一般工业用同步带传动(梯形齿同步带传动)	主要用于中、小功率的同步带传动，如各种仪器、计算机、轻工机械等	ISO 标准、各国国家标准、GB 标准
	大转矩同步带传动(圆弧齿同步带传动)	用于重型机械的传动，如运输机械(飞机、汽车)，石油机械和机床、发电机等	尚无 ISO 标准和各国国家标准，仅限于各国企业标准
	特种规格的同步带传动	根据某种机器特殊需要而采用的特殊规格同步带传动。如工业缝纫机用、汽车发动机用等	汽车同步带有 ISO 标准和各国标准。日本有缝纫机同步带标准

续　表

<table>
<tr><th>分类方法</th><th colspan="2">种类</th><th>应用</th><th>标准</th></tr>
<tr><td rowspan="4"></td><td rowspan="4">特殊用途同步带</td><td>1) 耐油性同步带</td><td>用于经常粘油或浸在油中传动的同步带</td><td rowspan="4">尚无标准</td></tr>
<tr><td>2) 耐热性同步带</td><td>用于环境温度在 90～120℃以上高温</td></tr>
<tr><td>3) 高电阻同步带</td><td>用于要求胶带电阻大于 6 MΩ 以上</td></tr>
<tr><td>4) 低噪声同步带</td><td>用于大功率、高速但要求低噪声的地方</td></tr>
<tr><td rowspan="2">按规格制度分</td><td colspan="2">模数制：同步带主要参数是模数 m，根据模数来确定同步带的型号及结构参数</td><td>60 年代用于日、意、苏联等国，后逐渐被节距制取代，目前仅俄罗斯及东欧各国使用</td><td>各国国家标准</td></tr>
<tr><td colspan="2">节距制：同步带主要参数是带齿节距 p_b，按节距大小，相应带、轮有不同尺寸</td><td>世界各国广泛采用的一种规格制度</td><td>ISO 标准、各国国家标准、GB 标准</td></tr>
</table>

(3) 同步带的结构、主要参数和尺寸规格

① 结构和材料 同步齿形带一般由带背、承载绳、带齿组成。在以氯丁橡胶为基体的同步带上，其齿面还覆盖了一层尼龙包布，承载绳传递动力，同时保证带的节距不变。因此承载绳应有较高的强度和较小的伸长率，目前常用的材料有：钢丝、玻璃纤维、芳香族聚酰胺纤维(简称芳纶)。

带齿是直接与钢制带轮啮合并传递扭矩的。因此不仅要求有较高的抗剪强度和耐磨性，而且要求有较高的耐油性和耐热性。用于连接、包覆承载绳的带背，在运转过程中要承受弯曲应力，因此要求带背有良好的韧性和耐弯曲疲劳的能力，以及与承载绳良好的粘结性能。带背和带齿一般采用相同材料制成，常用的有聚氨酯橡胶和氯丁橡胶两种材料。

包布层仅用于以氯丁橡胶为基体的同步带，它可以增加带齿的耐磨性，提高带的抗拉强度，一般用尼龙或绵纶丝织成。

② 主要参数和规格 同步带的主要参数是带齿的节距 p_b，如图 2.2.21 所示。由于承载绳在工作时长度不变，因此承载绳的中心线被规定为同

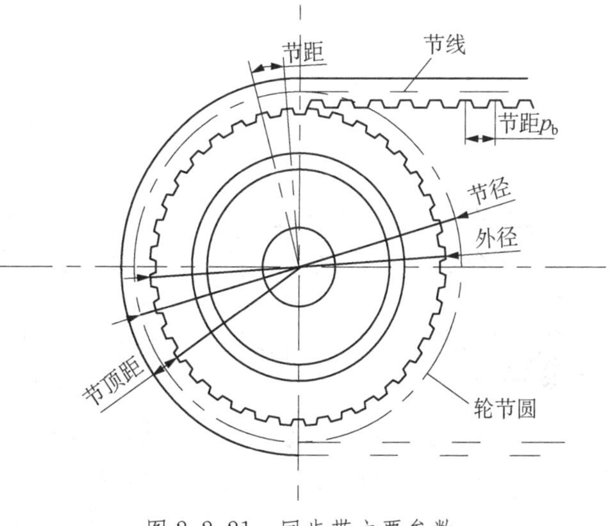

图 2.2.21　同步带主要参数

步带的节线，并以节线长度 L_p 作为其公称长度。同步带上相邻两齿对应点沿节线度量的距离称为带齿的节距 p_b。

国家标准 GB11616－89 对同步带型号、尺寸进行了规定。同步带有单面齿（仅一面有齿）和双面齿（两面有齿）两种型式。双面齿按齿排列的不同，分为 D_I 型（对称齿形）和 D_{II} 型（交错齿形），如图 2.2.22 所示。两种型式的同步带均按节距不同分为七种规格，见表 2.2.19。

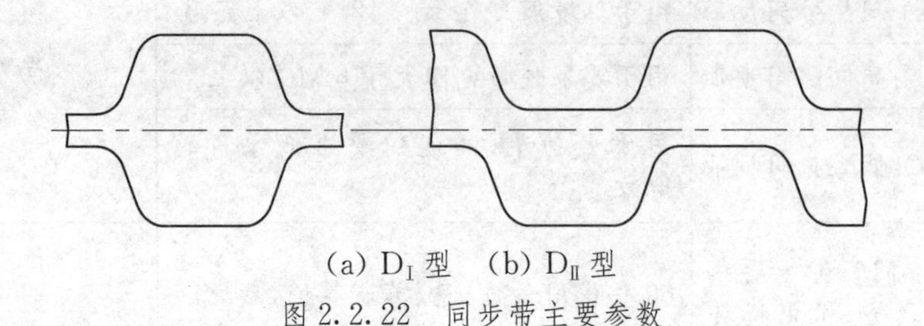

(a) D_I 型　(b) D_{II} 型

图 2.2.22　同步带主要参数

表 2.2.19　同步带的型号和节距

型号	MXL	XXL	XL	L	H	XH	XXH
节距 p_b(mm)	2.032	3.175	5.080	9.525	12.700	22.225	31.75

③同步带的标记 带的标记包括长度代号、型号、宽度代号。双面齿同步带还应再加上符号 D_I 或 D_{II}。

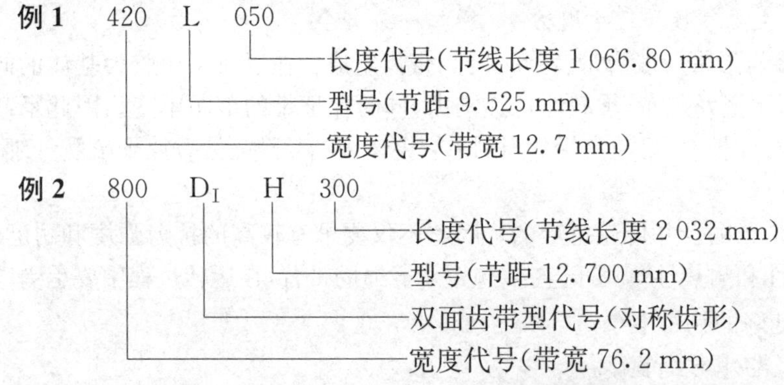

2. 同步带轮

（1）带轮的结构、材料

带轮结构如图 2.2.23 所示。为防止工作带脱落，一般在小带轮两侧装有挡圈。带轮材料一般采用铸铁或钢，高速、小功率时可采用塑料或轻合金。

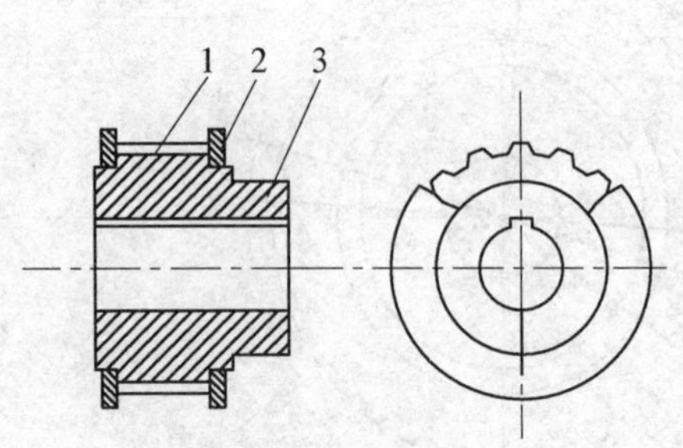

1—齿圈；2—挡圈；3—轮毂

图 2.2.23　同步带轮

（2）带轮的参数及尺寸规格

① 齿形与梯形齿同步带相匹配的带轮，其齿形有直线形和渐开线形两种。直线齿形在啮合过程中，与带齿工作侧面有较大的接触面积，齿侧载荷分布较均匀，从而提高了带的承载能力和使用寿命。渐开线齿形，其齿槽形状随带轮齿数而变化。齿数多时，齿廓近

似于直线。这种齿形优点是有利于带齿的啮入,其缺点是齿形角变化较大,在齿数少时,易影响带齿的正常啮合。

② 齿数 z 在传动比一定的情况下,带轮齿数越少,传动结构越紧凑,但齿数过少,使工作时同时啮合的齿数减少,易造成带齿承载过大而被剪断。此外,还会因带轮直径减小,使与之啮合的带产生弯曲疲劳破坏。国标标准 GB11361－89 规定的小带轮最少齿数见表 2.2.20。

表 2.2.20 小带轮许用最少齿数 z_{min}

小带轮转速(r/min)	带型号						
	MXL(2.032)	XXL(3.175)	XL(5.080)	L(9.525)	H(12.700)	XH(22.225)	XXH(31.750)
900 以下	—	—	10	12	14	22	22
900～1 200 以下	12	12	10	12	16	24	24
1 200～1 800 以下	14	14	12	14	18	26	26
1 800～3 600 以下	16	16	12	16	20	30	—
3 600～4 800 以下	18	18	15	18	22	—	—

③带轮的标记国家标准 GB11361－89 同步带轮标准与 GB11616－89 同步带标准相配套,对带轮的尺寸及规格等作了规定。与带一样有 MXL、XXL、XL、L、H、XH、XXH 七种。

带轮的标记由带轮齿数、带的型号和轮宽代号表示。

例 3

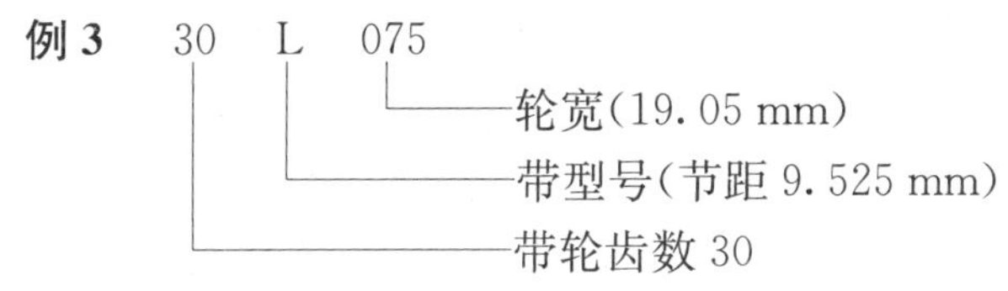

(3) 同步带传动的设计计算

同步带传动的主要破坏形式有三种:同步带的承载绳疲劳拉断;同步带的打滑和跳齿;同步带齿的磨损。

因此,同步带传动设计准则是在同步带不打滑的情况下,具有较高的抗拉强度,即保证承载绳不拉断。此外,在灰尘、杂质较多的工作条件下还应对带齿进行耐磨性计算。同步带设计时已知同步带传动需传递的名义功率 P_m;主、从动轮转速 n_1、n_2 或传动比 i;传动装置的用途,工作条件和安装位置等。需要确定带的型号、节距、节线长度、带宽、中心距及带轮的齿数、直径等结构参数。

同步带传动工况系数(又名载荷修正系数)确定参见表 2.2.21。

表 2.2.21 同步带传动的工况系数 K_A

载荷性质		每天工作小时数/h		
变化情况	$\frac{瞬时峰值载荷}{额定工作载荷}$	≤10	10～16	>16
平稳		1.20	1.40	1.50

续 表

载荷性质		每天工作小时数/h		
小	～150%	1.40	1.60	1.70
较大	≥150～250%	1.60	1.70	1.85
很大	≥250～400%	1.70	1.85	2.10
大而频繁	≥250%	1.85	2.10	2.15

注：1. 经常正反转或使用张紧轮时，K_A 应乘 1.1；间断性工作，K_A 应乘 0.9。

2. 增速传动时，K_A 应乘以下列系数：

增速比	系数
1.25～1.74	1.05
1.75～2.49	1.10
2.50～3.49	1.18
≥3.50	1.25

选择带的型号和节距 p_b 由图 2.2.24 同步带选型图选出。

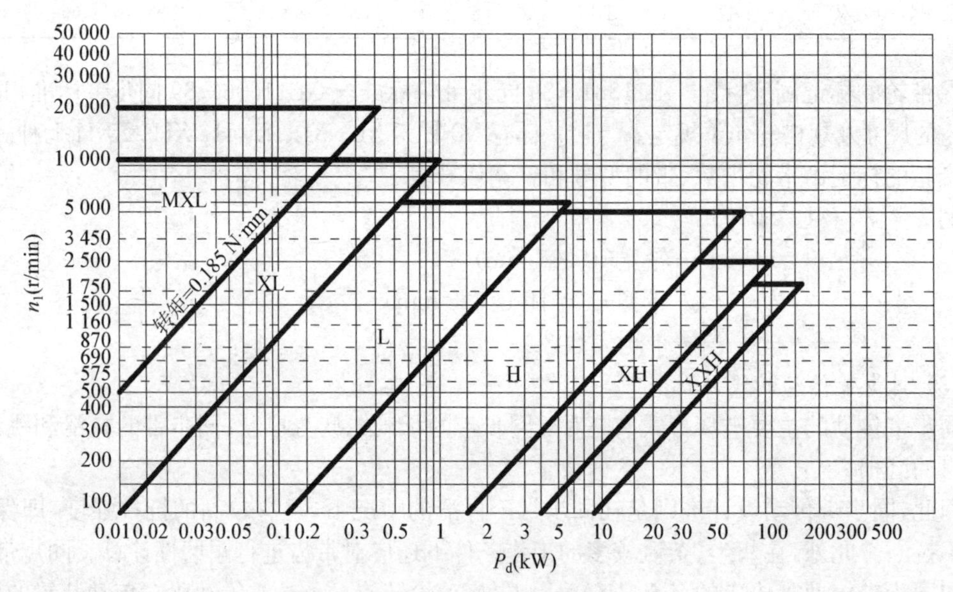

图 2.2.24 同步带选型图

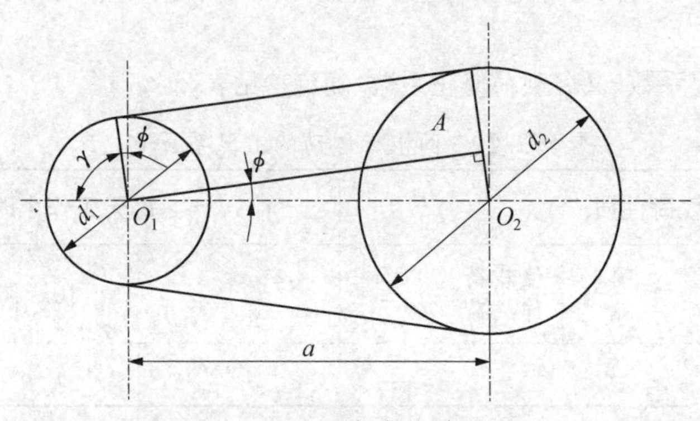

图 2.2.25 同步带传动示意图

图中横坐标为设计功率 P_d，纵坐标为小带轮转速 n_1。选择时，如在图中所得交点位于两种节距的分界线上，则可选两种方案计算比较。一般情况下尽可能选用小节距。

表 2.2.22　节距制同步带的基准宽度下的许用圆周力和单位质量

带型号	基准宽度/mm	许用圆周力/N	单位长度质量/kg·m^{-3}
MXL	6.4	27	0.007
XL	9.5	50.17	0.022
L	25.4	244.46	0.095
H	76.2	2 100.85	0.448
XH	101.6	4 048.90	1.484
XXH	127.0	6 398.03	2.473

同步带设计计算可参见表 2.2.23。

表 2.2.23　同步带主要零件的设计计算步骤

计算项目	设计计算	说明
1. 确定带传动的设计功率 P_d	$P_d = K_A P_m$	P_m—传递的名义功率(设计功率)；K_A—载荷修正系数，可由表 2.2.21 查出
2. 选择带的型号和节距 p_b	根据 P_d 和 n_1 由图 2.2.24 及表 2.2.19 选取	如在图中所得交点位于两种节距的分界线上，则可选两种方案计算比较，一般情况下尽可能选用小节距
3. 带轮齿数 z_1、z_2	$z_1 > z_{min}$ z_{min} 可由表 2.2.20 查出，根据传动比确定大带轮齿数：$z_2 = z_1 i$ 取整数	在传动布置和带速许可情况下，小带轮齿数 z_1 宜取大些
4. 带轮的节圆直径 d_1、d_2	小带轮节圆直径：$d_1 = p_b z_1/\pi$(mm) 大带轮节圆直径：$d_2 = d_1 i$(mm)	
5. 验算带速	同步带传动速度：$v = \dfrac{\pi d_1 n_1}{60 \times 1\,000} < v_{max}$(m/s)	带速过大，会使带运转时所受离心力增加，且单位时间内绕过带轮次数增加，易造成带的疲劳损坏。 通常对 MXL、XL、L 型号同步带，取 $v_{max} = 40$ m/s ~ 50 m/s。对 H 型同步带，取 $v_{max} = 35$ m/s ~ 40 m/s。对 XH、XXH 型同步带，取 $v_{max} = 25$ m/s ~ 30 m/s

续 表

计算项目	设计计算	说明
6. 同步带节线长度 L_p	由图 2.2.25 几何关系可知， $L_p = 2a\cos\phi + \pi(d_2 + d_1)/2 + \pi\phi(d_2 - d_1)/180°$ 如 a 未定，可以按下列范围选取 $0.7(d_1 + d_2) < a < 2(d_1 + d_2)$ $\phi = \arcsin[(d_2 - d_1)/2a](°)$	a—传动中心距。 计算后应按国家标准圆整为标准节线长度
7. 计算同步带齿数 z_b	$z_b = L_p/p_b$	
8. 确定传动的中心距 a	由图 2.2.25 可推得 $a = p_b(z_2 - z_1)/2\pi\cos\gamma$ 式中　$inv\gamma = \pi(z_b - z_2)/(z_2 - z_1)$	中心距的变化将影响带与带轮的正常啮合，因此，需进一步精确计算
9. 校验小带轮与带的啮合齿数 z_m	$z_m = ent\left[\frac{z_1}{2} - \frac{p_b z_1(z_2 - z_1)}{2\pi^2 a}\right]$	z_m 过少，会引起带齿剪切、磨损，严重时还会打滑、跳齿。所以，一般 $z_m \geqslant 6$。如计算出的 $z_m < 6$，则可通过增大中心距或在带轮直径不变情况下采用小节距，增加小带轮齿数 z_1，使 $z_m \geqslant 6$
10. 确定同步带宽 b_s	$b_s \geqslant b_{s0}\left(\frac{P_d}{K_z P_0}\right)^{1/1.14}$ $P_0 = (F_n - mv^2)v \times 10^3 \mathrm{kW}$	b_{s0}—带的基准宽度，可由表 2.2.22 查得； K_z—啮合系数，当 $z_m \geqslant 6$ 时，$K_z = 1$，当 $z_m < 6$ 时，$K_z = 1 - 0.2(6 - z_m)$； P_0—同步带基准额定功率。 F_n、m 可由表 2.2.22 查得
11. 带的工作能力验算	$P = (K_z K_w F_n - b_s mv^2/b_{s0})v \times 10^{-3} \geqslant P_d$	K_w—齿宽系数，$K_w = (b_s/b_{s0})^{1.14}$

设计任务4　已知额定功率为 0.5 kW，转速为 1 500 r/min 的电动机，驱动某机电设备中转速为 500 r/min 的机械设备工作。该设备每天 8 h 满载运转，采用同步带传动，两轮中心距要求 350 mm 左右，不使用张紧轮，试设计此设备用同步带传动。

任务表 2.2.4.1　同步带传动机构方案设计及相关资讯

设计方案	资讯
同步带传动	机械传动设计的原则 机械系统性能仿真 机械制图、计算机辅助设计

任务表 2.2.4.2　同步带传动设计计算步骤

计算项目	设计计算与说明	计算结果
1. 计算带传动的设计功率 P_d	查表 2.2.21,取载荷修正系数 K_A 为 1.2,则设计功率为 $P_d = K_A P_m = 1.2 \times 0.5 = 0.6$ kW	$P_d = 0.6$ kW
2. 选择带的型号和节距 p_b	根据 P_d 和 n_1 由图 2.2.24 选取,带型为 L 型,查表 2.2.19 选节距 $p_b = 9.525$ mm	L 型,节距 $p_b = 9.525$ mm
3. 带轮齿数 z_1、z_2	查表 2.2.20,小带轮许用的最小齿数 $z_{min} = 14$,取 $z_1 = 16$,传动比 $i = 1\,500/500 = 3$,大带轮齿数 $z_2 = z_1 \times i = 16 \times 3 = 48$	$z_1 = 16$ $z_2 = 48$
4. 带轮的节圆直径 d_1、d_2	小带轮节圆直径: $d_1 = p_b z_1/\pi = 9.525 \times 16/3.141\,6 = 48.51$ mm 大带轮节圆直径: $d_2 = d_1 i = 48.51 \times 3 = 145.53$ mm	$d_1 = 48.51$ mm $d_2 = 145.53$ mm
5. 验算带速	同步带传动速度: $v = \pi d_1 n_1/(60 \times 1\,000)$ $= 3.141\,6 \times 48.51 \times 1\,500/(60 \times 1\,000) = 3.81$ m/s L 型同步带 $v_{max} = 40$ m/s ~ 50 m/s,所以合格	$v = 3.81$ m/s < 40 m/s ~ 50 m/s,合格
6. 同步带节线长度 L_p	由已知条件,初定中心距 $a = 350$ mm $\phi = \arcsin\left(\frac{d_2 - d_1}{2a}\right) = \arcsin\left(\frac{145.33 - 48.51}{2 \times 350}\right) \approx 7.967°$ $L_p = 2a\cos\phi + \pi(d_2 + d_1)/2 + \pi\phi(d_2 - d_1)/180° = 2 \times 350 \times \cos 7.967° + \frac{3.141\,6 \times (145.33 + 48.51)}{2} + \frac{3.141\,6 \times 7.967 \times (145.33 - 48.51)}{180} = 1\,011.52$ mm 计算后按 GB11616 - 89 圆整为标准节线长度得 $L_p = 990.6$ mm	$L_p = 990.6$ mm
7. 计算同步带齿数 z_b	$z_b = L_p/p_b = 104$	$z_b = 104$
8. 确定传动的中心距	$inv\gamma = \pi(z_b - z_2)/(z_2 - z_1) = 3.141\,6 \times \frac{104 - 48}{48 - 16} = 5.497\,8$ 根据反渐开线函数计算得到,$\gamma = 81.783\,2°$ 中心距为: $a = p_b(z_2 - z_1)/2\pi\cos\gamma$ $= \frac{9.525 \times (48 - 16)}{2 \times 3.141\,6 \times \cos 81.783\,2} = 339.43$ mm	$a = 339.43$ mm

续　表

计算项目	设计计算与说明	计算结果
9. 校验小带轮与带的啮合齿数 z_m	$z_m = ent\left[\frac{z_1}{2} - \frac{p_b z_1 (z_2 - z_1)}{2\pi^2 a}\right]$ $= ent\left[\frac{16}{2} - \frac{9.525 \times 16 \times (48-16)}{2 \times 3.1416^2 \times 339.43}\right] = 7$ $z_m \geqslant 6$,故合格,且 $K_z = 1$	$z_m = 7$ $K_z = 1$
10. 确定同步带宽 b_s	查表 2.2.22 得 $F_n = 244.46$ N, $m = 0.095$ kg/m, $b_{s0} = 25.4$ mm $P_0 = (F_n - mv^2)v/10^3$ $= \frac{(244.46 - 0.095 \times 3.81^2) \times 3.81}{10^3} = 0.93$ kW $b_s \geqslant b_{s0}\left(\frac{P_d}{K_z P_0}\right)^{1/1.14} = 25.4\left(\frac{0.6}{1 \times 0.93}\right)^{1/1.14}$ $= 17.293$ mm 按 GB11616 - 89 标准化,取带宽 $b_s = 19.1$ mm	$b_s = 19.1$ mm
11. 带的工作能力验算	$K_w = (b_s/b_{s0})^{1.14} = \left(\frac{19.1}{25.4}\right)^{1.14} = 0.7225$ $P = (K_z K_w F_n - b_s m v^2 / b_{s0}) v \times 10^{-3}$ $= \left(1 \times 0.7225 \times 244.46 - \frac{19.1}{25.4} \times 0.095 \times 3.81^2\right) \times 3.81 \times 10^{-3} = 0.669$ kW $> P_d$ 所设计的同步带符合要求	$P = 0.669$ kW $>$ $P_d = 0.6$ kW 所设计的同步带符合要求

学生自评

正确性			科学性		
方案是否正确	计算过程	结论	可行性	性价比	创新

方案评价

学生自评	
学生互评	
教师评价	

任务3　复合传动机构设计

3.1　齿轮连杆组合机构

齿轮连杆机构是应用最广泛的一种组合机构，它能实现较复杂的运动规律和轨迹，且制造方便。图 2.2.26 所示为由齿轮—连杆机构实现的间歇传送装置，该机构常用于自动机的物料间歇送进，如冲床的间歇送料机构、轧钢厂成品冷却车间的钢材送进机构、糖果包装机的走纸和送糖条等机构。

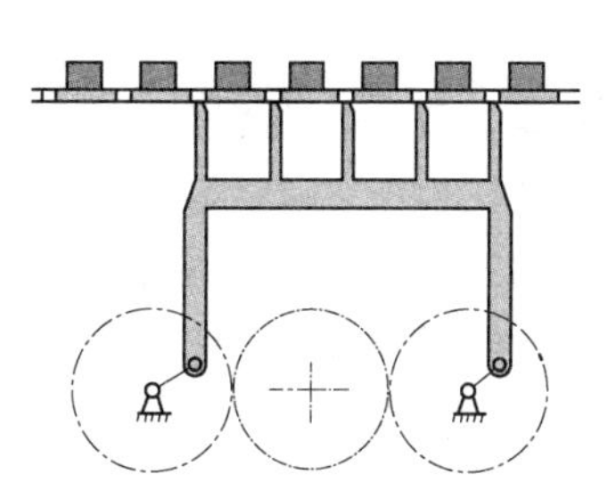

图 2.2.26　齿轮—连杆组合机构

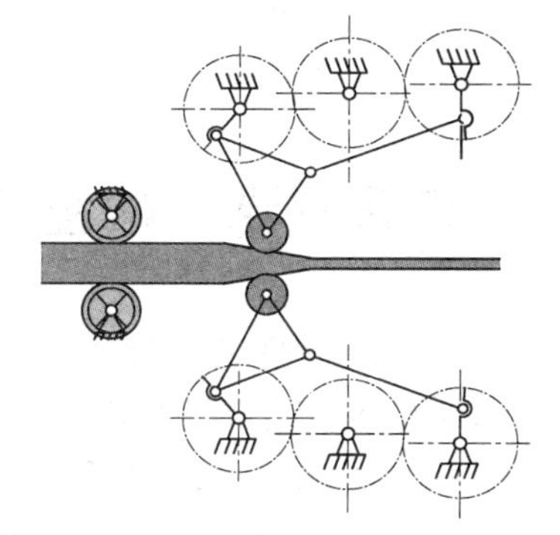

图 2.2.27　轧钢机轧辊驱动装置中的齿轮—连杆组合机构

图 2.2.27 为振摆式轧钢机轧辊驱动装置中所使用的齿轮—连杆组合机构。通过五杆机构与齿轮机构的组合，使连杆上的轮辊中心实现如图所示的复杂轨迹，从而使轧辊的运动轨迹符合轧制工艺的要求。

3.2　凸轮—连杆机构

凸轮机构虽可实现任意的给定运动规律的往复运动，但在从动件作往复摆动时，受压力角的限制，其摆角不能太大。若采取基本的连杆机构与凸轮机构组合起来，可以克服上述缺点，精确地实现给定的复杂运动规律和轨迹。图 2.2.28 所示为平板印刷机上的吸纸机构。该机构由自由度为 2 的五杆机构和两个自由度为 1 的摆动从动件凸轮机构所组成。两个盘形凸轮固结在同一转轴上，工作要求吸纸盘按图标虚线所示轨迹运动，以完成吸纸和送进等动作。图 2.2.29 所示为印刷机械中常用的齐纸机构，通过凸轮机构和连杆机构的组合，实现理齐纸张的功能。

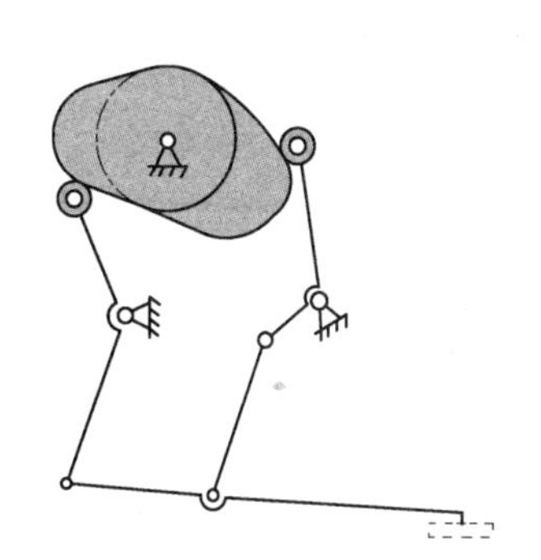

图 2.2.28　平板印刷机上的吸纸机构

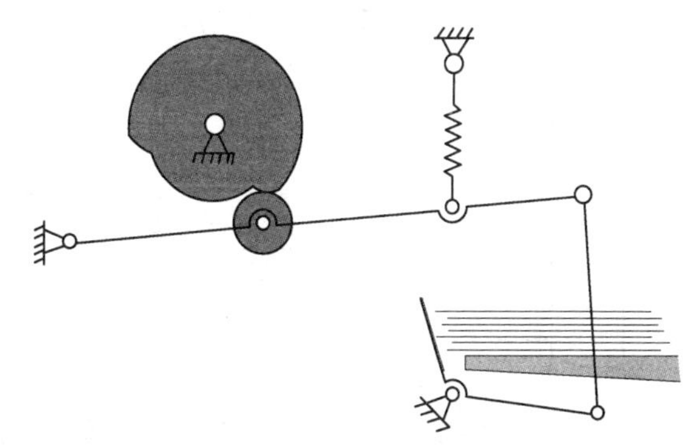

图 2.2.29　印刷机械中的齐纸机构

3.3 齿轮凸轮机构

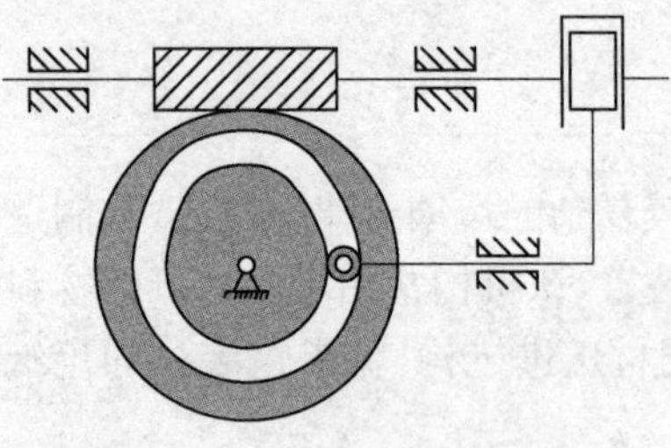

图 2.2.30 齿轮加工机床中的误差补偿机构

图 2.2.30 所示是一种齿轮加工机床的误差补偿机构，由具有两个自由度的蜗杆机构作为基础机构，凸轮机构为附加机构，而且附加机构的一个构件又回接到主动构件蜗杆上。机构由输入运动带动蜗轮转动，通过凸轮机构的从动件推动蜗杆作轴向移动，使蜗轮产生附加转动，从而使误差得到校正。

同步训练 数控机床机械传动系统方案选择

机电一体化机械系统要求具有较高的定位精度，运行平稳、工作可靠以及良好的动态响应特性，这不仅是机械传动和结构本身的问题，而且要通过控制装置，使机械传动部分与伺服电动机的动态性能相匹配，在设计过程中要综合考虑这几部分的综合影响。

在设计数控机床的机械机构时，通常还应提出无间隙、低摩擦、高刚度、高的机械固有频率以及有适宜的阻尼比等要求。为了达到这些要求，在机械传动设计中，主要采取如下措施：

① 尽量采用低摩擦的传动副；

② 选用最佳的传动比；

③ 尽量缩短传动链以及用预紧的方法提高传动系统的刚度；

④ 尽量消除传动间隙，减少反向行程误差。

以数控车床为例，其总体设计方案如图 2.2.31 所示。

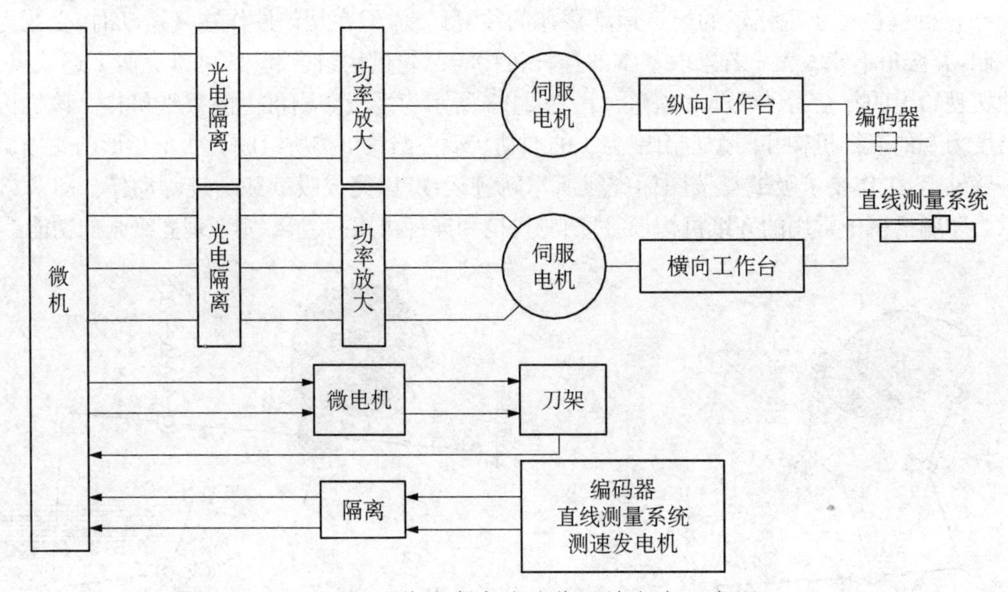

图 2.2.31 数控车床的总体设计方案示意图

设计过程中应考虑多种设计方案，优化评价决策，反复比较，选出最佳方案。以下是几种选择方案：丝杠传动、齿条传动和蜗杆传动（蜗轮、旋转工作台），如图 2.2.32 所示。若丝杠行程大于 4 m，则刚度难以保证，可选择齿条传动。

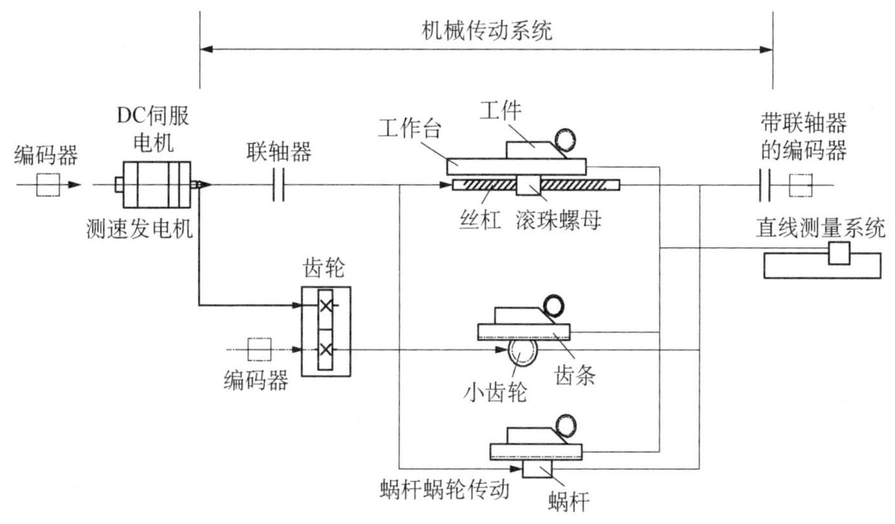

图 2.2.32　数控车床的总体设计方案示意图

当选择丝杠传动后，丝杠与伺服电动机的联接关系有通过联轴器直接传动和中间用齿轮或同步齿形带传动。在同样的工作条件下，选择不同类型的电动机，相应的丝杠尺寸和齿轮传动比也不同。例如，工作台与工件质量为 3 000 kg，要求进给力 $F_v = 12.5$ kN，快进速度 $v =$ 12 m/min 时，可采用不同伺服电机与传动方案，如表 2.2.24 所示。表中 T_R 为额定转矩，n_R 为额定转速，E 为能量，ε_m 为线加速度，F_v 为进给力，v 为快进速度，ω_n 为固有频率。成本比较只是三相全波与三相半波无环流反并联式线路的成本，不包括齿轮传动装置。

表 2.2.24　不同传动方案比较

传动	电动机	T_R/ N·m	n_R/ r·min^{-1}	E/ J	ε_m/ m·s^{-2}	F_v/ kN	v/ m·min^{-1}	ω_n/ rad·s^{-1}	成本比较(%)	
									6 脉冲	3 脉冲
$L_0=10$	1HU3104	25	1 200	364	3.5	12.5	12	137	100	112
$i=1.66$ $L_0=10$	1HU3078	14	2 000	250	4.7	11.6	12	244	88	98
$i=2.5$ $L_0=10$	1HU3076	10	3 000	510	2.5	12.5	12	308	85	98

续 表

传动	电动机	T_R/N·m	n_R/r·min^{-1}	E/J	ε_m/m·s^{-2}	F_v/kN	v/m·min^{-1}	ω_n/rad·s^{-1}	成本比较(%)	
									6脉冲	3脉冲
$L_0=6$	1HU3078	14	2 000	290	4	11.6	12	232	88	98
$L_0=15$	1HU3108	38	800	210	6.1	12.5	18	107	121	138
$i=5$ $L_0=10$	1GS3107	6.8	6 000	590	2.9	17	12	143	106	114

注：1HU 型为永磁式 DC 伺服电动机，1GS 型为电磁式 DC 伺服电动机，均为德国电动机型号。

如选择齿轮或同步齿形带传动，进给系统设计与计算的主要内容包括：滚珠丝杠副的设计计算及选型、齿轮减速器设计计算与选型或同步带的设计计算与选型、同步带轮的选择等。

子情境 3　支承部件

体例 2.3.1　线接触式主轴箱导向机构

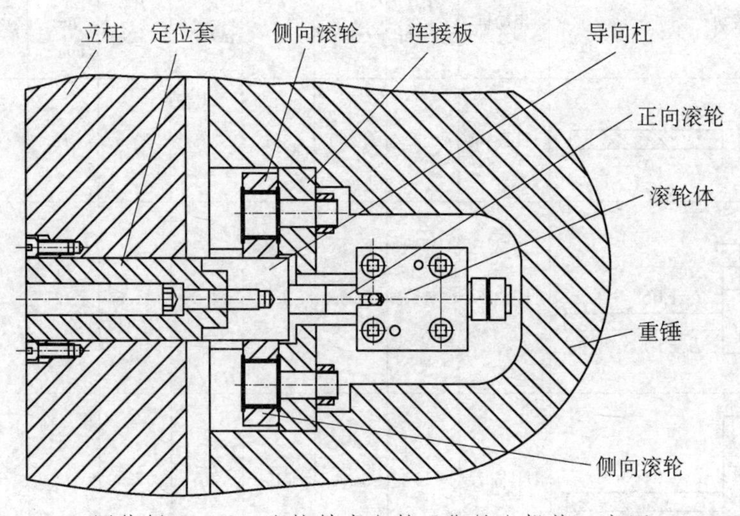

图体例 2.3.1　线接触式主轴平衡导向机构示意图

表体例 2.3.1　线接触式主轴箱导向机构分析

产品名称	产品属性	产品功能	产品组成(结构)	机械装置运动形式
线接触式主轴箱导向机构	机电一体化产品	定位,导向	立柱、定位套、滚轮、导向杠、滚轮体	滚轮沿导向杠直线运动

导向杠材料选取方钢,并通过定位套固定在立柱上。正向和侧向滚轮组安装在重锤上,侧向滚轮组主要由滚轮和连接板组成;正向滚轮组主要由滚轮和滚轮体组成。侧向滚轮组的两个滚轮和正向滚轮组的滚轮安装时与导向杠 3 个面调整好间隙,使滚轮沿导向杠能够自由直线运动,从而实现重锤平稳运动。

体例 2.3.2　________(学生完成)

完成形式:学生以小组为单位通过查找资料、研讨,以典型项目形式完成文本说明,制作 PPT,通过项目过程考核对学生完成情况评价。

任务 1　认识支承部件

机电一体化系统中的支承部件是一种非常重要的部件,它不仅要支承、固定和联接系统中的其他零部件,还要保证这些零部件之间的相互位置要求和相对运动的精度要求,而且还是伺服系统的组成部分。因此,应按伺服系统的具体要求来设计和选择支承部件。

常用的支承部件主要有轴承、导轨和机身(或基座)等。它们的精度、刚度、抗振性、热稳定性等因素直接影响伺服系统的精度、动态特性和可靠性。因此,机电一体化系统对支承部件的要求是:精度高、刚度大、热变形小、抗振性好、可靠性高,并且有良好的摩擦特性和结构工艺性。

1.1　回转运动支承

回转运动支承主要指滚动轴承、动、静压轴承、磁轴承等各种轴承。它的作用是支承作回转运动的轴或丝杠。随着刀具材料和加工自动化的发展,主轴的转速越来越高,变速范围也越来越大。如中型数控机床和加工中心的主轴最高转速可达到 10 000 r/min～25 000 r/min,甚至更高,调速范围达 300～400。内圆磨床为了达到足够的磨削速度,磨削小孔的砂轮主轴转速已高达 240 000 r/min。因此,对轴承的精度、承载能力、刚度、抗振性、寿命、转速等提出了更高的要求,也逐渐出现了许多新型结构的轴承。机电一体化系统常用轴承及其特点见表 2.3.1

表 2.3.1　机电一体化系统中常见的轴承及其特点

性能	滚动轴承		静压轴承	动压轴承	磁轴承
	一般滚动轴承	陶瓷轴承			
精度	一般,在预紧无间隙时精度较高。1 μm～1.5 μm	同滚动轴承。0.1 μm	高,液体静压轴承可达 0.1 μm,气体静压轴承可达 0.02 μm～0.12 μm。精度保持性好	较高,单油楔 5 μm,双油楔可达 0.08 μm	一般 1.5 μm～3 μm

续 表

性能	滚动轴承		静压轴承	动压轴承	磁轴承
	一般滚动轴承	陶瓷轴承			
刚度	一般，预紧后较高，并取决于轴承形式	不及一般滚动轴承	液体静压轴承高，气体静压轴承较差	液体动压轴承较高	不及一般滚动轴承
抗振性	较差，阻尼比 $\xi=0.02\sim0.04$	同滚动轴承	好	较好	较好
速度性能	低中速，特殊轴承可用于较高速	中高速，热传导率低，不易发热	液体静压轴承可用于各种速度，气体静压轴承，用于超高速 80 000 r/min～160 000 r/min	高速	高速 30 000 r/min～50 000 r/min
摩擦耗损	较小，$\mu=0.002\sim0.008$	同滚动轴承	小	起动时，摩擦较大	很小
寿命	疲劳强度较低	较长	长	长	长
制造难易	轴承生产专业化标准化	比滚动轴承难	自制，工艺要求高。需供油或供气系统	自制，工艺要求高	较复杂
使用维修	简单，用油脂润滑	较难	液体静压轴承供油系统清洁较难。气体静压轴承供气系统清洁度高，但使用维修容易	比较简单	较难
成本	低	较高	较高	较高	高
应用场合	应用范围广	用于中、高速运动主轴的支承	液体静压轴承能适应不同负荷、不同转速的大型或中小型机械设备的要求，但需有一套可靠的供油装置。气体静压轴承适用于转速极高和灵敏度要求高的场合，可在支承材料许可的高温、深冷、放射性等恶劣环境中正常工作	液体动压轴承转速达到额定值时才能形成有效的油膜，发挥作用，低速状态不适用。气体动压轴承主要使用于极端的工作条件下（例如高温和低温）。如低温透平机、小型燃气轮机和废气涡轮增压器、惯性导航、精密机械、医疗器械制冷设备等	用于机器人、精密仪器、陀螺仪、火箭发动机等地方

1.2　直线运动支承

直线运动支承主要指直线运动导轨副，它的作用是保证所支承的各部件（如工作台、尾座等）的相对位置和运动精度。因此，对导轨副的基本要求是：导向精度高、刚度大、耐磨、运动灵活和平稳。机电一体化系统中常用的导轨有滑动导轨、滚动导轨和静压导轨。它们的特点见表 2.3.2。

表 2.3.2　常用导轨及其特点

导轨种类 性能	滑动导轨	塑料导轨	滚动导轨	静压导轨	
				液体静压	气体静压
定位精度	一般，位移误差为 10 μm～20 μm，用防爬油或液压卸载荷时为 2 μm～5 μm	较高。用聚四氟乙烯时、位移误差可达 2 μm	高，传动刚度大于 30 N/μm～40 N/μm 时位移误差为 0.1 μm～0.3 μm	较高，位移误差可达 2 μm	高，位移误差可达 0.125 μm
摩擦特性	摩擦系数较大，变化范围也大	摩擦系数较小。动、静摩擦系数基本相同。摩擦系数范围约为 0.025～0.05	摩擦系数很小，且与速度呈线性关系，动、静摩擦系数基本相同。摩擦系数范围约为 0.002 5～0.005	起动摩擦系数很小（0.000 5）且与速度呈线性关系	摩擦系数小于液体静压导轨
承载能力 N/mm^2	中等，铸铁与铸铁约为 1.5，钢与铸铁、钢与钢约为 2.0	聚四氟乙烯连续使用时<0.35；间断使用时 1.75	滚珠导轨较小，滚柱导轨较大	可以很高	承载能力小于液体静压导轨
刚度	接触刚度高	刚度较高	无预加载荷时刚度较低；有预加载荷的滚动导轨可略高于滑动导航	间隙小时刚度高，但不及滑动导轨	刚度低
运动平稳性	速度在（$1.67\times10^{-5}\sim10^{-3}$）m/s 时容易出现爬行	无爬行现象	仅在预加载荷过大和制造质量过低时出现爬行现象	运动平稳，低速无爬行	
抗振性	一般	吸振	抗振性和抵抗冲击载荷的能力较差	吸振性好	

续 表

导轨种类 性能	滑动导轨	塑料导轨	滚动导轨	静压导轨	
				液体静压	气体静压
寿命	非淬火铸铁低,淬火或耐磨铸铁中等,淬火钢高	中等	防护很好时高	很高	
速度	中、高	中等	任意	低、中等	

任务2　导轨

一副导轨主要由两部分组成,在工作时一部分固定不动,称为支撑导轨(或导动轨),另一部分相对支撑导轨作直线或回转运动,称为动导轨(或滑座)。

2.1　导轨的基本要求

导轨的基本要求包括导向精度、耐磨性、疲劳与压溃、刚度、低速运动平稳性和结构工艺性等方面的要求。

1. 导向精度高

导向精度是指动导轨沿支撑导轨运动的直线度或圆度。影响因素有:导轨的几何精度、接触精度、结构形式、刚度、热变性、装配质量及液体静压和动压导轨的油膜厚度和刚度等。导轨的几何精度可用线值或角值表示。

①导轨在垂直平面和水平面内的直线度 如图 2.3.1(a)、(b)所示,理想的导轨面与垂直平面 A-A 或水平面 B-B 的交线均应为一条理想直线,但由于存在制造误差,致使交线的实际轮廓偏离理想直线,其最大偏差量即为导轨全长在垂直平面[图(a)]和水平面[图(b)]内的直线度误差。

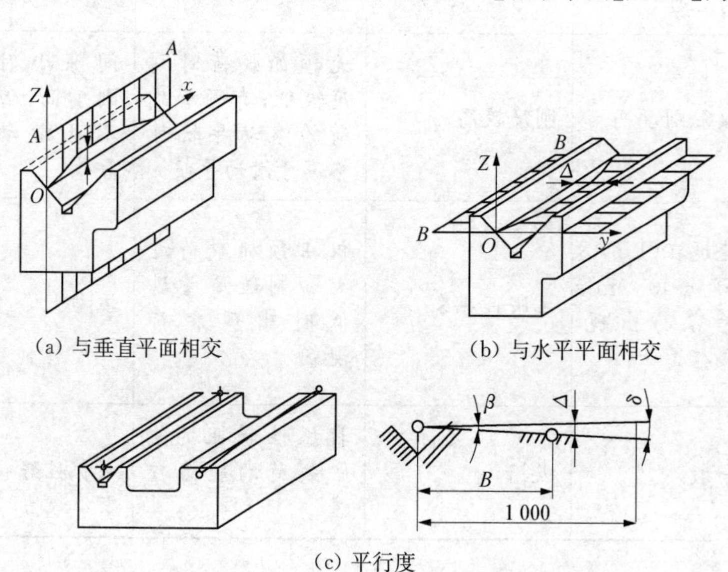

(a) 与垂直平面相交　　(b) 与水平平面相交

(c) 平行度

图 2.3.1　导轨的几何精度

②导轨面间的平行度 图 2.3.1(c)所示为导轨面间的平行度误差。设 V 形导轨没有误差，平面导轨纵向有倾斜，由此产生的误差 Δ 即为导轨间的平行度误差。导轨间的平行度误差一般以角度值表示，这项误差会使运动件运动时发生“扭曲”。

2. 运动平稳

导轨运动的不平稳性主要表现在低速运动时导轨速度的不均匀，这使运动件出现时快时慢、时动时停的爬行现象。爬行现象主要取决于导轨副中摩擦力的大小及其稳定性。为此，设计时应合理选择导轨的类型、材料、配合间隙、配合表面的几何形状精度及润滑方式。

3. 耐磨性好

导轨的初始精度由制造保证，而导轨在使用过程中的精度保持性则与导轨面的耐磨性密切相关。导轨的耐磨性主要取决于导轨的类型、材料、导轨表面的粗糙度及硬度、润滑状况和导轨表面压强的大小。

4. 对温度变化的不敏感性

导轨在温度变化的情况下仍能正常工作。导轨对温度变化的不敏感性主要取决于导轨类型、材料及导轨配合间隙等。

5. 足够的刚度

在载荷的作用下，导轨的变形不应超过允许值。刚度不足不仅会降低导向精度，还会加快导轨面的磨损。刚度主要与导轨的类型、尺寸以及导轨材料等有关。

6. 结构工艺性好

导轨的结构应力求简单，便于制造、检验和调整，从而降低成本。

2.2　滑动摩擦导轨

常用的滑动摩擦导轨类型有 V 形导轨、直角形导轨、燕尾导轨、圆柱导轨等，如图 2.3.2 所示。

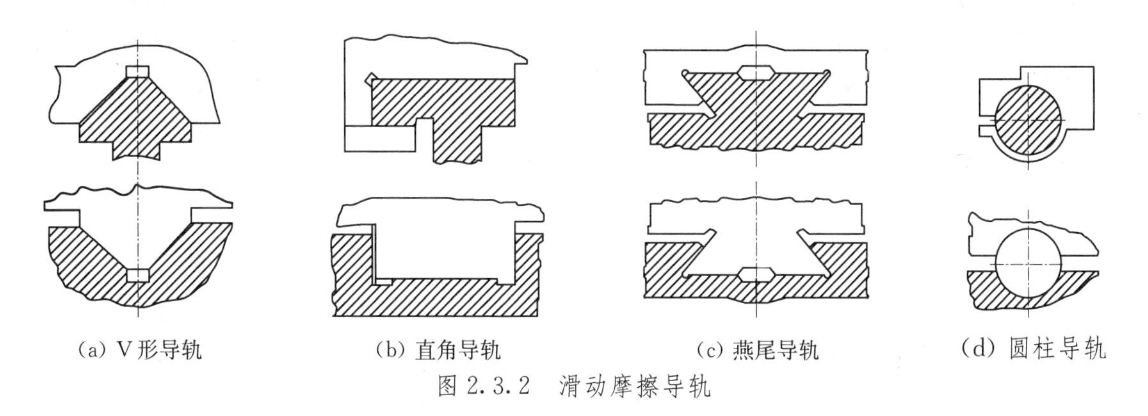

(a) V形导轨　(b) 直角导轨　(c) 燕尾导轨　(d) 圆柱导轨

图 2.3.2　滑动摩擦导轨

V 形导轨是超定位导轨，制造复杂，但刚度好，且有平均效应。上图的倒 V 形导轨结构较易排除杂物，应用较多。平面形的直角导轨(又称矩形导轨)符合运动学原理，制造简单，间隙也可以通过镶条调整，应用较多。燕尾导轨常利用镶条调整间隙，其摩擦力较大。圆柱导轨为防止滚转，还要增加一个辅助导轨。在早期的测量仪中，许多机型采用滑动摩擦导轨。随着工艺水平的提高，以及对精度的更高要求，滑动摩擦导轨已经不太适应新的要求。其缺点是摩擦阻力大，容易磨损，静、动摩擦系数差别大，在低速时易产生爬行，也不易在高速下运行。但滑动摩擦导轨刚度大，不受气源波动的影响，接触面大，有平均效应，从保持长期稳定精度而言是最理想的。特别是近年来由于各种低摩擦系数、耐磨新材料的出现，滑动摩擦导轨由于结构简单、成本低、刚度高，其应用又出现上升趋势。

2.3 塑料导轨

塑料导轨是在滑动导轨上镶装塑料而成的。这种导轨除表 2.3.2 所述特点外，其化学稳定性、工艺性好，使用维护方便，因而得到了越来越广泛的应用。但它的耐热性差，且易蠕变，使用中必须注意散热。常用的塑料导轨材料有以下三种。

1. 塑料导轨软带

塑料导轨软带是以聚四氟乙烯为基材，添加合金粉和氧化物等所构成的高分子复合材料。将其粘贴在金属导轨上所形成的导轨又称为贴塑导轨。软带粘贴形式如图 2.3.3 所示。图(a)为平面式，多用于设备的导轨维修；图(b)为埋头式，即贴软带的导轨加工有带挡边的凹槽，多用于新产品。

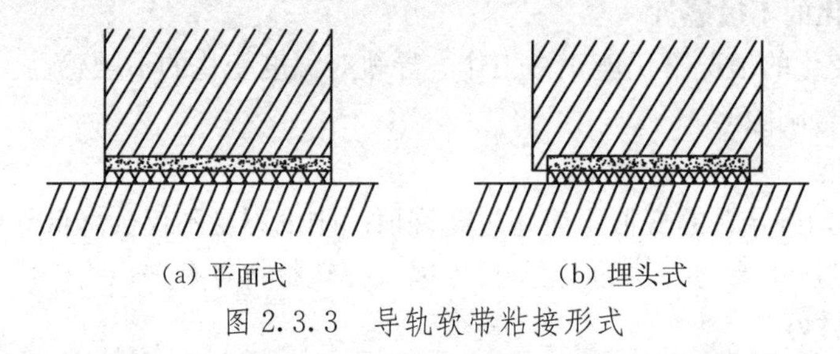

(a) 平面式　　(b) 埋头式

图 2.3.3　导轨软带粘接形式

这种软带可与铸铁或钢组成滑动摩擦副，也可以与滚动导轨组成滚动摩擦副。

2. 金属塑料复合导轨板

导轨板分三层，如图 2.3.4 所示。内层为钢带以保证导轨板的机械强度和承载能力。钢带上镀烧结成球状的青铜粉或青铜丝网形成多孔中间层，再浸渍聚四氟乙烯等塑料填料。中间层可以提高导轨的导热性，避免浸渍进入孔或网中的塑料产生冷流和蠕变。当青铜与配合面摩擦发热时，热胀系数远大于金属的塑料从中间层的孔隙中挤出，向摩擦表面转移，形成厚约 0.01 mm—0.05 mm 的表面自润滑塑料层。这种导轨板一般用胶粘贴在金属导轨上，成本比聚四氟乙烯软带高。图 2.3.5 为某铣床燕尾导轨镶条上安装复合导轨板的示意图。

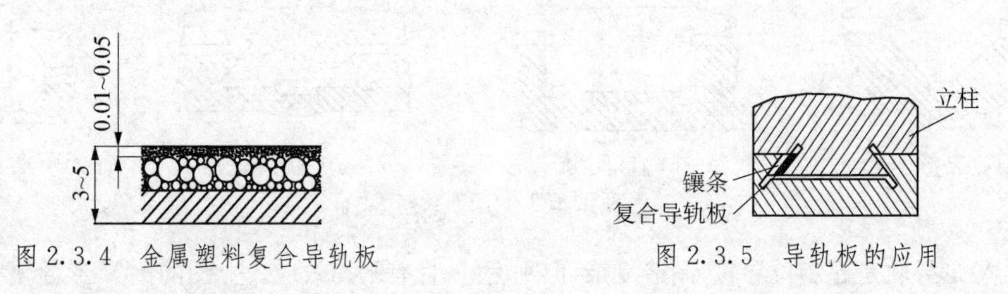

图 2.3.4　金属塑料复合导轨板　　图 2.3.5　导轨板的应用

3. 塑料涂层

导轨副中，若只有一面磨损严重，则可以把磨损部分切除，涂敷配制好的胶状塑料涂层，利用模具或另一摩擦面使涂层成形，固化后的塑料涂层即成为摩擦副中的配对面之一，与金属配对面形成新的摩擦副。目前常用的塑料涂层材料有环氧涂料和含氟涂料。它们都是以环氧树脂为基体，但所用牌号和加入的成分有所不同。环氧涂料的优点是摩擦系数小且稳定，防爬性能好，有自润滑作用。缺点是不易存放，且粘度逐渐变大。含氟涂料则克服了上述缺点。这种

方法主要用于导轨的维修和设备的改造，也可用于新产品设计。

2.4　滚动摩擦导轨

滚动摩擦导轨是在作相对运动的两导轨面之间放置滚动体，变滑动摩擦状态为滚动摩擦的一种运动支承。

1. 分类

（1）按滚动体的形状分

有钢珠式和滚柱式，可分为滚珠导轨、滚柱导轨、滚针导轨三种。如图 2.3.6 所示。

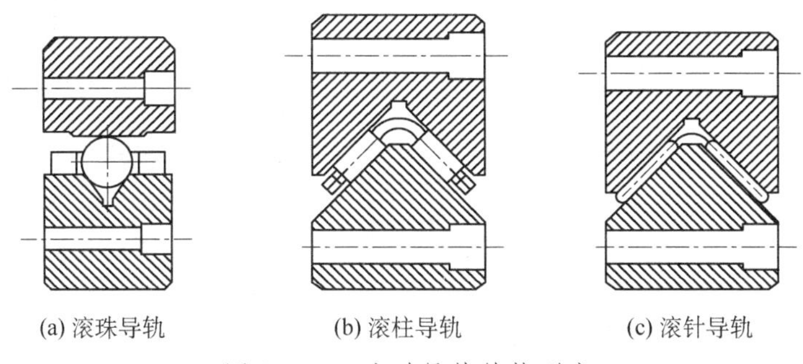

图 2.3.6　滚动导轨结构形式

图(a)为滚珠导轨，点接触、摩擦小、灵敏度高，但承载能力小、刚度低。适用于载荷不大、行程较小，而运动灵敏度要求较高的场合。图(b)为滚柱导轨，线接触、承载能力和刚度都比滚珠导轨大，适用于载荷较大的场合，但制造安装要求高。滚柱结构有实心和空心两种，空心滚柱在载荷作用下有微小变形，可减小导轨局部误差和滚柱尺寸对运动部件导向精度影响。图(c)为滚针导轨，尺寸小、结构紧凑、排列密集、承载能力大，但摩擦相应增加，精度较低。适用于载荷大，导轨尺寸受限制的场合。

（2）按滚动体的循环方式分

可分为滚动体不循环式导轨和滚动体循环式导轨两类。

2. 直线滚动导轨副

直线滚动导轨副结构如图 2.3.7 所示。它由导轨和滑座组成。滑座的数量可根据需要而定。当滑座移动时，滚动体在滚道内循环运动。其分类可按照导轨截面和滚道沟槽形状分。按照导轨截面可分为矩形导轨和梯形导轨，其结构及特点见表 2.3.3。按照滚道沟槽形状可分为单圆弧和双圆弧二种。如图 2.3.8 所示，单圆弧沟槽(图 a)为二点接触，双圆弧沟槽(图 b)为四点接触，前者的运动摩擦和对安装基准的误差平均作用比后者要小，但其静刚度比后者稍差。

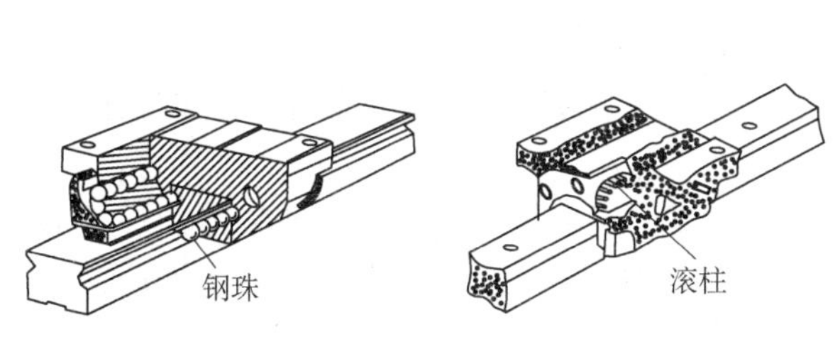

图 2.3.7　直线滚动导轨副

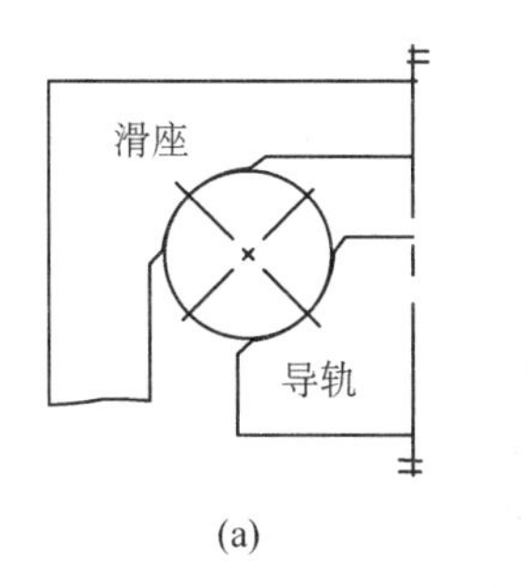

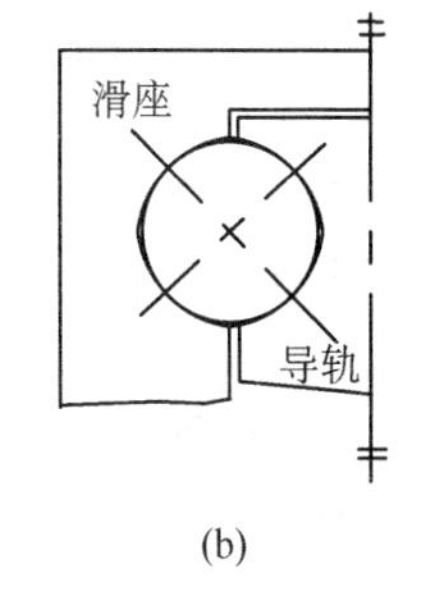

图 2.3.8　滚动直线导轨沟槽形式

表 2.3.3　直线滚动导轨副的结构及特点

导轨截面形状	梯形	矩形
导轨截面形状		
能承受的载荷方向、大小		
特性	1. 能承较大的垂直向下的载荷 2. 对垂直向下载荷的精度稳定性好 3. 运行噪音小	1. 上、下、左、右四方向均能承受较大载荷 2. 刚度高
用途	电加工机床，各种检测仪器 X－Y 工作台	加工中心，数控机床，机器人

3. 滚动导轨块

滚动导轨块（又称滚子导轨块）结构如图 2.3.9 所示。滚子在导轨块内作周而复始的循环滚动。工作时，低于安装平面“*A*”为回路滚子；高于平面“*B*”的为承载滚子，承载滚子与机床导轨面作滚动接触。这种结构的导轨块承载能力大，刚度高，行程不受限制，但滚子容易侧向偏移，装配比较困难。

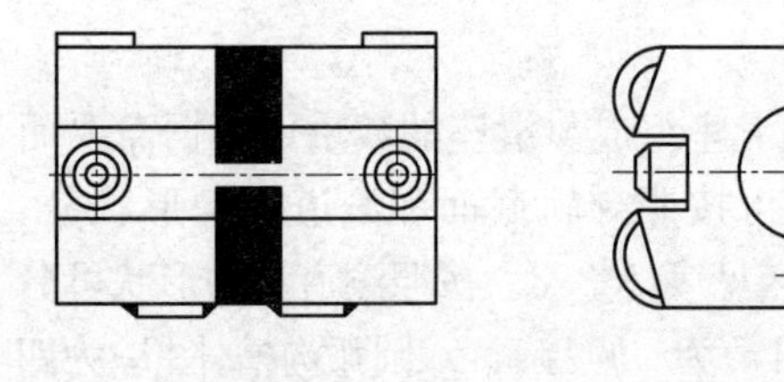

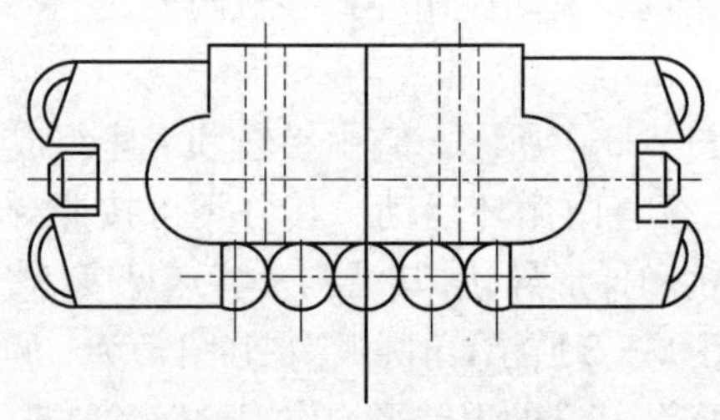

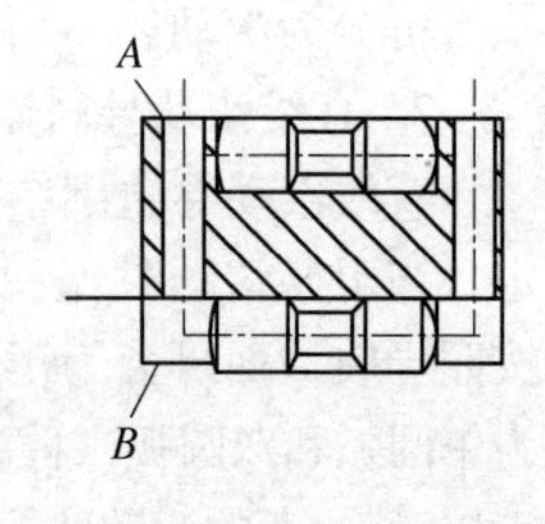

图 2.3.9　滚动导轨块

4. 直线运动球轴承及其导轨副

对于圆形导轨，常用如图 2.3.10 所示的直线运动球轴承。当直线运动球轴承与导轨轴作轴向相对直线运动时，滚珠在保持架的长圆形通道内循环滚动。保持架靠轴承两端的挡圈固定在外套筒上，以使诸零件联结为一个整体，拆装方便。

这种轴承只能在导轨轴上作轴向直线往复运动，而不能旋转。滚珠与导轨轴外圆柱面为点接触，因而许用载荷较小，但它运动轻便、灵活、精度较高、价格较低、维护方便。因而广泛应用于机床、测量装置、电子仪器、输送机械、医疗诊断仪器等轻载设备和装置。

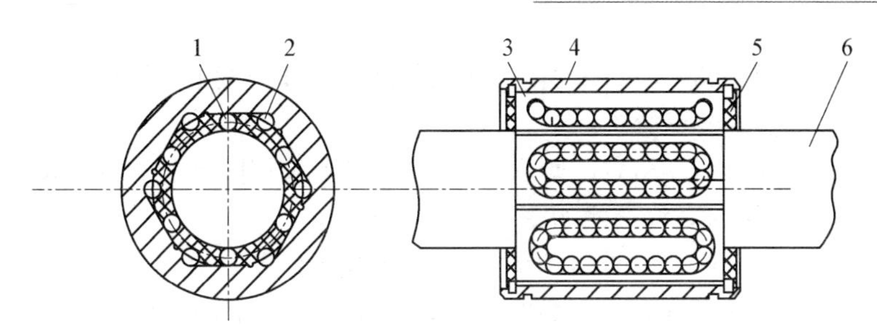

1—负载滚珠；2—回珠；3—保持架；4—外套筒；5—挡圈和橡胶密封垫；6—导轨轴

图 2.3.10　直线运动球轴承结构

直线运动球轴承有三种结构形式，如图 2.3.11 所示。

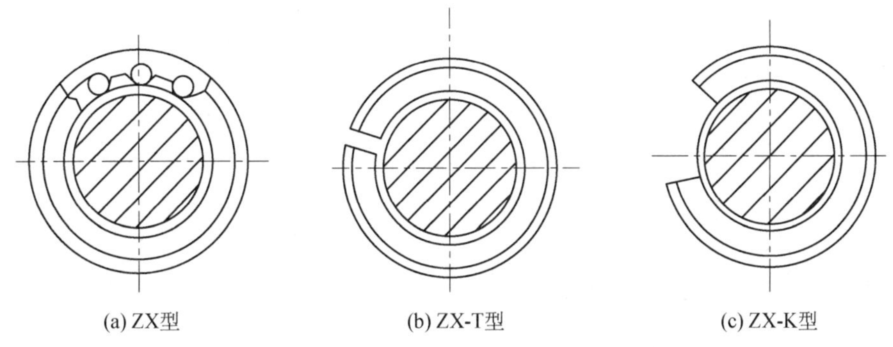

(a) ZX型　(b) ZX-T型　(c) ZX-K型

图 2.3.11　直线运动球轴承结构形式

标准型(ZX)：如图 2.3.11(a)所示，是常用型，轴承与导轨轴间的间隙不可调，它与导轨的安装方式如图 2.3.12(a)所示。

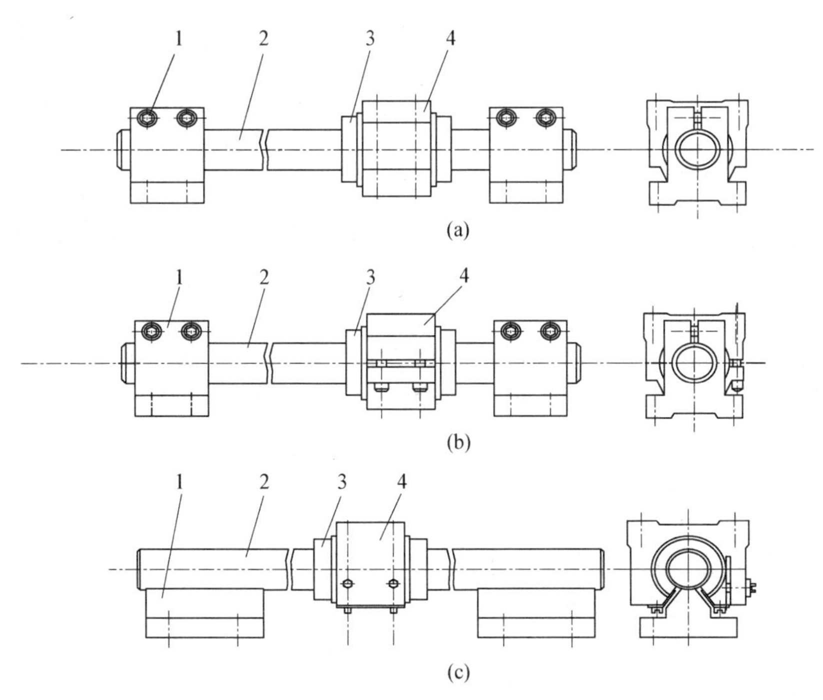

1—导轨轴支承座；2—导轨轴；3—直线运动球轴承；4—直线运动球轴承支承座

图 2.3.12　直线运动球轴承安装方式

调整型(ZX-T)：如图 2.3.11(b)所示，在轴承外套筒和挡圈上开有轴向切口，能任意调整它与导轨轴之间的间隙，与导轨的安装方式如图 2.3.12(b)所示。

开放型(ZX-K)：如图 2.3.11(c)所示，在轴承外套筒和挡圈上开有轴向扇形切口，轴承与导轨的间隙可调，与导轨的安装方式如图 2.3.12(c)所示。

前两者不能配用两个以上的导轨轴承支座，如果支承跨距过大，则导轨轴挠曲严重。适用于短行程或对运动轨迹的精度要求不高的场合。开放型可以配两个以上的支承座，有利于减小跨距，提高运动精度，故适用于长行程的场合。

2.5 静压导轨

静压导轨是指在两个相对运动的导轨面间通入压力油或压缩空气，使运动件浮起，以保证两导轨面间处于液体或气体摩擦状态。

1. 液体静压导轨

根据结构特点，液体静压导轨分为开式静压导轨和闭式静压导轨两类。开式静压导轨结构简单，但承受倾覆力矩的能力较差。

(1) 开式静压导轨

如图 2.3.13 所示，液压泵 3 启动后，油液经滤油器 2 吸入，用溢流阀 4 调节进油压力。液压油经精密滤油器 5 过滤后流经节流阀 6，压力降为 P_0，流入导轨油腔产生浮力将运动件浮起，直到形成一定的原始间隙 h_0 时，浮力与载荷 F 平衡，油膜将运动件 7 与承导件 8 完全隔开。油液从油腔经过间隙 h_0 流出，回到油箱 1。

当载荷 F 增大时，运动件下沉，间隙 h_0 减小，回油阻力增大，流量减小，油腔压力增大。当运动件下沉某一距离 e 时，导轨间隙减小至 $h(h=h_0-e)$，油腔压力增至 F_r，其所形成的浮力重新与载荷 F 平衡，从而将运动件的下沉限制在一定的范围内，保证导轨在液体摩擦状态下工作。开式静压导轨结构简单，但承受倾覆力矩的能力较差。

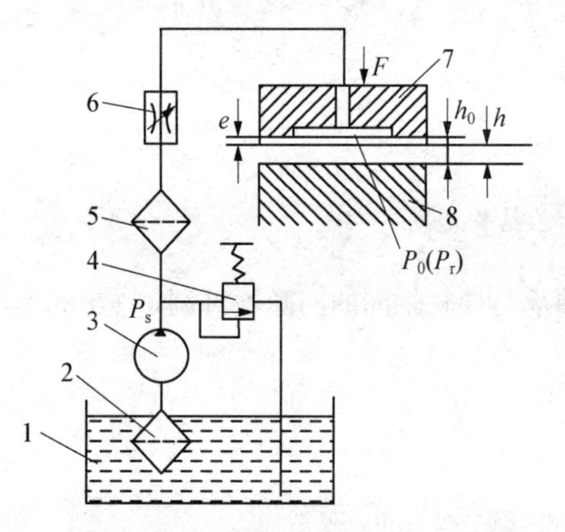

1—油箱；2—滤油器；3—液压泵；4—溢流阀；5—精密滤油器；6—节流阀；7—运动件；8—承导件

图 2.3.13 开式静压导轨的工作原理

(2) 闭式静压导轨

图 2.3.14 为闭式静压导轨的工作原理图。图(a)两侧没有采用静压，图(b)两侧采用了静压。现以图(b)为例说明闭式静压导轨的工作原理。3 为承导件，当运动件 2 受到倾覆力矩 M 后，导轨间隙 h_3、h_4 增大 h_1、h_6 减小。由于各相应节流阀的作用，P_{r3}、P_{r4}门减小，而 P_{r1} 和 P_{r6}增大，它们作用在运动件的力，形成一个与倾覆力矩相反的力矩，从而使运动件保持平衡。当承受载荷 F 时，导轨间隙 h_1、h_4 减小，h_3、h_6 增大。由于各相应节流阀的作用，P_{r1}、P_{r4}增大，而 P_{r3}、P_{r6}减小，从而形成了向上的承载力，与载荷 F 平衡。同理，侧向载荷可由左、右两侧静压油腔所产生的压力差来平衡。

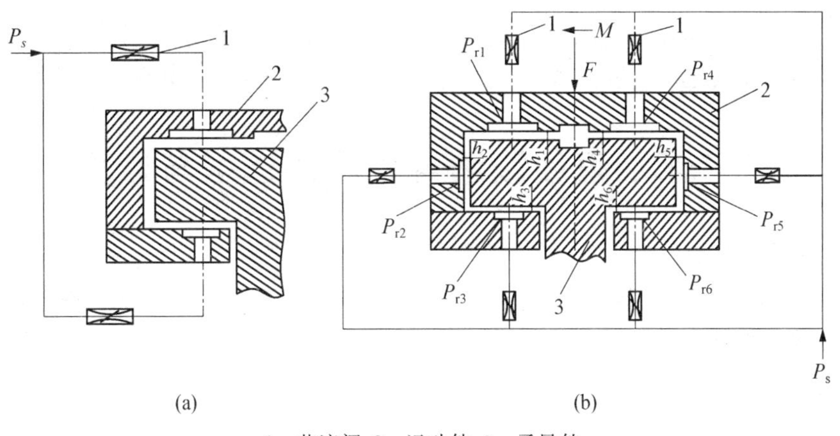

1—节流阀；2—运动件；3—承导件

图 2.3.14　闭式静压导轨的工作原理

2. 气体静压导轨

气体静压导轨是由外界供压设备供给一定压力的气体将运动件与承导件分开的，运动件运动时只存在很小的气体层之间的摩擦，摩擦系数极小，适用于精密、轻载、高速的场合，在精密机械中的应用愈来愈广。气体静压导轨按结构形式的不同可分为开式、闭式和负压吸浮式气垫导轨三种。下面只对负压吸浮式气垫导轨作一简单介绍。

负压吸浮式气垫导轨是一种适用于高精度、高速度、轻载的新型空气静压导轨，它利用负压吸浮式平面气垫在工作面上不同区域同时存在正压（浮力）和负压（吸力）的特点，使运动件和承导件之间形成一定厚度的气体膜。负压吸浮式气垫的工作原理如图 2.3.15 所示。图(a)为气垫导轨的结构，图(b)为气垫工作面上的压力分布。

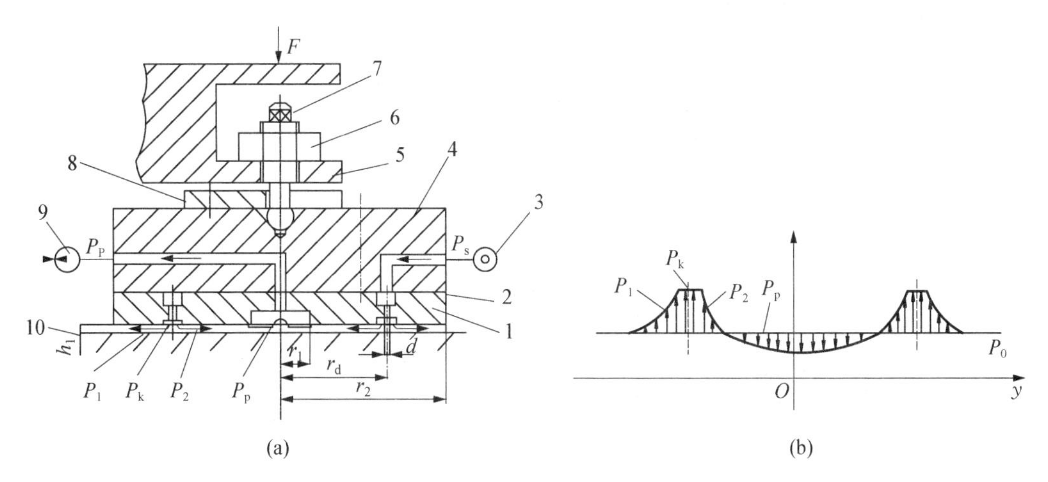

1—气垫　2—密封圈　3—气源　4—垫体　5—工作台　6—螺母

7—调节螺钉　8—夹板　9—真空泵　10—承导件

图 2.3.15　负压吸浮式气垫的工作原理

气源 3 产生的压力 P_s 经直径为 d 的节流孔流入气腔。气流分两个方向排出：一部分沿导轨面间的间隙向外流动，排入大气，压力降为 P_0；另一部分向内流动，经半径为 r_1 的负压腔，由真空泵 9 抽走。因此，在 r_d 与 r_2 之间的环形区域形成正压 P_k、P_1、P_2，将气垫 1 浮起，使其具有承载能力，而在以 r_1 为半径的圆域内，形成负压产生吸力。正压使气膜厚度增大，负压则使气膜厚度减小，当二者匹配时，形成一个稳定的气膜厚度 h_1，使气垫与导轨面既不接触，又不脱开。

任务3　直线滚动导轨副的选型与计算

1. 工作载荷的计算

工作载荷是影响导轨副使用寿命的重要因素。对于水平布置的十字工作台，多采用双导轨、四滑座的支承形式。常见的工作台受力情况如图 2.3.16 所示，任一滑座所受到的工作载荷可由以下公式计算：

$$F_1=\frac{F+G}{4}-\frac{F}{4}\times\left(\frac{L_1-L_2}{L_1+L_2}+\frac{L_3-L_4}{L_3+L_4}\right) \tag{2.3.1}$$

$$F_2=\frac{F+G}{4}+\frac{F}{4}\times\left(\frac{L_1-L_2}{L_1+L_2}-\frac{L_3-L_4}{L_3+L_4}\right) \tag{2.3.2}$$

$$F_3=\frac{F+G}{4}-\frac{F}{4}\times\left(\frac{L_1-L_2}{L_1+L_2}-\frac{L_3-L_4}{L_3+L_4}\right) \tag{2.3.3}$$

$$F_4=\frac{F+G}{4}+\frac{F}{4}\times\left(\frac{L_1-L_2}{L_1+L_2}+\frac{L_3-L_4}{L_3+L_4}\right) \tag{2.3.4}$$

式中：F_1～F_4—滑座上的工作载荷，kN；

F—垂直于工作台面的外加载荷，kN；

G—工作台的重力，kN；

L_1～L_4—距离尺寸，mm。

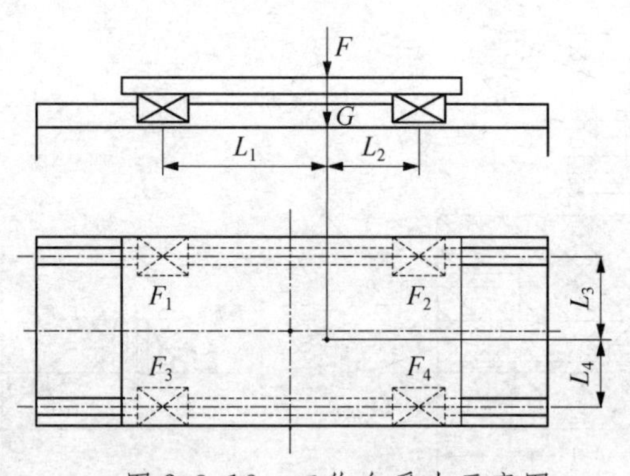

图 2.3.16　工作台受力示意图

2. 额定距离寿命的计算

直线滚动导轨副的寿命计算，是以在一定载荷下行走一定距离后，90%的支承不发生点蚀为依据。这个载荷称为额定动载荷 C_a，该行走距离称为额定距离寿命。滚动体不同时，额定距离寿命 L 的计算公式也不同。

滚动体为钢球时：

$$L=50\times\left(\frac{f_H f_T f_C f_R}{f_W}\frac{C_a}{F}\right)^3 \tag{2.3.5}$$

滚动体为滚子时：

$$L = 100 \times \left(\frac{f_H f_T f_C f_R}{f_W} \frac{C_a}{F}\right)^{\frac{10}{3}} \qquad (2.3.6)$$

式中：L—额定距离寿命，km；

C_a—额定动载荷，kN；

F—滑座上的工作载荷，kN；

f_H—硬度系数，如表 2.3.4 所示；

f_T—温度系数，如表 2.3.5 所示；

f_C—接触系数，如表 2.3.6 所示；

f_R—精度系数，如表 2.3.7 所示；

f_W—载荷系数，如表 2.3.8 所示。

表 2.3.4　硬度系数

滚道硬度(HRC)	50	55	58～64
f_H	0.53	0.8	1.0

表 2.3.5　温度系数

工作温度/℃	<100	100～150	150～200	200～250
f_T	1.00	0.90	0.73	0.60

表 2.3.6　接触系数

每根导轨上的滑座数	1	2	3	4	5
f_C	1.00	0.81	0.72	0.66	0.61

表 2.3.7　精度系数

精度等级	2	3	4	5
f_R	1.0	1.0	0.9	0.9

表 2.3.8　载荷系数

工况	无外部冲击或振动的低速场合，速度小于 15 m/min	无明显冲击或振动的中速场合，速度为 15～60 m/min	有外部冲击或振动的高速场合，速度大于 60 m/min
f_W	1～1.5	1.5～2	2～3.5

3. 额定时间寿命的计算

根据额定距离寿命，可以计算出直线滚动导轨副的额定时间寿命，计算公式为：

$$T_h = \frac{T_S \times 10^3}{2nS \times 60} \qquad (2.3.7)$$

式中：T_h—额定时间寿命，h；

T_S—额定距离寿命，km；

S—移动件行程长度，m；

n—移动件每分钟往复次数，次/min。

4. 产品选型

根据导轨副的使用要求，计算出额定动载荷，然后从产品样本中选定合适的导轨副的型号。常见球导轨的期望距离寿命为 50 km，滚子导轨为 100 km。

当滚动导轨的工作速度较低、静载荷较大时，选型时还应考虑相应的额定静载荷 C_{0a} 不小于工作静载荷的两倍。

同步训练　数控机床导向机构设计

设计任务　试设计某数控机床导向机构。该数控机床采用直线滚动导轨副，设作用在滑座上的总载荷=18 000 N，滑座数 $M=4$，单向行程长度 $S=0.8$ m，每分钟往返次数为 3，工作温度不超过 120℃，工作速度为 40 m/min，工作时间要求 10 000 h 以上，滚道表面硬度为 60 HRC。请根据以上条件，参见表 2.3.9 选择 HJG－D 系列直线滚动导轨副。

表 2.3.9　汉江机床厂 HJG－D 系列直线滚动导轨副载荷参数

型号	额定载荷/N		滑座重量 kg	导轨重量 kg/m
	动载荷 C_a	静载荷 C_{0a}		
HJG－D25	17 500	26 000	0.60	3.1
HJG－D35	29 400	46 000	1.7	6.4
HJG－D45	43 800	71 800	3	11.2
HJG－D55	60 700	103 000	4.7	15

解：考虑使用要求，选取导轨精度等级为 2 级。由已知条件可知 $T_h=10\,000$ h：

$$\because T_h=\frac{T_S\times 10^3}{2Sn}$$

$$\therefore T_S=2T_h\cdot S\cdot n\times 10^{-3}=2\times 10\,000\times 0.8\times 3\times 60\times 10^{-3}=2\,880\text{ km}$$

$$F=\frac{F_\Sigma}{M}=\frac{18\,000}{4}=4\,500\text{ N}$$

$\because T\leqslant 120℃$　$\therefore$ 查表 2.3.4—表 2.3.8 选取 $f_T=0.9$，$f_C=0.81$，$f_w=2$，$f_H=1.0$，$f_R=1.0$

$$T_S=K\left(\frac{f_H f_T f_C}{f_W}\frac{C_a}{F}\right)^3$$

$$2\,880=50\times\left(\frac{1.0\times 0.9\times 0.81}{2}\times\frac{C_a}{4\,500}\right)^3$$

$\therefore$　$C_a=47\,678.5$ N　选 HJG－D55 其 $C_a=60\,700\text{ N}>47\,678.5$ N，可满足要求。

子情境 4　执行机构

任务 1　微动机构应用

微动机构一般指行程范围为毫米级、位移分辨率及定位精度达微米级(甚至亚纳米级)的位移机构。微动机构通常由微位移器和精密导轨两部分组成。在机械加工中大量采用了各种类型的微动机构。

微动机构的性能好坏在一定程度上影响系统的精确性和操作性能,因而要求它应满足如下要求：灵敏度高,最小移动达到使用要求,传动灵活、平稳,无空程与爬行,制动后能保持稳定的位置;抗干扰能力强,响应快速;结构工艺性良好。

微动机构按运动原理不同,分为机械式、电气—机械式、弹性变形式、热变形式、磁致伸缩式、压电式等多种形式,下面介绍其中的几种形式。

1.1　手动机械式

如图 2.4.1 所示为万能工具显微镜工作台的螺旋微动机构;它由紧定螺母 2、调节螺母 3、微动手轮 4、螺杆 5、钢珠 6 等组成。整个机构固定在测微套 1 上,旋转微动手轮 4 时,螺杆 5 顶住工作台,实现工作台的微动。

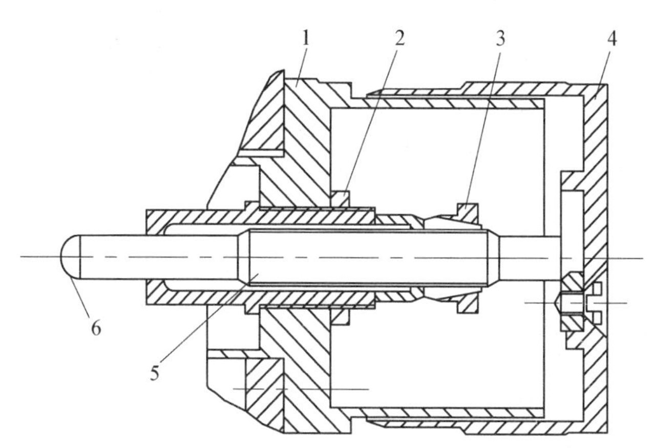

1—测微套;2—紧定螺母;3—调节螺母;4—微动手轮;5—螺杆;6—钢珠

图 2.4.1　螺旋微动机构

螺旋微动机构的最小微动量 S_{min}(mm)为：

$$S_{min} = \frac{P\Delta\phi}{360} \tag{2.4.1}$$

式中：P—螺杆的螺距(mm)；

　　$\Delta\phi$—人手的灵敏度,即人手轻微旋转手轮一下,手轮的最小转角(°)。

为提高螺旋微动机构的灵敏度,可增大手轮或减小螺距,但手轮太大将使机构的空间体积增大,操作不灵便。若螺距太小,加工困难,使用时易磨损。因此该机构的灵敏度不会太好。

1.2 磁致伸缩式

该类机构利用某些材料在磁场作用下具有改变尺寸的磁致伸缩效应，来实现微量位移。其原理如图 2.4.2 所示。磁致伸缩棒 1 左端固定在机座上，右端与运动件 2 相连，绕在伸缩棒外的磁致线圈通电后，在磁场的作用下，棒 1 产生伸缩变形，使运动件 2 实现微量位移，通过改变线圈的通电电流来改变磁场强度，使棒 1 产生不同的伸缩变形，从而运动件可得到不同的位

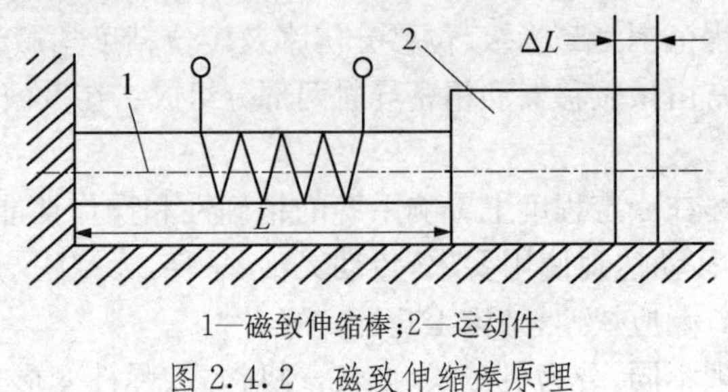

1—磁致伸缩棒；2—运动件

图 2.4.2　磁致伸缩棒原理

移量，在磁场作用下，伸缩的变形量按式 2.4.2 计算。

$$\Delta L = \pm \lambda L \tag{2.4.2}$$

式中：λ—材料磁致伸缩系数（μm/m）；

L—伸缩棒被磁化部分的长度（m）。

当伸缩棒变形产生的力能克服运动件导轨副的摩擦时，运动件便产生位移，其最小位移量为：

$$\Delta L_{min} > F_0/K$$

最大位移量为：

$$\Delta L_{max} \leqslant \lambda_s L - F_d/K$$

式中：F_0—导轨副的静摩擦力，N；

F_d—导轨副的动摩擦力，N；

K—伸缩棒的纵向刚度，N/μm；

λ_s—饱和时伸缩棒的相对磁致伸缩系数，μm/m。

磁致伸缩式微动机构的特征为：重复精度高，无间隙，刚度好，转动惯量小，工作稳定性好，结构简单、紧凑；但由于工程材料的磁致伸缩量有限，该类机构所提供的位移量很小，如 100 mm长的铁钴矾棒，磁致伸缩只能伸长 7 μm，因而这类机构适用于精确位移调整、切削刀具的磨损补偿及自动调节系统。

任务 2　末端执行机构应用

工业机器人的机械部分主要由末端执行器（手部）、手腕、手臂和机座组成，如图 2.4.3 所示。末端执行器是机器人直接用于抓取和握紧（或吸附）工件或夹持专用工具（如喷枪、扳手、

焊接工具)进行操作的部件,它具有模仿人手动作的功能,并安装于机器人手臂的前端。末端执行器大致可分为:夹钳式取料手、吸附式取料手、专用操作器及转换器、仿生多指灵巧手。

2.1　夹钳式取料手

夹钳式取料手由手指(手爪)和驱动装置、传动机构及连接与支承元件组成,如图 2.4.4 所示。通过手指的开、合实现对物体的夹持。

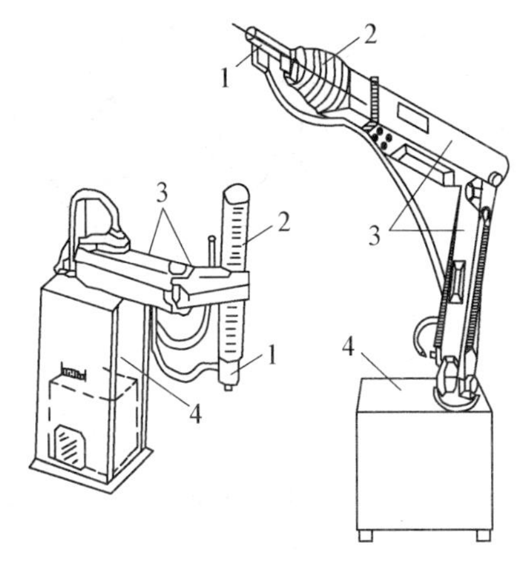

1—手部;2—手腕;3—手臂;4—机座

图 2.4.3　机器人机械结构组成

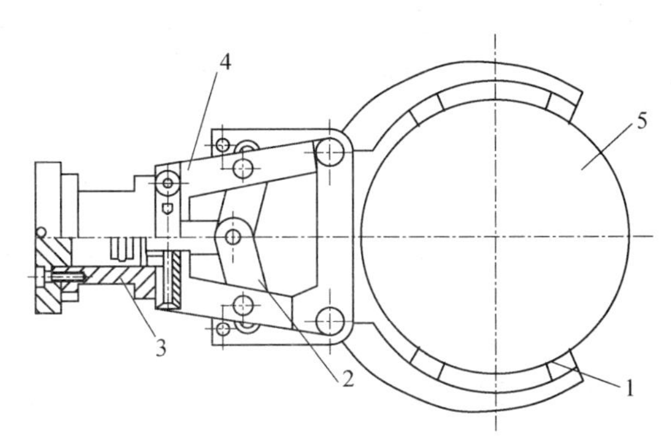

1—手部;2—传动机构;3—驱动装置;4—支架;5—工件

图 2.4.4　夹钳式手部的组成

1. 手指

它是直接与工件接触的部件。手部松开和夹紧工件,就是通过手指的张开与闭合来实现的。机器人的手部一般有两根手指,也有三根或多根手指,其结构形式常取决于被夹持工件的形状和特性。

(1) 指端形状

指端是指手指上直接与工件接触的部位,其结构形状取决于工件形状。常用的有以下几种:

① V 形指:V 形指适用于夹持圆柱形工件。其特点是夹持平稳可靠,夹持误差小,形状如图 2.4.5(a)所示。为了能快速夹持旋转中的圆柱体,V 形指的两个工作面也可以用两个滚柱代替,如图 2.4.5(b)所示。图 2.4.5(c)所示是可浮动的 V 形指,有自位能力,与工件接触好,但浮动件常会导致机构不稳定,因此在夹紧时,以及运动中,必须有固定支撑来承受外力,或者改良浮动件,使其具有自锁功能。

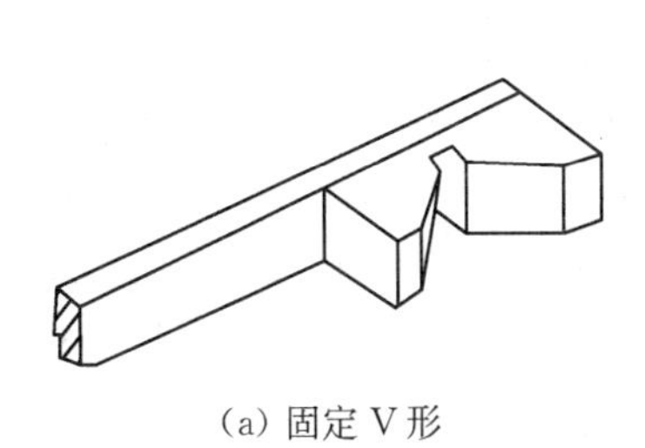

(a) 固定 V 形

(b) 滚柱 V 形

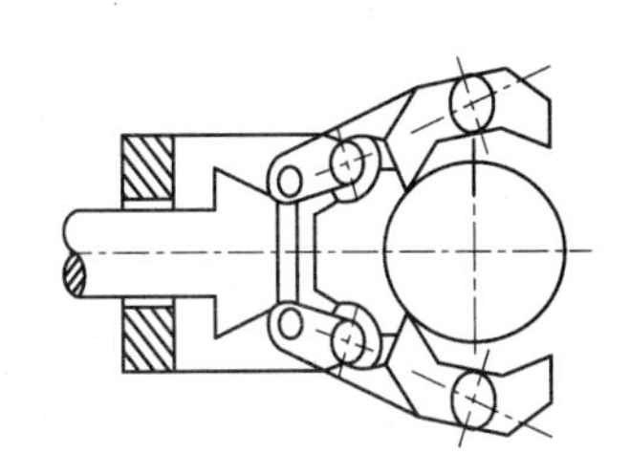

(c) 自定位式 V 形

图 2.4.5　V 形指端形状

② 平面指：如图 2.4.6(a)所示，一般用于夹持方形工件、板形或细小棒料。

③ 尖指、薄指和长指：如图 2.4.6(b)所示，具有两个平行平面，一般用于夹持小型或柔性工件；薄指用于夹持位于狭窄工作场地的细小工件，以避免和周围障碍物相碰；长指用于夹持炽热的工件，以免热辐射对手部传动机构的影响。

④ 特形指：如图 2.4.6(c)所示，用于夹持形状不规则的工件。

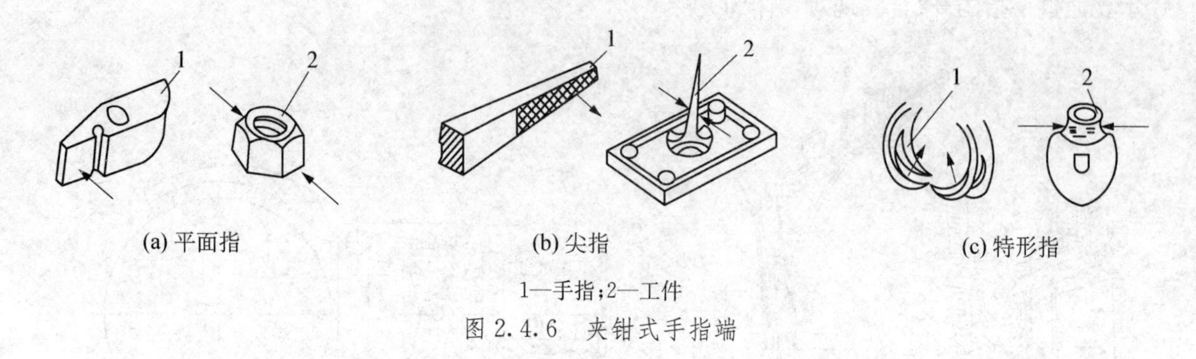

(a) 平面指　(b) 尖指　(c) 特形指

1—手指；2—工件

图 2.4.6　夹钳式手指端

(2) 指面形式

根据工件形状、大小及其被夹持部位材质、硬度、表面性质等的不同，手指指面通常采用以下几种形式：

① 光滑指面：指面平整光滑，用来夹持工件的已加工表面，避免已加工表面受损伤。

② 齿形指面：指面刻有齿纹，可增加与被夹持工件间的摩擦力，以确保夹紧牢靠，多用于夹持表面粗糙的毛坯或半成品。

③ 柔性指面：指面镶衬橡胶、泡沫、石棉等物，可增加摩擦力，保护工件表面及隔热。一般用于夹持已加工表面、炽热件，也适于夹持薄壁件和脆性工件。

2. 传动机构

它是向手指传递运动和动力，以实现夹紧和松开动作的机构，该机构根据手指开合的动作特点分为回转型和移动型。其中，回转型根据支点多少又分为一支点回转和多支点回转，根据手爪夹紧运动是摆动还是平动，又可分为摆动回转型和平动回转型。

3. 驱动装置

它是向传动机构提供动力的装置。按驱动方式不同，分为液压、气压、和电力驱动。

2.2　几种典型手爪

1. 弹性力手爪

弹性力手爪的特点是其夹持物体的抓力是由弹性元件提供的，不需要专门的驱动装置，在抓取物体时需要一定的压入力，而在卸料时，则需要一定的拉力。图 2.4.7 所示为几种弹性力手爪的结构原理图，图(a)所示的手爪有一个固定爪 1，另一个活动爪 6 靠弹簧 4 提供抓力，活动爪绕转轴 5 回转，空手时其回转角度由定位面 2、3 限制。抓物时活动爪 6 在推力作用下张开，靠爪上的凹槽和弹性力抓取物体，卸料时需固定物体的侧面，手爪用力拔出即可。图(b)所示为具有两个滑动爪的弹性力手爪。弹簧 4 的两端分别推动两个杠杆活动爪 1 绕转轴 3 摆动，销轴 2 保证两爪闭合时有一定的距离，在抓取物体时接触反力产生手爪张开力矩。图(c)所示是两块板弹簧做成的手爪。图(d)所示的是用四根板弹簧做成的内卡式手爪，用于电表线

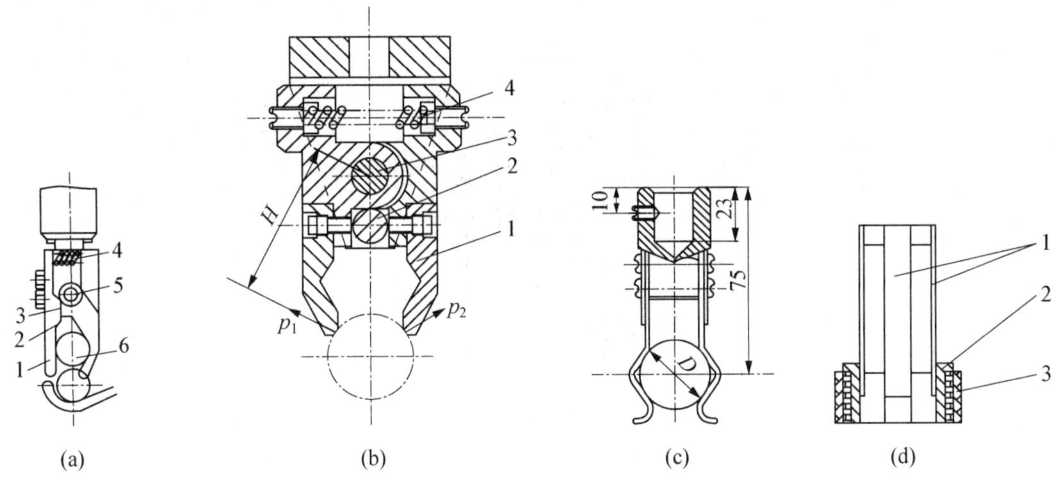

（a）1—固定爪；2、3—定位面；4—弹簧；5—转轴；6—活动爪

（b）1—活动爪；2—销轴；3—转轴；4—弹簧

（d）1—板弹簧；2—夹爪；3—线圈

图 2.4.7　几种弹性力手爪

圈的抓取。

2. 摆动式手爪

摆动式手爪的特点是在手爪的开合过程中，手爪的运动状态是绕固定轴摆动的，适用于圆柱体表面的抓取。图 2.4.8 是连杆摆动式手爪。活塞杆的移动，通过连杆带动手爪摆动，完成开合动作。

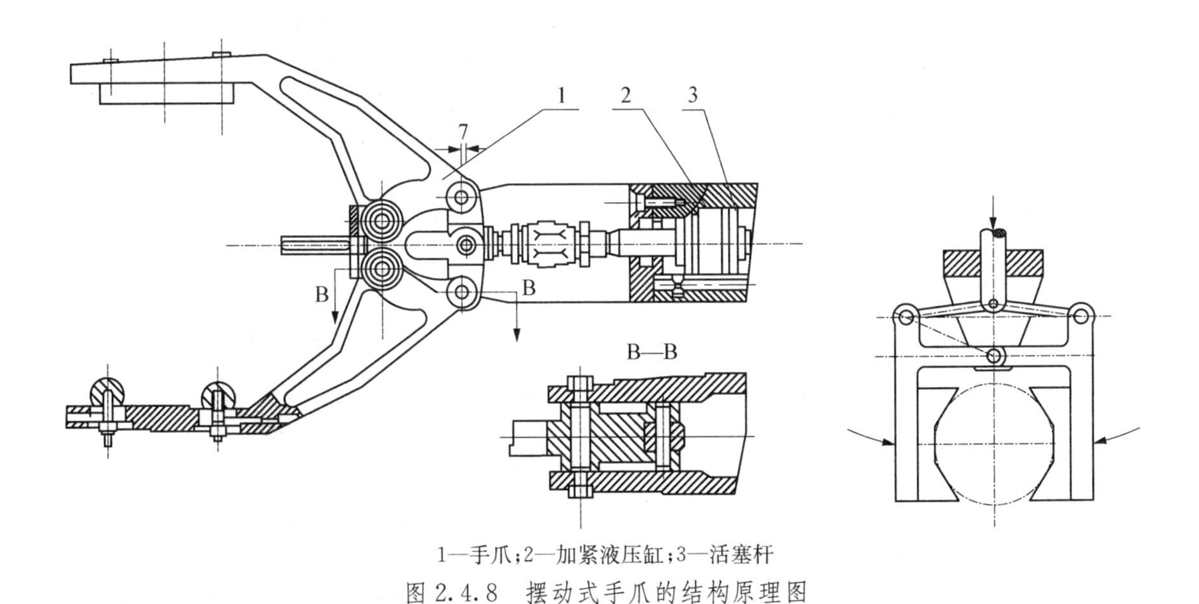

1—手爪；2—加紧液压缸；3—活塞杆

图 2.4.8　摆动式手爪的结构原理图

图 2.4.9 所示的是齿轮齿条摆动式手爪，推拉杆端部的两侧有齿条，与固定在手爪上的扇形齿啮合，齿条的上下移动带动两个手爪绕各自的转轴摆动。

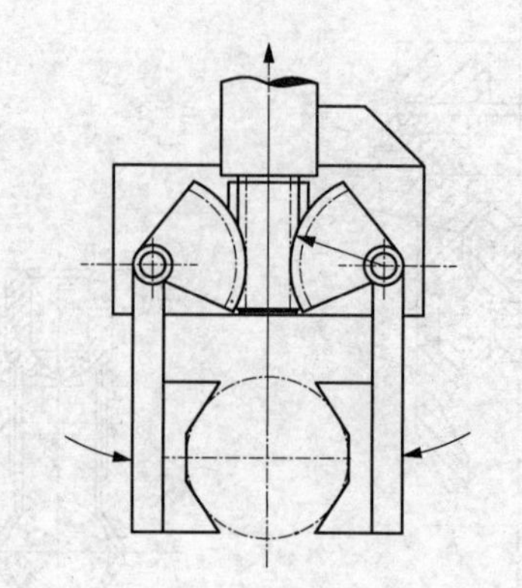

图 2.4.9 齿轮齿条摆动式手爪

3. 平动式手爪

平动式手爪的特点是手爪在开合过程中，其爪的运动状态是平动的。可以有圆弧式平动和直线式平动之分。平动式手爪适用于被夹零件表面是两个平行平面的物体。图 2.4.10 所示的是连杆圆弧平动式手爪的结构原理图。它是采用平行四边形平动机构，使手爪在开合过程中保持其方向不变，作平行开合运动，而爪上任一点的运动轨迹为一圆弧摆动。这种手爪在夹持物体的瞬时，对物体表面有一个切向分力。

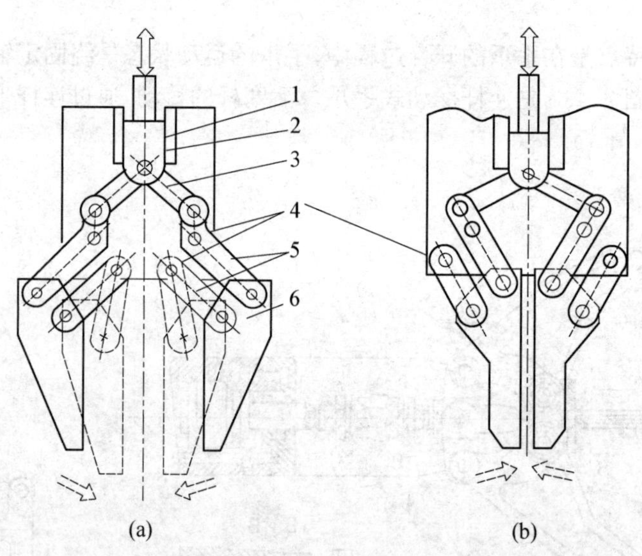

1—导向槽；2—滑块；3—推杆；4—固定轴；5—摆动杆；6—手爪

图 2.4.10 连杆圆弧平动式手爪的结构原理图

图 2.4.11(a)所示的是螺杆副直线平动式手爪，螺杆分左右两段，旋向相反，爪上有螺孔(即为螺母)，螺杆旋转时，两爪做开合动作。

图 2.4.11(b)所示的是凸轮副直线平动式手爪。在连接爪的滑块上有导向槽和凸轮槽，当活塞杆上下运动时，通过滚子对凸轮槽的作用使滑动块沿着导向滚子平移完成爪的开合动作。图 2.4.11(c)所示的是差动齿条平动式手爪，两爪面上都有齿条与过渡齿轮啮合，当拉动一个爪时，另一个爪反向运动，完成开合动作。

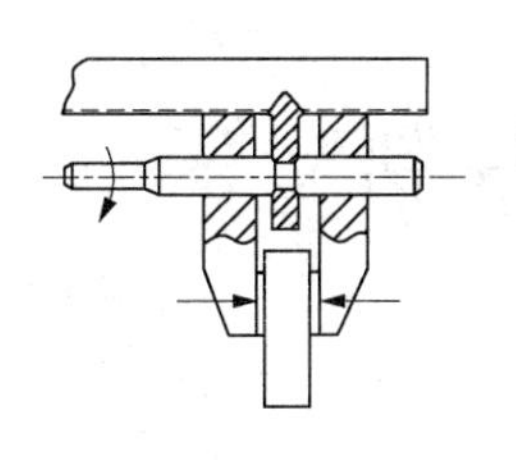

(a) 螺杆副直线平动式手爪

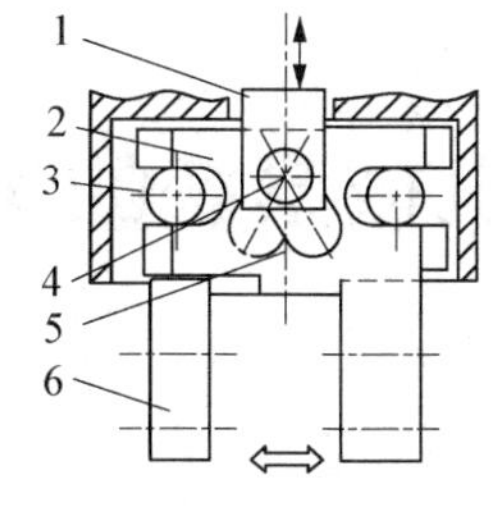

(b) 凸轮副直线平动式手爪

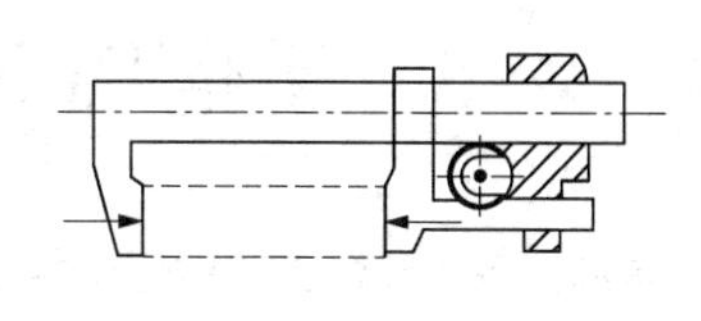

(c) 齿轮齿条直线平动式手爪

1—活塞杆；2—指的滑动块；3—导向滚子；4—滚子；5—凸轮槽；6—指

图 2.4.11　几种直线平动式手爪

任务3　其他执行机构应用

定位机构是机电一体化机械系统中一种确保移动件占据准确位置的执行机构，使用分度机构和锁紧机构组合的形式来实现精确定位的要求。

分度工作台的功能是完成回转分度运动，在加工中自动实现工件一次安装完成几个方面的加工。通常分度工作台的分度运动只限于某些规定的角度，不能实现0～360°范围内任意角度的分度，为了保证加工精度，分度工作台的定位精度（定心和分度）要求很高。实现工作台转位的机构很难达到分度精度的要求，所以要用专门的定位元件来保证。

为了满足分度精度的要求，需要使用专门的定位组件，常用的定位方式有插销定位、反靠定位、齿盘定位和钢球定位及自动检测系统定位等。插销定位的分度工作台的定位元件由定位销和定位套筒组成，定位精度取决于定位销和定位套孔的位置精度和配合间隙，最高可达±5″，因此定位销和定位孔轴套的制造和装配精度要求都很高，硬度的要求也很高，而且耐磨性要好。

齿盘定位的工作台也称端面多齿盘或鼠牙盘定位，采用这种方式定位的分度工作台能达到较高的分度定位精度，一般为±3″，最高可达±0.4″，并能承载很大的外载，定位刚度好，精度保持性好。实际上，由于齿盘啮合脱开相当于两齿盘校准过程，随着齿盘使用时间的延长，其定位精度还有不断提高的趋势。钢球定位的工作台一般也具有自动定位的作用，此外还有较高的分度精度，因此逐渐被广泛使用。钢球定位还具有齿盘的一些优点，如自动定心和分度精度很高，而且制造简单。

分度工作台旋转和粗定位的控制原理框图如图 2.4.12 所示，数控系统 NC 控制可编程控制器 PLC，由 PLC 经位置控制器及速度控制装置控制驱动分度的伺服电动机。与伺服电动机同轴的测速发电机产生速度反馈信号，分解器产生位置反馈信号。电动机回转指令为增量式，分解器转一圈为一个波距。此时分度工作台已转动一个设定指令的最小增量值，根据数控系统 NC 发出的指令，工作台转过要求的角度，这就是粗定位，最后定位精度由端面齿盘保证。

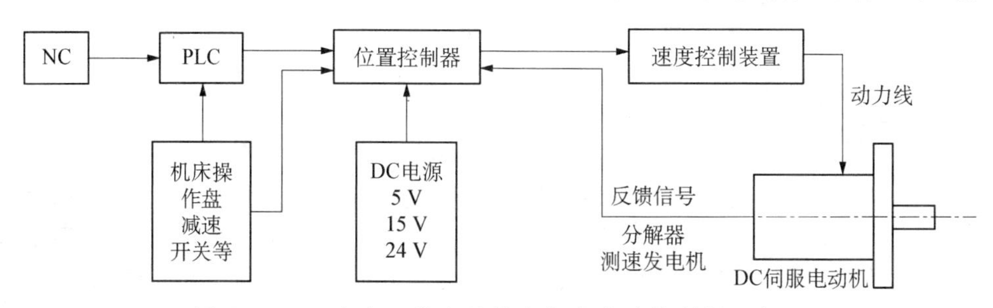

图 2.4.12　分度工作台旋转和粗定位的控制原理框图

子情境 5　机械系统的运动控制

体例 2.5.1　高速数控运动控制系统

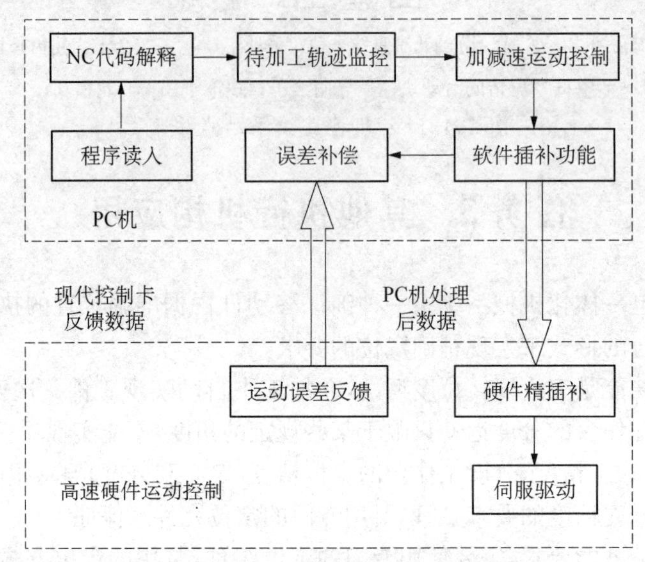

图体例 2.5.1　高速数控运动控制系统

表体例 2.5.1　高速数控运动控制系统分析

产品名称	产品属性	产品功能	产品组成(结构)	
高速数控运动控制系统	机电一体化产品	NC 代码解释、插补运算、待加工轨迹监控、加减速度调节、误差补偿	软件系统	硬件系统

体例 2.5.2 ______ (学生完成)

完成形式：学生以小组为单位通过查找资料、研讨，以典型项目形式完成文本说明，制作PPT，通过项目过程考核对学生完成情况评价。

任务 1　机械传动系统建模

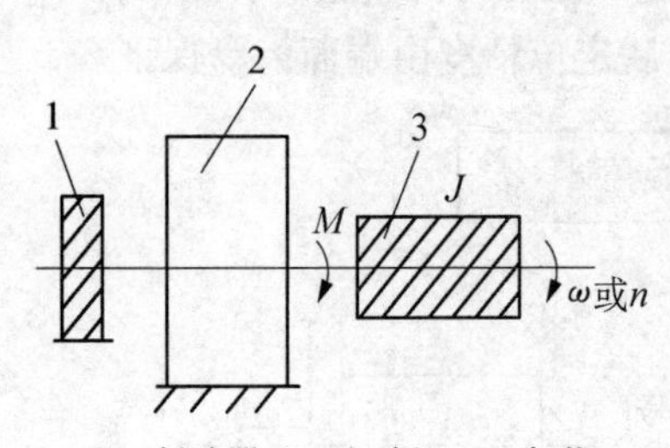

1—制动器；2—电动机；3—负载

图 2.5.1　电机驱动机械运动装置

机电一体化系统要求具有较高的响应速度，影响系统响应速度的因素除控制系统的信息处理速度和信息传输滞后外，机械系统的机械性能参数对系统的响应速度影响非常大。

图 2.5.1 所示是带有制动装置的电机驱动机械运动装置，图中 M 为电机的驱动力矩(N · m)，当加速时 M 为正值，减速时 M 为零；J 为负载和电机转子的转动惯量(kg · m^2)；n 为轴的转速(r/min)；根据动力学平衡原理知：

$$M = J\frac{d\omega}{dt} \tag{2.5.1}$$

若 M 为恒定时可求得：

$$\omega = \int \frac{M}{J}dt = \frac{M}{J}t + \omega_0 \tag{2.5.2}$$

当用转速 n 表示上式得：

$$n = \frac{30M}{\pi J}t + n_0 \tag{2.5.3}$$

ω_0 和 n_0 是初始转速。

由式(2.5.3)即可求出加速或减速所需时间 t：

$$t = \frac{\pi J(n - n_0)}{30M} \tag{2.5.4}$$

以上各式中 M 和 J 都是与时间无关的函数。但在实际问题中，例如起动时电机的输出力矩是变化的，机械手装置中转臂至回转轴的距离在回转时也是变化的，因而 J 也随之变化。若考虑力矩 M 与 J 是时间的函数，则：

$$M = f_1(t)$$
$$J = f_2(t)$$

由 2.5.1 得：

$$\frac{d\omega}{dt} = \frac{f_1(t)}{f_2(t)}$$

积分后得：

$$\omega = \int \frac{f_1(t)}{f_2(t)}dt + \omega_0$$

或：

$$n = \frac{30}{\pi}\int \frac{f_1(t)}{f_2(t)}dt + n_0 \tag{2.5.5}$$

任务 2　机械系统的制动控制

机械系统的制动问题是讨论在一定时间内把机械装置减速至预定的速度或减速到停止时的相关问题。如机床的工作台停止时的定位精度就取决于制动控制的精度。制动过程比较复杂，是一个动态过程，为了简化计算，以下近似地作为等减速运动来处理。

2.1　制动力矩

当已知控制轴的速度(转速)、制动时间、负载力矩 M_L、装置的阻力矩 M_f 以及等效转动惯量 J 时，就可计算制动时所需的力矩。因负载力矩也起制动作用，所以也看作制动力矩。下面分析将某一控制轴的转速，在一定时间内由初速 n_0 减至预定的转速 n 的情况。由式(2.5.4)得：

$$M_B + M_L + M_f = \frac{\pi J(n_0 - n)}{30t}$$

即：

$$M_B = \frac{\pi J(n_0 - n)}{30t} - M_L - M_f \tag{2.5.6}$$

式中：M_B—控制轴设置的制动力矩，N·m；

t—制动控制时间，s。

在式(2.5.6)中 M_L 与 M_f 均以其绝对值代入。若已知装置的机械效率 η 时，则可以通过效率反映阻力矩，即 $M_L + M_f = M_L/\eta$。则上式可写成：

$$M_B = \frac{\pi J}{30}\frac{n_0 - n}{t} - \frac{M_L}{\eta} \tag{2.5.7}$$

2.2 制动时间

在制动器选定后，就可计算到停止时所需要的时间。这时，制动力矩 M_B、等效负载力矩 M_L、等效摩擦阻力矩 M_f、装置的等效转动惯量 J 以及制动速度是已知条件。制动开始后，总的制动力矩为

$$\sum M_B = M_B + M_L + M_f \tag{2.5.8}$$

由式(2.5.6)得：

$$t = \frac{\pi J}{30}\frac{n_0 - n}{\sum M_B} \tag{2.5.9}$$

2.3 制动距离(制动转角)

开始制动后，工作台或转臂因其自身惯性作用，往往不是停在预定的位置上。为了提高运动部件停止的位置精度，设计时应确定制动距离以及制动的时间。

设控制轴转速为 n_0(r/min)，直线运动速度为 v_0(m/min)。当装在控制轴上的制动器动作后，控制轴减速到 n(r/min)，工作台速度降到 v(m/min)，试求减速时间内总的转角和移动距离。

根据式(2.5.3)得：

$$n = \frac{1}{60}\left\{\frac{30t}{\pi J}\left(\sum M_B\right) + n_0\right\}$$

以初速 n_0(r/min)转动的控制轴上作用有 $\sum M_B$ 的制动力矩在 t 秒钟内转了 N_B 转，N_B 为：

$$
\begin{aligned}
N_B &= \int_0^t n\mathrm{d}t = \frac{1}{60}\int_0^t \left\{\frac{30t}{\pi J}(\sum M_B) + n_0\right\}\mathrm{d}t \\
&= \frac{1}{60}\left\{\frac{30t}{\pi J}(\sum M_B)\frac{t^2}{2} + n_0 t\right\} \\
&= \frac{1}{60}\times\frac{1}{2}\left\{\frac{30}{\pi J}(\sum M_B)t + 2n_0\right\}t
\end{aligned}
$$

将(2.5.3)带入上式，则有：

$$N_B = \frac{1}{2}\frac{n+n_0}{60}t \tag{2.5.10}$$

将式(2.5.9)代入式(2.5.10)后得：

$$N_B = \frac{\pi J}{3\,600}\frac{(n_0^2 - n^2)}{\sum M_B} \tag{2.5.11}$$

由式(2.5.11)可求出总回转角 φ_B(单位为 rad)：

$$\varphi_B = 2\pi N_B = \frac{\pi^2 J}{1\,800}\frac{(n_0^2 - n^2)}{\sum M_B} \tag{2.5.12}$$

用类似的方法可推导有关直线运动的制动距离。设初速度为 v_0(m/min)，终速度为 v(m/min)，制动时间为 t(s)，且认为是匀减速制动，则制动距离 S_B 为：

$$S_B = \frac{1}{2}\frac{v+v_0}{60}t \tag{2.5.13}$$

当 t 为未知值时，代入式(2.5.13)求得 S_B 为：

$$S_B = \frac{\pi J}{3\,600}\frac{(v+v_0)(n_0-n)}{\sum M_B} \tag{2.5.14}$$

设计任务　任务图 2.5.2 所示为一进给工作台。电动机 M、制动器 B、工作台 A、齿轮 $G_1 \sim G_4$ 以及轴 1、2 的数据如任务表 2.5.1 所示。试求：1)此装置换算至电动机轴的等效转动惯量。2)设控制轴上制动器 B ($M_B = 50$ N·m) 动作后，希望工作台停止在所要求的位置

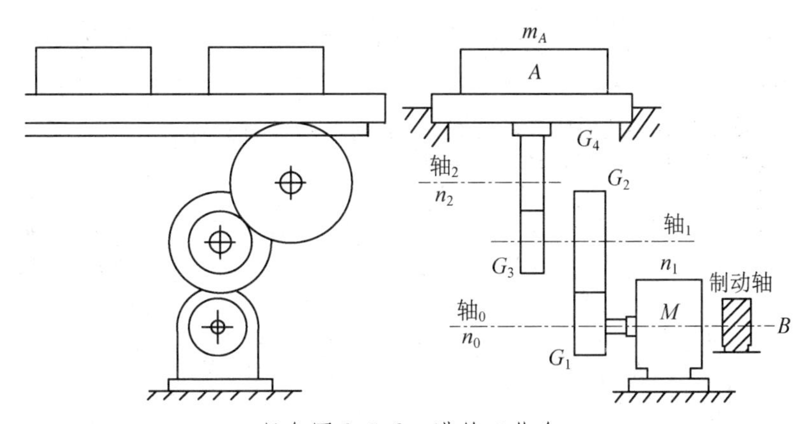

任务图 2.5.2　进给工作台

上。试求制动器开始动作的位置(摩擦阻力矩可忽略不计)。3)设工作台导轨面摩擦系数 $\mu=0.05$,此导轨面的滑动摩擦考虑在内时,工作台的制动距离变化多少?

任务表 2.5.1 进给工作台参数

参数	齿轮				轴		工作台 A	电动机 M	制动器 B
速度 n r/min	G_1	G_2	G_3	G_4	1	2			
	720	180	180	102	100	102	90 m/min	720	
J kg·m²	J_{G1}	J_{G2}	J_{G3}	J_{G4}	J_{S1}	J_{S2}	m_A	J_M	J_B
	0.002 8	0.135	0.017	0.153	0.000 8	0.000 8	300 kg	0.040 3	0.005 5

任务表 2.5.2 计算步骤

计算项目	设计计算与说明	计算结果
1. 等效转动惯量	该装置回转部分对轴$_0$ 的等效转动惯量$[J_1]_0$ 为 $[J_1]_0=J_M+J_B+J_{G1}+(J_{G2}+J_{G3}+J_{S1})\left(\frac{n_1}{n_0}\right)^2+(J_{G4}+J_{S2})\left(\frac{n_2}{n_0}\right)^2$ $=0.0403+0.0055+0.0028+(0.135+0.017+0.0008)\times\left(\frac{100}{720}\right)^2+(0.153+0.0008)\times\left(\frac{102}{720}\right)^2$ $=0.0546\ \text{kg}\cdot\text{m}^2$ 装置的直线运动部分对轴$_0$ 的等效转动惯量$[J_2]_0$ 为 $[J_2]_0=\frac{m_A v_0^2}{4\pi^2 n_0^2}=\frac{300\times 90^2}{4\pi^2 720^2}\text{kg}\cdot\text{m}^2=0.1187\ \text{kg}\cdot\text{m}^2$ 与装置的电机轴有关的等效转动惯量为 $[J]_0=[J_1]_0+[J_2]_0=(0.0546+0.1187)\text{kg}\cdot\text{m}^2$ $=0.1733\ \text{kg}\cdot\text{m}^2$	$[J]_0=0.1733\ \text{kg}\cdot\text{m}^2$
2. 停止距离	停止距离由式(2.5.14)求出,式中 $n=0$, $v=0$ $S=\frac{\pi[J]_0}{3600}\frac{v_0 n_0}{M_B}=\frac{0.1733\pi}{3600}\times\frac{90\times 720}{50}\text{ m}=0.1960\text{ m}$	停止位置之前 196 mm 时制动器应开始工作
3. 停止距离的变化	考虑工作台导轨间有摩擦力时,换算到电动机轴上的等效摩擦力矩 M_f,可以从下式求得 $[M_f]_0=\mu m_A g\frac{v}{2\pi n_0}=0.05\times 300\times 9.8\times\frac{90}{2\pi\times 720}=2.9245\text{ N}\cdot\text{m}$ 由式(2.5.14) 可得 $s_B=\frac{\pi[J]_0}{3600}\frac{v_0 n_0}{M_B+M_f}=\frac{0.1733\pi}{3600}\times\frac{90\times 720}{50+2.9245}\text{ m}=0.1852\text{ m}$	计入滑动部分的摩擦力后,比忽略摩擦力时停止距离短 10.8 mm

任务3　机械系统的加速控制

在力学分析时，加速与减速的运动形态是相似的。但对于实际控制问题来说，由于驱动源一般使用电动机，而电动机的加速和减速特性有差异。此外，制动控制时制动力矩当作常值，一般问题不大，而在加速控制时电动机的起动力矩并不一定是常值，所以加速控制的计算要复杂一些。下面分别讨论加速力矩为常值和随控制轴的转速而变化的两种情况。

3.1　加速(起动)时间

计算加速时间分为加速力矩为常值和加速力矩随时间而变化的两种情况。计算时应知道加速力矩、等效负载力矩、等效摩擦阻力矩、装置的等效转动惯量以及转速(速度)。

1. 加速力矩为常值的情况

设$[M_A]_i$为控制轴的净加速力矩(N·m)，$[M_M]_i$为控制轴上电动机的加速力矩(N·m)，$[M_L]_i$为等效负载力矩，$[M_f]_i$为等效摩擦阻力矩，则$[M_A]_i$可表示为：

$$[M_A]_i = [M_M]_i - [M_L]_i - [M_f]_i \tag{2.5.15}$$

在概略计算时可用机械效率η来估算摩擦阻力矩，得：

$$[M_A]_i = [M_M]_i - \frac{[M_L]_i}{\eta} \tag{2.5.16}$$

加速时间：

$$t = \frac{\pi[J]}{30}\frac{n - n_0}{[M_A]_i} \tag{2.5.17}$$

式中：n_0、n—轴的初转速与加速后的转速(r/min)。

2. 加速力矩随时间而变化

为简化计算一般先求出平均加速力矩再计算加速时间。计算平均加速力矩的方法有两种：一是把开始加速时的电机输出力矩和最大电机输出力矩的平均值作为平均加速力矩；或是根据电机输出力矩—转速曲线和负载—转速曲线来求出平均加速力矩。

设M_{M0}为开始加速时的电机输出力矩(N·m)；$M_{M\max}$为加速时间内最大电机输出力矩(N·m)；$M_{L\max}$为加速时间内最大负载力矩(含阻力矩)(N·m)；$M_{L\min}$为加速时间内最小负载力矩(含阻力矩)(N·m)。

平均电机输出力矩M_{Mm}和平均负载力矩M_{Lm}：

$$M_{Mm} = \frac{1}{2}(M_{M0} + M_{M\max}) \tag{2.5.18}$$

$$M_{Lm} = \frac{1}{2}(M_{L\min} + M_{L\max}) \tag{2.5.19}$$

平均加速力矩可按下式求出，为区别M_{Mm}，记作M'_{Mm}。

$$M'_{Mm} = M_{Mm} - M_{Lm} \tag{2.5.20}$$

电动机起动力矩特性曲线可以从样本上查到，也可用电流表测量电流来推定，当电机电流一定时，电机的起动力矩与电流成正比，即：

起动电流 / 标称电流 = 起动力矩 / 标称力矩

根据测得的电流值的变化就可推定起动力矩—转速(时间)的特性曲线。

3.2 加速距离

设控制轴的初转速为 n_0(r/min)，直线运动部分的速度为 v_0(m/min)。当增速到转速为 n，速度为 v 时，求此时间内控制轴总转数 N_A，总回转角 φ_A 和移动距离 S_A。

当平均加速度力矩为一常数时，加速过程中的 N_A、φ_A 和 S_A 的公式与制动过程中的公式类似，加速时间内控制轴的总转数：

$$N_A = \frac{1}{60}\left(\frac{30}{\pi[J]_i}\right)M'_{Mm}\frac{t^2}{2} + n_0 t$$

或：
$$N_A = \frac{1}{2}\,\frac{n+n_0}{60}t$$

借鉴式(2.5.14)，消去 t 后得：

$$N_A = \frac{\pi[J]_i}{3\ 600}\,\frac{n^2-n_0^2}{M'_{Mm}} \tag{2.5.21}$$

将式(2.5.20)代入得：

$$N_A = \frac{\pi[J]_i}{3\ 600}\,\frac{n^2-n_0^2}{M_{Mm}-M_{Lm}} \tag{2.5.22}$$

加速过程中轴的回转角 $\varphi_A = 2\pi N_A$。

$$\varphi_A = \frac{\pi^2[J]_i}{1\ 800}\,\frac{n^2-n_0^2}{M_{Mm}-M_{Lm}} \tag{2.5.23}$$

式中：φ_A 的单位为 rad。

与制动过程类似，加速过程中移动距离 S_A(单位为 m)为：

$$S_A = \frac{1}{2}\,\frac{v+v_0}{60}t$$

或：

$$S_A = \frac{\pi[J]_i}{3\ 600}\,\frac{(v+v_0)(n-n_0)}{M_{Mm}-M_{Lm}} \tag{2.5.24}$$

子情境 6　机械系统的可靠性设计

任务 1　了解可靠性指标

1.1 可靠性指标

表示可靠性水平高低的指标体系如图 2.6.1 所示。主要包括 5 个方面：可靠性、维修性、

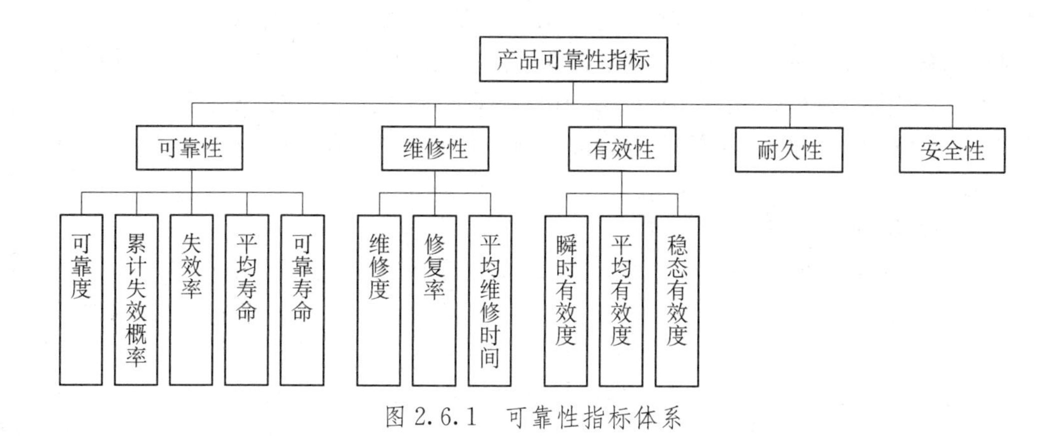

图 2.6.1　可靠性指标体系

有效性、耐久性和安全性。

衡量可靠性高低的数量指标有两类，一类是概率指标；另一类是寿命指标。它们都是时间的函数。以下就几种常用指标进行介绍。

1. 可靠度 $R(t)$

可靠度是产品在规定的条件下和规定的时间内，完成规定功能的概率，用 $R(t)$ 表示，$0 \leqslant R(t) \leqslant 1$。例如，有 100 个轴承，在规定的条件和时间内，有 2 个失效，其余 98 个还可继续工作，则这种轴承的可靠度为 0.98。

2. 失效率 $\lambda(t)$

产品工作到 t 时刻后的单位时间内发生失效的概率称为失效率，以 $\lambda(t)$ 表示。它反映任一时刻失效概率的变化情况。

$\lambda(t)$ 与 $R(t)$ 之间的关系为：

$$R(t) = e^{-\int_0^t \lambda(t)\mathrm{d}t} \tag{2.6.1}$$

失效率和时间的关系可用图 2.6.2 所示"浴盆曲线"来表示。它反映了产品的失效规律。这条曲线明显地分为三个阶段：早期失效期、随机失效期、耗损失效期。早期失效期的特点是失效率高，且随时间的增加而迅速下降，近似于指数分布。这种失效一般由元器件质量缺陷以及制造工艺缺陷引起，出现在系统运行的初期，可以采取相应的设计和工艺措施来消除。随机失效期，又称为偶然失效期，发生在系统运行一段时间以后的故障偶发阶段。其特点是失效率低且保持稳定，是系统运行的最佳状态，失效率往往看成一个常数，它决定了系统的有效寿命。耗损失效期是出现在产品使用的后期，其特点是失效率随时间的增加而迅速上升。这是由于元器件的老化、疲劳和磨损引起的。改善损耗失效的办法是进行预防维修。

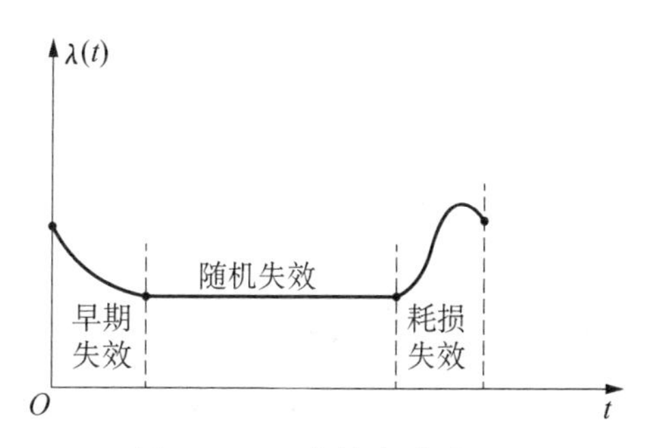

图 2.6.2　失效率曲线

3. 平均寿命

产品从使用开始，直到发生故障，所经历的时间就是产品的寿命。平均寿命是指一批产品的寿命平均值，对不可修复的产品，平均寿命用 *MTTF*(平均失效前时间)表示。

对可修复的产品，用 *MTBF*(平均无故障工作时间)来表示，它等于所有零件或设备的总工作时间与总故障数 N 之比。例如，有 100 台仪器，在规定的使用条件下工作1 000 h，有 10 台发生故障，则这批仪器平均寿命的点估计值是 $MTBF = 100 \times 1\,000/10\ \text{h} = 10\,000\ \text{h}$。

4. 平均维修时间 *MTTR*

有些产品，人们不但关心它发生故障概率的高低，而且关心它发生故障后能否迅速地修复。由于故障发生的原因、部位以及维修条件不同等复杂因素的影响，故维修时间是一个随机变量。产品每次故障后所需维修时间的平均值称为平均维修时间，用 *MTTR* 表示。维修时间包括查找故障时间、排除故障时间及清理验证时间等。例如，某产品在使用过程中发生 5 次故障，其维修时间分别是 1, 1.5, 2, 3, 3.5 h，则 $MTTR = (1+1.5+2+3+3.5)/5\ \text{h} = 2.2\ \text{h}$。

5. 有效度 $A(t)$

可靠度指的是系统在规定的工作时间内正常运行(不考虑维修)的概率。它表示了故障前的时间段内的可靠度。但大多数系统在发生故障后是可以修复的，这样系统处于正常工作的概率就会增大。可靠度和维修度综合起来的可靠性指标，就是有效度 $A(t)$，又称可用度。有效度分为瞬时有效度、平均有效度和稳态有效度。

瞬时有效度的定义是：在可维修系统中、在规定的工作条件和维修条件下、在某一特定的瞬时，系统正常工作的概率。平均有效度是指在某个规定时间区间内有效度的平均值。当时间趋于无限时，瞬时有效度的极限值称为稳态有效度。

$$A(t) = \frac{t_V}{t_V + t_D} \tag{2.6.2}$$

$$\lim_{t\to\infty} A(t) = A$$

式中：t_V——产品能工作的时间；

t_D——产品不能工作的时间。

例如，某发电机组，平均寿命为 500 h，平均修理时间为 50 h，则平均有效度为：

$$A(t) = MTBF/(MTBF + MTTR) = 500/(500+50) = 0.91$$

1.2 可靠性计算

不同的系统，可靠度是不同的。常见的系统有：串联系统、并联系统及混联系统。

串联系统由几个单元串联而成，是最常见的一种系统。串联系统能否正常工作，取决于系统所有各部件是否正常工作。当系统内任一单元出现故障时，会使整个系统不能正常工作。

并联系统由几个独立单元组成，执行同样功能，只有在所有单元都失效时，系统才失效。因此，并联单元越多，系统的可靠度就越高，但系统的重量、外形和价格都将增加，显得冗余。纯并联系统称为工作储备系统。

假设各单元的可靠度均为 R，简单结构的串联、并联和混联系统的可靠度计算可参考表 2.6.1。

表 2.6.1 简单结构的串联、并联和混联系统的可靠度

系统框图	可靠度 $\boldsymbol{R}$	系统框图	可靠度 $\boldsymbol{R}$
	R^2		$3R^2-2R^2$
	$2R-R^2$		$R+R^2-R^4$
	$R+R^2-R^3$		$2R-2R^3+R^4$
	$4R-6R^2+4R^4-R^6$		$2R^2-R^3$
	$2R^2-R^4$		$R+2R^2-3R^3+R^4$

任务 2 可靠性设计

2.1 可靠性设计的内容

随着产品复杂性的增加和对产品性能、质量和可靠性等方面的要求越来越高，可靠性理论、技术和方法的发展和应用也日益引起人们的重视。世界各工业发达国家对其产品都相应地规定了可靠性指标，指标值的高低直接影响和决定着产品的价格和市场竞争力。目前可靠性设计已广泛用于国防、航空、航天、电子、通信、仪器仪表、汽车等许多领域。

可靠性技术包括可靠性工程与管理。可靠性工程研究包括机械和结构的、电子和电器的、零(元)件和系统的、硬件和软件的可靠性设计和试验验证。可靠性试验数据是可靠性设计的基础，但试验本身不能提高产品的可靠性，只有设计才能决定产品的固有可靠性。国内外的试验经验表明，产品的可靠性是由设计决定的，而由制造和管理来保证的。可靠性管理是对可靠性工程中的一切活动进行规划、组织、协调、控制与监督。在产品的整个寿命期内，从设计、研制、制造、装配、调试、使用、维修直到报废，都必须进行可靠性管理。只有这样，才能保证产品有满意的可靠性。

可靠性设计就是事先考虑产品可靠性的一种方法。其目的是使产品在完成预定功能的前提下，取得性能、重量、成本、寿命等各方面的协调，设计出高可靠性的产品，它包括以下几方面的内容。

1. 确定产品的可靠性指标及其量值

可靠性指标从不同侧面反映产品的可靠性水平。设计时应根据产品的设计和使用要求来选择。并要重视过去的经验、用户的要求及市场调查。例如，对一般机床数控系统可采用$MTBF=3\,000$ h作为可靠性指标，对工程机械，常规定有效度为0.90。对焊接、喷漆等工业机器人，一般要求其$MTBF$为2 000 h，机器人有效度为0.98。对于不可修复或难修复的产品，如卫星、导弹等，一般采用可靠度为其可靠性指标。

2. 产品的失效分析

失效是产品的一种破坏方式，产品不可靠就是由于产品在使用过程中发生失效引起的。产品的失效分析就是要确定产品的失效模式及其产生的原因。对于机电一体化系统而言，由于它是由各种零部件组成，零部件的失效将造成系统失效，因此，零部件的失效模式是产品失效模式的组成部分。如机械零件的磨损和断裂、电子元件的击穿等。此外，产品还有其本身独特的失效模式，如机械传动误差、电子设备的电磁干扰和数字电路的竞争冒险等。在进行可靠性设计时，应尽量减少产品的失效模式，特别是那些重要的和致命的失效模式，并延缓失效的发生时间。

3. 产品的可靠性分析

产品的可靠性与其组成的零部件的可靠性之间存在一定的定量关系，可靠性分析的目的就是要建立这种关系。常用的方法是：根据产品的组成原理和功能绘出可靠性逻辑图，建立可靠性数字模型，把产品的可靠性特征量（如失效率、可靠度等）表示为零部件可靠性特征量的函数，然后根据已知各零部件的可靠性数据计算出产品的可靠性，进行可靠性预测。通过预测不但能够使设计者对产品在现有的元器件水平和生产、使用条件下可能达到的可靠性指标有一个较客观的认识，而且能够使设计者发现产品的可靠性薄弱环节，对设计方案提出修改意见。机电一体化产品从设计方案的选择、修改、实施，直至最终形成产品的过程中，需进行多次可靠性预测，而且越早预测越有意义，因为借助预测值可以及早发现问题，及时采取措施，少走弯路。

2.2 现代机械系统可靠性设计

现代机械系统中，因广泛采用了新技术、新材料、新工艺，缺乏实际经验，很难求得适应现有环境条件的安全系数。靠过去用安全系数来获得可靠性，不但越来越难，有时甚至做不到。

提高系统可靠性，要建立从研究、设计、制造、试验直到管理、使用和维修以及评审的一整套可靠性计划。掌握影响可靠性的各种设计变量的分布特性和数据，当缺乏这些必要的数据和统计变量时，了解影响机械系统可靠性的因素，采取下述措施对提高机械系统可靠性是十分有益的。

1. 加强设计，严格加工

机械零件尽可能采用强度可靠性设计，并进行适当的工艺处理，以提高抗疲劳、耐磨损、抗腐蚀等性能；机械零部件还应进行严格加工、检验和精密装配，有的零件配合要进行磨合试验或精细调整。

2. 缩短传动链，减少元件数

在机械系统设计中，除提高各元件的可靠性外，还应尽可能地缩短传动链，减少元件数，这是提高机械系统可靠性的一个重要途径。

3. 必要时增加备用元件或系统

并联系统的元件越多，并联系统的可靠度就越高，对于一些重要的机械系统，必要时可增加备用元件或系统。如飞机起落的操作系统，除了有一套基本的气动和液压装置外，还有一套手动操纵装备。又如汽车的两套刹车装置、越野吉普车带有备用轮胎等都是。这样，当基本元

件(或装置)万一失灵,与其平行的第二套元件可以启用工作。

4. 简化结构

标准化程度高、结构简单的零部件往往工艺性能好,制造和装配的质量易得到保证,故障的潜在因素易得到控制。标准化也是提高可靠性的一项重要措施,标准件的结构工艺性和可靠性一般都比较好。

5. 增加过载保护装置、自动停机装置

在机械系统中,为保护一些重要的元件和装置,可以增设一些过载保护装置、自动停机装置,起到保护作用。如水泥厂的球磨机中的联轴器,采用了安全销,起过载安全保护作用。

6. 设置监控系统

在机械系统中,对重要的零部件,可以设置监控系统,以便及时故障报警,如温度控制、微裂纹等。

7. 合理规定维修期

设计应考虑到在使用阶段如何保证产品可靠性的问题,规定适当的环境条件、维护保养条件和操作规程。产品的结构应具有良好的维修性,如易损件应便于更换、故障应便于诊断、容易修复等。随着使用时间的增加,机械系统中的零部件因磨损、疲劳、老化等原因,故障率显著上升,可靠性下降。例如,润滑油的变质、配合间隙的过大等,都会使机械系统的可靠性下降。因此,合理规定维修期,可以保证系统的可靠性。

综合训练　CNC 齿轮测量中心机械系统设计

CNC 齿轮测量中心主要是针对齿轮及其刀具的一种测量工具,图综合训练 2.1 为测量中心的机械结构总图,机械系统设计内容如下。

1. 结构布局

齿轮测量中心有两种结构布局,一种是卧式结构,另一种是立式结构。图综合训练 2.1 所

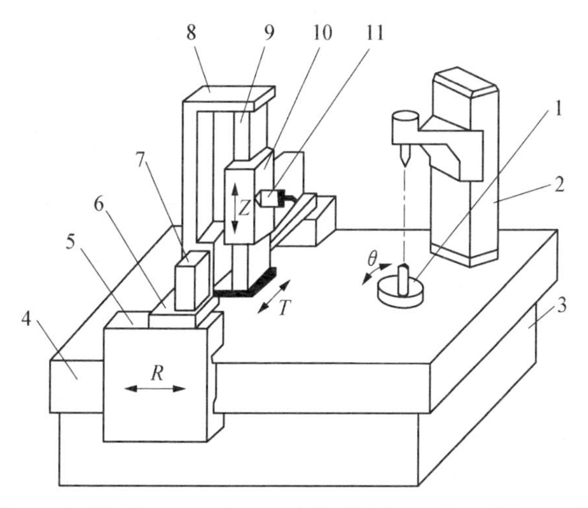

1—主轴;2—上顶杆柱;3—底座;4—花岗石平台;5—R 向导轨;6—横梁;
7—T 向导轨;8—支架;9—Z 向导轨;10—Z 向滑架;11—测微仪

图综合训练 2.1　CNC 齿轮测量中心机械结构总图

示为立式结构。总体结构采用封闭框架移动式、花岗石及花岗石直线导轨结构；直线导轨为无摩擦闭式气浮导轨；主轴采用高精度气浮主轴；伺服传动系统采用了交流伺服电机驱动的滚珠丝杠螺母副传动方式；机架和滑架为焊接钢架结构。

2. 气浮导轨

导轨是精密机械运动中能够保证各运动部件相对精度的一个重要部件。气浮导轨具有精度高、无磨损、寿命长的特点，因而被广泛应用于精密坐标测量仪。

气浮导轨副由导轨和气浮滑块组成，如图综合训练 2.2 所示。导轨材料为天然花岗石，性能稳定，变形小，气浮滑块安装结构为球面接触式，可自动定位。所有气浮滑块经逐个测试、选配以使三个气浮导轨副均达到较好的刚度和稳定性。在气浮滑块布置上，为达到较高的支承刚度，三个运动方向的气浮滑块均采用了对称排布的全封闭结构，如图综合训练 2.3 所示，并尽可能拉开气浮滑块的间距。在非导向辅助气浮滑块上装有弹性环节，可减少温度变化对导向气浮滑块、气浮间隙的影响，保持气浮间隙的稳定。

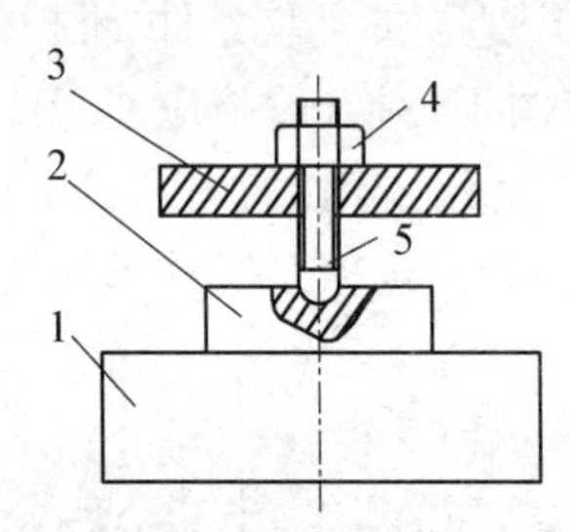

1—导轨；2—气浮块；3—滑架
4—锁紧螺母；5—球头螺钉

图综合训练 2.2　气浮导轨

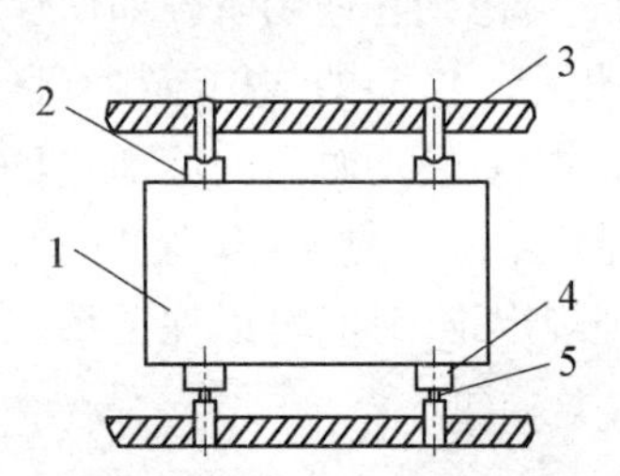

1—导轨；2—导向气浮块；3—滑架；
4—辅助气浮块；5—弹性环节

图综合训练 2.3　气浮滑块布置形式

3. 传动方式

传动方式如图综合训练 2.4 所示，交流伺服电机通过同步带带动滚珠丝杠螺母副，拖动滑架沿气浮导轨完成直线运动，为避免电机和丝杠在花岗石平台上安装造成防护困难和影响仪器造型，R 向传动方式采用了电机和丝杠随滑架运动，螺母固定在平台上的结构形式，如图综合训练 2.5 所示。

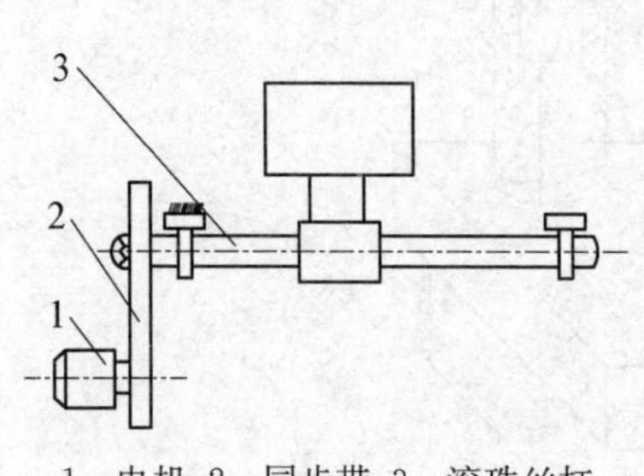

1—电机；2—同步带；3—滚珠丝杠

图综合训练 2.4　传动方式

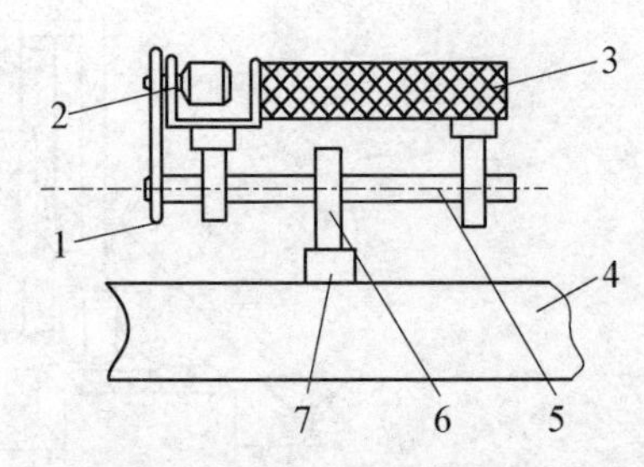

1—同步带；2—电机；3—横梁；4—花岗石平台；
5—滚珠丝杠；6—弹性装置；7—螺母

图综合训练 2.5　R 向传动结构

同步带结构简单，传动平稳，具有较高的传动精度和较好的减振作用，滚珠丝杠螺母副通过施加预紧力，无反向间隙，提高了传动刚度，在螺母和滑架（T 向、Z 向）或平台（R 向）相连处，设

计了一弹性减振装置，减少螺母在运动过程中相对导轨的平行度误差对滑架移动精度的影响。

4. 滑架与底座

精密测量机要求滑架刚度高、质量小、结构简单。因此在滑架结构设计中采用了网格肋板焊接结构，见图综合训练 2.6，为消除内应力和提高尺寸的稳定性，焊后进行了充分的退火和稳定性处理且经测算，薄钢板焊接的滑架，在保证刚度的情况下，其质量为同尺寸铸铁滑架的一半以下，从而降低了运动件的质量，提高了运动平稳性。

底座结构为槽钢焊接件，通过对构架刚度的合理设计，使底座具有减震功能，底座还设计有整机调平机构。

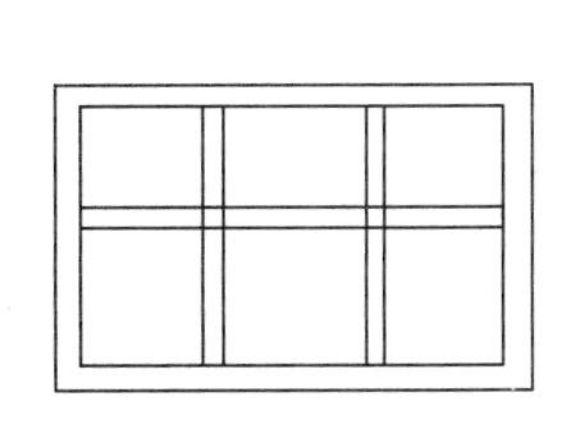

图综合训练 2.6　滑架结构

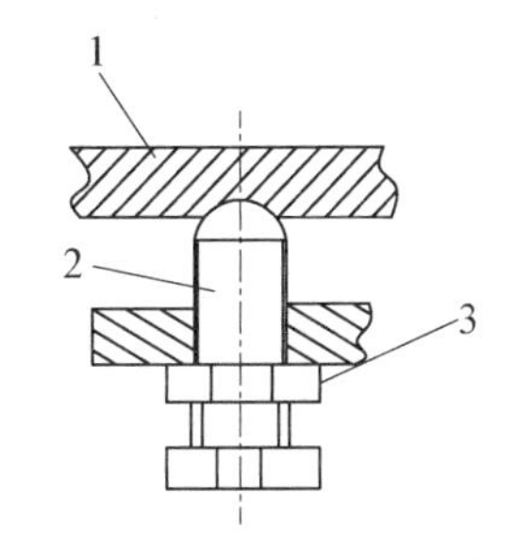

1—垫块　2—球头螺钉　3—锁紧螺母

图综合训练 2.7　导轨球面支撑

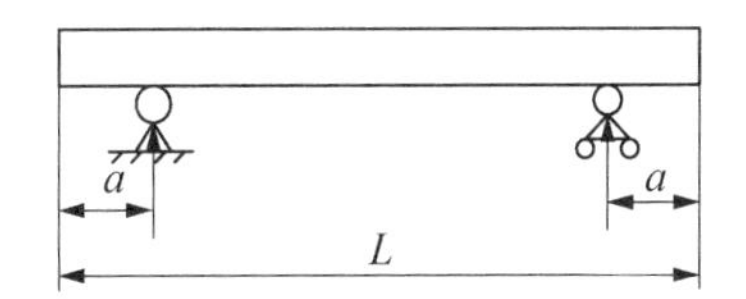

图综合训练 2.8　导轨支撑位置

5. 导轨的支承与调整

支承方式为球面接触式可调螺钉，见图综合训练 2.7，当导轨调整完成后通过锁紧螺母锁紧。导轨自重变形的大小与其支承方式及支点位置有很大关系，本装置选择如图综合训练 2.8 所示的导轨支承位置，使其自重变形最小的一些机构参数如下：

当 $a = 0.2232L$ 时，中间与两端变形量相等；当 $a = 0.2386L$ 时，支点间的弯曲量最小，根据本机导轨设计特点，选用 $a = 0.2386L$。

为保证滑架、导轨相对运动的准确性及运动精度，可在导轨上安装设计微量调整机构，借助微调机构，可以对导轨的六个自由度进行微量调整和可靠定位。

随着精密测量机的发展及光、机电技术在测量领域的应用，对机械系统的设计提出了高精度、高稳定性的要求。本机械结构具有结构简单、精度高的特点。整机装调检验证明，可满足 CNC 齿轮测量中心对机械系统各项性能指标的要求。

学习评价表

姓名		班级		
评价内容	考核要求		学生自评	教师评分
知识内容掌握(20)	知识点条理不清晰，扣 5 分，不能运用扣 5 分			
设计过程(30)	设计过程不详细且记录不完整，扣 10～20 分，步骤错误，扣 5～10 分			
结果计算(20)	设计结果不匹配实物，扣 10 分，没有依据扣 5 分			
重要环节分析(30)	对设计的内容不能进行语言表达，扣 20 分；表达不清晰扣 10 分；			
总分 100				

学习情境二小结

教学网络图

<table>
<tr><th colspan="3">学习情境</th><th>工作任务</th><th>学习流程</th><th>同步训练</th><th>综合训练</th><th>评价</th><th>教学载体</th><th>教学环境</th><th>教学资源</th><th>教学方法</th></tr>
<tr><td rowspan="10">机电一体化机械系统设计</td><td rowspan="4">子情境1认识机电一体化机械系统</td><td>任务1</td><td>了解机电一体化机械系统的组成</td><td rowspan="10">分析设计任务
↓
确定设计方案
↓
确定机构结构
↓
零件设计计算
↓
零件选用与校核
↓
图纸绘制
↓
评价</td><td rowspan="4">数控机床传动机构仿真分析</td><td rowspan="10">CNC齿轮测量中心机械系统设计</td><td rowspan="4">学生自评</td><td rowspan="10"></td><td rowspan="10">1. 多媒体教室
2. 机电控制实训室
3. 机电数控实验室
4. 机电一体化实验室</td><td rowspan="10">PPT课件、动画素材、视频材料、真实的机电产品零件、部件、机电仿真软件</td><td rowspan="10">情境教学法；
项目教学法；
现场直观教学法；
模拟仿真教学法；
翻转课堂法；
任务驱动法；
小组学习法；
自主学习法</td></tr>
<tr><td>任务2</td><td>了解机械系统的设计思想</td></tr>
<tr><td>任务3</td><td>了解机械传动设计的原则</td></tr>
<tr><td>任务4</td><td>了解机械系统性能的仿真分析</td></tr>
<tr><td rowspan="3">子情境2传动机构</td><td>任务1</td><td>认识机械传动机构</td><td rowspan="3">数控机床机械传动机构系统方案选择</td><td rowspan="3">学生互评</td></tr>
<tr><td>任务2</td><td>常用单一传动机构设计</td></tr>
<tr><td>任务3</td><td>复合传动机构设计</td></tr>
<tr><td rowspan="3">子情境3支承部件</td><td>任务1</td><td>认识支承部件</td><td rowspan="3">数控机床导向机构设计</td><td rowspan="3">教师评价</td></tr>
<tr><td>任务2</td><td>导轨</td></tr>
<tr><td>任务3</td><td>直线滚动导轨副的选型与计算</td></tr>
</table>

续　表

学习情境		工作任务	学习流程	同步训练	综合训练	评价	教学载体	教学环境	教学资源	教学方法
子情境4执行机构	任务1	微动机构应用		数控机床执行机构						
	任务2	末端执行机构应用								
	任务3	其他执行机构应用								
子情境5机械系统的运动控制	任务1	机械传动系统建模		数控机床运动控制						
	任务2	机械系统的制动控制								
	任务3	机械系统的加速控制								
子情境6机械系统的可靠性设计	任务1	了解可靠性指标								
	任务2	可靠性设计								

任务—知识点矩阵图

子情境\任务	知识点	机械系统的组成	机械系统的设计思想	机械传动设计的原则	机械系统性能的仿真分析	机械传动机构	单一传动机构设计	传动机构消间隙方法	复合传动机构设计	支承部件	导轨	直线滚动导轨设计计算	微动机构	末端执行机构	其他执行机构	机械传动系统建模	机械系统的制动控制	机械系统的加速控制	可靠性
子情境1认识机电一体化机械系统	任务1	★																	
	任务2	★	★																
	任务3	★	★	★															
	任务4	★	★	★	★														
子情境2传动机构	任务1	★	★	★	★	★													
	任务2	★	★	★	★	★	★												
	任务3	★	★	★	★	★	★	★											
	任务4	★	★	★	★	★	★	★	★										
子情境3支承机构	任务1	★	★	★	★					★									
	任务2	★	★	★	★					★	★								
	任务3	★	★	★	★					★	★	★							
子情境4执行机构	任务1	★	★	★	★								★						
	任务2	★	★	★	★									★					
	任务3	★	★	★	★										★				
子情境5机械系统的运动控制	任务1	★	★	★	★											★			
	任务2	★	★	★	★												★		
	任务3	★	★	★	★													★	
子情境6机械系统的可靠性设计	任务1																		★
	任务2																		★

习题与思考题

1. 机电一体化对机械系统的要求有哪些?

2. 机电一体化机械系统由哪几部分机构组成,各部分的功能是什么?

3. 简述齿轮传动机构消除间隙的方法。

4. 简述滚珠丝杠传动装置的特点。

5. 简述滚珠丝杠副消除轴向间隙的方法。

6. 滚珠丝杠副的支承形式有哪些类型? 各有何特点?

7. 如何理解质量最小原则。

8. 简述机械系统性能仿真分析的步骤。

9. 机电一体化系统的机械传动设计往往采用“负载角加速度最大原则”,为什么?

10. 简述齿轮传动中,各种齿侧间隙的消除方法与特点。

11. 导轨主要有哪些类型,各有什么特点和应用?

12. 简述静压螺旋传动的特点。

13. 对直线导轨副的基本要求有哪些?

14. 试设计某数控机床工作台进给用滚珠丝杠副。已知平均工作载荷 $F_m = 4\,000$ N,丝杠工作长度 $l = 2$ m,平均转速 = 150 r/min,每天开机 6 小时,每年 300 个工作日,要求工作8 年以上,丝杠材料为 CrWMn 钢,滚道硬度为 58～62 HRC,丝杠传动精度为±0.04 mm。

15. 请根据以下条件选择 HJG－D 系列滚动直线导轨。作用在滑座上的总载荷=20 000 N,滑座数 $M=4$,单向行程长度 $l_s=0.8$ m,每分钟往返次数为 4,工作温度不超过 120℃,工作速度为 40 m/min,工作时间要求 10 000 h 以上,滚道表面硬度为 60 HRC。

16. 常用的执行机构有哪些? 各有哪些要求?

17. 简述可靠性指标。

18. 有哪些措施可以提高系统的可靠性?

学习情境三　机电一体化检测系统设计

 情境导入

传感器作为智能制造的新三基之一，在现代工业中无处不在，其作用为信息采集、状态监控，是控制的基础。

 情境剖析

知识目标

1. 了解机电一体化检测系统；
2. 熟悉检测系统的组成、特点及应用。

技能目标

1. 了解位移、速度、力、扭矩和流速等传感器的测试原理和具体应用，掌握信号处理的方法；
2. 能够根据测量要求选择合适的传感器；
3. 能够设计典型机电一体化产品的检测系统。

在机电一体化产品中，无论是简单的割草机，还是复杂的数控机床、甚至是智能化的机器人，都离不开检测这个重要环节。若没有传感器对原始的各种参数进行精确而可靠的自动检测，那么信号转换、信息处理、正确显示、控制器的最佳控制等，都是无法进行和实现的。

检测系统是机电一体化产品中的一个重要组成部分，用于实现计测功能。在机电一体化产品中，传感器的作用就相当于人的感官，用于检测有关外界环境及自身状态的各种物理量(如力、位移、速度、位置等)及其变化，并将这些信号转换成电信号，然后再通过相应的变换、放大、调制与解调、滤波、运算等电路将有用的信号检测出来，反馈给控制装置或送去显示。实现上述功能的传感器及相应的信号检测与处理电路，就构成了机电一体化产品中的检测系统。随着信息技术、计算机技术、传感器技术和自动化技术等的发展，检测系统越来越趋向数字化、智能化，检测传感技术越来越受到人们的重视，应用越来越普遍，尤其是在机电一体化产品中，传感器及其检测系统不仅是一个必不可少的组成部分，而且已成为机与电有机结合的一个重要纽带。

子情境 1　认识机电一体化检测系统

体例 3.1.1　数控机床检测系统(教师指导)

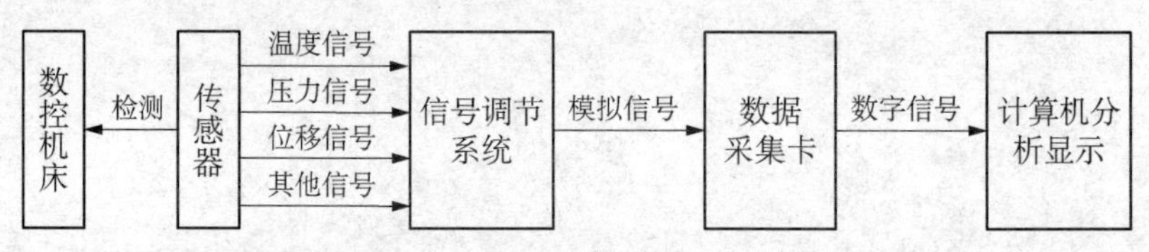

图体例 3.1.1　某数控机床检测系统流程图

图体例 3.1.2　数控机床检测实物图

表体例 3.1.1　数控机床检测系统分析

系统名称	系统功能	系统组成	各组成部分功能
数控机床检测系统	各种信号检测及分析显示	传感器	检测温度、压力、位移等
		信号调节系统	模拟信号转换
		数据采集系统	采集及 A/D 转换
		计算机	分析、显示

体例 3.1.2 （学生完成）

完成形式：学生以小组为单位通过查找资料、研讨，以典型项目形式完成文本说明，制作PPT，通过项目过程考核对学生完成情况评价。

任务 1　了解检测系统在机电一体化中的应用

检测系统主要由传感器和信号处理系统构成。传感器主要把各种非电量信息转换为电信号，信号处理系统对转换后的电信号进行测量，并进行放大、运算、转换、记录、指示、显示等处理。

1.1　传感器的组成

传感器是一种以一定的精确度将被测量转换为与之有确定对应关系的、易于精确处理和测量的某种物理量（如电量）的测量部件或装置。通常，传感器是将非电量转换成电量来输出的。传感器的特性（静态特性和动态特性）是其内部参数所表现的外部特征。这些特征决定了传感器的性能和精度。

传感器一般由敏感元件、转换元件和基本转换电路三部分组成。

1. 敏感元件

是一种能够将被测量转换成易于测量的物理量的预变换装置，其输入、输出间具有确定的数学关系(最好为线性),如弹性敏感元件将力转换为位移或应变输出。

2. 传感元件

将敏感元件输出的非电物理量转换成电信号(如电阻、电感、电容等)形式,又称为转换元件。例如将温度转换成电阻变化,将位移转换为电感或电容变化等的传感元件。

3. 基本转换电路

将电信号量转换成便于测量的电量,如电压、电流、频率等。

有些传感器(如热电偶)只有敏感元件,感受被测量时直接输出电动势。有些传感器由敏感元件和转换元件组成,无需基本转换电路,如压电式加速度传感器。还有些传感器由敏感元件和基本转换电路组成,如电容式位移传感器。有些传感器,转换元件不止一个,要经过若干次转换才能输出电量。大多数传感器是开环系统,但也有个别的是带反馈的闭环系统。

1.2 传感器的基本特性

1. 传感器的静态特性

传感器的静态特性反映的是当信号为定值或变化缓慢时,传感器的输入与输出值之间的关系。传感器静态特性的主要技术指标有:线性度、灵敏度、迟滞、重复性、漂移等。

(1) 线性度

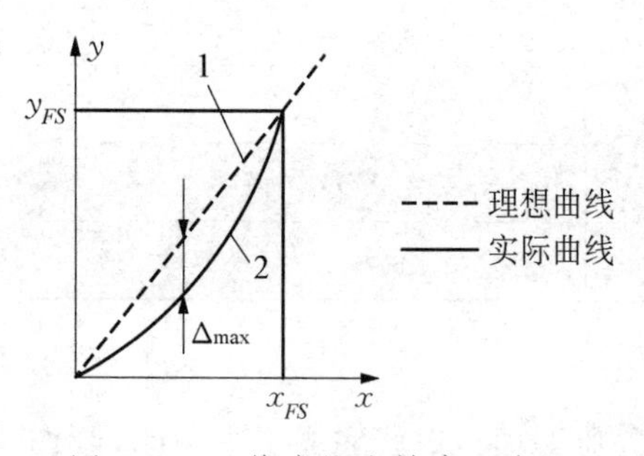

图 3.1.1 传感器线性度示意图

传感器的静态特性是在静态标准条件下,利用一定等级的标准设备,对传感器进行往复循环测试,得到的输入/输出特性(列表或画曲线)。通常希望这个特性(曲线)为线性,这对标定和数据处理带来方便。但实际的输出与输入特性只能接近线性,与理论直线有偏差,如图 3.1.1 所示。实际曲线与其两个端尖连线(称理论直线)之间的偏差称为传感器的非线性误差。取其中最大值与输出满度值之比作为评价线性度(或非线性误差)的指标。

线性度可用下式计算:

$$\gamma_L = \pm \frac{\Delta_{max}}{y_{FS}} \times 100\% \tag{3.1.1}$$

式中:γ_L—线性度(非线性误差);

Δ_{max}—最大非线性绝对误差;

y_{FS}—输出满度值。

(2) 灵敏度

传感器在静态标准条件下,输出变化对输入变化的比值,用 S_0 表示,即:

$$S_0 = \frac{\text{输出量的变化量}}{\text{输入量的变化量}} = \frac{\Delta y}{\Delta x} \tag{3.1.2}$$

对于线性传感器来说,它的灵敏度 S_0 是个常数。

(3) 迟滞

传感器在正(输入量增大)、反(输入量减小)行程中输出/输入特性曲线的不重合程度称为迟滞,迟滞误差一般以满量程输出 y_{FS} 的百分数表示:

$$\gamma_H = \frac{\Delta H_m}{y_{FS}} \times 100\% \text{ 或 } \gamma_H = \pm \frac{1}{2} \frac{\Delta H_m}{y_{FS}} \times 100\% \tag{3.1.3}$$

式中：ΔH_m—输出值在正反行程间的最大差值。

迟滞特性一般由实验方法确定，如图 3.1.2 所示。

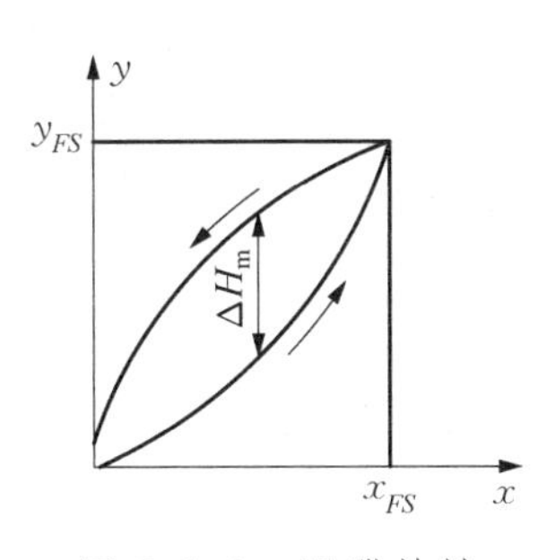

图 3.1.2　迟滞特性

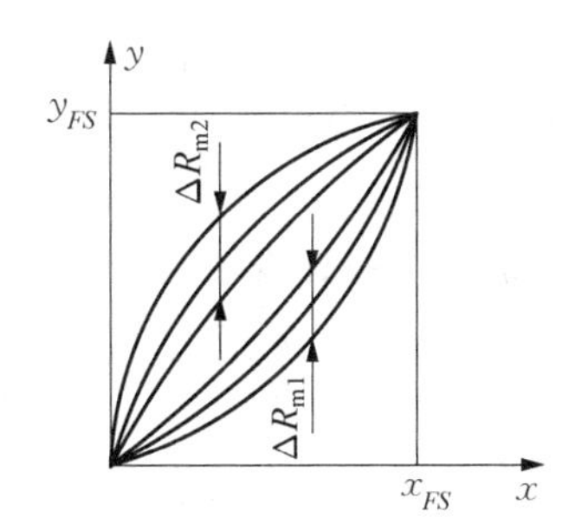

图 3.1.3　重复特性

(4) 重复特性

传感器在同一条件下，被测输入量按同一方向作全量程连续多次重复测量时，所得的输出/输入曲线不一致的程度，称为重复特性，如图 3.1.3 所示。重复特性误差用满量程输出的百分数表示，即：

$$\gamma_R = \pm \frac{\Delta R_m}{y_{FS}} \times 100\% \tag{3.1.4}$$

式中：ΔR_m—最大重复性误差。

重复特性也由实验方法确定，常用绝对误差表示，如图 3.1.3 所示。

(5) 分辨力

传感器能检测到的最小输入增量称为分辨力，在输入零点附近的分辨力称为阈值。分辨力与满度输入比的百分数表示称为分辨率。

(6) 漂移

由于传感器内部因素或在外界干扰的情况下，传感器的输出发生的变化称为漂移。当输入状态为零时的漂移称为零点漂移。在其他因素不变的情况下，输出随着时间的变化产生的漂移称为时间漂移；随着温度变化产生的漂移称为温度漂移。

(7) 精度

精度表示测量结果和被测的“真值”的靠近程度。精度一般用校验或标定的方法来确定，此时“真值”则靠其他更精确的仪器或工作基准来给出。国家标准中规定了传感器和测试仪表的精度等级，如电工仪表精度分七级，分别是 0.1、0.2、0.5、1.0、1.5、2.5 和 5。精度等级(S)的确定方法是：算出绝对误差与输出满量程之比的百分数，与该值靠近但比其低的国家标准等级值即为该仪器的精度等级。

2. 传感器的动态特性

动态特性是指传感器测量动态信号时，输出对输入的响应特性。传感器动态特性的性能指标可以通过时域、频域以及试验分析的方法确定，其动态特性参数如：最大超调量、上升时间、调整时间、频率响应范围、临界频率等。

1.3 机电一体化系统设计应用传感器选择

在机电一体化系统设计中，信号的检测显示与检测控制是系统设计的重要部分，所选用的传感器工作条件差，工作时间长。传感器的优劣，一般通过主要性能指标来表示。在一般检测系统中介绍的特性参数如灵敏度、线性度、迟滞、重复性、零点、分辨力、准确度、频率特性、阶跃响应特性外，还常用阈值、漂移、过载能力、稳定性、可靠性以及环境相关的参数、使用条件等。不同的传感器常常根据实际需要来确定其主要技术指标参数。某些技术指标可以降低些或不考虑。

1. 传感器的选择要求

① 体积小、质量轻，配套性和适应性好；

② 线性度高、灵敏度高、响应快、信噪比高、稳定性好，安全可靠、寿命长；

③ 传感器便于与二次仪表匹配组合；

④ 不易受被测对象的影响，也不影响其他单元的正常工作；

⑤ 对环境条件适应能力强(抗电场、磁场、辐射干扰等)；

⑥ 现场使用方便，操作性能好；

⑦ 动态特性好；

⑧ 价格便宜。

根据以上使用要求，常采用的传感器类型分别是电阻类、电阻应变式、压阻式、光电式、电感式、智能式等。

2. 传感器的选择原则

在机电系统设计中，可检测的物理量各种各样，可采用的传感器品种很多，为了满足工程实际设计使用要求，对传感器的选择就显得更加重要。对于同一种被测物理量，可选择各种不同的传感器。例如，被测物理量是压力，可以选择应变式压力传感器、压电式压力传感器、压阻式压力传感器、电感式压力传感器等，究竟选择哪一种传感器合适呢？应有一个正确合理的选择原则。当然，在传感器选择时应考虑的因素很多，但选择的传感器性能不一定都必须满足所有要求，应该根据实际使用的目的、技术指标、环境条件等，在选择时有所侧重。例如：在机电产品设计中若是需要长时间连续使用的，应重视选择长期稳定性好的传感器；检测时间比较短、重复使用的，应选择灵敏度和动态特性比较好的传感器；检测信号要求精度高的，应选择高精度传感器；当检测条件差、温度高的场合测试时，应选择具有抗高温性强的传感器。具体选择原则是：

① 传感器的量程应大于测试信号最大值的1.2～1.5倍。

② 传感器的固有频率应大于测试信号频率的5～10倍。

③ 传感器的准确度小于系统总不确定度的1/3倍。

④ 传感器的结构尺寸满足总体安装使用要求。

⑤ 传感器工作温度大于传感器测量温度的2倍。

⑥ 长期使用重复性误差小于±0.02%。

⑦ 传感器安装使用方便，抗干扰性好，可靠性好。

⑧ 价格低廉。

1.4 信号传输与处理电路

传感器的输出信号一般比较微弱(mV级)，有时夹杂其他信号(干扰或载波)，在传输过程中，需要依据传感器输出信号的具体特征和后端系统的要求，对传感器输出信号进行各种形式的处理，如阻抗变换、电平转换、屏蔽隔离、放大、滤波、调制、解调、A/D 和 D/A 等。同时，还要考虑在传输过程中可能受到的干扰影响，如噪声、温度、湿度、磁场等，并采取一定的措施。传感器信号处理电路的内容要依据被测对象的特点和环境条件来决定。

传感器信号处理电路内容的选择所要考虑的问题主要包括：

① 传感器输出信号形式，如是模拟信号还是数字信号，是电压还是电流。

② 传感器输出电路形式，是单端输出还是差动输出。

③ 传感器电路的输出能力，是电压还是功率，输出阻抗的大小如何等。

④ 传感器的特性，如线性度、信噪比、分辨率。

由于电子技术的发展和微加工技术的应用，现在的许多传感器中已经配置了部分处理电路（或配置有专用处理电路），这就大大简化了设计和维修的技术难度。例如：反射式光电开关传感器中集成了逻辑控制电路；光电编码传感器的输出是 5 V 的脉冲信号，可以直接传送给计算机。

1.5 传感器的发展方向

1. 新型传感器的开发

鉴于传感器的工作机理是基于各种效应和定律，由此启发人们进一步发现新现象、采用新原理、开发新材料、采用新工艺，并以此研制出具有新原理的新型物性型传感器，这是发展高性能、多功能、低成本和小型化传感器的重要途径。总之，传感器正经历着从以结构型为主转向以物性型为主的过程。

2. 传感器的集成化和多功能化

随着微电子学、微细加工技术和集成化工艺等方面的发展，出现了多种集成化传感器。这类传感器，或是同一功能的多个敏感元件排列成线性、面型的阵列型传感器；或是多种不同功能的敏感元件集成一体，成为可同时进行多种参数测量的传感器；或是传感器与放大、运算、温度补偿等电路集成一体具有多种功能，实现了横向和纵向的多功能测量。

3. 传感器的智能化

“电五官”与“电脑”的相结合，就是传感器的智能化。智能化传感器不仅具有信号检测、转换功能，同时还具有记忆、存储、解析、统计处理及自诊断、自校准、自适应等功能。如进一步将传感器与计算机的这些功能集成于同一芯片上，就成为智能传感器。

子情境 2 位移和位置测量

任务 1 位移测量

任务介绍 测量数控机床丝杠角位移

数控机床是数字控制机床的简称，是一种装有程序控制系统的自动化机床。位置检测装置是数控机床的重要组成部分。在闭环、半闭环控制系统中，其主要作用是检测位移和速度，并发出反馈信号，构成闭环或半闭环控制。将旋转型检测装置（DWQT 角度传感器）安装在驱动电机轴或滚珠丝杠上，通过检测转动件的角位移来间接测量机床工作台的直线位移，作为半闭环伺服系统的位置反馈。优点是测量方便、无长度限制。

任务分析 为了完成任务，首先应该了解数控机床丝杠角位移测量的原理，熟悉在测量过程中可以使用的各个传感器，了解它们的特点及应用，然后正确选择传感器完成测量任务。

知识资讯 位移测量是线位移测量和角位移测量的总称。位移测量在机电一体化制造系统中的应用十分广泛，这不仅因为在各种机械加工中对位置确定和加工尺寸的需要，而且还因为速度、加速度等参数的检测都可以借助于测量位移的方法。一般的位移传感器主要有：电感传感器、电容传感器、感应同步器、光栅传感器、磁栅传感器、旋转变压器和光电编码盘等。其中，旋转变压器和光电编码盘只能测试角位移。其他几种传感器既有直线型位移传感器又有角度型位移传感器。位移传感器还可以分为模拟式传感器和数字式传感器。模拟式传感器的输出是以幅值形式表示输入位移的大小的，如电容式传感器、电感式传感器等；数字式传感器的输出是以脉冲数量的多少表示位移的大小的，如光栅传感器、编码器、光电传感器等。

1.1 旋转变压器

1. 旋转变压器的结构

旋转变压器的典型结构与一般绕线式异步电动机相似。它由定子和转子两大部分组成，每一部分又有自己的电磁部分和机械部分，如图 3.2.1 所示，下面以正余弦旋转变压器的典型结构为例分析。

图 3.2.1 旋转变压器实物

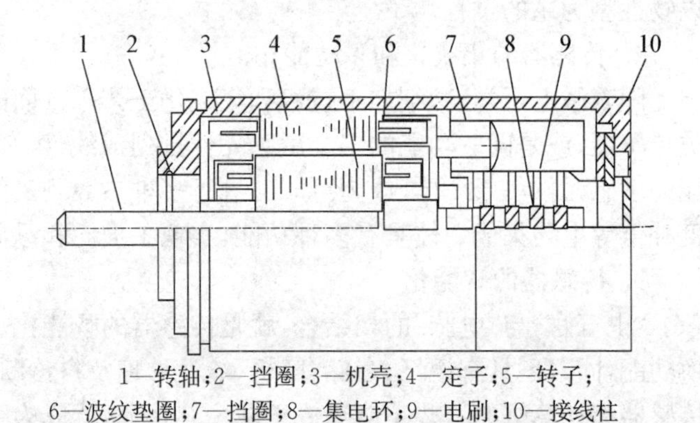

图 3.2.2 旋转变压器结构示意图

定子的电磁部分由可导电的绕组和能导磁的铁心组成。定子绕组有两个，分别叫定子激磁绕组(其引线端为 $D1$、$D2$)和定子交轴绕组(其引线端为 $D3$、$D4$)。两个绕组结构上完全相同，它们都布置在定子槽中，而且两绕组的轴线在空间互成 90°，如图 3.2.2 及图 3.2.3 所示。定子铁心由导磁性能良好的硅钢片叠压而成，定子硅钢片内圆处冲有一定数量的规定槽形，用以嵌放定子绕组。定子铁心外圆和机壳内圆过盈配合，机壳、端盖等部件起支撑作用，是旋转电机的机械部分。

旋转变压器一般做成两极电机的形式。在定子上的两组绕组的轴线相互成 90°。在转子上有两个输出绕组—正弦输出绕组和余弦输出绕组，这两个绕组的轴线也互成 90°，如图 3.2.3 所示，一般将其中一个绕组(如 Z_1、Z_2)短接。

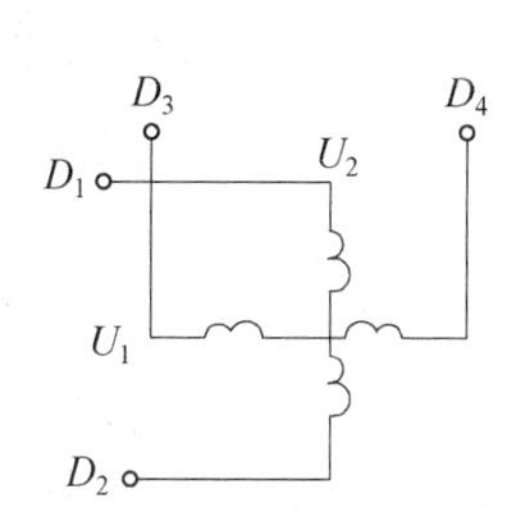

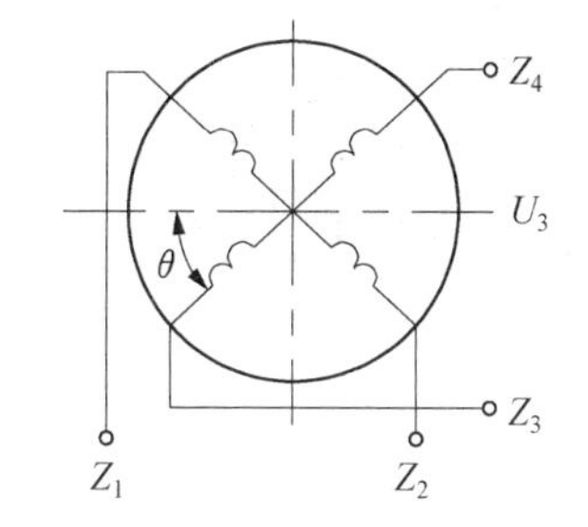

图 3.2.3　双极旋转变压器绕组结构示意图

2. 工作原理

当以一定频率(频率通常为400 Hz、500 Hz、1 000 Hz及5 000 Hz等几种)的激磁电压加于旋转变压器定子绕组时,转子绕组的电压幅值与转子转角成正弦、余弦函数关系,或在一定转角范围内与转角成正比关系。前一种旋转变压器称为正余弦旋转变压器,适用于大角位移的绝对测量;后一种称为线性旋转变压器,适用于小角位移的相对测量。

旋转变压器有鉴相式和鉴幅式两种工作方式。这里简介鉴相式工作方式。当定子绕组中分别通以幅值U_m和频率w相同、相位相差为90°的交变激磁电压时,便可在转子绕组中得到感应电势U_3,根据线性叠加原理,U_3值为激磁电压U_1和U_2的感应电势之和,即:

$$\begin{aligned} U_1 &= U_m \sin \omega t \\ U_2 &= U_m \cos \omega t \\ U_3 &= kU_1 \sin \theta + kU_2 \sin(90^\circ + \theta) = kU_m \cos(\omega t - \theta) \end{aligned} \tag{3.2.1}$$

式中:U_m—激磁电压幅值;$k=w_2/w_1$—旋转变压器的变压比;

w_1、w_2—一次、二次绕组的匝数;

θ—转子偏转角。

3. 旋转变压器的使用原则

① 旋转变压器应尽可能在接近空载的状态下工作。因此,负载阻抗应远大于旋转变压器的输出阻抗。两者的比值越大,输出电压的畸变就越小。

② 使用时首先要准确地调准零位,否则会增加误差,降低精度。

③ 励磁一方只用一相绕组时,另一相绕组应该短路或接一个与励磁电源内阻相等的阻抗。

④ 励磁一方两相绕组同时励磁时,即只能采用二次侧补偿方式时,两相输出绕组的负载阻抗应尽可能相等。

1.2　感应同步器

感应同步器是一种高精度测位移用的机电元件,其基本原理是基于多极双通道旋转变压器之上。它的定、转子(或叫初、次级)绕组均采用了印制绕组,从而使之具有一些独有的特性,它广泛应用于精密机床数字显示系统和数控机床伺服系统以及高精度随动系统中。

1. 结构

从原理上看,它与旋转变压器并无实质的区别,但是从结构上看,则与旋转变压器(及一般的其他控制电机)大不相同。无论哪一种感应同步器,其结构都包括固定和运动两部分。它的可动部分与不动部分上的绕组不是安装在圆筒形和圆柱形的铁心槽内,而是用绝缘粘合剂将铜箔粘牢在称为基板的金属或玻璃平面的薄板上,利用印刷、腐蚀等方法制成曲折形状的平面绕组,其工艺过程与电子工业中的印刷电路相同,故称为印刷绕组。感应同步器由几伏的电压

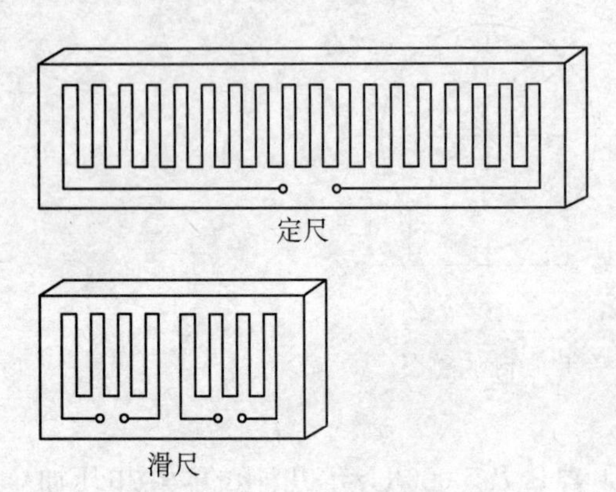

图 3.2.4 直线式感应同步器

励磁，励磁电压的频率为 10 kHz，输出电压较小，一般为励磁电压的 1/10 到几百分之一。

感应同步器按其运动方式和结构形式的不同，可分为圆盘式(或称旋转式)和直线式两种，前者用来检测角位移，后者用来检测直线位移。但无论是哪种感应同步器，其工作原理都是相同的。直线式感应同步器示意图如图 3.2.4 所示。它由定尺和滑尺组成，用于检测直线位移。定尺和滑尺的基板通常采用厚度约为 10 mm 的钢板，基板上敷有约 0.1 mm 厚的绝缘层，并粘压一层约 0.06 mm 厚的铜箔，采用与制造印制电路板相同的工艺做出感应同步器的印制绕组。为防止绕组损坏，在绕组表面再喷涂一层绝缘漆。

2. 特点

(1) 具有较高的精度和分辨率

目前长感应同步器的精度可达到±1.5 μm，分辨率 0.05 μm，重复性 0.2 μm，直径为 300 mm(12 英寸)的圆感应同步器的精度可达±1″，分辨率 0.05″，重复性 0.1″。这些性能，旋转变压器是达不到的。

(2) 抗干扰能力强

感应同步器在一个节距内是一个绝对测量装置，在任何时间内都可以给出仅与位置量相对应的单值电压信号，因而不受瞬时作用的偶然干扰信号的影响。平面绕组的阻抗很小，受外界干扰电场的影响很小。

(3) 使用寿命长、维护简单

定尺和滑尺、定子和转子互不接触，没有摩擦、磨损，所以使用寿命长。它不怕油污、灰尘和冲击振动的影响，不需要经常清扫，但需装设防护罩，防止铁屑等进入其气隙。

(4) 可以作长距离位移测量

可以根据测量长度的需要，将若干根定尺拼接。拼接后总长度的精度可保持(或稍低于)单个定尺的精度。目前几米到几十米的大型机床工作台位移的直线测量，大多采用感应同步器来实现。

(5) 工艺性好、成本较低、便于复制和成批生产

由于感应同步器具有上述优点，直线式感应同步器目前被广泛应用于大位移静态与动态测量中，例如用于三坐标测量机、程控数控机床及高精度重型机床及加工中心的测量装置、自动定位装置等。圆感应同步器被广泛地用于机床和仪器的转台，各种回转伺服系统以及导弹制导、陀螺平台、射击控制、雷达天线的定位等。

3. 感应同步器的应用

直线感应同步器在机床上安装使用时，如图 3.2.5 所示。将已喷涂一层耐热绝缘漆的定尺 1 固定在机床的静止部件 3 上，滑尺 2 固定在机床的运动部件 5 上，两者相互平行，间隙约为 0.25 mm。滑尺上还粘合一层铝箔以防止静电感应。为了工作可靠，还装有保护罩 4，以防铁屑等异物落入而影响正常工作。

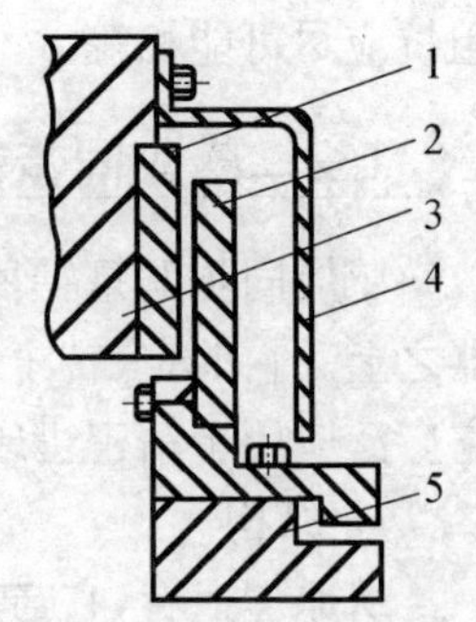

1—定尺；2—滑尺；3—静止部件；4—保护罩；5—运动部件

图 3.2.5 直线感应同步器安装示意图

1.3 编码器

编码器是一种通过响应运动来产生数字信号的传感器，主要分两种类型：响应旋转运动的旋转编码器和响应直线运动的线性编码器。当与机械传动装置，如齿轮齿条或丝杠、主轴结合在一起时，旋转编码器也可用于测量直线位移。

图 3.2.6 实验室中编码器安装实物图

编码器用途广泛。它们可作为反馈变送器用于电机速度控制、作为传感器用于测量、加工和定位、作为输入用于速度速率控制。

1. 分类

(1) 按码盘的刻孔方式不同分类

增量型 每转过单位角度就发出一个脉冲信号，通常为 A 相、B 相、Z 相输出，A 相、B 相为相互延迟 1/4 周期的脉冲输出，根据延迟关系可以区别正反转，也可以通过取 A 相、B 相的上升和下降沿进行 2 或 4 倍频；Z 相为单圈脉冲，即每圈发出一个脉冲。

绝对值型 对应一圈 360°，每个基准的角度发出一个唯一与该角度对应的二进制数值，通过外部记圈器件可以进行多个位置的记录和测量。

(2) 按信号的输出类型分类

可分为电压输出、集电极开路输出、推拉互补输出和长线驱动输出。

(3) 按编码器机械安装形式分类

有轴型 可分为夹紧法兰型、同步法兰型和伺服安装型等。

轴套型 可分为半空型、全空型和大口径型等。

(4) 按编码器工作原理分类

可分为光电式、磁电式和触点电刷式。

光电编码器是一种通过光电转换将输出轴上的机械几何位移量转化成脉冲或数字量的传感器，其分辨率高、精度高、结构简单、体积小、抗干扰能力强、机械寿命长、使用可靠等优点，使其在数控机床、机器人、高精度闭环调速系统、伺服系统等领域中得到了广泛的应用。光电编码器主要用于速度或位置(角度)的检测。其工作原理如图 3.2.7 所示。

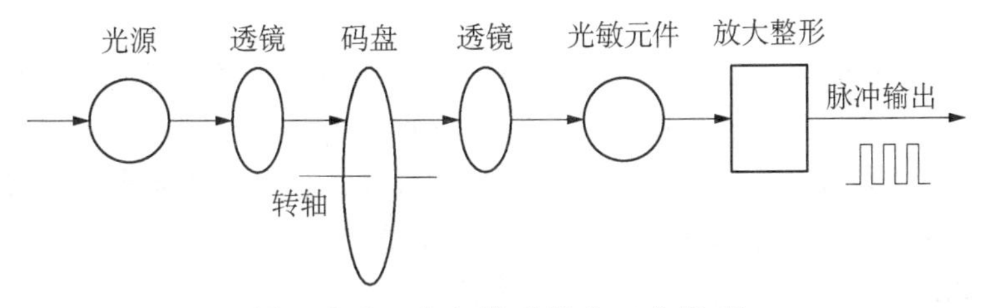

图 3.2.7 光电编码器的工作原理

2. 典型应用

(1) 在数控机床中的应用

数控机床是一种高精度、高效率的加工设备，而实现其安全可靠的运行需要精确的检测和控制，因而检测元件是数控机床伺服系统的重要组成部分。

数控机床中光电编码器的一些使用实例如下所示：

① 定位加工　已知增量式光电编码器的参数，大、小皮带轮的传动比，若希望加工好一个工件后紧接着加工另一工件，可计算出工作台从起始工位旋转到目标工位编码器给出所需的脉冲数，控制电动机运转，从而加工工件。如图 3.2.8 所示。

② 刀库选刀　角编码器与旋转刀库连接，编码器的输出为当前的刀具号，如图 3.2.9 所示，实现刀库选刀。

③ 转速测量及控制　利用编码器测量伺服电机的转速，并通过伺服控制系统控制其各种运行参数，如图 3.2.10 所示。

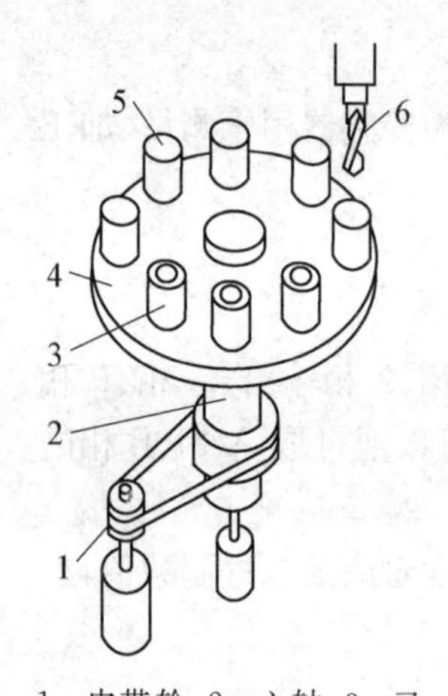

1—皮带轮；2—心轴；3—已加工工件；4—工作台；5—待加工工件；6—刀具

图 3.2.8　编码器用于定位加工图

图 3.2.9　编码器用于刀库选刀

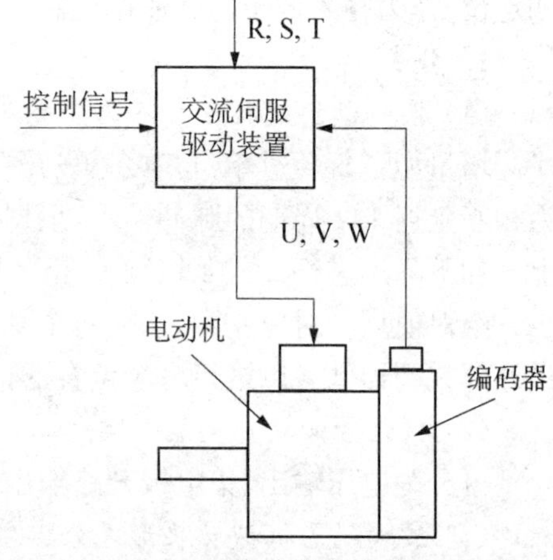

图 3.2.10　编码器用于伺服电机

(2) 光电编码器在定长切割装置中的应用

在定长切割装置中，通过计算每秒内光电编码器输出脉冲的个数就能反映当前剪切设备的摆动和剪切位置，其输出信号直接输入控制站，与直流电机调速装置的给定速度一起作为反馈信号，实现对剪切位置和速度的控制。

1.4　光栅式传感器

光栅式传感器(optical grating transducer)指采用光栅叠栅条纹原理测量位移的传感器。光栅是在一块长条形的光学玻璃上密集等间距平行的刻线，刻线密度为 10～100 线/毫米。由光栅形成的叠栅条纹具有光学放大作用和误差平均效应。这种传感器的优点是量程大、精度高。光栅式传感器应用在程控、数控机床和三坐标测量机构中，可测量静、动态的直线位移和角位移。在机械振动测量、变形测量等领域也有应用。

1. 光栅式位移传感器结构

光栅传感器由光源、透镜、光栅副(主光栅和指示光栅)和光电接收元件组成。光源为钨丝灯泡或半导体发光器件,光电元件为光电池或光敏二极管,如图 3.2.11 所示。

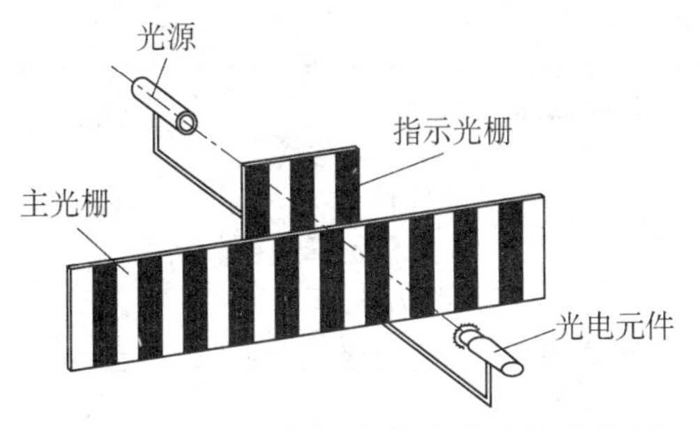

图 3.2.11　光栅式位移传感器结构图

2. 光栅式位移传感器工作原理

长光栅是在两块光学玻璃上(透射光栅)或具有强反射能力的金属表面上(反射光栅)刻上相同均匀密集的平行细线。将两块玻璃板或金属板重叠放置,并使他们的刻线间有一微小夹角 θ,此时,由于光的干涉效应,在与光栅栅线近似垂直方向上将产生明暗相间的条纹,这些条纹称为莫尔条纹,根据莫尔条纹设计了光栅传感器。

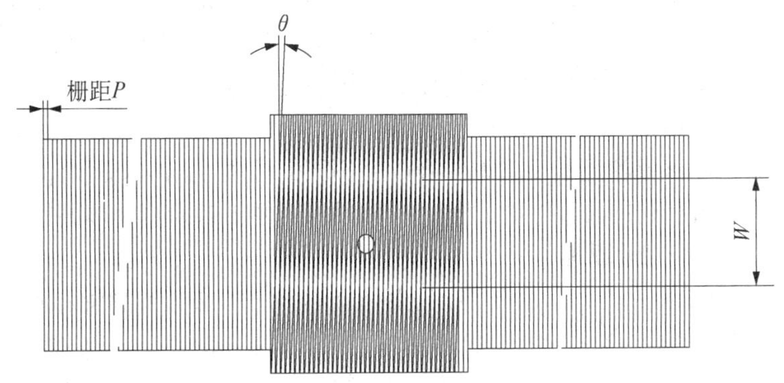

图 3.2.12　莫尔条纹

3. 光栅式位移传感器的应用

光栅式位移传感器是利用光栅的光学原理工作的测量反馈装置,经常用于机床与加工中心以及测量仪器等方面,可用作直线位移或者角位移的检测。其测量输出的信号为数字脉冲,具有检测范围大,检测精度高,响应速度快的特点。

1.5　光电传感器

光电传感器是利用光电子应用技术,把光强度的变化转换成电信号从而检测被测目标的一种装置。光电传感器一般由三部分构成,即发送器、接收器和检测电路。发送器对准目标发射光束,光束一般来源于半导体光源,发光二极管(LED)、激光二极管及红外发射二极管。接收器由光电二极管、光电三极管或光电池组成。检测电路能滤出有效信号和应用该信号。光电检测方法具有精度高、反应快、可靠、非接触等优点,而且可测参数多,传感器的结构简单,形式灵活多样,体积小。它可用于检测直接引起光量变化的非电量,如光强、光照度、辐射测温和气体成分等;也可用来检测能转换成光量的其他非电量,如零件直径、表面粗糙度、应变、位移、振动、速度和加速度,以及物体形状、工作状态等。因此广泛应用于工业自动化装置和机器人中。近年来,新的光电器件不断涌现,特别是 CCD 图像传感器的诞生,为光电传感器的进一步应用开创了新的一页。

1. 光电传感器的特点

光电传感器的各种元件特点如表 3.2.1 所示。

表 3.2.1　光电传感器的元件特点

元件类型	优点	缺点
光敏电阻	价格低廉,输出电流大、受温度的影响小,抗干扰能力强,可靠性高	响应速度慢
光敏二极管、光敏晶体管	灵敏度高,响应时间快。 不同型号的管子对光谱响应有很大不同	受温度影响比较大,受光面小,而且有非常强的方向性,抗干扰能力弱
光电池	受光面积大,输出电流小,灵敏度高,响应速度快,光谱比较宽,受温度影响小,抗干扰能力强	

光电传感器的应用特点是:①检测距离长。②对检测物体的限制少。③响应时间短。④分辨率高。能通过再设计使投光光束集中于小光点上,或通过构成特殊的受光光学系统,实现高分辨率。也可进行微小物体的检测和高精度的位置检测。⑤可实现非接触检测。因此不会对检测物体和传感器造成损伤,传感器寿命长。⑥可实现颜色判别。根据被投光的光线波长和颜色组合不同会导致物体形成的光的反射率和吸收率不同的性质,可对检测物体的颜色进行鉴别。⑦便于调整。在投射可视光的类型中,投光光束是可见的,便于对检测物体的位置进行调整。

2. 光电转速传感器测量原理

光电式转速传感器是一种角位移传感器,由装在被测轴(或与被测轴相连接的输入轴)上的带缝隙圆盘、光源、光电器件和指示缝隙盘组成,如图 3.2.14 所示。光源发出的光通过缝隙圆盘(标尺盘)和指示缝隙照射到光电器件上。当缝隙圆盘随被测轴转动时,由于圆盘上的缝隙间距与指示缝隙的间距相同,因此圆盘每转一周,光电器件输出与圆盘缝隙数相等的电脉冲,根据测量单位时间内的脉冲数 N,则可测出转速为:

$$n = \frac{60N}{Zt} \tag{3.2.2}$$

t 时间内转过的角度 α 为:

$$\alpha = \frac{60N}{Z} \times 360^\circ = 2.16 \times 10^4 \frac{N}{Z} (^\circ) \tag{3.2.3}$$

式中:Z—圆盘上的缝隙数,一般取 $Z = 60 \times 10^m (m = 0, 1, 2, \cdots)$;

n—转速(r/min);

t—测量时间(s)。

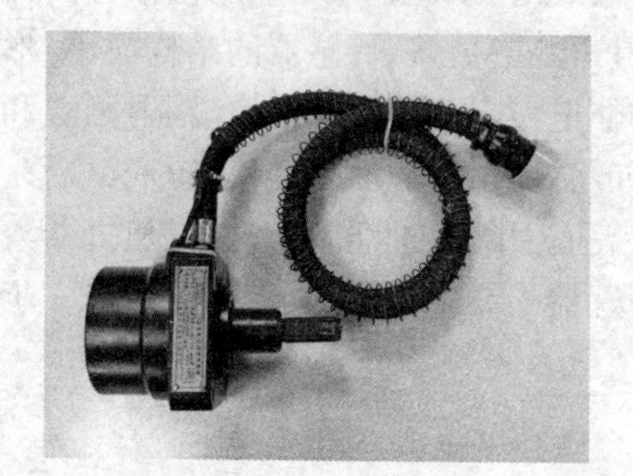

图 3.2.13　光电式转速传感器实物图

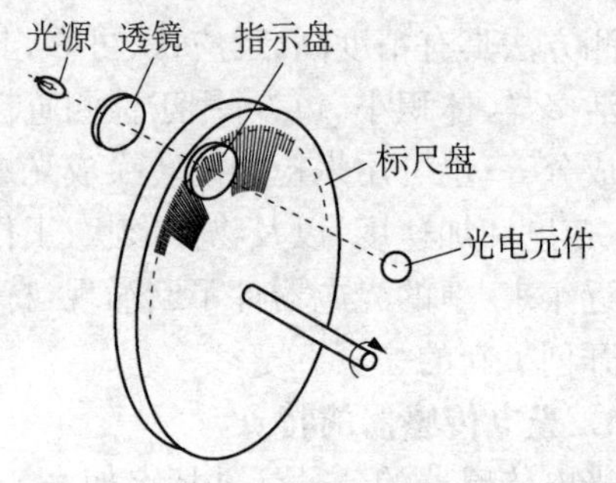

图 3.2.14　光电式转速传感器结构原理图

利用指示盘和标尺盘缝隙间距 W 相同，设置相差 $(i/2+1/4)W(i=0,1,2,\cdots)$ 的指示缝隙和两个光电器件，可辨别出圆盘的旋转方向。

测量方案

任务：测量数控机床丝杠角位移(根据检测要求的精度选择不同精度的传感器)

几种位移传感器的精度如表 3.2.2 所示。

表 3.2.2　位移传感器精度

<table>
<tr><th>传感器</th><th>旋转变压器</th><th colspan="2">感应同步器</th><th>编码器</th><th colspan="2">光栅传感器</th><th>光电式转速传感器</th></tr>
<tr><td rowspan="2">精度</td><td rowspan="2">±2.5°</td><td>直线感应同步器</td><td>圆感应同步器</td><td rowspan="2">±0.4″</td><td>直线光栅</td><td>圆光栅</td><td rowspan="2">测量误差更小，精度更高</td></tr>
<tr><td>±1.5 μm</td><td>±0.1°</td><td>±1 μm</td><td>±0.5″</td></tr>
</table>

因为角度和直线位移是能够相互转换的，丝杠转过的角度和螺母的直线位移一一对应，所以角度和直线位移的测量也能够转换。因而可以设计两种方案，一种是直接测定法，如使用旋转变压器、圆感应同步器、编码器等测量丝杠的角度位移，而另一种则是通过直线感应同步器、直线光栅等测量直线位移，然后转换为角度，当然后者会引入丝杠螺母的轴向间隙。下面介绍采用直接测定法的体例。

子任务 1　数控机床丝杠角位移(要求测量精度能够达到±2.5°)

由表 3.2.2 可知，在要求的测量精度下，可选用的传感器的种类很多，这时就要考虑经济问题，因此可选用旋转变压器作为测量数控机床丝杠角位移的传感器。

子任务 2　数控机床丝杠角位移(要求测量精度能够达到 0.352°)

由表 3.2.2 可知，在要求的测量精度下，可选用的传感器有圆感应同步器、编码器和圆光栅。其中光电编码器的测量精度取决于编码器码盘圆周的刻线数，即 $\alpha=360°/$刻线数。如刻线数为 1 024，则 $\alpha=360°/1\,024=0.352°$。光电编码器的输出信号 A 和 B 为差动信号。差动信号大大提高了传输的抗干扰能力。在数控系统中，常对上述信号进行倍频处理，以进一步提高分辨率。例如配置 2 000 脉冲/r 光电编码器的伺服电动机直接驱动 8 mm 螺距的滚珠丝杠，经数控系统 4 倍频处理后，相当于 8 000 脉冲/r 的角度分辨率，对应工作台的直线分辨率由倍频前的 0.004 mm 提高到 0.001 mm。光电式编码器的优点是没有接触磨损，码盘寿命长，允许转速高，而且最外圈每片宽度可做得很小，因而精度高。缺点是结构复杂，价格相对较高，光源寿命偏短。

子任务 3　数控机床丝杠角位移(要求测量精度高)

由表 3.2.2 可知，在要求的测量精度下，光电式传感器的测量精度最高，它的测量距离一般可达 200 mm 左右。光电转速传感器测量时无需与被测对象接触，不会对被测轴形成额外负载，因此光电转速传感器的测量误差更小，精度更高。由此可见，当要求精度高时，则需要选择光电转速传感器。

学生自评

<table>
<tr><th colspan="3">正确性</th><th colspan="3">科学性</th></tr>
<tr><td>方案是否正确</td><td>计算过程</td><td>结论</td><td>可行性</td><td>性价比</td><td>创新</td></tr>
<tr><td></td><td></td><td></td><td></td><td></td><td></td></tr>
</table>

方案评价

学生自评	
学生互评	
教师评价	

任务2 位置测量

任务介绍 在机械加工中确定螺纹进刀位置

在机械加工中,无论是内螺纹还是外螺纹,数控机床都不能够一次完成,需要重复切削才能够完成。所以在整个加工过程中必须保证每次重复切削时,进刀的位置必须相同,才不会出现乱扣的现象发生,这就要求数控机床的检测系统必须能够测量进刀位置。

任务分析

确定数控机床的进刀位置,实际上就是要求检测系统中存在位置传感器,测量位置的传感器主要有霍尔传感器,以及编码器、光栅传感器等。

知识资讯

霍尔传感器是一种磁传感器。用它可以检测磁场及其变化,并把磁输入信号转变成电信号,安装简单,可靠性高,在工业生产、交通运输和日常生活中有着非常广泛的应用。

2.1 工作原理

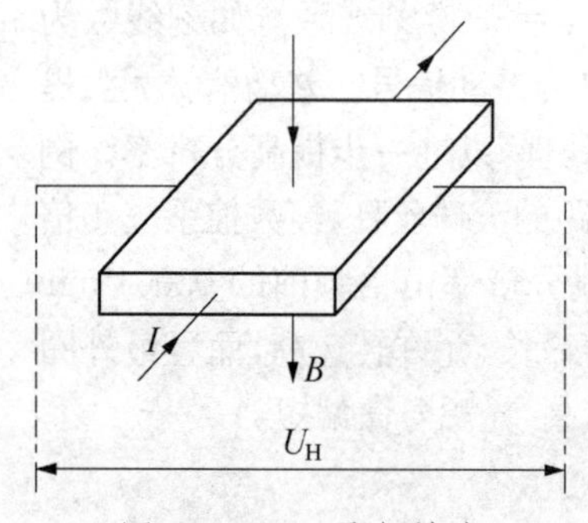

图 3.2.15 霍尔效应

霍尔传感器以霍尔效应为其工作基础,如图 3.2.15 所示,在半导体薄片两端通以控制电流 I,并在薄片的垂直方向施加磁感应强度为 B 的匀强磁场,则在垂直于电流和磁场的方向上,将产生电势差为 U_H 的霍尔电压,它们之间的关系为:

$$U_H = k\frac{IB}{d} \tag{3.2.4}$$

式中:d—薄片厚度;

k—霍尔系数,其大小与薄片材料有关。

上述效应称为霍尔效应,它是德国物理学家霍尔于 1879 年研究载流导体在磁场中受力的性质时发现的。根据霍尔效应,用半导体材料制成的元件叫霍尔元件(霍尔片)。它具有对磁场敏感、结构简单、体积小、频率响应宽、输出电压变化大和使用寿命长等优点,因此,在测量、自动化、计算机和信息技术等领域得到广泛的应用。

由于霍尔元件产生的电势差很小,故通常将霍尔元件与放大器电路、稳压电源电路等集成在一个芯片上,如图 3.2.16 所示,称之为霍尔传感器。图 3.2.17 为霍尔传感器其中一种型号的外形图。

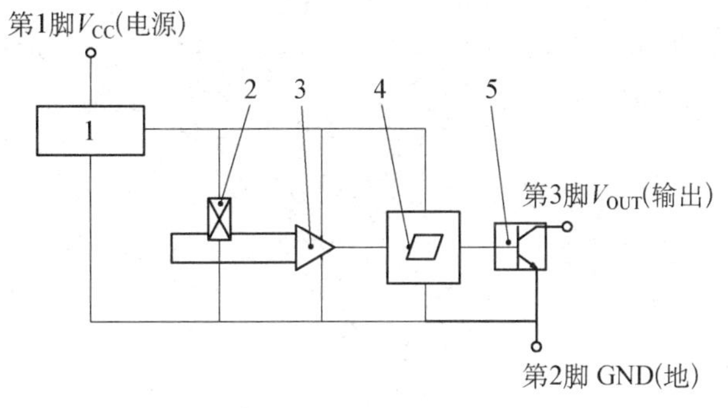

图 3.2.16　霍尔传感器的结构

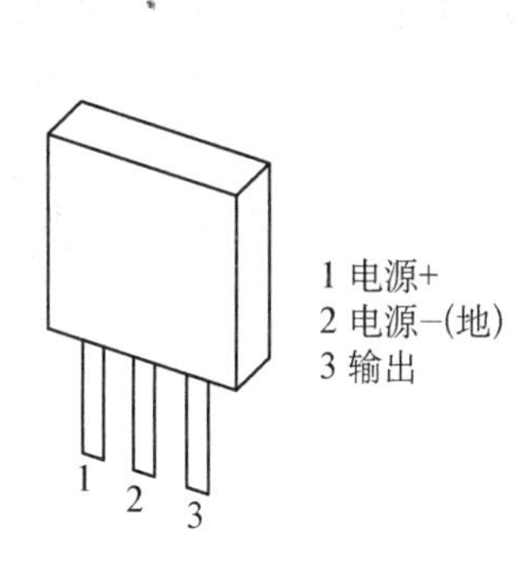

图 3.2.17　霍尔传感器外形

霍尔传感器的输出特性有两种类型，如图 3.2.18 所示，其中 B_{OP} 为工作点“开”的磁感应强度，B_{RP} 为释放点“关”的磁感应强度。

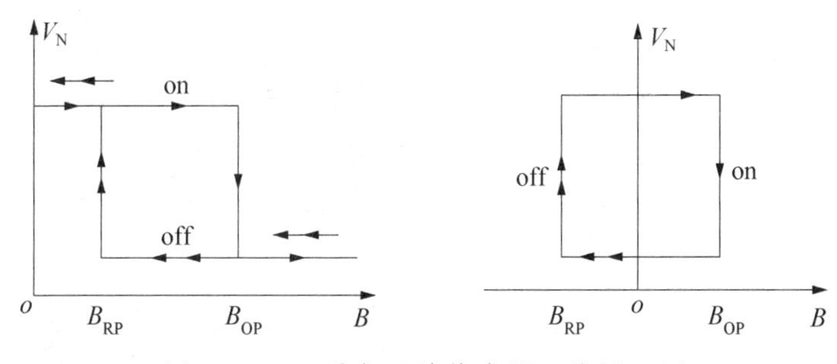

图 3.2.18　霍尔开关传感器工作原理图

当外加的磁感应强度超过导通阈值 B_{OP} 时，传感器输出低电平，当磁感应强度降到 B_{OP} 以下时，传感器输出电平不变，一直要降低到 B_{RP} 时，传感器才由低电平跃变为高电平。$B_{OP} - B_{RP} = B_H$ 称为回差，回差使霍尔传感器抗干扰能力显著增强，使开关动作更为可靠。

2.2　应用

1. 霍尔转速表

在被测转速的转轴上安装一个齿盘，也可选取机械系统中的一个齿轮，将线性型霍尔器件及磁路系统靠近齿盘。齿盘的转动使磁路的磁阻随气隙的改变而周期性地变化，霍尔器件输出的微小脉冲信号经隔直、放大、整形后可以确定被测物的转速。

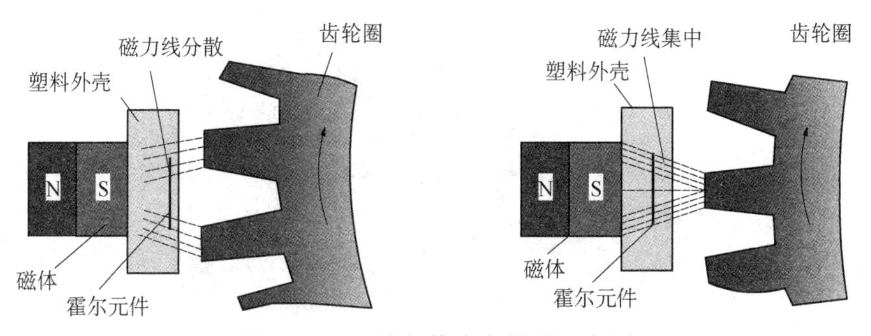

图 3.2.19　霍尔转速表原理示意图

当齿对准霍尔元件时,磁力线集中穿过霍尔元件,可产生较大的霍尔电动势,放大、整形后输出高电平;反之,当齿轮的空挡对准霍尔元件时,输出为低电平。

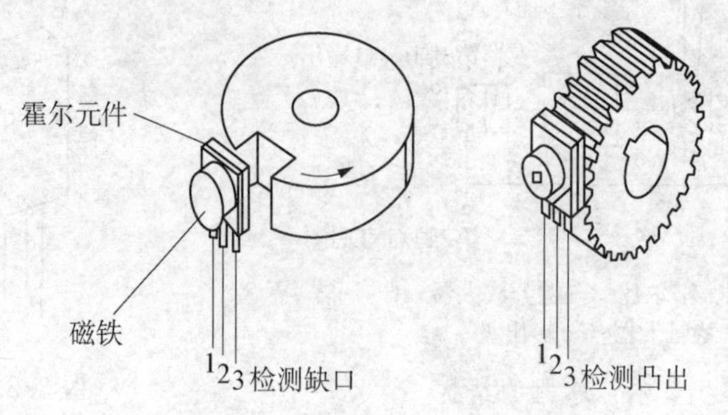

图 3.2.20　霍尔元件检测金属表面

只要黑色金属旋转体的表面存在缺口或突起,就可产生磁场强度的脉动,从而引起霍尔电势的变化,产生转速信号。

2. 霍尔无刷电动机在电动自行车上的应用

霍尔式无刷电动机取消了换向器和电刷,而采用霍尔元件来检测转子和定子之间的相对位置,其输出信号经放大、整形后触发电子线路,从而控制电枢电流的换向,维持电动机的正常运转。由于无刷电动机不产生电火花及电刷磨损等问题,所以它在录像机、CD 唱机、光驱等家用电器中得到越来越广泛的应用。

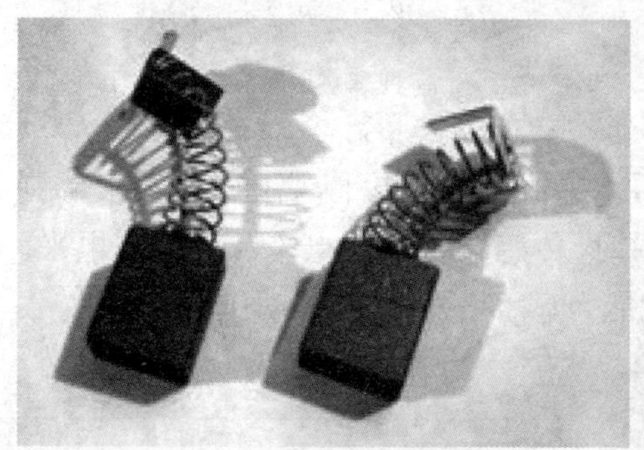

图 3.2.21　普通直流电动机使用的电刷和换向器

图 3.2.22　电动自行车的无刷电动机及控制电路

无刷直流电动机的外转子采用高性能钕铁硼稀土永磁材料；三个霍尔位置传感器产生六个状态编码信号，控制逆变桥各功率管通断，使三相内定子线圈与外转子之间产生连续转矩，具有效率高、无火花、可靠性强等特点。

测量方案

在数控机床的进刀位置(对刀点)处，放置一个霍尔接近开关，当刀具到达该位置处，霍尔接近开关输出信号给控制微机，从而保证每次进刀位置相同。

同步训练　应用光电编码器进行定位控制

编码器应用于运动控制时，PLC、CNC或运动控制器常常向定位系统的各个轴发出一系列的运动指令，使其在执行每项任务前回到相同的原点位置。本实例采用编码器标记脉冲建立数控机床零位。

① 收到指令时如果原点限位开关是打开的(表明台面处于原位的正方向位置)，轴以快速点动速度向原点限位开关方向运动直到原点限位开关闭合。

注意，机械式原点限位开关的重复精度往往无法满足应用要求。而编码器参考(或标记脉冲)的重复精度则要高得多，因此标记脉冲是一个更好的参考点，用于为后续测量建立原点。在多圈编码器应用中，原点限位开关用于向控制器发出信号，指示下一个接收的标记脉冲即为“零位”。

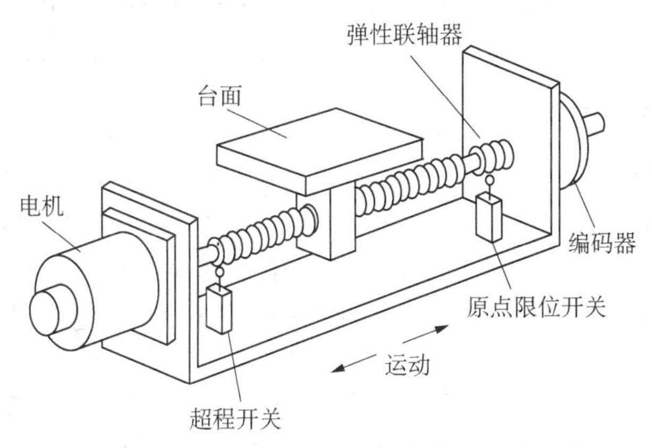

图 3.2.23　光电编码器机床定位示意图

② 轴以“点动减速度”停止。

③ 轴以“点动加速度”朝着正方向以“快速点动速度”移动，直到原位开关打开。

④ 轴以“点动加速度”朝着负方向加速并以“慢速点动速度”移动，直到原位开关闭合且控制器感应到编码器的标记脉冲。

⑤ 轴以“点动减速度”停止。

子情境3　速度与加速度检测

对速度、加速度的检测有许多方法，可以使用直流测速机直接测量速度，也可以通过检测位移换算出速度、加速度,还可以通过测试惯性力换算出加速度。另外在工程中,有时候检测位移具有很大的困难,这时也可以通过检测速度和加速度间接求出位移,从而确定加工位置,保证加工精度。

任务1　速度检测

任务介绍　测量电动机轴转速

任务分析　电动机轴转速的测量可以采用间接测试法,即通过测量电动机轴的转角,除以所用时间,可以获得电动机轴的转速;也可以进行直接测试,即选用速度传感器检测电动机轴的转速。

知识资讯　测速发电机按输出信号的形式,可分为交流测速发电机和直流测速发电机两大类。交流测速电机又有同步测速电机和异步测速电机两种。直流测速电机具有输出电压斜率大,没有剩余电压及相位误差,温度补偿容易实现等优点。交流测速电机的主要优点是不需要电刷和换向器,不产生无线电干扰火花,结构简单,运行可靠,转动惯量小,摩擦阻力小,正、反转电压对称。交流测速电机的输出电压虽然也与转速成正比,但输出电压的频率也随转速而变化,所以只作指示元件用。直流测速电机虽然存在机械换向问题,会产生火花和无线电干扰,但它的输出不受负载性质的影响,也不存在相角误差,所以在实际中的应用较广泛,在自动控制系统和计算装置中可以作为测速元件、校正元件、解算元件和角加速度信号元件,以及可以测量各种机械在有限范围内的摆动或非常缓慢的转速,并可代替测速计直接测量转速。

1.1　直流测速机的类型

根据定子磁极激磁方式的不同,直流测速机可分为电磁式和永磁式两种;如以电枢的结构不同来分,有无槽电枢、有槽电枢、空心杯电枢和圆盘电枢等。直流测速机结构与直流发电机相近。永磁式采用高性能永久磁钢励磁,受温度变化的影响较小,输出变化小,斜率高,线性误差小。这种电机在80年代因新型永磁材料的出现而发展较快。电磁式采用他励式,不仅复杂且因励磁受电源、环境等因素的影响,输出电压变化较大,用得不多。永磁式直流测速发电机还分有限转角测速发电机和直线测速发电机。它们分别用于测量旋转或直线运动速度,但结构有些差别。常用直流测速机的特点及应用如表3.3.1所示,图3.3.1为它们的实物图。

表3.3.1　直流测速发电机的特点及应用

名称	特点	应用场合
ZYS直流测速发电机	使用简单、精度高、重量轻、体积小	测量旋转体的转速,也可作速度信号的传送器,在自动调节系统中作测速反馈元件用
CYB系列带温度补偿永磁直流测速发电机	具有较高的精度,结构简单、耦合刚度好、分辨率高等的特点	可以作伺服系统和数控装置的速度控制,控制系统中的阻尼及普通的速度指示

续 表

名称	特点	应用场合
CYD 型永磁式低速直流测速发电机	结构简单、耦合度好、灵敏度高、输出比电势高、反应快、线性误差小、可靠性好	应用于各种速度和位置控制系统中，是测速、校正、解元的重要元件之一。多用于高精度低速伺服系统中的阻尼反馈元件，及解算装置的计算元件
CYH 系列直流测速机	环形结构，结构简单	可与各种规格直流伺服电动机同轴安装作为速度检测元件，为系统提供相应的反馈信号，实现闭环、半闭环控制，使直流伺服电动机具有很宽的无级调速比
CY 型永磁式直流测速发电机	封闭自冷式，输出电压正比于电枢转速，连续工作制	自动控制系统中作为测速、反馈和阻尼等元件

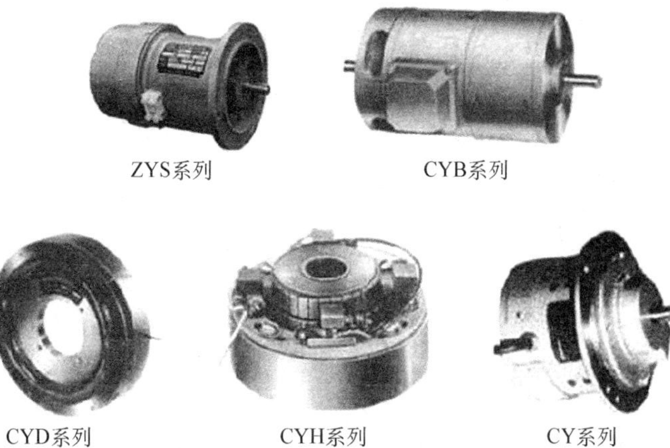

图 3.3.1 直流测速发电机实物图

1.2 工作原理

直流测速机的结构有多种，但原理基本相同。图 3.3.2 所示为永磁式测速机的原理图。

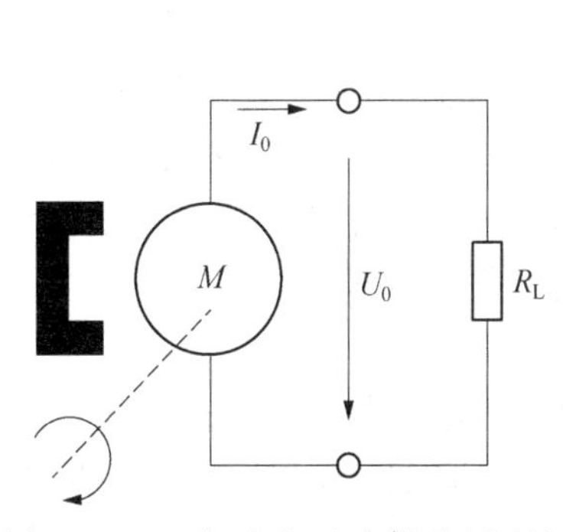

图 3.3.2 永磁式测速机的原理图

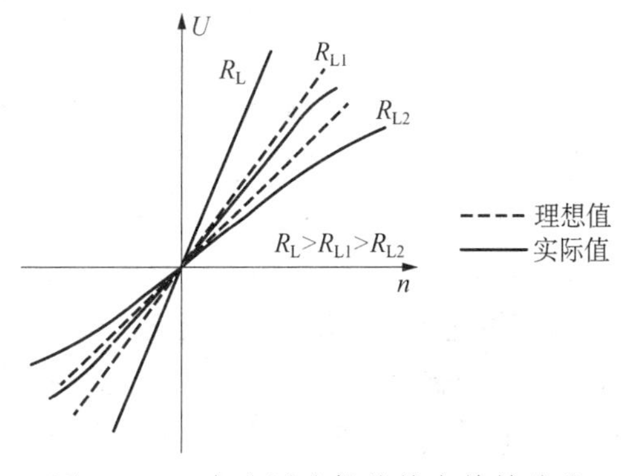

图 3.3.3 直流测速机的输出特性曲线

恒定磁通由定子产生，当转子在磁场中旋转时，电枢绕组中即产生交变的电势，经换向器和电刷转换成与转子速度成正比的直流电势。

直流测速机的输出特性曲线如图 3.3.3 所示。从图中可以看出，当负载电阻 R_L 不变时，其输出电压 U 与转速 n 成正比。随着负载电阻 R_L 变小，其输出电压下降，而且输出电压与转速之间并不能严格保持线性关系。由此可见，对于要求精度比较高的直流测速机，除采取其他措施外，负载电阻 R_L 应尽量大。

1.3 应用

1. 直流测速发电机在雷达天线系统中的应用

图 3.3.4 为雷达天线控制系统，直流测速发电机在系统中作阻尼元件使用。如果由指挥仪输入给自整角发送机一个转角 α（由雷达天线跟踪的飞机反射回来的无线电波所决定），而此时自整角接收机（或称自整角变压器）被驱动的转角为 β（β 是雷达天线跟踪飞机转角），则自整角接收机就输出一个正比于（$\alpha-\beta$）角度差的交流电压，此电压经解调、前置放大后变为 $U_2=K_1(\alpha-\beta)$ 的直流电压。

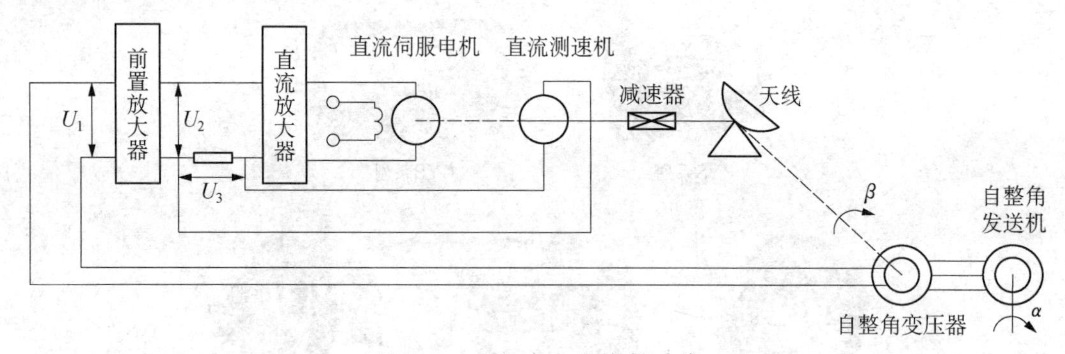

图 3.3.4　雷达天线控制系统

式中 K_1 为解调装置和前置放大器综合放大倍数。直流测速发电机的输出电压为 $U_3=K_2\mathrm{d}\beta/\mathrm{d}t$，$K_2$ 为直流测速发电机输出特性斜率。这样直流放大器的输入电压为：$\Delta U=(U_2-U_3)$。如果没有测速发电机，即 $U_3=0$，直流伺服电动机的转速仅正比于电压 U_2，电动机旋转使 β 增大，当 $\beta=\alpha$ 时，电动机输入电压 $U_2=0$，电动机应停转。但由于电动机及轴上负载的机械惯性，电机继续向 β 增大方向运动，从而使 $\beta>\alpha$，则 $U_2\neq 0$ 时，电动机在此电压作用下，转速降为零后又反转。同样，反转时，由于惯性作用，引起电动机输入电压极性改变，电机又改为正转，这样，系统就会产生振荡。

当接上测速发电机后，则当 $\beta=\alpha$ 时，虽然 $U_2=0$，但由于 $\mathrm{d}\beta/\mathrm{d}t\neq 0$，则 $\Delta U=-U_3\neq 0$，在此信号电压作用下，电动机提前产生与原来转向相反的制动转矩，阻止电动机继续向增大方向转动，因而电动机能很快地停留在 $\beta=\alpha$ 位置。由此可见，由于系统中引入了测速发电机，就使得由于系统机械惯性引起的振荡受到了阻尼，从而改善了系统的动态性能。

2. 直流测速发电机用作反馈元件

图 3.3.5 为恒速控制系统原理图。直流伺服电动机的负载是一个旋转机械。当负载转矩变化时，电动机转速也随之改变，为了使旋转机械保持恒速，在电动机轴上耦合一台直流测速发电机，并将其输出电压 U_m 反馈到放大器输入端。给定电压 U_1，取自可调的电压源。其与

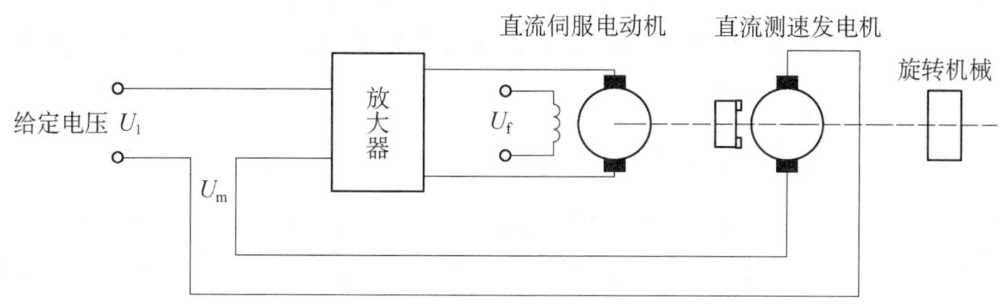

图 3.3.5 恒速控制系统原理图

测速发电机反馈电压相减后，作为放大器输入电压 $\Delta U = U_1 - U_m$。

当负载转矩由于某种偶然因素增加时，电动机转速将减小，此时直流测速发电机输出电压 U_m 也随之减小，而使放大器输入 ΔU 增加，电动机电压增加，转速增加。反之，若负载转矩减小，转速增加，则测速发电机输出增大，放大器输入电压减小，电机转速下降。这样，即使负载转矩发生扰动，由于测速发电机的速度负反馈所起的调节作用，使旋转机械的转速变化很小，近似于恒速，起到转速校正的作用。

测量方案

方案 1：采用直流测速机。将直流测速机直接连接到电动机轴上进行测量，可以提高检测灵敏度。

方案 2：采用光电式转速传感器。将光电式转速传感器直接连接到电动机轴上，根据测量时间 t(s)内的脉冲数 N，可测出转速(r/min)为：

$$n = \frac{60N}{Zt}$$

式中：Z—光电圆盘上的缝隙数。

任务 2 加速度检测

任务介绍 了解加速度传感器

知识资讯 作为加速度检测元件的加速度传感器有多种形式，它们的工作原理都是利用牛顿第二定律，即惯性质量受加速度所产生的惯性力而造成的各种物理效应，进一步转化成电量，间接度量被测加速度。最常用的有应变式(压阻式)、压电式、电容式等。

应变式传感器加速度测试是通过测试惯性力引起弹性敏感元件的变形，该变形引起压阻效应，即半导体电阻阻值发生变化然后获得加速度，因此又名压阻式。电容式传感器借助了弹性元件在惯性力的作用下产生的变形位移引起气隙的变化导致的电磁特性。压电式传感器是利用某些材料在受力变形的状态下产生电的特性的原理。

压电式传感器一般都具有测量频率范围宽、量程大、体积小、重量轻、结构简单坚固、受外界干扰小以及产生电荷信号不需要任何外界电源等优点，它最大的缺点是不能测量零频率信号。压阻式传感器的频率测量范围和量程也很大，体积小重量轻，主要缺点是受温度影响较大，一般都需要进行温度补偿。电容式传感器的优点是灵敏度高、零频响应、受环境(尤其是温度)影响小等，主要缺点是输入输出非线性对应、量程很有限以及本身是高阻抗信号源，需后继电路给予改善。相比之下，压电式传感器应用更为广泛一些，压阻式也有一定程度的应用，而电容式主要专用于低频测量。下面重点介绍压电式传感器。

2.1 压电效应及压电材料

当某些材料在某一方向被施加压力或拉力时，会产生变形，并在材料的某一相对表面产生符号相反的电荷；当去掉外力后，它又重新回到不带电的状态。这种现象被称为压电效应。具有压电效应的材料叫压电材料。

2.2 压电传感器的结构和特性

压电传感器以电荷或两极间的电势作为输出信号。当测试静态信号时，由于任何阻抗的电路都会产生电荷泄露，因此测量电势的方法误差很大，只能采用测量电荷的方法。当给压电传感器施加交变的外力时，传感器就会输出交变的电势，该信号处理电路相对简单，因此压电式传感器适合测试动态信号，且频率越高越好。

压电传感器一般由两片或多片压电晶体粘合而成，由于压电晶片有电荷极性，因此接法上分成并联和串联两种(如图 3.3.6 所示)。并联接法虽然输出电荷大，但由于本身电容也大，故时间常数大，可以测量变化较慢的信号，并以电荷作为输出测量参数。串联接法输出电压高，本身电容小，适应以电压输出的信号和测量电路输出阻抗很高的情况。

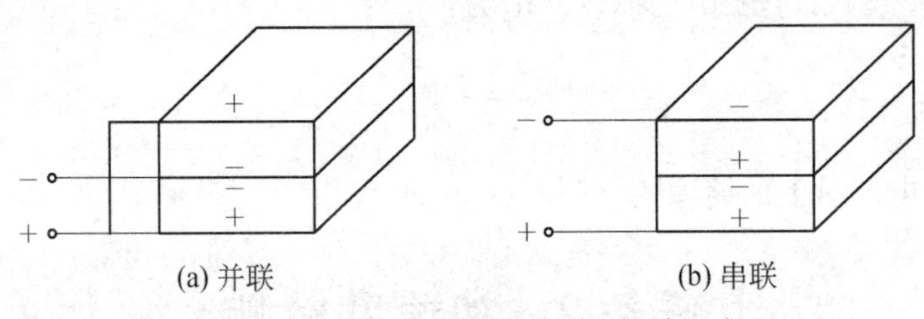

图 3.3.6 压电传感器的并联、串联示意图

由于压电传感器的信号较弱，且是电荷形式输出，因此测量电路必须进行信号处理。当采用测量电势的方法时，测量电路要配置高阻抗的前置电压放大器和一般放大器。高阻抗的前置电压放大器的作用是减缓电流的泄露速度。一般放大器是为了将高阻抗输出变为低阻抗输出。当采用电荷测试方法时，测量电路采用的是电荷放大的原理。目前，压电传感器的应用相当普遍，而且厂家都专门配备有传感器处理电路。

2.3 应用

介绍利用共振型压电式爆燃传感器检测发电机爆燃。共振型压电式爆燃传感器主要由插头、插接器、压电元件等组成。传感器中的压电元件紧密的贴合在振荡片上，振荡片固定在传感器的基座上，如图 3.3.7 所示。

振荡片随着发动机的振荡而振荡，压电元件随振荡片的振荡而发生变形，进而在其上产生一个电压信号。当发动机爆燃时，气缸的振动频率与传感器振荡片的固有频率相符合，此时振荡片产生共振，压电元件将产生最大的电压信号，如图 3.3.8 所示。

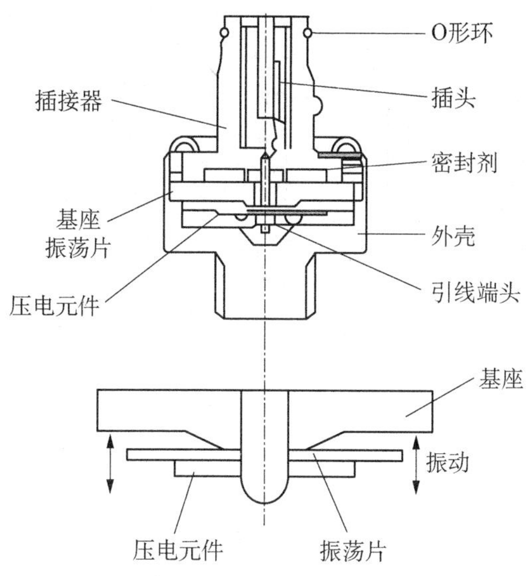

图 3.3.7　共振型压电式爆燃传感器结构图

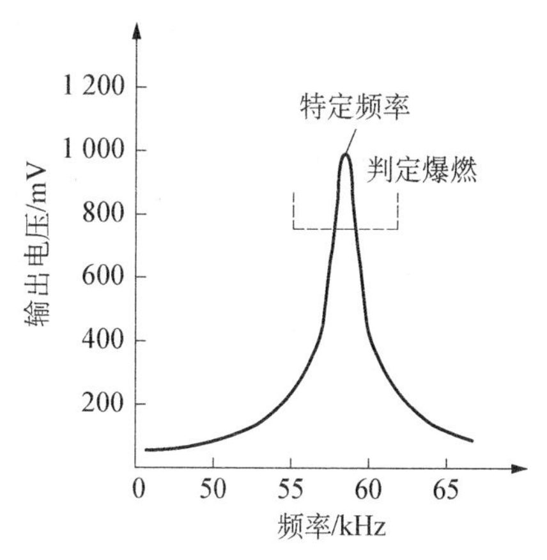

图 3.3.8　共振型压电式爆燃传感器工作原理示意图

同步训练　加速度传感器在水平度测量中的应用

二维(方位和仰角)测量与跟踪平台中,通常将系统放置在一个旋转平台上,仰角的测量依靠仰角测量分系统完成,而方位测量则依靠平台的旋转实现。当系统静止时,可以通过水平调整装置使旋转平台水平,但是当系统工作时因为旋转平台(包括平台上的系统)重心偏移和其他原因致使平台的水平度发生变化,跟踪精度(特别是仰角)变差。例如,当对 10 km 处的目标进行测量时,如果旋转平台的水平度变化 0.01 弧度,则在目标处的仰角误差将达到 100 m,再加上震动、冲击等因素引起的误差,系统误差将会很大。因此,实时测出平台旋转时水平度的变化进而修正对目标的跟踪是非常必要的,而测量旋转平台在旋转中水平度的变化至关重要。测量旋转平台水平度的变化的方法有许多,其中采用加速度传感器组成的测量系统,具有系统结构简单、成本低、测量精度高、实用性强等特点。

工作原理

电容式加速度传感器结构如图 3.3.9 所示,图(a)为水平放置,图(b)为垂直放置,图(c)为实用的加速度传感器的等效电路。加速度传感器将两块质量块放在一个横梁上,横梁与腔体的上下外壳组成两个电容,水平放置时由于重力的作用,两块质量块下垂,上下两个电容的容值不同,则感应的信号有差异,传感器输出有信号。垂直放置时,两个质量块都处在腔体中央,两个电容的容值相同,感应的信号相同,传感器输出为 0。当放置的倾斜角不同,传感器输出信号的大小也不相同,因此,加速度传感器可用于平面的倾斜角测量。加速度传感器水平放置时感应出的重力加速度为 1 g(重力加速度),静态条件下,将加速度传感器垂直放置(角度变化 90°)时,传感器输出为 0。若要求测量精度为 0.1 毫弧度时,则传感器的分辨率应不低于 63.66 μg,目前加速度传感器的分辨率可达 30 μg,可以满足测量要求。

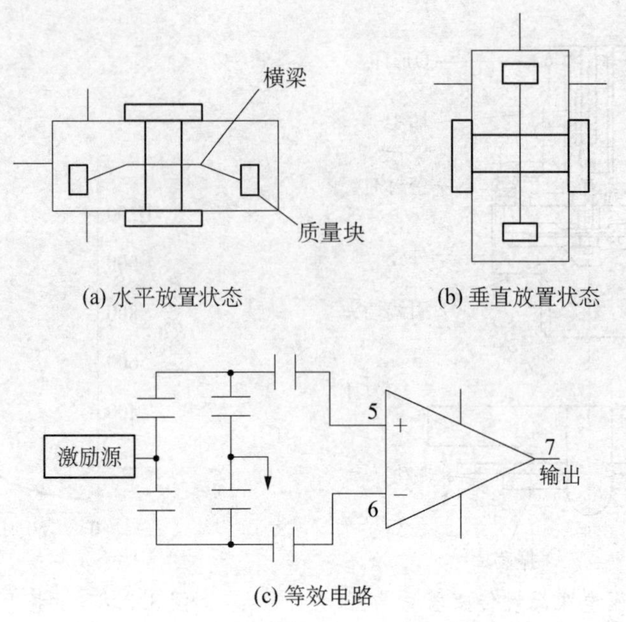

图 3.3.9 加速度传感器水平度测量原理

子情境4 力、扭矩和流体压强检测

任务1 力和力矩的测量

力传感器(force sensor)能检测张力、拉力、压力、重量、扭矩、内应力和应变等力学量。在动力设备、工程机械、各类工作母机和工业自动化系统中,成为不可缺少的核心部件。近年来,各种高精度力、压力和扭矩传感器的出现,以其惯性小、响应快、易于记录、便于遥控等优点得到了广泛的应用。按其工作原理可分为弹性式、电阻应变式、气电式、位移式和相位差式等。其中电阻应变式传感器应用最为广泛。下面着重介绍在机电一体化工程中常用的电阻应变式传感器。电阻应变片式力、压力和扭矩传感器的工作原理是:利用弹性敏感元件将被测力、压力或扭矩转换为应变,然后通过粘贴在其表面的电阻应变片转换成电阻值的变化,经过转换电路输出电压或电流信号。

任务介绍 了解力和力矩测量的设备以及方法

知识资讯 测力、力矩传感器按其量程大小和测量精度的不同有很多规格,它们的主要差别是弹性元件的结构形式不同以及应变片在弹性元件上粘贴的位置不同。常见的弹性元件有柱形、筒形、环形、梁式和轮辐式等。

1.1 力的测量

1. 柱形或筒形弹性元件

如图 3.4.1 所示,这种弹性元件结构简单,可承受较大的载荷,常用于测量较大力的拉(压)力传感器中,但其抗偏心载荷和侧向力的能力差,制成的传感器高度大。应变片在柱形和

筒形弹性元件上的粘贴位置及桥接方法如图 3.4.1 所示。这种桥接方法能减少偏心载荷引起的误差,且能增加传感器的输出灵敏度。

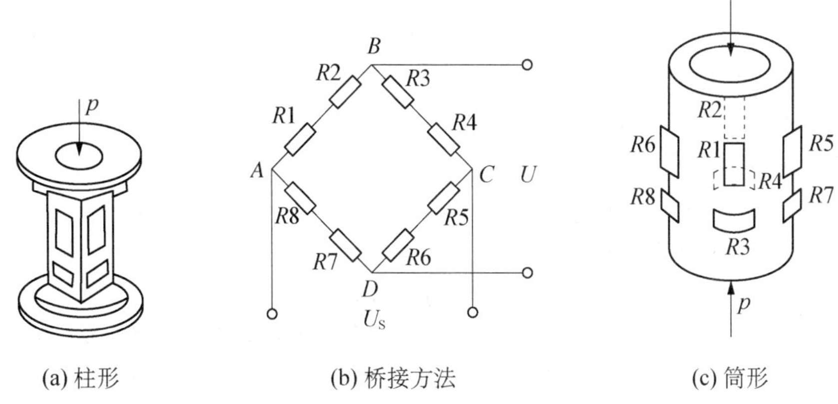

图 3.4.1　柱形和筒形弹性元件组成的测力传感器

若在弹性元件上施加一压力 p,则筒形弹性元件的轴向应变 ε_L 为:

$$\varepsilon_L = \frac{\sigma}{E} = \frac{p}{EA} \tag{3.4.1}$$

用电阻应变仪测出的指示应变为:

$$\varepsilon = 2(1+\mu)\varepsilon_L \tag{3.4.2}$$

式中:p—作用于弹性元件上的载荷,N;

E—圆筒材料的弹性模量,MPa;

μ—圆筒材料的泊松比;

A—筒体截面积,m^2, $A=\pi(D_1-D_2)^2/4$, D_1 为筒体外径,D_2 为筒体内径。

2. 梁式弹性元件

(1) 悬臂梁式弹性元件

悬臂梁式弹性元件的特点是结构简单,容易加工,粘贴应变片方便,灵敏度较高,适用于测量小载荷的传感器。

图 3.4.2 所示为一截面悬臂梁弹性元件,在其同一截面正反两面粘贴应变片,组成差动工作形式的电桥输出。

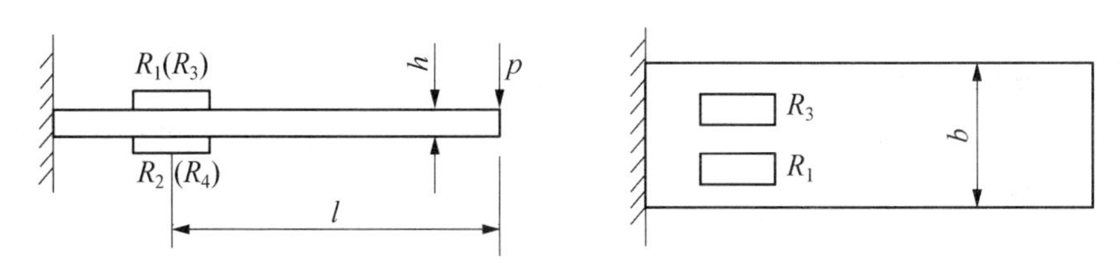

图 3.4.2　悬臂梁式测力传感器示意图

若梁的自由端有一被测力 p,则应变片感受的应变为:

$$\varepsilon = \frac{6l}{Ebh^2}p \tag{3.4.3}$$

电桥输出为：

$$U_{SC} = K\varepsilon U_0 \tag{3.4.4}$$

式中：l—应变计中心处距受力点距离，mm；

b—悬臂梁宽度，mm；

h—悬臂梁厚度，mm；

E—悬臂梁材料的弹性模量，MPa；

K—应变计的灵敏系数。

(2) 两端固定梁

这种弹性元件的结构形状、参数以及应变片粘贴组成桥的形式如图 3.4.3 所示。它的悬臂梁刚度大，抗侧向能力强。粘贴应变片感受应变与被测力 p 之间的关系为：

$$\varepsilon = \frac{3(4l_0 - l)}{4Ebh^2}p \tag{3.4.5}$$

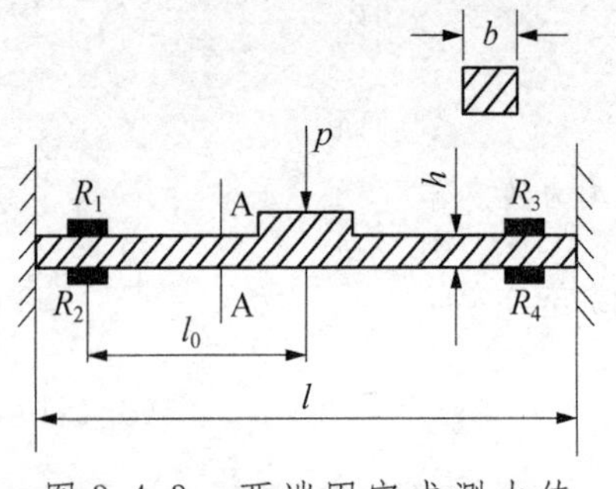

图 3.4.3　两端固定式测力传感器示意图

它的电桥输出与式(3.4.4)相同。

(3) 梁式剪切弹性元件

这种弹性元件的结构与普通梁式弹性元件的结构基本相同，只是应变片粘贴位置不同。应变片受的应变只与梁所承受的剪切力有关，而与弯曲应力无关。因此，无论是拉伸还是压缩载荷，灵敏度相同。因此它适用于同时测量拉力和压力的传感器。此外，与梁式弹性元件相比，它的线性好、抗偏心载荷和侧向力的能力大，其结构和粘贴应变片的位置如图 3.4.4 所示。

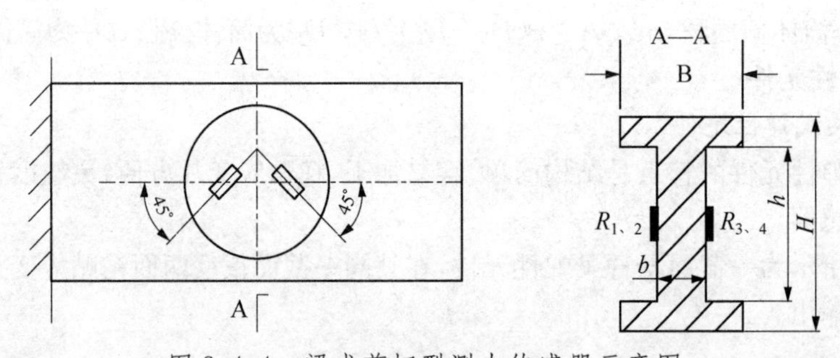

图 3.4.4　梁式剪切型测力传感器示意图

应变片一般粘贴在矩形截面梁中间盲孔的两侧，与梁的中心轴成45°方向上。该处的截面为工字形，使剪切应力在截面上的分布比较均匀，且数值较大。粘贴应变片处的应变与被测力 p 之间的关系近似为：

$$\varepsilon = \frac{p}{2bhG} \tag{3.4.6}$$

式中：G—弹性元件的剪切模量；

b 和 h—粘贴应变片处梁截面的宽度和高度。

1.2　扭矩测量

1. 电阻应变转矩传感器

图 3.4.5 所示为电阻应变转矩传感器。它的弹性元件是一个与被测转矩的轴相连的转轴，转轴上贴有与轴线成 45°的应变片，应变片两两相互垂直，并接成全桥工作的电路方式。应变片感受的应变与被测试件的扭矩 M_T 的关系如下式：

$$M_T = \varepsilon G W_T \tag{3.4.7}$$

式中：G—剪切弹性模量，$G = E/2(1+\mu)$；

W_T—抗扭截面模量，实心圆轴的 $W_T = \pi D^3/16$，空心圆轴的 $W_T = \pi D^3(1-\alpha^4)/16$，$\alpha = d/D$，$d$ 为空心圆柱内径，D 为外径。

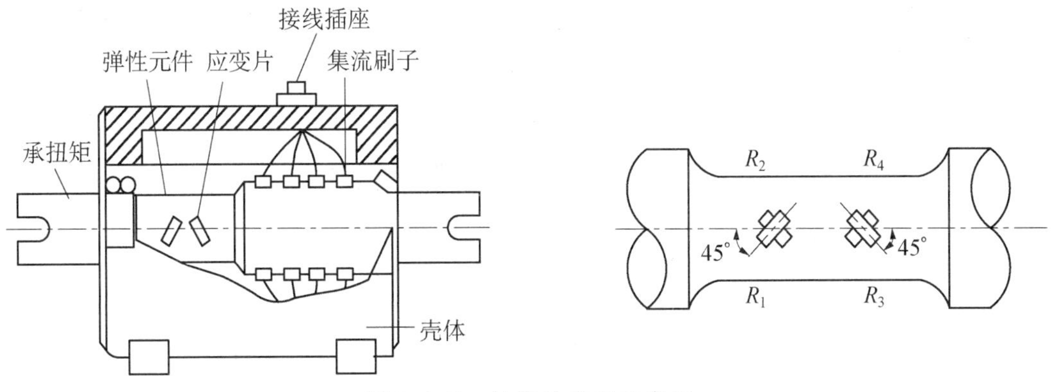

图 3.4.5　转矩传感器示意图

由于检测对象是旋转运动的轴，因此应变片的电阻变化信号要通过集流装置引出才能进行测量，转矩传感器已将集流装置安装在内部，所以只需将传感器直接相连就能测量转轴的转矩，使用非常方便。

2. 测功机

吸收式测功机在测量转矩时耗散机械能量，适合于测量功率或由动力源如发动机、电动机产生的转矩。有依靠干摩擦的摩擦式测功机、利用液体摩擦的水力测功机、依靠电流损耗的电涡流测功机、利用磁滞转子的磁滞测功机等，其中前两种机型比较古老，已基本淘汰。

图 3.4.6 所示，是一台涡流测功机。铁轭是圆筒形和支架通过轴承与转轴连接，磁极铁芯固定在铁轭上，其外面套上励磁绕组。铁轭罩内设置若干对 S 极、N 极磁极(图中只画 1 对)，交替排列。铁轭下方固定一块金属压板，被固定在基座上的 2 个压力传感器限制于小范围的活动空间里。使用时，绕组中通入直流电流 I，将在磁极铁芯与转子铁芯之间产生恒定磁通 ϕ，在铁轭、磁极铁芯、气隙、转子铁芯之间形成闭合磁路。电动机通过转轴连接器拖动转子铁芯以转速 n 旋转时，转子铁芯因切割磁场感应出涡流，产生制动转矩 T，此转矩传递到金属压片上，以压力形式传递到压力传感器，压力转换成输出电流信号，输送到电路设备或到仪表上，供处理、显示。只要改变励磁电流，就可以平滑改变转矩。

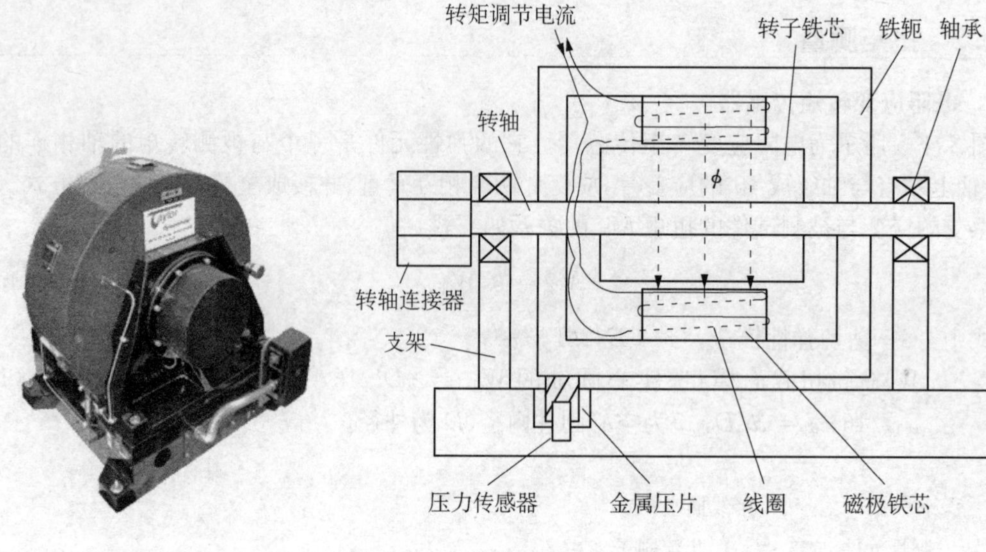

图 3.4.6　涡流测功机结构图

任务 2　流体压强检测

任务介绍　了解流体压强传感器

知识资讯　电阻应变式流体压强传感器主要用于测量气体和液体压强。测量压强的方法是借助弹性元件把压强变为压力和应变后再进行测量。流体的压强测试范围一般为 10^4～10^7 Pa。传感器所用弹性元件有膜式、筒式等。

2.1　膜式压力传感器

它的弹性元件为四周固定的等截面圆形薄板，又称平膜板或膜片。其一表面承受被测分布压力，另一侧面贴有应变片。应变片接成桥路输出，如图 3.4.7 所示。应变片分别贴于膜片的中心(切向)和边缘(径向)。因为这两种应变的量值最大，且符号相反，所以接成全桥线路后传感器输出最大。

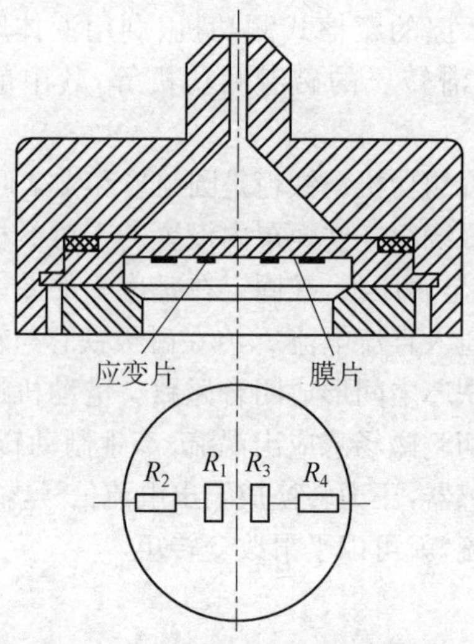

图 3.4.7　膜式压力传感器

2.2　筒式压力传感器

它的弹性元件为薄壁圆筒，筒的底部较厚。这种弹性元件的特点是圆筒壁厚不同，其压力测量范围不同，测压灵敏度亦不相同，输出特性也存在差异；圆筒受到被测压力后，外表面各处的应变是相同的。因此应变计的粘贴位置对所测应变不影响。如图 3.4.8 所示，工作应变片 R_1、R_3 沿圆周方向贴在筒壁上。温度补偿应变计 R_2、R_4 贴在筒底壁上，并接成全桥线路。这种传感器适用于测量较大压力。

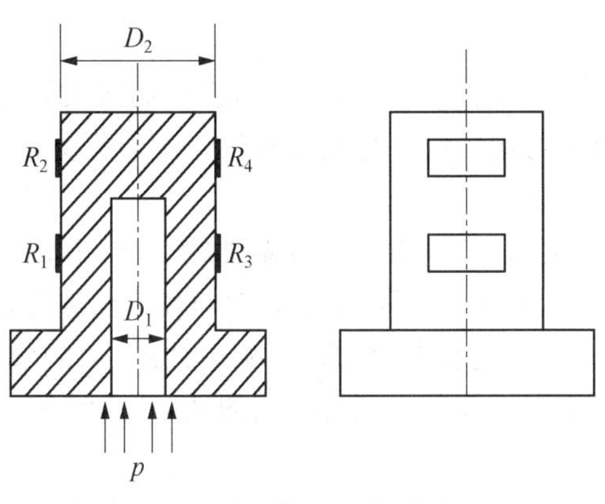

图 3.4.8　筒式压力传感器

同步训练　压力传感器在数控机床中的应用

数控系统中进行压力检测的传感器有压电式传感器、压阻式传感器和电容式传感器等。压力传感器是一种将压力转变成电信号的传感器。它是检测气体、液体、固体等所有物质间作用力能量的总称，也包括测量高于大气压的压力计以及测量低于大气压的真空计。电容式压力传感器的电容量是由电极面积和两个电极间的距离决定，因灵敏度高、温度稳定性好、压力量程大等特点近来得到了迅速发展。在数控机床中，可用它对工件夹紧力进行检测，当夹紧力小于设定值时，会导致工件松动，系统发出报警，停止走刀。另外，还可用压力传感器检测车刀切削力的变化。再者，它还在润滑系统、液压系统、气压系统被用来检测油路或气路中的压力，当油路或气路中的压力低于设定值时，其触点会动作，将故障送给数控系统。图 3.4.9 为全自

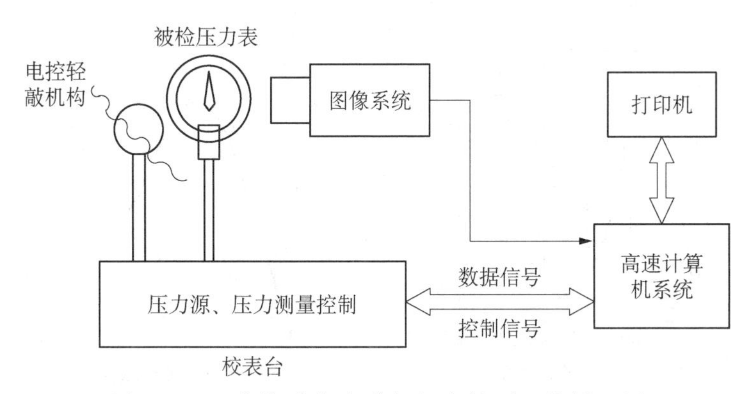

图 3.4.9　数控系统中进行压力检测工作原理图

动压力校验台的工作原理图。采用高精度数字式压力传感器检测数控压力源的压力的工作原理图。计算机在接受“开始检定”命令后，向数控压力源发出检定命令，数控系统精确控制系统压力到达所需的压力点，然后将标准压力值传送给计算机，计算机通过图像处理系统拍摄并识别压力表读数，然后电控轻敲头模拟人手轻敲被检压力表，再识别一次被检表的读数，将识别结果与标准压力值比较，得出被检压力表的各项示值误差。

子情境 5　温度检测

温度检测在工程上、生活中都会常常用到，常用检测温度的传感器有热敏电阻、热电偶以及红外线温度传感器，此外也可用光纤进行温度测量。本节任务是了解这三种温度测量装置。

1. **热敏电阻**

热敏电阻是一种传感器电阻，其电阻值随着温度的变化而改变，属于可变电阻的一类，广泛应用于各种电子元器件中。不同于电阻温度计(RTD)使用纯金属，在热敏电阻器中使用的材料通常是陶瓷或聚合物。两者也有不同的温度响应性质，电阻温度计适用于较大的温度范围，而热敏电阻通常在有限的温度范围内实现较高的精度，通常是－90℃～＋130℃。

(1) 热敏电阻简介

热敏电阻是一种半导体温度传感器，按温度特性分为负温度系数热敏电阻(NTC)、正温度系数热敏电阻(PTC)和在某一特定温度下电阻值会发生突变的临界温度电阻器(CTR)。

正温度系数的热敏电阻：

$$R_T = R_0 e^{AT} \qquad (3.5.1)$$

负温度系数的热敏电阻：

$$R_T = R_\infty e^{B/T} \qquad (3.5.2)$$

式中：

R_T—被测温度 T 时热敏电阻值；

R_0、R_∞—背景环境温度下的热敏电阻值，是与电阻的几何尺寸和材料物理特性有关的常数；

A、B—材料常数；

T—绝对温度，单位 K。

其电阻—温度特性曲线如图：

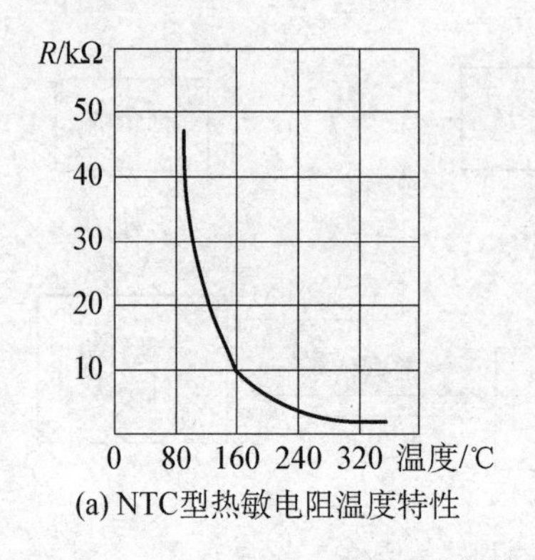

(a) NTC型热敏电阻温度特性

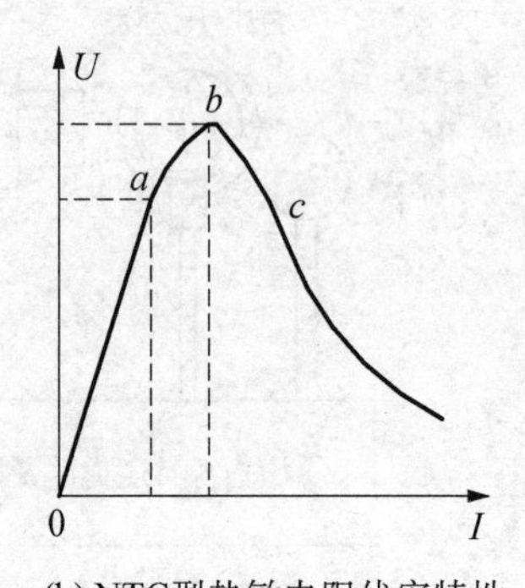

(b) NTC型热敏电阻伏安特性

图 3.5.1　NTC 型热敏电阻特性图

热敏电阻值随温度变化呈指数规律，其非线性十分严重，为使测量系统的输入输出呈线性关系，可以采用：

① 串、并联补偿电阻；

② 利用电路中其他部件的非线性修正；

③ 计算机修正等方法。

(2) 典型应用

作为测量温度的热敏电阻传感器一般结构较简单，价格较低廉。热敏电阻传感器主要元件是热敏电阻，当热敏材料周围有热辐射时，它就会吸收辐射热，产生温度升高，引起材料的阻值发生变化。

① 热敏电阻传感器测温

没有外面保护层的热敏电阻只能应用在干燥的地方；密封的热敏电阻不怕湿气的侵蚀、可以使用在较恶劣的环境下。由于热敏电阻传感器的阻值较大，故其连接导线的电阻和接触电阻可以忽略，因此热敏电阻传感器可以在长达几千米的远距离测量温度中应用，测量电路多采用桥路。利用其原理还可以用作其他测温、控温电路等。

② 热敏电阻传感器用于温度的补偿

热敏电阻传感器可在一定的温度范围内对某些元器件温度进行补偿。例如，动圈式仪表表头中的动圈由铜线绕制而成。温度升高，电阻增大，引起温度的误差。因而可以在动圈的回路中将负温度系数的热敏电阻与锰铜丝电阻并联后再与被补偿元器件串联，从而抵消由于温度变化所产生的误差。在晶体管电路和放大器中，也常用热敏电阻组成补偿电路，补偿由于温度引起的漂移误差。

③ 热敏电阻传感器的过热保护

过热保护分直接保护和间接保护。对小电流场合，可把热敏电阻传感器直接串入负载中，防止过热损坏以保护器件，对大电流场合，可用于对继电器、晶体管电路等的保护。不论哪种情况，热敏电阻都与被保护器件紧密结合在一起，从而使两者之间充分进行热交换，一旦过热，热敏电阻则起保护作用。例如，在电动机的定子绕组中嵌入突变型热敏电阻传感器并与继电器串联。当电动机过载时，定子电流增大，引起发热。当温度大于突变点时，电路中的电流可以由十分之几毫安突变为几十毫安，引起继电器动作，从而实现过热保护。

④ 热敏电阻传感器用于液面的测量

给 NTC 热敏电阻传感器施加一定的加热电流，它的表面温度将高于周围的空气温度，此时它的阻值较小。当液面高于它的安装高度时，液体将带走它的热量，使之温度下降、阻值升高。判断它的阻值变化，就可以知道液面是否低于设定值。汽车油箱中的油位报警传感器就是利用以上原理制作的。热敏电阻在汽车中还用于测量油温、冷却水温等。

2. 热电偶

热电偶是温度测量仪表中常用的测温元件，是一种一次仪表。它直接测量温度，并把温度信号转换成热电动势信号，通过电气仪表(二次仪表)转换成被测介质的温度。各种热电偶的外形常因需要而极不相同，但是它们的基本结构却大致相同，通常由热电极、绝缘套保护管和接线盒等主要部分组成，通常和显示仪表、记录仪表及电子调节器配套使用。

热电偶是一种结构简单、性能稳定、测温范围宽的热敏传感器，在冶金、热工仪表领域得到广泛应用，是目前检测温度的主要传感器之一，尤其是在检测 1 000℃左右的高温时更有优势。

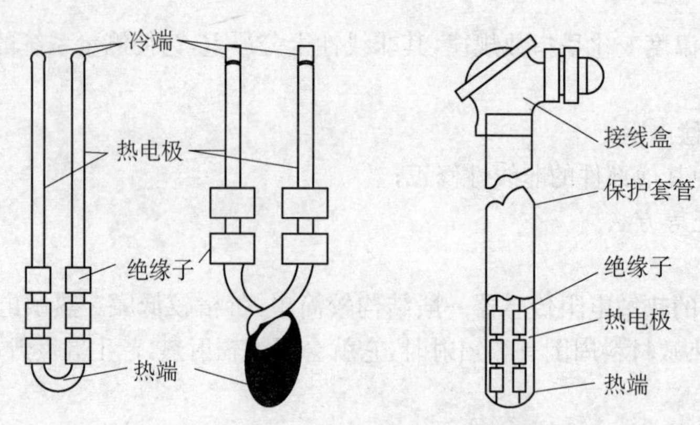

图 3.5.2　热电偶结构示意图

(1) 热电偶工作原理

将两种不同的导体两端相接，组成一个闭合回路，当两个接触点具有不同温度时，回路中便产生电流，这种物理现象称为塞贝克效应(Seebeck)。热电偶回路中产生热电势，是不同导体接触产生的接触电势和温度梯度所引起的温差电势综合作用的结果。当温度 $T>T_0$ 时，由导体 A、B 组成的热电偶回路总热电势为：

$$E_{AB}(T,\ T_0)=E_{AB}(T)-E_{AB}(T_0) \tag{3.5.3}$$

$E_{AB}(T)$为热端的热电势，$E_{AB}(T_0)$为冷端的热电势。只有当 A、B 材料不同并且热电偶两端温度不同时，总热电势才不为零。

(2) 热电偶的主要参数

在选择热电偶产品时，应考虑的主要参数有：

① 热电偶的类型、测温范围及允许误差；

② 时间常数；

③ 最小置入深度；

④ 常温绝缘电阻及高温下的绝缘电阻；

⑤ 偶丝直径、材料，安装固定形式、尺寸，测量端结构形式等。

3. 红外线温度传感器

红外测温仪可以不接触目标而通过测量目标发射的红外辐射强度计算出物体的表面温度。非接触测温是红外测温仪的最大的优点，使用户可以方便地测量难以接近或移动的目标。

红外线传感器简介

红外线传感器是红外测温仪的主要元件，它是利用物体产生红外辐射的特性，实现自动检测的传感器。红外线属于不可见光波的范畴，它的波长一般在 0.76～600 μm 之间(称为红外区)。而红外区通常又可分为近红外(0.73～1.5 μm)、中红外(1.5～10 μm)和远红外(10 μm 以上)，在 300 μm 以上的区域又称为“亚毫米波”。近年来，红外辐射技术已成为一门发展迅速的新兴学科。它已经广泛应用于生产、科研、军事、医学等各个领域。

能把红外辐射转换成电量变化的装置，称为红外传感器，主要有热敏型和光电型两大类。热敏型是利用红外辐射的热效应制成的，其核心是热敏元件。由于热敏元件的响应时间长，一般在毫秒数量级以上。另外，在加热过程中，不管什么波长的红外线，只要功率相同，其加热效果也是相同的，假如热敏元件对各种波长的红外线都能全部吸收的话，那么热敏探测器对各种

波长基本上都具有相同的响应，所以称其为“无选择性红外传感器”。这类传感器主要有热释电红外传感器和红外线温度传感器两大类。

光电型是利用红外辐射的光电效应制成的，其核心是光电元件。因此它的响应时间一般比热敏型短得多，最短的可达到毫微秒数量级。此外，要使物体内部的电子改变运动状态，入射辐射的光子能量必须足够大，它的频率必须大于某一值，也就是必须高于截止频率。由于这类传感器以光子为单元起作用，只要光子的能量足够，相同数目的光子基本上具有相同的效果，因此常常称其为“光子探测器”。这类传感器主要有红外二极管、三极管等。

同步训练　DS1820数字温度传感器测量恒温箱温度

要求：恒温箱温度为30±1℃，试选择合适的温度传感器。

DALLAS公司推出的DS系列数字温度传感器，由于其与传统的热敏电阻相比具有接线简单、输出全数字信号和对电源要求不高等优点，近年来在低温测量应用场合被广泛采用。该系列产品主要有DS1615、DS1620、DS1624、DS1820和DS1821等，封装有3脚PR－35，8脚DIP，8脚SOIC和16脚DIP等形式。其中3脚PR－35封装的DS1820最受电子设计人员的青睐。

1. DS1820的功能特性

① 测量范围为－55℃～＋125℃，分辨率为0.5℃；

② 单线接口，只需1个接口就可完成温度转换的读写时间片的操作；

③ 9位二进制数字方式读温度，典型转换时间为1 s；

④ 用户可定义的非易失性温度告警设置；

⑤ 典型的供电方式为3线制，亦可采用寄生电源供电的2线制。

因此可以选择DS1820测量恒温箱温度。

图3.5.3　DS1820正面俯视图

2. DS1820引脚功能说明

其PR－35封装形式见图3.5.3所示，外表看起来像三极管；另还有8脚SOIC封装形式，只用3，4和5脚，其余为空脚或不需连接引脚。见表3.5.1所示。

表3.5.1　DS1820引脚说明

8脚SOIC	PR35	符号	说明
5	1	GND	地
4	2	DQ	单线数据输入输出引线
3	3	V_{DD}	正电源，一般为±5 V

3. DS1820的操作命令及时序特性

DS1820获得温度信息的操作顺序，亦即外部微处理器经过单线接口访问DS1820的协议如下：

① 初始化命令。由单片机发出一复位脉冲，DS1820送出存在脉冲；

② ROM操作命令。有读ROM、匹配ROM、搜索ROM，跳过ROM和告警搜索等；

③ 存储器操作命令。有读、写和复制暂存存储器以及重调非易失性存储器等；

④ 温度变换命令。单片机通过单线对DS1820读写时间片来进行读写数据操作，所有操

作均通过对 DS1820 写 1 和写 0 时间片以及单片机本身的延时来实现的。

子情境 6　传感器信号的处理

传感器的输出信号具有种类多、信号微弱、易衰减、非线性、易受干扰等不利处理的特点，所以对传感器的信号处理是传感器技术的一个重要的环节。

常用的传感器信号处理的一些器件有测量放大器、程控增益放大器、滤波器、A/D 转换器等，本情景主要了解测量放大器、程控增益放大器、隔离放大器三种器件。图 3.6.1 为传感器信号处理的流程图。

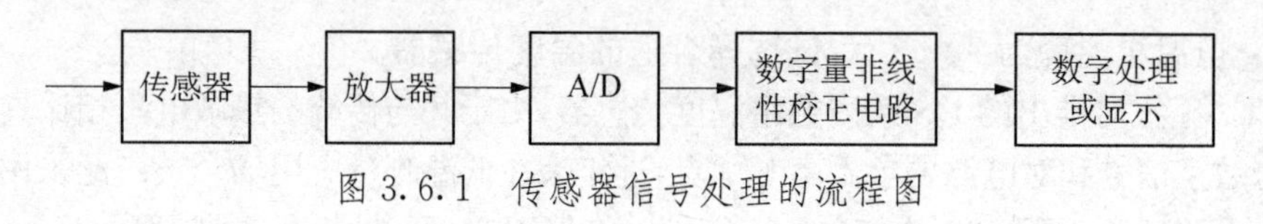

图 3.6.1　传感器信号处理的流程图

任务 1　认识测量放大器

在许多检测技术应用场合，传感器输出的信号往往较弱，而且其中还包含工频、静电和电磁耦合等共模干扰，对这种信号的放大就需要放大电路具有很高的共模抑制比以及高增益、低噪声和高输入阻抗。测量放大器就是通过运用集成运放将所测量的信号进行不失真的放大，并不对所测量的电路产生影响，习惯上将具有这种特点的放大器称为测量放大器或仪表放大器。

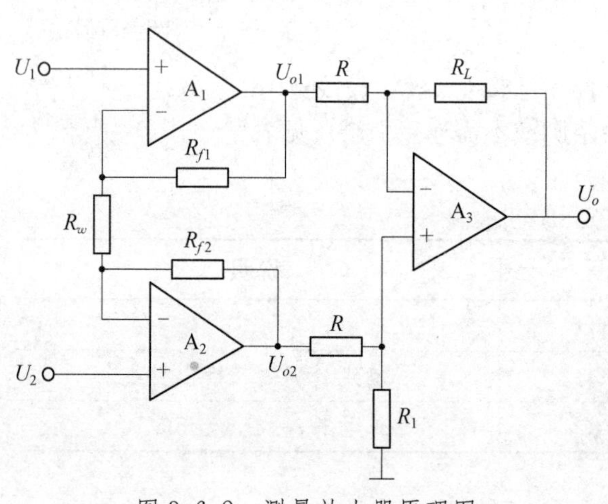

图 3.6.2　测量放大器原理图

图 3.6.2 为三个运放组成的测量放大器，差动输入端 U_1 和 U_2 分别是两个运算放大器（A_1、A_2）的同相输入端，因此输入阻抗很高。采用对称电路结构，而且被测信号直接加入到输入端上，从而保证了较强的抑制共模信号的能力。A_3 实际上是一差动跟随器，其增益近似为 1。测量放大器的放大倍数由下式确定：

$$A_U = \frac{U_0}{U_2 - U_1} \tag{3.6.1}$$

$$A_U = \frac{R_f}{R}\left(1 + \frac{R_{f1} + R_{f2}}{R_w}\right) \tag{3.6.2}$$

这种电路，只要运放 A_1 和 A_2 性能对称（主要输入阻抗和电压增益对称），其漂移将大大减小，并具有高输入阻抗和高共模抑制比，对微小的差模电压很敏感，适用于测量远距离传输来的信号，因而十分适宜与具有微小信号输出的传感器配合使用。Rw 是用来调整放大倍数的外接电阻，可采用多圈电位器。

目前，还有很多高性能的专用测量芯片出现，如 AD521/AD522 等也是一种运放，它们具

有比普通运放性能优良、体积小、结构简单、成本低等特点。

AD522 主要可用于恶劣环境下要求进行高精度数据采集的场合。由于 AD522 具有低电压漂移(2 μV/℃)、低非线性(0.005%,增益为 100 时)、高共模抑制比(>110 dB,增益为 1 000 时)、低噪声(1.5 V(P—P), 0.1～100 Hz)、低失调电压(100 μV)等特点,因而可用于许多 12 位数据采集系统中。图 3.6.3 为 AD522 的典型接法。

AD522 的一个主要特点是设有数据防护端,用于提高交流输入时的共模抑制比。对远处传感器送来的信号,通常采用屏蔽电缆传送到测量放大器,电缆线上的分布参量会使其产生相移。当出现交流共模信号时,这些相移将使共模抑制比降低。利用数据防护端可以克服上述影响(如图 3.6.3 所示)。

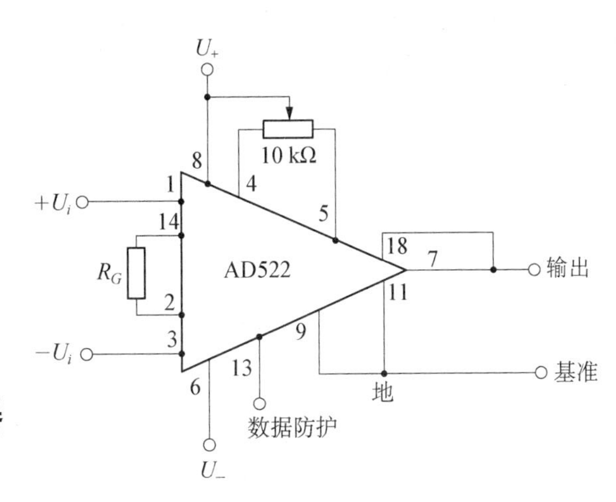

图 3.6.3　AD522 的外围电路

任务 2　认识程控增益放大器

程控增益放大器与普通放大器的差别在于反馈电阻网络可变且受控于控制接口的输出信号。不同的控制信号,将产生不同的反馈系数,从而改变放大器的闭环增益。

在自动测控系统和智能仪器中,如果测控信号的范围比较宽,为了保证必要的测量精度,常会采用改变量程的办法。改变量程时,测量放大器的增益也应相应地加以改变;另外,在数据采集系统中,对于输入的模拟信号一般都需要加前置放大器,以使放大器输出的模拟电压适合于 A/D 转换器的电压范围,但被测信号变化的幅度在不同的场合表现不同动态范围,信号电平可以从微伏级到伏级,A/D 转换器不可能在各种情况下都与之相匹配,如果采用单一的增益放大,往往使 A/D 转换器的精度不能最大限度地利用,或致使被测信号削顶饱和,造成很大的测量误差,甚至使 A/D 转换器损坏。使用程控增益放大器就能很好地解决这些问题,实现量程的自动切换,或实现全量程的均一化,从而提高 A/D 转换的有效精度。因此,程控增益放大器在数据采集系统、自动测控系统和各种智能仪器仪表中得到越来越多的应用。

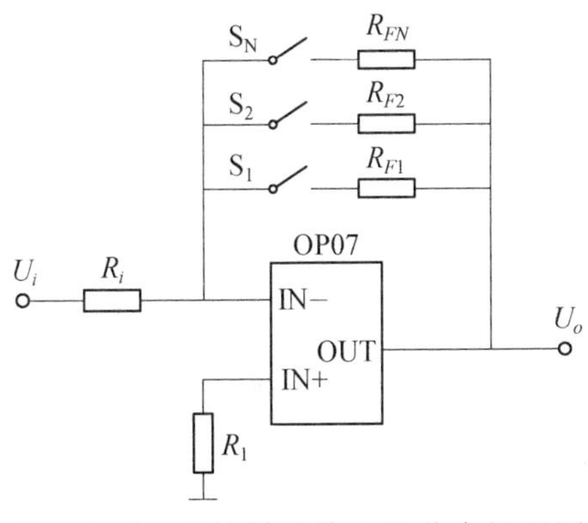

图 3.6.4　程控增益放大器基本原理图

程控增益放大器的基本形式是由运算放大器和模拟开关控制的电阻网络组成,其基本原理如图 3.6.4 所示。模拟开关则由数字编码控制。数字编码可用数字硬件电路实现,也可用计算机软件根据需要来控制。由图 3.6.4 可知放大器增益 G 为:

$$G=\frac{U_O}{U_i}\approx\left|\frac{R_{Fi}}{R_i}\right| \tag{3.6.3}$$

电路通过数字编码控制模拟开关切换不同的增益电阻,从而实现放大器增益的软件控制。

根据程控增益放大器的基本原理,它有多种实现方法。

① 最简单的实现方法是基于上述基本原理实现的程控增益放大器。该电路由运算放大器、模拟开关、数据锁存器和一个电阻网络组成。其特点是可通过选用精密测量电阻和高性能模拟开关组成精密程控增益放大器，但缺点是漂移较大，输入阻抗不高，电路线路比较复杂。

② 利用D/A转换器实现程控增益放大器。D/A转换器内部有一组模拟开关的电阻网络，用它代替运放反馈部件，与仪表放大器一起可组成程控增益放大/衰减器，再配合软件判断功能就可实现数据采集系统的自动切换量程。

③ 选用集成程控运算放大器。随着半导体集成电路的发展，目前许多半导体器件厂家将模拟电路与数字电路集成在一起，已推出了单片集成数字程控的增益放大器，例如BURR-BROWN公司的PGAXXX系列产品PGA101、PGA203、PGA206等等，它们具有低漂移、低非线性、高共模抑制比和宽的通频带等优点，使用简单方便，但其增益量程有限，只能实现特定的几种增益切换。

任务3 认识隔离放大器

在有强电或强电磁干扰的环境中，为了防止电网电压等对测量回路的损坏，其信号输入通道应采用隔离技术，有这种功能的放大器称为隔离放大器。

一般来讲，隔离放大器是指对输入、输出端和电源进行隔离使之没有直接耦合的测量放大器。由于隔离放大器采用了浮离式设计，消除了输入、输出端之间的耦合，因此还具有以下特点：

① 能保护系统元件不受高共模电压的损害，防止高压对低压信号系统的损坏。

② 泄漏电流低，对于测量放大器的输入端无须提供偏流返回通路。

③ 共模抑制比高，能对直流和低频信号(电压或电流)进行准确、安全的测量。

目前，隔离放大器中采用的耦合方式主要有两种：变压器耦合和光电耦合。利用变压器耦合实现载波调制，通常具有较高的线性度和隔离性能，但是带宽一般在1 kHz以下。利用光耦合方式实现载波调制，可获得10 kHz带宽，但其隔离性能不如变压器耦合。上述两种方法均需对差动输入级提供隔离电源，以便达到预定的隔离性能。

图3.6.5为284型隔离放大器的电路结构图。为提高微电流和低频信号的测量精度，减

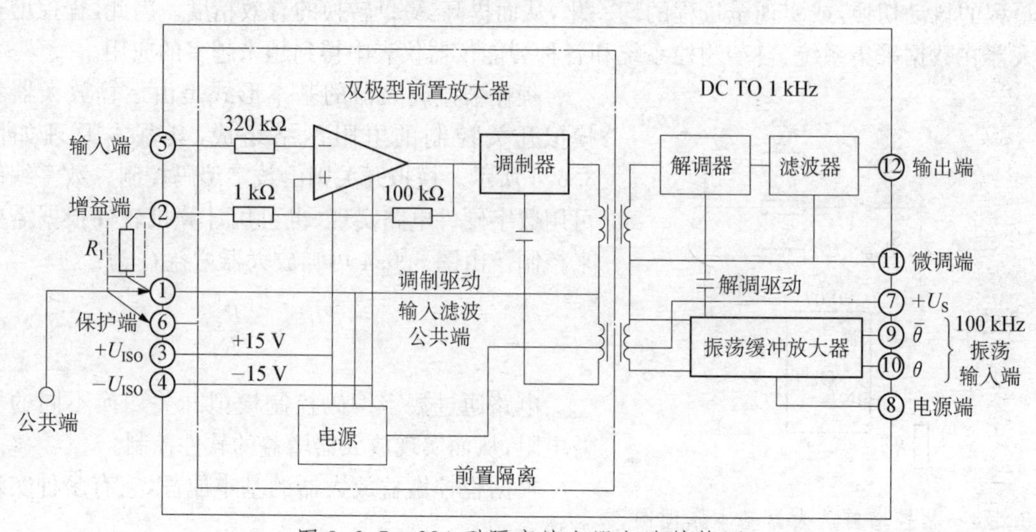

图3.6.5 284型隔离放大器电路结构图

小漂移，其电路采用调制式放大，其内部分为输入、输出和电源三个彼此相互隔离的部分，并由低泄漏高频载波变压器耦合在一起。通过变压器的耦合，将电源电压送入输入电路并将信号从输出电路送出。输入部分包括双极型前置放大器、调制器；输出部分包括解调器和滤波器，一般在滤波器后还有缓冲放大器。

同步训练　了解隔离放大器 ISO－124P

由于隔离放大器的广泛使用，世界各大半导体厂商纷纷推出了多款集成的隔离放大器芯片，其中以美国 AD(Analog Device)公司的产品在市场的占有率最高，但其价格也最为昂贵，而且外围电路比较复杂，使用时不太方便。这里介绍一款美国 BB(BURR-Brown)公司的 ISO－124P 产品，该产品具有线性度好、带宽较宽、外围电路简单的优点。

1. ISO－124P 的主要参数

ISO－124P 的最大非线性度为 0.01%；隔离电压有效值为 1 500 V；输入阻抗为 200 k；输入范围 12.5 V；输出范围为 12.5 V；输出电流为 15 mA；纹波电压峰峰值 20 mV；增益为固定值为 1.0；信号带宽为 50 kHz；工作电压为 4.5 V～18 V；封装为 16 pin DIP。

2. ISO－124P 组成的隔离放大器

由 ISO－124P 组成的隔离放大电路非常方便，只需要连接输入和输出级的正负电源、接地端和输入输出信号，无需外围电路。但是因为隔离放大器与普通运算放大器相比价格比较贵，使用时最好在其输出与负载之间加上一个缓冲电路，如图 3.6.6 中的 OP07。输入信号 ui 经过隔离放大器 ISO－124P 的隔离放大后(放大倍数为 1.0)由 u_1 输出，再送到 OP07 的同相输入端。OP07 反相输入端的电阻 R_5 接到零点补偿电路。改变 R_5、R_6 的比值可以改变 OP07 的增益。

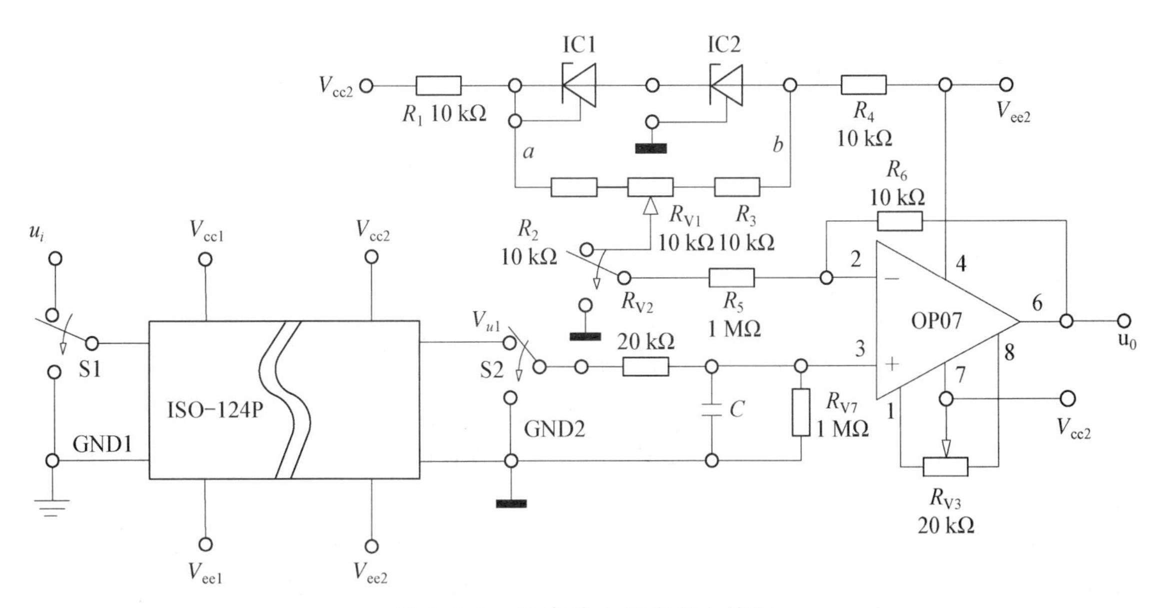

图 3.6.6　隔离放大器应用电路图

子情境 7　传感器接口技术

对于模拟式传感器，当其将非电物理量转换成电量，并经放大、滤波等一系列处理后，还需经模/数变换将模拟量变成数字量，才能送入计算机系统。在对模拟信号进行模/数变换时，从启动变换到变换结束的数字量输出，需要一定的时间，即 A/D 转换器的孔径时间。当输入信号频率提高时，由于孔径时间的存在，会造成较大的转换误差。要防止这种误差的产生，必须在 A/D 转换开始时将信号电平保持住，而在 A/D 转换结束后又能跟踪输入信号的变化，即对输入信号处于采样状态。能完成这种功能的器件叫采样/保持器。

1. 采样/保持器的原理

采样/保持器由存储电容 C、模拟开关 S 等组成，如图 3.7.1 所示。当 S 接通时，输出信号跟踪输入信号，称为采样阶段。当 S 断开时，电容 C 两端一直保持断开的电压，称为保持阶段。由此构成一个简单的采样/保持器。实际上为使采样/保持器具有足够的精度，一般在输入级和输出级均采用缓冲器，以减少信号源的输出阻抗，增加负载的输入阻抗。在选择电容时，使其大小适宜，以保证其时间常数适中，并选用漏泄小的电容。

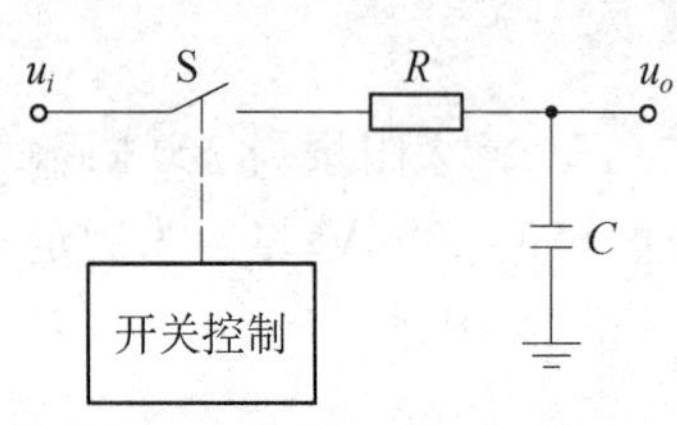

图 3.7.1　采样保持原理

2. 集成采样/保持器

随着大规模集成电路技术的发展，目前已生产出多种集成采样/保持器，如可用于一般目的的 AD582、AD583、LF198 系列等；用于高速场合的 HTS－0025、HTS－0010、HTC－0300 等；用于高分辨率场合的 SHA1144 等。为了使用方便，有些采样/保持器的内部还设有保持电容，如 AD389、AD585 等。

集成采样/保持器的特点是：

① 采样速度快、精度高，一般在 2～2.5 μs，即达到±0.01%～±0.003%的精度。

② 下降速率慢，如 AD585、AD348 为 0.5 mV/ms，AD389 为 0.1 μV/ms。

正因为集成采样/保持器有许多优点，因此得到了极为广泛的应用。下面以 LF398 为例，介绍集成采样/保持器的原理。

图 3.7.2 为 LF398 的原理图。由图可知，其内部由输入缓冲级、输出驱动级和控制电路三部分组成。控制电路中的 A_3 主要起比较器的作用，其中 7 脚为参考电压，当输入控制逻辑电平高于参考端电压时，A_3 输出一个低电平信号，驱动开关 S 闭合，此时输入经 A_1 后跟随输出到 A_2 再由 A_2 的输出端跟随输出，同时向保持电容(接 6 端)充电；而当控制端逻辑电平低于参考电压时，A_3 输出一个正电平信号使开关断开，以达到非采样时间内保持器仍保持原来输入的目的。因此，A_1、A_2 是跟随器，其作用主要是对保持电容输入和输出端进行阻抗变换，以提高采样/保持器的性能。

与 LF398 结构相同的还有 LF198、LF298 等，它们都是由场效应管构成的，具有采样速度高、保持电压下降慢以及精度高等特点。当作为单一放大器时，其直流增益精度为 0.002%，采样时间小于 6 μs 时精度可达 0.001%；输入偏置电压的调整只需在偏置端(2 脚)调整即可，

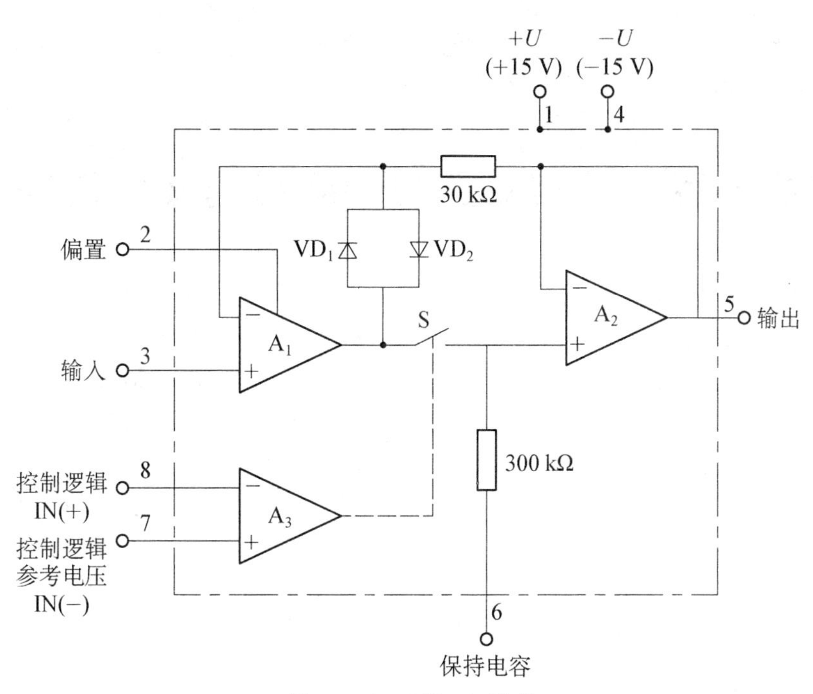

图 3.7.2　LF398 原理

并且在不降低偏置电流的情况下，带宽允许 1 MHz。其主要技术指标有：

① 工作电压：±5～±18 V；

② 采样时间：<10 μs；

③ 可与 TTL、PMOS、CMOS 兼容；

④ 当保持电容为 0.01 μF 时，典型保持步长为 0.5 mV；

⑤ 当输入漂移，保持状态下输入特性不变；

⑥ 在采样或保持状态时高电源抑制。

图 3.7.3 为 LF398 的外部引脚图，图 3.7.4 为其典型应用图。在有些情况下，还可采取

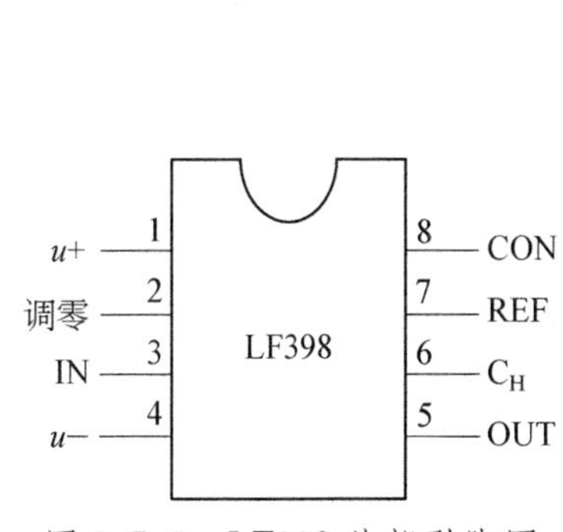

图 3.7.3　LF398 外部引脚图

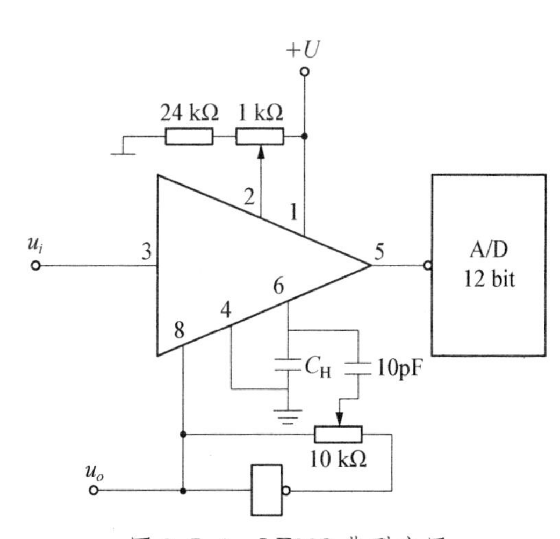

图 3.7.4　LF398 典型应用

两级采样保持串联的方法，选用不同的保持电容，使前一级具有较高的采样速度而使后一级保持电压下降速率慢，两级结合构成一个采样速度快而下降速度慢的高精度采样/保持电路，此时的采样总时间为两个采样/保持电路时间之和。

综合训练　数控车床自动回转刀架转位控制

数控车床上通常装有多工位自动回转刀架。刀架的转位过程如下：数控系统发出换刀信号→刀架电动机正转→上刀体上升并转位→转到需要刀位时，霍尔开关发出信号→刀架电动机反转→检查刀架有没有锁紧→刀架电动机停转→换刀结束。

其中，刀架的刀位信号，由刀架定轴上端发信盘上的 4 个霍尔开关和一块永久磁铁检测获得。4 个霍尔开关安装在一个塑料盘的四周，代表 4 工位刀架的 4 个刀位(6 工位时需 6 只霍尔开关)。当上刀体旋转时，带动磁铁一同旋转，转到什么位置需要停止，可通过霍尔开关的输出信号来检测。

图综合训练 3.1 中，发信盘上的 4 只霍尔开关型号为 UGN3120U。它有 3 个引脚，第 1 脚接＋12 V 电源，第 2 脚接＋12 V 地，第 3 脚为输出。当磁铁对准某一个霍尔开关时，其输出端第 3 脚送出低电平；当磁铁离开时，送出高电平。4 只霍尔开关输出的刀位信号 $T1\sim T4$ 分别送到光电隔离电路进行处理，光耦合器的输出再送给 I/O 接口芯片 8255。

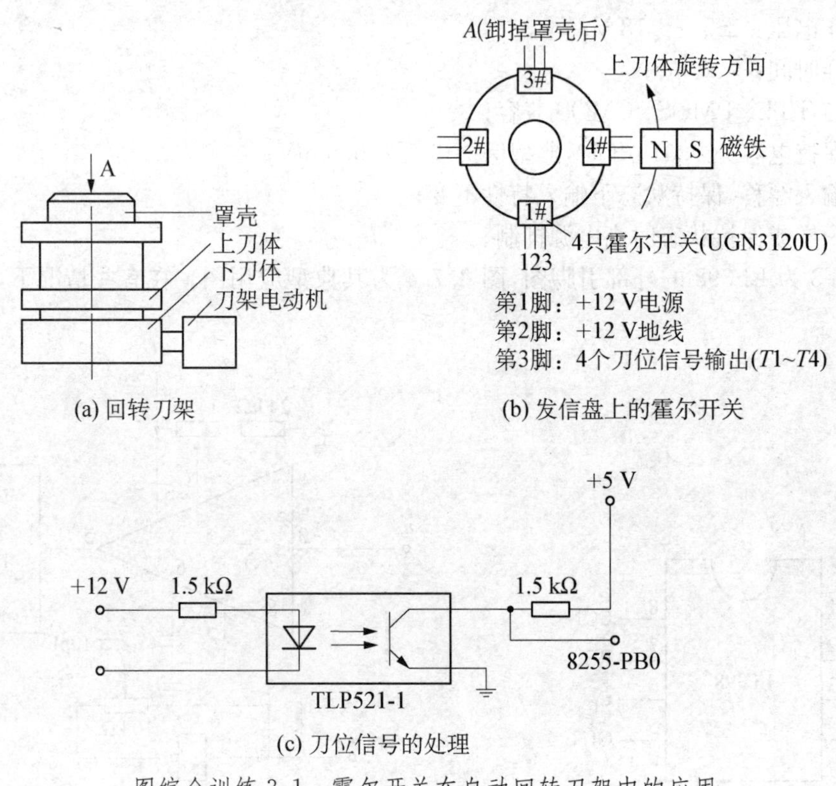

图综合训练 3.1　霍尔开关在自动回转刀架中的应用

学习情境三小结

教学网络图

<table>
<tr><th colspan="2">学习情境</th><th colspan="2">工作任务</th><th>同步训练</th><th>综合训练</th><th>评价</th><th>教学载体</th><th>教学环境</th><th>教学资源</th><th>教学方法</th></tr>
<tr><td rowspan="12">检测</td><td>子情境1认识机电一体化检测系统</td><td>任务1</td><td colspan="2">了解检测系统</td><td rowspan="12">数控车床自动回转刀架转位控制</td><td rowspan="5">学生自评</td><td rowspan="5">视频</td><td rowspan="11">1. 多媒体教室
2. 机电控制实训室
3. 机电数控实验室
4. 机电一体化实验室</td><td rowspan="11">PPT课件、动画素材、视频材料、真实的机电产品零件、部件、机电仿真软件</td><td rowspan="11">情境教学法；直观教学法；模拟仿真教学法；小组学习法；自主学习法</td></tr>
<tr><td rowspan="2">子情境2位移和位置测量</td><td>任务1</td><td>位移测量</td><td rowspan="2">应用光电编码器定位控制</td></tr>
<tr><td>任务2</td><td>位置测量</td></tr>
<tr><td rowspan="2">子情境3速度与加速度检测</td><td>任务1</td><td>速度检测</td><td rowspan="2">加速度传感器的应用</td></tr>
<tr><td>任务2</td><td>加速度检测</td></tr>
<tr><td rowspan="2">子情境4力、扭矩和流体压强检测</td><td>任务1</td><td>力和力矩测量</td><td rowspan="2">压力传感器在数控机床上的应用</td><td rowspan="3">学生互评</td><td rowspan="3"></td></tr>
<tr><td>任务2</td><td>流体压强检测</td></tr>
<tr><td>子情境5</td><td colspan="2">温度检测</td><td>数字温度传感器的应用</td></tr>
<tr><td rowspan="3">子情境6传感器信号的处理</td><td>任务1</td><td>认识测量放大器</td><td rowspan="3">了解隔离放大器ISO－124P</td><td rowspan="4">老师评价</td><td rowspan="3"></td></tr>
<tr><td>任务2</td><td>认识程控增益放大器</td></tr>
<tr><td>任务3</td><td>认识隔离放大器</td></tr>
<tr><td>子情境7</td><td colspan="3">传感器接口技术</td><td></td><td></td><td></td><td></td></tr>
</table>

任务—知识点矩阵图

子情境\任务		知识点	检测系统	旋转变压器	感应同步器	编码器	光栅式传感器	光电转速传感器	霍尔传感器	直流测速机	压电加速度传感器	应变片测力计	电阻应变转矩传感器	测功机	筒式压力传感器	膜式压力传感器	热敏电阻	热电偶	红外温度传感器	测量放大器	程控增益放大器	隔离放大器
子情境 1	了解检测系统		★																	★	★	★
子情境 2	位移和位置测量	位移测量	★	★	★	★	★	★												★	★	★
		位置测量	★	★	★	★	★	★	★											★	★	★
子情境 3	速度和加速度检测	速度检测	★	★	★	★	★	★	★	★										★	★	★
		加速度检测	★	★	★	★	★	★	★	★	★									★	★	★
子情境 4	力、扭矩和流体压强检测	力和力矩测量	★									★	★	★						★	★	★
		流体压强检测	★									★	★	★	★	★				★	★	★
子情境 5	温度检测		★														★	★	★	★	★	★
子情境 6	传感器信号处理	认识测量放大器	★																	★		
		认识程控增益放大器	★																		★	
		认识隔离放大器	★																			★
子情境 7	传感器接口技术		★	★	★	★	★	★	★	★	★	★	★	★	★	★	★	★	★	★	★	★

习题与思考题

1. 检测系统有哪些部分组成?
2. 什么是传感器的静态特性,动态特性又有哪些?
3. 在选择传感器的时候要考虑哪些因素,为什么?
4. 简述旋转变压器的工作原理。
5. 感应同步器有哪些应用?
6. 如何使用编码器控制切割长度? 编码器还有哪些典型的应用?
7. 简述光栅传感器的工作原理。
8. 什么是霍尔效应? 什么是霍尔元件?
9. 请简述直流测速机的工作原理。
10. 光电式转速传感器在哪些方面有突出的应用?
11. 什么是压电效应,压电材料有哪些?
12. 请列举 3 个测试力和力矩的方法。
13. 什么是流体压强传感器,它有什么用途?
14. 筒式压力传感器和模式压力传感器各有什么特点?
15. 请简述热电偶的工作原理。
16. 红外线温度传感器有哪些用途?
17. 测量放大器的作用有哪些?
18. 什么是程控增益放大器,它有什么用途?
19. 隔离放大器有什么特点?
20. 采样保持器的作用是什么?

学习情境四　机电一体化接口设计

情境导入

接口是机电一体化系统重要的部分。如果说控制微机是机电一体化系统的“大脑”，机械本体是系统的“骨骼”，执行机构是系统的“四肢”，传感器是系统的“感官”，那么接口就是将它们联系成一体的桥梁。

情境剖析

知识目标

1. 了解机电一体化接口的特点；
2. 熟悉机电一体化接口的种类及组成。

技能目标

1. 能够根据需求合理选择控制微机；
2. 能够设计典型机电设备的人机接口和机电接口。

子情境 1　认识接口

体例 4.1.1　接口

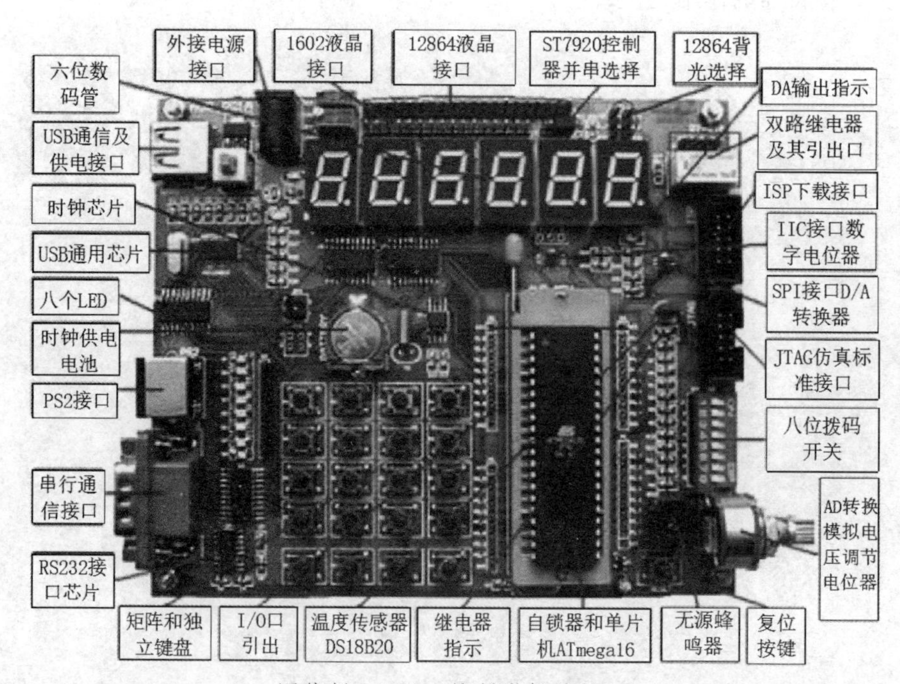

图体例 4.1.1　控制微机的接口

表体例 4.1.1 控制微机的接口分析

名称	功能	接口类型
控制微机接口	连接控制微机与外设	键盘接口、显示器接口、USB 通信及供电接口、串行通信接口、SPI 接口、继电器接口

1. 接口的重要性

一个机电一体化产品由机械分系统和微电子分系统(控制微机)两大部分组成,二者又分别由若干要素构成。要将各要素、各子系统有机地结合起来,构成一个完整的系统,就必须能顺利地在各要素、各子系统之间进行物质、能量和信息的传递与交换。为此,各要素和子系统的相接处必须具备一定的联系条件,这个联系条件通常被称为接口。因此也可以把机电一体化产品看成是由许多接口将组成产品的各要素的输入/输出联系为一体的系统。

2. 接口、通道及其功能

除控制微机外,计算机控制系统的硬件通常还包括两类外围设备:一类是常规外围设备,如键盘、显示器、打印机、存储设备等;另一类是被控设备和检测仪表、显示装置、操作台等。由于计算机存储器的功能单一(存储信息)、品种有限(ROM、RAM)、存取速度与 CPU 的工作速度基本匹配,因此,存储器可以直接连接到 CPU 总线上。而外围设备种类繁多,有机械式、机电式和电子式;有的为输入设备,有的为输出设备;工作速度不一,通常比 CPU 的速度低得多,且不同外围设备的工作速度一般差别较大;信息类型和传送方式不同,有的使用数字量,有的使用模拟量,有的要求并行传送信息,有的要求串行传送信息。因此,仅靠 CPU 及其总线是无法承担上述工作的,必须增加 I/O 接口电路和 I/O 通道才能完成外围设备与 CPU 的总线相连。

(1) I/O 接口电路

I/O 接口电路简称接口电路,它是主机和外围设备之间交换信息的连接部件(电路)。接口电路的主要作用如下:

① 解决主机 CPU 和外围设备之间的时序配合和通信联络问题。

主机的 CPU 是高速处理器件,比如 8086-1 的主频为 10 MHz,1 个时钟周期仅为 100 ns,一个最基本的总线周期为 400 ns。而外围设备的工作速度比 CPU 的速度慢得多。如打字机传送信息的速度是毫秒级;工业控制设备中的炉温控制采样周期是秒级。为保证 CPU 的工作效率并适应各种外围设备的速度配合要求,应在 CPU 和外围设备间增设一个 I/O 接口电路,以满足两个不同速度系统的异步通信联络。

I/O 接口电路为完成时序配合和通信联络功能,通常都设有数据锁存器、缓冲器、状态寄存器以及中断控制电路等。通过接口电路,CPU 通常采用查询或中断控制方式为慢速外围设备提供服务,就可保证 CPU 和外围设备间异步而协调地工作,既满足了外围设备的要求,又提高了 CPU 的利用率。

② 解决 CPU 和外围设备之间的数据格式转换和匹配问题。

CPU 是按并行处理设计的高速处理器件,即 CPU 只能读入和输出并行数据。但是,实际上要求其发送和接收的数据格式却不仅仅是并行的,在许多情况下是串行的。例如,为了节省传输导线,降低成本,提高可靠性,机间距离较长的通信都采用串行通信。又如,由光电脉冲编码器输出的反馈信号是串行的脉冲列,步进电动机要求提供串行脉冲等等。这就要求将外部送入计算机的串行格式的检测信息转换成 CPU 所能接收的并行格式,也要将 CPU 送往外部的并行格式的信息转换成与外围设备相容的串行格式,并且要以双方相匹配的速率和电平实现信息的传送。这些功能主要由相应的接口芯片在CPU控制下来完成。

③ 解决CPU的负载能力和外围设备端口的选择问题。

即使是CPU和某些外围设备之间仅仅进行并行格式的信息交换，一般也不能将各种外围设备的数据线、地址线直接挂到CPU的数据总线和地址总线上。这里主要存在两个问题，一是CPU总线的负载能力的问题，二是外围设备端口的选择问题。过多的信号线直接接到CPU总线上，将会导致超过CPU总线的负载能力。采用接口电路可以分担CPU总线的负载，使CPU总线不至于超负荷运行，造成工作不可靠。CPU和所有外围设备交换信息时都是通过双向数据总线进行的，如果所有外围设备的数据线都直接接到CPU的数据总线上，数据总线上的信号将是混乱的，无法区分是送往或来自哪个外围设备的数据。只有通过接口电路中具有三态门的输出锁存器或输入缓冲器，再将外围设备数据线接到CPU数据总线上，通过控制三态门的使能(选通)信号，才能使CPU的数据总线在某一时刻只接到被选通的那一个外围设备的数据线上，这就是外围设备端口的选址问题。使用可编程并行接口电路或锁存器、缓冲器，就能方便地解决上述问题。

此外，接口电路可实现端口的可编程功能以及错误检测功能。一个端口通过软件设置既可作为输入口又可作为输出口，或者作为位控口，使用非常灵活方便。同时，多数用于串行通信的可编程接口芯片都具有传输错误检测功能，如可进行奇/偶校验、冗余校验等。

(2) I/O通道

I/O通道也称为过程通道。它是计算机和被控对象之间信息传送和变换的连接通道。计算机要实现对生产机械、生产过程的控制，就必须采集现场控制对象的各种参量，这些参量分两类：一类是模拟量，即时间上和数值上都连续变化的物理量，如温度、压力、流量、速度、位移等；另一类是数字量(或开关量)即时间上和数值上都不连续的量，如表示开关闭合或断开两个状态的开关量和按一定编码的数字量和串行脉冲列等。同样，被控对象也要求得到模拟量(如电压、电流)或数字量两类控制量。但是，计算机只能接收和发送并行的数字量。因此，为使计算机和被控对象之间能够连通起来，除了需要I/O接口电路外，还需要I/O通道，由它将从被控对象采集的参量变换成计算机所要求的数字量(或开关量)的形式，送入计算机。计算机按某一数学公式计算后，又将其结果以数字量形式或转换成模拟量形式输出至被控制对象，这就是I/O通道所要完成的功能。

应当指出，I/O接口和I/O通道都是为实现主机和外围设备(包括被控对象)之间信息交换而设的器件，功能都是保证主机和外围设备之间能方便、可靠、高效率地交换信息。因此，接口和通道紧密相连，在电路上往往结合在一起。例如，目前大多数大规模集成A/D转换器芯片，除了完成A/D转换，起模拟量输入通道的作用外，其转换后的数字量可保存在片内具有三态输出的输出锁存器中；同时，具有通信联络及I/O控制的有关信号端，可以直接挂到主机的数据总线及控制总线上，这样，A/D转换器也就同时起到了输入接口的作用。因此，有些文献中也有将A/D转换器统称为接口电路。大多数集成D/A转换器也一样，都可以直接挂到系统总线上，同时起到输出接口和D/A转换的作用。

3. I/O信号的种类

在微机控制系统或微机系统中，主机和外围设备间所交换的信息通常分为数据信息、状态信息和控制信息三类。

(1) 数据信息

数据信息是主机和外围设备交换的基本信息，通常是8位或16位的数据，它可以用并行

格式传送，也可以用串行格式传送。数据信息又可以分为数字量、模拟量、开关量和脉冲量。

① 数字量。数字量是指由键盘、磁盘机、拨码开关、编码器等输入的信息，或者是主机送给打印机、磁盘机、显示器、被控对象等的输出信息。它们是二进制码的数据或是以 ASCII 码表示的数据或字符(通常为 8 位)。

② 模拟量。来自现场的温度、流量、压力、位移、速度等物理量，也是一类数据信息。一般通过传感器将这些物理量转换成电压或电流，再经过 A/D 转换变成数字量，最后送入计算机。同理，从计算机送出的数字量先经过 D/A 转换，变成模拟量，经功率放大等最后控制执行机构。所以模拟量代表的数据信息都必须经过变换才能实现交换。

③ 开关量。开关量表示两个状态，如开关的闭合和断开、电动机的启动和停止、阀门的打开和关闭等。这样的量只要用一位二进制数就可以表示。

④ 脉冲量。它是一个一个传送的脉冲序列。脉冲的频率和脉冲的个数可以表示某种物理量。如通过检测装在电机轴上的脉冲信号发生器发出的脉冲，可以获得电机的转速和角位移等数据信息。

(2) 状态信息

状态信息是外围设备通过接口向 CPU 提供的反映外围设备所处的工作状态的信息，可作为两者交换信息的联络信号。输入时，CPU 读取准备好(READY)状态信息，检查待输入的数据是否准备就绪，若准备就绪，则读入数据，未准备就绪就等待。输出时，CPU 读取忙(BUSY)信号状态信息，检查输出设备是否已处于空闲状态，若为空闲状态，则可向外围设备发送新的数据，否则等待。

(3) 控制信息

控制信息是 CPU 通过接口传送给外围设备的信息。控制信息随外围设备的不同而不同，有的控制外围设备的启动和停止，有的控制数据流向，是输入还是输出，有的作为端口寻址信号。

4. 接口的种类

机电一体化产品接口的分类方法较多。

(1) 根据变换和调整功能划分

根据接口的变换和调整功能，可将接口分为：

① 零接口：无变换和调整功能，如：插座、导线等。

② 被动接口：用被动要素进行变换、调整，如变压器、减速器等。

③ 主动接口：含能动要素，主动进行匹配的接口，如：放大器、A/D 转换器等。

④ 智能接口：含微处理器，可编程或可适应性地改变接口条件，如 PPI8255、STD 总线等。

(2) 根据输入输出功能划分

根据接口的输入输出功能，可将接口分为：

① 机械接口：进行机械连接的接口，如：管接头、联轴器等。

② 物理接口：受通过接口部位的物质、能量与信息的具体形态和物理条件约束的接口，如：气压表、水表等。

③ 信息接口：受规格、标准、语言、符号等逻辑、软件约束的接口，如：GB、ASCII 码、Basic 等。

④ 环境接口：对周围环境条件有保护作用和隔绝作用的接口，如：防尘过滤器、防爆开关等。

本书按照接口所联系的子系统不同，以控制微机(微电子系统)为出发点，将接口分为人机接口与机电接口两大类。另外接口能够实现其功能，除有正确的硬件接线外还需要正确的软

件设计，而不同的控制微机，其软件编程也不尽相同，因此，本书主要介绍接口的硬件设计及其工作原理。

机电接口：按信息和能量的传递方向，可分为信息采集接口（传感器接口）与控制输出接口。控制微机通过信息采集接口接受传感器输出信号，检测机械系统运行参数，经过运算处理后，发出有关控制信号，经过控制输出接口的匹配、转换、功率放大，驱动执行元件来调节机械系统的运行状态，使其按要求动作。

人机接口：包括输出接口与输入接口两类，通过输出接口，操作者对系统的运行状态、各种参数进行监测；通过输入接口，操作者向系统输入各种命令及控制参数，对系统运行进行控制。

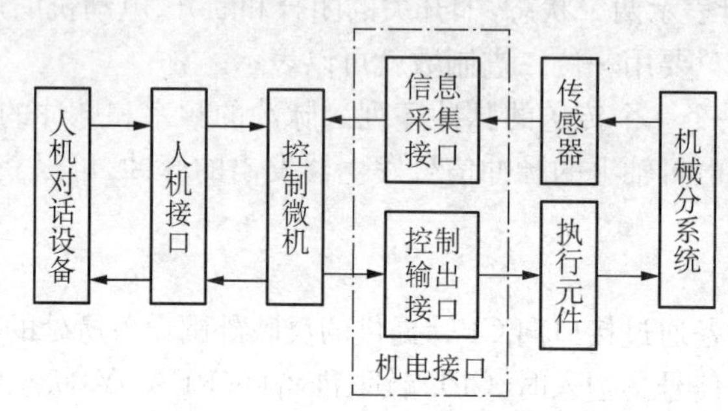

图 4.1.1　机电一体化系统的基本组成

子情境 2　认识控制微机

控制微机是机电一体化控制系统的核心，通常有三种方案：①选用可编程序控制器(PLC)；②选用标准的工业控制计算机；③设计专用的单片机控制系统。

任务 1　认识单片机

体例 4.2.1　单片机结构

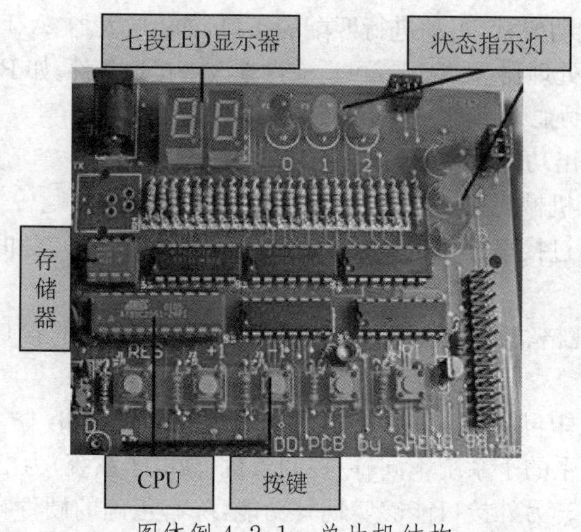

图体例 4.2.1　单片机结构

表体例 4.2.1　单片机结构

名称	功能	构成
单片机	控制	CPU、存储器(ROM、RAM)、各种接口

1.1　单片机组成及类型

单片微型计算机简称为单片机，它是将 CPU、RAM、ROM 和各种接口(计数器、定时器、并行 I/O 口、串行口、脉宽调制器(PWM、以及 A/D 转换器等)集成在一块半导体的硅片上，像这样，一块集成电路芯片就具有一台真正计算机的大部分属性，因此被称为单片微型计算机。

自 1976 年 Intel 公司首个单片机问世以来，因其性价比极高，受到人们的关注和重视，发展迅速。由于其体积小、重量轻、速度快、集成度高、功耗低、抗干扰能力强、价格低廉(几元到几十元人民币)、性能可靠、系列齐全，功能扩展容易，使用方便灵活等优点，广泛应用于自动检测、工业自动化控制、通信设备、智能仪器仪表、电力电子、家用电器、机电一体化等各个方面。但因为成本和体积等方面的限制，使得单片机资源也非常有限，和微型计算机在接口数量、存储容量、中断源的个数及处理速度等方面还不能相比，因此，在大型工业控制系统中，它一般只能辅助中央计算机系统测试一些信号的数据信息和完成单一量控制。

单片机芯片的发展已经经历了 40 多年，其产品系列已达到 190 多种，型号 2 000 多种。单就 CPU 字长而言，主要有 4 位单片机、8 位单片机、16 位单片机、32 位单片机 4 种。

1. 4 位单片机

4 位机是单片机第一代，其字长为 4 位。4 位机不仅结构简单，价格低廉，功能也比较灵活，既有一定的控制能力，又有相当的数据处理能力。目前，4 位机的产量虽然仍较大，但其在单片机芯片生产中的比重已逐年下降，主要用于速度要求不高的场合，例如家用电器、民用电子装置和电子玩具等。

2. 8 位单片机

8 位单片机是目前品种最为丰富、应用最为广泛的微控制器，在自动化装置、智能仪器仪表、过程控制、通信、家用电器等许多领域得到广泛应用。常用的 8 位单片机主要有：

(1) MCS-51 系列

Intel 公司的 MCS-51 系列单片机硬件结构合理，指令系统规范，生产历史悠久，是目前全球用量最大的系列微控制器之一。ATMEL、PHILIPS 等著名半导体公司，以 51 系列内核开发出许多具有特色的 MCS-51 系列兼容微控制器，并改善了 51 系列的许多特性，例如：提高了速度、降低了时钟频率、加宽了电压范围、提高了性价比。目前最流行的 8 位单片机是 ATMEL 公司推出的 AT89C 系列和 AT89S 系列。

(2) PIC 系列

PIC 系列单片机是美国微芯公司(Microchip)的产品。PIC 系列单片机采用精简的指令集，具有体积小、功耗低、抗干扰性好、可靠性高、模拟接口功能强、代码保密性好等特点。与传统的 MCS-51 系列相比，使用起来更加灵活，外围电路更少。该系列的单片机有高、中、低三个档次，可以满足不同用户开发的需求。

(3) AVR 系列

AVR 系列单片机是美国 ATMEL 公司推出的全新配置的 8 位精简指令集微控制器。其显著特点是带有FLASH存储器、指令简单、处理速度快、低电压和低功耗，它取消了机器周期，以时钟周期为指令周期，实行流水作业。其AT90、ATtiny和ATMega系列分别对应低、中和高档产品。

(4) MC68HC系列

Motorola公司推出的8位微控制器主要有普通型的MC68HC05和高性能的MC68HC11等。该系列最大的特点是基于CSIC的设计思想(CSIC：Customer-Specified Integrated Circuit，用户定义的集成电路)，配以各种I/O模块和不同大小及不同类型的存储器，组成不同的单片机系列。每种单片机都有若干封装形式，抗干扰能力都很强。

除此之外，CYGNAL公司的C8051F系列、飞思卡尔(Freescale)公司的HC08/HCS08/RS08系列也都占有一定份额。

3. 16位单片机

16位单片机的操作速度与数据吞吐能力，比8位单片机明显提高。16位单片机特别适用于各种自动控制系统和复杂数据处理系统中，如工业过程控制系统、伺服系统、分布式控制系统、变频调速控制系统，还适用于一般的信号处理系统及高级智能仪器，以及高性能的计算机外部设备控制器和办公自动化设备控制器等。这些系统通常要求实时处理和实时控制。

目前常用的16位单片机主要有Intel公司生产的MCS－96系列、台湾凌阳公司(SUNPLUS)生产的凌阳SPCE061A、德州仪器公司(TI)生产的MSP430系列，以及Motorola公司生产的MC68HC系列等。

4. 32位单片机

对于一些高精度、高速度的应用场合，8位与16位微控制器均不能胜任，而32位的微控制器则可大显身手，如智能机器人、导航系统、语音识别、图像处理等。目前，生产32位单片机的厂家包括如Motorola、ARM、Intel、TOSHIBA、HITACHI和SAMSUN等著名公司。

1.2 AT89C51单片机的外部特性

专用微机控制系统区别于通用微机控制系统的最大特点，就是它只包含通用系统的部分功能，一般以够用为准，系统具有造价低、安装使用方便、体积小等特点。专用微机控制系统的设计问题，实质就是选用适当的IC芯片来组成控制系统，以便于执行元件和检测传感器之间相匹配。有时也会重新设计制作专用的集成电路，把整个控制系统集成在一块或几块芯片上(如智能冰箱的专用芯片)，以提高可靠性。而控制系统的设计首先要了解各IC芯片的外部引脚特性，现以常用的AT89C518位单片机为例，其外部引脚如图4.2.1所示。

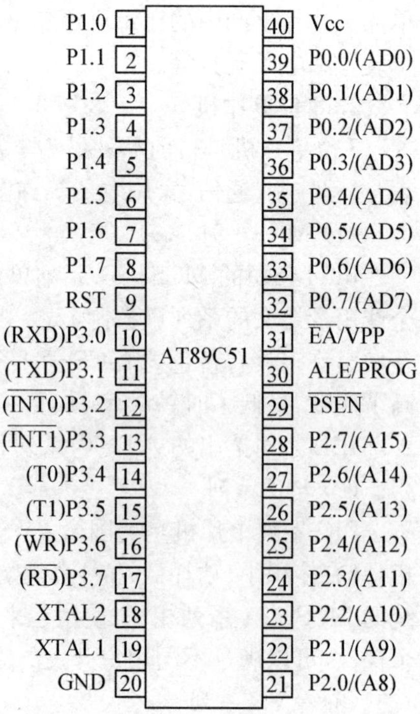

图4.2.1 AT89C51单片机

AT89C51单片机外部引脚说明：

1. 主电源引脚

GND(20脚)：电路地电平

Vcc(40脚)：正常运行和编程校验电源

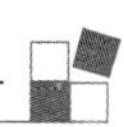

2. 外接晶振或外部振荡器引脚

XTAL1(19 脚)：接外部晶振的一个引脚。在单片微机内部，它是一个反相放大器的输入端，这个放大器构成了片内振荡器。当采用外部振荡器时，此引脚应接地。

XTAL2(18 脚)：接外部晶振的另一个引脚。在片内接至振荡器的反相放大器的输出和内部时钟发生器的输入端。当采用外部振荡器时，则此引脚接外部振荡信号的输入。

3. 控制引脚

RST(9 脚)：RST 即 Reset(复位)信号输入端。振荡器工作时，由该引脚输入脉宽 2 个以上机器周期的高电平时复位单片微机。当外部在 RST 与 V_{CC}之间接一个电容(约 10pF)和在 RST 与 GND 之间接一个电阻(约 8.2 kW)时，就可实现加电复位功能。

ALE/$\overline{\text{PROG}}$(30 脚)：ALE，允许地址锁存信号输出。当访问外部存储器时，地址锁存允许的输出电平用于锁存地址的低位字节。在 FLASH 编程期间，此引脚用于输入编程脉冲。平时，ALE 端以不变的频率周期输出正脉冲信号，此频率为振荡器频率的 1/6。因此它可用作对外部输出的脉冲或用于定时目的。然而要注意的是：每当用作外部数据存储器时，将跳过一个 ALE 脉冲。如想禁止 ALE 的输出可在 SFR8EH 地址上置 0。此时，只有在执行 MOVX，MOVC 指令时 ALE 才起作用。另外，该引脚被略微拉高。如果微处理器在外部执行状态 ALE 禁止，置位无效。

$\overline{\text{PSEN}}$(29 脚)：访问外部程序存储器选通信号，低电平有效。在由外部程序存储器取指期间，每个机器周期两次$\overline{\text{PSEN}}$有效。在执行片内程序存储器取指令时，不产生$\overline{\text{PSEN}}$信号，在访问外部数据存储器时，亦不产生$\overline{\text{PSEN}}$信号。

$\overline{\text{EA}}$/VPP 引脚：$\overline{\text{EA}}$为访问内部或外部程序存储器选择信号。当$\overline{\text{EA}}$保持低电平时，访问外部程序存储器(0000H－FFFFH)，不管是否有内部程序存储器。注意加密方式 1 时，$\overline{\text{EA}}$将内部锁定为 RESET；当$\overline{\text{EA}}$端保持高电平时，为访问内部程序存储器。在 FLASH 编程期间，此引脚也用于施加 12 V 编程电源(VPP)。

4. 多功能 I/O 口引脚

P0 口(32～39 脚)：8 位漏极开路双向并行 I/O 端口。当访问外部存储器时，它是地址总线(低 8 位)和数据总线复用，外部不扩展而单片应用时，则作双向 I/O 口用，在进行片内程序校验期间，作指令代码输出用。可带 8 个 LSTTL 负载。

P1 口(1～8 脚)：8 位准双向并行 I/O 端口。在片内程序校验期间，作低 8 位地址用。它可带 4 个 LSTTL 负载。

P2 口(21～28 脚)：8 位准双向并行 I/O 端口。当访问外部存储器时作高 8 位地址用，不作外部功能扩展(单片应用)时，则作准双向 I/O 口用，在片内程序校验时作高 8 位地址线用。它可带 4 个 LSTTL 负载。

P3 口(10～17 脚)：具有内部上拉电路的 8 位准双向并行 I/O 端口。它还提供特殊的第二功能。它的每一位均可独立定义为第一功能的 I/O 口和第二特殊功能。

第二特殊功能具体含义为：

P3.0—(10 脚)RXD：串行数据接收端。

P3.1—(11 脚)TXD：串行数据发送端。

P3.2—(12 脚)$\overline{\text{INT0}}$：外部中断 0 请求端，低电平有效。

P3.3—(13 脚)$\overline{\text{INT1}}$：外部中断 1 请求端，低电平有效。

P3.4—(14 脚)T0：定时/计数器外部事件计数输入端。

P3.5—(15 脚)T1：定时/计数器外部事件计数输入端。

P3.6—(16 脚)$\overline{\text{WR}}$：外部数据存储器写选通，低电平有效。

P3.7—(17 脚)$\overline{\text{RD}}$：外部数据存储器读选通，低电平有效。

任务 2　认识可编程序控制器

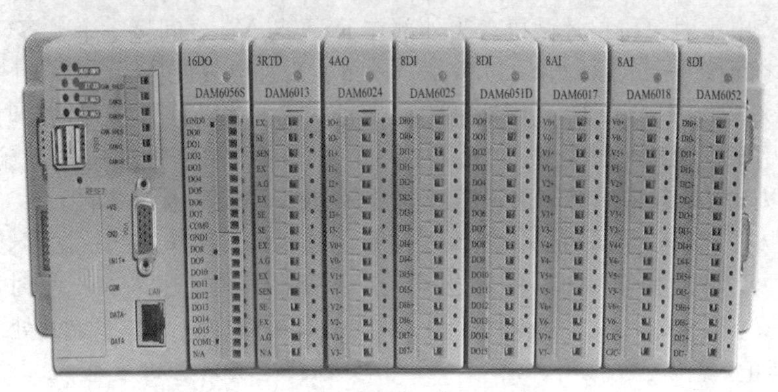

图 4.2.2　dam6800 可编程序控制器

2.1　可编程序控制器概述

可编程序控制器(Programmable Controller)是计算机家族中的一员，是为工业控制应用而设计制造的。早期的可编程序控制器称作可编程逻辑控制器(Programmable Logic Controller)，简称 PLC，它主要用来代替继电器实现逻辑控制。随着技术的发展，这种装置的功能已经大大超过了逻辑控制的范围，因此，今天这种装置称作可编程序控制器，简称 PC。但是为了避免与个人计算机(Personal Computer)的简称混淆，所以仍将可编程序控制器简称 PLC。

2.2　常用可编程序控制器的介绍

1. 罗克韦尔(AB)

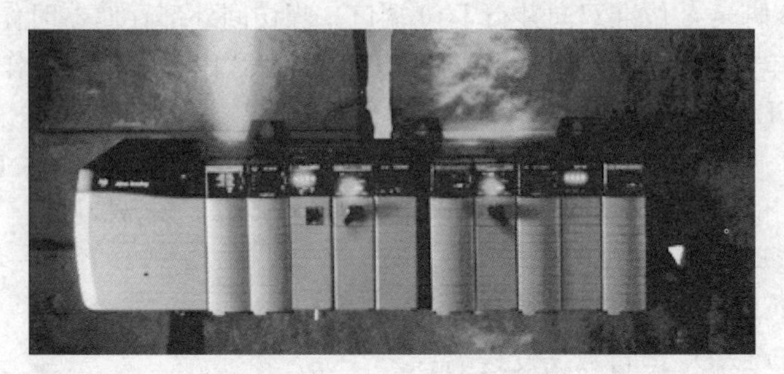

图 4.2.3　Controllogix

Controllogix 基于 LOGIX 平台。是 AB 的主流产品，适用于大型系统。

图 4.2.4　CompactLogix

CompactLogix 为紧凑型多功能控制器，适用于中小型控制系统，典型的应用包括设备级别的控制应用。

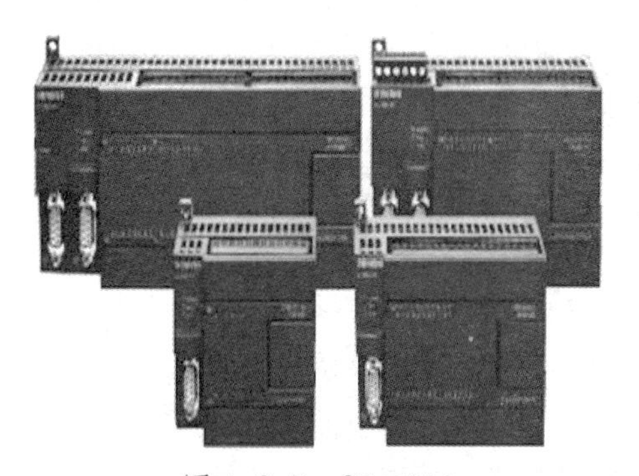

图 4.2.5　S7－200

2. 西门子

S7 系列模块化控制器可随时通过可插拔 I/O 模块、功能和通讯模块灵活地进行扩展，为用户的需求提供量身定做的解决方案。根据用户的应用范围可以从性能、范围和接口选择等方向进行选择。

S7－200 运行稳定，使用简单方便，价格便宜，很适用于小型控制系统；缺点是 I/O 点数比较有限。SIMATIC S7－200 微型 PLC 是微型自动化领域可靠、快速、灵活的控制器。

图 4.2.6　S7－300

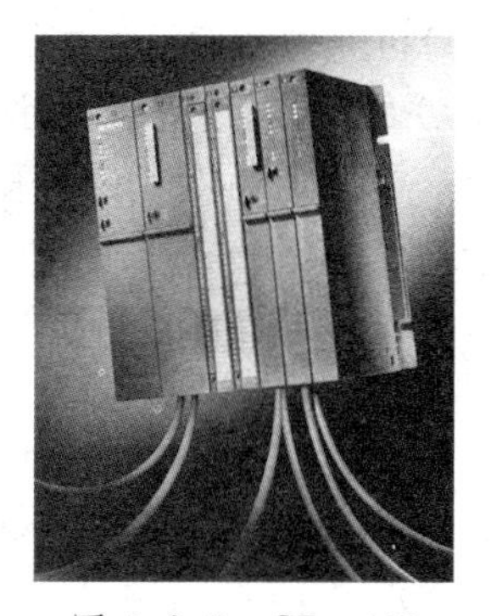

图 4.2.7　S7－400

S7－300 是为了适应大中型控制系统而设计的更加模块化的控制系统。优点：体积小巧、功能强大，能适合自动化工程中的各种应用场合，尤其是在生产制造工程中的应用。缺点：价格较贵。

S7－400 为复杂的大系统而设计。

2.3　可编程序控制器的特点

1. 可靠性高，抗干扰能力强

PLC 用软件代替大量的中间继电器和时间继电器，仅剩下与输入和输出有关的少量硬件，接线可减少到继电器控制系统的 1/10～1/100，因触点接触不良造成的故障大为减少。

高可靠性是电气控制设备的关键性能，PLC 由于采用现代大规模集成电路技术，采用严格的生产工艺制造，内部电路采取了先进的抗干扰技术，具有很高的可靠性。例如三菱公司生产的F系列PLC平均无故障时间高达30万小时。一些使用冗余CPU的PLC的平均无故障工作时间则更长。从PLC的机外电路来说，使用PLC构成控制系统，和同等规模的继电接触器系统相比，电气接线及开关接点已减少到数百甚至数千分之一，故障也就大大降低。此外，PLC带有硬件故障自我检测功能，出现故障时可及时发出警报信息。在应用软件中，还可以编入外围器件的故障自诊断程序，使系统中除PLC以外的电路及设备也获得故障自诊断保护，从而使整个系统具有极高的可靠性。

2. 硬件配套齐全，功能完善，适用性强

PLC发展到今天，已经形成了大、中、小各种规模的系列化产品，并且已经标准化、系列化、模块化，配备有品种齐全的各种硬件装置供用户选用，用户能灵活方便地进行系统配置，组成不同功能、不同规模的系统。PLC的安装接线也很方便，一般用接线端子连接外部接线。PLC有较强的带负载能力，可直接驱动一般的电磁阀和交流接触器，可以用于各种规模的工业控制场合。除了逻辑处理功能以外，现代PLC大多具有完善的数据运算能力，可用于各种数字控制领域。近年来PLC的功能单元大量涌现，使PLC渗透到了位置控制、温度控制、CNC等各种工业控制中。加上PLC通信能力的增强及人机界面技术的发展，使用PLC组成各种控制系统变得非常容易。

3. 易学易用，深受工程技术人员欢迎

PLC作为通用工业控制计算机，是面向工矿企业的工控设备。它接口容易，编程语言易于为工程技术人员接受。梯形图语言的图形符号与表达方式和继电器电路图相当接近，只用PLC的少量开关量逻辑控制指令就可以方便地实现继电器电路的功能。为不熟悉电子电路、不懂计算机原理和汇编语言的人使用计算机从事工业控制打开了方便之门。

4. 系统的设计、安装、调试工作量小，维护方便，容易改造

PLC的梯形图程序一般采用顺序控制设计法。这种编程方法很有规律，很容易掌握。对于复杂的控制系统，梯形图的设计时间比设计继电器系统电路图的时间要少得多。

PLC用存储逻辑代替接线逻辑，大大减少了控制设备外部的接线，使控制系统设计及建造的周期大为缩短，同时维护也变得容易起来。更重要的是使同一设备经过改变程序改变生产过程成为可能。这很适合多品种、小批量的生产场合。

5. 体积小，重量轻，能耗低

以超小型PLC为例，新近出产的品种底部尺寸小于100 mm，仅相当于几个继电器的大小，因此可将开关柜的体积缩小到原来的1/2～1/10。它的重量小于150 g，功耗仅数瓦。由于体积小很容易装入机械内部，是实现机电一体化的理想控制设备。

2.4 可编程序控制器在工业中应用的特点

1. 应用特点

(1) 控制功能的实现

PLC控制系统采用存储器逻辑，通过编制的程序软接线方式来实现控制功能，只需改变存储在存储器中程序就能改变其控制逻辑。其接线少、体积小，并且PLC中每支软继电器的触点数目在理论上无限制，因此其灵活性和扩展性很好。

(2) 工作方式

PLC控制系统中各继电器都处于周期性循环扫描接通之中，从宏观上看每个继电器受制

约接通的时间是短暂的。

(3) 控制速度

PLC 控制系统由程序指令控制半导体电路来实现，控制速度极快，一般一条用户指令的执行时间在微秒数量级。并且 PLC 内部还有严格的同步，不会出现抖动问题。

(4) 限时控制

PLC 控制系统使用半导体集成电路作定时器，时基脉冲由晶体振荡器产生，精度相当高，并且定时时间不受环境的影响。用户可根据需要在程序中设定定时值，然后由软件和硬件计数器来控制定时时间。

(5) 计数及其他特殊功能

PLC 控制系统能实现计数及其他特殊功能。

(6) 可靠性和可维护性

PLC 控制系统采用微电子技术，大量的开关动作由无触点的半导体电路来完成。体积小、寿命长、可靠性很高。并且其内部具有自诊断功能，易于维护。

(7) 设计和施工

用 PLC 控制系统完成一项控制工程，在系统设计完成以后，现场施工和控制逻辑的设计包括梯形图设计，可以同时进行，周期短且调试、修改都很方便。

2. 选用要求

在选择 PLC 时，应该了解其应用范围，主要包括：开关逻辑控制、模拟量控制、闭环过程控制、定时控制、计数控制、顺序控制、数据处理以及通信和联网。

2.5　可编程序控制器在工业上的发展前景

工业自动化生产线的首要目标是保证产品质量，生产过程不可能进行过多的人工干预，产品质量的保证只能依赖在线质量检测设备和仪器，监视产品质量参数，为控制器提供准确的测量值和检测状态。长期以来 PLC 始终处于工业自动化控制领域的主战场，为各种各样的自动化控制设备提供了非常可靠的控制应用。其主要原因在于它能够为自动化控制应用提供安全可靠和比较完善的解决方案，适合于当前工业企业对自动化的需要。

在企业方面，国内企业经过多年的努力，工业过程控制经过继电器控制、PLC 控制、集中监控，到现在的工业现场总线控制技术和管控一体化控制系统，为国内企业自动化、信息化打下了良好的基础。如今，工业企业现代化改造的方向是全面实现企业的自动化向信息化方向发展，现代工业企业自动化的特征是自动控制技术、物流技术、信息技术的综合应用。为了满足企业提出的提质降耗、精细加工、小批多品、开发新品、管理控制结合的新需求，企业自动控制技术的发展趋势向着网络化、智能化、数字化发展，并且向实时在线质量检测、实时数据自动采集、设计调试手段和工具、故障自诊断技术、数据自动管理等一系列先进技术发展。PLC 在工业中的应用占有越来越多的比例，发展前景也很可观。

任务 3　认识工控机

总线工控机是目前工业领域应用相当广泛的工业控制计算机，它具有丰富的过程输入/输出接口功能、迅速响应的实时功能和环境适应能力。总线工控机的可靠性较高，如 STD 总线工控机的使用寿命达到数十年，平均故障间隔时间(*MTBF*)超过上万小时，且故障修复时间(*MTTR*)较短。总线工控机的标准化、模板式设计大大简化了设计和维修难度，且系统配置的丰富应用软件多以结构化和组态软件形式提供给用户，使用户能够在较短的时间内掌握并熟练应用。下面介绍两类在工业现场得到广泛使用的工业控制机。

图 4.2.8　嵌入式工控机 febc－3526

3.1　STD 总线工业控制机

STD 总线工业控制机最早是由美国的 Prolog 公司在 1978 年推出的，是目前国际上工业控制领域最流行的标准总线之一，也是我国优先重点发展的工业标准微机总线之一，它的正式标准为 IEEE－961 标准。按 STD 总线标准设计制造的模块式计算机系统，称为 STD 总线工业控制机。

典型的 STD 总线工控机系统的构成如图 4.2.9 所示，其突出特点是：模块化设计，系统组成、修改和扩展方便，各模块间相对独立。使检测、调试、故障查找简便迅速；有多种功能模板可供选用，大大减少了硬件设计工作量；系统中可运行多种操作系统及系统开发的支持软件，使控制软件开发的难度大幅降低。STD 总线工控机已广泛应用于工业生产过程控制、工业机器人、数控机床、钢铁冶金、石油化工等各个领域。

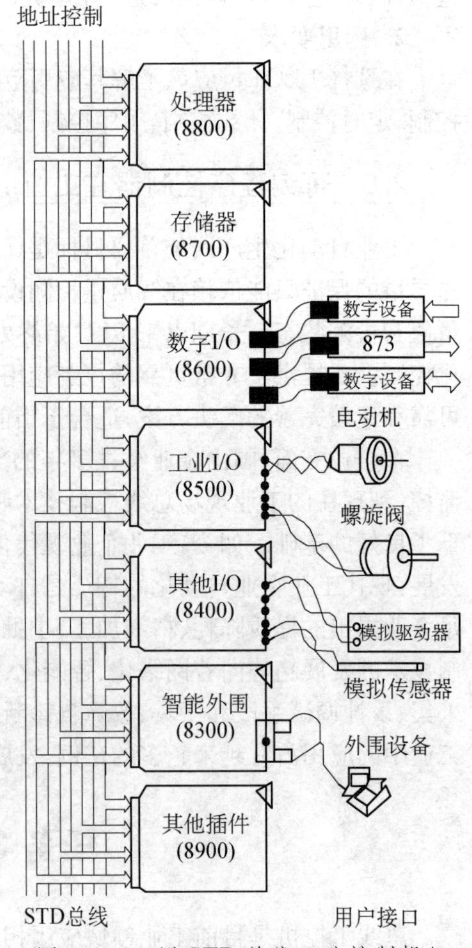

图 4.2.9　用 STD 总线工业控制机组成的计算机系统

3.2　PC 总线工业控制机

IBM 公司的 PC 总线微机最初是为个人或办公室使用而设计的，早期主要用于文字处理或一些简单的办公室事务处理。早期产品是基于一块大底板结构加上几个 I/O 扩充槽。大底板上具有 8 088 处理器和一些存储器及控制逻辑电

路等。加入 I/O 扩充槽的目的是为了外接打印机、显示器、内存扩充和软盘驱动器接口卡等。

随着微处理器的更新换代，为了充分利用 16 位机（如 Intel80286 等）的性能，通过在原 PC 总线的基础上增加一个 36 引脚的扩展插座，形成了 AT 总线。这种结构也称为 ISA（Industry Standard Architecture）工业标准结构。

PC/AT 总线的 IBM 兼容计算机由于价格低廉、使用灵活、软件资源非常丰富，因而用户众多，在国内更是主要流行机种之一。一些公司研制了与 PC/AT 总线兼容的诸如数据采集、数字量、模拟量 I/O 等模板，在实验室或一些过程闭环控制系统中使用。但是未经改进的 PC/AT 总线微机，其设计组装形式不适于在恶劣的工业环境下长期运行。例如，PC/AT 总线模板的尺寸不统一，没有严格规定的模板导轨和其他固定措施，抗振动能力差；大底板结构功耗大，没有强有力的散热措施，不利于长期连续运行；I/O 扩充槽少（5～8 个），不能满足许多工业现场的需要。为克服上述缺点，使 PC/AT 总线微机适用于工业现场控制，近几年来许多公司推出了 PC/AT 总线工业控制机，一般对原有微机作了以下几方面的改进：

① 机械结构加固，使微机的抗振性好。

② 采用标准模板结构。改进整机结构，用 CPU 模板取代原有的大底板，使硬件构成积木化，便于维修更换，也便于用户组织硬件系统。

③ 加上带过滤器的强力通风系统，加强散热，增加系统抵抗粉尘的能力。

④ 采用电子软盘取代普通的软磁盘，使之能适于在恶劣的工业环境下工作。

⑤ 根据工业控制的特点，常采用实时多任务操作系统。

采用总线工业控制机有许多优点，尤其是它的支持软件特别丰富，各种软件包不计其数，这可大大减少软件开发的工作量，而且 PC 机联网方便，容易构成多微机控制与管理一体化的综合系统、分级计算机控制系统和集散控制系统。

3.3　总线工业控制机的特点及选用

总线工业控制机与通用的商业化计算机比较，其特点是取消了计算机系统母板；采用开放式总线结构；各种 I/O 功能模板可直接插在总线槽上；选用工业化电源；可按控制系统的要求配置相应的模板；便于实现最小系统。

在选择标准型总线工业控制机时，其主要任务是选择适当的机型，设计接口电路或选购现成的接口板卡，以及编制应用软件等。其中最重要的是根据具体的功能要求，开发相应的应用软件。

任务 4　常用工业控制机性能对比

工业控制机的发展为从事机电一体化领域工作的工程技术人员提供了有利的硬件支持。如何更灵活、有效地使用控制微机，以最好的功能、最高的性价比、最可靠的工作完成机电一体化系统的设计，选择合适的控制微机及配置是非常重要的。因此，工程技术人员应不断了解、掌握工业控制机发展的动态及产品的更新换代。表 4.2.1 列出了三种常用工业控制机的性能对比。

表 4.2.1　三种常用工业控制机的性能对比

控制装置比较项目	普通微机系统		工业控制机		可编程序控制器	
	单片(单板)系统	PC 扩展系统	STD 总线系统	工业 PC 系统	小型 PLC(256 点以内)	大型 PLC
控制系统的组成	自行研制(非标准化)	配置各类功能接口板	选购标准化 STD 模板	整机已成系统，外部另行配置	按使用要求选购相应的产品	
系统功能	简单的逻辑控制或模拟量控制	数据处理功能强，可组成功能完整的控制系统	可组成从简单到复杂的各类测控系统	本身已具备完整的控制功能，软件丰富，执行速度快	逻辑控制为主，也可组成模拟量控制系统	大型复杂的多点控制系统
通信功能	按需自行配置	已备 1 个串行口；再多，另行配置	选用通信模板	产品已提供串行口	选用 RS232 通信模块	选取相应的模块
硬件制作工作	多	稍多	少	少	很少	很少
编程语言	汇编语言	汇编语言和高级语言均可	汇编语言和高级语言均可	高级语言为主	图编程为主	多种高级语言
软件开发工作量	很多	多	较多	较多	很少	较多
运行速度	快	很快	快	很快	稍慢	很快
输出带负载能力	差	较差	较强	较强	强	强
抗干扰能力	较差	较差	好	好	很好	很好
可靠性	较差	较差	好	好	很好	很好
价格	很低	较高	稍高	高	高	很高
应用场合	智能仪器，单机简单控制	实验室环境的信号采集及控制	一般工业现场控制	较大规模的工业现场控制	一般规模的工业现场控制	大规模工业现场控制，可组成监控网络

子情境 3　人机接口设计

任务 1　人机输入接口设计

1.1　人机接口的类型及特点

常用的输入设备有：控制开关、BCD 二—十进制码拨盘、键盘等；常用的输出设备有：状态指示灯、发光二极管显示器、液晶显示器、微型打印机、阴极射线管显示器等，蜂鸣器、扬声器作为一种声音信号输出设备，在进行产品设计时也经常被采用。人机接口就是将这些输入输出设备与控制微机连接。

人机接口的特点是：

1. 专用性

每一种机电一体化产品都有其自身特定的功能，对人机接口有着不同的要求，所以人机接口的设计方案要根据产品的要求而定。例如对于一些简单的二值型的控制参数，可以考虑采用控制开关；对于一些少量的数值型参数的输入可以考虑使用 BCD 码拨盘；而当系统要求输入的控制命令和参数比较多时，则应考虑使用行列式键盘等等。

2. 低速性

与控制微机的工作速度相比，大多数人机接口设备的工作速度是很低的，所以在进行人机接口设计时，要考虑控制微机与接口设备间的速度匹配，提高控制微机的工作效率。

3. 高性价比

1.2　开关量输入通道电路设计与应用

开关量输入通道也称二值型数字量输入通道，它将用双值逻辑“1”和“0”表示电压或电流的开关量，转换为计算机能够识别的数字量，其结构形式如图 4.3.1 所示。

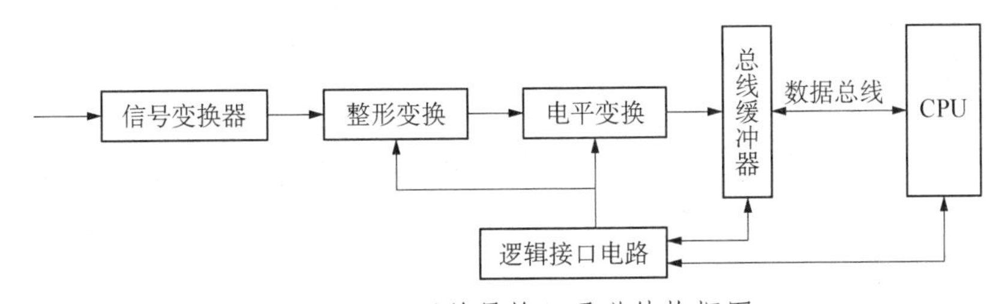

图 4.3.1　开关量输入通道结构框图

典型的开关量输入通道通常由以下几个部分组成：

① 信号变换器：将工业过程的非电量或电磁量转换为电压或电流的双值逻辑值。比如，有触点的机械开关或无触点的接近开关等。

② 整形变换电路：将混有毛刺之类干扰的双值逻辑信号，或前后沿不符合要求的输入信号，整形为接近理想状态的方波。

③ 电平变换电路：将输入的双值逻辑电平转换成与 CPU 兼容的逻辑电平。

④ 总线缓冲器：暂存数字量信息并实现与 CPU 数据总线的连接。

⑤ 接口电路：协调通道的同步工作，向 CPU 传递状态信息并控制开关量到 CPU 的输入。

1. 有触点开关量及其输入电路

有触点开关也称机械式开关，如行程开关、控制按钮、继电器、接触器、干簧管等。有触点开关分为常开、常闭两种形式，这种开关在开、闭时会产生抖动，所以在实际应用中需消除抖动。

(1) 机械有触点开关的抖动问题及消抖措施

在机械有触点开关中，当触点闭合或打开时将产生抖动，使得开关量在瞬间的状态不稳，如图 4.3.2 所示。抖动时间的长短由按键的机械特性决定，一般为 5～10 ms。若是工作在计数方式或作为中断输入，将导致系统工作不正常，因此采用触点消抖措施是十分必要的。

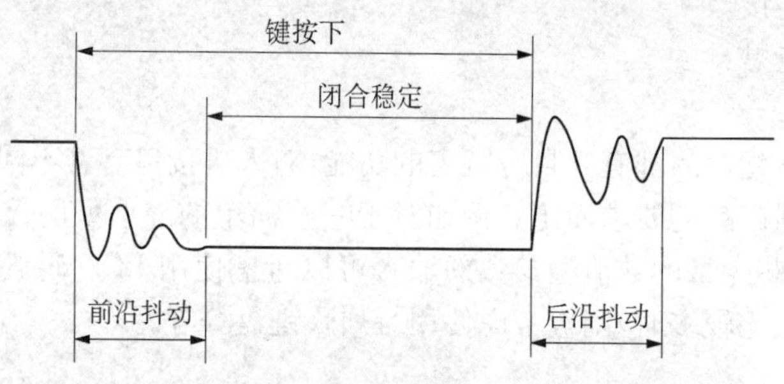

图 4.3.2　机械开关按键抖动信号波形

① 双稳态消抖电路。图 4.3.3 所示是由 74LS00 两个与非门构成的双稳态消抖电路。可以看出，在开关的切换过程中，触点产生抖动对 OUT 的输出电平没有影响。这样，输入的开关量经双稳态电路去抖后，输出标准的方波，便于后续处理。

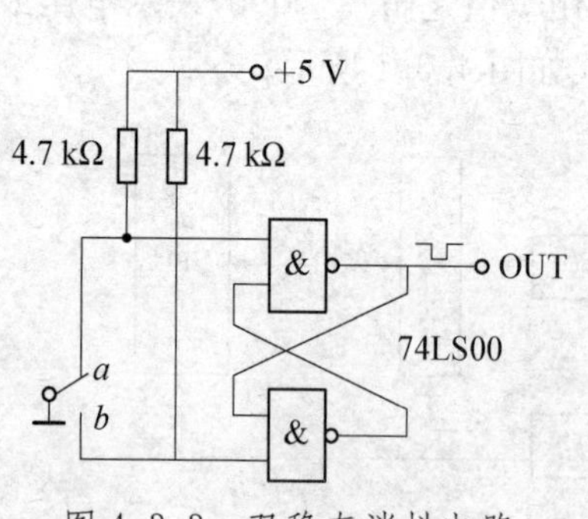

图 4.3.3　双稳态消抖电路

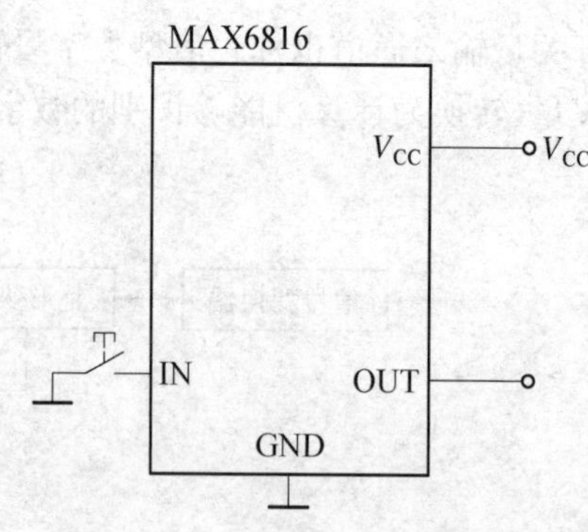

图 4.3.4　MAX6816 消抖应用

② MAX6816 消抖芯片。由 MAXIM 公司生产的 MAX6816 芯片，专门用于消除机械按键的抖动，无需外接元件。当收到一个或多个由按键操作产生的抖动信号时，经过短暂的预定延时后，MAXIM 产生干净的数字信号输出。它能够去除±25 V 的抖动信号，采用单电源供电，电压 Vcc 的范围在 2.7～5.5 V。其内部的低电压闭锁电路，使输出在上电期间保持正确的有效状态。去抖动延时的典型值为 40 ms，最小值为 20 ms，最大值为 60 ms。其典型应用电路如图 4.3.4 所示。

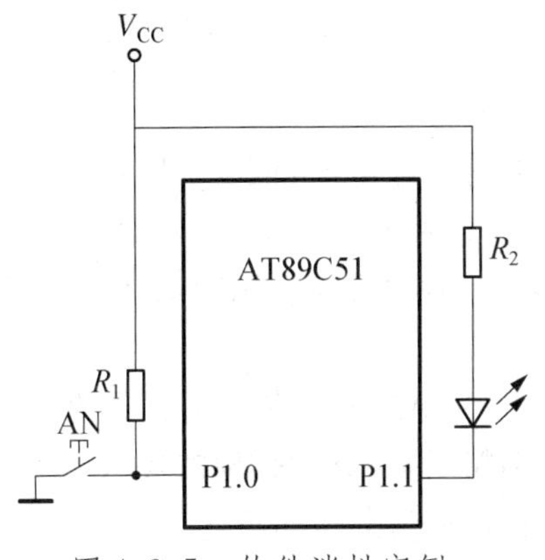

图 4.3.5　软件消抖实例

③ 软件消抖措施。除了硬件消抖外，实际应用中也常采用软件消抖。软件消抖主要是滤去干扰信号。叠加在开关量上的干扰多呈毛刺状，作用时间短，利用这一特点，可多次重复采集某一输入信号，直至连续采到两次相同信号方认为有效。

如图 4.3.5 所示，单片机 AT89C51 的 P1.0 口接一按键 AN，P1.1 口接一发光二极管。编制软件，使得按键闭合时发光二极管点亮，断开时熄灭。用手按键时存在抖动问题，设计软件时需要加以考虑。汇编程序如下：

```
START:   SETB    P1.1          ;灯灭
LOOP1:   JB      P1.0, START   ;有键按下吗?
         CALL    DELAY         ;软件延时
         JB      P1.0, LOOP1   ;按键还保持闭合吗?
         CALL    DELAY         ;软件延时
         JB      P1.0, LOOP1   ;按键还保持闭合吗?
         CLR     P1.1          ;按键有效,灯点亮
         SJMP    LOOP1         ;继续循环
```

程序中 CALL DELAY 表示调用一个延时子程序，延时时间可选 50 ms 左右。

(2) 机械有触点开关量输入电路的形式

机械有触点开关量的输入电路一般有以下两种形式：

① 控制系统自带电源方式。这种方式一般用于开关安装位置离计算机控制装置较近的场合，供电电源多为直流 24 V 以下。如图 4.3.6 所示，当限位开关压下时，8255 的 PB0 获得低电平信号。

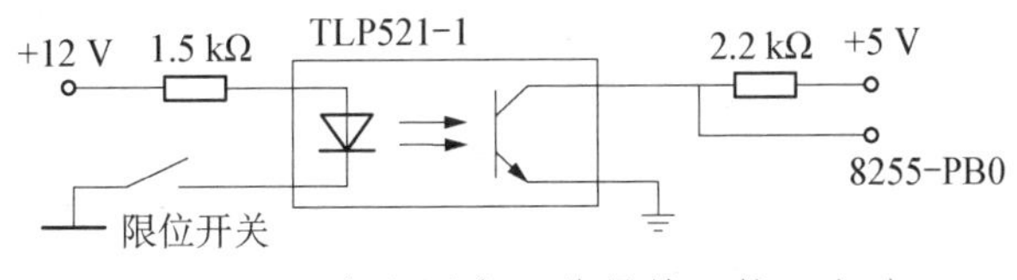

图 4.3.6　光电隔离开关量输入接口电路

② 外接电源方式。适合开关安装在离控制设备较远位置的场合。外接电源可采用直流或交流形式。采用直流电源形式的电路如图 4.3.7 所示。

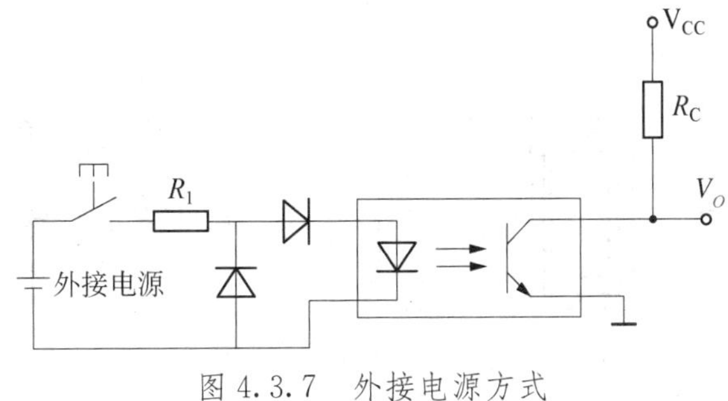

图 4.3.7　外接电源方式

2. 无触点开关及其输入电路

(1) 认识无触点开关

无触点开关又名接近开关。它通过检测物体与传感器之间位置关系的变化,将非电量或电磁量转化为所需要的电信号,从而达到控制或测量的目的。无触点开关具有使用寿命长、工作可靠、重复定位精度高、无机械磨损、无火花、无噪声、抗振能力强等优点。因此,其应用范围日益广泛,自身发展迅速。

根据工作原理的不同,无触点开关可分为电感式、电容式、光电式和霍尔式等。无论选用哪种接近开关,都应注意对工作电压、负载电流、响应频率、检测距离等各项指标的要求。四种接近开关的特点及工作原理如表 4.3.1 所示。电感式接近开关结构框图如图 4.3.8 所示,电容式接近开关结构框图如图 4.3.9 所示。

表 4.3.1　四种接近开关的特点及工作原理

接近开关名称	应用场合	特点	检测原理
电感式	被测对象是导电物,或者可被固定在一块金属板上	响应频率高、抗干扰性能好、价格也较低	开关由 LC 高频振荡器和放大处理电路组成,利用金属物体在接近这个能产生电磁场的振荡感应头时,使物体内部产生涡流,涡流反作用于接近开关,使接近开关振荡能力衰减,内部电路的参数发生变化,由此识别出有无金属物体接近,进而控制开关的通或断
电容式	不限于金属导体,可以是绝缘的液体或粉状物固体等,如液位高度、粉状物高度等	响应频率较低,但稳定性好	开关的测量头相当于电容器的一个极板,而另一个极板则是被测物体本身。当被测物体移向接近开关时,物体和接近开关之间的介电常数发生变化,使得和测量头相连的电路状态也随之发生变化,由此便可控制开关的接通和关断
光电式	环境条件比较好、无粉尘、无污染的场合,如办公自动化设备和食品机械等	体积小、可靠性高、精度高、响应速度快、易与 TTL 及 CMOS 电路兼容,分透光型和反射型两种	当物体运动时,会产生明或暗的光信号,通过光敏元件转换为电信号,控制开关的接通和关断
霍尔式	检测对象必须是磁性物体	安装简单,可靠性高	详见情境三的任务 2

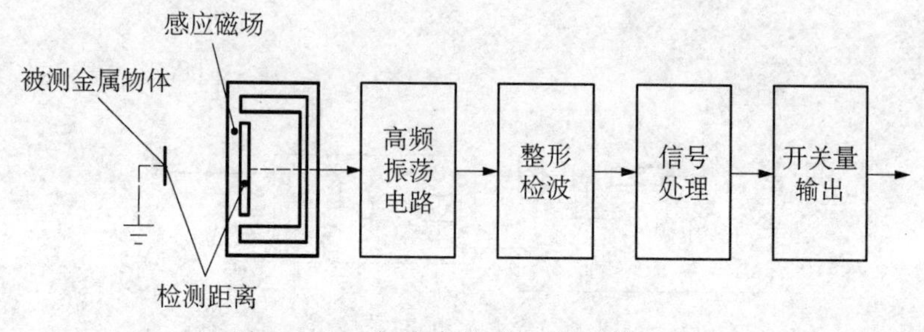

图 4.3.8　电感式接近开关结构框图

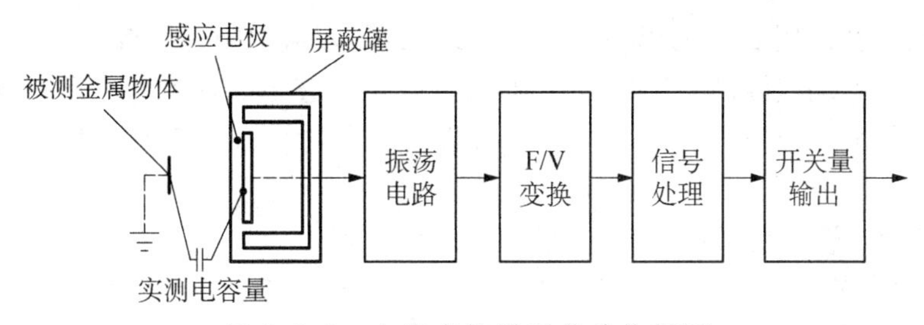

图 4.3.9　电容式接近开关结构框图

(2) 电感式、电容式与光电式接近开关的接线

电感式、电容式、光电式三种接近开关的接线基本相同。典型接线如图 4.3.10 所示，通常有三线常开/常闭式和二线常开/常闭式两种接法。三线式又分 PNP 输出型与 NPN 输出型。

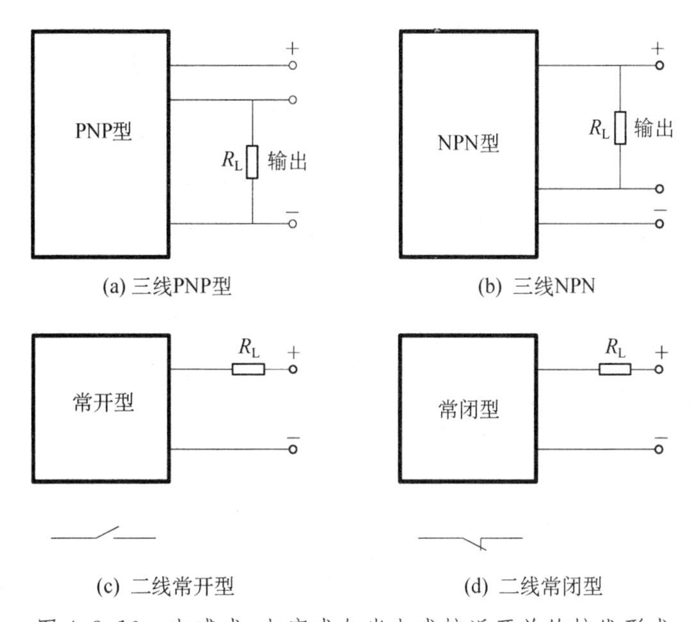

图 4.3.10　电感式、电容式与光电式接近开关的接线形式

图 4.3.11 所示为二线式常开型接近开关的接线方法。该产品型号为 FA12－4LA，由浙江洞头飞凌传感器制造公司生产。主要参数为：电感式接近开关，二线常开型，工作电压直流 10～30 V，最大电流 50 mA。产品有两根线，一根标"＋"，另一根标"－"。由于工作电流不能

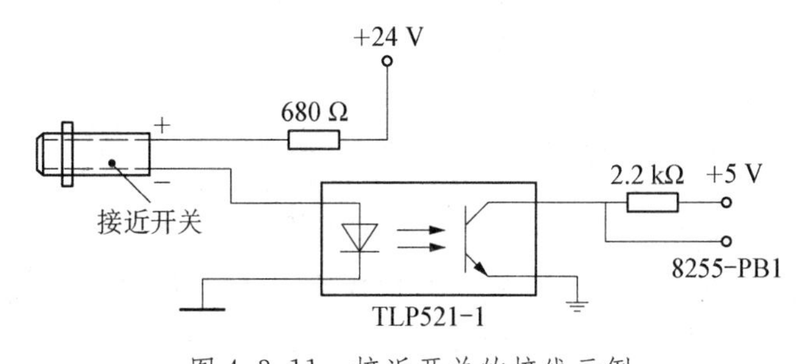

图 4.3.11　接近开关的接线示例

超过 50 mA,所以在使用 24 V 供电时,选择了 680 Ω 的限流电阻。接近开关的输入信号经过光电隔离后,送给可编程接口芯片 8255 的 PB1 脚。当没有金属物体靠近开关的感应头时,光耦合器 TLP521-1 不导通,PB1 获得高电平;当有金属物体靠近感应头时,光耦合器导通,PB1 获得低电平。

3. 开关量输入软件抗干扰设计

不管是有触点的开关还是无触点的开关,它们送给机电控制系统的数字信号,均能保持较长的时间,而干扰信号多呈毛刺状,作用时间短。利用这一特点,可多次重复采集某一数字信号,直到连续几次采集结果完全一致时方为有效。若多次采集后,信号总是变化不定的,可停止采集,并给出报警信号。

1.3 键盘输入接口设计

1. 键盘的分类

按制作工艺可分为:硬板键盘、软板键盘;

按工作原理分为:编码键盘、非编码键盘、线性键盘、矩阵键盘。

2. 键盘接口设计

(1) 线性键盘接口

如图 4.3.12,每个按键对应 I/O 端口的一位,没有按键闭合时,各位均处于高电位;当某键被按下时,对应位与地接通,则为低电位,而其他仍为高电位。线性键盘软、硬件简单,但只适用于按键不多的情况。

(2) 矩阵键盘接口

当较多的按键需要识别时,常将按键设计成阵列形式,如图 4.3.13 所示。把若干个按键排列成矩阵形式,每一行和每一列都各占用 I/O 端口的一位。一个键盘阵列可以有 N 行和 M 列,共有 N×M 个按键,称为 N×M 键盘阵列(或 N×M 键盘矩阵)。矩阵键盘按键的识别方法有行扫描法、列扫描法。

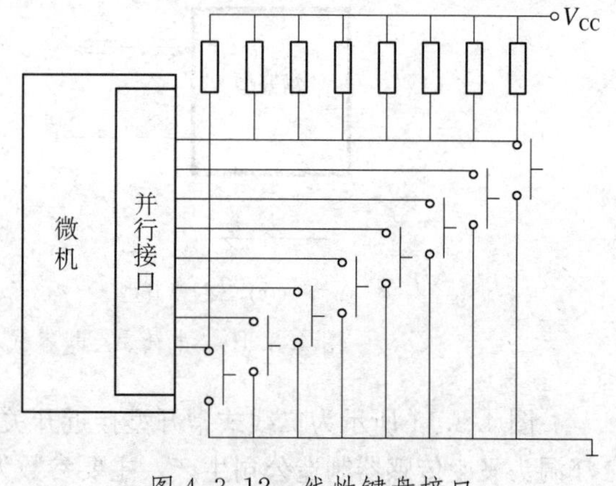

图 4.3.12 线性键盘接口

行扫描法　将键盘阵列的行线接到一个并行口上,列线接到另一个并行口上。将行线所接的并行口作为输出口用,列线所接的并行口作为输入口用。

列扫描法　硬件接线与行扫描法基本相同,不同的是列线所接的并行口作为输出口用,行线所接的并行口作为输入口用。

控制微机对键盘的扫描可以采取程控方式、定时方式,亦可以采取中断方式。为保证对键的一次闭合做一次且仅做一次处理,必须采取去抖动措施,通常采用软件方法。程控工作方式接口设计(如图 4.3.13)。

在设计键盘输入程序时,应考虑下面四项功能:

① 判断键盘上有无键闭合。其方法为在扫描线 P1.6～P1.4 上全部送"0",然后读取 P1.3～P1.0 状态,若全部为"1",则无键闭合:若不全为"1",则有键闭合;

② 判别闭合键。其方法为对键盘行线进行扫描,依次从 P1.6、P1.5、P1.4 送出低电平,

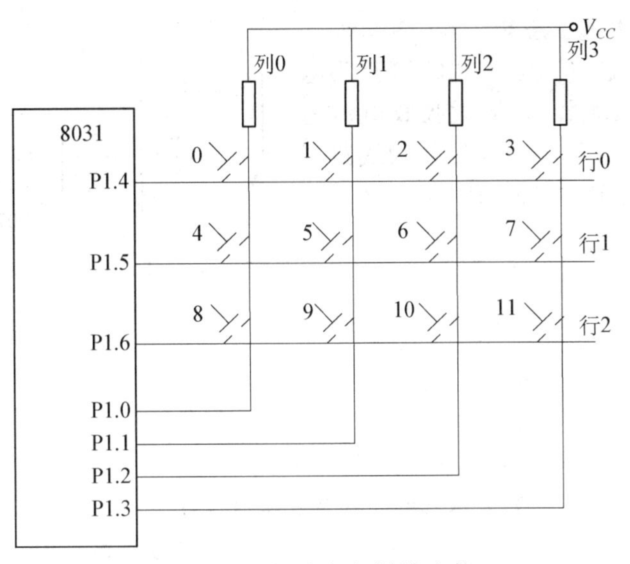

图 4.3.13　矩阵行扫描键盘接口

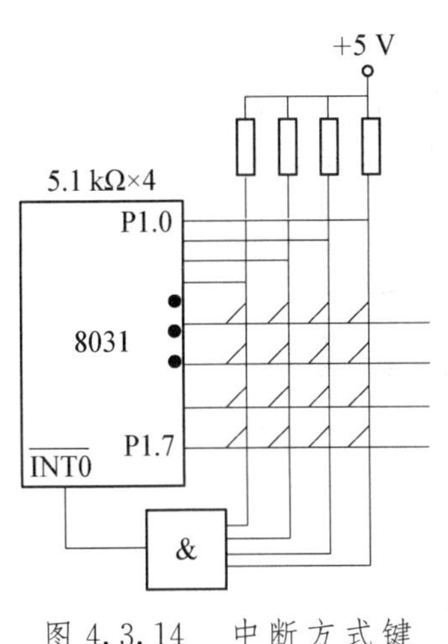

图 4.3.14　中断方式键盘接口

并从其他行线送出高电平，相应地顺序读入 P1.3～P1.0 的状态，若 P1.3～P1.0＝“1”，则行线输出为“0”的这一列上没有键闭合：若 P1.3～P1.0 不全为“1”，则说明有键闭合，闭合键为“0”的输出线与为“0”的输入线相交处的键，CPU 根据行列编码所构成的键值转换相应功能程序执行；

③ 去除键的机械抖动。其方法是读得键值后延时 10 ms，再次读键盘，若此键仍闭合则认为有效，否则认为前述键的闭合是由于机械抖动或干扰所引起的；

④ 使控制微机对键的一次闭合仅作一次处理。采用的方法是等待闭合键释放后再做处理。

实际在机电系统的工作过程中，操作者很少对系统进行干预，所以大多数情况下，控制微机对键盘进行空扫描。为了提高控制微机工作效率，采用中断方式键盘接口，平时不对键盘进行监控，只有当有键闭合时，产生中断请求，控制系统才响应中断，对键进行管理。接口设计如图 4.3.14 所示。

任务 2　人机输出接口设计

2.1　发光二极管显示器接口设计

1. 发光二极管基本结构及接口设计

发光二极管 Light-Emitting Diade，简称 LED)：在一定条件下产生自发辐射荧光的 PN 结，工作电压 1.5～2.5 V，电流 5～15 mA。当电流超大时，将烧坏发光二极管，因此应设计限流电阻。

发光二极管常用做状态指示灯，图 4.3.15 为一种接口电路。74LS07 是一个 OC 门(集电极开路输出)同相驱动器，其最大吸收电流为 40 mA，因此应按照 LED 工作电流作为线路电流设计限流电阻。LED 导通时，P1.0=0。

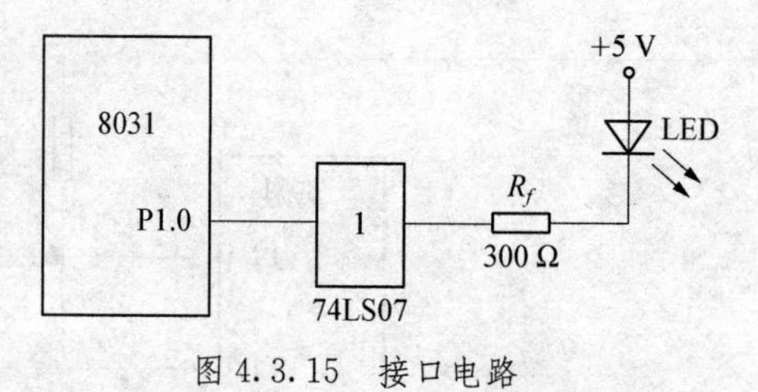

图 4.3.15 接口电路

$$I_f = \frac{V_{CC} - V_f - V_{CS}}{R_f}$$

式中：V_{CC}—电源电压(5 V)；

V_f—LED 正向压降(2 V)；

V_{CS}—驱动器压降(0.3 V)。

当 $I_f = 10$ mA 时，计算得 $R_f = 270\ \Omega$，取 300 Ω。

2. 七段发光二极管(LED)显示器的结构及其接口设计

将发光二极管组成阵列，封装于标准外壳中，即发光二极管显示器(LED 显示器)。以七段 LED 显示器最为常用。引线有共阳极与共阴极两种结构如图 4.3.16 所示。

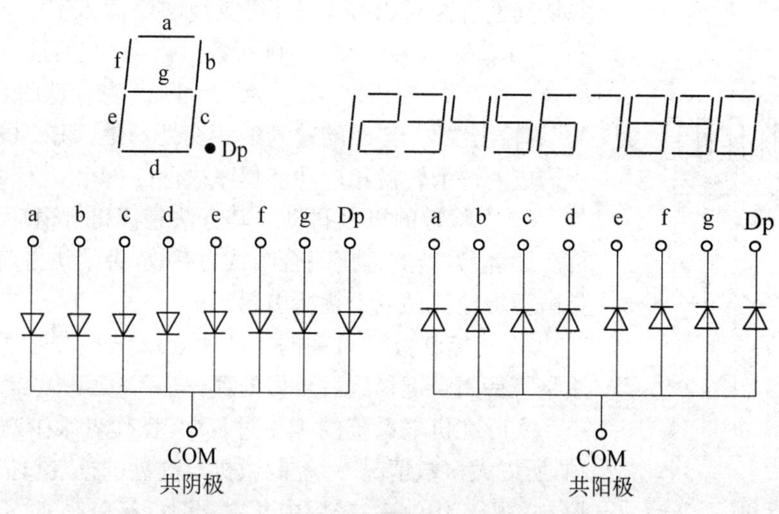

图 4.3.16 七段 LED 显示器的结构

1 英寸以下的 LED 显示器，每字段用 1 个发光二极管，1 英寸的每字段用 2 个 LED 串联。

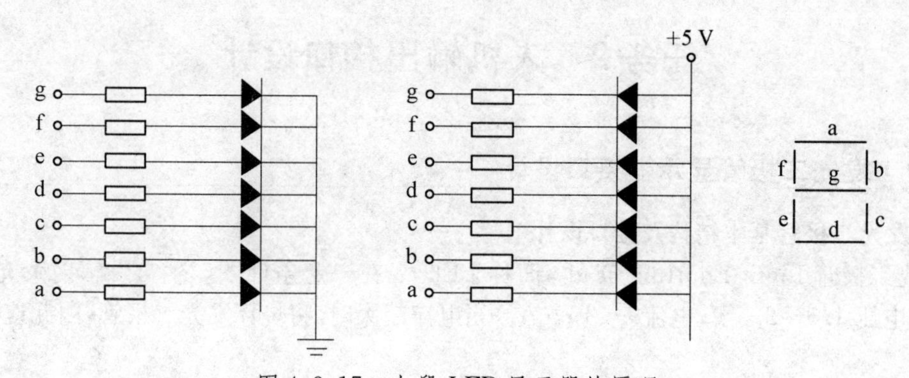

图 4.3.17 七段 LED 显示器的原理

位码(位选码)：使某1位LED显示信息，其他位不显示信息的二进制编码。

段码(段选码)：使1位LED的一些段发亮，而另一些段不发亮的二进制编码。给数码管的每个输入端(a，b，c，…，h)提供适当电平，使某几段发光二极管亮，而另外几段不亮，则可显示出数字或字母。八个输入端组成的二进制编码，简称段码或段选码。

七段LED显示器的接口电路设计包含两个内容，即提供正确的逻辑电平实现所需的位码和段码；选择驱动器及限流电阻，提供LED显示器的工作电流。

系统中有多位LED时位选码的确定：则每次只能使一位LED显示信息，每位LED上有一选通端(公共端)。要想使哪位LED显示信息，就应给其公共端提供有效电平(共阳极为“1”，共阴极为“0”)，而其他位的公共端提供无效电平。

多位LED动态显示的实现：在多位LED显示中，既要使每一位的显示信息有一个持续时间(可用循环延时程序实现)，又要保证一遍一遍地进行循环使显示时不出现闪烁，在软、硬件设计时就要考虑LED的位数不能太多，显示的延时要适中。

(1) 静态接口设计

设计任务1：用并行接口8255控制3位LED显示器。

设计方案：如图4.3.18所示，图中8031通过并行接口8255提供逻辑驱动，8总线收/发器74LS245(最大吸收电流24 mA)起驱动器作用，限流电阻选300 Ω，提供LED显示器的工作电流。

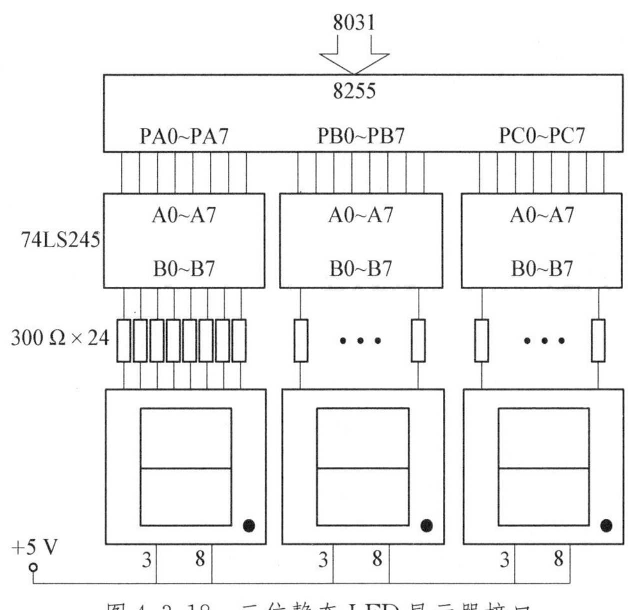

图4.3.18　三位静态LED显示器接口

设计任务2：用串行接口74LS164控制8位LED显示器。

设计方案：图4.3.19为使用串入并出的移位寄存器74LS164(吸收电流达8 mA)设计LED显示器接口，因此限流电阻选390 Ω。图中为共阳极接法，要显示数字“1”，则应使bc段亮，即使74LS164的相应管脚输出低电平。

$$D_P\ g\ f\ e\ d\ c\ b\ a = 1111,1001B = F9H$$

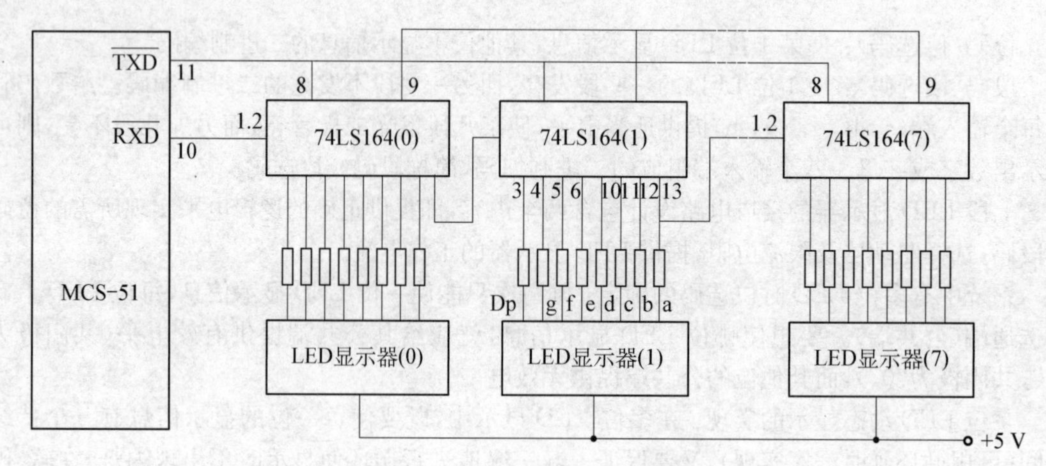

图 4.3.19　利用串行口扩展静态 LED 显示器的接口电路

由上可以看出：判断 LED 显示器是共阳极接法还是共阴极接法，可以看它的公共端是接在高电平上还是接在低电平上(或接地)，如果接在高电平上，则为共阳极接法；如果接在低电平上，则为共阴极接法。

设计任务 3：采用硬件译码方法取得七段码。

设计方案：常用的 BCD 七段译码器/驱动器 74LS47，其低电平吸收电流达 20 mA，图 4.3.20 为 2 位七段 LED 显示器的接口电路。(注意：只有在共阳极驱动接口，这种译码关系才正确；因为 74LS47 输出为低电平有效)

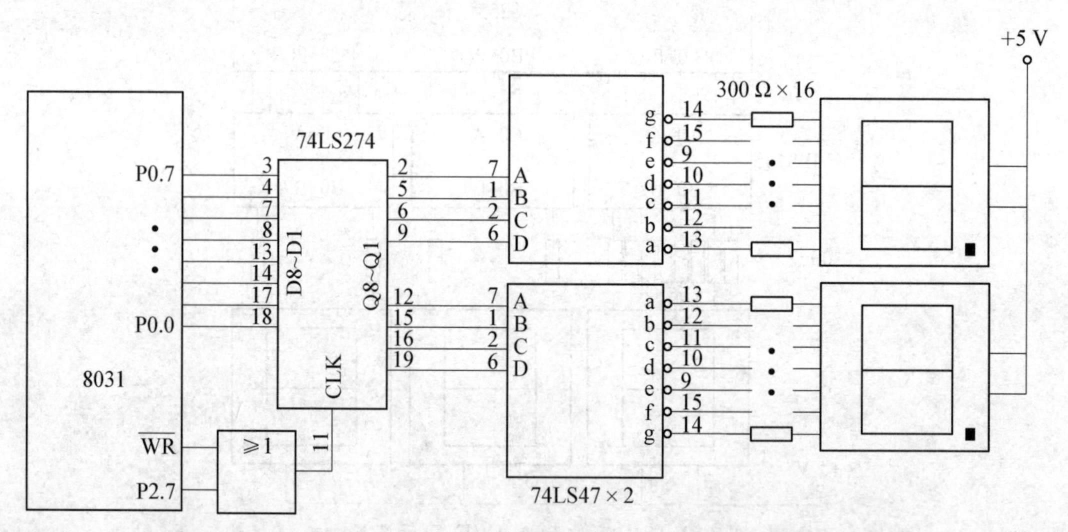

图 4.3.20　利用七段译码器/驱动器的静态 LED 显示器的接口电路

静态工作方式的优点：显示稳定，只有在需要更新显示内容时，微机才执行显示更新子程序，因而大大节省了微机时间，提高了工作效率。其缺点是当扩展显示器位数较多时需要占用较多 I/O 口。为节省 I/O 口线，可以采用另一种显示方式——动态显示方式。

(2) 动态接口设计

设计任务：单片机通过并行接口控制 6 位 LED 显示器。

设计方案：采用 8155 并行接口(也可采用可编程并行接口 8255)，如图 4.3.21 所示，电路

中采用的是共阴极显示器，将6位LED显示器的数据端同名相连，然后分别接8155的PB0～PB7，各位显示器的公共端由PA0～PA5控制，图中采用7407同相驱动器，其最大吸收电流为40 mA，75452是反相驱动器，其最大吸收电流为300 mA。

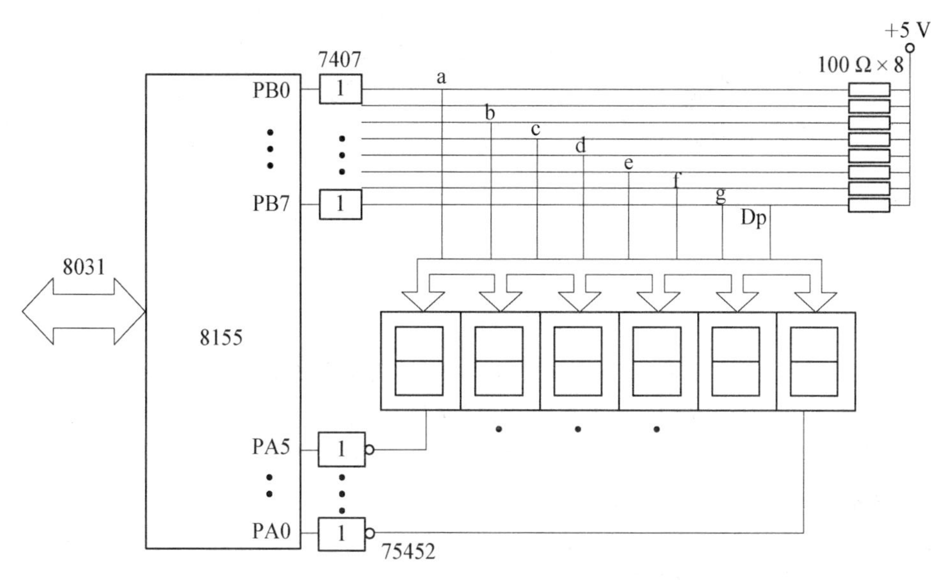

图4.3.21　8031扩展6位动态LED显示器的接口电路

当显示器工作时，单片机通过8155的PA口送扫描数据，数据中只有一位为高电平，经过75452后，只有一位LED显示器的公共端为低电平，其余都为高电平。同时，显示位对应的段数据通过PB口送出。

因此，只有公共端为低的LED显示器有显示，其余为“暗”。依次改变PA口中为高电平的位，并从PB口送出对应的数据，则6位LED显示器就顺序显示相应的字符。当扫描频率足够高时，由于人的视觉暂留效应，6位显示器便得到连续稳定的显示。

设共阴极接法，假设个位要显示数字“2”，则应使abdeg段亮，即使PB口的相应管脚输出高电平。

$$PB7 \sim PB0 = D_p\ g\ f\ e\ d\ c\ b\ a = 01011011\ B = 5BH，PA5 \sim PA0 = 000001B。$$

动态工作方式的优点是：大大减少了所占用的I/O口线，节省了硬件费用，但为了得到稳定显示，微机必须定期对显示器刷新，将占用CPU大量时间。

3. 点阵式LED显示器结构及接口设计

七段LED显示器可以显示数字及一些简单符号、字母，当显示信息比较复杂时，可以选用点阵式LED显示器做输出设备。

（1）点阵式LED显示器结构

点阵式LED显示器由发光二极管矩阵组成，常用的有7行5列和8行8列两种。单个点阵LED显示器能够显示各种字母、数字和常用的符号，用多个点阵式LED显示器可以组成大屏幕LED显示屏，用于显示图形、汉字以及表格等，因此在大屏幕显示牌、智能化仪器及家用电器中有着广泛应用。

点阵式LED显示器在行线与列线的每个交点上都装有一个发光二极管，正极接行引线，负极接列引线的称为共阳极 LED 点阵显示器；正极接列引线，负极接行引线的称为共阴极 LED 点阵显示器。

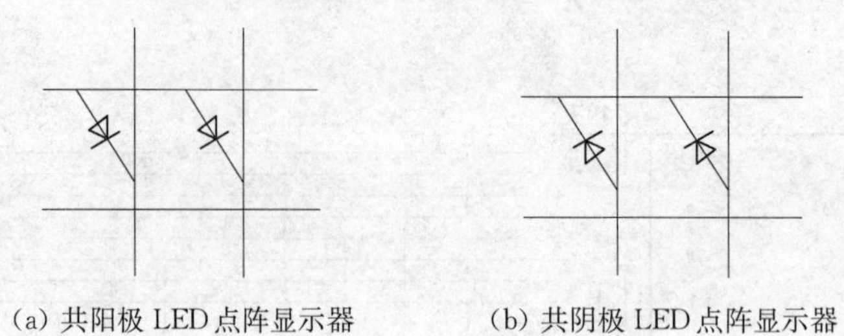

(a) 共阳极 LED 点阵显示器　　(b) 共阴极 LED 点阵显示器

图 4.3.22　共阳极与共阴极点阵显示器

(2) 点阵式 LED 显示器的接口设计

点阵式 LED 显示器一般采用动态扫描方式显示，扫描方式有行扫描和列扫描两种。

列扫描时由列线控制口输出列选通信号，每次扫描只有一列信号有效(对于共阳极 LED 显示器，低电平为有效列信号)，然后由行线控制口输出被选中列的显示信息。依次改变被选中列，就可以完成对整个显示器的驱动。

行扫描时由行线控制口输出行选通信号，每次只有一行被选中(对于共阳极 LED 显示器，高电平为有效行选通信号)，然后由列线控制口输出相应列显示信息。在列扫描方式中，每显示一个字符或数字，需要 5 组行显示数据，所以显示程序中的显示字库每个字符要占 5 个字节的存储单元，如图 4.3.23 所示。

图 4.3.23 示出了 8031 单片机扩展一片 5×7 点阵式 LED 显示器的接口电路。图中采用了共阳极点阵 LED 显示器，8031 的 P1 口接行线，P3 口接列线，行线驱动由 74LS06 完成，其最大吸收电流达 40 mA，列线驱动由反相驱动器 75452 完成，其最大吸收电流达 300 mA。

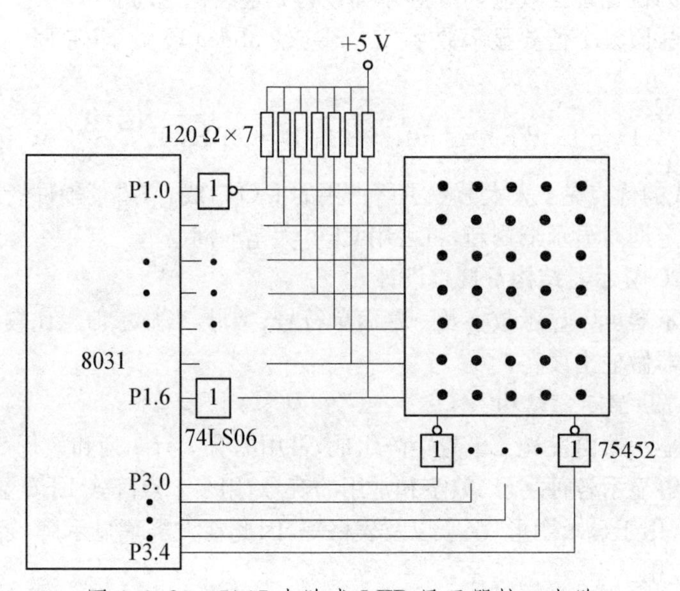

图 4.3.23　5×7 点阵式 LED 显示器接口电路

表 4.3.1 列出了采用共阳极 LED 显示器时，显示字母“C”的列扫描点阵数据，每个字节对应一列发光二极管。显示时，在 P3 口同步下，按序号将一个个字节顺序地由 P1 口送出，数据为“0”的位所对应的发光二极管亮，数据为“1”的位所对应的发光二极管不亮。

表 4.3.1　扫描点阵数据

序号	数据							
	D_7	D_6	D_5	D_4	D_3	D_2	D_1	D_0
1	1	1	0	0	0	0	0	1
2	1	0	1	1	1	1	1	0
3	1	0	1	1	1	1	1	0
4	1	0	1	1	1	1	1	0
5	1	1	0	1	1	1	0	1

2.2　液晶显示器(Liquid Crystal Display 简称 LCD)

液晶显示器的结构如图 4.3.24 所示。在上、下玻璃电极之间封入行列型液晶材料，液光通过平行排列的液晶材料被旋转 90°，再通过与上偏振片面相垂直的下偏振片，被反射板反射回来，呈透明状态；当上，下电极加上一定的电压后，电极部分的液晶分子转成垂直排列，失去旋光性，从上偏振片入射的偏振光不被旋转，光无法通过下偏振片返回，因而呈黑色。根据需要，将电极做成各种文字、数字、图形，就可以获得各种状态显示。与 LED 显示器相比，LCD 显示器具有体积小、质量轻、功耗极低，显示内容丰富等优点，尤其在电池供电，要求器件功耗低的场合，例如钟表、仪器仪表及计算机中，更显示出其优越性。但 LCD 显示器的接口较 LED 显示器复杂，且显示亮度也较低。

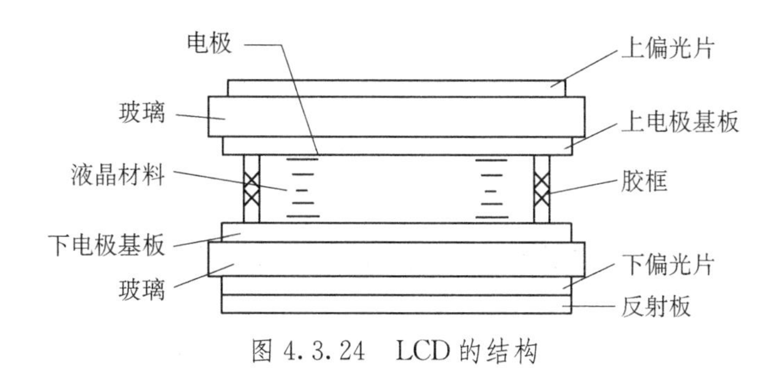

图 4.3.24　LCD 的结构

同步训练　数控机床人机接口设计

千位 BCD 码拨盘和 LED 显示器接口设计

设计任务：在一个 8031 应用系统中，要求通过一片 8155 扩展 4 位 LED 显示器和 4 位 BCD 码拨盘。画出接口电路。说明当千位 LED 显示器和 BCD 码拨盘数字为“2”时 8155 的

PA、PB、PC 口的信息，并指明哪个是输出口，哪个是输入口；说明 8155 的哪个口完成字型控制，哪个口完成字位控制。

设计方案：接口电路可以采用如图 4.3.25 所示设计。

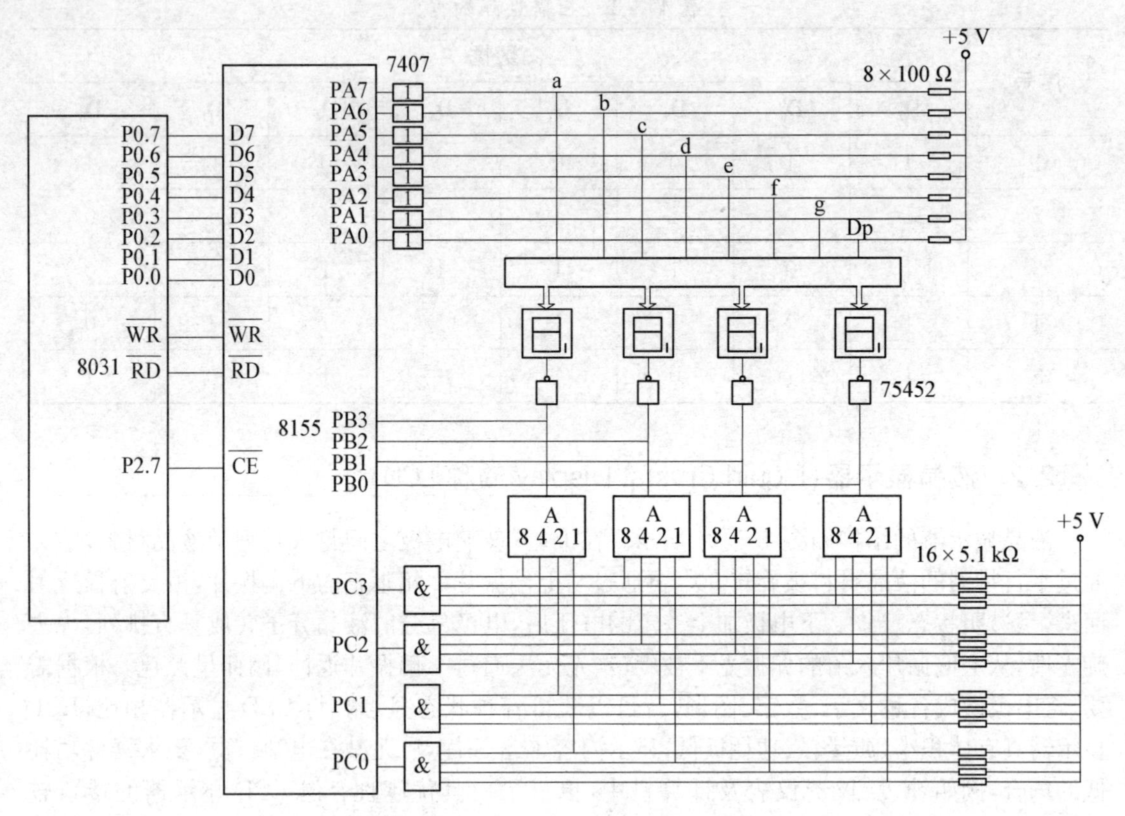

图 4.3.25　BCD－LED 接口电路

PA7～PA0＝a～g，D_p＝11011010，PB3～PB0＝1000，PC3～PC0＝0010。

PA、PB 为输出口，PC 为输入口。

PA 口完成字型控制，PB 口完成字位控制。

子情境 4　机电接口设计

机电接口是机电一体化产品中的机械装置与控制微机间的接口。按照信息的传递方向可以将机电接口分为信息采集接口（传感器接口）与控制量输出接口，如图 4.4.1 所示，通过传感器将被控对象的各种物理量转换为电量，再由模/数（A/D）转换器（简称 ADC）将模拟量转换为数字量，这一过程由信息采集通道完成；而控制量输出通道的任务是将控制微机发出的控制信号（数字量）经数/模（D/A）转换器（简称 DAC）转换为模拟量，放大处理后驱动执行元件控制被控对象完成相应的操作。

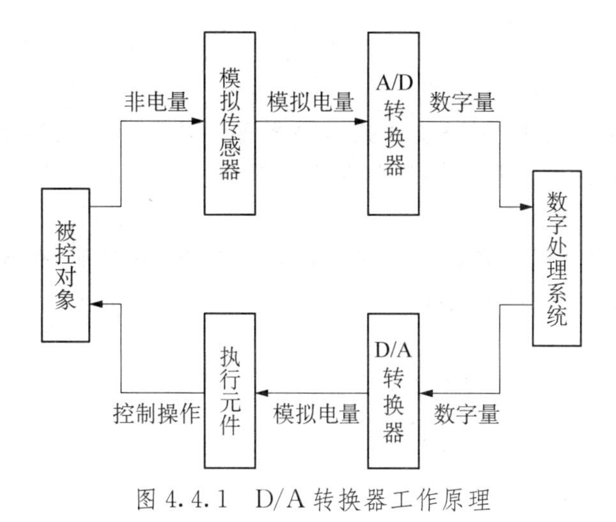

图 4.4.1　D/A 转换器工作原理

任务 1　D/A 转换器接口设计

目前常用的 D/A 转换器是将数字量转换成电压或电流的形式。被转换的方式可分为并行转换和串行转换，前者因为各位代码都同时送到转换器相应位的输入端，转换时间只取决于转换器中的电压或电流的建立时间及求和时间，一般为微秒级，所以转换速度快，应用较多。

1.1　D/A 转换器的主要参数

选择 D/A 转换器时主要考虑以下参数：

1. 分辨率

是指 D/A 转换器所能产生的最小模拟量增量，即数字量最低有效位(LSB)所对应的模拟值；也可以将数字量最低位增 1 所引起的模拟量增量和最大输入量的比值称为分辨率，即分辨率$=1/2^n$(n 为二进制数的位数)。

例如：一个 8 位的 D/A 转换器，其分辨率为 $1/2^8=1/256$；若假定该转换器的满量程电压为 5 V，则能分辨的电压为 5 V/256=19.6 mV。通常使用 D/A 转换器的位数来表示分辨率，如 8 位、12 位、16 位等。

2. 转换精度

用来衡量 D/A 转换器在将数字量转换为模拟量时，所得模拟量的精确程度，它表明实际的输出模拟值与理论值之间的偏差。

3. 线性度

是指 D/A 转换器实际转换特性(各数字输入值所对应的各模拟输出值之间的连线)与理想的转换特性(起点与终点的连线)之间的误差。

4. 建立时间

是指从数字量输入到建立稳定的模拟量输出所需要的时间。

5. 数据输入缓冲能力

当 D/A 转换器本身不具有数据锁存功能时，应考虑是否需要在 D/A 的外部设置数据缓冲器或锁存器。

6. 输入数字量

包括码制、数据的格式和宽度等。多数 D/A 转换器只能接受二进制码或 BCD 码，输入数据的格式大多为并行码（也有串行码，如 MAX517 等）。

7. 输出模拟量

有电压和电流两种形式。多数 D/A 输出电流，需要输出电压时，在电流型 DAC 的输出端加一个运算放大器和一个反馈电阻即可实现。

8. 温度范围

较好的 D/A 转换器的工作温度范围为－40～＋85℃，较差的为 0～70℃。可按计算机控制系统使用环境查器件手册选择合适的器件类型。

1.2 常用的 DAC

1. 并行 DAC

8 位的 DAC 常用的有 DAC0832、AD558、AD7528 等；10 位的 DAC 常用的有 AD7533、DAC1022 等；12 位的 DAC 常用的有 DAC1210、AD7542 等；14 位 DAC 常用 AD7535 等；16 位 DAC 常用的有 AD1147 等。

2. 串行 DAC

8 位串行 DAC 常用 MAX517、MAX512 等；12 位串行 DAC 常用 MAX538、AD7543、X79000 等。

1.3 认识 8 位 D/A 转换器 DAC0832

DAC0832 是双列直插 8 位梯形电阻式 D/A 转换器，片内有数据锁存器，电流输出，输出电流稳定时间 1 μs，基准电压－10～＋10 V，供电电源＋5～＋15 V，功耗 20 mW，与 TTL 电平兼容，具有单缓冲、双缓冲和直通三种工作方式。图 4.4.2 和图 4.4.3 分别为 DAC0832 的

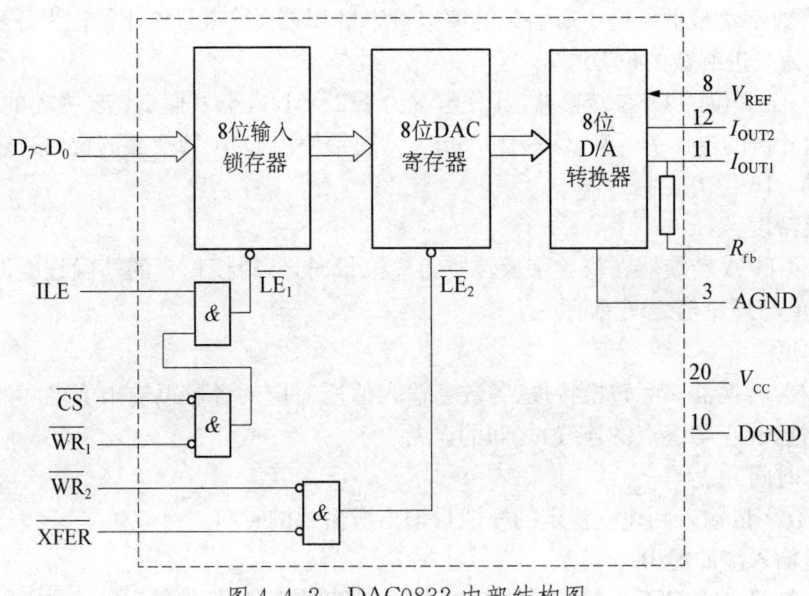

图 4.4.2 DAC0832 内部结构图

内部结构图和引脚图。

在DAC0832中有两级锁存器，第一级为输入锁存器，它的锁存信号为ILE；第二级为DAC寄存器，它的锁存信号$\overline{XFER}$也称为通道控制信号。因为有两级锁存器，所以DAC0832可以工作在双缓冲器方式下即在输出模拟信号的同时，可以采集下一个数据。这样可以有效地提高转换速度。另外，有了两级锁存器以后，可以在多个D/A转换器同时工作时，利用第二级锁存器的锁存信号来实现多个转换器的同时输出。

图4.4.2中，当ILE为高电平、$\overline{CS}$和$\overline{WR_1}$为低电平时$\overline{LE_1}$为1，这种情况下，输入寄存器的输出随输入而变化。此后，当$\overline{WR_1}$由低电平变高时，$\overline{LE_1}$成为低电平，此时，数据被锁存到输入寄存器中，这样，输入寄存器的输出端不再随外部数据的变化而变化。对第二级锁存器来说，$\overline{XFER}$和$\overline{WR_2}$同时为低电平时，$\overline{LE_2}$为高电平，这时，8位的DAC寄存器的输出随输入而变化此后，当$\overline{WR_2}$由低电平变高时，$\overline{LE_2}$变为低电平，于是，将输入寄存器的信息锁存到DAC寄存器中。

图4.4.3中各引脚的功能定义如下：

$\overline{CS}$—片选信号，低电平有效；

ILE—允许锁存信号，高电平有效；

$\overline{WR_1}$—写选通信号1，负脉冲有效，它作为第一级锁存信号将输入数据锁存到输入锁存器中，必须和$\overline{CS}$、ILE同时有效；

$\overline{XFER}$—传送控制信号，低电平有效；

$\overline{WR_2}$—写选通信号2，负脉冲有效，它将锁存在输入锁存器中的数据送到8位DAC寄存器中进行锁存，此时传送控制必须有效；

$D_7 \sim D_0$—8位数据输入端，TTL电平；

I_{OUT1}—模拟电流输出端，当输入数据为"0FFH"时，输出电流最大；当输入数据为"0H"时，输出电流为0；

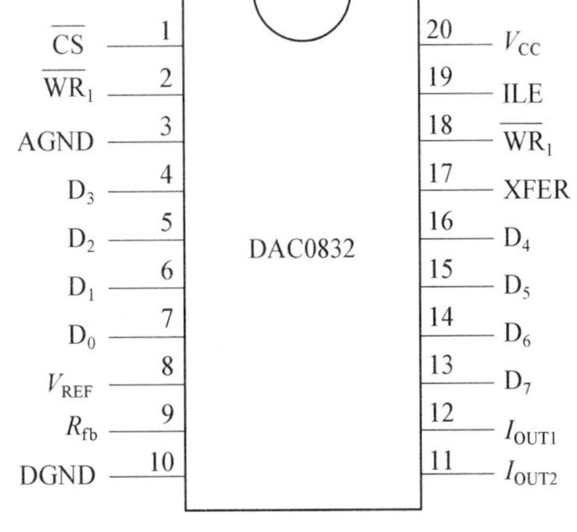

图4.4.3　DAC0832引脚图

I_{OUT2}—模拟电流输出端，$I_{OUT1}+I_{OUT2}=$常数；

R_{fb}—反馈电阻引出端，DAC0832内部已经有反馈电阻，所以R_{fb}端可以直接接到外部运算放大器的输出端，这样相当于将一个反馈电阻接在运算放大器的输入端和输出端之间；

V_{REF}—参考电压输入端，取值范围为$-10 \sim +10$V；

V_{CC}—芯片供电电压，范围为$+5 \sim +15$V，最佳工作状态是$+15$V；

AGND—模拟量地，即模拟电路接地端；

DGND—数字量地。

1.4　DAC0832应用电路设计

1. 直通方式

当ILE接高电平，$\overline{CS}$、$\overline{WR_1}$、$\overline{WR_2}$和$\overline{XFER}$都接数字地时，DAC处于直通方式。8位数字量一旦到达$D_7 \sim D_0$输入端，就立即加到8位D/A转换器，被转换成模拟量。有些场合可能用

到这种工作方式，比如在构成函数波形发生器时，可把基本波形的数据放在 EPROM 中，需要的时候连续地取出这些数据，送到 DAC 去转换成电压信号，不需要任何外部控制信号，这时就可以采用直通方式。

2. 单缓冲方式

若应用系统中只有一路 D/A 转换或虽然是多路转换，但并不要求同步输出时，则采用单缓冲方式接口。只要把锁存器或寄存器中的任何一个接成直通方式，用另一个锁存数据即可，通常是使 DAC 寄存器直通，如图 4.4.4 所示。让 ILE 接＋5 V，寄存器选择信号$\overline{\text{CS}}$及数据传送信号$\overline{\text{XFER}}$都与地址选择线相连(图中为 P2.7)，两级寄存器的写信号都由 CPU 的$\overline{\text{WR}}$端来控制。当地址线选通 DAC0832 后，只要输出$\overline{\text{WR}}$控制信号，DAC0832 就能一步完成数字量的输入锁存和 D/A 转换的输出。

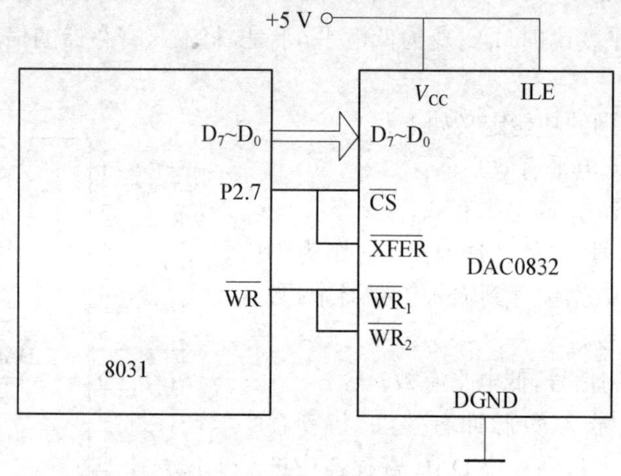

图 4.4.4　DAC0832 的单缓冲接口方式

由于 DAC0832 具有数字量的输入锁存功能，故数字量可以直接从 8031 单片机的 P0 口送入。执行下面几条指令就能完成一次 D/A 转换：

```
MOV     DPTR,＃7FFFH        ;指向 DAC0832 口地址
MOV     A,＃DATA            ;数字量先装入累加器
MOVX    @DPTR, A            ;数字量从 P0 口送到 P2.7 所指向的地址，WR有效
                            时完成一次输入与转换
```

图 4.4.5 是某一数控系统输出直流电压(0～10 V)用来控制交流变频器的例子。图中的 DAC0832 也是采用单缓冲的连接方式。芯片的供电电压为＋12 V，参考电压取－10 V，模拟地与数字地相连。ILE 引脚接高；$\overline{\text{WR}_1}$、$\overline{\text{WR}_2}$两脚并接 CPU 的$\overline{\text{WR}}$端，当 CPU 对外部端口执行写指令时，$\overline{\text{WR}}$=0，同时选中$\overline{\text{WR}_1}$、$\overline{\text{WR}_2}$；$\overline{\text{XFER}}$、$\overline{\text{CS}}$两脚并接某一译码器的输出(输出为低时，同时选中$\overline{\text{XFER}}$和$\overline{\text{CS}}$)。DAC0832 的电流输出脚接至运算放大器 741 的两个输入端，741 的工作电压需要两组，一组为＋12 V，另一组为－12 V。DAC0832 输出的电流经 741 放大后转变成电压 V_{out}，直接送往交流变频器，实现交流异步电动机的无级调速。

CPU 只需执行下面三条指令，即可完成一次 D/A 转换：

```
MOV     DPTR, ＃7 FFFH       ;指向 DAC0832 口地址
MOV     A, ＃DATA            ;准备输出的数字量
MOVX    @DPTR, A             ;由于地址是 7FFFH，所以XFER=CS=0；由于执
```

行的是写指令，所以，$\overline{WR_1}=\overline{WR_2}=0$。于是，数字量从P0口送到了8位D/A转换器，输出的电流经运放处理后转换成了电压

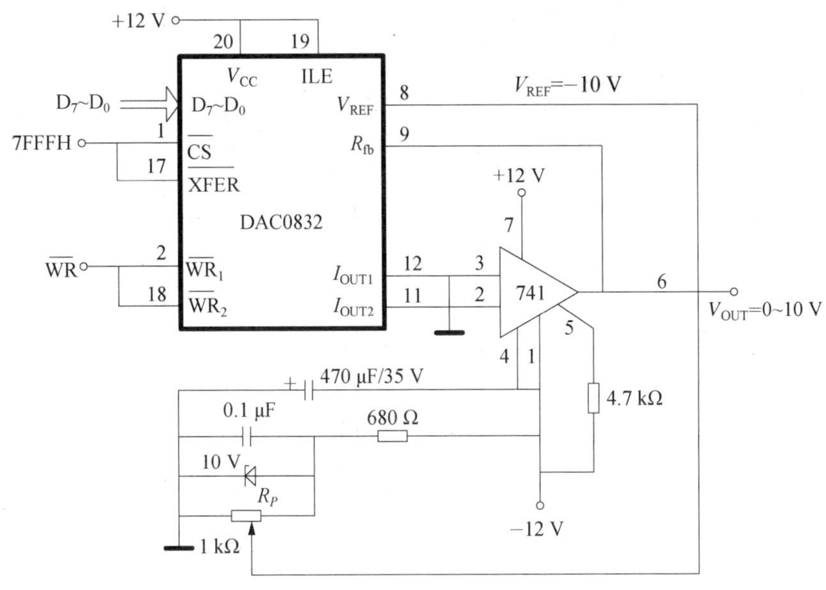

图 4.4.5　DAC0832的单缓冲应用实例

3. 双缓冲同步方式

对于多路D/A转换接口，要求同步进行D/A转换输出时，必须采用双缓冲同步方式。DAC0832采用这种接法时，数字量输入锁存和D/A转换输出是分两步进行的，即CPU的数据总线分时地向各路DAC输入需要转换的数字量，并锁存在各自的输入锁存器中，然后CPU对所有的DAC同时发出控制信号，使每个DAC输入锁存器中的数据同时打入DAC寄存器，实现同步转换输出。图4.4.6是一个两路同步输出的D/A转换接口电路。8031单片机的P2.5和P2.6分别选择两路D/A转换器的输入锁存器；P2.7同时选择两路D/A转换器的$\overline{XFER}$端，控制两路D/A同步转换输出；CPU的$\overline{WR}$端与两片DAC0832的$\overline{WR_1}$、$\overline{WR_2}$端相连，在执行MOVX@ DPTR，A指令时，8031自动输出$\overline{WR}=0$，同时选中$\overline{WR_1}$、$\overline{WR_2}$端。

CPU执行下面一组指令就可完成两路D/A的同步转换输出：

```
MOV   DPTR,#0DFFFH     ;P2.5=0,指向DAC0832 (1)的输入锁存器口地址
MOV   A,#DATA1         ;准备数字量#DATAl
MOVX  @DPTR, A         ;将#DATA1写入DAC0832(1)的输入锁存器中
MOV   DPTR, #0BFFFH    ;P2.6=0,指向DAC0832 (2)的输入锁存器口地址
MOV   A, #DATA2        ;准备数字量#DATA2
MOVX  @DPTR, A         ;将#DATA2写入DAC0832 (2)的输入锁存器中
MOV   DPTR, #7FFFH     ;P2.7=0,指向两片DAC0832的XFER
MOVX  @DPTR, A         ;只要CPU的WR=0,即可同时完成两路D/A的
                       转换
```

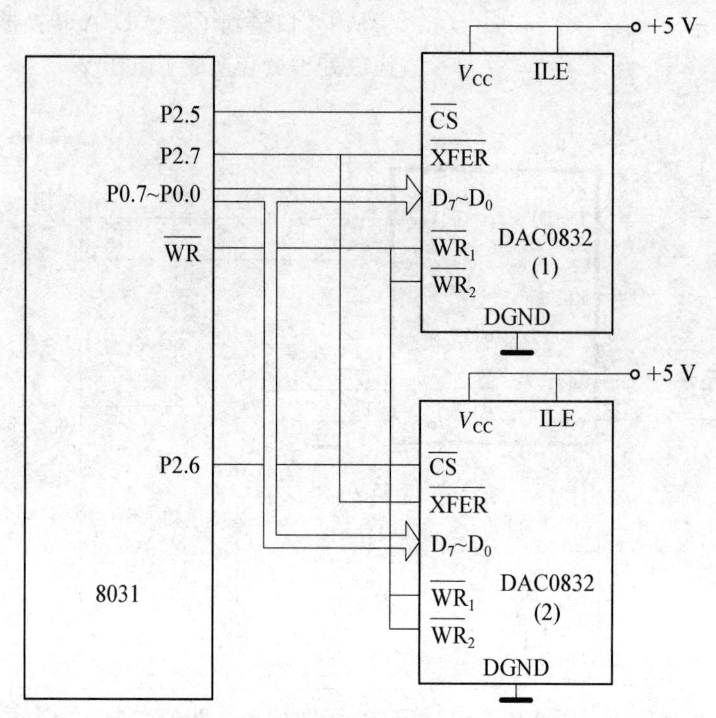

图 4.4.6 DAC0832 双缓冲接口电路

4. 双极型电压输出接口电路

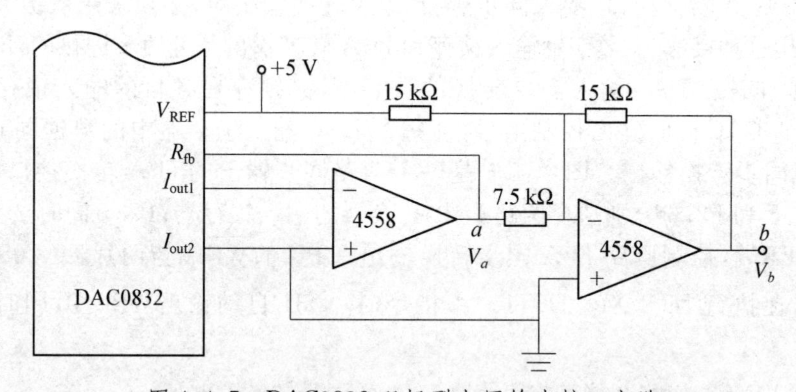

图 4.4.7 DAC0832 双极型电压输出接口电路

图 4.4.7 为 8031 单片机利用 DAC0832 扩展一路模拟量输出的接口电路。此电路有两个输出点，a 点电压 V_a 与输入数字量 N 之间的关系可用下式：

$$V_a = -V_{REF}\frac{N}{256}$$

b 点为一个相加输出点，V_b 与 V_a 的关系为

$$V_b = -(2V_a + V_{REF})$$

任务2　A/D转换器接口设计

A/D转换是指通过一定的电路将模拟量转变为数字量的过程。实现A/D转换的方法比较多，常见的有计数法、双积分法和逐次逼近法。由于逐次逼近式A/D转换具有速度快、分辨率高等优点，而且采用该法的ADC芯片成本较低，因此获得了广泛的应用。

图4.4.8　A/D转换器ADC0804

2.1　A/D转换器的主要技术参数

选择A/D转换器时，主要考虑以下参数：

1. 分辨率

分辨率通常用转换后数字量的位数表示，如8位、10位、12位、16位等。分辨率为8位表示它可以对满量程的$1/2^8=1/256$的增量作出反应。分辨率是指能使转换后数字量变化为1的最小模拟输入量。

设满量程电压值为5 V，对于8位的ADC，其分辨率为$5\ V/2^8=0.0195\ V=19.5\ mV$。即输入模拟电压为19.5 mV时，就能将其转换成数字量，输入电压低于此值，转换器就不转换。此值也正好对应一个最低有效位LSB。

2. 量程

指所能转换的输入模拟电压的范围，如5 V、10 V等。

3. 转换精度

指ADC实际输出的数字量与理论输出值之间的差值。进行A/D转换时，模拟量和数字量之间并不是一一对应的，一般是某个范围的模拟量对应一个数字量。比如一个ADC，从理论上讲，模拟量5 V对应数字量800 H，但实际上，输入电压值为4.997 V、4.998 V或4.999 V时，都对应数字量800 H。

精度有绝对精度和相对精度两种表示法。绝对精度常用数字量的位数表示，如绝对精度为±1/2LSB；相对精度用相对于满量程的百分比表示，如满量程为10 V的8位A/D转换器，其绝对精度为$\pm 1/2\times 10/2^8=\pm 19.5\ mV$。而8位A/D的相对精度为$1/2^8\times 100\%=0.39\%$。精度和分辨率不能混淆。即使分辨率很高，但温度漂移、线性不良等原因仍可能造成精度并不是很高的结果。

4. 转换时间

完成一次A/D转换所需的时间。指从输入转换启动信号开始到转换结束，并得到稳定的数字量输出为止的时间。转换时间与ADC的典型工作频率有关。不同型号、不同分辨率的器件，转换时间相差很大。一般为几微秒到几百毫秒。逐次逼近式A/D转换器的转换时间为1～200 μs。在设计模拟量输入通道时，应按实际应用的需要和成本来确定这一参数。

5. 转换率

转换时间的倒数，它反映ADC的转换速度。

6. 工作温度范围

较好的A/D转换器的工作温度为－40～＋85℃。较差的为0～70℃。应根据具体应用要求查器件手册,选择适用的型号。超过工作温度范围,将不能保证达到额定精度指标。

7. 输出逻辑电平

多数 ADC 的输出信号与 TTL 电平兼容。在考虑 ADC 的输出与 CPU 的数据总线接口时,应注意是否需要设置三态逻辑输出,是否需要对数据进行锁存等。

2.2 常用的 ADC 芯片

常用的 ADC 芯片,8 位的有 ADC0809、ADC0816, AD570 等;10 位的有 AD571 等;12 位的有 AD574A、ADC1210、ICL7109 等;14 位的有 AD679、AD1679 等;16 位的有 ADC1143、ICL7104 等。双积分式的 A/D 转换器有 MC14433(3 1/2 位),国产型号为 5G14433。

2.3 8 位 A/D 转换器 ADC0809

1. 主要技术性能

分辨率: 8 位;

总的不可调误差: ±1LSB(±0.4%);

量程: 0～5 V,可使用单一的+5 V 电源;

转换速度: 100 μs/次;

时钟范围: 50～800 kHz(典型值为 640 kHz);

温度范围: −40～+85℃;

输入 8 路模拟信号;无需调零和进行满量程调整;输出带锁存器;逻辑电平与 TTL 兼容,不需另加接口逻辑可直接与 CPU 连接。

2. ADC0809 的外引脚功能

ADC0809 的管脚排列如图 4.4.9 所示,其主要管脚的功能如下:

IN0～IN7—模拟量输入端;

START—启动 A/D 转换器,当 START 为高电平时,开始 A/D 转换;

EOC—转换结束信号。当 A/D 转换完毕之后发出一个正脉冲,表示 A/D 转换结束。此信号可作为 A/D 转换是否结束的检测信号或中断申请信号;

OE—输出允许信号。如果此信号被选中,则允许从 A/D 转换器的锁存器中读取数字量;

CLOCK—时钟信号;

ALE—地址锁存允许,高电平有效。当 ALE 为高电平时,允许 C、B、A 所示的通道被选中,并将该通道的模拟量接入 A/D 转换器;

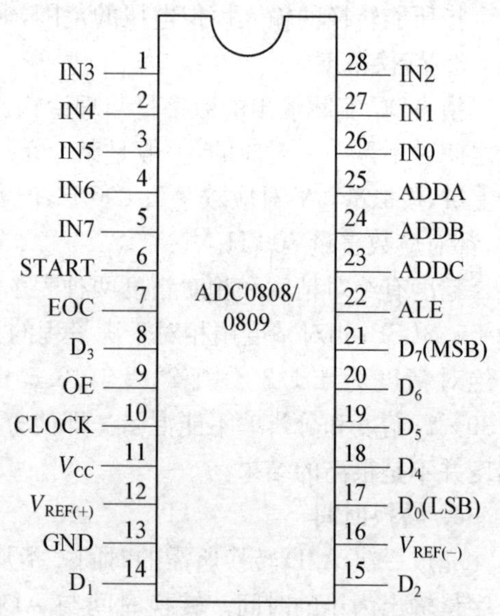

图 4.4.9 ADC0809 引脚图

ADDA、ADDB、ADDC—通道号地址选择端,C 为最高位,A 为最低位。当 C、B、A 为全零(000)时,选中 IN0 通道接入;为 001 时,选中 IN1 通道接入;为 111 时,选中 IN7 通道接入;

D_7～D_0—数字量输出端;

$V_{REF}(+)$、$V_{REF}(-)$—参考电压输入端,分别接+、−极性的参考电压,用来提供 A/D 转换器权电阻的标准电平。在模拟量为单极性输入时,$V_{REF}(+)=5$ V, $V_{REF}(-)=0$ V;当模拟

量为双极性输入时，$V_{REF}(+) = +5$ V，$V_{REF}(-) = -5$ V。

3. ADC0809 接口设计

由于 ADC0809 内部有三态输出的数据锁存器，故可与控制微机的总线直接接口。图 4.4.10 示出了 8031 单片机与 ADC0809 接口逻辑。

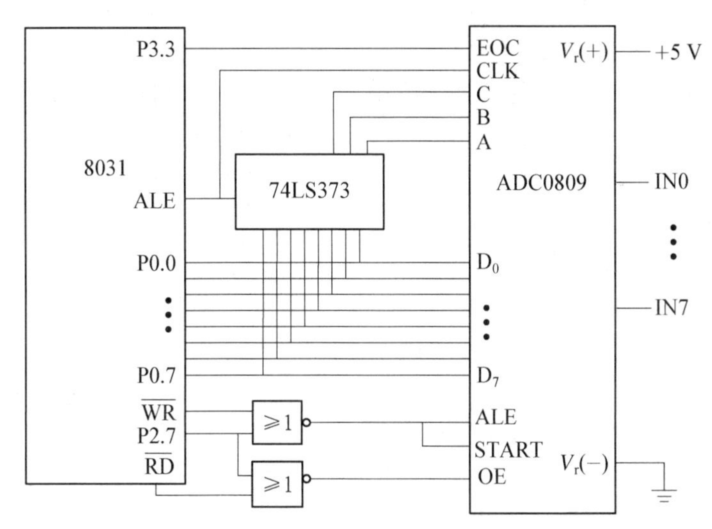

图 4.4.10　8031 与 ADC0809 接口逻辑

2.4　12 位 A/D 转换器 AD574

AD574 是一个完整的 12 位逐次逼近式带三态缓冲器的 A/D 转换器，它可以直接与 8 位或 16 位微型机总线进行接口。

1. 主要技术性能

分辨率：12 位；

非线性误差：小于±1/2LSB 或±1LSB；

转换速率：15～35 μs；

模拟电压输入范围：0～10 V 和 0～20 V，0～±5 V 和 0～±10 V 两档四种；

电源电压：±15 V 和+5 V；

数据输出格式：12 位/8 位；

芯片工作模式：全速工作模式和单一工作模式。

AD574 有 6 个等级，其中 AD574AJ、AD574AK 和 AD574AL 适合在 0～+70℃温度范围内工作，AD574AS、AD574AT 和 AD574AV 适合在−55～+125℃温度范围内工作。

2. AD574 的电路组成

AD574 由模拟芯片和数字芯片两部分组成，模拟芯片由高性能的 AD565(12 位 A/D 转换器)和参考电压模块组成，它包括高速电流输出开关电路、激光切割的膜片式电阻网络，故其精度高。数字芯片由逐次逼近式寄存器、转换控制逻辑、时钟、总线接口和高性能的锁存器、比较器组成。

3. AD574 的引脚说明

AD574 各个型号都采用 28 引脚双列直插式封装，引脚如图 4.4.11 所示。

AD574 各主要管脚的功能如下：

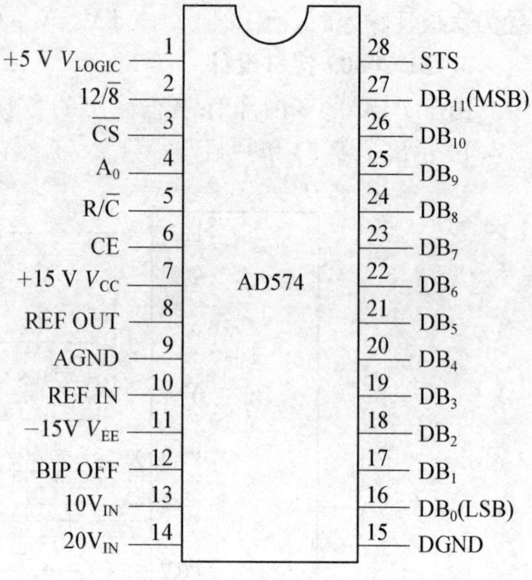

图 4.4.11　AD574 引脚图

DB_0～DB_{11}—12 位数据输出，分三组，均带三态输出缓冲器；

V_{LOGIC}—逻辑电源+5 V(+4.5～+5.5 V)；

V_{CC}—正电源+15 V(+13.5～+16.5 V)；

V_{EE}—负电源−15 V(−13.5～−16.5 V)；

AGND、DGND—模拟和数字地；

CE—使能端，高电平有效，在简单应用中固定接高电平；

$\overline{CS}$—片选择信号，低电平有效；

$R/\overline{C}$—读/转换信号；

A_0—转换和读字节选择信号：

$12/\overline{8}$—输出数据形式选择信号，$12/\overline{8}$端接V_{LOGIC}时，数据按 12 位形式输出。$12/\overline{8}$端接 DGND 时，数据按 8 位形式输出；

在 CE=1、$\overline{CS}$=0 同时满足时，AD574 才会正常工作，在 AD574 处于工作状态时，当 $R/\overline{C}$=0 时 A/D 转换，当 $R/\overline{C}$=1 时进行数据读出。A_0 端用来控制启动转换的方式和数据输出格式。A_0=0 时，启动的是按完整 12 位数据方式进行的。当 A_0=1 时，按 8 位 A/D 转换方式进行。当 $R/\overline{C}$=1，也即当 AD574A 处于数据状态时，A_0 和 $R/\overline{C}$控制数据输出状态的格式。当 $R/\overline{C}$=1 时，数据以 12 位并行输出，当 $R/\overline{C}$=0 时，数据以 8 位分两次输出。而当 A_0=0 时，输出转换数据的高 8 位，A_0=1时输出 A/D 转换数据的低 4 位，这四位占一个字节的高半字节，低半字节补零。其控制逻辑真值表如表 4.4.1。

表 4.4.1　AD574A 控制端标志意义

CE	$\overline{CS}$	$R/\overline{C}$	$12/\overline{8}$	A_0	工作状态
0	×	×	×	×	禁止
×	1	×	×	×	禁止
1	0	0	×	0	启动 12 位转换
1	0	0	×	1	启动 8 位转换
1	0	1	接+5 V	×	12 位并行输出有效
1	0	1	接 0 V	0	高 8 位并行输出有效
1	0	1	接 0 V	1	低 4 位并行输出有效

STS—工作状态指示信号端，当 STS=1 时，表示转换器正处于转换状态，当 STS=0 时，表明 A/D 转换结束，通过此信号可以判别 A/D 转换器的工作状态，作为单片机的中断或查询信号之用；

$10V_{IN}$—10 V 量程模拟电压输入，单极性 0～10 V，双极性±5 V；

$20V_{IN}$—20 V 量程模拟电压输入，单极性 0～20 V，双极性±10 V；

REF IN—参考电压输入；

REF OUT—10 V 基准电源电压输出端；

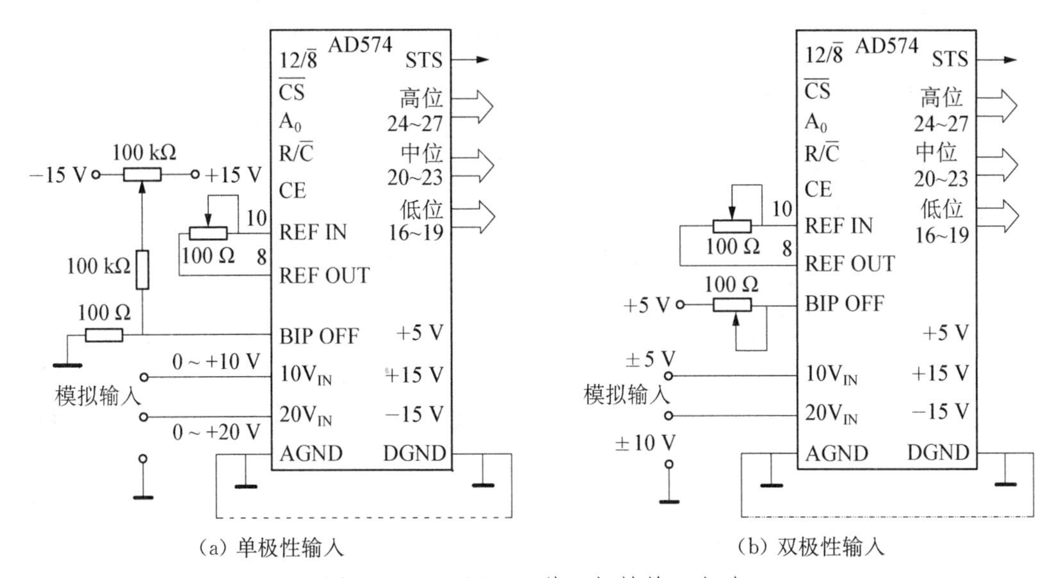

图 4.4.12　AD574 单双极性输入电路

BIP OFF—双极性偏移，当单极性或双极性输入时，该端加相应的偏移电压，作零点调整。单极性输入电路和双极性输入电路如图 4.4.12 所示。

2.5　双积分式 A/D 转换器 MC14433

MC14433 是 3 $\frac{1}{2}$ 位双积分式 A/D 转换器，国产型号为 5G14433。

1. 主要技术性能

转换精度：读数的±0.05%；

转换速率：4～10 次/s；

量程：199.9 mV 或 1.999 V(由基准电压 VR 决定)；

基准电压：200 mV 或 2 V；

转换结果输出形式：分时输出 BCD 码。

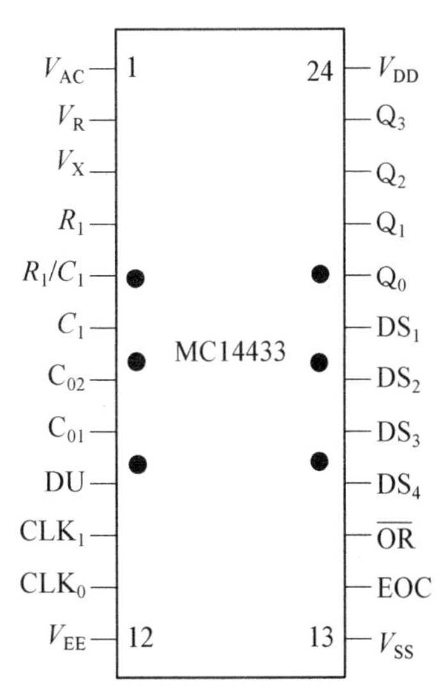

图 4.4.13　MC14433 的引脚

2. MC14433 引脚说明

MC14433 是一个 24 脚双列直插式芯片，图 4.4.13 表示出了 MC14433 的引脚分布，各引脚功能如下：

V_{DD}：主电源，+5 V；

V_{EE}：模拟部分负电源，−5 V；

V_{SS}：数字地；

V_R：基准电压输入引脚，取 200 mV 或 2 V；

V_X：被测电压输入引脚，最大为 199.9 mV 或 1.999 V；

V_{AC}：模拟地；

R_1，C_1，R_1/C_1：积分电阻、电容输入引脚，C_1：一般取 0.1 μF的聚丙烯电容，R_1：取 27 kΩ(对应 199.9 mV 量程)或 470 kΩ(对应 1.999 V 量程)；

C_{01}，C_{02}：接失调补偿电容 C_{01}，C_{02}。一般取 0.1 μF；

CLK_0，CLK_1：振荡器频率调节电阻 Rc 输入引脚，典型值为 470 kΩ，Rc 越大，工作频率越低；

EOC：转换结束状态输出线，当一次转换结束后，EOC 输出一个宽为 1/2 个时钟周期的正脉冲；

DU：更新转换控制信号输入线，高电平有效，若 DU 与 EOC 相连，则每次 A/D 转换结束后自动启动新的转换；

OR：过量程状态信号输出线，低电平有效，当 $|Vx|>V_R$ 时，OR 输出低电平；

DS_4～DS_1：分别是个、十、百、千位的选通脉冲输出线；

Q_3～Q_0：BCD 码数据输出线，动态输出千位、百位、十位、个位值；

DS_1 有效时(高电平有效)，Q_3 表示千位值(0 或 1)，Q_2 表示极性(0 负 1 正)，Q_1 无意义，Q_0 为 1 而 Q_3 为 0 表示过量程，Q_0 为 1 且 Q_3 为 1 表示欠量程，当 DS_2 有效时，Q_3～Q_0 以 BCD 码输出百位值，十位值和个位值的输出形式与此相同。

图 4.4.14 表示出了 MC14433 的转换结果输出时序波形。从图中可以看出，转换结果的千位值、百位值、十位值、个位值是在 DS_1～DS_4 的同步下分时由 Q_3～Q_0 送出的。

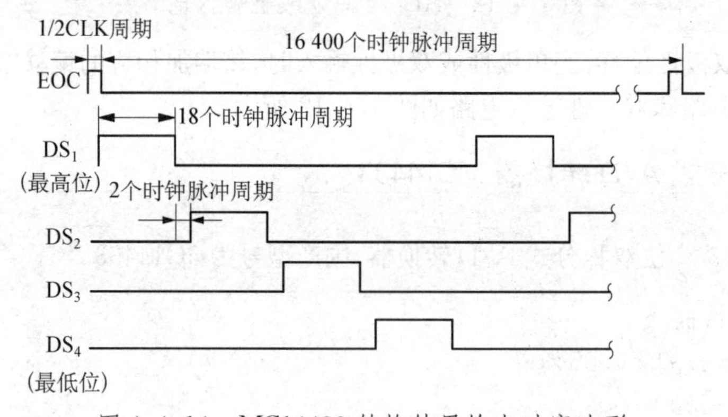

图 4.4.14　MC14433 转换结果输出时序波形

3. MC14433 的接口设计

图 4.4.15 表示出了 8031 通过 P1 扩展一片 MC14433 的电路原理图。在图中，5G1403 为

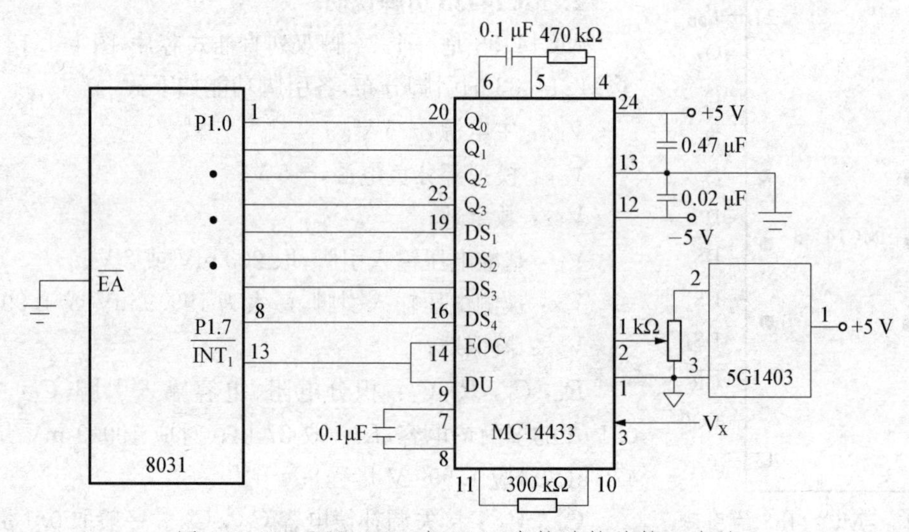

图 4.4.15　MC14433 与 8031 直接连接的接口方法

精密参考电压源，向 MC14433 提供参考电压，8031 读取 A/D 转换结果可以采取查询方式或中断方式。

如欲按图 4.4.16 所示格式存放 A/D 转换结果，则采用中断方式读取转换结果的中断服务子程序。相应程序可设计如下：

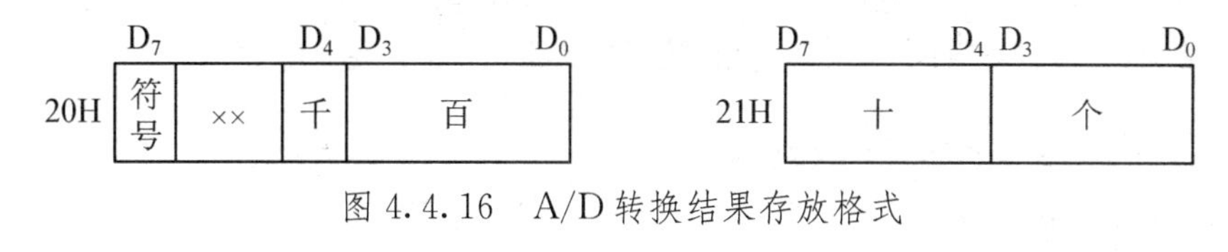

图 4.4.16　A/D 转换结果存放格式

```
        PUSH    PSW         ;现场保护
        PUSH    ACC
INT:    JNB     P1.4,INT    ;等待 DS1 有效
        JB      P1.0, OVER  ;超量程转 OVER
        JNB     P1.2, S1
        SETB    07H         ;置负标志
        AJMP    S2
S1:     CLR     07H         ;置正标志
S2:     JNB     P1.3, S3
        SETB    04H
        AJMP    S4
S3:     CLR     04H         ;处理千位值
S4:     JNB     P1.5, S4    ;等待 DS2 有效
        MOV     A, P1
        MOV     R0, #20H    ;百位值送 20H
        XCHD    A, @R0      ;低 4 位
S5:     JNB     P1.6, S5    ;等待 DS3 有效
        MOV     A, P1
        INC     R0
        SWAP    A           ;十位值送 21H
        MOV     @R0, A      ;高 4 位
S6:     JNB     P1.7, S6    ;等待 DS4 有效
        MOV     A, P1
        XCHD    A, @R0      ;个位值送 21H
        SJMP    S7          ;低 4 位
OVER:   SETB    06H
S7:     POP     ACC
        POP     PSW         ;恢复现场
        RETI
```

任务3　功率接口设计

在机电一体化产品中，被控对象所需要的驱动功率一般都比较大，而计算机发出的数字控制信号或经D/A转换后所得到的模拟控制信号的功率都很小，因而必须经过功率放大后才能用来驱动被控对象。实现功率放大功能的接口电路称为功率接口电路。

3.1　光电隔离电路设计与应用

1. 认识光耦合器

光电隔离是由光耦合器来完成的。光耦合器由发光源和受光器两部分组成，并由不透明材料封装在一起，其结构和符号如图4.4.17所示。发光源引出的管脚为输入端，受光器引出的管脚为输出端。当在输入端加正向电压时，发光二极管点亮，照射光敏晶体管（或晶闸管）使之导通，产生输出信号。输入和输出在电气上是完全隔离的，互不影响。

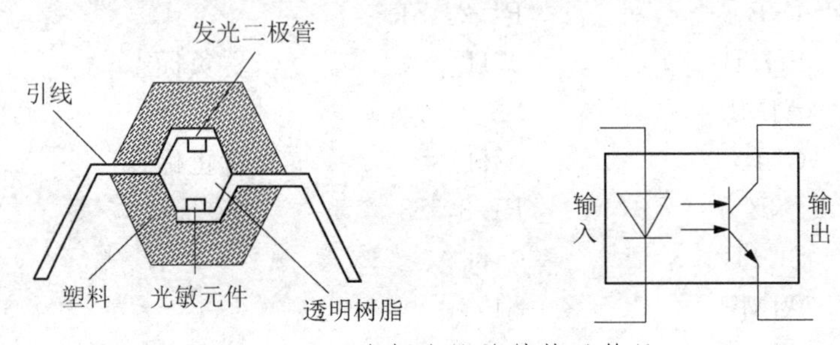

图4.4.17　光耦合器的结构及符号

（1）光耦合器的特点

① 光耦合器输入与输出间的电容很小，绝缘电阻可高达$10^{10}\,\Omega$以上，并能承受2 000 V以上的高压。被耦合的两个部分可以自成系统不“共地”，能够实现电控系统强电部分与弱电部分隔离，避免干扰由输出通道窜入控制微机。

② 输入阻抗很低，而干扰源内阻一般都很大。按分压比原理，传送到光耦合器输入端的干扰电压就变得很小了。

③ 有一些干扰信号电压幅值虽然很高，但持续时间很短，没有足够的能量，因此不能使光耦合器的二极管发光，于是干扰就被抑制掉了。

④ 发光管和受光器密封在一个管壳内，不会受到外界光的干扰。

⑤ 容易与逻辑电路配合使用。

⑥ 响应速度快，响应时间通常在微秒级，甚至纳秒级。

⑦ 无触点、寿命长、体积小、耐冲击。

（2）光耦合器的主要作用

① 信号隔离：将输入信号与输出信号进行隔离。

② 电平转换：将输入信号与输出信号的幅值进行转换。

③ 驱动负载：一些隔离驱动用的光耦合器件，如达林顿晶体管输出型和晶闸管输出型，不但含有隔离功能，而且还具有较强的负载驱动能力。

(3) 光耦合器的主要形式

常用的光耦合器如图 4.4.18 所示。图(a)为普通的信号隔离用光耦合器,以发光二极管为输入端,光敏晶体管为输出端,这种光耦合器一般用来隔离频率在 100 kHz 以下的信号。对于普通型光耦合器,如果光敏晶体管的基极有引出线,则可用于温度补偿与检测等,如图(b)所示。图(c)为高速型光耦合器的结构形式,与普通型不同的是,其输出部分采用光敏二极管和高速开关管组成复合结构,具有较高的响应速度。图(d)为达林顿管输出型光耦合器,其输出部分以光敏晶体管和放大晶体管构成达林顿管输出电路,可直接用于驱动较低频率的负载。图(e)为晶闸管输出型光耦合器,输出部分为光控晶闸管,光控晶闸管有单向、双向两种,图(e)所示为双向结构,这种光耦合器通常用在大功率的驱动场合。

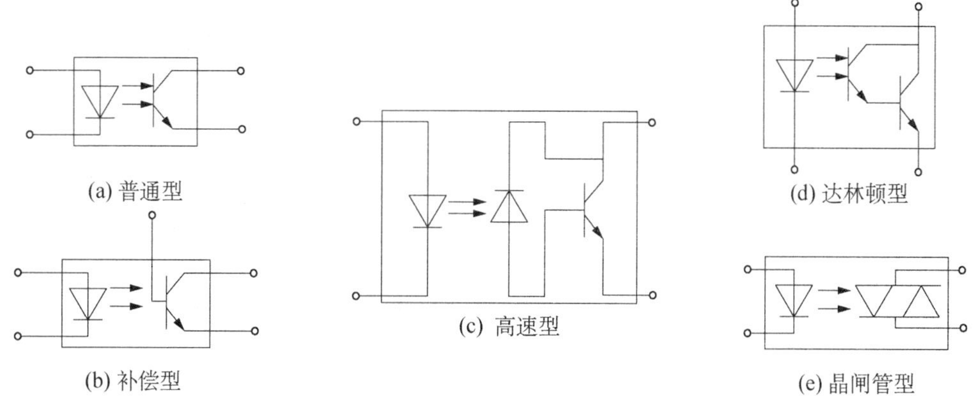

图 4.4.18　光耦合器的常见结构形式

2. 光耦合器的主要参数

常用光耦合器的主要参数如表 4.4.2 所示。

表 4.4.2　常用光耦合器的主要参数

型号规格	生产厂家	I_F /mA	I_C /mA	CTR_{min} (%)	CTR_{max} (%)	$V_{(BR)CEO}$ /V	$V_{(BR)ECO}$ /V	$V_{CE(sat)}$ /V	t_{ON}/t_{OFF} max /μs	V_{ISO} /kV
TLP521	TOSHIBA	50	50	100	600	55	7	0.4	2/3	2.5
PC817A	SHARP	50	50	80	160	35	6	0.2	18/18	5.0
4N25	Motorola	60	150	20	—	30	—	0.5	2.8/4.5	7.5
6N137	TOSHIBA	50	50	—	—	—	7	0.6	0.075/0.075	2.5
HLPC-2503	FSC	50	50	12	—	—	—	—	0.8/0.8	2.5

表格中前三种属于普通晶体管输出的光耦合器,后两种属于高速 TTL 逻辑输出的光耦合器。它们的主要区别表现在光电反应的速度上,价格上也有差异。

在选择光耦合器时,需要考虑以下参数:

① 正向导通电流 I_F。当发光二极管通以一定电流 I_F 时,光耦合器处于导通状态。表 4.4.2 中所列 I_F 为额定值,超过该值时发光二极管就有可能损坏。

② 集电极电流 I_C。表示输出端的工作电流。当光耦合器处于导通状态时，流过光敏晶体管(或晶闸管)的电流如果超过额定值，就有可能使输出端击穿而导致器件损坏。

③ 电流传输比 CTR。表示当输出电压保持恒定时，集电极电流 I_C 和正向导通电流 I_F 的百分比。

④ 集电极-发射极反向击穿电压 $V_{(BR)CEO}$。

⑤ 发射极-集电极反向击穿电压 $V_{(BR)ECO}$。

⑥ 集电极-发射极饱和压降 $V_{CE(sat)}$。

⑦ 响应时间 t_{ON}/t_{OFF} max。表示光耦合器的响应速度。

⑧ 隔离电压 V_{ISO}。表示光耦合器对电压的隔离能力。

3. 光耦合器应用电路举例

光耦合器在机电控制系统中的应用非常广泛，如光电隔离电路、长线隔离器、TTL 电路驱动器、CMOS 电路驱动器、A/D 模拟转换开关、交流/直流固态继电器等。

(1) 4N25 系列光耦合器的应用

4N25 系列光耦合器为普通晶体管输出型。如图 4.4.19 所示为 4N25 在控制步进电动机电路中的应用。其输入端由+5 V 电源供电，输出端由步进电动机电源供电，且两端电源不共地，这样就达到了电气隔离的效果。当 89C51 的 P1.0 端输出高电平时，光耦合器输入端电流为 0，则输出开路，晶体管 VT1 不导通，步进电动机绕组两端无电压；当 P1.0 输出低电平时，若 R_2 取 300 Ω，则 4N25 的输入电流为 10 mA，4N25 的电流传输比 $CTR \geqslant 20\%$，输出端可以流过大于 2 mA 的电流，再经过晶体管放大，产生驱动步进电动机所需电流。

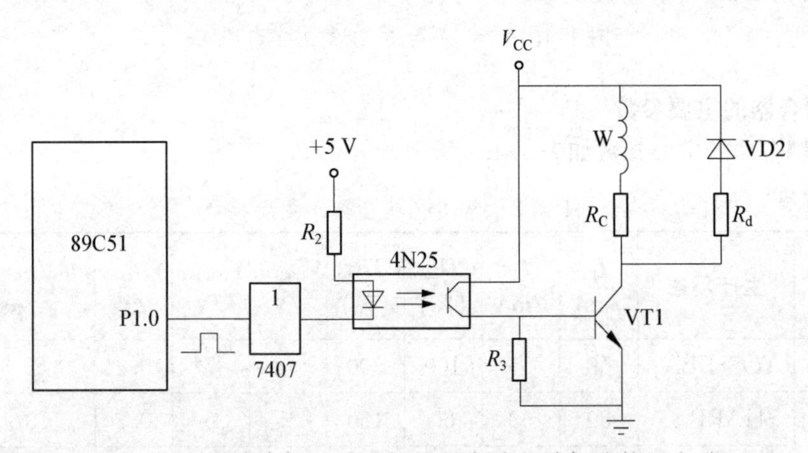

图 4.4.19　单片机通过光耦控制步进电动机的接口电路

(2) 6N137 高速光耦合器的应用

在对信号传输速度要求高的某些场合，使用普通速度的光耦合器已无法满足要求，此时可以使用高速光耦合器 6N137，其内部结构原理如图 4.4.20 所示。6N137 由磷砷化镓发光二极管和光敏集成检测电路组成，它通过光敏二极管接受信号，并经内部高增益的线性放大器把信号放大后，由集电极开路门输出。该器件高低电平传输延迟时间短：典型值仅为 48 ns。除此之外，6N137 还具有一个控制脚(第 7 脚，也叫使能端)，通过对该引脚的控制，可使输出端呈高阻状态。

图 4.4.20 是高速光耦合器 6N137 的典型应用电路。图中 V_{CC} 接+5 V，发光二极管阳极

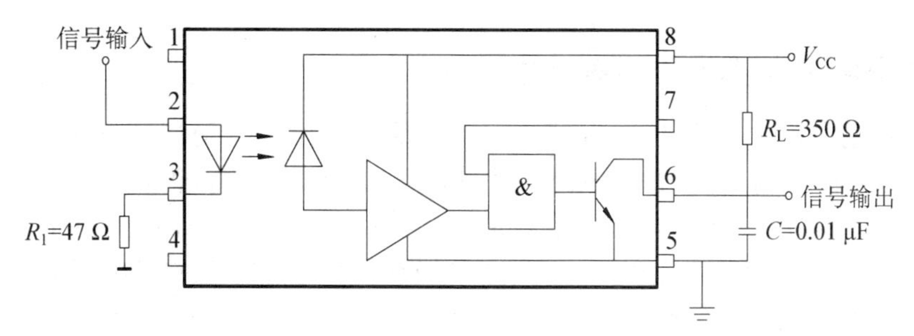

图 4.4.20　高速光耦合器 6N137 的应用电路

接信号输入端，阴极串联下拉电阻 R_1 后接地，使能端(第 7 脚)悬空(为高)。当输入信号为高电平时，输出端 6 脚呈低电平；当输入信号为低电平时，输出端 6 脚呈高电平。

6 N137 与常见的光耦合器 TLP521、4N25 等相比，其速度要快 2 个数量级。除了在高速通信接口和隔离放大器中应用之外，在线性电路、电源控制、开关电源和传感变换等方面的应用中也获得了很好的效果。

4. 晶闸管输出型 4N40 与 MOC3041 功率驱动光耦合器的应用

晶闸管输出型光耦合器的输出端是光敏晶闸管或光敏双向晶闸管。光耦合器的输入端有一定的电流流入时，晶闸管即导通，有的光耦合器的输出端还配有过零检测电路，用于控制晶闸管过零触发，以减少用电设备在启动时对电网造成的冲击(以避免带负载启动对电网造成的冲击)。

4N40 是常用的单向晶闸管输出型光耦合器。当输入端有 15～30 mA 电流时，输出端的晶闸管导通。输出端的额定电压为 400 V，额定电流有效值为 300 mA。4N40 常用于小电流电器控制，如指示灯等，也可用于触发大功率的晶闸管。

MOC3041 是常用的双向晶闸管输出的光耦合器，内部带过零触发电路，以保证在电压为零时触发晶闸管。其输入端控制电流为 15 mA，输出端的额定电压为 400 V，最大重复浪涌电流为 1 A，可适用于 220 V 或 380 V 交流使用。输入端与输出端的隔离电压 V_{ISO} 高达 7.5 kV，常用在大功率的隔离驱动场合。

图 4.4.21 为 4N40 和 MOC3041 的接口驱动电路。求得限流电阻 R_{f1} 和 R_{f2} 分别为 100 Ω 和 200 Ω，实际取 91 Ω 和 180 Ω，使 I_f 留有一定余量。

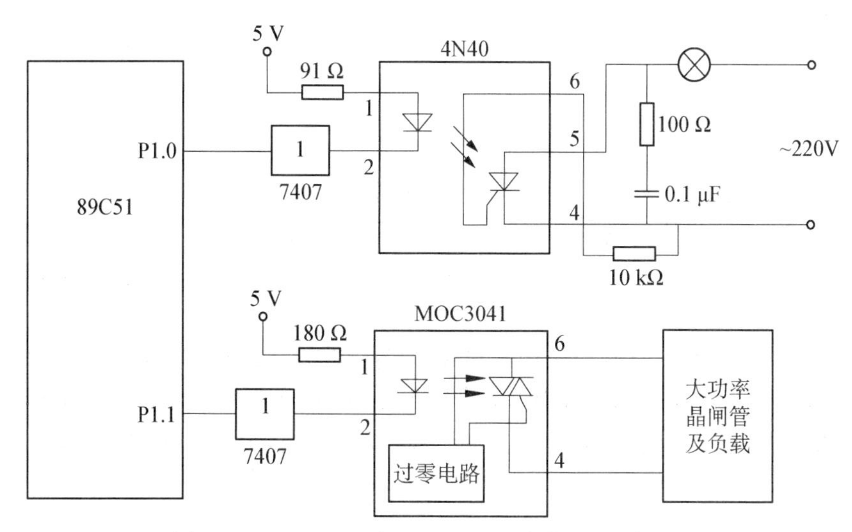

图 4.4.21　4N40 和 MOC3041 的接口驱动电路

2.2 开关量输出通道电路设计与应用

在机电控制系统中，对被控设备的驱动控制常采用模拟量输出和开关量（数字量）输出两种方式。模拟量输出的方法，由于受模拟器件的漂移影响，很难达到较高的控制精度，所以现在应用较少。随着电子技术的迅速发展，特别是计算机进入测控领域后，开关量（数字量）输出控制得到广泛应用。在许多场合，开关量输出的控制精度要比一般的模拟量控制高很多，而且在改变控制算法时，无须改动硬件，只要改动程序即可满足要求。

1. 开关量输出通道的隔离技术

在开关量输出通道中，为了防止现场强电磁干扰或工频电压通过输出通道窜入测控系统，必须采用隔离技术。在输出通道的隔离中，最常见的是光电隔离技术，因为光信号的传送不受电场、磁场的干扰，可以有效地隔离电信号。

2. 低压开关量输出通道的应用设计

机电控制系统的开关量输出信号，通常是由 I/O 接口芯片给出的低压直流信号，如 TTL 电平信号。这种电平信号一般不能直接驱动外设，需要经过接口电路的转换处理。

对于低压开关量的输出控制，可采用晶体管、OC 门（集电极开路）或运算放大器等器件输出，如驱动信号灯、低压电磁阀、直流电动机等。需要注意的是，在使用 OC 门时，由于它为集电极开路输出，在其输出为高电平时，实质只是一种高阻态，所以必须外接上拉电阻，如图 4.4.22 中的 R。此时的输出驱动电流主要由电源 V_{cc} 提供，只能做直流驱动，并且 OC 门的驱动电流不宜过大，一般控制在几十毫安。如果被驱动设备所需驱动电流较大，则可以采用晶体管输出方式，如图 4.4.23 所示。

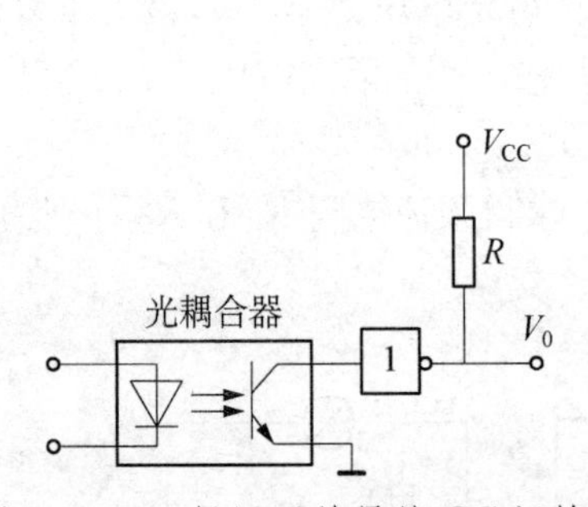

图 4.4.22 低压开关量的 OC 门输出

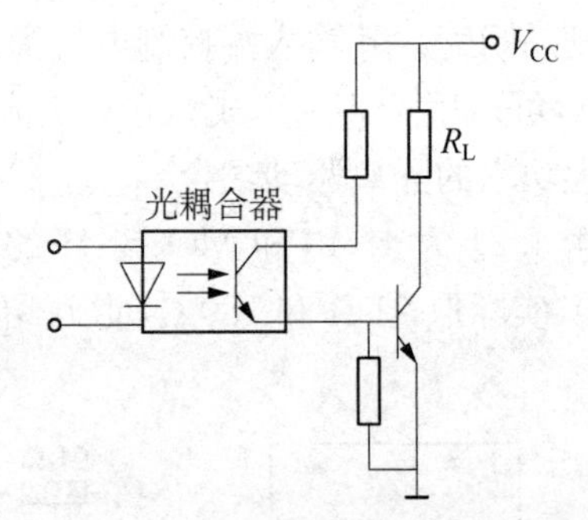

图 4.4.23 开关量经晶体管驱动输出

开关量的输出控制也常采用专门的驱动芯片，如 MC1413（ULN2003）、MC1416（ULN2004）等。这些芯片又称达林顿晶体管阵列驱动器。其中 MC1413 的内部有 7 个达林顿复合管，每个达林顿复合管的输出电流可达 500 mA，截止时能承受的电压为 100 V。

图 4.4.24 为 MC1413 的典型应用。可编程接口芯片 8255 从 PA0 引脚送出的低电平信号，经光电隔离后输出高电平，再由 MC1413 反相输出低电平送给直流继电器，而直流继电器的另一端接的是＋12 V 电源，于是，继电器线圈得电，常开点闭合，完成指定的控制动作。

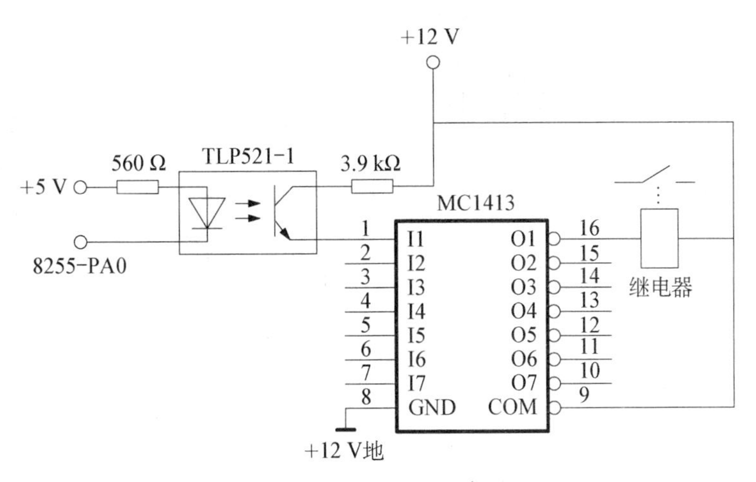

图 4.4.24 MC1413 的典型应用

3. 继电器输出的接口技术

继电器方式的开关量输出，是目前最常用的一种方式。就抗干扰设计而言，采用继电器实际上是对开关量输出进行隔离，因为继电器的线圈与它的触点没有电气上的关联。一些小功率的负载可由继电器直接切换，对于一些大功率的负载，可把继电器当作中间环节（也称中间继电器），利用中间继电器的触点来控制交流接触器线圈的得电与失电，从而控制大型负载，如机床主电动机的起、停等，完成从低压直流到高压交流的过渡控制。这就是所说的"用弱电控制强电"的一种方法。

图 4.4.25 表示出了 89C51 单片机 P1.0 控制一直流继电器的接口电路。采用光耦合器 TIL117 进行了电气隔离，继电器的驱动由晶体管 9013 实现，光耦的驱动电流由 7407 提供；二极管 V_D 的作用是保护晶体管 9013，当继电器 K 吸合时，二极管承受反向电压不导通，当继电器释放时，由于继电器线圈存在电感，会生成反电动势，这个反电动势与 V_C 迭加在一起，作用在 9013 集电极上，容易损坏晶体管。在线圈两端反向并联二极管 V_D 后，继电器线圈产生的感应电流由二极管 V_D 流过，因而不会产生很高的感应电压，从而使晶体管 9013 得到保护。

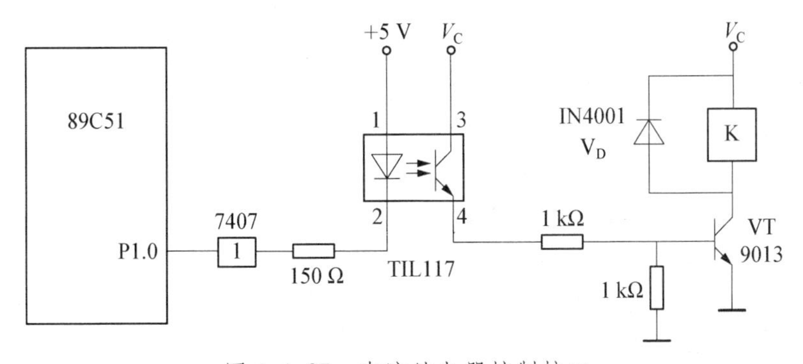

图 4.4.25 直流继电器控制接口

图 4.4.26 所示为继电器-接触器控制电路。采用继电器-接触器输出开关量时，需要注意以下问题：

① 继电器的线圈是感性负载，当线圈失电时会产生较高的感应电动势，因此在直流继电

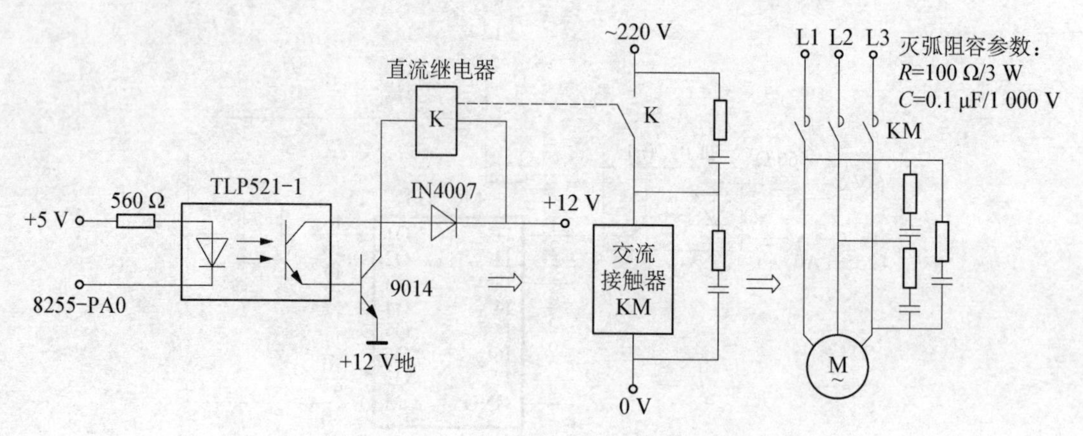

图 4.4.26　继电器-接触器控制电路

器线圈的两端需要反接一只续流二极管，用于反向放电，以便保护继电器前级的驱动器件，如图 4.4.26 中的 IN4007。

② 继电器的输出触点在开关的瞬间，容易产生电火花，可能会引起干扰，通常在交流接触器输出触点两端并联 $R-C$ 阻容来解决。

③ 交流接触器在线圈失电时，会产生强烈的电弧，所以务必在交流接触器线圈两端跨接 $R-C$ 阻容，且引线越短越好，以抑制电火花的产生。实践表明，继电器-接触器控制线路中，最强的干扰就来自于此。

④ 至于交流接触器控制的大型负载，如三相交流异步电动机等，也需在其供电端子之间跨接灭弧阻容，具体参数如图 4.4.26 所示。

⑤ 经常切换交流高压时，继电器和接触器的触点易氧化，应注意定期检查更换。

4. 固态继电器输出的接口技术

固态继电器 SSR(Solid State Relay)是一种由固态电子元器件组成的新型无触点开关，又名固态开关。当在控制端输入触发信号后，主回路呈导通状态；无控制信号时主回路呈阻断状态。控制回路与主回路间采取了电隔离及信号耦合技术。与电磁继电器相比，具有工作可靠，使用寿命长，驱动功率小，无触点、无噪声，对外界干扰小，能与逻辑电路兼容，抗干扰能力强，开关速度快，使用方便等优点。由于它能与 TTL、HTL、CMOS 等数字电路相兼容，因此在计算机 I/O 接口、防爆场合、自动控制领域应用十分广泛。

固态继电器按其负载类型可分为直流型(DC－SSR)和交流型(AC－SSR)两类。对交流负载的控制有过零与不过零控制功能，其控制信号如图 4.4.27 所示。由于固态继电器是一种电子开关，故有一定的通态压降和断态漏电流。

(1) 直流型 SSR

直流型 SSR 主要用于驱动大功率的直流负载。其输入端为一光耦合器，可用 OC 门或晶体管直接驱动，驱动电流一般小于 15 mA，输入电压在直流 4～32 V 之间；其输出端由晶体管组成，输出断态电流一般小于 5 mA，输出工作电压 DC30～180 V(5 V 开始工作)，开关时间小于 200 μs。

(2) 交流型 SSR

交流型 SSR 常用双向晶闸管作为开关器件，用于驱动大功率的交流负载。其输入电压为 DC4～32 V，开关时间小于 200 μs，输入电流小于 500 mA，可采用晶体管直接驱动；输出端工

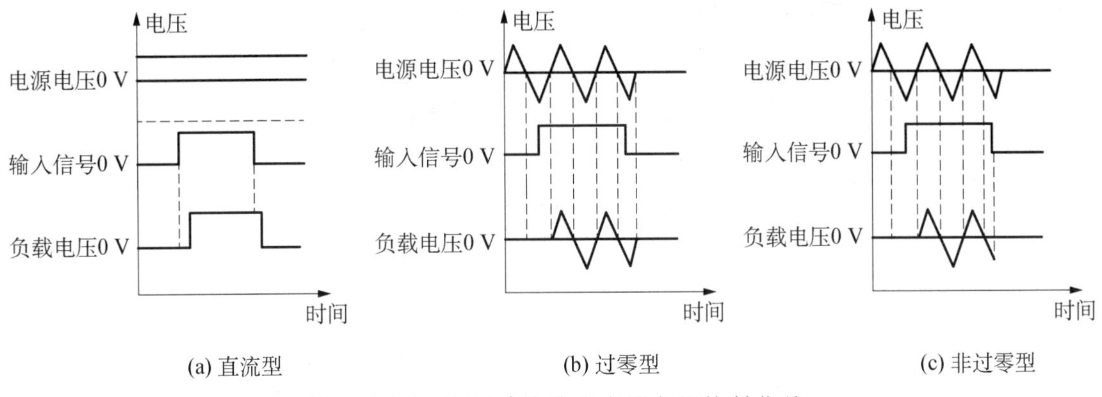

图 4.4.27　不同功能的固态继电器控制信号

作电压为交流，可用于 380 V 或 220 V 等常用市电场合；输出断态电流一般小于 10 mA。

（3）典型应用电路

① 直流型 SSR 典型接口电路。图 4.4.28 所示为一直流型 SSR 典型接口电路。输出电路接有感性负载（如直流电磁阀或电磁铁）时，应在负载两端并联一只二极管，极性如图所示，二极管的电流应等于工作电流，电压应大于工作电压的 4 倍。对于一般的阻性负载，不需二极管，可直连负载设备。需要注意的是，直流型 SSR 在工作时应尽量靠近负载，其输出引线应满足负荷电流的需要。直流型 SSR 使用的直流电源，如果是由交流降压后整流所得，其滤波用的电解电容参数应选大一些。

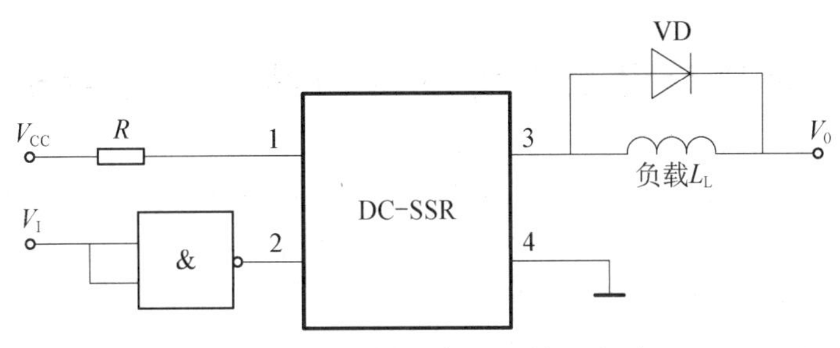

图 4.4.28　直流型 SSR 接口电路

② 交流型 SSR 典型接口电路。交流接触器是机电系统中常用的一种控制元件，其线圈的工作电压要求是交流电，而且工作电流一般较大，所以通常使用双向晶闸管或中间继电器驱动。

图 4.4.29 为单片机通过固态继电器控制一交流接触器的控制电路，当 89C51 的 P1.0 输出高电平时，固态继电器 SSR 导通，交流接触器 K 吸合，主电路导通；当 P1.0 输出低电平时，固态继电器截止，交流接触器断开，主电路关断。图 4.4.30 为交流型 SSR 的另一接口电路。V_{CC}为输入端的电源，电阻 R_x 是用来限制电流的。输出端接的是非稳定性的负载或感性负载。为了增加电路的可靠性，保护固态继电器，在驱动感性负载时，通常在 SSR 输出端跨接 $R-C$ 吸收回路和压敏电阻 RV，有时也在负载的两端并接电容 C_L。

（4）使用注意事项

① 使用固态继电器时，切忌将负载两端短路，否则会造成永久性损坏。

② 如果运行时的环境温度较高，选用的固态继电器应留有较大的余量。

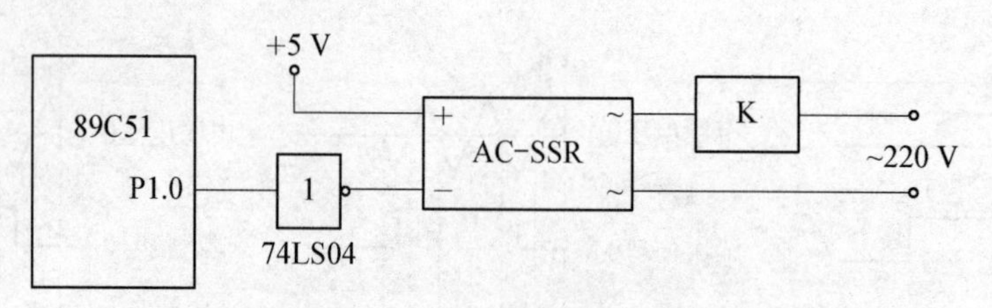

图 4.4.29　AC-SSR 控制交流接触器

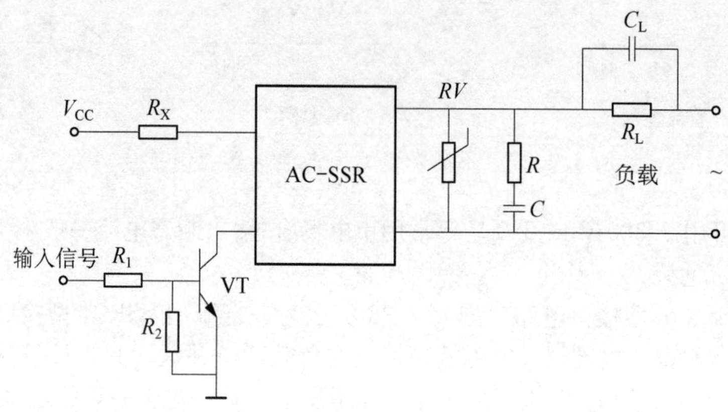

图 4.4.30　AC-SSR 控制感性负载

③ 当用固态继电器控制感性负载时，应接上氧化锌压敏电阻起保护作用。

④ 固态继电器内部一般有 5～10 mA 的漏电流，因此不宜用它直接控制很小功率的负载。

任务 4　常用存储器与 I/O 接口芯片的应用电路设计

在设计机电控制系统的时候，首先遇到的问题就是存储器的扩展。当我们选用某种微控制器作为 CPU 时，虽然其内部设置了一定字节的存储器，但容量较小，远远不能满足实际需要。因此需要从外部进行扩展，配置外部存储器，包括程序存储器和数据存储器。其次要解决的问题是 I/O 口的扩展。在微控制器的内部，虽然设置了若干并行 I/O 接口电路用来与外设连接，但当外围设备较多时，I/O 接口可能就不够用，需要进行扩展。通过本任务训练掌握机电控制系统常用的存储器以及 I/O 接口芯片扩展电路的设计。

4.1　常用存储器及其扩展电路设计

1. 程序存储器

在机电控制系统中，目前用来扩展程序存储器的主要是 EPROM 芯片。它有两种，一种是采用紫外线擦除的 EPROM，另一种是采用电擦除的 EEPROM，两种芯片的引脚相同。常用的 EPROM 典型产品有：2716(2K×8 位)、2732(4K×8 位)、2764(8K×8 位)、27128(16K×8 位)、27256(32K×8 位)以及 27512(64K×8 位)等；常用的 EEPROM 主要有 Winbond 公司的 W27C 系列。

EPROM 芯片与 CPU 的连接分两种情况，一种情况是 CPU 本身不含 EPROM，另一种情况是 CPU 自带 EPROM。

任务 1　单片机为 8031，扩展 4 KB 的 EPROM。

任务分析　8031是MCS－51系列单片机，该芯片为无ROM型微控制器，现要扩展4 KB的EPROM。EPROM选用2732，它是4 KB的芯片，共有12条地址线，其中的A8～A11分别接到8031的P2.0～P2.3，而低8位的A0～A7不能直接连到8031的P0口，必须经过地址锁存器74LS373。

接口设计　接口电路如图4.4.31所示，8031的地址锁存允许信号ALE接至74LS373的LE端，用以传递锁存命令。ALE信号的下降沿把P0口输出的低8位A7～A0锁入74LS373中。2732的输出允许信号OE是接地的，始终有效，故锁存器与其输出Q0～Q7是直通的，没有缓冲。

应当注意：图4.4.31中8031的EA引脚必须接地；P2口已有部分引脚作地址线用，其余引脚就不能再作I/O口使用，只能闲置。8031的PSEN接2732的输出允许端OE，用以传递片外程序存储器的读选通信号。2732的芯片允许脚CE接地，芯片始终处于工作状态。

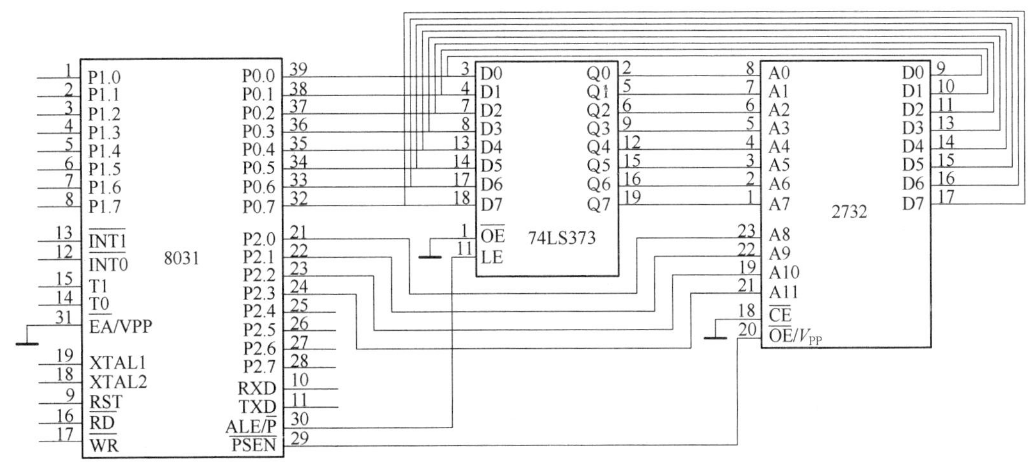

图4.4.31　8031单片机外扩4 KB的EPROM

任务拓展　当无ROM型微控制器扩展更大容量EPROM，比如8 KB的2764、16 KB的27128、32 KB的27256、64 KB的27512时，连接方式与上例相似，区别仅仅在于高位地址线位数的不同。如图4.4.32所示为8031单片机与64 KB程序存储器27512的连接情况。

图4.4.32　8031单片机外扩64 KB的EPROM

任务2　单片机为ATMEL公司的AT89C51，扩展12 KB的EPROM。

任务分析　AT89C51为自带ROM型微控制器，片内含有4 KB的EPROM，为电擦除型。构成系统时，4 KB的ROM空间不够用，需要外扩。但要注意，AT89C51的内部已有4 KB的程序存储空间，如果不需要这一空间，那么将其EA引脚接地即可，扩展方法同上例；如果需要使用这部分空间，那么EA引脚必须接高电平，且片外扩展的EPROM地址应从1000H开始。

接口设计　接口电路如图4.4.33所示，使用了一片74LS138作地址译码器，外扩的EPROM为16 KB的27128芯片，14条地址线A0～A13组合而成的地址码，可选择片内16K字节中的任一存储单元。译码器的4个输出Y1～Y4任一有效时，均可使27128的芯片允许信号CE有效。不难算出，图中27128的地址范围是：1000H～4FFFH，因此整个系统的EPROM地址范围是：0000H～4FFFH。

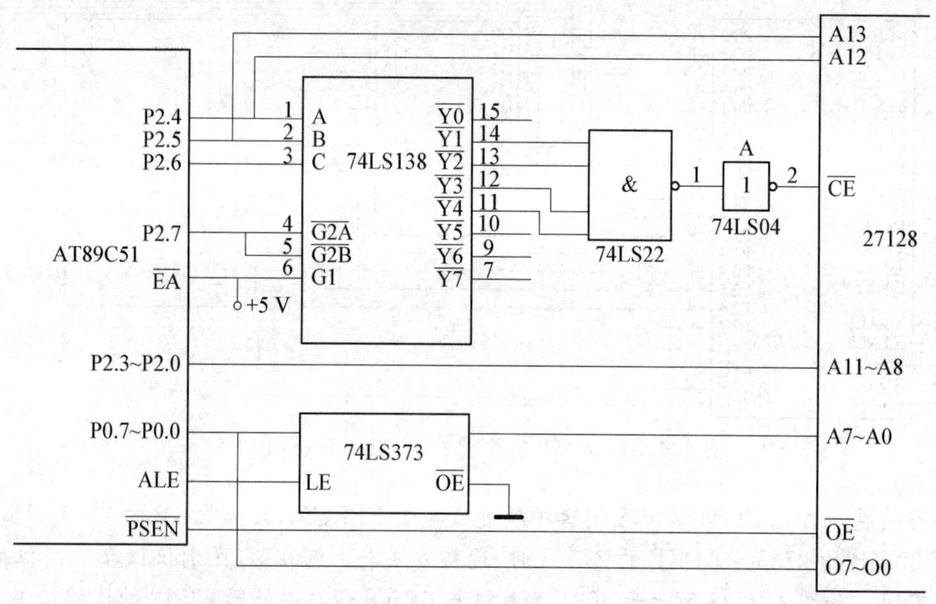

图4.4.33　AT89C51单片机外扩16 KB的EPROM

2. 数据存储器

在机电一体化设备的专用控制系统中，数据存储器通常选用静态RAM(SRAM)。因为在使用SRAM时，无需考虑刷新问题，且与CPU的连接简单。常用的SRAM芯片主要有6116(2K×8位)、6264(8K×8位)、62256(32K×8位)、628128(128K×8位)等。

数据存储器的扩展与程序存储器的扩展，在地址线的处理上是相同的，所不同的是，除读选通信号各异之外，尚需考虑写选通的控制问题。

任务3　为AT89C51单片机扩展32 KB的数据存储器。

任务分析　选择32 KB的SRAM芯片62256。62256芯片只有一个片选信号引脚CS，今用CPU的P2.7引脚来选通它；8根数据线I/O7～I/O0直接挂在CPU的P0口；15根地址线A14～A0分为高7位和低8位，其中高7位与CPU的P2.6～P2.0引脚相连，低8位与地址锁存器74LS373的输出端相连；数据读允许引脚OE与CPU的RD连接；数据写允许引脚WE与CPU的WR连接。

接口设计　图 4.4.34 所示为扩展电路设计。可以算出,该 62256 的地址范围是:0000H~7FFFH。

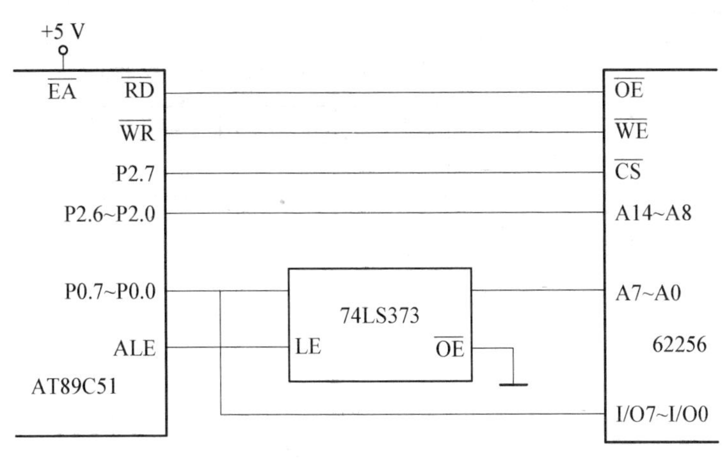

图 4.4.34　AT89C51 单片机外扩 32 KB 的 SRAM

4.2　常用 I/O 接口芯片及其扩展电路设计

1. 认识常用的 I/O 接口芯片

常用的 I/O 接口芯片分为两大类:简单 I/O 接口芯片和可编程 I/O 接口芯片。

(1) 简单 I/O 接口芯片

主要包括锁存器和缓冲器。CPU 在对这类芯片进行读/写操作前,需要对其发命令字,功能比较单一,为不可编程型。在构成输出口时,要求具有锁存功能;在构成输入口时,要求具有缓冲功能。数据的输入、输出通常由 CPU 的读、写信号来控制。常用的锁存器有 74LS273、74LS373、74LS374、74LS377 等;常用的缓冲器有 74LS244、74LS245、74LS240 等。

(2) 可编程 I/O 接口芯片

可编程 I/O 接口芯片种类很多,常用的有 Intel 公司的外围器件,如可编程外围并行接口 8255A、可编程 RAM/IO 扩展接口 8155、可编程键盘/显示接口 8279、可编程定时/计数器 8253 等。这些芯片都具有多种工作方式,可由 CPU 对其编程进行设定。

可编程并行接口 8255A 是 Intel 公司生产的可编程输入输出接口芯片,它具有 A、B、C 三个 8 位的并行 I/O 口,可选择三种工作方式。方式 0 为基本的输入输出;方式 1 为选通输入输出;方式 2 为双向传送。8255A 还能对 C 端口的任一位进行置位/复位操作。

可编程并行接口 8155 芯片内部包含有 256 个字节 RAM、2 个 8 位的可编程并行 I/O 口、1 个 6 位的可编程并行 I/O 口和 1 个 14 位的定时器/计数器。它可直接与 MCS-51 单片机连接,不需增加任何硬件逻辑。

8253 可编程定时/计数器内部具有 3 个独立的 16 位减法计数通道,每个计数通道又可分为两个 8 位的计数器。8253 具有 6 种工作方式,可以按二进制或十进制格式进行计数。8253 除了具备基本的定时/计数功能外,还可以用做可编程方波频率发生器、分频器、程控单脉冲发生器等。

2. 了解 I/O 接口地址译码方式

(1) 线选法

若系统只扩展少量的 RAM 和 I/O 接口芯片,可采用线选法。

所谓线选法即是把单独的地址线接到外围芯片的片选端上，只要该地址线为低电平，就可选中该芯片。图4.4.35所示为线选法实例(设控制系统的CPU为MCS-51系列单片机)，外围芯片的全部地址如表4.4.3所示。

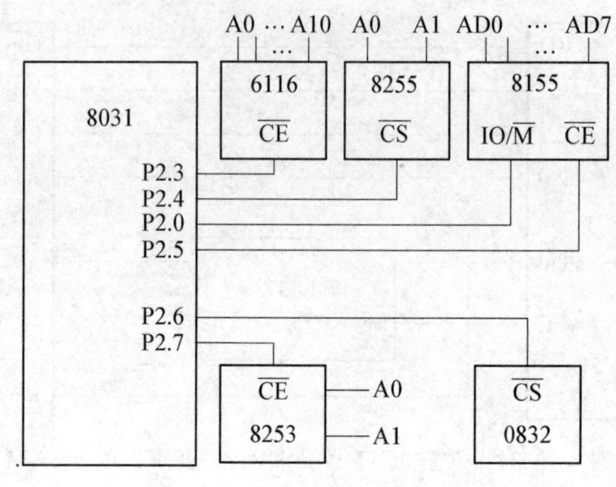

图4.4.35　线选法地址译码

表4.4.3　图4.4.35中外围芯片的线选法译码地址

外围器件	地址选择线(A15～A0)	片内地址单元数	地址编码
6116	1111，0×××，××××，××××	2K	0F000H～0F7FFH
8255	1110，1111，1111，11××	4	0EFFCH～0EFFFH
8155的RAM	1101，1110，××××，××××	256	0DE00H～0DEFFH
8155的I/O	1101，1111，1111，1×××	6	0DFF8H～0DFFDH
DAC0832	1011，1111，1111，1111	1	0BFFFH
8253	0111，1111，1111，11××	4	7FFCH～7FFFH

线选法的优点是硬件电路结构简单，但由于所用片选线都是高位地址线，它们的权值较大，地址空间没有充分利用，芯片之间的地址不连续，所以线选法常用在小型系统中，所接I/O接口芯片较少的场合。

(2) 部分地址译码法

对于RAM和I/O容量较大的应用系统，当芯片所需的片选信号多于可用的地址线时，常采用部分地址译码法。它将低位地址线作为芯片的片内地址(取外围芯片中最大的地址线位数)，用译码器对高位地址线进行译码，译出的信号作为片选线。

图4.4.36所示为部分地址译码的实例(设控制系统基于MCS-51系列单片机)。表4.4.4为译出的各芯片详细地址。

在图4.4.36中，所有的外围芯片中8K字节的6264拥有最多的地址线，共13根(A12～A0)。如果选用MCS-51系列单片机，地址线还剩3根，采用线选法来选择6个外围芯片已经不可能。所以此时只能采用译码器译码法，图中选用了“3进8出”的74LS138译码器，由三根高位地址线P2.7～P2.5可选择8个外围芯片。

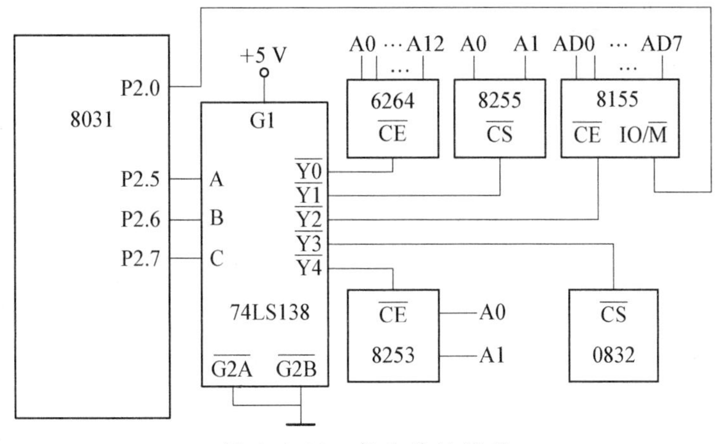

图 4.4.36　部分地址译码

表 4.4.4　图 4.4.36 中外围芯片的详细地址

外围器件	地址选择线(A15～A0)	片内地址单元数	地址编码
6264	000×，××××，××××，××××	8K	0000H～1FFFH
8255	0011，1111，1111，11××	4	3FFCH～3FFFH
8155 的 RAM	0101，1110，××××，××××	256	5E00H～5EFFH
8155 的 I/O	0101，1111，1111，1×××	6	5FF8H～5FFDH
DAC0832	0111，1111，1111，1111	1	7FFFH
8253	1001，1111，1111，11××	4	9FFCH～9FFFH

同步训练　机电接口设计

任务：要求设计一个温度控制器,其主要性能指标如下：

① 测温和控温范围：0～30℃(实时控制)。

② 控温精度：±2℃。

③ 控温通道输出为双向晶闸管或继电器。

温度控制器原理参考图：

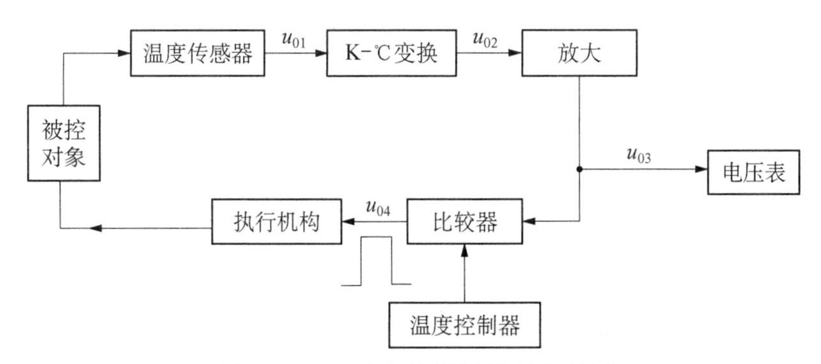

图 4.4.37　温度控制器原理参考图

根据技术要求及设计室条件自选设计出原理电路图，分析工作原理。

列出元器件清单。

整理设计数据。

在测试过程中发现什么故障？应如何排除？

写出设计的心得体会。

④ 任务仿真：使用 Proteus 软件进行模拟仿真。

某一设计方案为：使用 STC89C52 单片机、DHT11 传感器模块、LCD1602 液晶显示屏模块以及继电器控制模块。DHT11 数字温湿度传感器把采集到的温湿度数据传给单片机。经过单片机的处理，准确地显示到液晶屏上。如果温度超过阀值，将会驱动继电器工作，继电器将驱动执行机构进行相应的工作，达到控制要求。

DHT11 数字温湿度传感器测量范围 20%～90% RH，0℃～50℃。测温精度为±2℃，测湿精度为±5% RH。满足本设计的要求。

图 4.4.38 为温度控制器电路参考图。

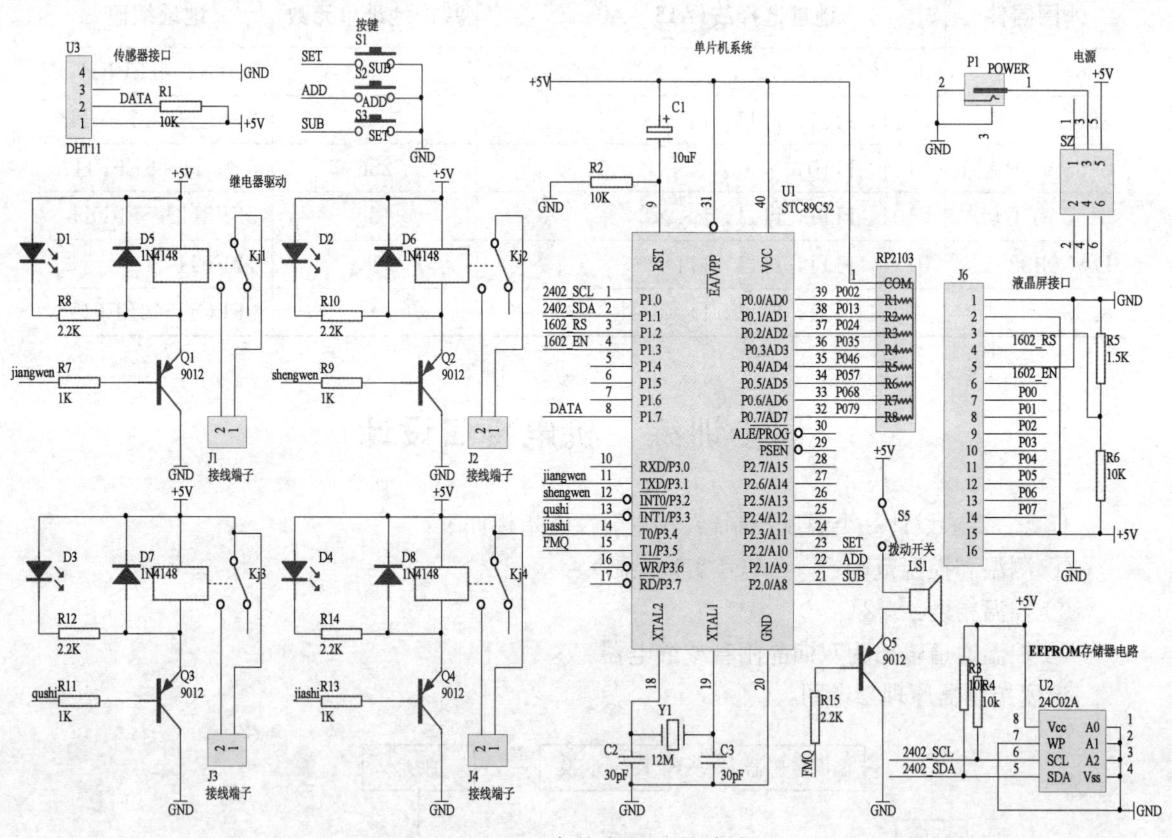

图 4.4.38 温度控制器电路参考图

⑤ 任务评价：通过学习机电接口技术，能够达到任务的要求，完成任务。

子情境5　机电接口的可靠性设计与抗干扰设计

任务1　机电接口的可靠性设计

体例4.5.1　HNC-21系列数控装置的可靠性设计。

可靠性设计工作主要包括硬件可靠性设计和软件可靠性设计两部分，具体实施路线如下图所示：

根据厂家的维修统计、现场服务及客户咨询，问题主要表现为以下几个方面：①产品运输到用户处出现屏幕显示异常；②数控装置在使用中出现重新启动；③驱动器出现误报警；④数控系统软件版本不一致；⑤数控系统软件个别文件丢失导致系统不能启动；⑥在编制零件程序时，非常规编程方法导致系统工作异常。

根据以上的分析，分别对系统的硬件和软件进行了具体的分析和可靠性改进并取得了显著的成效。

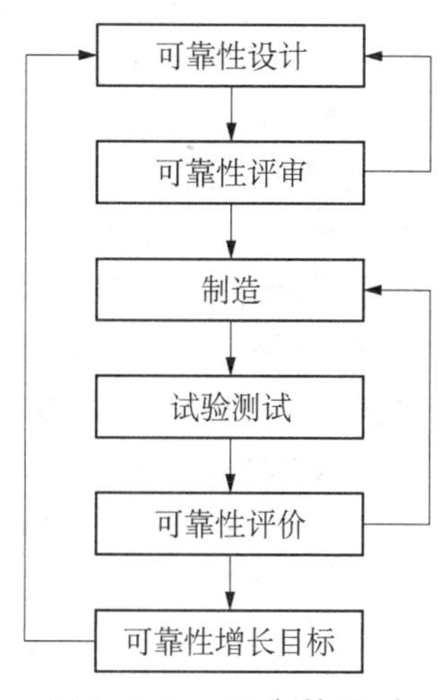

图4.5.1　可靠性设计路线图

1.1　数控系统硬件可靠性设计

实施改进前，数控装置和伺服驱动系统可靠性设计的 $MTBF$（平均无故障连续运行时间）分别为20 000小时和15 000小时；$MTBF$ 计划按30 000小时和20 000小时为目标进行可靠性设计提升，从而改进产品在运输、使用中抗震能力不足、对外界电网干扰和波动抵抗能力偏低等问题。

根据可靠性分析理论，$MTBF$ 采用下式计算：

$$MTBF = \frac{1}{(1+\delta)\sum n\lambda} \tag{4.5.1}$$

式中：n—为数控系统中元器件的个数；

λ—为器件的现场失效率；

$\sum n\lambda$—为各种元器件及工艺失效率的代数和；

δ—为补偿系数，取 $\delta=0.05\sim0.2$ 之间。

当某产品由多个相对独立的单元组成时，（例如，数控装置的硬件核心由NC控制板、CPU主板、液晶显示屏、MCP键盘板等几部分构成）各单元构成可靠性模型的串联系统，则该产品的 $MTBF$ 值由下式给出：

$$\frac{1}{M} = \sum \frac{1}{m_i} \tag{4.5.2}$$

式中：M—产品的 $MTBF$ 值；

m_i—该产品各组成单元的 $MTBF$ 值。

可以看出：该指标遵循木桶原则，即系统中失效率较高的单元会显著降低整个系统的可靠性。另外，单元、部件越多，越可能降低整个系统的可靠性。

数控系统可靠性设计的关键点，同时参照目前应用中出现的主要问题，针对数控系统在布局、连结、防振动、冲击、散热等方面存在的问题进行可靠性改进设计，在关键部件设计时，重点考虑对印制电路板、液晶显示屏、CPU 主板、CF 卡等部件进行可靠性和抗干扰改进设计，具体内容如下：

1. 优化印制电路板的设计，减少元器件和焊点数量

采用集成度更高和功能更强的大规模集成器件，大幅度减少了元器件和焊点数量；

优化印制电路板布局，减少过孔数量。

例如，原来的两个芯片由更高性能的一个芯片代替，使数控装置 NC 控制板焊点和过孔数量减少了 100 多点，占总数的 3.4%，对其 *MTBF* 的提高达到 1%，而且还降低了成本；

考虑到便于维修、维护和减少内部干扰，在进行印制电路板布线设计时，信号线有规则地向前布线，引至插头的信号线中间尽可能用地线隔开；两相邻面的印制导线采取相互垂直、斜交、或弯曲走线，避免相互平行，以减小寄生耦合。在同一面布设高频电路的印制导线，避免导线平行段过长，以免发生信号反馈或串扰。在布线空间允许时，适当加大信号线间距；尽量减少印制导线的不连续性。时钟信号引线最容易产生电磁辐射干扰，走线时与地线回路相靠近，不在长距离内与信号线平行；考虑到有利于故障的隔离、诊断和排除的原则，印制电路板的布线面选择顺序是单面、双面和多层，布线密度综合了结构要求、加工条件限制和电性能要求等各项因素选取最佳值。

2. 提高关键元器件的可靠性指标

(1) 液晶显示屏

采用性能和可靠性更高的工业级 TFT 液晶屏代替原来技术相对落后的伪彩液晶屏，由国际一流的制造商提供，显示的亮度、对比度、色彩效果都提高了一个等级，显示部分的 *MTBF* 也由 70 000 小时提高到 100 000 小时；在控制软件上增加屏幕保护功能(自动调暗，直至关闭背光)，有效延长了使用寿命。

(2) CPU 主板的选型设计

选用更高级别的 CPU 主板，并同时由两家制造商供货，提高了产品质量又降低了成本；主板内存为表贴集成方式杜绝了内存引起的故障；CF 卡插槽为板载，省略了转接板及线缆，基本杜绝了 CF 卡引起的故障。

通过以上改进，CPU 主板的 *MTBF* 由 80 000 小时提高到了 120 000 小时。

(3) CF 卡的选型设计

CF 是保存数控系统程序、参数、用户零件程序的存储介质，系统运行中需要频繁对其进行操作，以前在做设计选型时，只考虑 CF 卡的存储空间和生产厂家，忽略了对 CF 卡等级的要求，因此，造成部分 CF 卡在使用过程中过早损坏或失效。其主要原因是 CF 卡应用等级是民用级。通过更改 CF 卡的设计要求(改为工业级)解决了类似问题的发生。

增加 CF 卡读、写保护功能，避免在电源不稳定时对其进行操作，防止了 CF 卡假死引起的系统故障。

3. 数控系统布局、连结设计

配置数控系统的元器件时，尽量做到集中、合理，减少和缩短电缆、电线的长度，不同功能或电压等级的电缆采用不同颜色，并采用由专业电缆制造厂家预制的方式生产数控系统电缆，保证线缆的质量和一致性；

外部电缆采用标准编号；

所安装的接插件、开关等的位置便于维修、保养和更换，采取必要的防松措施；将寿命短、易出故障的元器件排列在最易接近和便于更换的位置；

机械与元器件、零部件之间留有足够的使用间隙，以防止擦伤、电气短路、电缆断裂等故障的发生，关键元器件采用安装外套、防磨套或保护装置。

4. 数控系统的防振动、冲击设计

元器件的引线尽量短，并以卧式紧贴底板安装，以提高其固有频率，避免发生共振。对于质量体积较大的元器件附加紧固装置，或用硅橡胶等将其固定；选用的元器件、零部件对工作的振动、冲击环境有一定余度的承受能力；采用性能优良的减振和隔音材料；电缆与导线长度适当，以免在振动、冲击下产生引起失效的应力；电缆与导线的走线有固定装置定位，以防在振动、冲击下产生位移；电缆与线束在连接端附近夹紧，内部电缆接头均采用带锁扣设计，中间则采用热溶胶固定，避免震动引起的松动现象，以避免谐振及在连接点出现引起失效的应力；

对于印制电路板，加固和锁紧，以免在振动时产生接触不良、振坏或脱落；

对于玻璃结构的脆弱元、部件(如液晶显示屏)加橡皮、塑胶、纤维和毛毡等衬垫。

考虑玻璃、金属、塑料等热膨胀系数的差异，保证足够的空间余量。

5. 数控系统的散热设计

热敏感元器件远离电源和其他大功耗元器件，避开热气流通道，在热敏感元件与热气流通道间留有足够的气隙或有隔热措施。尽可能把热敏感元器件置于进风口处；

合理布局元器件，发热元器件不密集安装，发热量大的元器件一般置于出风口处。通过在数控装置下面增加散热网格，扩大散热面积。

6. 电磁兼容性(EMC)设计

限制功率脉冲的上升时间，避免使用大功率可控硅器件；尽量使用差动输入电路和高抗数字电路以及 CMOS 数字电路；用滤波器消除谐波和抑制干扰源电流的高频分量，抑制电路带宽；对于屏蔽机箱(屏蔽盒)塑料壳体，在其内壁喷涂一层薄膜导电层或在注塑时掺入高导电率的金属粉或金属纤维，使之成为导电塑料；指导用户正确的设计和使用隔离变压器。

1.2　数控系统软件可靠性设计

数控系统的软件是比较特殊的产品，但软件的可靠性同样将决定数控系统的整机可靠性的水平，数控系统软件可靠性设计的主要研究内容如下：

1. 软件设计的标准化

① 完善软件设计的管理方法和文件、制度，严格软件设计的制度化、规范化和标准化；数控系统的软件开发划分为设计、编码、测试、修改、发行、维护六个基本过程，其流程如图 4.5.2 所示，各环节由相应的设计规范和技术文件保障。

② 模块设计时，针对实际应用进行需求分析、功能设计和详细设计(数据流图，数据结构定义，模块及接口定义)，对模块的功能、流程、接口、数据流和控制流进行详细的分析和论证，保障模块设计的正确性、高效性和可靠性，模块设计尽量采用标准化和规范化技术。

③ 软件开发约定编码风格。坚持可读性第一的原则。在符合功能要求的前提下，代码应力求简单、清晰、易读、易懂、易维护。

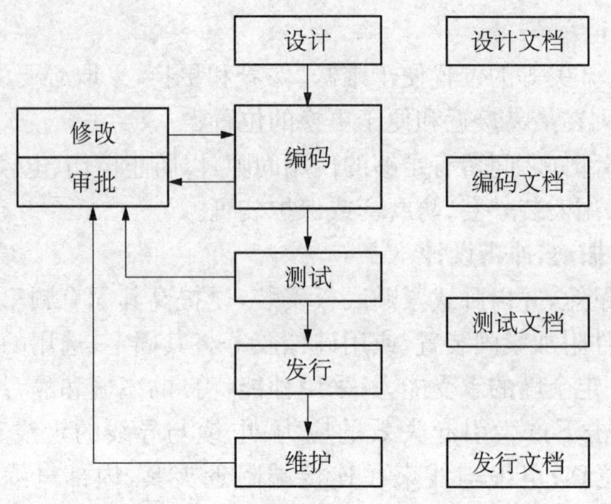

图 4.5.2　软件设计的总体流程

2. 软件操作的可靠性

数控系统软件呈现给用户，不但要保障操作的正确性、便利性和高效性，而且还应考虑操作的可靠性，也就是说在使用人员非正常操作的情况下，应保障数控系统软件执行的可靠性。

(1) 软件功能的自保护性

数控系统软件的重要功能采用权限保护，如数控系统“参数设定”分为系统厂家、机床厂家和最终用户三级使用权限，不同权限用户只能修改不同内容的参数，这样避免了用户误操作带来的参数设置不正确的问题。

(2) 软件操作的自保护性

数控系统在运行时，为了避免由于误操作带来的异常、停机和故障，在数控系统的界面设计时，采取层次保护的方式避免类似问题的产生。

通过对数控系统的硬件和软件可靠性设计，取得了显著的成效。

1.3　硬件可靠性设计

影响机电一体化系统可靠性的因素很多，根据可靠性理论进行预测和分配是基本的。产品的可靠性主要取决于产品的研制和设计阶段所形成的产品固有的可靠性。因此，要保证产品的可靠性，就要进行可靠性设计。在满足产品功能、成本等要求的前提下，一切使产品可靠运行的设计，均属可靠性设计的范畴。其中硬件可靠性设计包括以下几个方面。

1. 提高系统各组成元器件的设计、制造质量及系统的装配质量

元器件是系统最基本组成元素，其自身的可靠性直接影响整个系统的可靠性。因此，应根据整体可靠性指标的要求，按照可靠性理论合理分配对各个元器件及装配的可靠性指标要求，并据此进行元器件的设计、制造及装配。例如采用可靠度高的元器件等。此外，在设计阶段就应考虑到在使用阶段如何保证产品的可靠性，应规定适当的环境条件、维护保养条件及操作规程，产品结构应具有良好的维修性等。

例如，焊接机器人，为提高其可靠性，采取了如下措施：

① 所有元器件必须 100%经过测试、检验、筛选等处理，合格后才允许装机使用。

② 电子元器件的正确使用对可靠性有重要影响。因此，规定降额使用电子元器件，降额准则参照航天工业部标准 QJ1417 执行。功率电子元件进行热设计，以防止其温升过高而失

效;电子线路,特别是计算机控制系统,应采用电磁兼容设计,加强抗干扰措施。

③ 机械零件尽可能采用强度可靠性设计,并进行适当的工艺处理,以提高抗疲劳、耐磨损、抗腐蚀等性能;机械零部件还应进行严格加工和精密装配,有的零件配合要进行磨合试验或精细调整。

④ 对计算机控制系统、伺服电路板、伺服电动机、谐波齿轮减速器、滚珠丝杠等关键部件,应进行可靠性试验。不合要求者不能使用,并为预防性维修和零部件周期更换提供有效的数据。

⑤ 机器人上应有为防止人为差错和提高维修效率而设的明显标记,如不同插头插座的位置标记等。

⑥ 对机器人的使用环境条件、操作规程、预防性维修等制定一系列规定。如机械传动件、轴承等的注油、清洗、调整;伺服电动机用炭刷的定期更换、炭粉的清除;焊机极片(导电带)的定期更换;紧急停车按钮功能的定期模拟检查等等。

2. 容错法设计

按容错法设计的系统,能在一定条件下允许系统出现故障而不影响系统功能的发挥,大大提高了系统的可靠性。容错技术的关键是冗余技术。即采用备用的硬件或软件参与系统的运行或处于准备状态,一旦系统出现故障,能自动切换,保持系统不间断地正常工作。

(1) 软件冗余

采取程序复执的方式,能有效地预防和处理瞬时故障。所谓复执,是指在系统出现瞬时故障时,重复执行故障的那一部分程序,这样系统不必停机,往往可以自动回复到原来正确的动作,这实际上是一种时间冗余方式。

(2) 硬件冗余

在没有冗余的串联系统中,某一零部件发生故障,就会引起系统发生故障而不能正常工作。因此,串联系统的可靠性最低。重要的系统必须有冗余,即在系统中增加一些冗余部件(或子系统),以便当系统的某一零部件发生故障时,整个系统能正常工作,例如汽车的制动系统等。

硬件冗余有多种方式,常用的有:

① 并联冗余:只有当组成系统的所有单元都失效后,整个系统才会失效,这种系统称为并联系统。这种系统只要有一个单元不失效,整个系统就不会失效,所以是一种工作冗余。例如泵式阀门的并联使用、降落伞的切具装置等;

② 表决冗余:如果组成系统的 n 个单元中,只要有 k 个单元不失效,系统就不会失效,这种系统称 k/n 表决系统。例如飞机的发动机系统,有四台发动机的飞机,只要其中的两台能够正常工作即可保证正常飞行,称 2/4 系统;

③ 旁联(待机)冗余:这种系统由 n 个单元组成,其中只有一个单元在工作,其余 $n-1$ 个处于等待状态,当工作元件失效时,通过失效检测装置及转换装置,使另一单元开始工作,单元逐个顶替工作,直到全部单元失效为止,因此是一种后备冗余。例如电话的控制系统,重要系统的发动机旁联系统等。

在上述冗余系统中,并联系统和表决系统称热储备系统,因为系统内所有的零部件都参加工作或空转,而旁联系统则称冷储备。

例如,在焊接机器人伺服系统中,电机轴联轴器上装有光电码盘和测速发电机,用以提供位置和速度反馈信号。如果在控制板上把速度信号积分以提供位置读数(在码盘失效时使

用)，把位置信号微分以提供速度读数(在测速发电机失效时使用)，这样就实现了功能冗余，可以提高系统的可靠性。

冗余设计是大幅度提高产品可靠性的有效措施，但同时会增加产品的体积、重量、费用和功耗等，因此，设计时需全盘考虑。

3. 采用故障诊断技术，提高系统的可维护性

要确保一个系统完全不出故障是不可能的，也是不现实的。那么，当系统发生故障时，如何检测故障、判断故障原因并准确定位故障点，这就需要故障诊断技术。

目前，许多机电一体化系统都具有自诊断功能。有些机电一体化系统还具有自适应、自调整、自诊断、甚至自修复的功能，遇到过载、过压、过流、短路、漏电等情况时，能自动采取对策和保护措施，避免事故的发生，这样可以大大提高系统的可靠性和安全性。例如，现代数控机床，能够对加工过程中的几百种故障进行自诊断、发现故障立刻报警，并采取相应保护措施。

4. 采取抗干扰措施提高可靠性

干扰是导致机电一体化系统故障或永久性失效的最常见和最主要的因素之一。干扰信号的产生是难免的，且可通过各种渠道进入系统。常见的干扰及相应的抗干扰措施有：

(1) 供电干扰及抗干扰措施

供电干扰主要来源于附近大容量用电设备的负载变化和开、停时产生的电压波动，雷电感应产生的冲击电流以及电网断电等，并通过电源线路进入控制装置，严重影响控制装置的可靠性。针对供电干扰经常采取的措施有稳压、滤波和隔离等，例如，在直流稳压电源的交流进线侧增加电子交流稳压器，以提高交流电源电压的稳定性；在交流电源进入控制装置之前设置低通电源滤波器，以滤除电源中的高频噪声或脉冲电流；采用隔离变压器以阻断干扰信号的传导通路；采用不间断电源以防止瞬时断电或瞬时电压降低所造成的危害。

(2) 过程通道干扰及抗干扰措施

过程通道干扰主要来源于被控对象中的执行电器或电机等在接通或断开时产生的过电压和冲击电流，以及信号在长距离传输时产生的延时、畸变、衰减等，并通过输入输出通道进入控制装置。针对这类干扰经常采取的措施有：①用 RC 电路或二极管吸收在感性负载断开时产生的过电压，以消除强电干扰。②用光耦合器在输入输出接口处进行电气隔离，以切断干扰信号进入控制装置的通道。③采用双绞线作为接口连线和进行信号的长距离传输，以抑制共模噪声和周围电磁场的影响。④对长距离传输线进行阻抗匹配，以防止信号波形的畸变。⑤采用电流传输代替电压传输，以获得较好的抗干扰能力。

(3) 空间干扰及抗干扰措施

空间干扰主要来源于附近(包括控制装置内部和外部)的磁场、电磁场、静电场等的电磁波辐射或静电感应、电磁感应等。针对空间干扰经常采取的措施有：①采用屏蔽导线和屏蔽机箱，既防止外部干扰通过空间感应进入，又防止内部干扰通过辐射传出。②采用 RC 电路吸收按钮、继电器、接触器等电器在操作时产生的火花及高频辐射。③合理进行控制装置内电源、数字电路、模拟电路、执行元件的驱动电路以及输入输出接口电路的布局设计，以防止它们通过空间磁场相互干扰。④合理设计地线系统，以避免干扰通过地线进入控制装置。

5. 提高控制系统可靠性

(1) 自动控制

在产品设计中，利用机电一体化技术的优势，使产品具有自适应、自调整、自诊断甚至自修复的功能，可大大提高产品的可靠性。这是因为自适应和自调整等自动化技术，能使机器具有

适应工作条件经常变化的功能，使产品不仅具有完成规定功能的能力，而且能够长期地保持这种能力，不必担心外界的影响，也不必担心产品本身在运转过程中发生故障。

(2) 通过元器件的合理选择提高可靠性

元器件是硬件电路中最基本的组成元素，其自身的可靠性直接影响整个电路的可靠性。因此在设计控制装置硬件电路时，应根据整体可靠性指标的要求，按照可靠性理论合理分配对各个元器件的可靠性指标要求，并据此进行元器件的选择。此外，应尽量选用集成度高的元器件以降低电路的复杂程度，减少电路中连线及焊点数量，从而提高整个电路的可靠性。

(3) 功率接口采用降额设计提高可靠性

功率接口是控制装置中失效率较高的环节。所谓功率接口降额设计就是根据可靠性要求和实际运行的负荷条件及环境条件等，选择额定值比实际使用值高出一倍的或一倍以上的功率元器件来设计功率接口。表面上看，这种方法使电路成本有所提高，但考虑到因可靠性的提高而获得的技术经济效益，这种方法还是可取的。

(4) 采用监视定时器提高可靠性

监视定时器是一种特殊的定时器。可在系统进入错误运行状态时使系统复位。许多微型机内部都设有这种功能电路，通过软件设计将它有效地加以利用，可对系统运行状况进行监视，对出现的运行错误及时加以修正，从而防止因偶然故障而损坏控制装置或整个控制系统。

(5) 采取抗干扰措施提高可靠性

电磁噪声的干扰是产生元器件失效或数据传输、处理失误、进而影响其可靠性的最常见和最主要的因素，但干扰信号的产生是难免的，且可通过各种渠道进入控制装置。因此抗干扰是机电一体化产品设计中不可忽视的问题之一。

(6) 通过合理设计印制电路板提高可靠性

印制电路板是机电一体化系统中元器件、信号线、电源线等的高密度集合体，对可靠性影响很大，在设计时，应从下述几方面采取措施，以提高其可靠性：

① 合理布置地线。接地是抑制干扰、提高可靠性的重要方法，如能将接地和屏蔽正确结合起来使用，可解决大部分干扰问题。接地方式和地线结构应结合具体情况合理选择，但一般来讲在工作频率小于 1 MHz 的低频电路中，屏蔽线应采用单点接地，以防止接地电路形成的环流对信号电路造成干扰；当信号的工作频率大于 1 MHz 时，常采用就近多点接地，以尽量降低地线阻抗的影响；当电路板上既有数字电路又有模拟电路时，两者的地线应尽量分开，并分别与各自的电源地线相连。此外，电路板上的地线应尽量加粗，通常按能够通过三倍于印制电路板上的允许电流来设计，而且地线应构成封闭环路，以减小地线电位差，提高抗干扰能力。

② 合理布置电源线。尽量加粗电路板上的电源线，并使其与地线的走向和数据传递的方向一致，将有助于增强抗干扰能力。

③ 合理配置去耦电容。电路板上导线之间的耦合电容，容易引起信号的相互干扰，因此常在电路板上的各关键部位配置一些去耦电容，如在电源输入端跨接 10～100 μF 的电解电容，每个集成电路芯片配置一个 0.01 μF 的陶瓷电容，或几个芯片配置一个 1～10 μF 的限噪声用的钽电容等。

④ 合理布置元、器件。把相互有关的元、器件尽量安排得靠近一些，以减少和缩短它们之间的连线；将易产生噪声的元器件及大电流电路等布置在远离计算机逻辑电路处，或单独设计印制电路板；将发热量大的元器件放置在易于散热的位置。

1.4 软件可靠性设计

提高系统可靠性的软件方法可从两方面考虑，一方面尽量提高软件自身的可靠性，另一方面利用软件设计的灵活性及注入软件中的人工智能来提高整个系统的可靠性。

1. 软件测试

对软件进行充分测试，尽量消除软件中的隐患，是提高软件自身可靠性的最根本方法。软件测试的基本方法是，首先给软件一个典型输入，然后观测输出是否符合要求，如发现输出结果有错，则设法找出原因并加以修正。由于软件中有些错误往往只在满足一定条件组合的情况下才表现出来，因此应对所有可能的输入及条件组合事先列出清单，然后一一加以测试和检查。

应当指出，软件测试是一项重要的、必不可少的工作，但同时也是一项烦琐的、时常让人气馁的工作。因此，要求测试者在测试前要有充分的思想准备，并在测试过程中保持正常的心理状态，不要抱有一次测试成功的幻想，也不要在通过测试发现了错误而又一时间找不到原因时，过于急躁或气馁。应明确测试的目的就是要找出错误，因此要千方百计地在测试过程中使程序出错，而不要试图仅通过少量简单测试而向别人证明自己的程序正确。无数事实证明，在软件测试过程中对测试效果起决定作用的不是测试者技术水平的高低，而是测试者的心理状态是否正常。

2. 容错设计

软件冗余容错能力是指在出现有限数目的软件故障的情况下，系统仍可提供连续正确执行的内在能力。软件冗余容错技术在某些情况下可以有效处理系统中出现的异常现象，从而可以有效地提高系统的可靠性。容错设计应能够缓解错误的影响，不至造成死锁或崩溃等严重后果，并能指出错误原因。例如，在除法程序前增加除数为零的检查，若除数为零则将其置成最小单位，并报警显示。容错设计常用的方法是在程序中插入或安排具有中间测试或周期检查功能的程序段或子程序。

3. 纠错设计

纠错设计是要在发现系统运行结果有错时，使之自动回复到正确状态，以防止对系统造成损坏。纠错设计常用的方法是，在程序中设置一个标准状态入口，在各程序模块出口增加状态检查，若在运行过程中发现非法状态，则将程序运行引导到标准状态入口，使系统继续按正确的方式运行。

4. 抗干扰设计

工业环境中的各种干扰是不可避免的，尽管采取了硬件抗干扰措施，仍难免有少数干扰窜入控制装置，因此将软件抗干扰措施作为第二道防线是必不可少的。常用的软件抗干扰措施有：①对采样数据进行数字滤波。②重复输出控制量，或对输出的控制量进行检测，以保证其正确性。③设计掉电保护程序，以防止因电网断电而使某些重要信息丢失。④采用指令冗余技术，以使程序在受到干扰而出现混乱时能够及时纳入正轨。⑤设置软件陷阱，用以捕获弹飞的程序，并将其转到正常入口。⑥设计程序运行监视系统（软件“看门狗”），以防止程序因受干扰而进入死循环。

5. 故障诊断

故障诊断可以提高系统的可靠性和安全性。故障诊断主要有两种，一种是在故障发生后，通过运行故障诊断程序迅速查找故障的类型、位置及原因，以便及时修复；另一种是在故障发生前，由故障诊断程序依据系统中某些参数或状态的异常变化，预测或判断可能发生的故障的类型、位置、原因和时间，及时报警并保护现场及重要信息，以防产生严重后果，或将备用单元

切换到运行状态，以免故障停机。前一种故障诊断是消极被动的，但诊断程序较容易实现；后一种故障诊断是积极主动的，但在技术上有较大难度，是当前诊断技术研究的主要课题。

1.5　可靠性试验

不论是关于产品、制造工艺或包装设计的可靠性方案，都应在其可靠性规划中的适当环节加以试验。最初的设计建议采用模型试验来检查。拟采取的制造工艺将用试制来检查并进一步用小批试制来验证。

为了从可靠性试验中获得大量信息，通常必须使试验设备一直运行到失效为止。在这种情况下，可以确定出失效机理以及失效随时间变化的分布。上述工作必须在样机阶段与产品研制计划的早期完成。由于这种试验是破坏性的并且成本高，因此要求用尽可能少的样本在尽可能短的时间内完成试验。于是，这类试验通常是在增加其负荷和环境应力的加速状况下进行，并在失效前结束试验。

一般寿命试验法是可靠性试验通常采用的方法。这种方法包括三种连贯的试验：设计成熟试验、工艺成熟试验和寿命试验。

设计成熟试验。设计成熟试验是发现和纠正设计问题的一种可靠性论证。在第一台样机上进行这种试验的目的是论证设计、考察其制造方式和需要排除多少次故障才能符合该产品的可靠性要求。

工艺成熟试验。工艺成熟试验是测定早期失效以纠正设计和生产产品的工艺之间任何现有的不协调，并确定达到规定的运转可靠性所必需的试验工作量。对于在给定时期内运转的第一台产品，应严密监控其性能并测定其逐渐下降的失效率。

寿命试验。测定元件耗损失效分布以消除预期寿命降到可接受点以下的任何失效机理。测定若干样本的失效时间以便确定每个被观测失效模型的 $MTBF$ 和分布。寿命试验要确保耗损超过期望的最小寿命周期。

通过三种试验，将在测定过程中确定影响和控制产品可靠性的关键因素，从而保证把产品的可靠性保持在一个可接受的水平上。

任务 2　电源抗干扰设计

2.1　交流电源的供电抗干扰

1. 加大电源功率

为了使测控装置能适应负载的突变，防止通过电源造成内部干扰，整机电源必须留有较大的储备量。

2. 分相供电

由于很多干扰是由电源线引入的，因此在供电线路配置上，常把干扰大的设备与测控装置经由不同的相线供电。

3. 测控装置与动力设备分别供电

动力设备所用的交流电源容量大，受各种负载变化的影响大，干扰严重，而且负载不对称时，中性点往往发生较大的偏移。测控装置使用的交流低压电源容量小，但要求电压尽量稳定，干扰尽量小。因此，两种电源最好分开。常用的措施有，将配电箱分开或电源变压器分开。

2.2 交流电源抗干扰综合方案

建立一种理想的交流电源抗干扰综合方案，如图 4.5.3 所示。图中的交流稳压器抑制电网电压的缓慢波动；1∶1 的隔离变压器的一次侧和二次侧采用屏蔽接地，它不但起到静电屏蔽作用，同时也将一次侧、二次侧的地线隔离开来，减少因交流电压波动通过地线电阻产生的影响；从电网来的高频干扰，特别是浪涌电流，经压敏电阻 R_M 吸收后，残存的干扰信号由低通滤波器抑制；电源变压器的屏蔽层可以进一步阻止一次侧的干扰窜入微机系统。

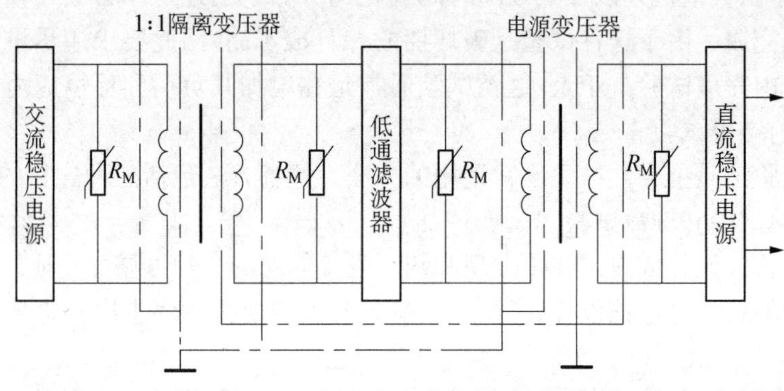

图 4.5.3 交流电源抗干扰综合方案

这种交流电源方案，具有理想的供电质量，但体积偏大，成本较高，一般只用在对抗干扰要求很高的测控系统中。选择交流电源的抗干扰方案，要根据系统的工作环境和设备的具体要求，选择简单、稳定而又可靠、经济的方案。

2.3 隔离电源

在机电控制系统中，为了防止市电及现场的各种电磁干扰对系统造成损害，提高系统工作的可靠性，常采用电源隔离技术，将系统与输入单元、输出单元，以及与系统互联的单元隔离开来。大量的实践证明，通过电源引入的干扰，是造成系统受损或工作不可靠的主要因素。因此，在设计系统时，要使被隔离的各个部分具有独立的隔离电源进行供电，以切断通过电源窜入的各种干扰。

隔离电源的获得可有几种方法。方法一是采用不同的电源供电，或采用图 4.5.4 所示的具有无直接关联的二次侧输出电压，对其输出 V_1、V_2 分别进行整流、滤波、稳压等处理，即可获得不共地的直流稳压电源。

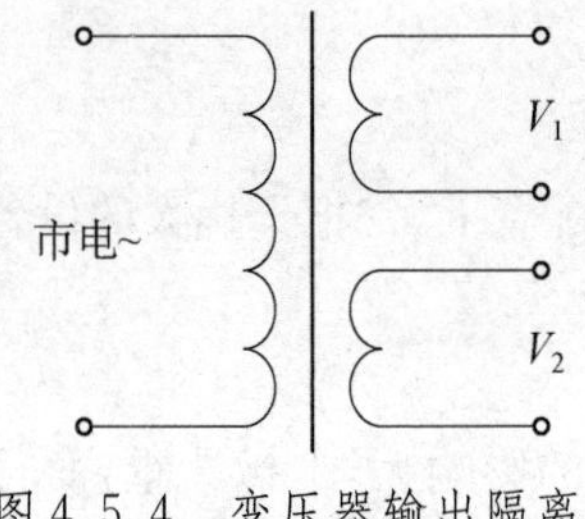

图 4.5.4 变压器输出隔离电源

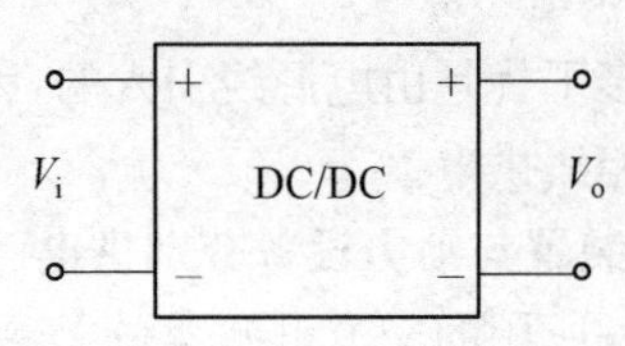

图 4.5.5 DC/DC 变换隔离

另一种获得隔离电源的方法是，使用具有直流隔离功能的 DC/DC 变换器，如图 4.5.5 所示。它的输出电压可以与输入电压相同，也可以不同。如 5S5 型 DC/DC 变换器的输入电压为 5 V，输出电压也为 5 V；而 12 D5 型 DC/DC 变换器的输入电压为 12 V，输出电压则为±5 V。

目前，市场上有不同规格的 DC/DC 变换器可供选用，用户在进行系统设计时，要根据所需的隔离电压和输出电流，选择合适的产品。相同电压、不同电流的 DC/DC 变换器价格悬殊。

DC/DC 变换器的应用举例如图 4.5.6 所示。机电设备的限位开关闭合时，光耦合器导通，8255 的 PB0 引脚收到一个低电平信号，控制系统随即做出反应。从图中可以看出，由于使用了 DC/DC 变换器，光耦合器的前级与后级的供电电源已被隔离。

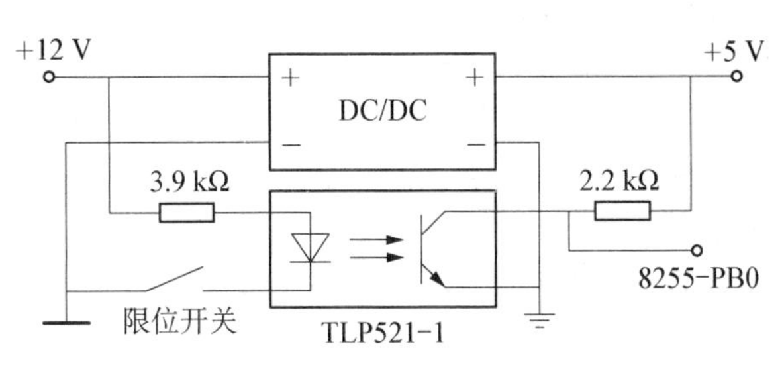

图 4.5.6　DC/DC 变换器的应用

任务 3　控制微机抗干扰设计

抗干扰设计流程如图 4.5.7 所示：

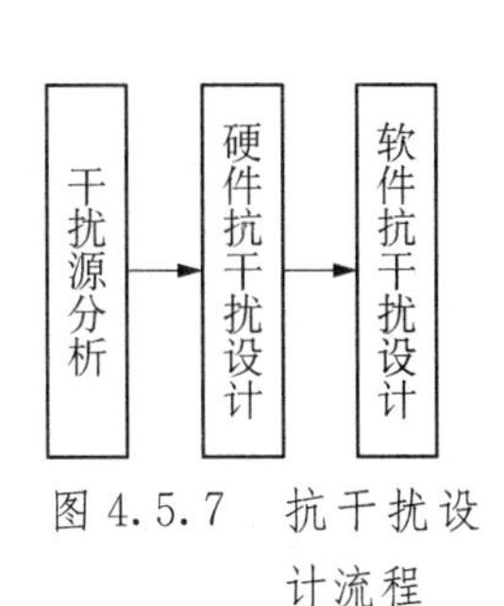

图 4.5.7　抗干扰设计流程

3.1　干扰源分析

控制微机的干扰分为两类：外部干扰和内部干扰。外部干扰包括：空间感应和辐射干扰、导线传入的干扰（由电源线、控制线、各信号线等外部线引入的干扰）、地线传入的干扰。内部干扰，是控制微机本身的问题。

1. 外部干扰

（1）来自空间感应和辐射的干扰

大多控制系统所处的空间中有各种各样的电场和磁场，这些电场、磁场无不影响着控制系统。电磁场（EMI）主要由电力网络、电气设备的暂态过程、雷电、无线电广播、电视、雷达、高频感应加热设备等产生的；屏蔽效果差的控制系统本身也会产生电磁场，所产生的电磁场反过来又影响控制系统本身。这些电磁场统称为辐射干扰，其分布极为复杂。只要控制系统处于辐射范围内，其就会受到干扰。控制系统受到干扰的程度和辐射的强弱和频率有关。辐射通过以下两种途径影响控制系统：

① 直接对控制微机内部的辐射，由电路感应产生干扰；

② 对控制微机通信网络的辐射，由通信线路的感应引入干扰。

电场途径的干扰实质其实就是电容性的耦合干扰，干扰信号在进入控制系统时候主要通过导线或者分布电容；磁场途径的干扰实质其实就是互感性的耦合干扰，干扰信号在进入控制系统时主要通过导线或者电路之间的互感耦合。

(2) 由电源线引入的干扰

控制系统的供电电源一般由电网供给。由于电网覆盖范围宽广,其受到各种各样的空间辐射的干扰,这些干扰在网路中引起感应电流和感应电压。电网线路上挂接了各种用电设备,如大功率电动机、交直流传动装置、变频器、家用电器等等,这些设备的启、停会引起电网的电流电压波动。另外,电网线路的断路、短路等等都会影响由其进行供电的控制系统。

(3) 由信号线引入的干扰

与控制微机相连的信号输入输出线在传输有用信号的同时,很多的干扰信号也沿着传输线进入控制微机。这些干扰传入控制微机内部通过以下两种途径:①通过变送器供电电源或共用信号仪表的供电电源串入的电网干扰,这往往被忽视;②信号线受空间电磁辐射感应的干扰,即信号线上的外部感应干扰。由信号线引入干扰会引起I/O信号工作异常和测量精度大大降低,严重时将引起元器件损伤。对于隔离性能差的系统,还将导致信号间互相干扰,引起共地系统总线回流,造成逻辑数据变化、误动和死机。

(4) 由地线引入的干扰

地线的连接方式不当,会引起地环流。地环流在屏蔽线内部产生电磁场,进而干扰屏蔽线,造成信号的失真。

2. 内部干扰

内部干扰因控制微机不同而不同。其中PLC为外购件,由于各生产厂家对PLC系统内部元器件及电路间相互电磁辐射抑制和屏蔽措施不同,其电磁兼容性有差别,从而各厂家的PLC系统的抗干扰性能优劣不一。在应用中一定要选择具有较多应用实例或经过考验的PLC系统。另外,有的厂家为提高PLC的抗干扰性能,在制造PLC系统时就进行了冗余设计,例如三菱公司的A3VTS系统是三CPU表决系统,双CPU设计的有OMRON公司的C2000H、CVM1D和三菱公司的Q4ARCPU等。

单片机控制系统多为专用设计,引起内部干扰的因素主要有元器件的布局不很合理、元器件的质量较差以及元器件之间的连线不合理等。

3.2 硬件抗干扰设计

硬件抗干扰设计主要从电源、抗电场磁场干扰、地线连接、施工布线、光电隔离等方面进行设计。其中电源抗干扰设计已在任务2中介绍,以下阐述其他几种硬件抗干扰设计。

1. 空间电、磁场干扰的屏蔽与抑制

为减小空间电磁场对信号线的干扰,可以采用多种技术。

① 将弱信号线远离强信号线敷设,尤其是动力线路,保持这些导线间的距离在1米以上。

② 要避免平行走线,尽量使得强信号线与弱信号线相交而不是使这两条线呈平行走向,正交的接线可使线间的电容降至零。

③ 对于传播信号的线路要进行分类,不能装在相同的电缆管或者电缆槽中,要保证电缆线在其间有足够的空间。

④ 克服电磁干扰的另一个有效的办法是屏蔽和屏蔽层的正确接地。正确接地的屏蔽既能克服电场干扰又能减小磁场的干扰。

2. 地线连接及地线干扰的抑制

电路、设备机壳等与作为零电位的一个公共参考点(或面)实现低阻抗的连接,称之为接地。

接地的目的有两个:一是为了安全,例如把电子设备的机壳、机座等与大地相接,当设备

中存在漏电时，不致影响人身安全，称为安全接地；二是为了给系统提供一个基准电位，例如脉冲数字电路的零电位点等；或为了抑制干扰，如屏蔽接地等，称为工作接地。

接地目的不同，其“地”的概念也不同。安全接地一般是与大地相接。而工作接地，其“地”可以是大地，也可以是系统中其他电位参考点，例如电源的某一个极。模拟地直接连接电网，很容易引起电网的干扰，而数字地含有的高次谐波和辐射作用也比较大。

机电一体化系统常用的接地方式有以下几种。

(1) 并联一点接地

信号地线的接地方式宜采用一点接地，而不采用多点接地。各部件中心接地点以单独的接地线引向接地极，如图 4.5.8。这种方式在低频时是最适用的，因为各电路的地电位只与本电路的地电流和地线阻抗有关，不会因地电流而引起各电路间的耦合。这种方式的缺点是，需要连很多根地线，用起来比较麻烦。

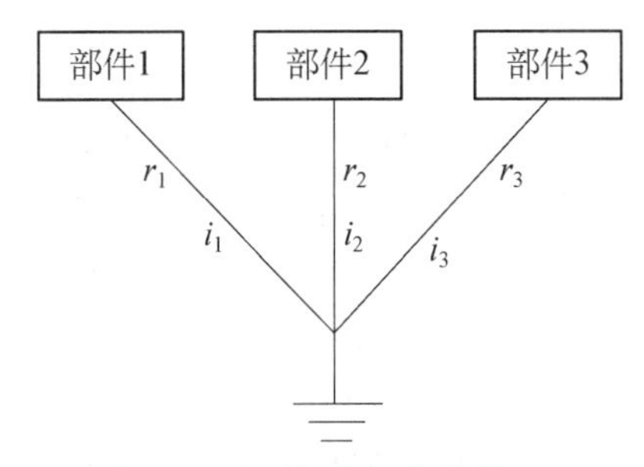

图 4.5.8 并联一点接地

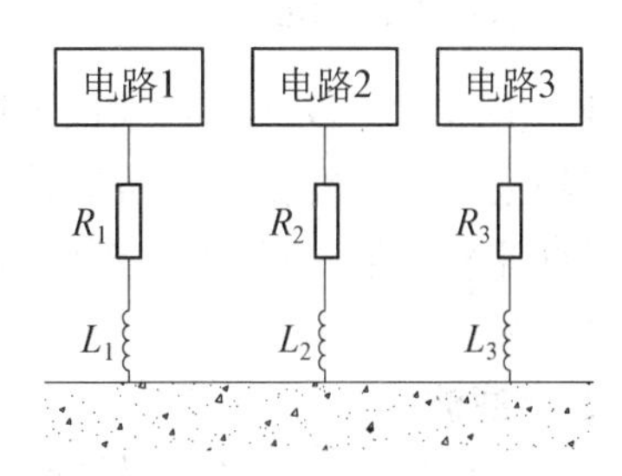

图 4.5.9 多点接地

(2) 多点接地

若电路工作频率较高，电感分量大，各地线间的互感耦合会增加干扰，因此常用多点接地。如图 4.5.9 所示，各接地点就近接于接地汇流排或底座、外壳等金属构件上。

(3) 复合接地

采用单点和多点组合方式接地称为复合接地方式。一般来说，电路频率在 1 MHz 以下时采用单点接地方式；当频率高于 10 MHz 时，应采用多点接地方式；当频率在 1 MHz～10 MHz 之间时，可采用复合接地。

(4) 浮地

浮地是指设备的整个地线系统和大地之间无导体连接，它是以悬浮的“地”作为参考电平。采用浮地的连接方式可使设备不受大地电流的影响，设备的参考电平(零电平)符合“水涨船高”的原则，随高电压的感应而相应提高，机内器件不会因高压感应而击穿。在飞机、军舰和宇宙飞船的电子设备上常采用浮地系统。

浮地系统的缺点是：当附近有高压设备时，通过寄生电流耦合而使外壳带电，不安全。此外，大型设备或高频设备由于分布参量影响大，很难做到真正的绝缘，因此大型高频设备不宜采用浮地系统。

除以上几种接地方式外，机电一体化系统的接地，还应注意把交流接地点与直流接地点分开，避免由于地电阻把交流电力线引进的干扰传输到系统内部；把模拟地与数字地分开，接在各自的地线汇流排上，避免大功率地线对模拟电路增加感应干扰。

此外，接地线应粗一些，以减小各个电路部件之间的地电位差，从而减小地环电流的干扰。屏蔽地、保护地不能与电源地、信号地等其他地扭在一起，只能独立接到接地铜牌上。信号源接地时，屏蔽层应在信号侧接地；信号源不接地时，屏蔽层应在设备侧接地。

3. 对布线结构进行优化

对机电一体化设备及系统的各个部分进行合理的布局，能有效防止电磁干扰的危害。合理布局的基本原则是使干扰源与干扰对象尽可能远离，输入和输出端口妥善分离，高电平电缆及脉冲引线与低电平电缆分别敷设等。在进行布线的时候应该要将弱电和强电分开，特别是针对交流电，应该要尽量采用分槽走线的方式，要分开捆扎交流线和直流线。尽量在大面积的铜覆盖电路板以及信号连接线路当中采用屏蔽线。

4. 对光电进行隔离

通过光耦合器来对信号出入通道和中央处理单元进行有效隔离，这样可以在发光二极管的作用下，让系统的输入信号转换成光信号，然后又在光敏元件的作用下转换成电信号，这样对于通道过程干扰就能够起到有效的抑制作用，同时还能够有效地对电源地和信号地进行隔离。

3.3 软件抗干扰设计

硬件上的抗干扰设计是基础也是抑制干扰的根本措施。除此之外，还可以在软件设计上，采用数字滤波和软件容错等经济有效的方法，进一步提高系统的可靠性。软件抗干扰的主要特点是设计比较灵活，可靠性比较好以及能够节省硬件资源等。软件抗干扰的设计可以采用以下几种方法。

1. 数字滤波

现场的模拟量信号经 A/D 转换后变为数字量信号，再利用数字滤波程序对其进行处理，滤去噪声信号从而获得所需的有用信号。工程上的数字滤波方法很多，常用的有：平均值滤波法、中间值滤波法、加权滤波、滑动滤波法等。

(1) 算术平均值滤波法

适用于一般的随机干扰信号的滤波。采样次数越多，滤波效果越明显，但考虑到采样时间及系统控制的需要，采样次数应根据系统而定。算术平均值滤波公式为：

$$\overline{Y}(k)=\frac{1}{N}\sum_{i=1}^{N}X(i) \tag{4.5.3}$$

其中 $\overline{Y}(k)$—第 k 次采样 N 个采样的算数平均值；

$X(i)$—第 i 个采样值；

N—采样次数。

(2) 加权平均滤波法

对于算术平均值滤波，各个采样值在采样的结果中所占的比重是相同的，都是 $1/N$。为提高采样的效果，将各采样值选取不同的比重，这就是加权平均滤波。加权平均滤波法可以突出或抑制某一部分信号。具有 N 次采样的加权平均滤波的公式为：

$$\overline{Y}(k)=\frac{1}{N}\sum_{i=1}^{N}C_iX(i) \tag{4.5.4}$$

式中：$C_i=C_1$，C_2，C_3，……C_N 为常数，称为各采样值的系数，应满足以下关系：

$$\sum_{i=1}^{N}C_i=1 \tag{4.5.5}$$

C_i 体现了各采样值在平均值中所占的比重，可以根据具体情况进行决定。

(3) 中间值滤波法

原理是在某一采样周期的 k 次采样值中，除去最大值和最小值，将剩余的 $k-2$ 个采样值进行算术平均，并将结果作为滤波值。该方法需对采样值进行排序或比较，去掉最大值和最小值，然后求算术平均值。此方法对消除脉冲干扰和小的随机干扰很有效。

(4) 滑动滤波法

在内存中建立一个数据缓冲区，依次存放 N 个采样值，每采进一个新数据，就将最早采进的那个值丢掉，然后求包括新值在内的 N 个值的算术平均值或加权平均值。

2. 软件容错

尽管采用了各种抗干扰技术，但不能够完全杜绝干扰，干扰或多或少、或大或小总是存在的，并且在特定的条件下还有可能对控制系统造成大的干扰，因此，在程序编制中可采取软件容错技术抗干扰。

软件容错的主要目的是提供足够的冗余信息和算法程序，使系统在实际运行时能够及时发现程序设计错误，采取补救措施，以提高软件可靠性，保证整个计算机系统的正常运行。

软件容错技术主要有恢复块方法和 N-版本程序设计，另外还有防卫式程序设计等。

(1) 恢复块方法

故障的恢复策略一般有两种：前向恢复和后向恢复。前向恢复可以使当前的计算继续下去，把系统恢复成连贯的正确状态，这需有错误的详细说明。而后向恢复使系统恢复到前一个正确状态，继续执行。这种方法显然不适合实时处理场合。

1975 年 B. Randell 提出了一种动态屏蔽技术的恢复块方法。恢复块方法采用后向恢复策略。它提供具有相同功能的主块和几个后备块，一个块就是一个执行完整的程序段，主块首先投入运行，结束后进行验收测试，如果没有通过验收测试，系统经现场恢复后由一后备块运行。这一过程可以重复到耗尽所有的后备块，或者某个程序故障行为超出了预料，从而导致不可恢复的后果。设计时应保证实现主块和后备块之间的独立性，避免相关错误的产生，使主块和后备块之间的共性错误降到最低限度。验收测试程序完成故障检测功能，其本身的故障对恢复块方法而言是共性的，因此，必须保证验收测试程序的正确性。

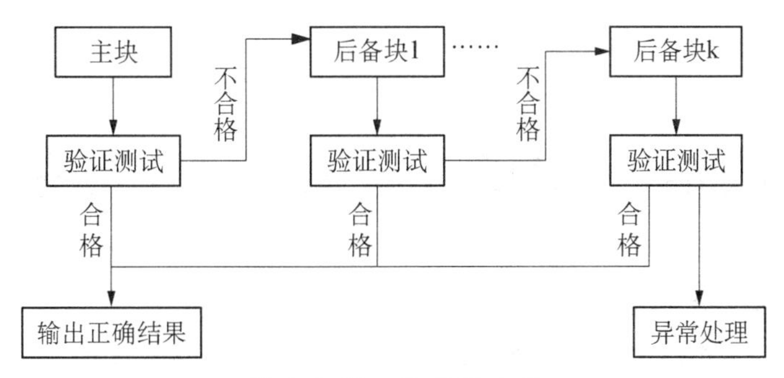

图 4.5.10　恢复块方法

(2) N-版本程序设计

1977 年出现的 N-版本程序设计，是一种静态的故障屏蔽技术，采用前向恢复的策略，其设计思想是用 N 个具有相同功能的程序同时执行一项计算，结果通过多数表决来选择。其中 N 份程序必须由不同的人独立设计，使用不同的方法，不同的设计语言，不同的开发环境和工具来实现。目的是减少N版本软件在表决点上相关错误的概率。另外，由于各种不同版本并行执行，有时甚至在不同的计算机中执行，必须解决彼此之间的同步问题。

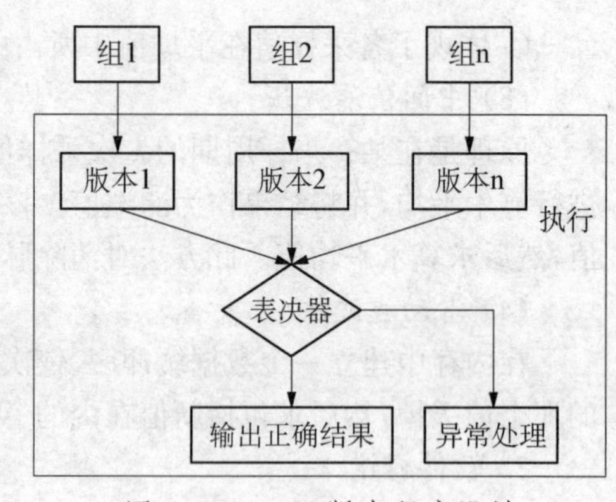

图4.5.11 N版本程序设计

(3) 防卫式程序设计

防卫式程序设计的基本思想是通过在程序中包含错误检查代码和错误恢复代码，使得一旦错误发生，程序能撤销错误状态，恢复到一个已知的正确状态中去。其实现策略包括错误检测，破坏估计和错误恢复三个方面。

在机电一体化系统中可以采取以下具体的容错技术：

① 程序重复执行技术：在程序执行过程中，一旦发现现场故障或错误，在某些情况下可以重新执行被干扰的先行指令若干次。若重复执行成功，说明引起控制系统故障的原因为干扰，否则是干扰以外的原因，此时应输出软件失败(Fault)并停机、报警。

② 对死循环作处理：在程序中设计了软件狗定时程序，当定时超过原定时间时，可以断定系统进入了死循环。当控制系统进入了死循环，可以根据程序的判断，决定下一步是停机还是进入相关的子程序进行系统的恢复。

③ 软件延时：为确保重要的开关量输入信号、易抖动信号的检测和控制回路数据采集的正确性，可采用软件延时15 ms～20 ms，并对同一信号多次读取，结果一致，才确认有效，这样可消除偶发干扰的影响。

(4) 程序运行监视系统技术

该技术又称为“看门狗”方法，是一种既运用了硬件方法又融合了软件的传统技术。它可以有效地阻止程序意外“跑飞”，防止系统出现故障和程序不稳定。硬件技术上要求用到单稳触发器或者定时器来进行计数或者定时，定时完成后，即触动程序或者系统的复位原件，从而达到定时清零的目的。一般情况下，运行“看门狗”程序后，在T时间内对程序进行有效清零。在受到外界干扰后，“看门狗”程序读取的顺序就会错位，无法完成定期的清零动作，从而导致定时溢出。这时程序会立刻清零，使系统摆脱因为程序意外“跑飞”而造成的瘫痪状态。

综合训练　CNC数控车床控制系统设计

1. CNC32数控车床控制系统设计方案

CNC32数控车床采用了半闭环系统的设计原理，编码器安装在丝杠上，其控制原理如图综合训练4.1所示。

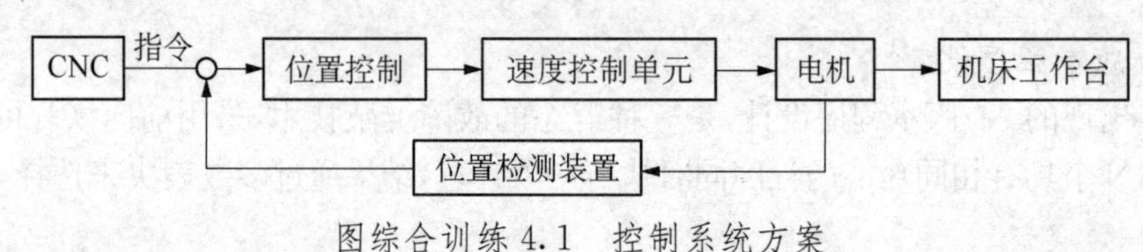

图综合训练4.1　控制系统方案

2. CNC32 数控车床控制系统硬件电路设计

设计控制系统的硬件电路时主要考虑以下功能：

① 接收键盘数据，控制 LED 显示；
② 接收操作面板的开关与按钮信号；
③ 接收车床限位开关信号；
④ 接收编码器信号；
⑤ 接收电动卡盘夹紧信号与电动刀架刀位信号；
⑥ 控制 X、Z 向步进电动机的驱动器；
⑦ 控制主轴的正转、反转与停止；
⑧ 控制多速电动机，实现主轴有级变速；
⑨ 控制交流变频器，实现主轴无级变速；
⑩ 控制切削液泵起动/停止；
⑪ 控制电动卡盘的夹紧与松开；
⑫ 控制电动刀架的自动选刀；
⑬ 与 PC 机的串行通讯。

图综合训练 4.2 为控制系统的原理框图。选用 AT89S52 为 CPU，片外扩展一片 EPROM 芯片 W27C512 作为程序存储器，存放系统底层程序；扩展一片 SRAM 芯片 6264 用做数据存储器，存放用户程序；键盘与 LED 显示采用 8279；DAC0832 送出模拟电压；与 PC 机的串行通信经过 MAX233 芯片。

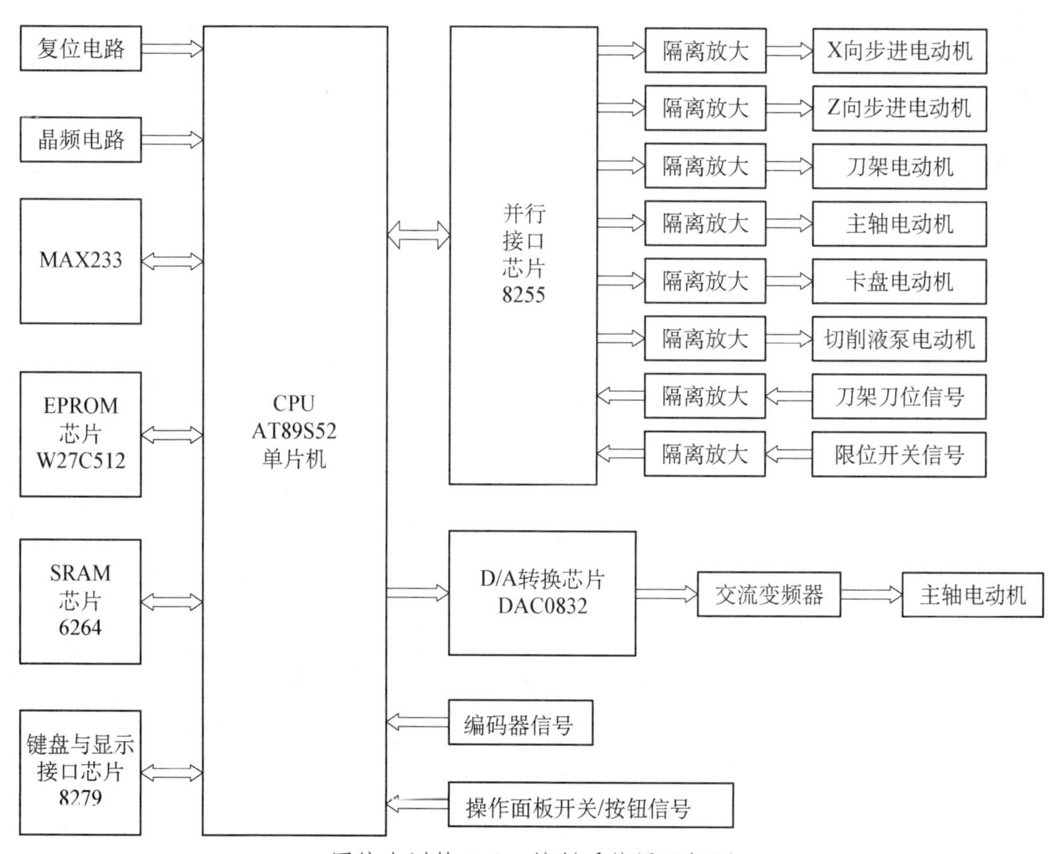

图综合训练 4.2　控制系统原理框图

学习情境四小结

学习情境			工作任务	学习流程	同步训练	综合训练	评价	教学载体	教学环境	教学资源	教学方法
机电一体化接口设计	子情境1	认识接口		知识资讯→决策→计划→实施→检查→评价		CNC数控车床控制系统的设计	学生自评		1. 多媒体教室 2. 机电控制实训室 3. 机电数控实验室 4. 机电一体化实验室	PPT课件、动画素材、视频材料、真实的机电产品零件、部件、机电仿真软件	情境教学法； 子情境教学法； 现场直观教学法； 模拟仿真教学法； 小组学习法； 自主学习法
	子情境2认识控制微机	任务1	认识单片机								
		任务2	认识可编程序控制器								
		任务3	认识工控机								
		任务4	常用工业控制机性能比较								
	子情境3人机接口设计	任务1	人机输入接口设计		数控机床人机接口设计		学生互评				
		任务2	人机输出接口设计								

续　表

学习情境		工作任务	学习流程	同步训练	综合训练	评价	教学载体	教学环境	教学资源	教学方法
子情境4机电接口设计	任务1	D/A转换器接口设计		机电接口设计		教师评价	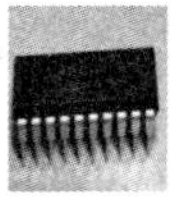			
	任务2	A/D转换器接口设计								
	任务3	功率接口设计					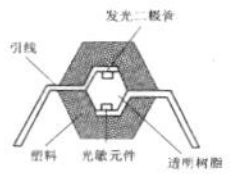			
	任务4	常用存储器与I/O接口芯片的应用电路设计								
子情境5机电接口的可靠性与抗干扰设计	任务1	机电接口的可靠性设计								
	任务2	电源抗干扰设计								
	任务3	控制微机抗干扰设计								

任务—知识点矩阵图

子情境\任务		知识点	接口的重要性	控制微机	一个开关	十个开关	多个开关	一个发光二极管	八个发光二极管	多个发光二极管	D/A转换器	A/D转换器	光耦合器	固态继电器	存储器	可靠性与抗干扰设计
子情境1认识接口			★													
子情境2认识控制微机	任务1认识单片机 任务2认识PLC 任务3认识工控机 任务4常用工业控制及性能对比		★	★ ★ ★ ★												★
子情境3人机接口设计	人机输入接口的设计	开关接口	★	★	★								★		★	★
		BCD码拨盘接口	★	★	★	★							★		★	★
		键盘接口	★	★	★	★	★						★		★	★
	人机输出接口的设计	发光二极管接口	★	★	★			★					★		★	★
		七段LED显示器接口	★	★	★			★	★				★		★	★
		点阵式LED显示器接口	★	★	★			★	★	★			★		★	★
子情境4机电接口设计	D/A转换器接口设计		★	★	★			★			★		★		★	★
	A/D转换器接口设计		★	★	★			★				★	★		★	★
	功率接口设计		★										★		★	★
	常用存储器与I/O接口芯片的应用电路设计		★										★		★	★
子情境5机电接口的可靠性设计与抗干扰设计	机电接口的可靠性设计		★	★			★					★	★		★	★
	电源抗干扰设计		★	★			★					★	★		★	★
	控制微机抗干扰设计		★	★									★		★	★

习题与思考题

1. 简述机电一体化接口设计的重要性。
2. 简述机电一体化产品的接口分类。
3. 简述常用工控机的特点。
4. 简述人机接口的作用和特点。
5. 什么是机械抖动？如何消除机械抖动的影响？
6. 设计键盘输入程序时应考虑哪些功能？
7. 简述七段 LED 显示器的工作原理。
8. 简述机电接口的作用和特点。
9. 简述光耦合器的功能。
10. A/D 转换器的主要参数有哪些？
11. D/A 转换器的主要参数有哪些？
12. 简述存储器和 I/O 接口的地址译码方式以及它们的特点。
13. 简述机电接口可靠性的设计方法。
14. 简述电源抗干扰的方法。
15. 简述控制微机抗干扰的方法。
16. 在一个 8 位单片机 AT89C51 应用系统中，要求通过一片 8255 扩展 8 位 LED 显示器和 8 位 BCD 码拨盘，将码拨盘数据送 LED 显示，试画出接口逻辑，并简述其工作原理。
17. 在一机电一体化产品中，AT89C51 通过 P1 口扩展了一个 4×4 键盘，试画出接口逻辑，并简述其工作原理及特点。
18. 在一机电一体化产品中，AT89C51 做控制微机，要求通过其串行口扩展 74LS164，控制 6 位 LED 显示器，试画出接口逻辑，并简述其工作原理及特点。
19. 在一机电一体化产品中，采用差动变压器进行位移测量，对应 0～10 mm 量程，传感器输出为 0～5 V。要求测量精度为 0.1 mm，采样频率为 100 次/s，试进行 A/D 接口设计。
20. 在一化工设备中，采用半导体压力传感器对容器压力进行监测，对应 0～200 kPa 的压力测量范围，传感器输出为 0～20 mA。要求测量精度为 0.1 kPa，试进行 A/D 接口设计。
21. 在一数控机器中，采用变频调速器对主轴电动机进行调速控制，对应于 0～5 V 的输入信号，调速器输出为 0～50 Hz，试采用 DAC0832 完成控制输出接口设计。若电动机额定转速为 5 000 r/min，现要求其输出为 4 000 r/min，微机输出数字量应为多少？

学习情境五　机电一体化伺服系统设计

情境导入

当你看到机器人在操作者的控制下，准确完成动作时，你一定想知道这一切是如何实现的。

情境剖析

知识目标

1. 了解数控机床伺服系统的组成、分类及技术的发展趋势；
2. 了解执行元件的控制与驱动的理论知识；
3. 认识变频器的基础知识以及变频器的基本功能；
4. 了解上位机组态监控技术；
5. 了解伺服系统的位置控制。

技能目标

1. 掌握伺服电动机的选型与校核以及驱动器的接线；
2. 掌握变频器的接线以及参数设定；
3. 学会应用 MCGS 组态软件。

伺服系统(Servo Mechanism System)——伺服系统又称随动系统，是一种能够跟踪输入指令信号进行动作，从而获得精确的位移、速度或力输出的自动控制系统。

伺服系统是一种反馈控制系统。按照反馈控制理论，伺服系统需不断检测在各种扰动作用下被控对象输出量的变化，与指令值进行比较，并用两者的偏差值对系统进行自动调节，以消除偏差，使被控对象输出量始终跟踪输入的指令值。

伺服系统是一个动态过渡过程。根据输入的指令值与输出的物理量之间的偏差进行动作控制。因此伺服系统的工作过程是一个偏差不断产生，又不断消除的动态过渡过程。

伺服系统本身就是一个典型的机电一体化系统。许多机电一体化产品：如数控机床、工业机器人等，需要对输出量进行跟踪控制，而伺服系统作为机电一体化产品的一个重要组成部分，往往是实现某些产品目的功能的主体。伺服系统中离不开机械技术和电子技术的综合运用，其功能是通过机电结合才得以实现的。

数控机床的伺服系统包括进给伺服驱动系统和主轴伺服驱动系统两部分。进给伺服系统是以机床移动部件的位置和速度为控制量的自动控制系统，控制机床各坐标轴的进给运动，它根据数控系统(CNC)发出的动作指令，准确、快速地完成各坐标轴的进给运动，与主轴驱动相配合，实现对工件的高精度加工。主轴伺服驱动系统主要是控制机床主轴旋转运动，在加工中心和车削中心中还可以实现主轴的角度位置控制，可以实现如螺纹加工、准停和恒线速加工等功能。另外，在某些加工中心中，刀库运动也采用伺服驱动系统控制，此时的刀库是数控机床的一个伺服轴，用以控制刀库中刀具的定位。

子情境 1　认识伺服系统

体例 5.1.1　伺服系统的基本组成

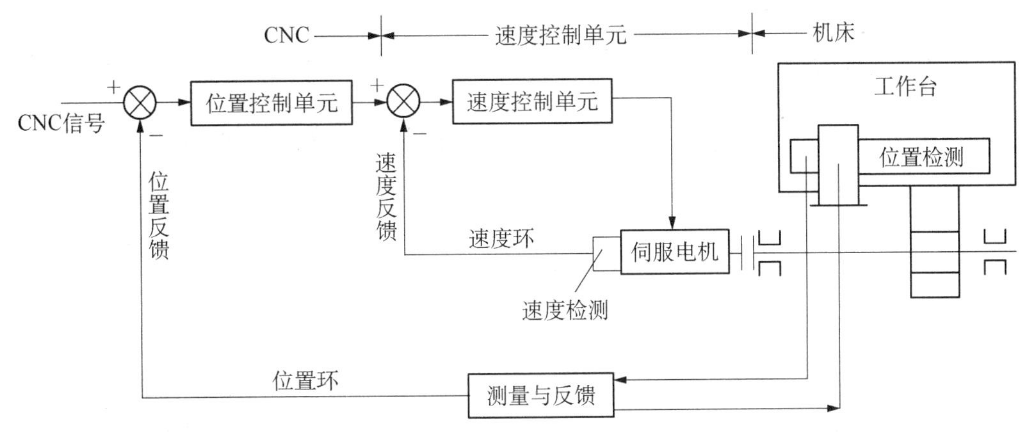

图体例 5.1.1　伺服系统的基本组成

表体例 5.1.1　伺服系统的基本组成分析

伺服系统的组成	类型	功能特点
伺服电动机	步进电动机	适用于轻载、负荷变动不大
	直流伺服电动机	调速性能良好
	交流伺服电动机	高性能、大容量
	直线电动机	高速、高精度
速度控制	直流伺服系统的速度控制方式	调阻、调磁和调压
	交流伺服系统的速度控制方式	变频调速、变极调速和变转差率调速
位置控制	鉴相式伺服系统位置控制	以检测信号的相位大小来反映位移的数值。工作可靠、抗干扰性强、精度高，结构比较复杂，调试也比较困难
	鉴幅式伺服系统位置控制	以位置检测信号的幅值大小来反映机械位移的数值
	脉冲比较式伺服系统位置控制	结构比较简单，目前采用较多的是以光栅和光电编码器作为位置检测装置的半闭环控制系统
	全自动数字比较式伺服系统位置控制	精度高、稳定性好

体例 5.1.2 ________(学生完成)

完成形式：学生以小组为单位通过查找资料、研讨，以典型项目形式完成文本说明，制作PPT，通过项目过程考核对学生完成情况评价。

任务 1　认识伺服系统的组成和结构

1. 伺服系统的组成

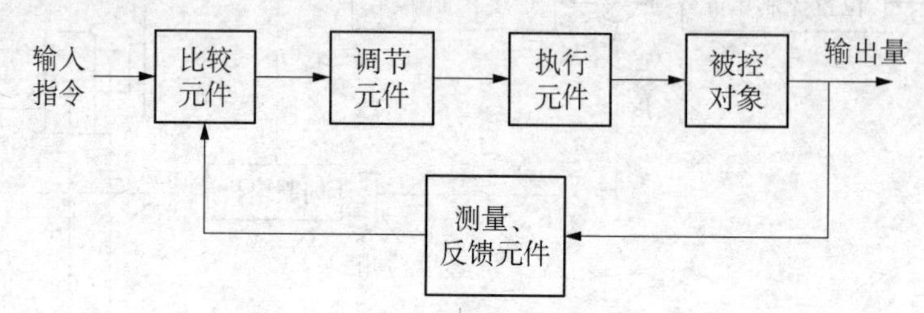

图 5.1.1　伺服系统基本结构方框图

伺服系统的组成：比较元件、调节元件、执行元件、被控对象和测量反馈元件。

① 比较元件：是将输入的指令信号与系统的反馈信号进行比较，以获得输出与输入间的偏差信号的环节，通常可通过专门的电子电路或计算机软件来实现。

② 调节元件：又称控制器，是伺服系统的一个重要组成部分，其作用是对比较元件输出的偏差信号进行变换处理，以控制执行元件按要求动作。调节元件的质量对伺服系统的性能有着重要的影响，其功能一般由软件算法加硬件电路实现，或单独由硬件电路实现。

③ 执行元件：其作用是在控制信号的作用下，将输入的各种形式的能量转换成机械能，驱动被控对象工作。

④ 被控对象：是伺服系统中被控制的设备或装置，是直接实现目的功能或主功能的主体，其行为质量反映着整个伺服系统的性能。被控对象一般都是机械参数量，包括传动机构和执行机构。

⑤ 测量反馈元件：是指传感器及其信号检测装置，用于实时检测被控对象的输出量并将其反馈到比较元件。

2. 伺服系统结构

伺服系统不同的结构形式，主要体现在检测信号的反馈形式上，以带编码器的伺服电动机为例：

方式一：转速反馈信号与位置反馈信号处理分离，驱动装置与数控系统配接有通用性。

方式二：伺服电动机上的编码器既作为转速检测，又作为位置检测，位置处理和速度处理均在数控系统中完成。

方式三：伺服电动机上的编码器同样作为速度和位置检测，检测信号经伺服驱动单元一方面作为速度控制，另一方面输出至数控系统进行位置控制，驱动装置具有通用性。

在上述三种控制方式中，共同的特点是位置控制均在数控系统中进行，且速度控制信号均为模拟信号。

方式四：数字式伺服系统。在数字式伺服系统中，数控系统将位置控制指令以数字量的

形式输出至数字伺服系统，数字伺服驱动单元本身具有位置反馈和位置控制功能，能独立完成位置控制。数控系统和数字伺服驱动单元采用串行通信的方式，可极大地减少连接电缆，便于机床安装和维护，提高了系统的可靠性。由于数字伺服系统读取指令的周期必须与数控系统的插补周期严格保持同步，因此决定了数控系统与伺服系统之间必须有特定的通信协议。就数字式伺服系统而言，定位数控系统与伺服系统之间必须有特定的通信协议，CNC 系统与伺服系统之间传递的信息有：①位置指令和实际位置；②速度指令和实际速度；③扭矩指令和实际扭矩；④伺服驱动及伺服电动机参数；⑤伺服状态和报警；⑥控制方式命令。能实现数字伺服控制的数控系统有三菱 MELDAS50 系列数控系统、FANUC 的 0D 和 0i 系列、西门子 SINUMERIK802D、810 和 840D 等。

任务 2　了解进给伺服系统的分类

1. 开环控制与闭环控制

根据实现自动调节方式的不同，伺服驱动系统可以分为开环控制与闭环控制两种。

① 开环控制主要采用步进电动机作为驱动元件，它不需要位置与速度检测元件，也没有反馈电路，所以控制系统简单、价格低廉，特别适合于微型与小型进给装置上使用。但是由于开环控制固有的缺点，系统的精度和可靠性都难以得到保证，所以在精度要求高或负载比较重的进给装置上很少使用。开环控制的结构如图 5.1.2(a)所示。

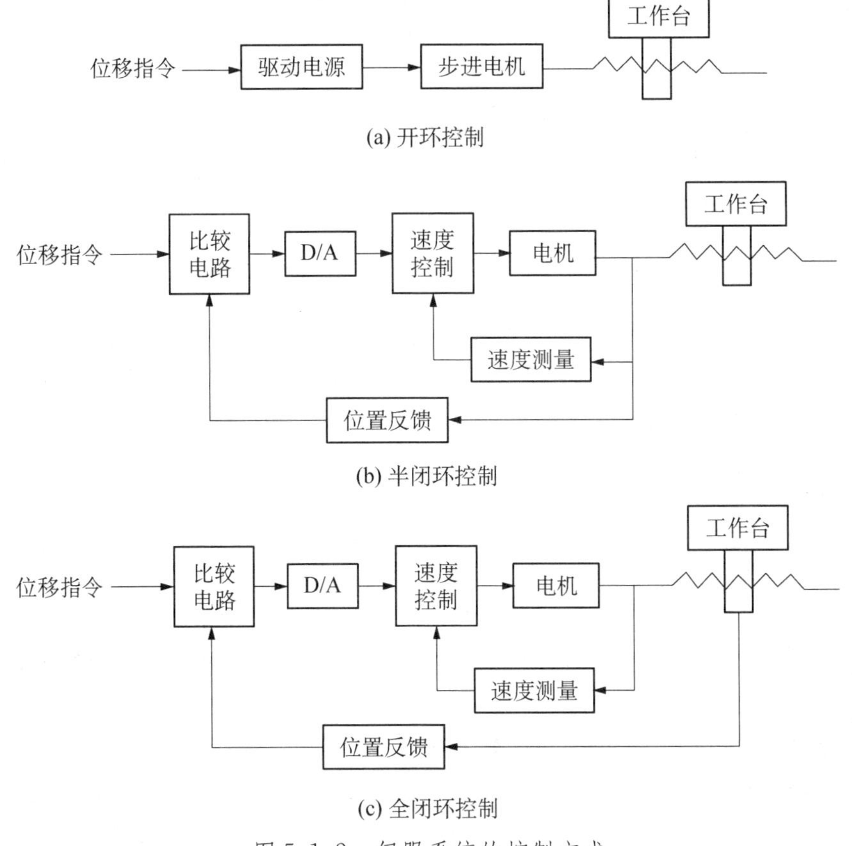

图 5.1.2　伺服系统的控制方式

② 闭环控制通常采用伺服电动机作为驱动元件，根据其检测元件安装位置的不同，可进一步分为全闭环控制和半闭环控制两种。半闭环控制的位置与速度传感器安装在电动机的非输出轴端上，伺服系统直接控制电动机的转速与轴角位置，通过减速器或滚珠丝杠等传动机构间接地控制工作台或其他执行部件的速度与位移。由于半闭环控制系统简单，结构紧凑、制造成本低、性价比高等特点，在数控机床上得到了广泛的应用。

全闭环控制将位移与速度传感器安装在工作台或其他执行元件上，直接测量和反馈它们的速度与位置。由于传动系统的刚度、误差和间隙都已经被含在反馈控制环路以内，所以最终实现的精度仅仅取决于检测元件的测量误差。通常高精度的数控机床多采用全闭环控制。半闭环与全闭环控制的结构分别如图 5.1.2(b)、(c)所示。

全闭环控制理论上具有精度最高的控制品质，是最理想的控制方式。但实际上，由于闭环控制系统的特点，它对机械结构以及传动系统的要求比半闭环更高，传动系统的刚度、间隙、导轨的爬行等各种非线性因素将直接影响系统的稳定性，严重时甚至产生振荡。解决以上问题的最佳途径是采用直线电动机作为驱动系统的执行器件。采用直线电动机驱动，可以完全取消传动系统中将旋转运动变为直线运动的环节，大大简化机械传动系统的结构，实现了所谓的“零传动”。它从根本上消除了传动环节对精度、刚度、快速性、稳定性的影响。故可以获得比传统进给驱动系统更高的定位精度、快进速度和加速度。

2. 直流伺服系统与交流伺服系统

根据系统中执行元件电动机的类型来分，伺服系统可以分为直流(DC)伺服系统和交流(AC)伺服系统两大类。DC 伺服电动机在原理和结构上类似于普通直流电动机，其特征是采用单相直流电源供电，内部具有换向器。AC 伺服电动机在原理与结构上类似于三相交流电动机，它采用频率可以连续调节的三相交流电源供电，内部没有换向装置。

在 20 世纪 70 年代到 80 年代中期，直流伺服系统在数控机床中一直占据主导地位。DC 伺服系统具有良好的宽调速特性，其输出转矩大，过载能力强，容易实现控制，但由于其内部具有机械换向装置，因电刷磨损，需要经常加以维护，而且运行时电动机的换向器会出现运行火花，高速重载时，火花可能造成电极之间击穿短路，使 DC 电动机的转速与输出功率的提高都受到了限制。

进入 20 世纪 80 年代，交流电动机调速技术取得突破性进展，交流伺服驱动系统大举进入电气传动调速控制的各个领域。AC 伺服系统的主要优点是本身结构简单，坚固耐用。由于没有机械换向装置，所以基本上不需要日常维护，特别是 AC 伺服电动机的负荷特性和低惯性更体现出交流伺服系统的优越性，其运行速度与输出功率都可以明显高于 DC 伺服电动机。所以，目前交流伺服系统已经在数控机床中得到广泛应用。

3. 模拟控制与数字控制

根据控制信号的形式，闭环控制器可分为模拟控制器和数字控制器两种。模拟控制是指控制系统中的信号是连续变化的，因此其控制作用也是连续发生的，连续作用于被控对象。数字控制指的是系统中的控制信号是离散化的数字信号，其控制作用是离散地施加于被控对象。模拟控制器通常是由集成电路和其他分立元件所组成；数字控制器通常是以微处理器或专用数字处理集成电路为核心元件构成的。

模拟控制系统的优点是响应速度快，输出平滑，在受到干扰后，系统会自动恢复到受干扰以前的工作状态，不会引起控制的完全失败。其缺点是模拟电路受温度影响容易发生漂移、系统调试比较困难、模拟运算电路不能实现复杂的运算，因而限制了基于现代控制理论发展出来

的先进算法，比如自适应调节、最优调节等在控制器中的应用。

数字控制系统的优点主要是可以实现任意复杂的运算，从而使应用最优控制、自适应控制、模糊控制等现代控制方法成为可能。其次是通过数字信号容易实现与上位计算机的通信，容易实现自动诊断、自动保护等逻辑功能。随着微电子技术、计算机技术和伺服控制技术的发展，CPU 数据处理能力的提高，使伺服控制技术从模拟方式、混合方式走向全数字方式。位置、速度和电流构成的三环反馈全部数字化，并且采用了许多新的控制技术和改进伺服性能的措施，使控制精度和品质大大提高。因此全数字化的交流伺服系统在数控机床上的应用越来越广。

任务 3　了解伺服系统的要求

1. 伺服系统的基本要求

(1) 稳定性

稳定性指当作用在系统上的扰动信号消失后，系统能够恢复到原来的稳定状态下运行，或者在输入的指令信号作用下，系统能够达到新的稳定运行状态的能力。

稳定的伺服系统在受到外界干扰或输入指令作用时，其输出响应的过渡过程随着时间的增加而衰减，并最终达到与期望值一致。不稳定的伺服系统，其输出响应的过渡过程会随时间的增长而增长，或者表现为等幅振荡。因此对伺服系统的稳定性要求是一项最基本的要求，也是伺服系统能够正常运行的最基本条件。

伺服系统的稳定性是系统本身的一种特性，取决于系统的结构及组成元件的参数(如惯性、刚度、阻尼、增益等)，与外界作用信号(包括指令信号和扰动信号)的性质或形式无关。

(2) 精度

① 精度定义：指其输出量复现输入指令信号的精确程度。用误差来表征。

② 动态误差：在动态响应过程中输出量与输入量之间的偏差称为系统的动态误差。

③ 稳态误差：在动态响应过程结束后，即在振荡完全衰减掉之后，输出量对输入量的偏差可能会继续存在，这个偏差称为系统的稳态误差。

④ 静态误差：指由系统组成元件本身的误差及干扰信号所引起的系统输出量对输入量的偏差。

影响伺服系统精度的因素很多，就系统组成元件本身的误差来讲，有传感器的灵敏度和精度、伺服放大器的零点漂移和死区误差、机械装置中的反向间隙和传动误差、各元器件的非线性因素等。此外，伺服系统本身的结构形式和输入指令信号的形式对伺服系统精度都有重要影响。从构成原理上讲，有些系统无论采用多么精密的元器件，也总是存在稳态误差，这类系统称为有差系统，而有些系统却是无差系统。系统的稳态误差还与输入指令信号的形式有关，当输入信号形式不同时，有时存在误差，有时却误差为零。

(3) 快速响应性

快速响应性有两方面含义：一是指动态响应过程中，输出量跟随输入指令信号变化的迅速程度(即响应速度)，二是指动态响应过程结束的迅速程度(即调整时间)。

响应速度：由系统的上升时间来表征。

上升时间：输出响应从零上升到稳态值所需要的时间。

响应速度主要取决于系统的阻尼比。阻尼比小则响应快，但阻尼比太小会导致最大超调量增大和调整时间加长，使系统相对稳定性降低。

最大超调量：系统输出响应的最大值与稳态值之间的偏差。

调整时间：系统的输出响应达到并保持在其稳态值的一个允许的误差范围内所需要的时间。

伺服系统动态响应过程结束的迅速程度用系统的调整时间来描述，并取决于系统的阻尼比和无阻尼固有频率。当阻尼比一定时，提高固有频率值可以缩短响应过程的持续时间。

2. 数控机床对伺服系统的要求

伺服驱动系统是数控机床的一个重要的组成部分，其优劣直接影响零件的加工质量和加工效率。此外它的价格，在整个机床的成本构成中也占有相当大的份额。一个多功能的高性能数控系统必须配置与之相适应的高性能伺服驱动系统，才能充分发挥出整个数控机床的性能。

不同类型的数控机床，对伺服系统的要求也不尽相同。同一数控机床的主轴驱动与进给驱动对伺服系统的要求也有很大差别。归根到底，数控机床对伺服控制的要求，与任何系统对伺服控制的要求一样，包括精度、快速性与稳定性三个方面。

数控机床的精度，除了受到机械传动系统精度的影响之外，主要取决于伺服系统的调速范围的大小和伺服系统最小分辨力精度。高精度的机床为了保证尺寸精度和表面粗糙度的水平，有时要求进给速度低于 0.5 m/min。但是为了提高生产率，又要求其快速移动的速度达到 10 m/min～24 m/min，甚至超过 32 m/min。因此，调速范围可高达数万倍。目前的先进水平是在脉冲当量或最小设定单位为 1 μm 的情况下，进给速度能在 0～240 m/min 的范围内连续可调。一般数控机床的进给速度能在 0～24 m/min 的范围之内连续可调，即调速范围为 1∶24 000。在这一调速范围内，要求速度均匀、稳定，低速时无爬行。还要求在零速时伺服电动机处于电磁锁住状态，以保证定位精度不变。精度一般为 0.1～0.001mm，对于高精度数控机床则要求达到 0.1 μm，甚至更高。

数控机床的进给系统，实际上是一个位置随动系统。同任何一个位置随动系统一样，当指令位移以某一速度变化时，实际位移比指令位移滞后，这就是所谓跟随误差。当数控机床的各坐标轴以不同的速度和不同的方向同时位移时，跟随误差就会造成加工尺寸和形状的误差。切削进给的速度越快，跟随误差对精度的影响就越大。提高伺服系统响应的快速性，是减小跟随误差，提高进给速度的根本措施。但伺服系统的响应速度并不是可以无限制提高的，并且任何的提高都要以成本的上升为代价。所以对伺服系统响应速度的要求要限制在一个合理的范围之内。在一般情况下，数控机床的进给响应时间应该在 200 ms 以内，并且速度变化时不应有超调。另一方面，当负载突变时，过渡过程前沿要陡，恢复时间要短，且无振荡，这样，才能保证在加工时能够得到光滑的加工表面。

稳定是对伺服系统的最基本要求。数控机床的工作台上，往往需要安装夹具和工件，从而使伺服系统的负载惯量大，为此要求伺服系统必须具有一定稳定裕量，以保证当工件重量在一定范围内变化时，不因发生振荡而影响加工精度。另外，机床的加工大多是低速时进行切削，因此，在低速时进给驱动要有大的转矩输出。

除此之外，数控机床的使用率要求很高，常常是 24 h 连续工作不停机。因而要求伺服系统可靠性要好，即平均无故障时间最长最好。

任务4　了解伺服系统的发展趋势

伺服系统的发展趋势主要体现在以下几个方面：

① 交流化

除了在某些微型电动机领域之外，AC 伺服电动机将完全取代 DC 伺服电动机。

② 全数字化

采用新型高速微处理器和专用数字信号处理机，实现伺服系统完全数字化，应用先进的控制理论，使得 AC 伺服系统可以获得较之普通伺服系统平滑得多的加/减速曲线。

③ 采用新型电力电子半导体器件

简化了伺服单元的设计，并实现了伺服系统小型化和微型化。

④ 高度集成化

使多种控制功能可集成在一个控制单元内。同一个控制单元，只要通过软件设置系统参数，就可以改变其性能。高度的集成化显著地缩小了整个控制系统的体积，使得伺服系统的安装与调试工作都得到了简化。

⑤ 智能化

伺服控制单元都具有记忆功能，系统的所有运行参数都可以通过人机对话的方式由软件来设置，并能在运行中由上位计算机加以修改，实现伺服性能的在线调试；具有故障诊断与分析功能；具有自整定功能，通过几次试运行，自动将系统的参数整定出来，并自动实现其最优化。

⑥ 模块化和网络化

配置了标准的串行通信接口（如 RS－232C 或 RS－422 接口等）和专用的局域网接口，增强了伺服单元与其他控制设备间的互联能力。

子情境2　执行元件的控制与驱动

体例 5.2.1　直流电动机伺服驱动系统

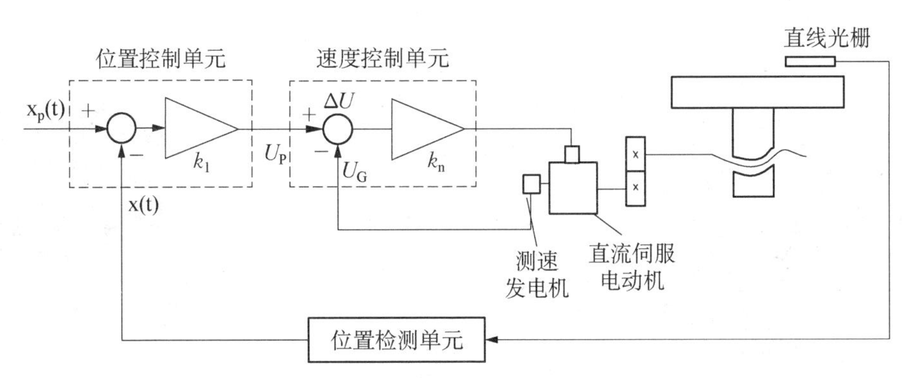

图体例 5.2.1　直流伺服电动机的伺服驱动系统

表体例 5.2.1　直流伺服电动机的伺服驱动系统

伺服驱动系统组成	功能特点
双环组成,其中内环是速度环,外环是位置环。若单从坐标位置考虑,则位置环输入是脉冲数,相应的输出是位移	以指令脉冲与反馈脉冲的差作为位置环给定脉冲,经过数模转换器和位置调节器变成模拟电压,作为速度给定值,以控制直流伺服电动机向着消除误差的方向旋转

体例 5.2.2 ________(学生完成)

完成形式:学生以小组为单位通过查找资料、研讨,以典型项目形式完成文本说明,制作PPT,通过项目过程考核对学生完成情况评价。

任务1　步进电动机的控制与驱动

1.1　步进电动机的结构与工作原理

步进电动机是一种用电脉冲进行控制,将电脉冲信号转换成相应的角位移的电动机。每输入一个电脉冲步进电动机就前进一步——转过一个确定的角度。因此,步进电动机的角位移与输入的脉冲成正比,相应地,其转速与输入的脉冲频率成正比。步进电动机分为反应式、永磁式和混合式三种。

1. 反应式步进电动机

(1) 基本结构

反应式步进电动机结构示意图如图 5.2.1 所示。步进电动机由定子和转子组成,以三相步进电动机为例,定子包括 A、B、C 三对磁极的铁芯,其上分别缠有 A、B、C 相绕组,转子由硅钢片叠合而成,其上做出 4 个齿。

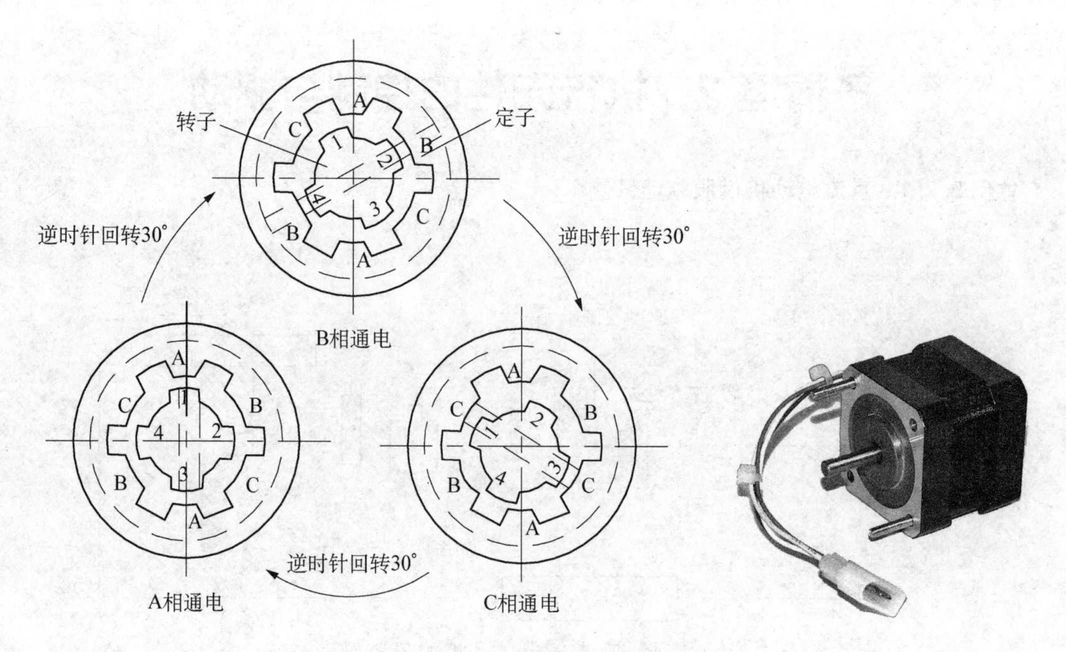

图 5.2.1　反应式步进电动机结构

(2) 工作原理

如图 5.2.1 所示，图中 A、B、C 三相绕组顺次通电。例如，开始时 A 相通电，则磁极 A 产生电磁场吸引转子，使 1、3 齿对准磁极 A。然后变换为 B 相通电，则 B 的电磁场吸引转子使 2、4 齿对准磁极 B，转子逆时针转过 30°，再变换为 C 相通电，则 3、1 齿对准磁极 C，转子逆时针再转过 30°。如此按 A→B→C→A…单相循环通电，使转子继续回转。每次变换通电的相，转子作出减小磁阻的反应，转到磁阻最小的平衡位置上停留，故名反应式步进电动机。

若改变通电顺序，按 A→C→B→A…相顺次通电，则转子顺时针回转。电动机运行一步为一拍。上述电动机变换相序一个循环时共运行三拍，称为三相单三拍通电方式。通电顺序为 AB→BC→CA→AB→…相时，称三相双三拍方式。为 A→AB→B→BC→C→CA→A→…相时，称三相六拍方式。每运行一拍，转子转过的角度称为步距角 θ_b，可由下式计算：

$$\theta_b = \frac{360^\circ}{PZK} \tag{5.2.1}$$

式中：θ_b—步距角；

P—步进电动机的相数；

Z—转子齿数；

K—状态系数，单、双三拍时，$K = 1$；单相六拍时，$K = 2$。

反应式步进电动机转子上的齿不必充磁，故可做得很小，即齿数可以很多，因此齿距角小，转角分辨力高，一般 $\theta_b = 0.75^\circ \sim 9^\circ$。步进电动机的转速 n(转 / 秒) 为：

$$n = \frac{60f\theta_b}{360} = \frac{60f}{PZK} \tag{5.2.2}$$

式中：f——输入脉冲频率，脉冲/s；

θ_b——步距角。

2. 永磁式步进电动机

(1) 基本结构

永磁式步进电动机结构示意图如图 5.2.2 所示。转子为永磁体，基本做出两个齿，组成一对磁极。定子包括 A、B 两对磁极，其铁芯上分别缠 A、B 绕组。

(2) 工作原理

当定子绕组按 A→B→(A—)→(B—)→A→…相顺次通直流脉冲时，磁极产生的磁力线吸引转子，使转子顺时针回转，步距角为 90°。若按 A→AB→B→B(A—)→(A—)→(A—)(B—)→(B—)→(B—)A→A…相顺次通电，则步距角为 45°。

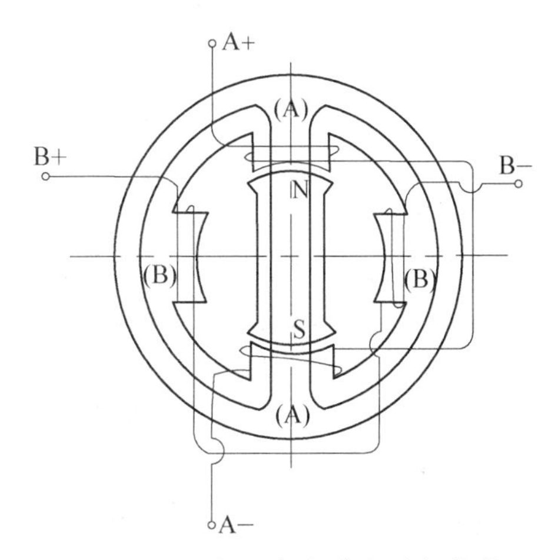

图 5.2.2　永磁式步进电动机结构

永磁式步进电动机的转子为永磁体，定子磁极对转子的吸引力，较反应式大。获得相同转矩时，永磁式步进电动机的体积小，耗电量亦小。永磁式步进电动机转子的电磁阻尼较大，可缩短每步的停转时间。当电源切断后，转子受永磁体磁场作用，有定位转矩，被锁住在断电时的位置上，即转子不会漂移。由于转子需充磁，限制了齿数，步距角较大，一般 θ_b 是 7.5°或者 15°。

3. 混合式步进电动机

(1) 基本结构

混合式步进电动机结构示意图如图 5.2.3 所示。转子由永久磁钢 2、左齿盘 1 及右齿盘 4 组成,左右齿盘上均有 18 个齿,两齿盘上的齿在圆周方向错开半个齿距角。定子有 A、B、C、D 共四对磁极,每对磁极的铁心上缠有相应的绕组。

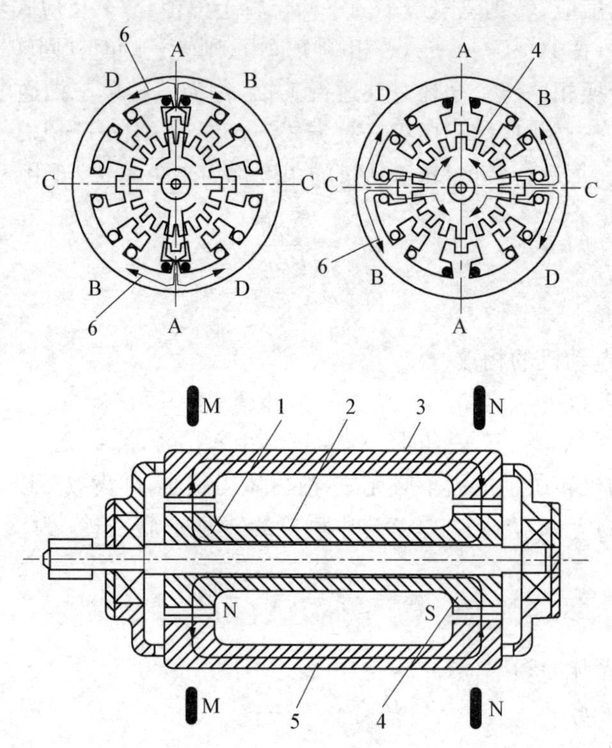

1—左齿盘;2—永久磁钢;3—定子铁芯;4—右齿盘;5—永久磁钢的磁路;6—绕组通电时的电磁路

图 5.2.3 混合式步进电动机的工作原理

(2) 工作原理

永久磁钢的磁路 5 由 N 极经左齿盘、左气隙、定子铁芯、右气隙、右齿盘、S 极,回到 N 极。当 A 相绕组的电磁路 6 由左齿盘上正对八磁极的最上方 2 个齿和最下方 2 个齿(M－M 截面图示位置),经 A 磁极、定子铁芯、C 磁极、右磁盘上正对 C 磁极的最左方 2 个齿和最右方 2 个齿(N－N 截面图式位置)及永久磁钢,回到左齿盘。上述正对 A、B 磁极的 8 个齿与磁极间的气隙最小、因此磁阻最小,磁势最大,两截面图式转子位置是永久磁势与电磁势合成的磁势达到最大值的位置,也是 A 相绕组通电时转子的平衡位置。当变换为 B 相绕组通过时,转子顺时针转过 1/4 齿距角,转到相应的平衡位置。如此顺次变换通电的相,每次转过的步距角为:

$$\theta_b = \frac{360^\circ}{4 \times 18} = 5^\circ \tag{5.2.3}$$

混合式步进电动机的转子由永久磁钢和齿盘组成,永久磁钢只有一对磁极,制造容易。齿盘上的齿不必充磁,可做得很小,齿数较多,故具有反应式电动机的步距角小,位置分辨力高等优点,转子具有永久磁场,与定子磁极间吸力大,故具有永磁式电动机的体积小、省电和有定位转矩等优点。

1.2　步进电动机的主要特性

1. 最大静转矩 T_{max}

当步进电动机通电，并处于平衡位置时，借助外力使转子离开平衡位置所需极限转矩，称为最大静转矩。此指标是用来计算步进电动机的负载能力指标，即电动机能拖动的最大负载转矩 T_L。

$$T_L = (0.3 \sim 0.5) T_{max} \tag{5.2.4}$$

2. 运行矩频特性

步进电动机的输出力矩随运行频率的变化而变化。例如，如图 5.2.4 所示为 110BF 型步进电动机的运行矩频特性曲线，可见，运行频率越高，则输出力矩越小。选择步进电动机时，为保证电动机有足够的输出力矩而不失步，应使步进电动机的力矩—频率工作点落在特性曲线的下方。

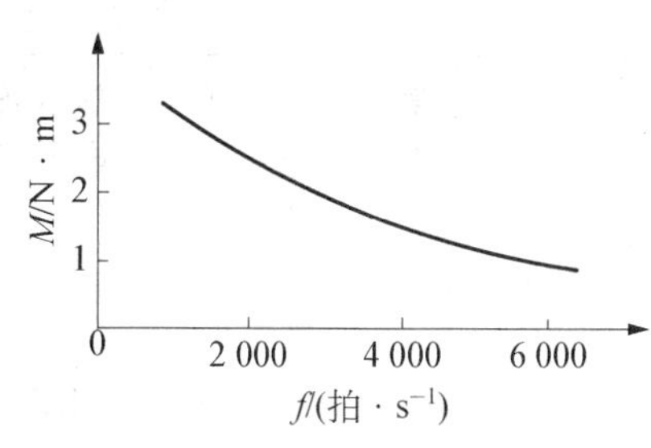

图 5.2.4　110BF 型步进电动机的转矩—频率特性曲线

3. 最高启动频率

步进电动机的最高启动频率是衡量步进电动机高速能力的指标，可分为空载和额定负载两项。步进电动机在空载状况下，由静止状态不失步地加速，能达到的最高频率，称为空载最高启动频率。若在额定负载转矩状况下加速，称为额定负载下的最高启动频率，其比空载最高启动频率要低的多。

4. 步进电动机的角位移分辨力

步进电动机的步距角代表角位移分辨力。步距角越小，则分辨力越高。利用细分电路来添加细分功能，可使分辨力大幅度提高。

5. 静态步距角误差

空载时实测的步进电动机步距角与理论步距角之差，称为静态步距角误差。它在一定程度上反映了步进电动机的角位移精度，且静态步距角误差主要决定于步进电动机的制造误差。例如，步进电动机制造标准规定，当步距角为 1.5°～7.5°时，允许的静态步距角误差为理论步距角的 1/4。

1.3　步进电动机的控制与驱动

步进电动机驱动器是一种将电脉冲转化为角位移的执行机构。当步进驱动器接收到一个脉冲信号，它就驱动步进电动机按设定的方向转动一个固定的角度(步距角)，它的旋转是以固定的角度一步一步运行的。可以通过控制脉冲个数来控制角位移量，从而达到准确定位的目的；同时可以通过控制脉冲频率来控制电动机转动的速度和加速度，从而达到调速和定位的目的。

1. 脉冲分配控制

由步进电动机工作原理可知，要使步进电动机正确运转，必须按一定顺序对定子各相绕组励磁，以产生旋转磁场，即将指令脉冲按一定规律分配给步进电动机各相绕组。实现这一功能的器件称为脉冲分配器或环形分配器，可由硬件电路或软件程序来实现。

(1) 硬件脉冲分配器

硬件脉冲分配器可采用分立元件(如触发器，逻辑门等)搭成，但这种分配器体积大、成本

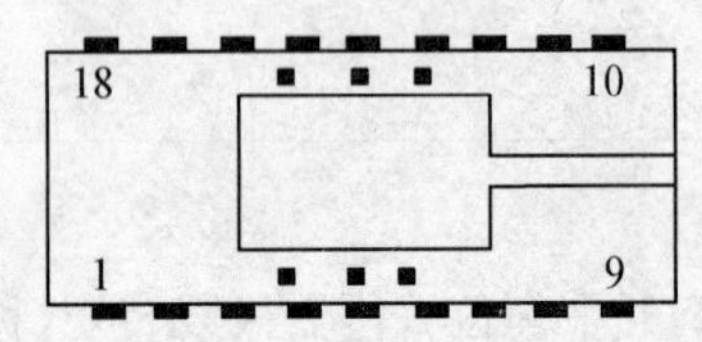

图 5.2.5　集成脉冲分配器外形

高、可靠性差。目前市场上已有多种集成化的脉冲分配器芯片可供选用。下面简要介绍 YB 系列国产 TTL 集成脉冲分配器的性能、功能及其应用设计方法。

YB013、YB014、YB015 和 YB016 分别为三相、四相、五相和六相步进电动机的脉冲分配器，其主要性能参数见表 5.2.1，外形见图 5.2.5，管脚功能见表 5.2.2，其中励磁方式控制端 A_0，A_1 的控制信号电平状态与励磁（通电）方式的对应关系见表 5.2.3。

表 5.2.1　集成脉冲分配器主要性能参数

性能	输出高电平/V	输出低电平/V	输入低电平/V	输入高电平/V	吸收电流/mA	工作频率/kHz	电源电压/V	环境温度/℃
参数	≥2.4	≤0.4	≤0.8	2.4	1.6	0～160	5±0.5	0～+70

表 5.2.2　集成脉冲分配器各管脚功能

管脚号＼相数	三	四	五	六
1	选通输出控制端 $\overline{E}_0$	选通输出控制端 $\overline{E}_0$	A 相输出端	A 相输出端
2	清零端 $\overline{RST}$	清零端 $\overline{RST}$	选通输出控制端 $\overline{E}_0$	选通输出控制端 $\overline{E}_0$
3	励磁方式控制端 A_1	励磁方式控制端 A_1	清零端 $\overline{RST}$	清零端 $\overline{RST}$
4	励磁方式控制端 A_0	励磁方式控制端 A_0	励磁方式控制端 A_1	励磁方式控制端 A_1
5	选通输入控制端 $\overline{E}_1$	选通输入控制端 $\overline{E}_1$	励磁方式控制端 A_0	励磁方式控制端 A_0
6	选通输入控制端 $\overline{E}_2$	选通输入控制端 $\overline{E}_2$	选通输入控制端 $\overline{E}_1$	选通输入控制端 $\overline{E}_1$
7	（空）	（空）	选通输入控制端 $\overline{E}_2$	选通输入控制端 $\overline{E}_2$
8	（空）	（空）	时钟脉冲输入端 CP	反转控制端－Δ
9	地端 GND	地端 GND	地端 GND	地端 GND
10	时钟脉冲输入端 CP	时钟脉冲输入端 CP	反转控制端－Δ	时钟脉冲输入端 CP
11	反转控制端－Δ	反转控制端－Δ	正转控制端＋Δ	正转控制端＋Δ
12	正转控制端＋Δ	正转控制端＋Δ	出错报警输出端 S	出错报警输出端 S

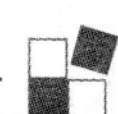

续　表

管脚号＼相数	三	四	五	六
13	出错报警输出端 S	（空）	F 相输出端	F 相输出端
14	（空）	D 相输出端	D 相输出端	E 相输出端
15	C 相输出端	C 相输出端	C 相输出端	D 相输出端
16	电源 V_{CC}	电源 V_{CC}	B 相输出端	C 相输出端
17	B 相输出端	B 相输出端	（空）	B 相输出端
18	A 相输出端	A 相输出端	电源 V_{CC}	电源 V_{CC}

表 5.2.3　励磁（通电）方式控制表

控制电平		励磁方式			
A_0	A_1	YB013	YB014	YB015	YB016
0	0	A→B→C→A→…	A→B→C→D→A→…	A→B→C→D→E→A…	A→B→C→D→E→F→A→…
0	1	AB→BC→CA→AB→…	AB→BC→CD→DA→AB→…	ABC → BCD → CDE→…	ABC→BCD→CDE→DEF→…
1	0	A→AB→B→BC→C→…	A→AB→B→BC→C→CD→…	AB→ABC→BC→BCD→…	AB→ABC→BC→BCD→…
1	1	A→AB→B→BC→C→…	AB→ABC→BC→BCD→…	AB→ABC→BC→BCD→…	ABC→ABCD→BCD→BCDE→…

图 5.2.6 是采用通用微机接口芯片 8255和脉冲分配器 YB014 组成的步进电动机脉冲分配控制电路原理图。图中，A_0 接电源，A_1 接地，形成四相八拍控制，当 8255 的 PA0 口线输出高电平时，控制步进电动机正转，输出低电平时，控制步进电动机反转，8255 的 PA1 口输出的脉冲数量决定步进电动机的转角，脉冲频率决定步进电动机的转速。

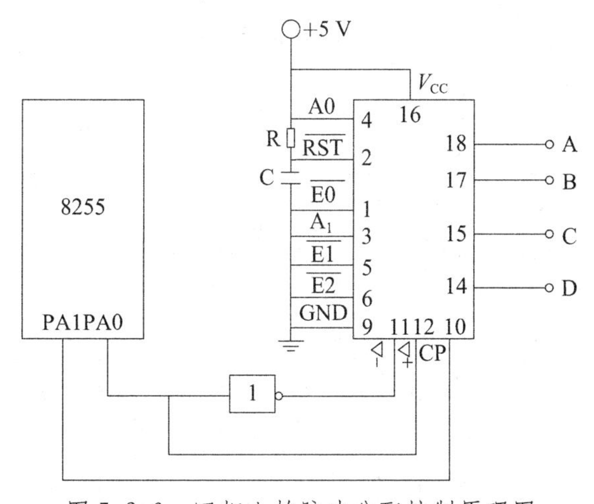

图 5.2.6　四相八拍脉冲分配控制原理图

（2）软件脉冲分配器

软件脉冲分配器是指实现脉冲分配控制的计算机程序。硬件脉冲分配器不占用计算机资源，但电路复杂，硬件成本较高。软件脉冲分配器不需额外电路，成本低，但占用计算机运行时间。两种脉冲分配器各有特点及适用场合，设计时应根据具体情况合理选择。

软件脉冲分配控制的基本原理是：根据步进电动机与计算机的接线情况及通电方式列出脉冲分配控制数据表，运行时按节拍序号查表获得相应控制数据；在规定时刻通过输出口将数据输出到步进电动机驱动电路。下面通过实例介绍软件脉冲分配器的实现方法。

图 5.2.7 是采用单片机 8031 对数控 X—Y 工作台的两台四相步进电动机进行控制的接口电路原理图。图中采用负逻辑控制，即当 8031P1 口某一口线输出低电平“0”时，对应的步进电动机绕组被接通。表 5.2.4 是按图 5.2.7 列出的四相八拍脉冲分配控制数据表。

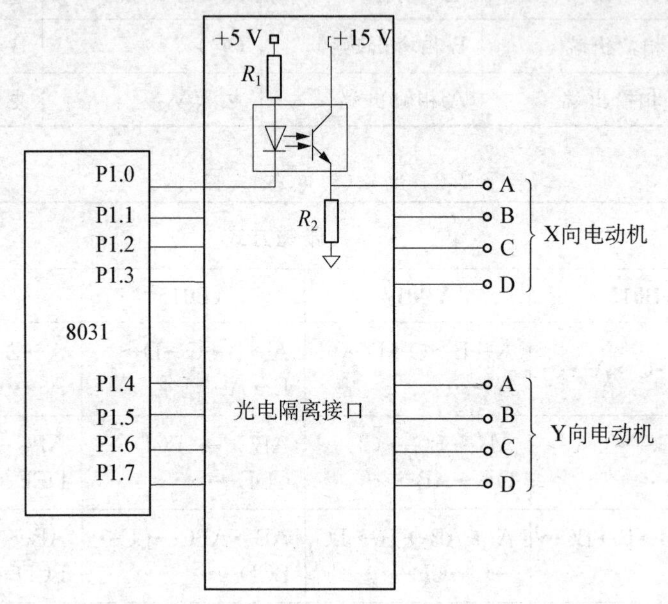

图 5.2.7 单片机与步进电动机接口电路

表 5.2.4 四相八拍脉冲分配控制数据表

节拍序号	Y向电动机				X向电动机				通电相	控制数据	旋转方向
	P1.7	P1.6	P1.5	P1.4	P1.3	P1.2	P1.1	P1.0			
	D	C	B	A	D	C	B	A			
1	1	1	1	0	1	1	1	0	A	EEH	反转 ↑　正转 ↓
2	1	1	0	0	1	1	0	0	AB	CCH	
3	1	1	0	1	1	1	0	1	B	DDH	
4	1	0	0	1	1	0	0	1	BC	99H	
5	1	0	1	1	1	0	1	1	C	BBH	
6	0	0	1	1	0	0	1	1	CD	33H	
7	0	1	1	1	0	1	1	1	D	77H	
8	0	1	1	0	0	1	1	0	DA	66H	

由表 5.2.4 可见，当从 8031 的 P1 口输出数据 EEH 时，X 向和 Y 向两个步进电动机的 A 相绕组都通电；当输出数据 ECH 时，Y 向步进电动机的 A 相通电，X 向步进电动机的 A、B 两相通电；当按节拍序号顺序循环控制时，步进电动机正转；当按倒序循环控制时，步进电动机反转。

2. 速度控制

通过控制脉冲分配频率可实现步进电动机的速度控制。速度控制也有硬、软件两种方法。

硬件方法是在硬件脉冲分配器的时钟脉冲输入端(CP 端)接一可变频率脉冲发生器，改变其振荡频率，即可改变步进电动机速度。

软件方法常采用定时器来确定每相邻两次脉冲分配的时间间隔，即脉冲分配周期，并通过中断服务程序向输出口分配控制数据。

3. 自动升降速控制

步进电动机允许的启动频率一般较低，当要求高速运行时，必须用较低的频率启动，然后逐渐加速，否则不能正常启动。制动时也应逐渐降到较低频率后再制动，否则定位不准。

步进电动机自动升降速控制也可通过硬、软件两种方法实现。

(1) 硬件自动升降速控制

图 5.2.8 是硬件自动升降速控制原理框图，图 5.2.9 是对应的升降速规律曲线。在图 5.2.8 中，可逆计数器用于对频率为 f_a 的指令脉冲加法计数，对频率为 f_b 的反馈脉冲减法计数，同步器用于使指令脉冲与反馈脉冲同步，以保证计数正确，数/模转换电路可将计数器内的脉冲数 N 转换成电阻值，振荡器的振荡频率随 R 的变化而变化，其输出脉冲作为脉冲分配控制脉冲和反馈脉冲。

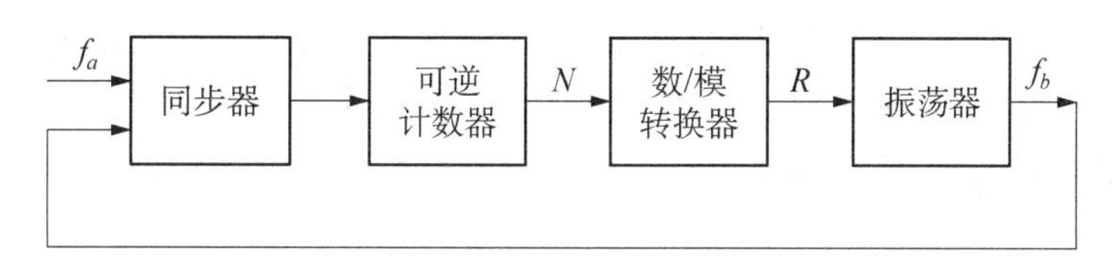

图 5.2.8　硬件自动升降速控制原理

当输入频率为 f_a 的指令脉冲序列使步进电动机从静止开始启动时，振荡器以突跳频率 f_b 起振(见图 5.2.9)，然后按近似指数规律升频。当频率升到 $f_a = f_b$ 时，可逆计数器达到动态平衡，振荡器输出频率不变的控制脉冲序列，步进电动机进入匀速运行状态。制动时，指令脉冲为零，N 值逐渐减小，f_b 随之降低，直到 $N = 0$ 时，振荡器停振，步进电动机停止转动。

图 5.2.9　自动升降速规律

(2) 软件自动升降速控制

软件自动升降速控制的基本原理是：根据允许的启动频率确定定时器的初始定时常数，在升速过程中，按一定规律不断增加定时常数(对加法计数的定时器来讲)，减小中断时间间隔，加快脉冲分配频率；在恒速过程中，保持定时常数不变，在降速过程中，按规律不断减小定时常数，降低脉冲分配频率，直到定时常数达到所预期的制动频率所对应的值时，停止脉冲分配，使步进电动机制动。

升降速过程按指数或直线(匀加速)规律控制，前者的特点是升降速过程短，与步进电动机

的阶跃响应规律吻合，但程序设计复杂，后者的特点是程序简单，但升降速过程较长。

4. 步进电动机的驱动

要使步进电动机输出足够的转矩以驱动负载工作，必须对控制信号进行放大，实现这一功能的电路称为步进电动机驱动电路或功放电路。驱动电路是步进电动机应用的关键，是影响其性能发挥和可靠运行的一个最重要因素。

常见的步进电动机驱动电路有三种：

(1) 单电源驱动电路

如图 5.2.10 所示，这种电路采用单一电源供电，结构简单，成本低，但电流波形差，效率低，出力小，主要用于对速度要求不高的小型步进电动机的驱动。

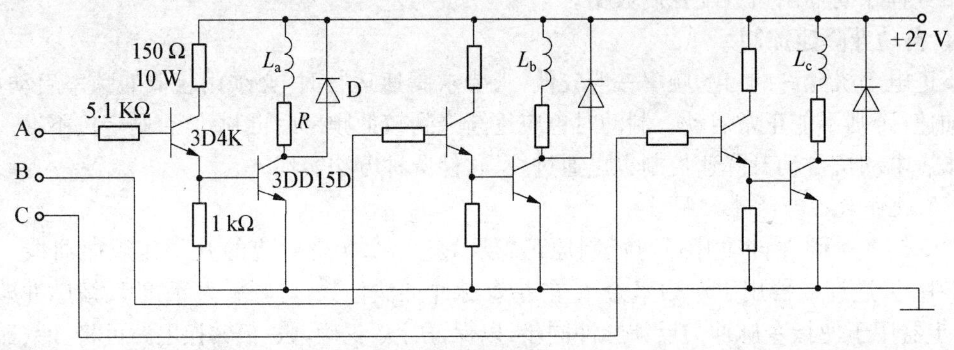

图 5.2.10 单电源驱动电路

(2) 双电源驱动电路

又称高低压驱动电路，如图 5.2.11 所示，采用高压和低压两个电源供电。在步进电动机绕组刚接通时，通过高压电源供电，以加快电流上升速度，延迟一段时间后，切换到低压电源供电。这种电路使电流波形、输出转矩及运行频率等都有较大改善，但效率仍较低。

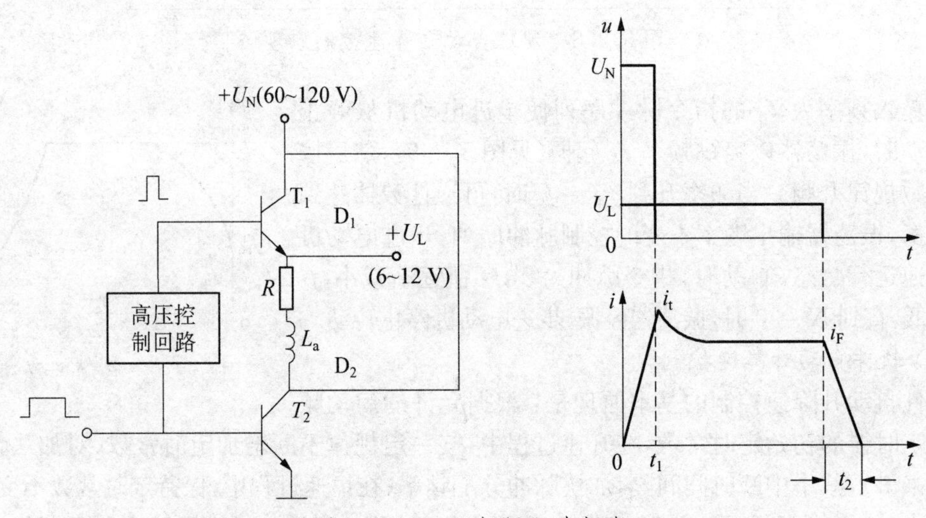

图 5.2.11 双电源驱动电路

(3) 斩波限流驱动电路

这种电路采用单一高压电源供电，以加快电流上升速度，并通过对绕组电流的检测，控制功放管的开和关，使电流在控制脉冲持续期间始终保持在规定值上下，其波形如图5.2.12所示。这种电路出力大，功耗小，效率高，目前应用范围最广。

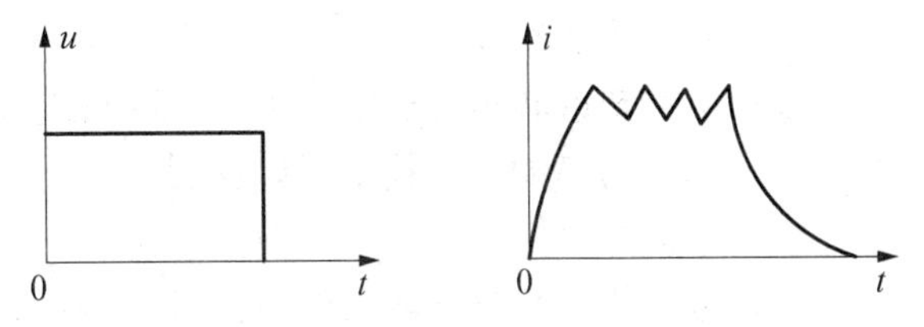

图 5.2.12　斩波限流驱动电路波形图

图5.2.13所示为一种斩波限流驱动电路原理图，其工作原理如下：在控制脉冲加到光耦合器OT的输入端期间，晶体管VT_1导通，并使VT_2和VT_3也导通。在VT_2导通瞬间，脉冲变压器TI在其二次线圈中感应出一个正脉冲，使大功率晶体管VT_4导通。同时由于VT_3的导通，大功率晶体管VT_5也导通。于是绕组W中有电流流过，步进电动机旋转。由于W是感性负载，其中电流在导通后逐渐增加，当其增加到一定值时，在检测电阻R_{10}上产生的压降将超过由分压电阻R_7和电阻R_8所设定的电压值V_{ref}，使比较器OP翻转，输出低电平使VT_2截止。在VT_2截止瞬时，又通过TI将一个负脉冲交连到二次线圈，使VT_4截止。于是电源通路被切断，W中储存的能量通过VT_5、R_{10}及二极管VD_7释放，电流逐渐减小。当电流减小到一定值后，在R_{10}上的压降又低于V_{ref}使OP输出高电平，VT_2、VT_4及W重新导通。在控制脉冲持续期间，上述过程不断重复。当控制脉冲撤消后，VT_1～VT_5等相继截止，W中的能量则通过VD_6、电源、地和VD_7释放。

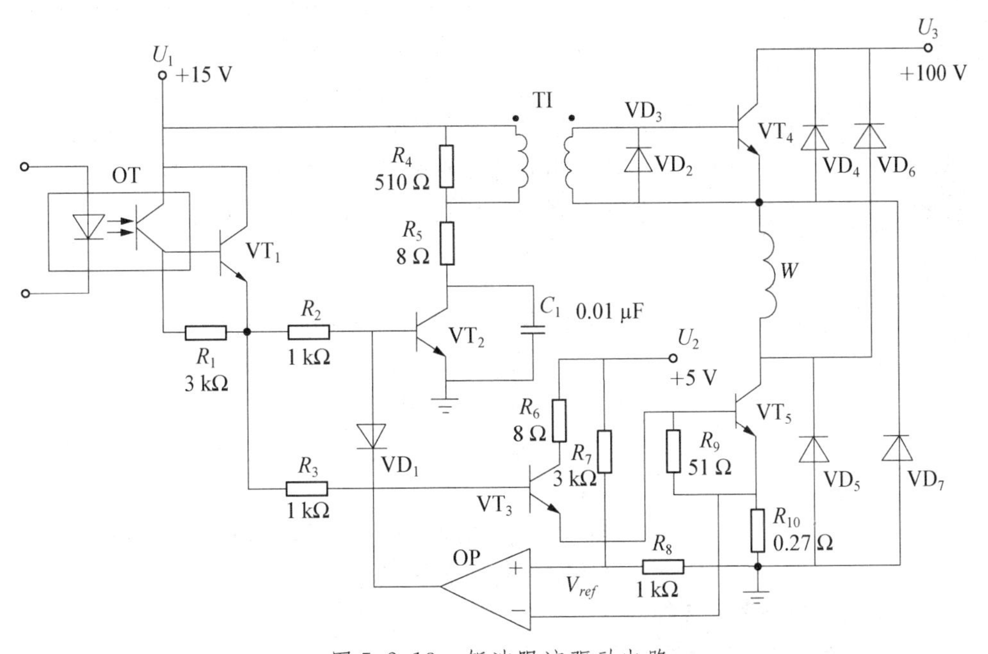

图 5.2.13　斩波限流驱动电路

该电路限流值可达6 A左右，通过改变电阻R_{10}或R_8的值，可改变限流值的大小。

1.4　步进电动机的选用

1. 步进电动机的优点

与交、直流伺服电动机相比，步进电动机有如下优点：

(1) 控制简单容易

步进电动机的转角或转速取决于脉冲数或脉冲频率，而不受电压波动和负载变化的影响。脉冲信号则容易借助数字技术予以控制。

(2) 体积小

步进电动机及其驱动电路的结构简单，体积小，能装入仪器、仪表及小型设备。

(3) 价格低

步进电动机既是动力元件，又是角位移控制元件，不需要测量装置和反馈系统，故控制系统简单，价格低廉。

但步进电动机的转矩和功率较小，角位移和角速度精度较低。较小的步距角，难以获得高转速。综上所述，步进电动机适用于小型机电一体化设备的仪器、仪表中，可与传功装置组合，成为开环控制的伺服系统。一般，在步距角小，功率小以及价格低的场合下选用反应式步进电动机；在步距角大，运动速度低，定位性能要求高的场合，宜选用永磁式步进电动机；对于既要求步距角小，也要求定位性能好的场合，可选用混合式步进电动机。

2. 步进电动机的选择

在选择步进电动机时首先应考虑的是步进电动机的类型选择，其次才是具体的型号选择，根据系统要求，确定步进电动机的电压值、电流值以及有无定位转矩和使用螺栓机构的定位装置，从而可以确定步进电动机的相数和拍数。

在进行步进电动机的型号选择时，要综合考虑速比、轴向力、负载转矩、最大静转矩、启动和运行频率，以确定步进电动机的具体规格和控制装置。要求满足转矩和惯量匹配条件，为使步进电动机具有良好的启动能力及较快的响应速度，推荐

$$T_L/T_{\max} \leqq 0.5 \text{ 及 } J_L/J_m \leqq 4$$

式中：$T_{\max}$—步进电动机的最大静转矩(N·m)；

T_L—折算到电动机上的负载转矩(N·m)；

J_m—步进电动机转子的最大转动惯量($kg \cdot m^2$)；

J_L—折算到步进电动机转子上的等效转动惯量($kg \cdot m^2$)。

根据上述条件初选步进电动机的型号，然后根据动力学公式检查其启动能力和运动参数。

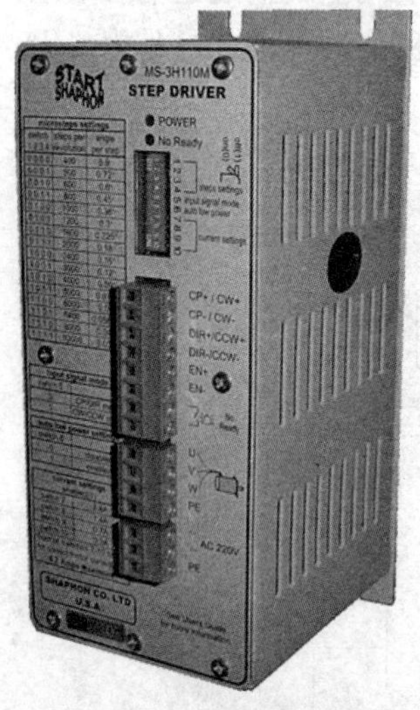

图 5.2.14 SH-2H057 步进电动机驱动器

3. 步进电动机驱动器的选择

以北京斯达特机电科技发展有限公司生产的 SH 系列步进电动机驱动器(型号为 SH-2H057)为例。如图 5.2.14 所示，SH-2H057 步进电动机驱动器采用铸铝结构，主要用于小功率驱动器，该结构为封闭的超小型结构，本身不带风机，其外壳即为散热体，所以使用时要将其固定在较厚、较大的金属板上或较厚的机柜内，接触面之间要涂上导热硅脂，在其旁边加一个风机也是一种较好的散热办法。

步进电动机驱动器电气技术数据，SH 系列步进电动机驱动器的电气技术数据如表 5.2.5 所示。

表 5.2.5　SH 系列步进电动机驱动器的电气技术数据

驱动器型号	相数	类别	细分数通过拨位开关设定	最大相电流开关设定	工作电源
SH－2H057	二相或四相	混合式	二相八拍	3.0A	一组直流 DC(24～40 V)

（1）输入信号

驱动器的输入信号共有三路信号，它们是步进脉冲信号 CP、方向电平信号 DIR、脱机信号 FREE(此端为低电平有效，这时电动机处于无力矩状态；此端为高电平或悬空不接时，此功能无效，电动机可正常运行)。它们在驱动器内部的接口电路都相同。OPTO 端为三路信号的公共端，输入信号在驱动器内部采用共阳接法，所以 OPTP 端须接外部系统的 V_{CC}，如果 V_{CC}是＋5 V 则可直接接入；如果 V_{CC}不是＋5 V 则须外部另加限流电阻 R，保证给驱动器内部光耦提供 8～15 mA 的驱动电流，参见图 5.2.15 和表 5.2.6。若外围提供电平为 24 V，而输入部分的电平为 5 V，则须外部另加 1.8 kΩ 限流电阻 R。

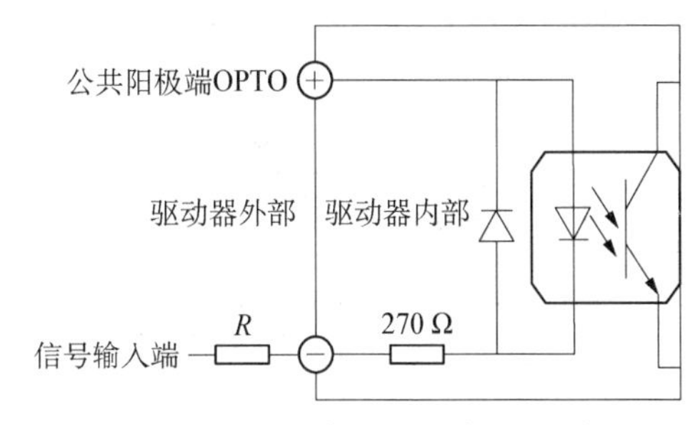

图 5.2.15　输入信号接口电路

表 5.2.6　外界限流电阻

信号幅值	外界限流电阻 R	信号幅值	外界限流电阻 R
5 V	不加	24 V	1.8 kΩ
12 V	680 Ω		

（2）输出信号

初相位信号：驱动器每次上电后将使步进电动机起始在一个固定的相位上，这就是初相位。初相位信号是指步进电动机每次运行到初相位期间，此信号就输出为高电平，否则为低电平。此信号和控制系统配合使用，可产生相位记忆功能，其接口见图 5.2.16 所示。

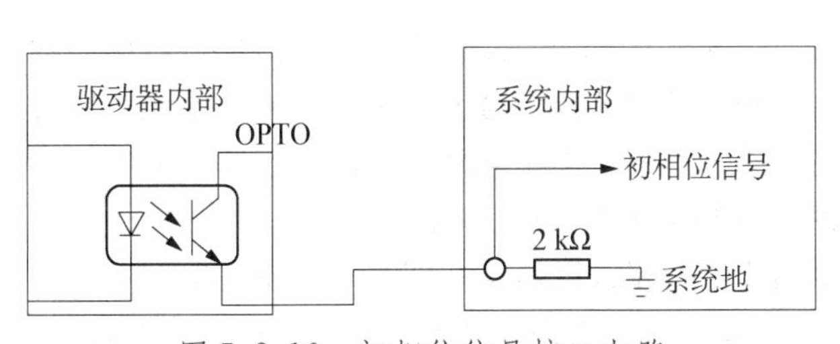

图 5.2.16　初相位信号接口电路

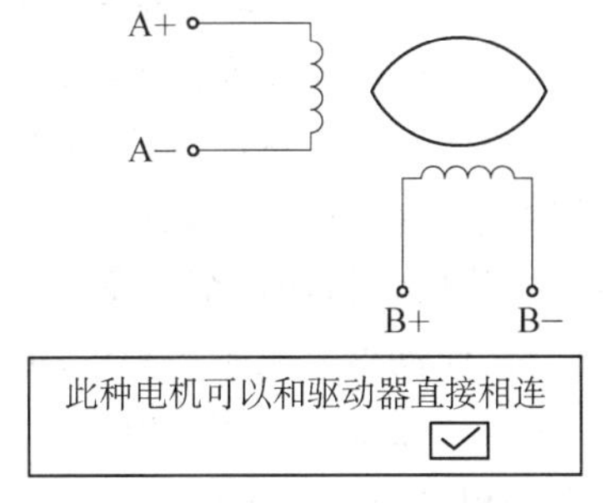

图 5.2.17　电动机与驱动器接线图

报警输出信号：每台驱动器都有多种保护措施(如：过压、过流、过温等)。当保护发生时，驱动器进入脱机状态使电动机失电，但这时控制系统可能尚未知晓。如要通知系统，就要用到“报警输出信号”。此信号占两个接线端子，此两端为一继电器的常开点，报警时触点立即闭合。驱动器正常时，触点为常开状态。触点规格：DC24V/1A 或 AC110V/0.3A。

一般来说，对于两相四线电动机，可以直接和驱动器相连，如图 5.2.17 所示。

(3) 步进电动机驱动器接线图

SH 系列步进电动机驱动器接线示意图如图 5.2.18 所示。

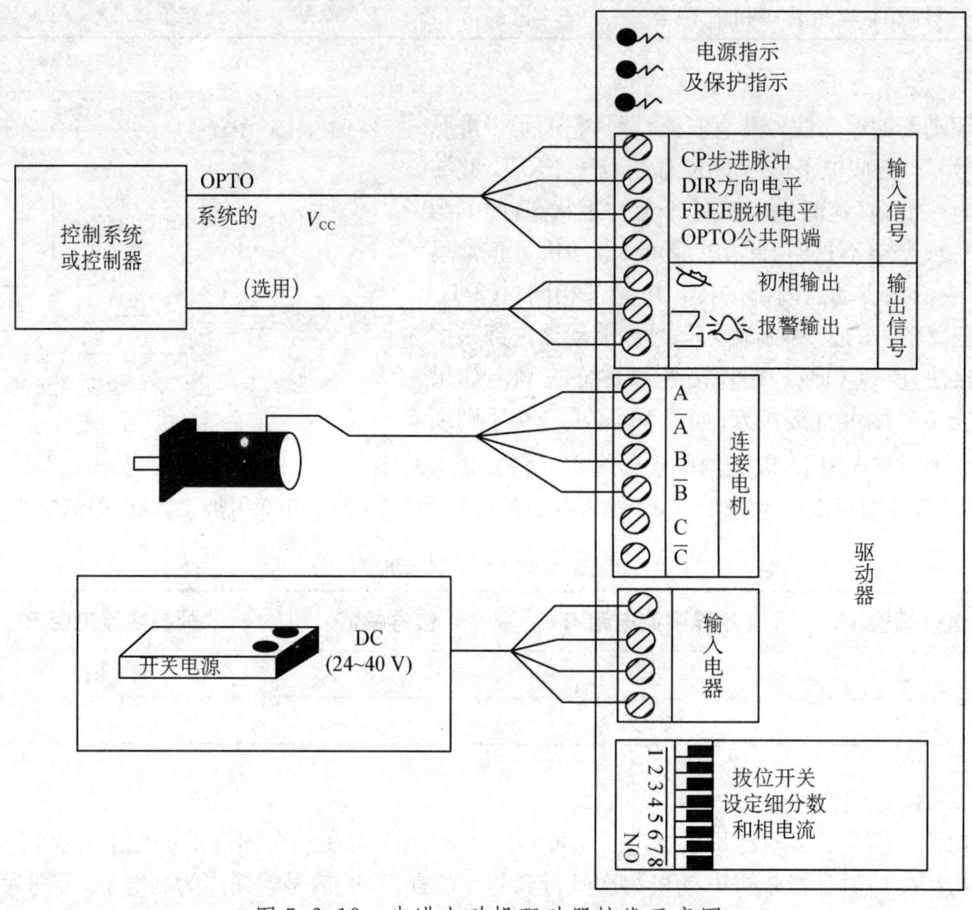

图 5.2.18　步进电动机驱动器接线示意图

(4) 步进电动机驱动器细分数的设定

SH 系列驱动器是靠驱动器上的拨位开关来设定细分数的。

对于两相步进电动机，细分后电动机的步距角等于电动机的整步步距除以细分数，例如细分数设定为 40、驱动步距角为 0.9°/1.8°的电动机，其细分步距角为 1.8°/40 = 0.045°。可以看出，步进电动机通过细分驱动器的驱动，其步距角变小了。这就是细分的基本概念。细分功能完全是由驱动器靠精确控制电动机的相电流所产生的，与电动机无关。

驱动器细分后将对电动机的运行性能产生质的飞跃，但是这一切都是由驱动器本身产生的，和电动机及控制系统无关。在使用时，唯一需要注意的是步进电动机步距角的改变，这一点将对控制系统所发出的步进信号的频率有影响；因为细分后步进电动机的步距角将变小，要求步进信号的频率要相应提高。

驱动器细分后的主要优点为：

① 完全消除了电动机的低频振荡。低频振荡(约 200 Hz 左右)是步进电动机的固有特性，而细分是消除它的唯一途径，如果步进电动机有时要在共振区工作(如走圆弧)，细分驱动

器是唯一的选择。

② 提高了电动机的输出转矩。尤其是对三相反应式电动机，其力矩比不细分时提高约30～40%。

③ 提高了电动机的分辨率。由于减小了步距角、提高了步距的均匀度，提高电动机的分辨率是不言而喻的。

以上这些优点，尤其是在性能上的优点，并不是一个量的变化，而是质的飞跃。所以建议选用细分驱动器。在没有细分驱动器时，用户主要靠选择不同相数的步进电动机来满足步距角的要求。但细分驱动器的出现改变了这种观念，用户只需在驱动器上改变细分数，就可以改变步距角。所以如果用户采用细分驱动器，相数将变得没有意义。

电动机相电流的设定。SH 系列驱动器是靠驱动器上的拨位开关来设定电动机的相电流，故只需根据面板上的电流设定表格进行设定即可。

(5) 步进电动机驱动器指示灯说明

驱动器的指示灯共有两种：电源指示灯(绿色或黄色)和保护指示灯(红色)。当任一保护发生时，保护指示灯变亮。

(6) 步进驱动器电源接口

对于超小型驱动器(SH－2H057、SH－3F075、SH－2H057M、SH－3F075M)采用一组直流供电 DC(24 V～40 V)，注意正负极不要接错，此电源可以由一变压器变压后加整流滤波(无须稳压)组成；或者由一开关电源提供。因为 PLC 需要采用开关式稳压电源供电，所以在设计中如采用 PLC 控制，电源应选用开关式稳压电源。

任务 2　直流伺服电动机的控制与驱动

2.1　直流伺服电动机特点与结构

直流伺服电动机是伺服系统应用最早的，也是应用最为广泛的执行元件。直流伺服电动机具有启动转矩大、转速容易控制、效率高等优点。其缺点是转子上安装了具有机械运动性质的电刷和换向器，需要定期维修和更换电刷，使用寿命短、噪声大。直流伺服电动机在数控机床和工业机器人等机电一体化产品中应用广泛。

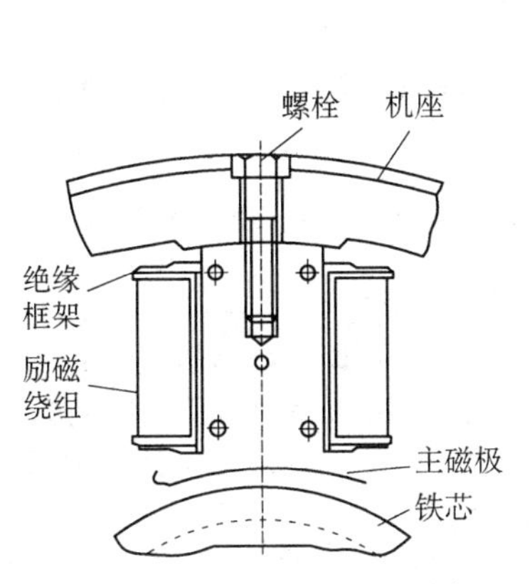

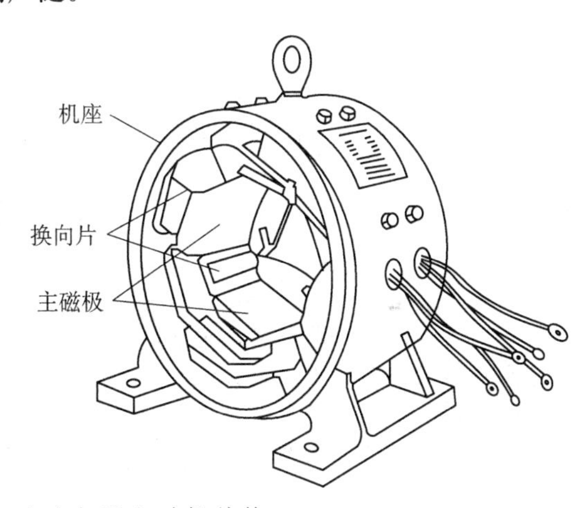

图 5.2.19　直流伺服电动机结构

1. 直流伺服电动机的特点

直流伺服电动机有如下特点：

(1) 稳定性好

直流伺服电动机具有下垂的机械性能，能在较宽的速度范围内稳定运行。

(2) 可控性好

电枢控制直流伺服电动机具有线性的调节特性，能使转速正比于控制电压的大小；转向取决于控制电压的极性(或相位)；控制电压为零时，转子惯性很小，能立即停止。

(3) 响应迅速

直流伺服电动机具有较大的启动转矩和较小的转动惯量，在控制信号增加、减小或消失的瞬间，直流伺服电动机能快速启动、快速增速、快速减速和快速停止。

(4) 功率小、损耗小

控制功率低、损耗小。

(5) 转矩大

直流伺服电动机广泛应用在宽调速系统和精确位置控制系统中，其输出功率一般为1～600 W，也有达数千瓦。电压 6 V、9 V、12 V、24 V、27 V、48 V、110 V、220 V 等。转速可达 1 500～1 600 r/min。时间常数低于 0.03。

2. 直流伺服电动机的分类与结构

(1) 直流伺服电动机的分类

按照激励方式的不同，可分为电磁式和永磁式两种。电磁式的定子磁场由励磁绕组产生；永磁式的磁场由永磁体产生。

在结构上，直流伺服电动机分为一般电枢式、绕线盘式和空心杯电枢式等。为避免电刷换向器的接触，还有无刷直流伺服电动机。根据控制方式不同可分为磁场控制方式和电枢控制方式。显然，永磁直流伺服电动机只能采用电枢控制方式。一般电磁式直流伺服电动机大多也用电枢控制式。按转子转动惯量大小可以分成大惯量、中惯量和小惯量直流伺服电动机。大惯量直流伺服电动机(又称直流力矩伺服电动机)负载能力强，易于与机械系统匹配，而小惯量直流伺服电动机的变速能力强、响应速度快、动态特性好。

(2) 直流伺服电动机的结构形式及特点

各种直流伺服电动机的结构特点见表 5.2.7

表 5.2.7　各种直流伺服电动机的结构特点

分类		结构特点
普通型	永磁式伺服电动机	与普通直流电机相同，但电枢铁芯长径比较大，气隙较小，磁场由永久磁钢产生，无需励磁电源
	电磁式伺服电动机	定子通常由硅钢片冲制叠压而成，磁极和磁轭整体相连，在磁极铁芯上套有励磁绕组，其他同永磁式直流电机
小惯量式	电刷绕组伺服电动机	采用圆形薄板电枢结构，轴向尺寸很小，电枢用双面敷铜的胶木板制成，上面用化学腐蚀或机械刻制的方法印刷绕组。绕组导体裸露，在圆盘两面呈放射形分布。绕组散热好，磁极轴向安装，电刷直接在圆周盘上滑动，圆盘电枢表面上有裸露导体部分起着换向器的作用

续　表

分类		结构特点
	无槽伺服电动机	电枢采用无齿槽的光滑圆柱铁芯结构，电枢制成细而长的形状，以减小转动惯量，电枢绕组直接分布在电枢铁芯表面，用耐热的环氧树脂固化成型。电枢气隙尺寸较大，定子采用高电磁的永久磁钢励磁
	空心杯形电枢伺服电动机	电枢绕组用漆包线绕在线模上，再用环氧树脂固化成杯形结构，空心杯电枢内外两侧由定子铁芯构成磁路，磁极采用永久磁钢，安放在外定子上
直流力矩伺服电动机		主磁通为径向的盘式结构，长径比一般为1:5，扁平结构宜于定子安置多块磁极，电枢选用多槽，多换向器和多串联导体数，总体结构有分装式和组装式两种，通常定子磁路有凸极式和稳极式(亦称桥式磁路)
直流无刷伺服电动机		由电机主体、位置传感器、电子换向开关三部分组成。电动机主体由一定极对数的永磁钢转子(主转子)和一个多向的电枢绕组定子(主定子)组成，转子磁钢有二级或多级结构。位置传感器是一种无机械接触的检测转子位置的装置，由传感器转子和传感器定子绕组串联，各功率元件的导通与截止取决于位置传感器的信号

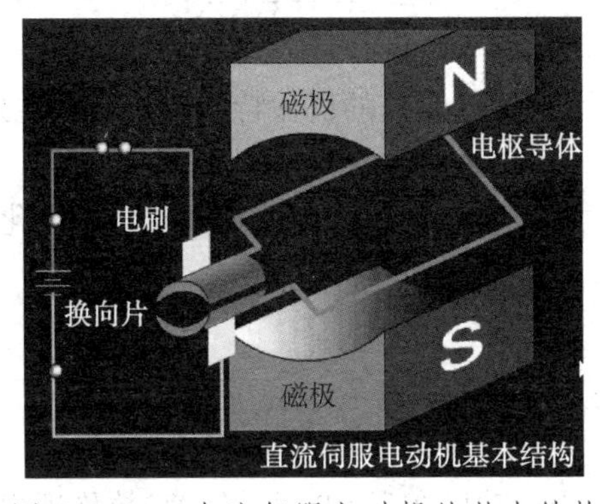

图 5.2.20　直流伺服电动机的基本结构

2.2　直流伺服电动机的静态特性

直流伺服电动机的工作原理如图 5.2.21。

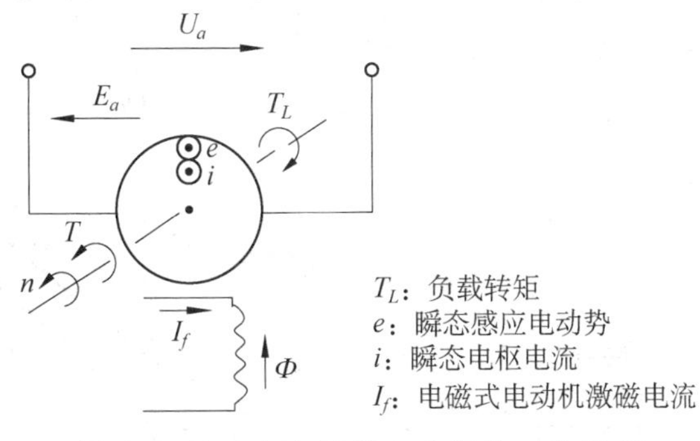

图 5.2.21　直流伺服电动机的工作原理

假设电刷位置在磁极间的几何中线上，忽略电枢回路电感，则根据图中给出的正方向电枢回路的电压方程式为：

$$E_a = U_a - I_a R_a \tag{5.2.5}$$

当磁通 Φ 恒定时，电枢绕组的感应电动势 E_a 与转速 n 成正比，即：

$$E_a = K_e n \tag{5.2.6}$$

式中：$K_e = C_e\Phi$，C_e 为常数；当 Φ 恒定时，K_e 也为常数，表示单位转速（每分钟一转）时所产生的电势。

当磁通 Φ 恒定时，电动机的电磁转矩 T 与电枢电流 I 成正比，即：

$$T = K_t I \tag{5.2.7}$$

式中：$K_t = C_t\Phi$，C_t 为常数；当 Φ 恒定时，K_t 也为常数，表示单位电枢电流所产生的转矩。

把式(5.2.6)、式(5.2.7)带入(5.2.5)便可得到直流伺服电动机的转速公式，即：

$$n = \frac{U_a}{K_e} - \frac{R_a}{K_e K_t}T \tag{5.2.8}$$

由转速公式便可得到直流伺服电动机的机械特性和调节特性公式。

1. 机械特性

机械特性是指电枢电压恒定时，电动机的转速随电磁转矩变化的关系，即 $n = f(T)$，当电枢电压一定时，转速公式为：

$$n = n_0 - \frac{R_a}{K_e K_t}T \tag{5.2.9}$$

式中：$n_0 = \frac{U_a}{K_e}$ 为直流伺服电动机在 T=0 时的转速，故称理想空载转速。式(5.2.9)称为直流伺服电动机的机械特性公式。它以转速 n 为纵坐标，电磁转矩 T 为横坐标，是一条略向下倾斜的直线，随着电枢电压 U 增大，电动机的机械特性曲线平行地向转速和转矩增加的方向移动，但它的斜率保持不变，是一组平行的直线，如图 5.2.22 所示。

机械特性曲线与横轴的交点为电动机在该电枢电压下的启动转矩，为 $T_k = \frac{K_t}{R_a}U_a$

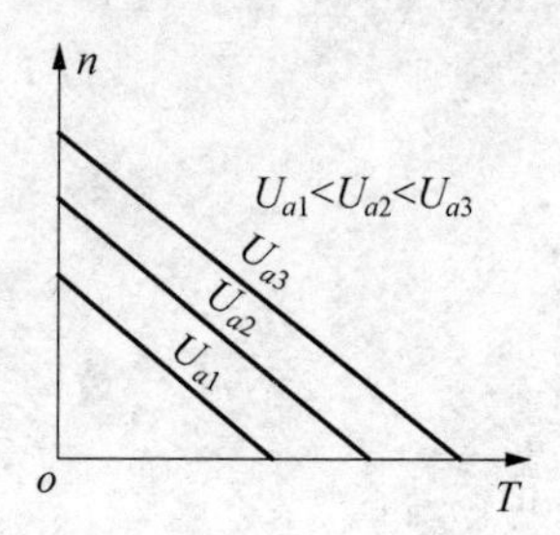

图 5.2.22　直流伺服电动机机械特性

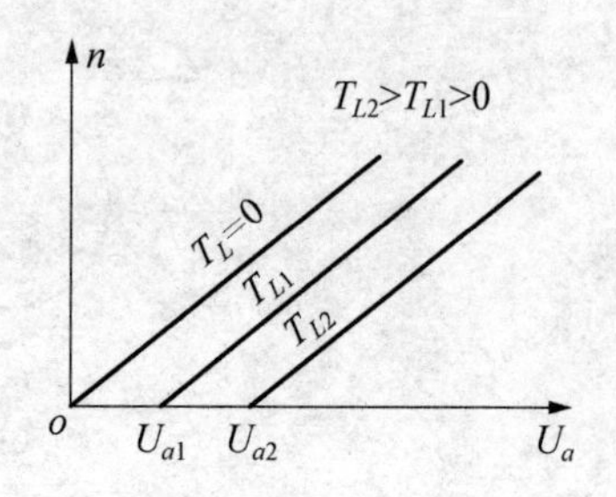

图 5.2.23　直流伺服电动机调节特性

在图 5.2.23 中，机械特性曲线斜率的绝对值为：

$$|\tan a| = \frac{R_a}{K_e K_t} \tag{5.2.10}$$

它表示电动机机械特性的硬度，即电动机转速 n 随转矩 T 变化而变化的程度。斜率越大，表示转速随负载的变化越大，机械特性软；反之，机械特性硬。从机械特性公式可以看出，机械特性的硬度和 R_a 有关，R_a 越小，电动机的机械特性越硬。在实际的控制中，往往需对伺服电动机外接放大电路，这就引入了放大电路的内阻，使电动机的机械特性变软，在设计时应加以注意。

2. 调节特性

调节特性是指电磁转矩恒定时，电动机的转速随控制电压变化的关系，即 T=常数时：

$$n = f(U_a)$$

根据式(5.2.8)，可画出直流伺服电动机的调节特性，如图 5.2.23 所示。它们也是一组平行线。

当电动机 $n = 0$ 时，有：

$$U_a = \frac{R_a}{K_t} T$$

它为调节特性与横轴的交点，它表示电动机在某一负载转矩 T_L 下的始动电压。当负载转矩一定时，电动机的电枢电压必须大于始动电压，电动机才能启动，并在一定的转速下运行；如果电枢电压小于始动电压，则直流伺服电动机产生的电磁转矩小于启动转矩，电动机不能启动。所以，在调节特性曲线上从原点到始动电压点的这一段横坐标所示的范围，称为在某一电磁转矩值内伺服电动机的失灵区。

2.3　直流伺服电动机的动态特性

参见学习情境二。

2.4　直流伺服电动机的选择

直流伺服电动机的选择与步进电动机类似，同样要满足惯量匹配和容量匹配原则。同时，由于直流伺服电动机的机械特性较软，常用于闭环控制。因此对于直流伺服电动机的选择，还应考虑固有频率和阻尼比等。

1. 惯量匹配原则

理论分析和实践证明，负载惯量(J_{eL})和电动机惯量(J_m)的比值对伺服系统的性能有很大影响，且与伺服电动机的种类以及应用场合有关，通常分以下两种情况。

(1) 小惯量直流伺服电动机

J_{eL}/J_m 推荐为：

$$1 \leqslant J_{eL}/J_m \leqslant 3 \tag{5.2.11}$$

当 J_{eL}/J_m 对电动机的灵敏度和响应时间有很大的影响时，伺服放大器不能正常工作。小惯量伺服电动机的特点是转矩/惯量比值大，机械时间常数小，加速能力强，动态特性好，响应快。小惯量的伺服电动机的转动惯量 $J_m \approx 5 \times 10^{-3}\ \mathrm{kg \cdot m^2}$。

(2) 大惯量直流伺服电动机

J_{dL}/J_m 推荐为：

$$0.25 \leqslant \frac{J_d}{J_m} \leqslant 1 \tag{5.2.12}$$

大惯量宽调速伺服电动机的特点是转矩大、惯量大。能在低速范围内提供额定转矩，常常不需要传动装置而与滚珠丝杠直接连接，受惯性负载的影响小。转矩与惯量的比值高于普通电动机而小于小惯量伺服电动机。

2. 发热校核

直流伺服电动机的转矩速度特性曲线一般分为连续工作区（Ⅰ）、断续工作区（Ⅱ）和加、减速工作区（Ⅲ）。图5.2.24是北京数控机床厂生产的 FB-15 型直流电机的转矩速度特性曲线。

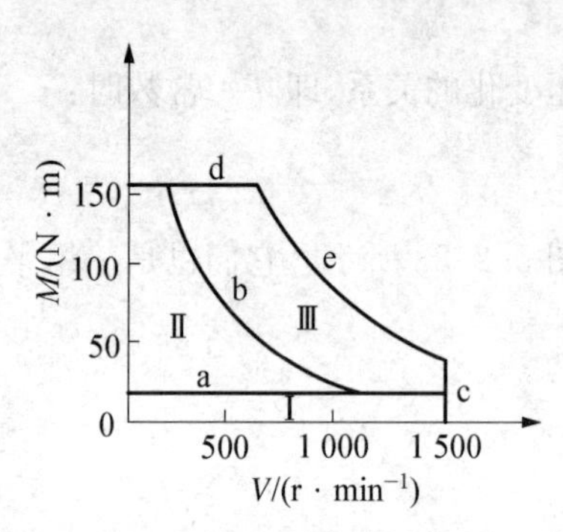

图 5.2.24　FB-15 型直流电动机的转矩—速度特性曲线

图中 a、b、c、d、e 五条曲线组成电机的 3 个区域，描述了电机转矩和速度之间的关系。曲线 a 为电机温度限制曲线，在此曲线上电机达到绝缘所允许的极限值，电机在此曲线内能长期工作。曲线 c 为电机最高转速限制线，随着转速上升，电枢电压升高，整流子片间电压升高，超过一定值有发生起火的危险。转矩曲线 d 中最大转矩主要受永磁体材料的去磁限制，当去磁超过某值后，铁氧体磁性发生变化。在连续区，电机转矩和转速可以任意组合而长期工作。在断续区，电机只允许短时间工作完成周期间歇性工作，工作一段时间停歇一段时间，间歇循环允许工作的时间长短因载荷而异。加、减速区只供电机加、减速期间工作，由于 3 个区的用途不同，电机转矩选择方法也不同。工程上常根据电机发热等效原则，将重复短时工作制折算为连续工作制来选择电机。选择方法是：在一个工作循环周期内，计算所需电机转矩的均方根（即等效转矩）。寻找连续额定转矩大于该值的电机。

常见的变转矩、加减速控制的两种计算模型如图 5.2.25 所示。图 5.2.25(a)是一般伺服

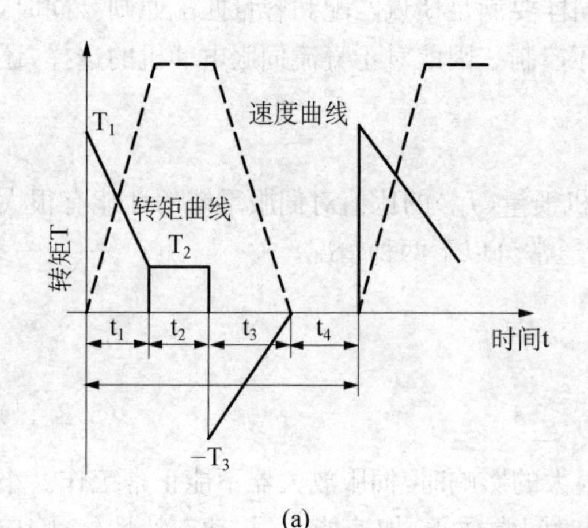

图 5.2.25　变载-加减速计算模型

系统的计算模型。根据电动机发热条件的等效原则，三角形转矩波在加减时的均方根转矩 T_{Lr} 由下式近似计算：

$$T_{Lr} \approx \sqrt{\frac{T_1^2 t_1 + 3T_2^2 t_2 + T_3^2 t_3}{3t_p}} \tag{5.2.13}$$

式中：t_p——一个负载周期的时间，$t_p = t_1 + t_2 + t_3 + t_4$。

图 5.2.25(b)为常用的矩形波负载转矩、加减速计算模型，其 T_{Lr} 为：

$$T_{Lr} \approx \sqrt{\frac{T_1^2 t_1 + T_2^2 t_2 + T_3^2 t_3}{t_p}} \tag{5.2.14}$$

式(5.2.13)和式(5.2.14)的适用条件是 t 小于温度上升热时间常数的四分之一，且温度上升热时间常数和冷却时间常数相等(一般情况下，这些条件都是满足的)。选择直流伺服电动机的额定转矩 T_k 时，应满足：

$$T_K = K_1 K_2 T_{Lr} \tag{5.2.15}$$

式中：K_1—安全系数，一般取 1.2；

K_2—转矩波形系数，矩形转矩波取 1.05，三角形转矩波取 1.67。

如果计算的 $T_K = K_1 K_2 T_{Lr}$ 值略小于推荐值的乘积，则应检查电动机的温度上升是否超过温度限值，不超过时仍可采用，否则应重新选择电动机。

直流伺服电动机应根据负载转矩、惯性负载来选择电动机的种类(大惯量还是小惯量电动机)，按照电动机的工作特性曲线及设计要求来进行计算和型号的确定。此外，还应检查其启动、加减速能力，必要时应检查其温升。

2.5　直流伺服系统的速度控制方式

1. 直流电动机的调速

直流电动机的调速方法是根据直流电动机的机械特性来选择的，其公式为式(5.2.18)即：

$$n = \frac{U_a}{K_e} - \frac{R_a}{K_e K_t} T$$

根据直流电动机机械特性，可知其调速方法有三种：调阻调速、调磁调速和调压调速。

(1) 调阻调速

改变电枢回路电阻(即改变 R_a)的值。可以通过在电枢回路上串联或并联电阻的方法实现。这种调速方法只能使转速往下调。如果电阻 R_a 能连续变化，电动机调速也能平滑。由于这种方法是通过增加电阻损耗来改变转速的，因此调速后的效率降低了。这种方法经济性差，应用受到限制。

(2) 调磁调速

改变磁场磁通 Φ。由于电动机在额定励磁电流工作时，磁路已接近饱和，再增大磁通 Φ 就比较困难，一般都是采用减少磁通 Φ 的办法调速。这种调速方法只能在他励电动机上进行，通过改变励磁电压来实现。根据式(5.2.18)，由于 $K_e = C_e\Phi$，$K_t = C_t\Phi$，所以机械特性的斜率与磁通的平方成反比，机械特性迅速恶化，因此其调速范围不能太大。

(3) 调压调速

改变电枢电压 U_a 后，机械特性曲线是一簇以 U_a 为参数的平行线(如图 5.2.22 所示)，因而在整个调速范围内机械特性较硬，可以获得稳定的运转速度，所以调速范围较宽，应用广泛。

2. 直流电动机脉宽调制(pulse width modulation, PWM)调速

改变电枢电压可以对直流电动机进行速度控制，调压的方法有很多种，其中应用最广泛的是采用 PWM 的方法。PWM 有两种驱动方式，一种是单极性驱动方式，另一种是双极性驱动方式。

(1) 单极性驱动方式

当电动机只需要单方向旋转时，可采用此种方式，原理如图 5.2.26(a)所示。其中 VT 是用开关符号表示的电力电子开关器件，VD 表示续流二极管。当 VT 导通时，直流电压加到电动机上；当 VT 关断时，直流电源与电动机断开，电动机电枢中的电流经 VD 续流。电枢两端的电压接近于零。如此反复，得到电枢端电压波形 $u = f(t)$ 如图 5.2.26(b) 所示。

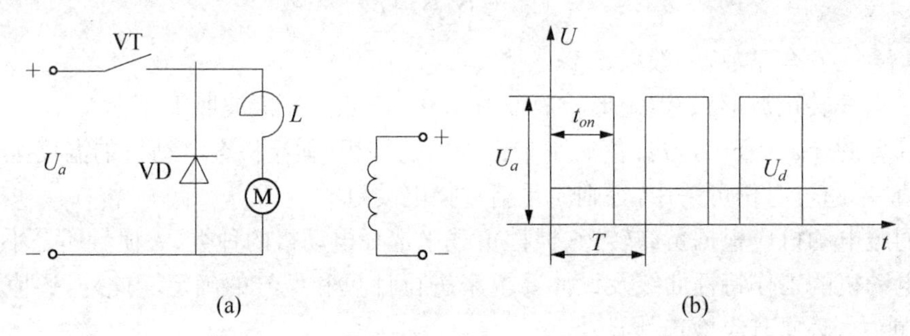

图 5.2.26　直流伺服电动机单极性驱动原理及波形

这时电动机平均电压为：

$$U_d = \frac{t_{on}}{T} U_a = \rho U_a \tag{5.2.16}$$

式中：T—功率开关器件的开关周期(s)；

t_{on}—开通时间(s)；

ρ—占空比。

从式(5.2.16)可以看出，改变占空比就可以改变直流电动机两端的平均电压，从而实现电动机的调速。这种方法只能实现电动机单向运行的调速。

采用单极性 PWM 控制的速度控制芯片有很多种，常见如 Texas Instruments 公司的 TPIC2101 芯片，它是控制直流电动机的专用集成电路，它的栅极输出驱动外接 N 沟道 MOSFET 或 IGBT。用户可利用模拟电压信号或 PWM 信号调节电动机速度。图 5.2.27 所示为 TPIC2101 芯片应用的一个例子。TPIC2101 的 GD 输出脚接在一个 IRF530 NMOS 开关管的栅极，以低侧驱动方式驱动电动机，VD1(MBR1045)是续流二极管；外接供电电源是 V_{bat}；MAN 和 AUTO 输入端接到外电路；当 AUTO 端输入时，TPIC2101 处于自动模式，自动模式接收 0%～100%PWM 信号；当 MAN 端输入时 TPIC2101 处于手动模式，手动模式接收 0～2.2V 差动电压信号。

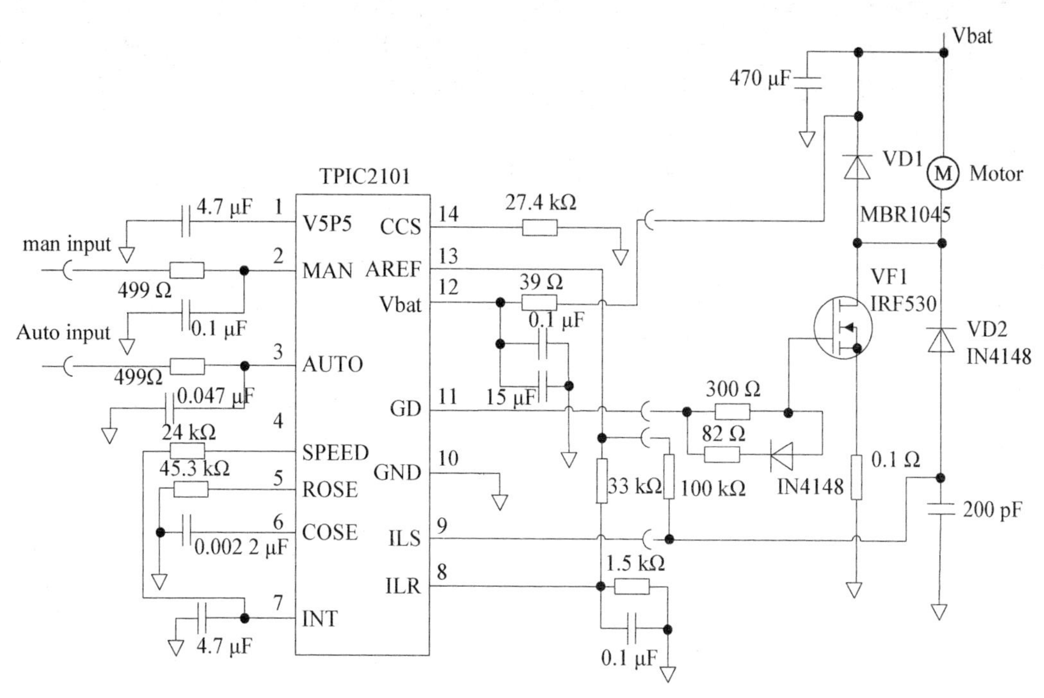

图 5.2.27　TPIC2101 的应用电路

(2) 双极性驱动方式

这种驱动方式不仅可以改变电动机的转速，还能够实现电动机的制动、反向。这种驱动方式一般采用四个功率开关构成 H 桥电路，如图 5.2.28(a)所示。VT1～VT4 四个电力电子开关器件构成了 H 桥可逆脉冲宽度调制电路。VT1 和 VT4 同时导通或关断，VT2 和 VT3 同时通断，使电动机两端承受＋Us 或－Us。改变两组开关器件的导通时间，可以改变电压脉冲的宽度，得到的电动机两端的电压波形如图 5.2.28(b)所示。

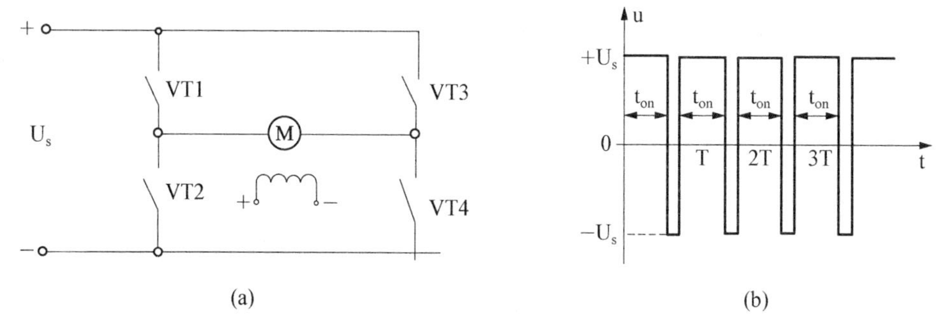

图 5.2.28　直流伺服电动机的双极性驱动原理及波形

如果用 t_{on} 表示 VT1 和 VT4 导通时间，开关周期为 T，占空比为 ρ，则电动机电枢两端平均电压为：

$$U=\left(\frac{t_{on}}{T}-\frac{T-t_{on}}{T}\right)U_S=\left(\frac{2t_{on}}{T}-1\right)U_S=(2\rho-1)U_S \tag{5.2.17}$$

直流电动机双极性驱动芯片种类很多，如 SANYO 公司生产的 STK6877，是一款 H 桥厚膜混合集成电路，图 5.2.29 所示为其内部电路框图，它采用 MOSFET 作为它的输出功率器件。一般可作为复印机、扫描仪等各种直流电动机的驱动芯片。

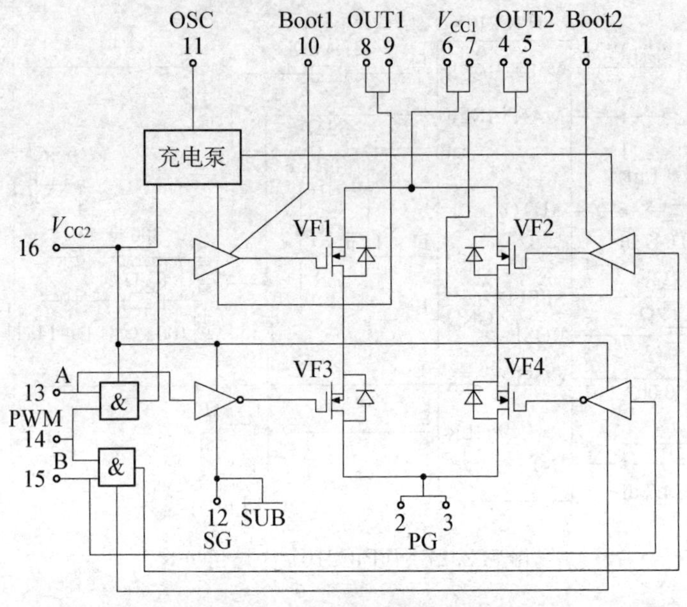

图 5.2.29　STK6877 内部结构

图 5.2.30 所示为 STK6877 的应用电路。输入端是 A、B、PWM。A、B 不同状态的组合，实现不同的功能，如 A 为高电平且 B 为低电平表示电动机是正转状态；A 为低电平且 B 为高电平为反转状态。

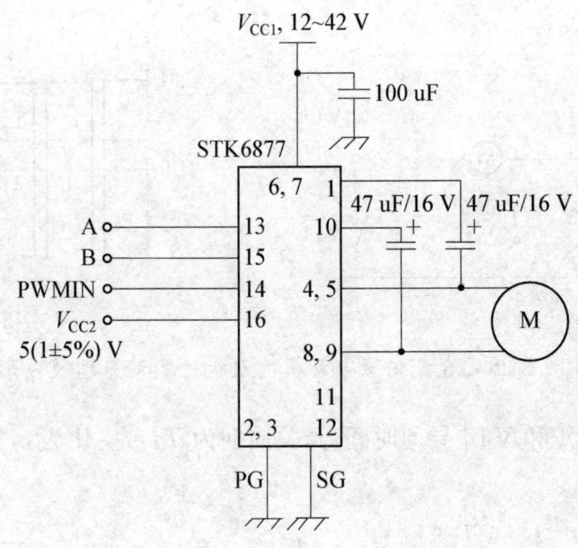

图 5.2.30　STK6877 的应用电路

任务3　交流伺服电动机的控制与驱动

3.1　交流伺服电动机的工作原理

交流伺服电动机的结构如图5.2.31所示，在机电一体化生产系统中广泛采用的是同步型交流伺服电动机，图5.2.32所示为同步型交流伺服电动机的工作原理。电动机本身由永磁材料的转子和带有单相或二、三相绕组的定子组成。在绕组内通以交流电，便产生旋转磁场 N_0 和 S_0，并吸引转子同步旋转，转速 n_0 为：

图5.2.31　交流伺服电动机的外形图

$$n_0 = \frac{60 f_0}{p} \tag{5.2.18}$$

式中：f_0—交流电源的频率，单位为Hz；

p—定子旋转磁场的极对数。

转子跟踪旋转磁场，滞后角为 θ，θ 随负载的增加而变大。在允许值内，转子同步跟踪，大于允许值时失步。电动机的变速是借助变频装置实现的。由变频装置提供频率可变的交流电源，通过改变电源频率来变换电动机转速。除电动机本身外，交流伺服电动机一般还带有角位移，角速度检测装置。这些装置与电动机本身同轴，连成一台机组。

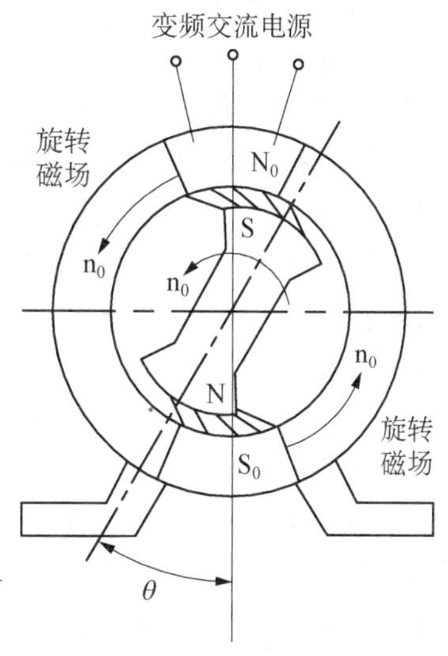

图5.2.32　同步型交流伺服电动机的工作原理

3.2　交流伺服电动机的种类和结构特点

1. 种类

交流伺服电动机可分为两种：同步型和感应型。

(1) 同步型(SM)

指采用永磁结构的同步电动机，又称为无刷直流伺服电动机。其特点：

① 无接触换向部件。

② 需要磁极位置检测器(如编码器)。

③ 具有直流伺服电动机的全部优点。

(2) 感应型(IM)

指鼠笼型感应电动机。其特点：

① 对定子电流的激励分量和转矩分量分别控制。

② 具有直流伺服电动机的全部优点。

2. 结构特点

交流伺服电动机采用了全封闭无刷结构，不需要定期检查和维修，以适应实际生产环境。其定子省去了铸件壳体，结构紧凑、外形小、重量轻(只有同类直流电动机重量的 75%～90%)。

定子铁芯较一般电动机开槽多且深，绕组围绕在定子铁芯上，绝缘可靠，磁场均匀。可以对定子铁芯直接冷却，散热效果好，因而传给机械部分的热量小，提高了整个系统的可靠性。转子采用具有精密磁极形状的永久磁铁，因而可以实现高转矩和高惯量比，动态响应好，运行平稳。转轴安装有高精度的脉冲编码器作检测元件。因此交流伺服电动机以其高性能、大容量日益受到广泛的重视和应用。

3.3 交流伺服电动机的选用

矢量控制技术的应用，使交流伺服电动机的调速性能可以和直流伺服电动机媲美。在大、中型功率应用中，交流伺服电动机有取代直流伺服电动机的趋势。交流伺服电动机没有换向件，过载能力强、重量轻、体积小，适合于高速、高精度、频繁启动/停止及快速定位等场合。交流伺服电动机不需要维护，能在恶劣的环境下可靠工作。异步型电机采用矢量控制，其是采用磁场等效原则来模拟 DC 伺服电动机。矢量变换计算相当复杂，电机低速特性不好，易发热。随着稀土材料的成本下降，采用永磁材料产生恒定磁场的永磁同步伺服电动机被广泛应用，永磁同步伺服电动机具有直流伺服电动机的调速特性。采用变频调速时，能方便地获得与频率 f 成正比的转速 n。除此之外，还能获得宽的调速范围和硬的机械特性。

同直流伺服电动机一样，交流伺服电动机的工作特性与某些参数和特性曲线有关。图 5.2.33 是 FANUC 10 型交流伺服电动机的工作特性曲线。与直流伺服电动机不同的是，交流伺服电动机只有连续工作区和断续工作区，电机的加减速在断续区进行，其特点是连续工作区的直线更接近于水平线，调速平稳断续工作区的扩大，而有利于在高速区提高电动机的加减速能力。

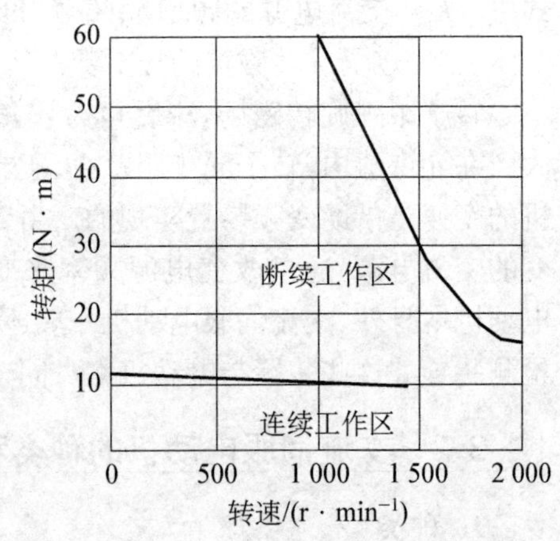

图 5.2.33 FUNAC 10 型交流伺服电动机的工作特性曲线

电动机的选择，首先要考虑电动机能够提供负载所需要的转矩和转速，从偏于安全的意义上讲，就是能够提供克服峰值负载所需要的功率。其次，当电动机的工作周期可以与其发热时间常数相比较时，必须考虑电动机的热额定问题，通常用负载的均方根功率(等效功率)作为确定电动机发热功率的基础。

如果要求电动机在峰值负载转矩下以峰值转速不断地驱动负载，则电动机功率

$$P_m = (1.5 \sim 2.5)\frac{T_{Lr}n_{Lr}}{159\eta} \tag{5.2.19}$$

式中：T_{LF}—负载峰值力矩(N·m)；

n_{LF}—电动机负载峰值转速(r/s)；

η—传动装置的效率，初步估算时取 $\eta=0.7\sim0.9$；

1.5～2.5—系数，属经验数据。考虑了初步估算负载力矩有可能不全面或不精确，以及电动机有一部分功率要消耗在电动机转子上。

当电动机长期连续地工作在交变负载下，比较合理的是按照负载均方根功率来计算电动机功率

$$P_m \approx (1.5 \sim 2.5)\frac{T_{Lr}n_{Lr}}{159\eta} \tag{5.2.20}$$

式中：T_{Lr}—负载均方根力矩(N·m)；

n_{Lr}—负载均方根转速(r/s)；

估算出 P_m后就可选取电动机，使其额定功率 P_N满足

$$P_m > P_N \tag{5.2.21}$$

初选电动机后，一系列技术数据，如额定转矩、额定转速、额定电压、额定电流和转子转动惯量等，均可由产品目录直接查得或经过计算获得。

交流伺服电动机的发热校核与惯量匹配同直流伺服电动机。

3.4　交流伺服系统的速度控制方式

1. 交流感应电动机的特性

由电动机学可知，交流感应电动机的转速与下列因素有关：

$$n = \frac{60f}{p}(1-S) \tag{5.2.22}$$

式中：n—电动机转速(r/min)；

f—外加电源频率(Hz)；

p—电动机极对数；

S—滑差率。

根据公式(5.2.22)，改变交流感应电动机的转速有 3 种方法，即变频调速、变极调速和变转差率调速。根据公式(5.2.18)，同步交流电机可采用变频调速和变极调速。

变极调速通过改变极对数来实现电动机的调速，这种方法是有极调速且调速范围窄。变转差率调速可以通过改变在转子绕组中串联电阻和改变定子电压两种方法来实现。无论是哪种改变转差率的方法，都存在损耗大的缺陷，不是理想的调速方法。

变频调速调速范围宽、平稳性好、效率高，具有优良的静态和动态特性。目前高性能的交流调速系统都是采用变频调速技术改变电动机的转速。因此本节将主要介绍变频调速。

在异步电动机的变频调速中，为了保持在调速时电动机的最大转矩不变，将维持磁通恒定。磁通减弱，铁芯材料利用不充分，电动机输出转矩下降，导致带负载能力减弱。磁通增强，引起铁芯饱和、励磁电流急剧增加，电动机绕组发热，可能烧坏电动机。要磁通保持不变，这时就要求定子供电电压作相应调节。根据电动机学知识，异步电动机定子每相绕组的感应电动势为：

$$E = 4.44fNK\Phi_n \tag{5.2.23}$$

式中：N—定子绕组每相串联的匝数；

K—基波绕组系数；

Φ_n—每极气隙磁通(Wb)。

为了保持气隙磁通 Φ_n 不变，则应满足 $E/f=$ 常数。但实际上，感应电动势难以直接控制。如果忽略定子漏阻抗压降，则可以近似认为定子相电压和感应电动势相等，即 $U \approx E = 4.44fNK\Phi_n$，为了实现恒磁通调速，则应满足 $U/f=$ 常数。因此对交流电动机供电的变频器(Variable-frequency Drive, VFD)一般都要求兼有调压、调频两种功能。

近年来，由于晶闸管以及大功率晶体管等半导体电力开关的问世，它们具有接近理想开关的性能，促使变频器迅速发展。根据改变定子电压U及定子供电频率的不同比例关系，采用不同的变频调速方法，从而研制出各种类型的大容量、高性能的变频器，使交流电动机调速系统在工业上得到推广应用。

2. 变频调速装置

异步电机变频调速所要求的变频和变压功能(VVVF, Variable Voltage Variable Frequency)是通过变频器完成的。变频器实现(VVVF)控制技术有脉冲幅度调制PAM(Pulse Amplitude Modulation)和脉冲宽度调制PWM(Pulse Width Modulation)两种方式。

脉冲幅度调制PAM方式如图5.2.34所示，它将VV和VF分开完成，在可控整流电路中将交流电整流为直流电，同时进行调压，而后再将直流电在逆变器中逆变为频率可调的交流电。

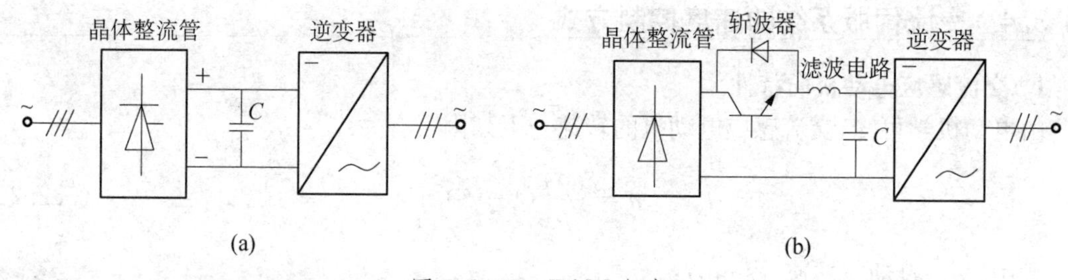

图5.2.34 PAM方式

早期VVVF控制技术都使用PAM方式。因为当时只有开关频率不高的晶闸管等半导体器件。使用晶闸管等半控器件作为整流元件，逆变器输出的交流电波形只能是方波。若要使方波电压的有效值随频率的变化而改变，则只能改变方波的幅值。随着电力电子技术的发展，出现了全控型快速半导体开关器件，如GTO、IGBT、IPM等。PWM方式才应运而生。

脉冲宽度调制PWM如图5.2.35所示，它将VV和VF集于逆变器中一起完成。此时整流器单纯完成整流功能，中间的直流电压是恒定不变的，而后由逆变器完成调频和调压任务。PWM方式只有一个可控功率级，装置体积小、价格低、可靠性好，电网功率因数高，电压和频

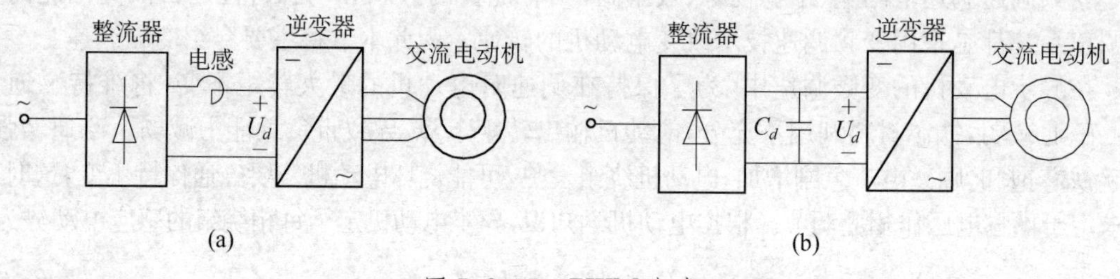

图5.2.35 PWM方式

率的调节速度快，动态性能好，输出的电压波形接近于正弦波，因而电动机的运行特性好，是一种常用的方案。

变频器是交流调速的核心。变频器通常划分为交—交变频器和交—直—交变频器两种，交—交变频器直接将电网的交流电变换为电压和频率均可调的交流电，输出电压的频率低于电网频率，这种变频器适用于低频大容量的调速系统。交—直—交变频器首先将电网交流电整流为可控直流电，然后由逆变器将直流电逆变为交流电。根据无功能量的处理方式，变频器又分电流型CSI(Current Structure Inverter)和电压型VSI(Voltage Structure Inverter)两种。

3. 交流调速方法

实现变频调速的方法很多，可分为交—直—交变频、交—交变频、脉宽调制变频(SPWM)等。其中每一种变频又有很多变换形式和接线方法。

(1) 交—直—交变频调速系统

如图5.2.36所示为交—直—交变频器的主回路，它由整流器(顺变器)、中间滤波环节和逆变器三部分组成。

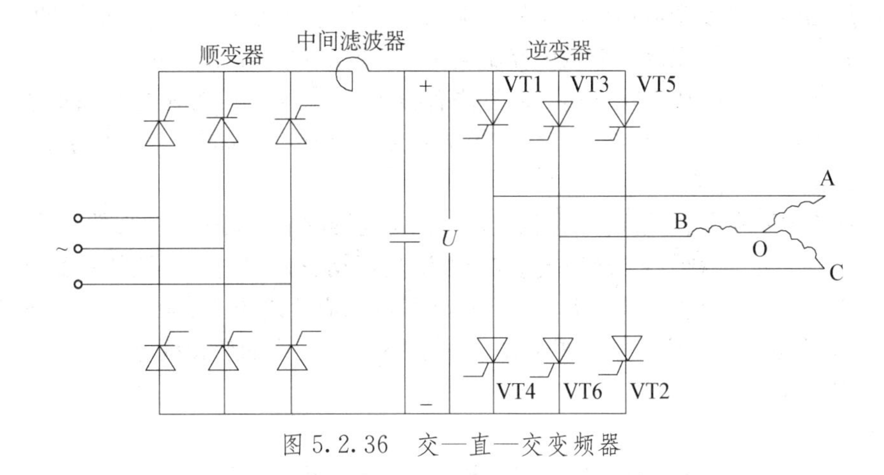

图5.2.36　交—直—交变频器

图中顺变器为晶闸管三相桥式电路，其作用是将定压定频交流电变换成可调直流电，然后经电容器或电抗器滤波，作为逆变器的直流供电电源。逆变器也是晶闸管三相桥式电路，但它的作用与顺变器相反，它将直流电变换成可调频率的交流电，是变频器的主要组成部分。

(2) 交—交变频调速系统

交—交变频调速属于直接变频，它把频率和电压都恒定的工频交流电，直接变换成电压和频率可控制的交流电，供异步电动机激磁，交—交变频最常用的主电路是给电动机每一相都用了正、反相的触发，即可得到频率和电压都符合变频要求的近似正弦输出。

(3) SPWM变频调速

根据控制思想划分，PWM控制技术分为等脉宽PWM法、正弦波PWM法(SPWM)、磁链追踪型PWM法和电流跟踪型PWM法4种。

等脉宽PWM法是为了克服PAM只能输出频率可调的方波电压而不能调压的缺点发展起来的，是最简单的PWM法。等脉宽PWM法在输出的电压中含有较大的谐波成分。

SPWM法则是为了克服等脉宽PWM法的缺点而发展起来的新的PWM法。SPWM变频调速是最近发展起来的，其触发电路输出的是一系列频率可调的脉冲波，脉冲的幅值恒定而宽度可调，因而可以根据U_1/f_1比值在变频的同时改变电压，并可按一定规律调制脉冲宽度，

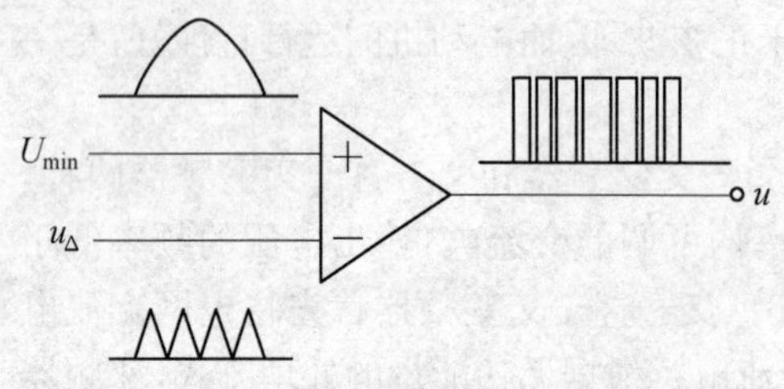

图 5.2.37　SPWM 法调制 PWM 脉冲的原理图

如按正弦波规律调制，这就是 SPWM 变频调速。

SPWM 法可由模拟电路和数字电路等硬件电路来实现，也可以用微机软件或软件和硬件结合的方法来实现。用硬件电路实现 SPWM 法，就是用一个正弦波发生器产生可以调频调幅的正弦波信号(调制波)，用三角波发生器生成幅值恒定的三角波信号(载波)，将它们在电压比较器中进行比较，输出 PWM 调制电压脉冲。图 5.2.37 是 SPWM 法调制 PWM 脉冲的原理图。

三角波电压和正弦波电压分别接电压比较器的"−"、"+"输入端。当 $u_{\Delta} < u_{min}$ 时，电压比较器输出高电频，反之则输出低电平。

PWM 脉冲宽度(电平持续时间长短)由三角波和正弦波交点之间的距离决定，两者的交点随正弦波电压的大小而改变。因此，在电压比较器输出端就输出幅值相等而脉冲宽度不等的 PWM 电压信号。当逆变器输出电压的每半周由一组等幅而不等宽的矩形脉冲构成时，近似等效于正弦波。这种脉宽调制波是由控制电路按一定的规律控制半导体开关元件的通断而产生的。这一规律是指生成 PWM 信号的方法有很多种，最基本的方法是利用正弦波与三角波相交来产生 PWM 信号，三角波和正弦波相交的交点与横轴包围的面积用幅值相等、脉宽不同的矩形来近似，模拟正弦波。

矩形脉冲作为逆变器开关元件的控制信号，在逆变器的输出端输出类似的脉冲电压，与正弦电压相等效。工程上获得 SPWM 调制波的方法是根据三角波与正弦波的相交点确定逆变器功率的工作时刻。调节正弦波的频率和幅值便可以相应地改变逆变器输出电压基波的频率或幅值。SPWM 是一种比较完善的调制方式，目前国际上生产的变频调速装置(VVVF 装置)几乎全部采用这种方法。

任务 4　直线电动机的应用

4.1　直线电动机的工作原理

直线电动机是一种将电能直接转换成直线运动机械能，而不需要任何中间转换机构的传动装置。它可以看成是一台旋转电动机按径向剖开，并展开成平面而成。

由定子演变而来的一侧称为初级，由转子演变而来的一侧称为次级。在实际应用时，将初级和次级制造成不同的长度，以保证在所需行程范围内初级与次级之间的耦合保持不变。直线电动机可以是短初级长次级，也可以是长初级短次级。考虑到制造成本、运行费用，以直线感应电动机为例：当初级绕组通入交流电源时，便在气隙中产生行波磁场，次级在行波磁场切割下，将感应出电动势并产生电流，该电流与气隙中的磁场相作用就产生电磁推力。如果初级固定，则次级在推力作用下做直线运动；反之，则初级做直线运动，如图 5.2.38 所示。一个直线电动机应

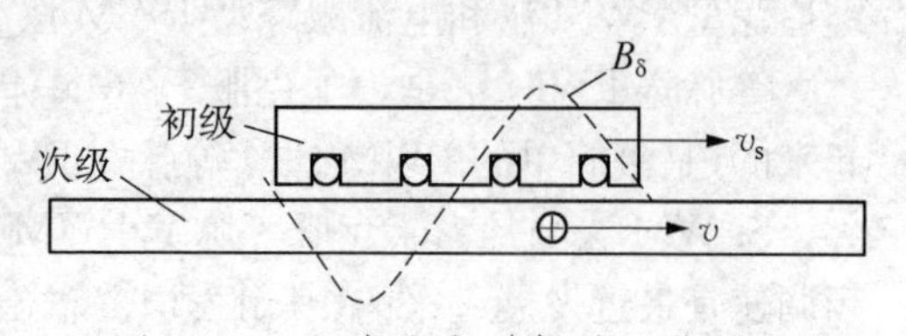

图 5.2.38　直线电动机的工作原理

用系统不仅要有性能良好的直线电动机，还必须具有能在安全可靠的条件下实现技术与经济要求的控制系统。随着自动控制技术与微计算机技术的发展，直线电动机的控制方法越来越多。

对直线电动机控制技术的研究基本上可以分为三个方面：一是传统控制技术，二是现代控制技术，三是智能控制技术。传统的控制技术如 PID 反馈控制、解耦控制等在交流伺服系统中得到了广泛的应用。其中 PID 控制蕴涵动态控制过程中的信息，具有较强的鲁棒性，是交流伺服电动机驱动系统中最基本的控制方式。为了提高控制效果，往往采用解耦控制和矢量控制技术。在对象模型确定、不变化且是线性的以及操作条件、运行环境是确定不变的条件下，采用传统控制技术是简单有效的。但是在高精度、微进给的高性能场合，就必须考虑对象结构与参数的变化，各种非线性的影响，运行环境的改变及环境干扰等时变和不确定因数，才能得到满意的控制效果。因此，现代控制技术在直线伺服电动机控制的研究中引起了很大的重视。常用控制方法有：自适应控制、滑模变结构控制、智能控制。主要是将模糊逻辑、神经网络与 PID 等现有的成熟的控制方法相结合，取长补短，以获得更好的控制性能。

4.2　直线电动机的特点

在实用的和买得起的直线电动机出现以前，所有直线运动不得不从旋转机械通过使用滚珠或滚柱丝杠转换而来。对许多应用，如遇到大负载而且驱动轴是竖直面的，这些方法仍然是最好的。然而，直线电动机比机械系统有很多独特的优势，如非常高速和非常低速，高加速度，几乎零维护（无接触零件），高精度，无空回；完成直线运动只需电动机无需齿轮，联轴器或滑轮。对许多应用来说很有意义，它把那些不必要的，减低性能和缩短机械寿命的零件去掉了。

4.3　优点

1. 结构简单

管型直线电动机（如图 5.2.39 所示）不需要经过中间转换机构而直接产生直线运动，使结构大大简化，运动惯量减少，动态响应性能和定位精度大大提高；同时也提高了可靠性，节约了成本，使制造和维护更加简便。它的初、次级可以直接成为机构的一部分，这种独特的结合使得优势进一步体现出来。

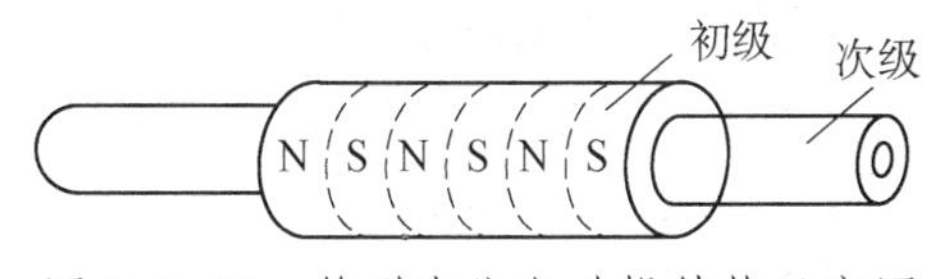

图 5.2.39　管型直线电动机结构示意图

2. 适合高速直线运动

因为不存在离心力的约束，普通材料亦可以达到较高的速度。而且如果初、次级之间用气垫或磁垫保存间隙，运动时无机械接触，因而运动部分也就无摩擦和噪声。这样，传动零部件没有磨损，可大大减小机械损耗，避免拖缆、钢索、齿轮与皮带轮等所造成的噪声，故障少，寿命长，从而提高整体效率。

3. 初级绕组利用率高

在管型直线感应电动机中，初级绕组是饼式的，没有端部绕组，因而绕组利用率高。

4. 无横向边缘效应

横向效应是指由于横向开断造成的边界处磁场的削弱，而圆筒型直线电动机横向无开断，所以磁场沿周向均匀分布。

5. 容易克服单边磁拉力问题

径向拉力互相抵消，基本不存在单边磁拉力的问题。

6. 易于调节和控制

通过调节电压或频率，或更换次级材料，可以得到不同的速度、电磁推力，适用于低速往复运行场合。

7. 适应性强

直线电动机的初级铁芯可以用环氧树脂封成整体，具有较好的防腐、防潮性能，便于在潮湿、粉尘和有害气体的环境中使用；而且可以设计成多种结构形式，满足不同情况的需要。

8. 高加速度

这是直线电动机驱动，相比其他丝杠、同步带和齿轮齿条驱动的一个显著优势。

4.4 应用

直线电动机按应用性质可分为力电动机、功电动机和能电动机。力电动机的功能是在静止的物体或在低速的设备上施加一定的推力，这类电动机是自动控制系统中不可缺少的一种操作型电动机，如阀门操作、门窗操作、机械手操作等。对力电动机来说，单位输入功率能产生的电磁推力越大越好，这也是衡量力电动机性能的主要标准。

功电动机则是用作长期连续运行的动力机，如用作地面高速列车运行的驱动电动机等，其效率和功率因数是它的主要性能指标。

能电动机也称加速机，它的功能是在短时间短距离内提供巨大的直线运动能。它可用作飞机起飞，导弹、鱼雷发射以及作为冲击、碰撞等试验装置的动力机。这类装置的能效率（能效率＝输出的功能/电源提供的电能）是电动机的最主要性能指标。

高速磁悬浮列车。磁悬浮列车是直线电动机实际应用的最典型的例子，美、英、日、法、德、加拿大等国都在研制直线悬浮列车。我国第一辆磁悬浮列车（买自德国）2003 年 1 月开始在上海磁浮线运行。2015 年 10 月中国首条国产磁悬浮线路长沙磁浮线成功试跑。2016 年 5 月 6 日，中国首条具有完全自主知识产权的中低速磁悬浮商业运营示范线——长沙磁浮快线开通试运营。该线路也是世界上最长的中低速磁浮运营线。2017 年 8 月 30 日中国航天科工集团公司在武汉宣布，已启动时速 1 000 公里“高速飞行列车”的研发项目。

直线电动机驱动的电梯。世界上第一台使用直线电动机驱动的电梯是 1990 年 4 月安装于日本东京都丰岛区万世大楼，该电梯载重 600 kg，速度为 105 m/min，提升高度为 22.9 m。由于直线电动机驱动的电梯没有曳引机组，因而建筑物顶的机房可省略。如果建筑物的高度增至 1000 米左右，就必须使用无钢丝绳电梯，这种电梯采用高温超导技术的直线电动机驱动，线圈装在井道中，轿厢外装有高性能永磁材料，就如磁悬浮列车一样，采用无线电波或光控技术控制。

超高速电动机在旋转超过某一极限时，采用滚动轴承的电动机就会产生烧结、损坏现象，国外研制了一种直线悬浮电动机（电磁轴承），采用悬浮技术使电动机的动子悬浮在空中，消除了动子和定子之间的机械接触和摩擦阻力，其转速可达 25 000～100 000 r/min 以上，因而在高速电动机和高速主轴部件上得到广泛的应用。如日本安川公司新近研制的多工序自动数控车床用 5 轴可控式电磁高速主轴采用两个径向电磁轴承和一个轴向推力电磁轴承，可在任意方向上承受机床的负载。在轴的中间，除配有高速电动机以外，还配有与多工序自动数控车床相适应的工具自动交换机构。

任务5　液压执行装置的设计

在液压系统中，液压元件包括液压泵、液压马达、液压缸和液压控制阀等，其中液压泵、液压马达和液压缸是能量转换装置，而液压控制阀是控制装置。

液压泵和液压马达在结构上没有多大差别。液压泵的任务是将输入的机械能转换为液压能输出，而液压马达则相反，是将输入的液压能转换为机械能输出。液压马达和液压缸同属于执行机构，若将压力油输入液压马达，可得到旋转运动形式的机械能；若将压力油输入液压缸，可得到直线运动形式的机械能。因此，从能量转换的角度来看，液压马达和液压缸可以归纳为一个类型的机械，即所谓液动机。

图 5.2.40 示为用液压图形符号表示的液压泵、液压马达和液压缸三者的作用与关系。

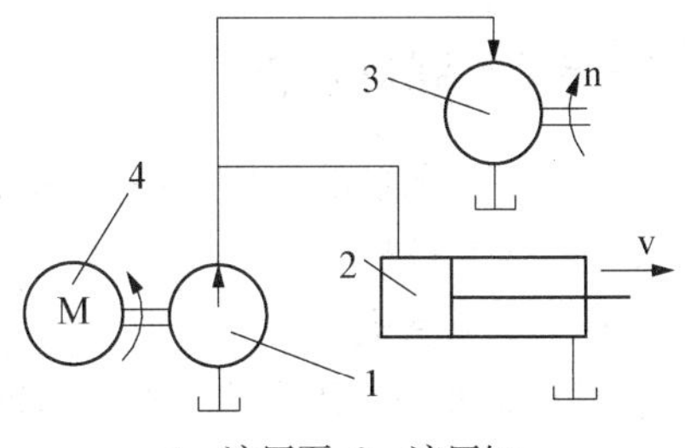

1—液压泵；2—液压缸；
3—液压马达；4—电动机

图 5.2.40　液压泵、液压马达和液压缸

本任务主要介绍液压执行装置中液压缸的设计和计算。液压缸的设计是在对整个液压系统进行了工况分析，编制了负载图，选定了工作压力之后进行的。先根据使用要求选择结构的类型，然后按负载的情况、运动要求、最大行程等确定其主要工作尺寸，进行强度、稳定性和缓冲验算，最后再进行结构设计。

5.1　液压缸设计中应注意的问题

液压缸的设计和使用正确与否，直接影响到它的性能和是否发生故障。在这方面，经常碰到的是液压缸安装不当、活塞杆承受偏载、液压缸和活塞下垂以及活塞杆的压杆失稳等问题。所以，在设计液压缸时，必须注意以下几点：

① 尽量使活塞杆在受拉状态下承受最大负载，或在受压状态下具有良好的纵向稳定性。

② 考虑液压缸行程终了处的制动问题和液压缸的排气问题。缸内如无缓冲装置和排气装置，系统需要有相应的措施。但是并非所有的液压缸都要考虑这个问题。

③ 正确确定液压缸的安装、固定方式。如承受弯曲的活塞杆不能用螺纹连接，要用止口连接。液压缸不能在两端用键或销定位，只能在一端定位，为的是不致阻碍它在受热时的膨胀。如冲击载荷使活塞杆压缩，定位件必须设置在活塞杆端，如为拉伸则设置在缸盖端。

④ 液压缸各部分的结构需根据推荐的结构形式和设计标准进行设计，尽可能做到结构简单、紧凑，加工、装配和维修方便。

5.2　液压缸主要尺寸的确定

① 缸筒内径 D 根据负载大小和选定的工作压力，或运动速度和输入流量，按有关算式确定后，再从 GB/T2348－2001 标准中选取相近尺寸加以圆整。

② 活塞杆直径 d 按工作时受力情况来决定，如表 5.2.8 所示。对单杆活塞缸，d 值也可以由 D 和速度比（$\lambda_v=\frac{v_2}{v_1}$，$v_2$：缩回速度，$v_1$ 伸出速度）决定。

按 GB/T2348－2001 标准进行圆整。行业标准 JB/T7939－1999 规定了单杆活塞液压缸两腔面积比的标准系列。

表 5.2.8　中、低液压缸活塞杆直径推荐值

活塞杆受力情况	受拉伸	受压缩，工作压力 P_1/MPa		
		$P_1 \leqslant 5$	$5 < P_1 \leqslant 7$	$P_1 > 7$
活塞杆直径 d	$(0.3 \sim 0.5)D$	$(0.5 \sim 0.55)D$	$(0.6 \sim 0.7)D$	$0.7D$

③ 缸筒长度 L 由最大工作行程决定。

5.3　强度校核

对于液压缸的缸筒壁厚 δ、活塞杆直径 d 和缸盖处固定螺钉的直径 d_s，在高压系统中，必须进行强度校核。

1. 缸筒壁厚 δ

在中、低压液压系统中，缸筒壁厚往往由结构工艺要求决定，一般不要校核。在高压系统中，须按下列情况进行校核。

当 $D/\delta > 10$ 时为薄壁，δ 可按下式校核：

$$\delta \geqslant \frac{p_y D}{2[\sigma]} \tag{5.2.24}$$

式中：D—缸筒内径；

p_y—试验压力，当缸的额定压力 $p_n \leqslant 16MP_a$ 时，取 $p_y = 1.5p_n$；$p_n > 16MP_a$ 时，取 $p_y = 1.25p_n$；

$[\sigma]$—缸筒材料的许用应力，$[\sigma] = \sigma_b/n$，σ_b 为材料抗拉强度，n 为安全系数，一般 $n = 5$。

当 $D/\sigma < 10$ 时为厚壁，δ 应按下式进行校核：

$$\delta \geqslant \frac{D}{2}\left(\sqrt{\frac{[\sigma]+0.4p_y}{[\sigma]-1.3p_y}}-1\right) \tag{5.2.25}$$

2. 活塞杆直径 d 的校核

$$d \geqslant \sqrt{\frac{4F}{\pi[\sigma]}} \tag{5.2.26}$$

式中：F—活塞杆上的作用力；

$[\sigma]$—活塞杆材料的许用应力，$[\sigma] = \sigma_b/1.4$。

3. 缸盖固定螺栓 d_s 的校核

$$d_s \geqslant \sqrt{\frac{5.2kF}{\pi z[\sigma]}} \tag{5.2.27}$$

式中：F—液压缸负载；

k—螺纹拧紧系数，$k = 1.12 \sim 1.5$；

z—固定螺栓个数；

$[\sigma]$—活塞杆材料的许用应力，$[\sigma]=\sigma_s/(1.22\sim2.5)$，$\sigma_s$ 为材料屈服点。

5.4　稳定性校核

活塞杆受到轴向压缩负载时，其值超过某一临界值，就会失去稳定。活塞杆稳定性按下式进行校核。

$$F\leqslant\frac{F_k}{n_k} \tag{5.2.28}$$

式中：F—液压缸的最大推力；

F_k—液压缸的临界受压载荷；

n_k— 安全系数，一般取 $n_k=2\sim4$。

当活塞杆的细长比 $l/\mathrm{r}_k>\Psi_1\sqrt{\Psi_2}$ 时：

$$F_k=\frac{\Psi_2\pi^2EJ}{l^2} \tag{5.2.29}$$

当活塞杆的细长比 $l/r_k\leqslant\Psi_1\sqrt{\Psi_2}$ 时，且 $\Psi_1\sqrt{\Psi_2}=20\sim120$ 时，则：

$$F_k=\frac{fA}{1+\frac{\alpha}{\Psi_2}\left(\frac{l}{r_k}\right)^2} \tag{5.2.30}$$

式中：l—安装长度，其值与安装方式有关，见表 5.2.9；

r_k—活塞杆横截面最小回转半径，$r_k=\sqrt{J/A}$；

Ψ_1—柔性系数，其值见表 5.2.10；

Ψ_2—由液压缸支承方式决定的末端系数，见表 5.2.9；

表 5.2.9　液压缸支承方式和末端系数 Ψ_2 的值

支承方式	支承说明	末端系数
	一端自由一端固定	1/4
	两端铰接	1
	一端铰接一端固定	2

续 表

支承方式	支承说明	末端系数
	两端固定	4

E—活塞杆材料的弹性模量，对钢，可取 $E = 2.06 \times 10^{11}$ Pa；

J—活塞杆横截面惯性矩；

A—活塞杆横截面积；

f—由材料强度决定的实验值，见表 5.2.10；

α—系数，具体数值见表 5.2.10。

表 5.2.10　f、α、Ψ_1 的值

材料	**f/MPa**	**α**	**Ψ_1**
铸铁	560	1/1 600	80
锻铁	250	1/9 000	110
低碳钢	340	1/7 500	90
中碳钢	490	1/5 000	85

5.5　缓冲计算

液压缸的缓冲计算主要是估计缓冲时缸内出现的最大冲击压力，以便校核缸筒强度、制动距离是否符合要求。缓冲计算中如发现工作腔中的液压能和工作部件的动能不能全部被缓冲腔所吸收时，制动中就可能产生活塞和缸盖相碰撞现象。

液压缸缓冲时，背压腔内产生的液压能 E_1 和工作部件产生的机械能 E_2 分别为：

$$E_1 = p_c A_c l_c \tag{5.2.31}$$

$$E_2 = p_p A_p l_c + \frac{1}{2} m v^2 - F_f l_c \tag{5.2.32}$$

式中：p_c—缓冲腔中的平均缓冲压力；

p_p—高压腔中的油液压力；

A_c、A_p—缓冲腔、高压腔的有效工作面积；

l_c—缓冲行程长度；

m—工作部件质量；

v—工作部件运动速度；

F_f—摩擦力。

式 5.2.30 表示：工作部件产生的机械能 E_2 是高压腔中的液压能与工作部件的动能之和，再减去因摩擦消耗的能量。当 $E_1 = E_2$，即工作部件的机械能全部被缓冲腔液体吸收时，

则得：

$$p_c = \frac{E_2}{A_c l_c} \tag{5.2.33}$$

如缓冲装置为节流口可调式缓冲装置，在缓冲过程中的缓冲压力逐渐降低，假定缓冲压力线性降低，则最大缓冲压力即冲击压力等于：

$$p_{cmax} = p_c + \frac{mv^2}{2A_c l_c} \tag{5.2.34}$$

如缓冲装置为节流口变化式缓冲装置，则由于缓冲压力 p_c 始终不变，最大缓冲压力的值即如式(5.2.33)所示。

5.6　拉杆计算

有些液压缸的缸筒和两端盖是用四根或更多根拉杆组装成一体的。拉杆端部有螺纹，用螺帽固紧到给拉杆造成一定的应力，以使缸盖和缸筒不会在工作压力下松开，产生泄露。拉杆计算的目的就是针对某一规定的分离压力值估算出拉杆的预加载荷量。

若 F_I 为预加在拉杆上的拉力，则拉杆的变形量(伸长量)δ_T 为：

$$\delta_T = \frac{F_I}{K_T} \tag{5.2.35}$$

式中：K_T—拉杆的刚度，$K_T = \dfrac{A_T E_T}{L_T}$；

A_T、L_T—拉杆的受力总截面积和长度；

E_T—拉杆材料的弹性模量。

在拉杆预加力 F_I 的作用下，缸筒亦要压缩变形，其变形量(压缩量)δ_c 为：

$$\delta_c = \frac{F_I}{K_c} \tag{5.2.36}$$

式中：K_c—缸筒的刚度，$K_c = \dfrac{A_c E_c}{L_c}$；

A_c、L_c—缸筒筒壁的截面积和长度；

E_c—缸筒材料的弹性模量。

当液压缸在压力 p 下工作时，拉杆中的拉力将增大至 F_T，缸盖和缸筒间的接触力变为 F_c，它们之间的关系是：

$$F_T = F_c + pA_P \tag{5.2.37}$$

式中：A_P—活塞的有效面积。

这时拉杆的变形量增大了一个 Δ_T 的量：

$$\Delta_T = \frac{F_T - F_I}{K_T} \tag{5.2.38}$$

而缸筒的变形量减小了一个 Δ_c 的压缩量(或增加了一个 Δ_c 的伸长量)：

$$\delta_c - \Delta_c = \varepsilon_c L_c \tag{5.2.39}$$

式中，ε_c 为缸筒的轴向应变，其表达式为：

$$\varepsilon_c = \frac{F_c}{A_c E_c} - \frac{\mu(\sigma_h + \sigma_r)}{E_c} = \frac{F_c}{A_c E_c} - \frac{2\mu p A_P}{A_c E_c} \tag{5.2.40}$$

式中，σ_h 和 σ_r 分别为缸筒筒壁的切向和径向应力，μ 为缸筒材料的泊松比。很明显，$\Delta_c = \Delta_T$，为此有：

$$F_T = F_I + \frac{(1-2\mu)pA_P}{1+\dfrac{K_c}{K_T}} = F_I + \xi p A_P \tag{5.2.41}$$

式中的 ξ 称为压力负载系数，它与拉杆和缸筒材料性质及结构尺寸有关，即：

$$\xi = \frac{1-2\mu}{1+\dfrac{A_c E_c L_T}{A_T E_T L_c}} \tag{5.2.42}$$

当液压缸中压力到达规定的分离压力 p_s 时，缸盖和缸筒分离，$F_c = 0$，此时 $F_T = p_s A_P$，由此可求得拉杆上应施加的预加载荷为：

$$F_I = A_P(1-\xi)p_s \tag{5.2.43}$$

上式适用于活塞到达全程的终端，且活塞力全由缸盖来承受的场合。实践证明，活塞在零行程处的值是其在全行程中的一倍。这表明活塞在零行程处使缸盖和缸筒分离的所需压力，比规定的分离压力 p_s 还要高些。

任务 6　认识气动执行装置

气压传动简称气动技术，是以压缩空气为工作介质来传递动力和控制信号，控制和驱动各种机械的设备，以实现生产过程机械化、自动化的一门应用技术。从 20 世纪 50 年代起，气动技术不仅用于做功，而且还发展到检测和数据处理，这样就能用传感器检测机器的状态和条件，从而控制生产加工过程。传感器、过程控制器和执行器的发展导致气动控制系统的产生。

6.1　气压传动系统的组成

典型的气压传动系统是由气压发生装置、执行元件、控制元件和辅助元件四个部分组成。

气压发生装置简称气源装置，是获得压缩空气的能源装置，其主体部分是空气压缩机。另外还有气源净化设备。空气压缩机将原动机供给的机械能转化为空气的压力能；而气源净化设备用以降低压缩空气中的水分、油分以及污染杂质等。使用气动设备较多的厂矿将气源装置集中在压气站(俗称空压站)内，压气站再统一向各用气点(分厂、车间和用气设备等)分配供应压缩空气。

执行元件是以压缩空气为工作介质，并将压缩空气的压力能变为机械能的能量转换装置，包括作直线往复运动的气缸，作连续回转运动的气马达和作不连续回转运动的摆动马达。

控制元件又称操纵、运算、检测元件，是用来控制压缩空气流的压力、流量和流量方向等，以便使执行机构完成预定运动规律的元件。包括各种压力阀、方向阀、流量阀、逻辑元件、射流元件、行程阀、转换器和传感器等。

辅助元件是使压缩空气净化、润滑、消声以及元件间连接所需要的一些装置。包括分水滤

气器、油雾器、消声器以及各种管路附件等。

6.2　气源设备

1. 空气压缩机

空气压缩机简称空压机，是气源设备的核心。空气压缩机的种类很多，主要有以下几种分类。

按工作原理分有两种类型：容积型和速度型。

按结构形式分可分为如下形式：

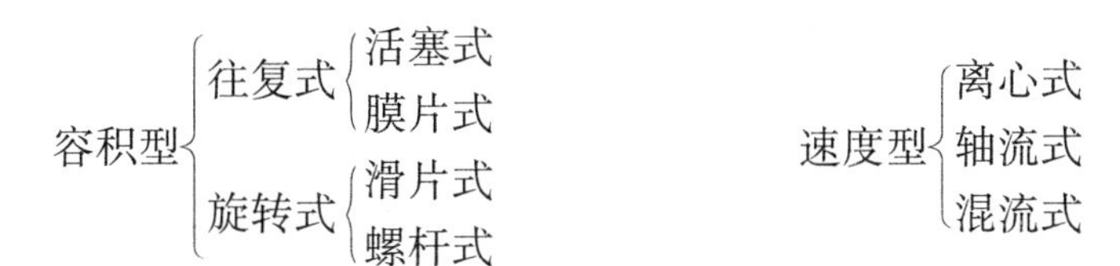

按输出压力的大小分类：

鼓风机	≤1.2 MPa
低压空压机	0.2～1.0 MPa
中压空压机	1.0～10 MPa
高压空压机	10～100 MPa
超高压空压机	>100 MPa

按输出流量的大小分类：

微型空压机	<1 m^3/min
小型空压机	1～10 m^3/min
中型空压机	10～100 m^3/min
大型空压机	>100 m^3/min

2. 净化装置

压缩空气净化装置分为主管道净化装置和支管道净化装置。主管道净化装置包括：后冷却器、各种大流量的过滤器（包括除水过滤器、除油过滤器、除臭过滤器等）、各种干燥器、排污器和储气罐等。支管道净化装置包括各种小流量的过滤器、排水器。

3. 空气压缩器站

由空气压缩机、后冷却器和储气罐组成的空气压缩器站，用于为气动设备提供符合要求的压缩空气。

6.3　认识简单的气动元件

气动元件是指利用压缩空气工作的元件。按照功能的不同，可以分为气动执行元件、气动控制元件、气动检测元件、真空元件及气体气动辅助元件。

1. 气动执行元件

气动执行元件具有运动速度快、输出调节方便、结构简单、制造成本低、维护方便、环境适应性强等特点。

主要的气动执行元件有气缸和气马达。本书只介绍气缸元件。

（1）气缸分类

根据结构的不同，可以分为如下形式：

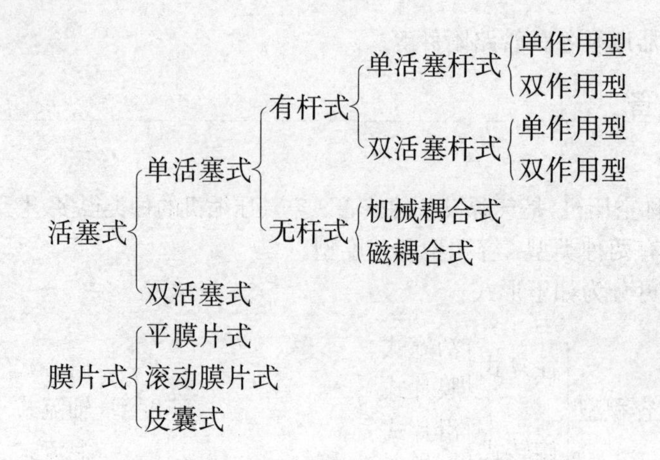

按照缸径尺寸分类：气缸可分为如下 4 种：

微型气缸：　　　　缸径＝2.5～6 mm

小型气缸：　　　　缸径＝8～25 mm

中型气缸：　　　　缸径＝32～320 mm

大型气缸：　　　　缸径＝＞320 mm

按照安装形式分类，气缸可分为整体式、可拆式和多面安装式。

按照运动形式分类，气缸可分为如下 3 种：

直线气缸：沿直线运功的气缸。

摆动气缸：可在 360°的范围内做往复转动的气缸。

转动气缸：能够连续做旋转运动的气缸。

(2) 气缸的结构、原理及特点

● 普通气缸

在结构上只有一个活塞和一个气缸杆的气缸称为普通气缸。在气缸运动的两个方向上，根据受气压控制的方向个数的不同，又分为单作用气缸和双作用气缸。两个方向上都受气压控制的气缸称为双作用气缸，只有一个方向上受气压控制的气缸称为单作用气缸。

普通气缸的图形符号如图 5.2.41、图 5.2.42 和图 5.2.43 所示。

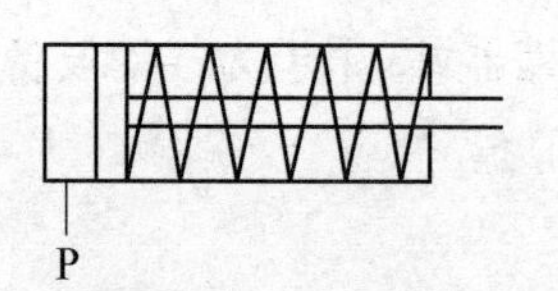

(a) 预压缩型单作用气缸

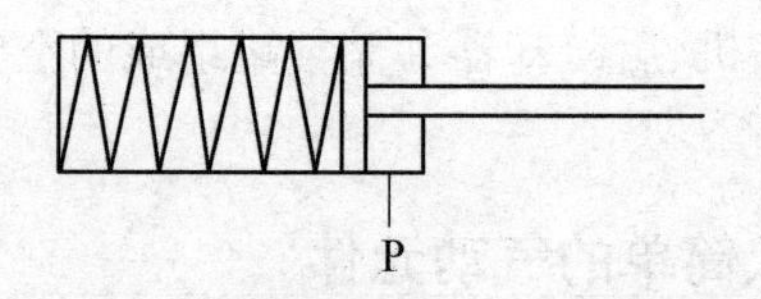

(b) 预伸型单作用气缸

图 5.2.41　弹簧复位的单作用气缸

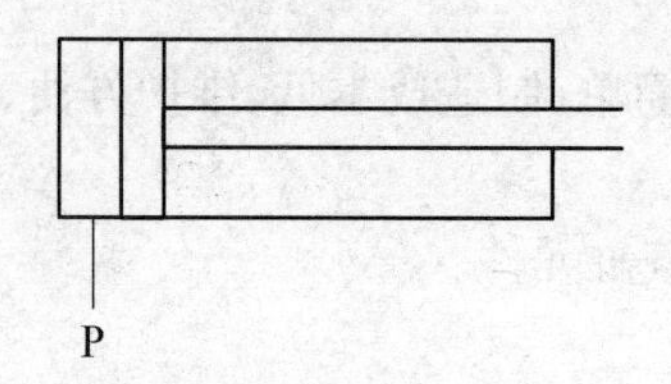

图 5.2.42　靠外力复位的单作用气缸

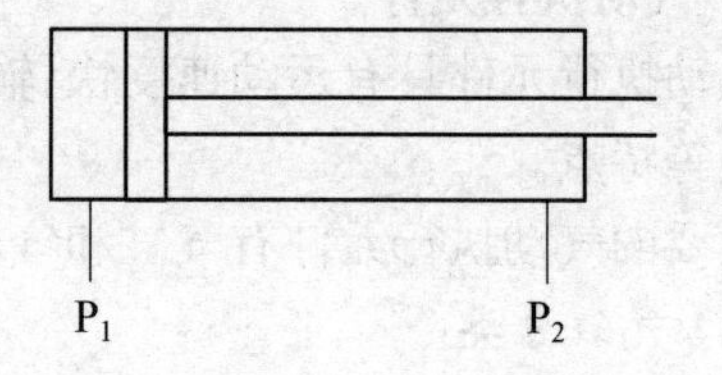

图 5.2.43　双作用气缸

● 标准气缸

标准气缸是指符合 ISO6430、ISO6431、IS06432、ISO21287、NFPA、VDMA24562 等标准的气缸。

● 短行程气缸

短行程气缸结构紧凑，轴向尺寸比普通气缸短，即气缸杆运动的行程短，它也有单作用和双作用两种类型。

● 阻挡气缸

阻挡气缸是一种专门为阻挡工件传输而设计的气缸，一般为单作用气缸。阻挡气缸具有动作迅速、安装简便的特点。

● 双活塞杆气缸

若在缸体的两端都有活塞杆伸出，则该种气缸就称为双活塞杆气缸。该种气缸的活塞位于活塞杆的中间，往返形成的运动特性相同。该种气缸的活塞杆可以制成实心的，也可以制成空心的。空心的活塞杆可以作为气路使用。

除此之外，还有无杆气缸，摆动气缸、导向气缸、手指气缸、扁平气缸、气囊式气缸等。

● 气缸应用的安全规范

应用气缸时应注意以下几个方面：

① 气缸使用前，应检查安装是否牢固，有无松动现象。

② 对于顺序控制，在操作前，应检查气缸的工作位置。

③ 工作结束时，气缸内的压缩空气应该排空。

④ 应安装紧急停止装置，在发生故障时能及时停止设备。

2. 气动控制元件

气动控制元件是在气动系统中控制气流的流量、方向、压力的重要元件。起控制与调节流量作用的元件称为流量控制阀(或流量调节阀)，起控制气流方向或控制气路通断作用的元件称为方向控制阀，起控制与调节压力作用的元件称为压力控制阀(或压力调节阀)。利用它们可以组成各种气动回路，使气动执行元件按要求进行正常工作。

(1) 压力控制阀

按照压力控制阀在气动系统中的作用不同，压力控制阀可以分为 3 类：减压阀、溢流阀、顺序阀。

● 减压阀

减压阀在气动系统中的作用是将输入压力降到气动工作系统所需的工作压力，并保持压力恒定。起降压和稳压的作用。

减压阀的调压方式有直动式和先导式两种。直动式是利用弹簧力直接作用来达到调压目的；先导式是利用一个预先调整好的气压来代替直动式中的调压弹簧来实现调压目的的。

● 溢流阀

溢流阀在气动系统中的作用是当系统中的工作压力超过设定值时，排出多余的压缩空气，以保证进口的压力为设定值。如果溢流阀在系统中起着安全保护(过载)作用，即防止系统的工作压力超过安全值，则该阀称为安全阀。

总之，溢流减压阀是靠进气口的节流作用减压，靠膜片上力的平衡作用和溢流孔的溢流作用稳压；调节弹簧可使输出压力在一定范围内改变。

● 顺序阀

顺序阀是利用回路中的压力变化来控制气缸自动顺序动作的压力控制阀。目前应用较多的是单向顺序阀。

● 压力控制阀的图形符号

压力控制阀的图形符号如表 5.2.11 所示。

表 5.2.11 压力控制阀的图形符号

直动型减压阀		先导型减压阀	
溢流减压阀		先导型溢流阀	
直动型溢流阀			

(2) 流量控制阀

● 流量控制阀

流量控制阀是控制压缩空气流量的控制阀,通过控制气体流量来控制气动执行元件的运动速度。而气体流量的控制是通过改变压缩空气在管道中流动时受到的局部阻力而实现的。实现方法有两种:一种是采用固定式装置,如孔板、毛细管等;另一种是采用可调节式装置,如节流阀。

节流阀的种类有多种,有延时阀、节流阀、单向节流阀、排水节流阀、精密节流阀等。

● 图形符号

常用节流阀的图形符号如表 5.2.12 所示。

表 5.2.12 常用节流阀的图形符号

不可调节流阀		排气节流阀	P
可调节流阀		带消声器的节流阀	P
单向节流阀	P A		

(3) 方向控制阀

气动方向控制阀是用来控制压缩空气的流动方向和气流通断的。要全面描述一个阀，用一个简练的名称是很难概括的。下面只从设计控制回路的角度出发来简单介绍一下方向控制阀的基本命名规则。

● 基本名称

把阀芯的工作位置数量和阀的气路端口数量放在一起描述，称为几位几通阀。例如，二位三通阀，三位五通阀等。

按阀的控制方式及控制信号的数量描述。例如单/双电磁(先导)阀(也称为单双电控阀)，单双气控阀等。

● 方向控制阀的图形符号

在完整的方向控制阀图形符号里应该包括接通情况、气路情况、位置情况及控制方式等内容。

在方向控制阀图形符号中，用相邻的方框表示阀的工作位置，方框的数量表示阀芯的位置数，在方框内用箭头(↑↓↖↗)或截断的短线(⊥⊥)表示气路情况，在方框外用短线表示接口，在方框的两端放置控制方式符号。

常用图形符号如表 5.2.13 所示。

表 5.2.13　控制元件图形符号

名称	符号	名称	符号
二位二通换向阀		二位三通换向阀	
二位四通换向阀		二位五通换向阀	
三位四通换向阀		三位五通换向阀(中位封闭型)	
三位五通换向阀(中位加压型)		三位五通换向阀(中位卸压型)	

(4) 电磁阀

电磁阀是气动控制元件中最重要的元件。它是利用电磁力的作用来实现阀的切换以控制气流的流动方向。电磁阀的分类方法很多。

按照操纵方式的不同，电磁阀可以分为直动式和先导式。

按阀芯结构的不同，电磁阀可以分为截止式、滑柱式和同轴截止式。

按使用电源的性质不同，电磁阀可以分为直流型和交流型。

按使用环境的不同，电磁阀可以分为普通型和防爆型。

直动式电磁阀是利用电磁力直接推动阀芯改变位置达到气流换向的目的。对阀芯的控制，可以采用一端用电磁线圈控制，另一端用弹簧复位的控制方式；也可以采用两端都用电磁线圈控制的方式，前者称为单电控直动式电磁阀，后者称为双电控直动式电磁阀。

对于单电控电磁阀而言，在无电控信号时，阀芯在弹簧力的作用下会被复位；而对于双电控电磁阀而言，在两端都无电控信号时，阀芯的位置是取决于前一个电控信号。

特别是在应用电磁阀时，双电控电磁阀的两个电控信号不能同时为“1”，即不能使电磁阀两侧的电磁线圈同时通电，否则，可能会造成电磁线圈烧毁，当然，在此种情况下阀芯的位置是不确定的。

先导式电磁阀是由小型的直动式电磁阀和大型的气控换向阀组成的。它是利用小型直动式电磁阀输出的先导气压来控制大型的气控换向阀的阀芯，从而达到换向的目的。因此，小型直动式电磁阀又被称为电磁先导阀。

6.4 气缸的选择

1. 类型的选择

根据工作要求和条件，正确选择气缸的类型。要求气缸到达行程终端无冲击现象和撞击噪声应选择缓冲气缸；要求重量轻，应选轻型缸；要求安装空间窄且行程短，可选薄型缸；有横向负载，可选带导杆气缸；要求制动精度高，应选锁紧气缸；不允许活塞杆旋转，可选具有杆不回转功能气缸；高温环境下需选用耐热缸；在有腐蚀环境下，需选用耐腐蚀气缸。在有灰尘等恶劣环境下，需要活塞杆伸出端安装防尘罩。要求无污染时需要选用无给油或无油润滑气缸等。

2. 安装形式

安装形式是由安装位置、使用目的等因素决定的。在一般情况下，采用固定式气缸；在需要随工作机构连续回转时（如车床、磨床等），应选用回转气缸。在要求活塞杆除直线运动外，还需作圆弧摆动时，则选用轴销式气缸。有特殊要求时，应选择相应的特殊气缸。

3. 作用力的大小

即缸径的选择。根据负载力的大小来确定气缸输出的推力和拉力。一般均按外载荷理论平衡条件确定所需气缸作用力，根据不同速度选择不同的负载率，使气缸输出力稍有余量。缸径过小，输出力不够，但缸径过大，使设备笨重，成本提高，又增加耗气量，浪费能源。在夹具设计时，应尽量采用扩力机构，以减小气缸的外形尺寸。

4. 活塞行程

活塞行程与使用的场合和机构的行程有关，但一般不选满行程，防止活塞和缸盖相碰。如用于夹紧机构等，应按计算所需的行程增加 10～20 mm 的余量。

5. 活塞的运动速度

活塞的运动速度主要取决于气缸输入压缩空气流量、气缸进排气口大小及导管内径的大小。要求高速运动应取大值。气缸运动速度一般为 50～800 mm/s。对高速运动气缸，应选择大内径的进气管道；对于负载有变化的情况，为了得到缓慢而平稳的运动速度，可选用带节流装置或气—液阻尼缸，这样可较易实现速度控制。选用节流阀控制气缸速度需注意：水平安装的气缸推动负载时，推荐用排气节流调速；垂直安装的气缸举升负载时，推荐用进气节流调速；要求行程末端运动平稳避免冲击时，应选用带缓冲装置的气缸。

气缸的选型

程序 1：根据操作形式选定气缸类型：

气缸操作方式有双动，单动弹簧压入及单动弹簧压出等三种方式。

程序 2：选定其他参数：

- 选定气缸缸径大小　　根据有关负载、使用空气压力及作用方向确定
- 选定气缸行程　　工件移动距离
- 选定气缸系列

- 选定气缸安装型式　　不同系列有不同安装方式，主要有基本型、脚座型、法兰型、U型钩、轴耳型
- 选定缓冲器　　无缓冲、橡胶缓冲、气缓冲、油压吸震器
- 选定磁感开关　　主要是作位置检测用，要求气缸内置磁环
- 选定气缸配件　　包括相关接头

6.5　方向阀的选择

1. 方向阀的选择原则

① 选用阀的适用范围应与使用现场的条件相一致。即应根据使用场合的气源压力大小、电源条件(交直流、电压大小及波动范围)、介质温度、湿度、环境温湿度、粉尘、振动等选用适合在此条件下可靠使用的阀。

② 选用阀的功能及控制方式应符合系统工作要求。即应根据气动系统对元件的位置数、通路数、记忆性、静置时通断状态和控制方式等的要求选用符合所需功能及控制方式的阀。

③ 选用阀的流通能力应满足系统工作要求。即应根据气动系统对元件的瞬时最大流量的要求按平均气流速度 15～25 m/s 计算阀的通径，查出所需阀的流通能力 C 值(或 KV)、CV 值额定流量下的压降、标准额定流量及行程 S 值等，据此选用满足系统流通能力要求的阀。

④ 选用阀的性能应满足系统工作要求。即应根据气动系统最低工作压力或最低控制压力、动态性能、最高工作频率、持续通电能力、阀的功耗、寿命及可靠性等的要求选用符合所需性能指标的阀。

⑤ 选用阀的安装方式应根据阀的质量水平、系统占有空间要求及便于维修等综合考虑。目前我国广泛的应用换向阀为板式安装方式，它的优点是便于装拆和维修，ISO 标准也采用了板式安装方式，并发展了集装板式安装方式。因此，推荐优先采用板式安装方式。但由于元件质量和可靠性不断提高，管式安装方式的阀占有空间小，也可以集装安装，故也得到了应用。所以，选用时，应根据实际情况确定。

⑥ 尽量选用标准化产品。标准化产品采用了批量生产手段，质量稳定可靠、通用化程度较高、价格便宜。

⑦ 选用阀的价格应与系统水平及可靠性要求相适应。即应根据气动系统先进程度及可靠性要求来考虑阀的价格。在保证系统先进、可靠、使用方便的前提下，力求价格合理，不要不顾质量而追求低成本。

⑧ 大型控制系统设计时，要考虑尽可能使用集成阀和信号的总线控制型式。

2. 方向控制阀的选型

① 方向控制阀系列的选择。应根据所配套的不同的执行元件选择不同功能系列的阀。

② 方向控制阀规格的选择。选择阀的流通能力应满足系统工作要求，即应根据气动系统对元件的瞬时最大流量的要求来计算阀的通径。

③ 控制方式的选择。应根据工作要求及气缸的动作方式选择合适的换向阀控制方式。

④ 使用电压的选择。

6.6　减压阀的选择

1. 减压阀的选择原则

① 根据气动控制系统最高工作压力来选择减压阀，气源压力应比减压阀最大工作压力大

0.1 MPa。

② 要求减压阀的出口压力波动小时，如出口压力波动不大于工作压力最大值的±0.5%，则选用精密型减压阀。

③ 如需遥控时或通径大于 20 mm 以上时，应尽量选用外部先导式减压阀。

2. 减压阀的选择

① 根据通过减压阀的最大流量，选择阀的规格。

② 根据功能要求，选择阀的品种。如调压范围、稳压精度(是否要选精密型减压阀)、需遥控否(遥控应选外部先导式减压阀)、有无特殊功能要求(是否要选大流量减压阀或复合功能减压阀)。

6.7 溢流阀的选用

① 根据需要的溢流量来选择溢流阀的通径。

② 对溢流阀来说，希望气动回路刚一超过调定压力，阀门便立即排气，而一旦压力稍低于调定压力便能立即关闭阀门。这种从阀门打开到关闭过程中，气动回路中的压力变化越小，溢流特性越好。在一般情况下，应选用调定压力接近最高使用压力的溢流阀。

③ 如果管径大(如通径 15 mm 以上)并远距离操作时，宜采用先导式溢流阀。

6.8 过滤器的选用

① 选择过滤器的类型。根据过滤对象的不同，选择不同类型的过滤器。

② 按所需处理的空气流量 Q_V(换算成标准状态下)选择相应规格的过滤器。所选用的过滤器额定流量 Q_O 与实际处理流量 Q_r 之间应有如下关系：$Q_r \leqslant Q_O$。

6.9 油雾器的选择

应根据通过油雾器的最大输出流量和最小滴下流量的要求，选择油雾器的规格。

任务7 开环控制的伺服系统设计

开环控制的伺服系统设计流程如图 5.2.44 所示。

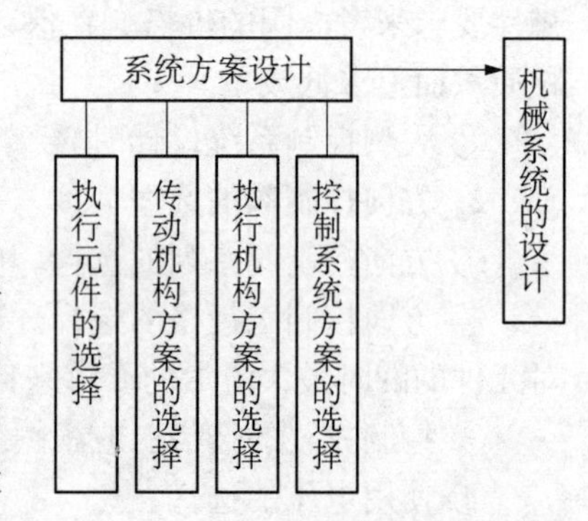

图 5.2.44 开环控制的伺服系统设计流程图

7.1 系统方案设计

1. 执行元件的选择

选择执行元件时应综合考虑负载能力、调速范围、运行精度、可控性、可靠性以及体积、成本等多方面要求。开环伺服系统中可采用步进电动机、电液脉冲马达、伺服阀控制的液压缸和液压马达等作为执行元件，其中步进电动机应用最为广泛。一般情况下应优先选用步进电动机，当其负载能力不够时，再考虑选用电液脉冲马达等。

2. 传动机构方案的选择

传动机构实质上是执行元件与执行机构之间的一个机械接口，用于对运动和力进行变换

和传递。在伺服系统中，执行元件以输出旋转运动和转矩为主，而执行机构则多为直线运动。用于将旋转运动转换成直线运动的传动机构主要有齿轮齿条和丝杠螺母等。前者可获得较大的传动比和较高的传动效率，所能传递的力也较大，但高精度的齿轮齿条制造困难，且为消除传动间隙而结构复杂；后者因结构简单、制造容易而应用广泛。尤其是滚动丝杠螺母副，目前已成为伺服系统中的首选传动机构。

在步进电动机与丝杠之间运动的传递可有多种方式。可将步进电动机与丝杠通过联轴器直接连接，其优点是结构简单，可获得较高的速度，但对步进电动机的负载能力要求较高。此外步进电动机还可通过减速器传动丝杠。减速器的作用主要有三个，即配凑脉冲当量、转矩放大和惯量匹配。当电动机与丝杠中心距较大时，可采用同步齿形带传动，否则可采用齿轮传动，但应采取措施消除其传动间隙。

3. 执行机构方案的选择

执行机构是伺服系统中的被控对象，是实现实际操作的机构，应根据具体操作对象及其特点来选择和设计。

一般来讲，执行机构中都包含有导向机构，执行机构方案的选择主要是导向机构的选择；导向机构即导轨，主要有滑动和滚动两大类，每一类按结构型式和承载原理又可分成多种类型。在伺服系统中应用较多的是塑料贴面滑动导轨和滚动导轨，其原理和特点已在情境二中作了介绍，设计时可根据具体情况合理选用。

市场上新出现的一种称为线性组件的产品，它将滚动丝杠螺母副或齿形带传动与滚动导轨集成为一体，统一润滑与防护，系列化设计，专业化生产，体积小，精度高，成本低，易于安装，有的还配套提供执行元件和相应的控制装置，为伺服系统的设计和制造提供了极大的方便。

4. 控制系统方案的选择

控制系统方案的选择包括微型机、步进电动机控制方式、驱动电路等的选择。

常用的微型机有单板机(single board)、单片机(single chip)、工业控制微型机等，其中单片机由于在体积、成本、可靠性和控制指令功能等许多方面的优越性，在伺服系统的控制中得到了非常广泛的应用。

步进电动机的控制方式和驱动电源等可按子情境二的介绍来选择。

5. 机械系统的设计计算

系统方案确定之后，应进行机械系统的设计计算，其内容包括执行元件参数及规格的确定、系统结构的具体设计、系统惯量、刚度等参数的计算等。结合图 5.2.45 所示的典型开环位置伺服系统的机械传动原理图，介绍有关的设计计算方法。

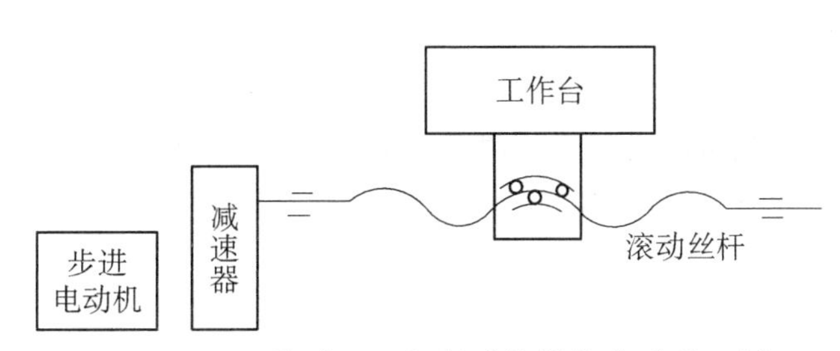

图 5.2.45　典型开环伺服系统机械传动原理图

(1) 确定脉冲当量,初选步进电动机

脉冲当量应根据系统精度要求来确定。对于开环伺服系统,一般取为 0.005～0.01 mm。如取得太大,无法满足系统精度要求;如取得太小,或者机械系统难以实现,或者对其精度和动态性能提出过高要求,使经济性降低。

初选步进电动机主要是根据具体情况选择其类型和步距角。

一般来讲,反应式步进电动机步距角小,运行频率高,价格较低,但功耗较大;永磁式步进电动机功耗较小,断电后仍有制动力矩,但步距角较大,启动和运行频率较低;混合式步进电动机兼有上述两种电动机的优点,但价格较高。各种步进电动机的产品样本中都给出通电方式及步距角等主要技术参数以供选用。

(2) 计算减速器的传动比

传动比的计算:

$$i=\frac{\theta_b p}{360\delta_p} \tag{5.2.44}$$

式中:θ_b—步距角(°);

p—丝杠导程(mm);

δ_p—工作台运动的脉冲当量(mm)。

选择齿轮传动级数时,一方面应使齿轮总转动惯量 J_G 与电动机轴上主动齿轮的转动惯量 J_P 的比值较小,另一方面还要避免因级数过多而使结构复杂。一般可按图 5.2.46 来选择。

齿轮传动级数确定之后,可根据总传动比和传动级数,按图 5.2.47 来合理分配各级传动比,且应使各级传动比按传动顺序逐级增加。

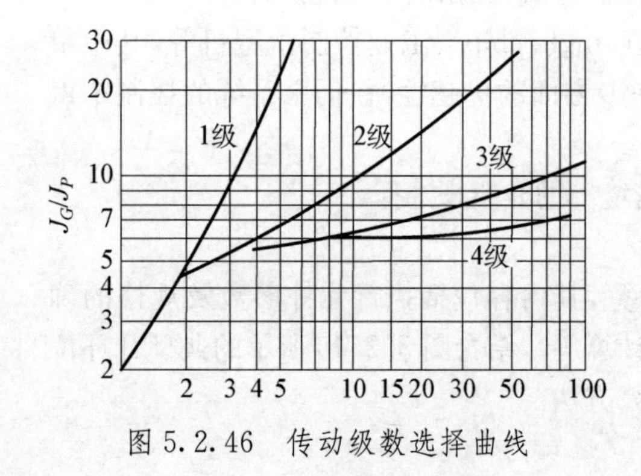

图 5.2.46 传动级数选择曲线

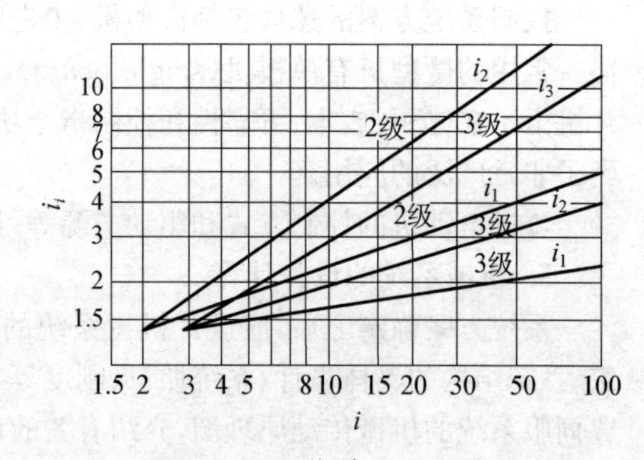

图 5.2.47 传动比分配曲线

(3) 计算各传动件转动惯量

计算转动惯量的目的是选择步进电动机动力参数及进行系统动态特性分析与设计。

有些传动件(如齿轮、丝杠等)的转动惯量不易精确计算,可将其等效成圆柱体来近似,圆柱体转动惯量 $J(\mathrm{kg\cdot m^2})$ 计算公式为:

$$J=\frac{\pi\rho d^4 l}{32} \tag{5.2.45}$$

式中：ρ—材料密度(kg/m^3)；

d—传动件的等效直径(m)；

l—传动件的轴向长度(m)。

(4) 计算系统转动惯量

计算出的各传动件转动惯量应按下式折算到电动机轴上，以获得总当量负载转动惯量J_d($kg \cdot m^2$)：

$$J_d = J_{z1} + (J_{z2} + J_s)\frac{1}{i^2} + \left(\frac{p}{2\pi i}\right)^2 m \tag{5.2.46}$$

式中：J_{z1}和J_{z2}—分别是电动机轴上和丝杠轴上齿轮或齿形带轮的转动惯量；

J_s—丝杠转动惯量；

m—工作台质量(kg)。

(5) 确定步进电动机动力参数

电动机负载转矩T的计算：

$$T = (J_m + J_d)\varepsilon + \frac{p(F_\mu + F_w)}{2\pi\eta i} + \frac{pF_0(1-\eta_0^2)}{2\pi\eta i}$$

$$T_J = (J_m + J_d)\varepsilon$$

$$T_\mu = \frac{pF_\mu}{2\pi\eta i}$$

$$T_w = \frac{pF_w}{2\pi\eta i} \tag{5.2.47}$$

$$T_0 = \frac{pF_0(1-\eta_0^2)}{2\pi\eta i}$$

电动机最大静转矩确定：

$$T_q = T_J + T_\mu + T_0 = (J_m + J_d)\varepsilon + \frac{pF_\mu}{2\pi\eta i} + \frac{pF_0(1-\eta_0^2)}{2\pi\eta i}$$

$$T_1 = T_w + T_\mu + T_0 = \frac{pF_w}{2\pi\eta i} + \frac{pF_\mu}{2\pi\eta i} + \frac{pF_0(1-\eta_0^2)}{2\pi\eta i}$$

$$\text{空载启动}\ T_{s1} = \frac{T_q}{n_1} \tag{5.2.48}$$

$$\text{正常运行}\ T_{s2} = \frac{T_1}{n_2}$$

$$T_s \geqslant \max\{T_{s1}, T_{s2}\}$$

式中：ε—角加速度，rad/s^2；

F_μ—作用在工作台上的摩擦力，N；

F_w—作用在工作台上的其他外力，N；

F_0—滚珠丝杠螺母副的预紧力，N；

η—伺服传动链的总效率；

η_0—滚珠丝杠螺母副未预紧时的传动效率；

T_J—惯性转矩，$N \cdot m$；

T_μ—当量摩擦转矩,N·m;

T_0—附加摩擦转矩转矩,N·m;

T_w—负载转矩,N·m;

n_1—系数1,取值参见表5.2.14;

n_2—系数2,取值0.3～0.5。

表5.2.14　n_1的取值

电动机相数	3		4		5		6	
运行拍数	3	6	4	8	5	10	6	12
n_1	0.5	0.866	0.707	0.707	0.809	0.951	0.866	0.866

电动机最大静转矩确定根据实际情况(空载或有载),按(5.2.48)式计算。

➢ 电动机最大启动频率确定　步进电动机在不同的启动负载转矩下所允许的启动频率也不同,因而应根据所计算出的启动转矩,按电动机的启动矩频特性曲线来确定最大启动频率,并要求实际使用的启动频率低于这一允许的最大启动频率。

➢ 电动机最大运行频率确定　步进电动机在运行时的输出转矩随运行频率增加而下降,因而应根据所计算出的负载转矩,按电动机运行矩频特性曲线来确定最大运行频率,并要求实际使用的运行频率低于这一允许的最大运行频率。

(6) 验算惯量匹配

电动机轴上的总当量负载转动惯量与电动机轴自身转动惯量的比值应控制在一定范围内,既不应太大,也不应太小。如果太大,则伺服系统的动态特性主要取决于负载特性,由于工作条件(如工作台位置)的变化而引起的负载质量、刚度、阻尼等的变化将导致系统动态特性也随之产生较大变化,使伺服系统综合性能变差,或给控制系统设计造成困难。如果该比值太小,说明电动机选择或传动系统设计不太合理,经济性较差。为使系统惯量达到较合理的匹配,一般应将该比值控制在所规定的范围内:

小惯量伺服电动机 ($J_{\mathrm{m}} \approx 5\times10^{-5}\mathrm{kg\cdot m^2}$):$\dfrac{J_d}{J_m} \leqslant 4$ 且 $\dfrac{T_d}{T_{\max}} \leqslant 0.5$

大惯量伺服电动机 ($J_{\mathrm{m}} \approx 0.1\sim0.6\mathrm{kg\cdot m^2}$):$\dfrac{1}{4} \leqslant \dfrac{J_d}{J_m} \leqslant 1$　　(5.2.49)

式中:$T_{\max}$—步进电动机的最大静转矩,N·m;

T_d—折算到电动机轴上的负载转矩,N·m。

如果验算发现不满足要求,应返回修改原设计。通过减速器传动比和丝杠导程的适当搭配,往往可使惯量匹配趋于合理。

(7) 计算传动系统刚度

刚度最薄弱的环节是丝杠螺母机构,所以传动系统的刚度主要取决于丝杠螺母机构的刚度。由于丝杆本身的扭转刚度≫拉压刚度,将其忽略不计。丝杠螺母机构的刚度主要由三部分构成(各占1/3):丝杠本身的拉压刚度K_{L}、丝杠螺母间的接触刚度K_{N}、轴承和轴承座组成的支承刚度K_{B}。

采用不同类型的支承轴承时，支承刚度 K_B 也不同，一般可按表 5.2.15 所列公式计算。

表 5.2.15　支承刚度 K_B 计算公式

轴承类型	轴承轴向刚度 $K_B/(N\cdot m^{-1})$	说明
推力球轴承(8000 型)	$1.91\times10^7\sqrt[3]{d_0Z^2F_a}$	d_0—滚动体直径(m) Z—滚动体数量 F_a—轴向载荷(N) l_u—滚动体有效接触长度(m) β—轴承接触角(°)
推力滚子轴承(9000 型)	$3.27\times10^9 l_u^{0.8}Z^{0.9}F_a^{0.1}$	
圆锥滚子轴承(7000 型)	$3.27\times10^9\sin^{1.9}\beta l_u^{0.8}Z^{0.9}F_a^{0.1}$	
推力角接触球轴承(6000 型)	$2.29\times10^7\sin\beta\sqrt[3]{d_0Z^2F_a\sin^2\beta}$	

丝杠螺母副的轴向接触刚度 K_N 可直接从丝杠螺母副的产品样本中查得，也可通过下表 5.2.16 所列公式计算。

表 5.2.16　滚动丝杠螺母副轴向接触刚度计算公式

预紧情况	轴向接触刚度 $K_N/(N\cdot m^{-1})$	说明
无预紧	$1.21\times10^7\sqrt[3]{d_0Z_\Sigma^2F_a}$	F_a—轴向载荷(N) F_b—预紧力(N) d_0—滚动体直径(m) Z_Σ—滚动体数量
有预紧	$3.52\times10^7\sqrt[3]{d_0Z_\Sigma^2F_b}$	

滚动体数量 Z_Σ 是指除处于回珠器内的滚珠外，所有参与承载的滚动体数量。

$$Z_\Sigma = ZJN$$

式中：J—螺母中滚珠循环回路数，又称列数；

N—每列中的螺纹圈数；

Z—每圈滚珠数。

对外循环方式的滚动丝杠螺母副，$Z=\pi D/d_0$，其中 D 为丝杠公称直径；

对内循环方式的滚动丝杠螺母副，$Z\approx\pi D/d_0-3$。

丝杠本身的拉压刚度主要与其几何尺寸和轴向支承形式有关，如表 5.2.17 所示

表 5.2.17　丝杠抗拉刚度计算公式

轴向支承型式	丝杠拉压刚度 $K_L/(N\cdot m^{-1})$	说明
一端轴向支承	$\frac{\pi d^2E}{4l}$	d—丝杠中径(m) l—受力点到支承端距离(m) L—两支承间距离(m) E—拉压弹性模量(N/m²)
两端轴向支承	$\frac{\pi d^2E}{4l}\left(\frac{1}{l}+\frac{1}{L-l}\right)$	

在伺服系统工作过程中，工作台的位置是变化的，丝杠上的受力点到支承端的距离也随之

变化，因此丝杠的拉压刚度 K_L(N/m)也随之变化。

对于一端轴向支承的丝杠，当工作台位于距丝杠轴向支承端最远的位置时，即 $l=L$ 时，丝杠有最小拉压刚度：

$$K_{L\min}=\frac{\pi d^2 E}{4L} \tag{5.2.50}$$

对于两端轴向支承的丝杠，当工作台位于两支承的中间位置时，即 $l=L/2$ 时，丝杠有最小拉压刚度：

$$K_{L\min}=\frac{\pi d^2 E}{L} \tag{5.2.51}$$

丝杠传动的综合拉压刚度 K_0 与轴向支承形式及轴承是否预紧有关。在 K_N、K_B、K_L 分别计算出来之后，按表 5.2.18 公式来计算综合拉压刚度 K_0。

表 5.2.18　丝杠传动的综合拉压刚度计算公式

支承形式	预紧情况	丝杠综合拉压刚度
一端轴向支承	未预紧时	$\frac{1}{K_{0\min}}=\frac{1}{K_B}+\frac{1}{K_N}+\frac{1}{K_{L\min}}$
	预紧时	$\frac{1}{K_{0\min}}=\frac{1}{2K_B}+\frac{1}{K_N}+\frac{1}{K_{L\min}}$
两端轴向支承	未预紧时	$\frac{1}{K_{0\min}}=\frac{1}{2K_B}+\frac{1}{K_N}+\frac{1}{4K_{L\min}}$
	预紧时	$\frac{1}{K_{0\min}}=\frac{1}{4K_B}+\frac{1}{K_N}+\frac{1}{4K_{L\min}}$

丝杠扭转刚度计算：

$$K_T=\frac{\pi d^4 G}{32l} \tag{5.2.52}$$

式中：d—丝杠中径(m)；

G—材料切变模量(N/m^2)；

l—力矩作用点间的距离(m)。

7.2　机械系统动态特性分析

刚度最薄弱的环节是丝杠螺母机构，所以丝杠的拉压刚度和扭转刚度是引起机械系统纵向振动和扭转振动的主要原因。

纵向振动时：

$$\omega_n=\sqrt{\frac{K_0}{m}},m=m_1+\frac{1}{3}m_2$$
$$\zeta=\frac{f}{2\sqrt{mK_0}} \tag{5.2.53}$$

ω_n 称为丝杠工作台纵向振动系统的无阻尼固有频率，ζ 称为纵向振动系统的阻尼比；式

中，m 是丝杠和工作台的等效集中质量，m_1，m_2 分别是工作台和丝杠的质量，f 是工作台导轨的粘性阻尼系数，K_0 是丝杠传动的综合拉压刚度。

扭转振动时：

$$\omega_n = \sqrt{\frac{K_s}{J_s}}$$
$$\zeta = \frac{f_S}{2\sqrt{J_s K_s}} \tag{5.2.54}$$

式中：

$$J_s = J_1 i^2 + J_2 + m_1\left(\frac{p}{2\pi}\right)^2$$
$$f_s = \left(\frac{p}{2\pi}\right)^2 f$$
$$K_s = \frac{1}{\left(\frac{1}{K_1 i^2} + \frac{1}{K_T}\right)}$$

J_s 是折算到丝杠轴上的系统总当量转动惯量；J_1 和 J_2 分别是电动机轴及其上齿轮和丝杠轴及其上齿轮的转动惯量；i 是减速器传动比；m_1 是工作台质量；p 是丝杠导程；f_s 是丝杠转动的当量粘性阻尼系数；f 是工作台导轨的粘性阻尼系数；K_s 是机械系统折算到丝杠轴上的总当量扭转刚度，K_1 和 K_T 分别是电动机轴和丝杠轴的扭转刚度。

7.3　系统误差分析

在开环控制的伺服系统中，由于没有位置检测及反馈装置，为了保证工作精度要求，必须使其机械系统在任何时刻、任何情况下都能严格跟随步进电动机的运动而运动。然而实际上，在机械系统的输入与输出之间总会有误差存在的，其中除了零部件的制造及安装所引起的误差外，还有机械系统的动力参数（如刚度、惯量、摩擦、间隙等）所引起的误差。在系统设计时，必须将这些误差控制在允许范围内。

1. 死区误差

所谓死区误差，又叫失动量，是指启动或反向时，系统的输入运动与输出运动之间的差值。产生死区误差的主要原因有传动机构中的间隙，导轨运动副间的摩擦力以及电气系统和执行元件的启动死区（又称不灵敏区）。

由传动间隙所引起的工作台等效死区误差 δ_c（mm）可按下式计算：

$$\delta_c = \frac{p}{2\pi}\sum_{i=1}^{n}\frac{\delta_i}{i_i} \tag{5.2.55}$$

式中：p—丝杠导程（mm）；

δ_i—第 i 个传动副的间隙量（mm）；

i—第 i 个传动副至丝杠的传动比。

由摩擦力引起的死区误差实质上是在驱动力的作用下，传动机构为克服静摩擦力而产生的弹性变形，包括拉压弹性变形和扭转弹性变形。由于扭转弹性变形相对拉压弹性变形来说数值较小，常被忽略，于是由拉压弹性变形所引起的摩擦死区误差 δ_μ（mm）为：

$$\delta_{\mu} = \frac{F_{\mu}}{K_0} \times 10^3 \tag{5.2.56}$$

式中：F_{μ}—导轨静摩擦力(N)；

K_0—丝杠螺母机构的综合拉压刚度(N/m)。

由于电气系统和执行元件的启动死区所引起的工作台死区误差与上述两项相比很小，常被忽略。如果再采取消除间隙措施，则系统死区误差主要取决于摩擦死区误差。假设静摩擦力主要由工作台重力引起，则工作台反向时的最大反向死区误差 Δ(mm)可按下式求得：

$$\Delta = 2\delta_{\mu} = \frac{2F_{\mu}}{K_0} \times 10^3 = \frac{2\,mg\mu_0}{K_0} \times 10^3 = \frac{2\,g\mu_0}{\omega_0^2} \times 10^3 \tag{5.2.57}$$

式中：m—工作台质量(kg)；

g—重力加速度，$g = 9.8\ \mathrm{m/s^2}$；

μ_0—导轨静摩擦系数；

ω_0—丝杠工作台系统的纵振固有频率(rad/s)。

由上式可见，为减小系统死区误差，除应消除传动间隙外，还应采取措施减小摩擦，提高刚度和固有频率。对于开环伺服系统为保证单脉冲进给要求，应将死区误差控制在一个脉冲当量以内。

2. 系统刚度变化引起的定位误差

影响系统定位误差的因素很多，这里仅讨论由丝杠螺母机构综合拉压刚度的变化所引起的定位误差。

由表 5.2.16、5.2.17 可见，当工作台处于不同位置时，丝杠螺母机构的综合拉压刚度是变化的。空载条件下，由这一刚度变化所引起的整个行程范围内的最大定位误差$\delta_{K\max}$(mm)可用下式：

$$\delta_{K\max} = F_{\mu}\left(\frac{1}{K_{0\min}} - \frac{1}{K_{0\max}}\right) \times 10^3 \tag{5.2.58}$$

式中：F_{μ}—由工作台重力引起的静摩擦力(N)；

$K_{0\min}$和 $K_{0\max}$—分别是在工作台行程范围内丝杠的最小和最大综合拉压刚度(N/m)。

对于开环控制的伺服系统，$\delta_{K\max}$一般应控制在系统允许定位误差的 1/3～1/5 范围内。

任务介绍　某开环控制的数控车床纵向进给传动链如图 5.2.48 所示。已知工作台质量为 80 kg，工作时在垂直方向和纵向走刀方向所受的最大切削力分别为 $F_z = 1\,520$ N 和 $F_x = 760$ N，快速空载启动的时间常数为 30 ms，导轨摩擦系数为 0.15；滚动丝杠导程 $p = 6$ mm，直径 $d = 32$ mm，总长度 $L = 1\,400$ mm；步进电动机步距角 $\theta_b = 0.75°$，最大静转矩为 10 N·m，转子转动惯量 $J_m = 1.8 \times 10^{-3}\ \mathrm{kg \cdot m^2}$。要求系统脉冲当量为 0.01 mm，工作台最大快进速度为 2 m/min，定位精度±0.015 mm。试对该伺服进给系统进行分析

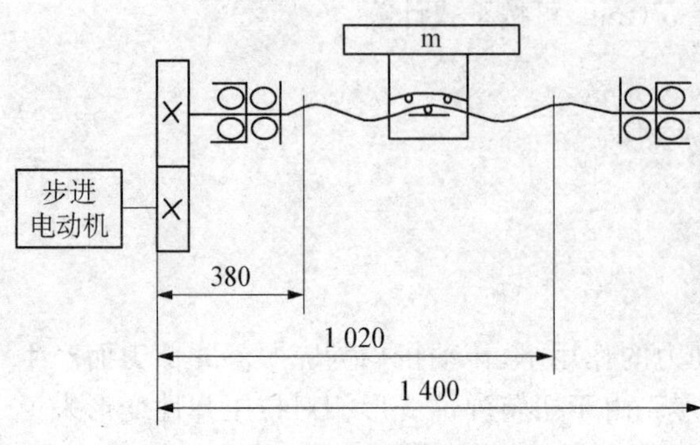

图 5.2.48　纵向进给传动链简图

任务分析

步进电动机选用与校核及相关资讯

步进电动机选用与校核	资讯
选用反应式步进电动机 传动系统	步进电动机 直齿轮传动系统设计

设计计算步骤

计算项目	设计计算与说明	计算结果
1. 传动比计算	$i=\frac{\theta_b p}{360\delta_p}=\frac{0.75\times 6}{360\times 0.01}=1.25$	$i=1.25$
2. 齿轮参数计算	$z_1=20$，$z_2=25$，模数 $m=2$ mm，齿宽 $b=20$ mm	$z_1=20$ $z_2=25$
3. 转动惯量计算		
1）各元件转动惯量	齿轮转动惯量 $J_{Z1}=\frac{\pi\rho d_1^4 b}{32}=\frac{\pi\times 7.8\times 10^3\times(2\times 20\times 10^{-3})^4\times 0.02}{32}$ $=3.92\times 10^{-5}$ kg·m^2 $J_{Z2}=\frac{\pi\rho d_2^4 b}{32}=\frac{\pi\times 7.8\times 10^3\times(2\times 25\times 10^{-3})^4\times 0.02}{32}$ $=9.57\times 10^{-5}$ kg·m^2 丝杆转动惯量 $J_S=\frac{\pi\rho d^4 l}{32}=\frac{\pi\times 7.8\times 10^3\times(32\times 10^{-3})^4\times 1.4}{32}$ $=1.12\times 10^{-3}$ kg·m^2	
2）总当量转动惯量	$J_d=J_{Z1}+\frac{1}{i^2}(J_{Z2}+J_S)+\left(\frac{p}{2\pi i}\right)^2 m=3.92\times 10^{-5}+\frac{1}{1.25^2}$ $(9.57\times 10^{-5}+1.12\times 10^{-3})+\left(\frac{0.006}{2\pi\times 1.25}\right)^2\times 80$ $=8.6\times 10^{-4}$ kg·m^2	
4. 惯量匹配验算	$\frac{J_d}{J_m}=\frac{8.6\times 10^{-4}}{1.8\times 10^{-3}}=0.48\in[0.25,1]$	惯量匹配符合要求
5. 步进电动机选型		
1）总惯量计算	$J=J_m+J_d=1.8\times 10^{-3}+8.6\times 10^{-4}$ $=2.66\times 10^{-3}$ kg·m^2	$J=$ 2.66×10^{-3} kg·m^2

续 表

计算项目	设计计算与说明	计算结果
2)转矩计算	惯性转矩 $T_J = J\varepsilon = J\dfrac{2\pi i}{p}\cdot\dfrac{V_{max}}{\Delta t} = 2.66\times10^{-3}\times\dfrac{2\pi\times1.25}{0.006}\times\dfrac{2}{30\times10^{-3}\times60} = 3.86\ \text{N}\cdot\text{m}$ 摩擦转矩 $T_\mu = \dfrac{p}{2\pi\eta i}F_\mu = \dfrac{p}{2\pi\eta i}mg\mu = \dfrac{0.006}{2\pi\times0.8\times1.25}\times800\times0.15 \approx 0.11\ \text{N}\cdot\text{m}$ 附加转矩(预紧力引起) $T_0 = \dfrac{p}{2\pi\eta i}F_0(1-\eta_0^2)$ 其中 $F_0 = \dfrac{F_{W\max}}{3}$ $F_{W\max} = 1.15F_X + 0.15(F_Z + mg) = 1.15\times760 + 0.15(1\,520 + 80\times9.8) = 1\,222\ \text{N}$ $\therefore T_0 = \dfrac{0.006}{2\pi\times0.8\times1.25}\times\dfrac{1\,222}{3}\times(1-0.9^2)\approx0.07\ \text{N}\cdot\text{m}$ 切削转矩 $T_w = \dfrac{p}{2\pi\eta i}F_{W\max} = \dfrac{0.006}{2\pi\times0.8\times1.25}\times1\,222\approx1.16\ \text{N}\cdot\text{m}$	$T_J = 3.86\ \text{N}\cdot\text{m}$ $T_u = 0.11\ \text{N}\cdot\text{m}$ $T_0 = 0.07\ \text{N}\cdot\text{m}$ $T_w = 1.16\ \text{N}\cdot\text{m}$
3)负载能力校验	空载启动时电动机轴上的总负载转矩为: $T_q = T_J + T_\mu + T_0 = 3.86 + 0.11 + 0.074 = 4.04\ \text{N}\cdot\text{m}$ 最大外载荷下工作时,电动机轴上的总负载转矩为: $T_1 = T_w + T_\mu + T_0 = 1.16 + 0.11 + 0.074 = 1.34\ \text{N}\cdot\text{m}$ 设电动机为五相步进电动机,取系数为 0.809 $T_{S1} = \dfrac{T_q}{0.809}\approx5.0\ \text{N}\cdot\text{m}$ $T_{S2} = \dfrac{T_1}{0.3\sim0.5} = \dfrac{1.34}{0.3\sim0.5} = 4.47\sim2.68\ \text{N}\cdot\text{m}$ 由于 $T_S = 10\ \text{N}\cdot\text{m}$,显然 $T_S\geqslant\max\{T_{S1}, T_{S2}\}$ 所以步进电动机可以不失步正常启动	步进电动机可以不失步正常启动
系统刚度计算	两端轴向支撑时,$K_L = \dfrac{\pi d^2E}{4}\left(\dfrac{1}{l}+\dfrac{1}{L-l}\right)$ 当 $l = \dfrac{L}{2}$ 时, $K_{L\min} = \dfrac{\pi d^2E}{L} = \dfrac{3.14\times0.032^2\times206\times10^9}{1.02} = 6.48\times10^8\ \text{N/m}$ 当 $l = 0.38$ m 时,$K_{L\max} = \dfrac{\pi d^2E}{4}\left(\dfrac{1}{0.38}+\dfrac{1}{1.02-0.38}\right) = 6.94\times10^8\ \text{N/m}$ 预紧时,	$K_{0\min} = 3.225\times10^8\ \text{N/m}$ $K_T = 8.41\times10^3\ \text{N}\cdot\text{m/rad}$

续　表

计算项目	设计计算与说明	计算结果
	$\frac{1}{K_{0\min}}=\frac{1}{4K_B}+\frac{1}{K_N}+\frac{1}{4K_{L\min}}=\frac{1}{4\times 1.5\times 10^8}+\frac{1}{0.95\times 10^9}+\frac{1}{4\times 6.48\times 10^8}=3.1\times 10^{-9}$ $\therefore K_{0\min}=3.225\times 10^8\ \mathrm{N/m}$ $\frac{1}{K_{0\max}}=\frac{1}{4K_B}+\frac{1}{K_N}+\frac{1}{4K_{L\max}}=\frac{1}{4\times 1.5\times 10^8}+\frac{1}{0.95\times 10^9}+\frac{1}{4\times 6.94\times 10^8}=3.08\times 10^{-9}$ $\therefore K_{0\max}=3.247\times 10^8\ \mathrm{N/m}$ 丝杠的扭转刚度 $K_T=\frac{\pi d^4 G}{32L}=\frac{3.14\times 0.032^4\times 83.3\times 10^9}{32\times 1.02}=8.41\times 10^3\ \mathrm{N\cdot m/rad}$	
固有频率计算	丝杠质量 $m_s=\frac{1}{4}\pi d^2 L_s\rho=\frac{1}{4}\times 3.14\times 0.032^2\times 1.4\times 7.8\times 10^3=8.78\ \mathrm{kg}$ 丝杠-工作台纵振系统最低固有频率为： $\omega_{nc}=\sqrt{\frac{K_{0\min}}{m+\frac{1}{3}m_s}}=\sqrt{\frac{3.225\times 10^8}{80+\frac{1}{3}\times 8.78}}=1\,972\ \mathrm{rad/s}>300\ \mathrm{rad/s}$ 折算到丝杠轴上系统的总当量转动惯量为： $J_{sd}=J\cdot i^2=2.66\times 10^{-3}\times 1.25^2=4.16\times 10^{-3}\mathrm{kg\cdot m^2}$ 系统最低扭转固有频率为： $\omega_{nt}=\sqrt{\frac{K_{T\min}}{J_{sd}}}=\sqrt{\frac{8.41\times 10^3}{4.16\times 10^{-3}}}=1.42\times 10^3\ \mathrm{rad/s}>300\ \mathrm{rad/s}$ 说明动态特性较好	$\omega_{nc}=1.97\times 10^3\ \mathrm{rad/s}$ $\omega_{nt}=1.42\times 10^3\ \mathrm{rad/s}>300\ \mathrm{rad/s}$ 说明动态特性较好
死区误差计算	$\Delta_{\max}=2\delta_\mu=\frac{2mg\mu}{K_{0\min}}\times 10^3=\frac{2\times 80\times 9.8\times 0.15}{3.225\times 10^8}\times 10^3=7.3\times 10^{-4}\mathrm{mm}<0.01\ \mathrm{mm}$ 所以可满足单脉冲进给要求	满足单脉冲进给要求
由系统刚度变化引起的定位误差计算	$\delta_{K\max}=F_\mu\left(\frac{1}{K_{0\min}}-\frac{1}{K_{0\max}}\right)\times 10^3=80\times 9.8\times 0.15\times\left(\frac{1}{3.225}-\frac{1}{3.247}\right)\times 10^{-8}\times 10^3=2.47\times 10^{-3}\ \mathrm{mm}$ 定位精度±0.015 mm，所以$\delta=0.030\ \mathrm{mm}$ $\delta_{K\max}<\left(\frac{1}{3}\sim\frac{1}{5}\right)\delta$ 所以系统刚度满足定位要求	系统刚度满足定位要求

同步训练　执行元件的选择

执行电动机轴直接与被控对象的转轴相联称为单轴传动，此时，电动机的角速度与负载角速度相同，两者的转角相等，电动机轴承受的总负载只需简单的相加便可得到。下面通过举例来说明单轴传动的执行电动机如何选择以及定量核算的方法。

任务介绍　某探测器需要一套方位角跟踪系统，最大跟踪角速度 $\Omega_m = 120°/s$，最大跟踪角加速度 $\varepsilon_m = 120°/s^2$，最大跟踪误差角 $e_m \leqslant 20'$。在零初始条件下，系统对输入阶跃信号的响应时间 $t_s \leqslant 0.5\ s$，最大调转角加速度 $\varepsilon_{lim} = 200°/s^2$。探测器在机座上转动有干摩擦力矩 $T_c = 0.1\ N \cdot m$，它的转动惯量 $J_1 = 4.44\ kg \cdot m^2$。这里先只考虑执行电动机的选择问题。

设计计算

计算项目	设计计算与说明	计算结果
1. 先进行单位换算，角度都用弧度 rad 表示	$\Omega_m = 120°/s = 2.09\ rad/s$ $\varepsilon_m = 120°/s^2 = 2.09\ rad/s^2$ $\varepsilon_{lim} = 200°/s^2 = 3.5\ rad/s^2$ $e_m \leqslant 20' = 0.005\ 8\ rad$	$\Omega_m = 2.09\ rad/s$ $\varepsilon_m = 2.09\ rad/s^2$ $\varepsilon_{lim} = 3.5 rad/s^2$ $e_m \leqslant 0.005\ 8\ rad$
2. 执行电动机选择	根据系统的负载和运动参数的要求，根据查资料，从 LY 系列中，选出 250LY55 作该系统的执行电动机，需要依据电动机的参数检验它能否满足系统的要求	
3. 250LY55 的技术参数	峰值堵转力矩 $T_{mb1} = 200\ kg \cdot cm = 19.6\ N \cdot m$ 峰值堵转电流 $I_{mb1} = 4.04A$ 峰值堵转电压 $V_m = 48\ V$ 最大空载转速 $n_{mo} = 80\ r/m = 8.38\ rad/s$ 连续堵转力矩 $T_{cb1} = 130\ kg \cdot cm = 12.74\ N \cdot m$ 连续堵转电流 $I_{cb1} = 2.63A$ 连续堵转电压 $V_c = 31.4\ V$ 电势系数 $C_e = 0.51\ V/(r/m)$ 转子转动惯量 $J_r = 0.035\ 28\ kg \cdot m^2$	
4. 机械特性	根据 n_{mo} 和 T_{mb1} 画出该电动机在 $V_m = 48\ V$ 时的机械特性，再由 $Tcbl$ 作它的平行线，即对应连续堵转的机械特性，它对应的空载转速 $n'_0 = (V_C/V_m) \times n_{mo} = 5.48\ rad/s$ 电动机自身的摩擦力矩 $Trc = 2.9\ N \cdot m$	$n'_0 = 5.48\ rad/s$ $Trc = 2.9\ N \cdot m$

续　表

计算项目	设计计算与说明	计算结果
	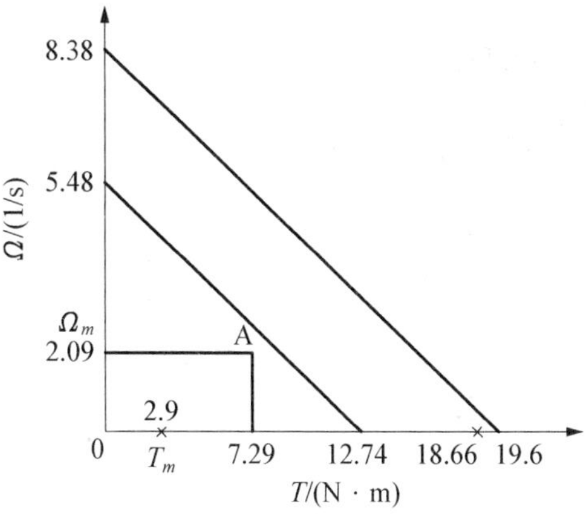	
5. 检验伺服系统功率是否满足要求		
1）计算执行电动机所承受的等效转矩 T_{ms}	检验电动机的发热与温升是否在容许条件内，在此我们用等效正弦运动规律来计算执行电动机所承受的等效转矩 $T_{ms}=\sqrt{(T_c+T_{rc})^2+\frac{1}{2}(J_1+J_r)^2\varepsilon_m^2}=7.29\ \mathrm{N\cdot m}$ 根据 T_{ms} 和最大跟踪角速度在上图确定长期运行的等效工作点A，它处在对应连续堵转的机械特性附近，说明电动机长期在A点运行时发热与温升都没有超过电动机的允许值	电动机长期在A点运行时发热与温升都没有超过电动机的允许值
2）负载能力校验	当伺服系统带动探测器以加速度 $\varepsilon_{\lim}$ 作调转运行时，电动机轴上承受的总负载力矩： $T_\Sigma=T_c+T_{rc}+(J_c+J_r)\varepsilon_{\lim}=0.1+2.9+(4.44+0.035\ 28)\times 3.5=18.66\ \mathrm{N\cdot m}<T_{mb1}$ 说明电动机能实现快速调转的要求	电动机能实现快速调转的要求
3）响应频率校验	对力矩电动机而言，输出转矩不能超过 T_{mb1}，作为系统的执行电动机所能提供的响应频率 $\omega_k=\sqrt{\frac{T_{mb1}-(T_c+T_{rc})}{e_m(J_1+J_r)}}=25.22\ \mathrm{rad/s}$ 根据系统对输入阶跃信号响应时间 $t_8\leqslant 0.5$ s的要求，可近似估计系统的开环截止频率 ω_c，按经验应有 $\omega_k\geqslant 1.4\omega_c$，从以上数值看，可认为250LY55符合要求	250LY55符合要求
总结	经以上从稳态和动态几方面的要求出发所作的定量计算，均说明250LY55可作为该探测器方位伺服系统的执行电动机	

子情境 3　应用变频器

体例 5.3.1　空压机的变频调速应用

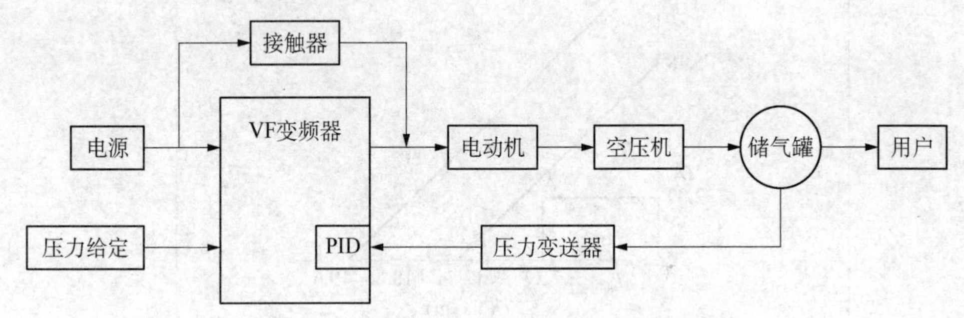

图体例 5.3.1　空压机变频调速的工作原理图

表体例 5.3.1　空压机传统工作与变频调速工作的比较

传统工作的特点	变频调速的工作特点
传统的工作方式为进气阀开、关控制方式，即压力达到上限时关阀，压缩机进入轻载运行；压力抵达下限时开阀，压缩机进入满载运行。这种频繁地加减负荷过程，不仅使供气压力波动，而且使空压机的负荷状态频繁变换。由于设计时是按最大需求来选择电动机的容量，而实际运行中，轻载运行的时间往往所占比例较大，这就造成巨大的浪费	1. 节约能源使运行成本降低 空压机的运行成本由初始采购成本、维护成本和能源成本三项组成。其中能源成本大约占运行成本的 80%。通过变频技术改造后能源成本降低大约 20%，再加上变频起动后对设备的冲击减少，维护和维修量也降低，所以运行成本将大大降低。 2. 提高压力控制精度 变频控制系统具有精确的压力控制能力，有效地提高了产品的质量。 3. 全面改善空压机的运行性能 因起动加速时间可以调整，减小了起动时对空压机部件的冲击，增强系统的可靠性，延长空压机的寿命。变频控制能减少机组起动时电流波动，减少对电网和其他用电设备的影响。变频控制后电动机运转速度减慢，有效降低了空压机的运行噪音

体例 5.3.2：________（学生完成）

完成形式：学生以小组为单位通过查找资料、研讨，以典型项目形式完成文本说明，制作 PPT，通过项目过程考核对学生完成情况评价。

任务 1　认识变频器

变频器是近年才发展起来的，由可变频速度器件构成的系统调度可以弥补直流调速的诸多缺点，调速范围广（频率范围 0.5～400 Hz），静态特性好，其最大的特点是能实现智能化控制。

目前，变频器有三相系列与单相系列：

三相系列功率：0.75～3.7 kW

单相系列功率：0.2～2.2 kW

1.1　使用变频器的注意事项

为了使用者与设备的安全，使用变频器时应注意以下事项：

① 必须将设备安装在诸如金属框架或不可燃材料上。

② 不要将装置置于可燃性材料附近。

③ 运输期间不能抓提外壳。

④ 避免使诸如金属屑等异物进入装置。

⑤ 一定勿要安装或使用损坏的或缺少部件的变频器。

⑥ 必须在连线前安装装置。

⑦ 连线前一定要确认是否电源已经断开。

⑧ 不要将 AC 电源连接到输出端子(U/T1，V/T2，W/T3)上。

⑨ 要确认此设备的额定电压和电源电压是否相符合。

⑩ 在每次接通输入电源之前，都要安装好盖板。

⑪ 勿用湿手操作开关。

⑫ 在变频器电源接通时，甚至在变频器停止工作时，勿接触变频器的端子，否则由于电容未放完电能而导致电击。

⑬ 变频器可以方便的设定为由低速到高速运行。启动运行前，确认电动机和设备的速度允许范围，否则会损坏。

1.2　VF0 型变频器接线及功能

1. 主回路接线图

VF0 型变频器的主回路接线示意图如图 5.3.1 所示。

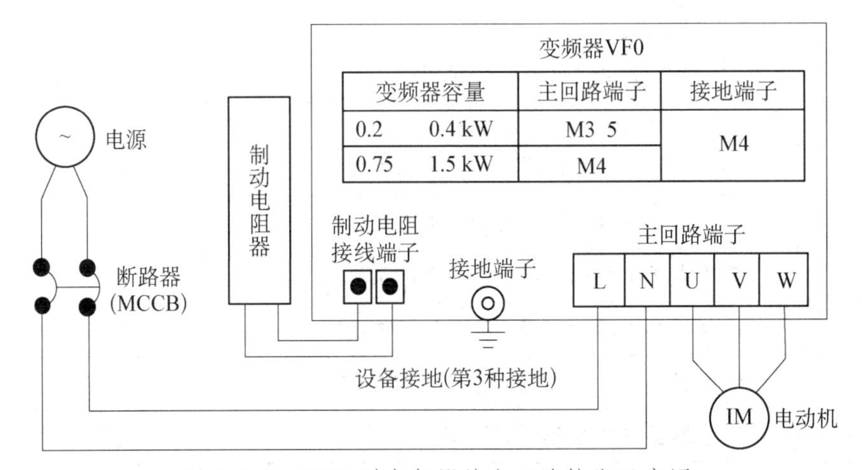

图 5.3.1　VF0 型变频器的主回路接线示意图

2. 控制回路接线方式

控制回路接线方式如图 5.3.2 所示。

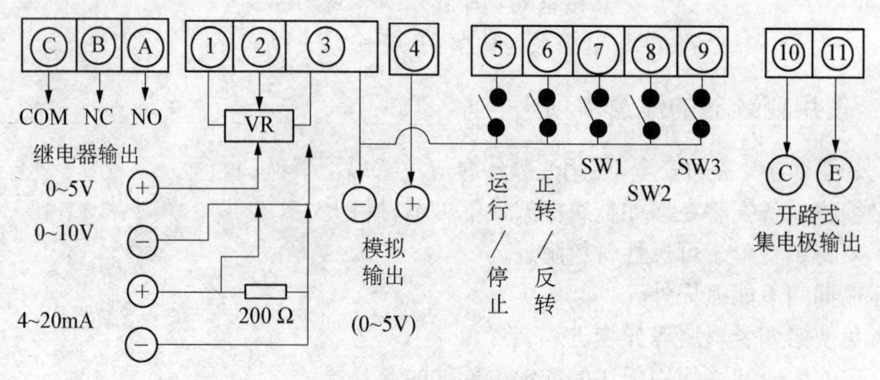

图 5.3.2 VF0 型变频器控制回路接线示意图

3. 接线端子功能及关联数据

VF0 变频器接线端子说明如表 5.3.1 所示。

表 5.3.1 VF0 变频器接线端子说明

端子	端子功能	关联数据
1	频率设定用电位器连接端子(+5V)	P09
2	频率设定模拟信号的输入端子	P09
3	①②④~⑨输入信号的共用端子	
4	模拟信号输出端子(0-5V)	P58,59
5	运行/停止,正转运行信号的输入端子	P08
6	正转/反转,反转运行信号的输入端子	P08
7	控制信号 SW1 的输入端子	P19,20,21
8	控制信号 SW2 的输入端子 PWM 信号控制的频率切换用输入端子	P19-21 P22-24
9	控制信号 SW3 的输入端子 PWM 控制时的 PWM 信号输入端子	P19-21 P22-24
10	开路式集电极输出端子(C:集电极)	P25
11	开路式集电极输出端子(E:发射极)	P25
A	继电器接点输出端子(NO:出厂配置)	P26
B	继电器接点输出端子(NC:出厂配置)	P26
C	继电器接点输出端子(COM)	P26

1.3 VFO 变频器的操作面板

VF0 变频器操作面板示意图如图 5.3.3 所示,各种操作键的说明如表 5.3.2 所示。

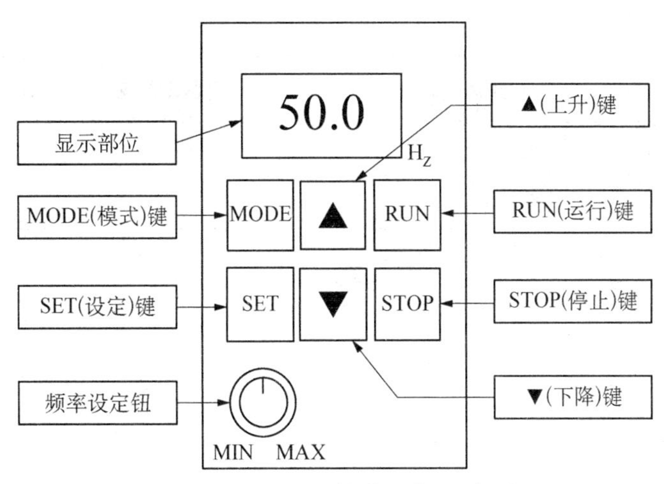

图 5.3.3　VF0 操作面板示意图

表 5.3.2　VF0 操作面板的操作键使用说明

显示部位	显示输出频率、电流、线速度、异常内容、设定功能时的数据及其参数 NO
RUN(运行)键	使变频器运行的键
STOP(停止)键	使变频器停止的键
MODE(模式)键	切换"输出频率"、"电流显示"、"频率设定"、"监控"、"旋转方向设定"、"功能设定"等各种模式以及将数据显示切换为模式显示所用的键
SET(设定)键	切换模式和数据以及存储数据所用键，在"输出频率"、"电流显示模式"下，进行频率显示和电流显示的切换
▲UP(上升)键	数据或输出频率以及利用操作板使其正转运行时，用于设定正转方向
▼ DOWN(下降)键	数据或输出频率以及利用操作板使其反转运行时，用于设定反转方向
频率设定钮	用操作板设定运行频率使用的旋钮

任务 2　变频器基本功能及参数设定

2.1　VF0 型变频器的基本功能及常用参数设定

1. 功能参数表

VF0 变频器的功能参数表如表 5.3.3 所示。

表 5.3.3　VF0 变频器的功能参数

参数号码	功能名称	状态值或代码	出厂设定数据
★ P01	第一加速时间(秒)	0・0.1～999	05.0
★ P02	第一减速时间(秒)	0・0.1～999	05.0
P03	VF 方式	5 060・FF	50

续 表

参数号码	功能名称	状态值或代码	出厂设定数据
P04	V腰曲线	0·1	0
★P05	力矩提升(%)	0~40	05
P06	选择电子热敏功能	01·2·3	2
P07	设定热敏继电器电流(A)	0.1~100	
P08	选择运行指令	0~5	0
P09	频率设定信号	0~5	0
P10	反转锁定	0	0
P11	停止模式	0·1	0
P12	停止频率(Hz)	0.5~60	00.5
P13	DC制动时间(秒)	0·0.1~120	000
P14	DC制动电平	0~100	00
P15	最大输出频率(Hz)	50~250	50.0
P16	基底频率(Hz)	45~250	50.0
P17	防止过电流失速功能	0·1	1
P18	防止过电压失速功能	01	1
P19	选择SW1功能	0~7	0
P20	选择SW2功能	0~7	0
P21	选择SW3功能	0~8	0
P22	选择PWM频率信号	0·1	0
P23	PWM信号平均次数	1~100	01
P24	PWM信号周期(ms)	1~999	01.0
P25	选择输出TR功能	0~7	0
P26	选择输出RY功能	0~6	5
P27	检测频率(输出TR)	0·0.5~250	00.5
P28	检测频率(输出RY)	0·0.5~250	00.5
★P29	点动频率(Hz)	0.5~250	10.0
★P30	点动加速时间(s)	0·0.1~999	05.0
★P31	点动减速时间(s)	00~999	05.0

续　表

参数号码	功能名称	状态值或代码	出厂设定数据
★P32	第二速频率(Hz)	0・0.5～250	20.0
★P33	第三速频率(Hz)	0・0.5～250	30.0
★P34	第四速频率(Hz)	0・0.5～250	40.0
★P35	第五速频率(Hz)	0・0.5～250	15.0
★P36	第六速频率(Hz)	0・0.5～250	25.0
★P37	第七速频率(Hz)	0・0.5～250	35.0
★P38	第八速频率(Hz)	0・0.5～250	45.0
★P39	第二加速时间(s)	0・0～999	05.0
★P40	第二减速时间(s)	0.1～999	05.0
P41	第二基底频率(Hz)	5～250	50.0
★P42	第二力矩提升(%)	0～40	05
P43	第一跳跃频率(Hz)	0・0.5～250	000
P44	第二跳跃频率(Hz)	0・0.5～250	000
P45	第三跳跃频率(Hz)	0.5～250	000
P46	跳跃频率宽度(Hz)	0～10	0
P47	电流限流功能(s)	0・01～9.9	00
P48	启动方式	0・1・2・3	1
P49	选择瞬间停止再次启动	0・1・2	0
P50	待机时间(s)	0～100	00.0
P51	选择再试行	0・1・2・3	
P52	再试行次数	0～10	
P53	下限频率(Hz)	0.5～250	00.5
P54	上限频率(Hz)	0.5～250	250
P55	选择偏置/增益功能	01	0
P56	偏置频率(Hz)	−99～250	00.0
★P57	增益频率(Hz)	0・0.5～250	50
P58	选择模拟 PWM 输出功能	0・1	0
★P59	模拟・PWM 输出修正(%)	75～125	100

续　表

参数号码	功能名称	状态值或代码	出厂设定数据
P60	选择监控	0・1	0
P61	线速度倍率	0.1～100	03.0
P62	最大输出电压	0.1～500	000
P63	OCS 电平(%)	1～200	140
P64	载波频率(Hz)	0.8～15	0.8
P65	密码	0.1～99 9	000
P66	设定数据清除(初始化)	0・1	0
P67	异常显示 1	最新	
P68	异常显示 2	1 次之前	
P69	异常显示 3	2 次之前	
P70	异常显示 4	3 次之前	

注：带有一个★的参数可以在变频器运行时设定。

2. 常用功能参数的设定

(1) P01 第一加速度时间(秒)

用于设定将输出频率由 0.5 赫兹提升到最大输出频率的时间。也就是按启动按钮电动机转速由 0.5 赫兹到最大设定输出转速的时间。如图 5.3.4 所示。设定范围 0.04・0.1～999，0.04 秒的显示代码为“000”。

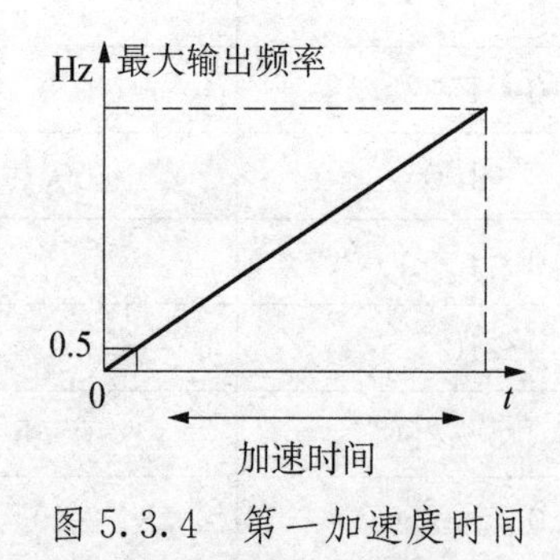

图 5.3.4　第一加速度时间

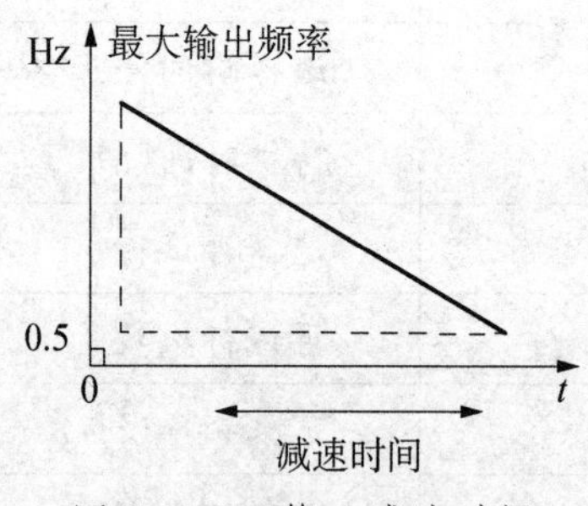

图 5.3.5　第二减速时间

(2) P02 第二减速时间(秒)

用于设定将输出频率由最大输出频率降到 0.5 赫兹的时间，如图 5.3.5 所示。

也就是按停止按钮电动机转速由最大输出转速到 0.5 赫兹的时间，即停止时间。

设定范围：0.04・0.1～999。

(3) P03 频率范围(V/F 方式)

与最大输出频率(50～400 Hz)无关，可以设定一个 50\60 Hz 的频率范围，参见表 5.3.4 和图 5.3.6。

表 5.3.4　频率范围设定

数据设定值	名称	说明
50	50 Hz 方式	设定此参数与参数 P15 和 P16 无关，与 P56 有关的频率范围
60	60 Hz 方式	
FF	自由方式	根据参数 P15 和 P16 设定一个频率范围，在参数 P15 中设定最大输出频率，在参数 P16 中设定主值，P56 设上限值

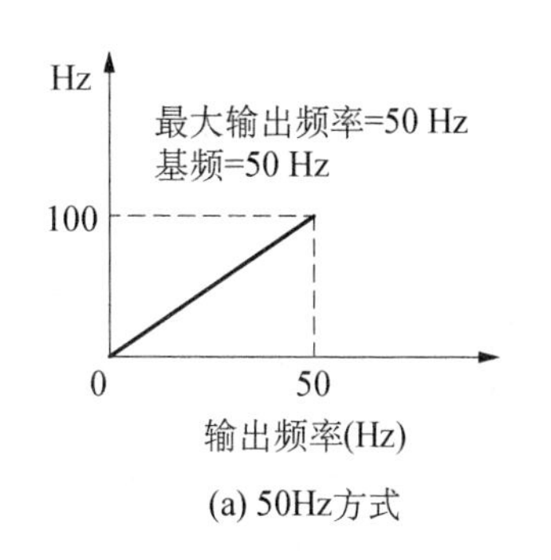

(a) 50Hz方式

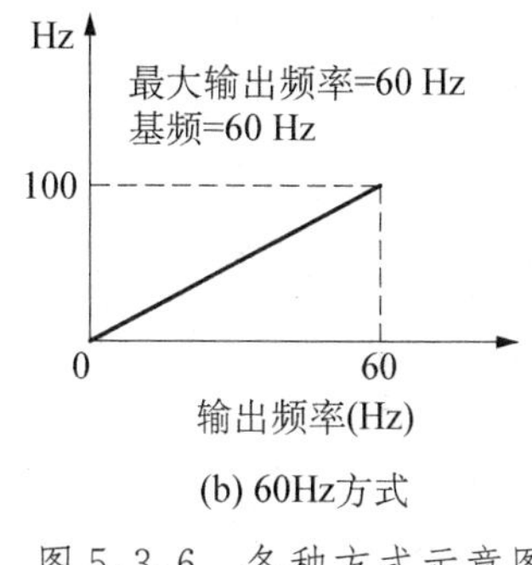

(b) 60Hz方式

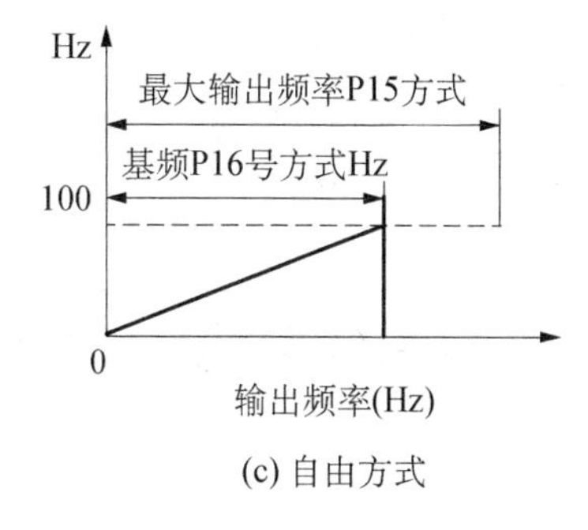

(c) 自由方式

图 5.3.6　各种方式示意图

(4) P04 V/F 曲线

用于选择恒定转矩，平方转矩方式，如表 5.3.5 所示，参见图 5.3.7。

表 5.3.5　选择不同方式

数据设定值	名称	说明
0	恒定转矩方式	用于机械等
1	平方转矩方式	用于风扇和气泵的应用

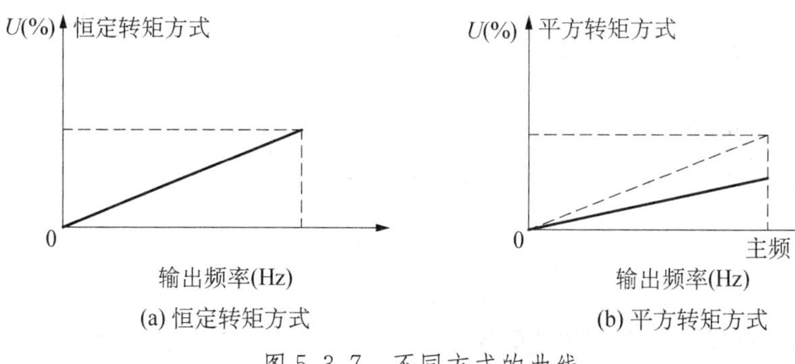

(a) 恒定转矩方式　(b) 平方转矩方式

图 5.3.7　不同方式的曲线

(5) P05 力矩提升

可设定与负荷特性相应的力矩提升，如图 5.3.8 所示。

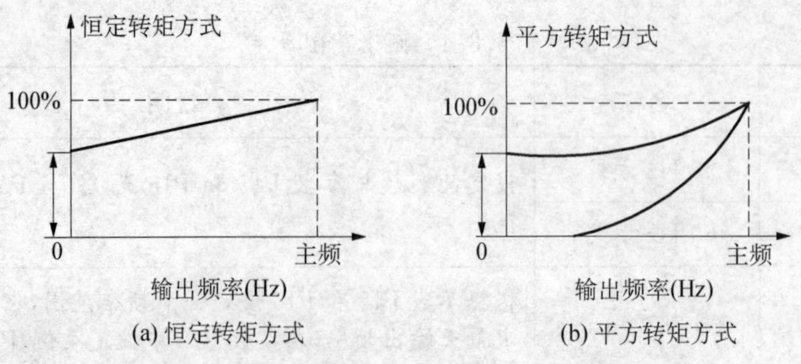

(a) 恒定转矩方式　(b) 平方转矩方式

图 5.3.8　各种方式的力矩提升示意图

(6) P08 选择运行指令

用于选择用操作板(面板操作)或用外控操作的输入信号来进行运行/停止和正转/反转，如表 5.3.6 所示。

表 5.3.6　运行指令选择表

设定数据	面板外控	操作板复位功能	操作方法　控制端子连接图
0	面板	有	运行 RUN 停止 STOP 正转/反转用 DR 模式设定
1			正常运行 RUN 反转运行 RUN　停止 STOP
2	外控	无	3　5　6　共用端子 ON：运行　OFF：停止 ON：反转　OFF：正转
3		有	
4	外控	无	3　5　6　共用端子 ON：正转运行 OFF：停止 ON：反转运行 OFF：停止
5		有	

操作板复位功能：

当一个故障跳闸发生时，此状态无法靠外控的停止信号进行复位，而可以用控制板上的功能，靠停止 SW 信号进行复位。注意，如果使用了复位锁定功能，该功能将具有优先权。也可以靠端子进行复位。

(7) P09 频率设定信号

可选择利用板前操作或用遥控操作的输入信号来进行频率设定信号的操作。如表 5.3.7 所示。

表 5.3.7　频率设定信号表

设定数据	面板控制	设定信号内容	操作方法控制端子连接图
0	面板	电位器设定(操作板)	频率设定钮 Max 最大频率(请参照 P03.15) Min 最低频率(或零电位停止)
1		数字设定(操作板)	用 MODE　SET 键　利用 FR 模式　进行设定

续　表

设定数据	面板控制	设定信号内容	操作方法控制端子连接图
2	外控	电位器	端子 No. 1. 2. 3(将电位器的中心引线拉到 2 上)
3		0～5 V(电压信号)	端子 No2. 3(2：＋. 3：－.)
4		0～10 V(电压信号	端子 No2. 3(2：＋. 3：－.)
5		4～20 mA(电流信号	端子 No2. 3(2：＋. 3：－.)，在 2～3 之间连接 200 欧

(8) P15 和 P16 用于设定最大输出频率和主频(这些参数只有当"FF"在参数 P03 中设定时才有效)

P15：最大输出频率被设定

设定范围：50～400 Hz

P16：主频被设定

设定范围：45. 0～400 Hz

若大于上限频率钳位的频率(参数 P56)不能输出，见图 5. 3. 9。

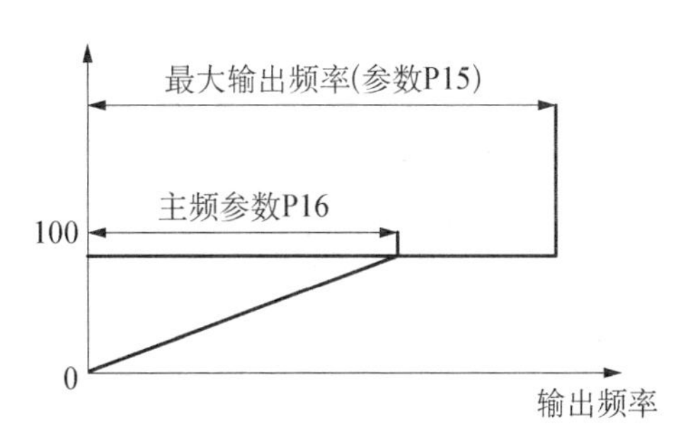

图 5. 3. 9　最大输出频出频率和主频示意图

(9) SW1 · SW2 · SW3 功能选择(参数 P19、P20、P21)

选择 SW1 · SW2 · SW3(控制电路端子 No. 7、No. 8、No. 9)的控制功能。其参数设定见表 5. 2. 8 和表 5. 3. 9。

表 5. 3. 8　SW 功能的参数设定

设定功能的 SW	SW1(端子 No. 7)	SW2(端子 No. 8)	SW3(端子 No. 9)
设定参数 No.	P19	P20	P21

表 5. 3. 9　SW 功能的不同数据设定表

设定数据	0	多速 SW1 输入	多速 SW2 输入	多速 SW3 输入
	1	输入复位	输入复位	输入复位
	2	输入复位锁定	输入复位锁定	输入复位锁定
	3	输入点动选择	输入点动选择	输入点动选择
	4	输入外部异常停止	输入外部异常停止	输入外部异常停止
	5	输入惯性停止	输入惯性停止	输入惯性停止
	6	输入频率信号切换	输入频率信号切换	输入频率信号切换
	7	输入第二特性选择	输入第二特性选择	输入第二特性选择
	8	—	—	频率设定▲▼

多速 SW 功能：将 SW 功能设定为多速功能时 SW 输入组合动作如表 5.3.10 所示。

第 1 速用参数 P09 所设定信号的指令值。第 2～8 速为用参数 P32～38 所设定的频率。

表 5.3.10　SW 输入组合动作表

SW1(端子 No.7)	SW2(端子 No.8)	SW3(端子 No.9)	运行频率
OFF	OFF	OFF	第 1 速
ON	OFF	OFF	第 2 速
OFF	ON	OFF	第 3 速
ON	ON	OFF	第 4 速
OFF	OFF	ON	第 5 速
ON	OFF	ON	第 6 速
OFF	ON	ON	第 7 速
ON	ON#	ON	第 8 速

(10) PWM 频率信号选择·平均次数·周期(参数 P22、P23、P24)

本参数用于将 VF0 由 PLC 等的 PWM 信号控制运行频率，但是容许的 PWM 信号周期为 0.9～1 100 ms 以内。

参数 P22：PWM 频率信号选择如表 5.3.11 所示。

表 5.3.11　PWM 频率信号选择表

设定数据	内容	设定数据	内容
0	无 PWM 频率信号选择	1	有 PWM 频率信号选择

选择 PWM 频率信号时，SW2(端子 No.8)和 SW3(端子 No.9)的功能将强制性变为 PWM 控制专用。

① 端子 No.8：频率信号切换输入端子。

ON：参数 P09 设定的信号。

OFF：PWM 频率信号。

② 端子 No.9：频率信号输入端子。

最大额定电压、电流：用具有 DC50 V、50 mA 以上能力的开路式集电极信号输入。

(11) 参数 P23：PWM 信号平均次数

数据设定范围(次)：1～100。

(12) 参数 P24：PWM 信号周期

数据设定范围(ms)：1～999，应以 PWM 输入信号周期的±12.5%以内的值设定数据。

2.2　故障表及排除故障方法

故障表及排除方法如表 5.3.12 所示。

表 5.3.12　故障排除方法

显示	故障详情和原因	故障排除方法
SC1	加速过程中的瞬时过电流或散热片异常发热	检查是否输出短路或接地错误 检查环境温度和风扇运行情况 增大加速时间
SC2	恒定速度期间的瞬时过电流或散热片异常发热	检查是否输出短路或接地错误 检查环境温度和风扇运行情况 消除负载的过大变化
SC3	减速过程中的瞬时过电流或散热片异常发热	检查是否输出短路或接地错误 检查环境温度和风扇运行情况 增大减速时间
OC1	加速过程中的过电流	检查开路电路输出相数 增大加速时间 调节提升水平
OC2	恒定速度期间过电流	检查开路电路输出相数 清除负载的过大变化
OC3	减速过程中的过电流	检查开路电路输出相数 增大减速时间
OU1	加速过程中的过大内部 DC 电压(过电压)	增大加速时间 接上一只制动电阻
OU2	恒定速度期间的过大内部 DC 电压(过电压)	清除负载的过大变化 接上一只制动电阻
OU3	减速过程中的过大内部 DC 电压(过电压)	增大减速时间 接上一只制动电阻
LU	电源电压降至额定值的 85%或 85%以下(电压不足)	测量电源电压 考虑瞬时停电再启动功能
OL	输出电流大于等于电热设定电流的 125%。或大于等于变频器额定电流的 150%。持续时间达到或超过一分钟(过载)	检查电热偶设定电流 减小负载
RU	由控制电路终端输入一个辅助故障信号(辅助故障)	检查时序电路,确认信号正确
RS	由控制电路终端输入一个辅助停止信号(辅助停止)	检查时序电路,确认辅助信号正确

续 表

显示	故障详情和原因	故障排除方法
OP	运行过程中,控制板被断开/接上,当在停止状态设定数据时,或者在使用方式键使方式回到运行状态时,一个运行信号被输入,当运行信号接通时电源也接通	要小心操作控制板 设定数据时检查运行信号 检查功率损耗启动方式(参数P48)
CPU	变频器易受异常的干扰水平影响	减小变频器周围的噪声

同步训练　变频调速系统的应用实例及解析—风机的变频调速

从消耗电能的角度讲,各类风机在工矿企业中所占的比例是所有生产机械中最大的,达20%～30%。大多数风机属于二次方律负载,采用变频调速后节能效果极好,约可节电20%～60%,有的场合甚至超过70%。所以,推广风机的变频调速具有十分重要的意义。

1. 风机实现变频调速的要点

(1) 变频器与控制方式的选择

① 变频器的选择。风机在某一转速下运行时,其阻转矩一般不会发生变化,只要转速不超过额定值,电动机也不会过载。所以变频器的容量只需按照说明书上标明的“配用电动机容量”进行选择即可。

② 控制方式的选择。风机由于在低速时,阻转矩很小,不存在低频时能否带动的问题,故采用V/F控制方式已经足够。并且从节能的角度考虑,U/f线可选最低的。多数生产厂都生产了比较价廉的专用于风机、水泵的变频器可以选用。

(2) 变频器的功能预置

① 上限频率。因为风机的机械特性具有平方律特点,所以一旦转速超过额定转速,阻转矩将增大很多,容易使电动机和变频器处于过载状态。因此,上限频率不应超过额定频率;

② 下限频率。从特性或工况来说,风机对下限频率没有要求。但转速太低时,风量太小,在多数情况下,并无实际意义。

③ 加、减速时间。风机的惯性很大,加速时间短,容易引起过电流;减速时间短,容易引起过电压。另一方面,风机的起动和停止次数很少,起动时间和停止时间一般不会影响正常生产。因此,加、减速时间应预置得长一些,具体时间视风机的容量大小而定。一般来说,容量越大者,加、减速时间越长。

④ 加、减速方式。风机在低速时阻转矩很小,随着转速的增高,阻转矩增大得很快;反之,在停机开始时,由于惯性的原因,转速下降较慢,阻转矩下降更慢。所以,加、减速方式以半S方式比较适宜,如图5.3.10所示。

⑤ 起动前的直流制动风机在停机状态下,其叶片常常因自然风而反转,使电动机在刚起动时处于“反接制动”状态,产生很大的冲击电流。针对这种情况,许多变频器设置了“起动前的直流制动功能”,即:在起动前首先使电动机进行直流制动,以保证电动机能够在“零速”的状态下起动。

⑥ 回避频率。风机在较高速运行时,由于阻转矩较大,较容易在某一转速下发生机械谐振。遇到机械谐振时,首先应注意紧固所有的螺钉及其他紧固件。如无效,则考虑预置回避频

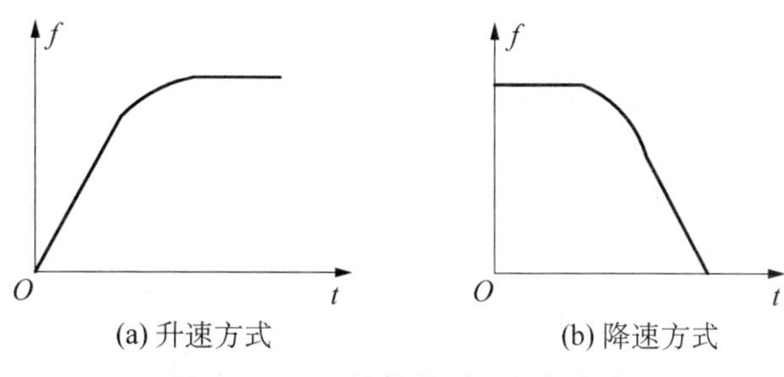

(a) 升速方式　　(b) 降速方式

图 5.3.10　风机的升、降速方式

率。预置前，先缓慢地反复调节频率，观察产生机械谐振的频率范围，然后进行预置。

2. 风机变频调速系统的控制电路

(1) 一般控制

多数情况下，风机只需进行简单的正转控制即可。也有不少场合，风机是不允许停机的。在这种情况下，必须考虑当变频器一旦发生故障时，将风机切换为工频运行的控制。

(2) 两地转速控制

某厂锅炉房的鼓风机，控制室在楼上。用户要求：既能在控制室进行转速控制，也能在楼下的工作现场进行转速控制。

① 电位器控制。如图 5.3.11(a)所示。当三位选择开关 SA 合至 A 时，由电位器调节转速；当 SA 合至 B 时，由电位器调节转速。

此法有一个明显的缺点，由于两地的电位器不可能同步调节，其滑动接点的位置是不一样的。当开关 SA 进行切换时，转速将发生变化，因而不可能立即在原有转速的基础上进行调节。例如，电动机的转速先由 RP_a 进行调节(SA 在 A 位)。当 SA 合至 B 位时，电动机的转速将首先改变为与 RP_b 的状态相一致。故切换前后的转速难以衔接。

② 按钮控制。以三菱 FR－A540 系列变频器为例，如图 5.3.11(b)所示。

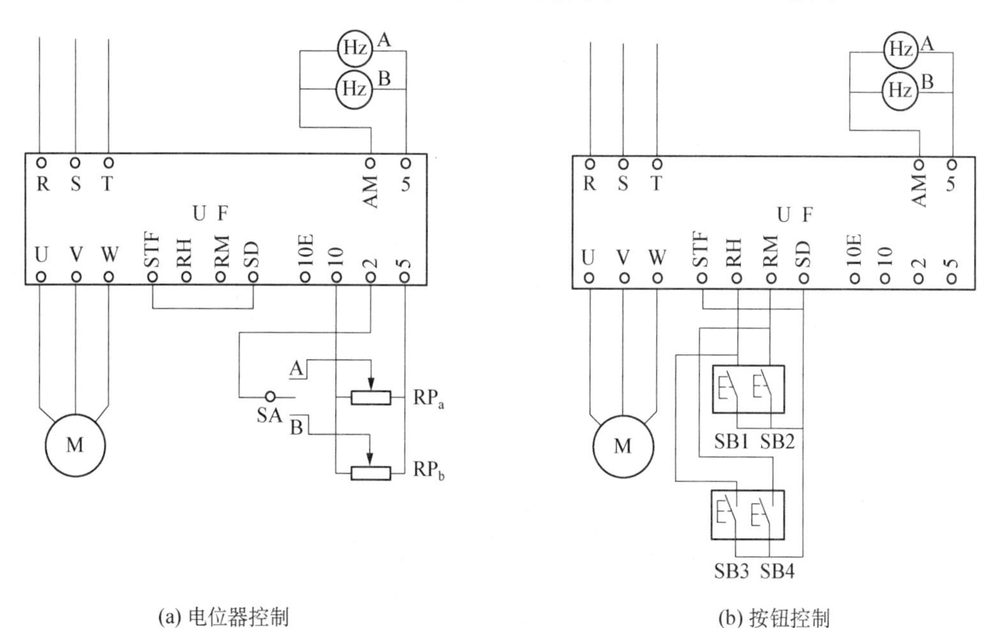

(a) 电位器控制　　(b) 按钮控制

图 5.3.11　两地升、降速控制

首先进行功能预置；

Pr.　79＝2　使变频器处于外部运行模式；

Pr.　59＝1　使“遥控方式”有效。

所谓“遥控方式”是用控制端子的通断实现变频器的升降速，而不是用电位器来完成。对三菱变频器来说：

RH 接通　频率上升；RH 断开频率保持；

RM 接通　频率下降；RM 断开频率保持。

即可以通过通断进行控制。并且当上述按钮松开时，能保持当时的频率即具有“记忆功能”；

Pr.　182＝2　使 RH 端具有升速功能；

Pr.　181＝1　使 RM 端具有降速功能。

图 5.3.11(b)中 SB1、SB2 是一组升、降速按钮，SB3、SB4 是另一组升、降速按钮。SB1 或 SB3 按下能使频率上升，松开后频率保持；反之，按下 SB2 或 SB4 都能使频率下降，松开后频率保持，从而在异地控制时，电动机的转速总是在原有转速的基础上升降的，很好地实现了两地控制。此外，在进行控制的两地，都应有频率显示。今将两个频率表并联接于端子 AM 和端子 5 之间。这时，需进行以下的功能预置：

Pr.　158——预置为 1，使 AM 端子输出频率信号，Pr.　55——为 50，使频率表的量程为 0～50。依此类推，还可实现多处控制。

子情境 4　上位机组态监控技术及其应用

体例 5.4.1　组态软件上位机监控系统总体设计方案

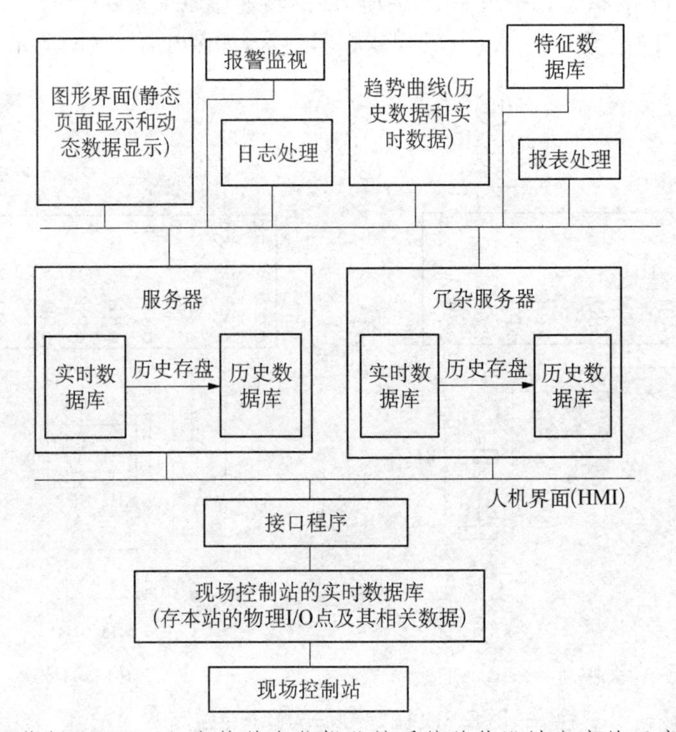

图体例 5.4.1　组态软件上位机监控系统总体设计方案的示意图

体例　5.4.2　________(学生完成)

完成形式：学生以小组为单位通过查找资料、研讨，以典型项目形式完成文本说明，制作PPT，通过项目过程考核对学生完成情况评价。

任务1　认识上位机组态监控技术

1.1　上位机组态监控技术简介

上位机组态监控软件是用于在自动控制领域中监控层中数据采集与过程控制的专用软件。这种软件能够运用灵活多样的组态方式(而不是编程方式)提供良好的用户开发界面，简化用户操作过程。在它设计的各种软件模块中可以方便地实现和完成监控现场设备层的各项功能，并同时支持绝大多数硬件厂家的设备，配合工控计算机和网络可向控制层和管理层提供软硬件的全部接口，用于系统集成。

组态软件一般包括系统初始化程序、用于工程师站的组态设计程序以及操作员站的操作运行程序，它们都是独立的可执行文件，相互间通过实时数据库系统进行通信。

系统初始化程序是指设置PC机与相关执行设备的通信端口，初始化完成后就能定时接收现场控制站采集的数据，系统组态需要针对不同的应用领域先离线进行，投入运行后也能根据现场控制站情况在线组态。在线组态需要一定的权限才能修改。监控部分提供良好的人机交互界面，通过它能实现对整个现场的实时控制。

1.2　组态软件的设计

组态软件主要包括系统组态、数据库组态、图形界面组态、报警监视、日志处理、趋势曲线(实时曲线和历史曲线)、报表组态等部分。

1. 系统组态设计

系统组态是对整个控制系统的硬件结构进行组态，它是整个工程项目的第一步。各现场控制站和操作员站的基本配置信息通过系统组态来设定，选择现场控制站中执行机构的类型、个数及各自的站号，确定操作员站站号、安全保护以及权限，最后将相关的配置信息综合，存到设定好的文件夹中保存。

2. 数据库组态设计

数据库组态是整个组态软件的核心部分。数据是分布式控制系统的信息来源，一个工程项目中所有需要监测和控制的点都在数据库组态中完成。本情境所设计组态软件主要包括特征数据库、实时数据库、历史数据库。其中特征数据库主要是用来保存为操作员站和工程师站服务的相关参数信息、系统配置信息等系统预定义和用户预定义的特征信息，可以用文件的形式将其保存。

实时数据库是数据库组态的关键部分，在设计时，处理好时空矛盾，原则上优先考虑效率问题。如果在限定的时间外读取数据，则视为无效数据。

工控数据库的设计应以对数据所要求的响应速度以及数据的大小为依据，来决定数据的存取策略。动态链接库(DLL)是Windows中的一种特殊的程序单元，被称为非任务化的可执行模块，它们由调用者的任务所驱动。所谓的动态链接库是与静态链接相比较而言，静态链接是由链接程序将静态链接库中的函数或资源在链接时拷贝给每个运行程序，而动态链接仅将动态链接库在内存中的DLL装入一次，因此在多任务环境下使用DLL可节约内存，提高程序的执行效率。实时数据库接口由一组API函数组成，利用这些接口程序，I/O驱动程序和各个用户程序模块可以直接访问实时数据库，这样系统不但具有全面的开放性和二次开发功能，而且实时性强。

3. 图形界面组态设计

人机界面（图形界面）是监控系统的主要对外应用窗口，也是监控软件功能的集中体现，操作管理人员通过计算机屏幕监视被控对象的动态变化，并利用鼠标、键盘等输入设备对控制对象人工干预。

图形界面应该具备以下功能：

系统工艺流程曲面的编辑生成，即利用系统提供的绘画工具完成系统工艺流程图的绘制，便于操作者直观操作；

系统动画连接的实现，即表明工艺流程画面中的某一图形对象是根据系统中的哪一个变量而动作的。

工艺流程画面的基本图形元素包括：直线、矩形、圆角矩形、椭圆、多边形、折线、文本、位图等。

图形界面的另一项工作是将画面和相关值联系起来，也就是动画连接。在计算机屏幕上实现动画，需要考虑两种运动形式：平移（模拟监控对象在两点间直线移动时的位置变化）和旋转（模拟对象旋转时的位置变化）。另外，在图形界面的动画中，还需要边框颜色、填充颜色等的动态关联。因此要实现动画连接，需要定义相对应的多组独立参数。

4. 对其他部分组态设计

组态设计除重点部分数据库组态和图形界面组态之外，监控系统还具有趋势组态、报警组态、报表组态等。

趋势曲线有实时趋势曲线和历史趋势曲线两种。曲线外形类似于坐标轴，X轴代表时间，Y轴代表变量值。同一趋势曲线中最多可同时显示多个变量的变化情况，而一个画面中可定义一定数量的趋势曲线。在趋势曲线中用户可以规定时间间距、网格分辨率、时间坐标数目、数值坐标数目、以及绘制曲线的“笔”的颜色属性。在运行时，实时趋势曲线可以自动卷动，以快速反应变量随时间的变化。历史趋势曲线并不自动卷动，它一般与功能按钮一起工作，共同完成历史资料的查看工作，这些按钮可以完成横轴放大、横轴缩小，纵轴放大、纵轴缩小，慢进、快进，慢倒、快倒等功能。

任务2　MCGS组态软件应用实例

2.1　MCGS组态软件的整体结构

MCGS软件系统包括组态环境和运行环境两个部分。组态环境相当于一套完整的工具软件，帮助用户设计和构造自己的应用系统。运行环境则按照组态环境中构造的组态工程，以用户指定的方式运行，并进行各种处理，完成用户组态设计的目标和功能。

MCGS组态软件所建立的工程由主控窗口、设备窗口、用户窗口、实时数据库和运行策略

五部分构成，每一部分分别进行组态操作，完成不同的工作，具有不同的特性。

主控窗口：是工程的主窗口或主框架。在主控窗口中可以放置一个设备窗口和多个用户窗口，负责调度和管理这些窗口的打开或关闭。主要的组态操作包括：定义工程的名称，编制工程菜单，设计封面图形，确定自动启动的窗口，设定动画刷新周期，指定数据库存盘文件名称及存盘时间等。

设备窗口：是连接和驱动外部设备的工作环境。在本窗口内配置数据采集与控制输出设备，注册设备驱动程序，定义连接与驱动设备用的数据变量。

用户窗口：本窗口主要用于设置工程中人机交互的界面，诸如：生成各种动画显示画面、报警输出、数据与曲线图表等。

实时数据库：是工程各个部分的数据交换与处理中心，它将 MCGS 工程的各个部分连接成有机的整体。在本窗口内定义不同类型和名称的变量，作为数据采集、处理、输出控制、动画连接及设备驱动的对象。

运行策略：本窗口主要完成工程运行流程的控制。包括编写控制程序(if…then 脚本程序)，选用各种功能构件，如：数据提取、定时器、配方操作、多媒体输出等。

2.2　MCGS 组态软件的功能和特点

全中文、可视化、面向窗口的组态开发界面，符合中国人的使用习惯和要求，真正的 32 位程序，可运行于 Microsoft WinXP/Win7/Win8/Win10 等多种操作系统。

庞大的标准图形库、完备的绘图工具以及丰富的多媒体支持，使用户能够快速地开发出集图像、声音、动画等于一体的漂亮、生动的工程画面。

全新的 ActiveX 动画构件，包括存盘数据处理、条件曲线、计划曲线、相对曲线、通用棒图等，使用户能够更方便、更灵活地处理、显示生产数据。

支持目前绝大多数硬件设备，同时可以方便地定制各种设备驱动；此外，独特的组态环境调试功能与灵活的设备操作命令相结合，使硬件设备与软件系统间的配合天衣无缝。

简单易学的类 Basic 脚本语言与丰富的 MCGS 策略构件，使用户能够轻而易举地开发出复杂的流程控制系统。

强大的数据处理功能，能够对工业现场产生的数据以各种方式进行统计处理，使用户能够在第一时间获得有关现场情况的第一手数据。

方便的报警设置、丰富的报警类型、报警存贮与应答、实时打印报警报表以及灵活的报警处理函数，使用户能够方便、及时、准确地捕捉到任何报警信息。

完善的安全机制，允许用户自由设定菜单、按钮及退出系统的操作权限。此外，还提供了工程密码、锁定软件狗、工程运行期限等功能，以保护组态开发者的成果。

强大的网络功能，支持 TCP/IP、Modem、485/422/232，以及各种无线网络和无线电台等多种网络体系结构。

良好的可扩充性，可通过 OPC、DDE、ODBC、ActiveX 等机制，方便地扩展组态软件的功能，并与其他组态软件、MIS 系统或自行开发的软件进行连接。

提供了 WWW 浏览功能，能够方便地实现生产现场控制与企业管理的集成。在整个企业范围内，只使用 IE 浏览器就可以在任意一台计算机上方便地浏览与生产现场一致的动画画面，实时和历史的生产信息，包括历史趋势、生产报表等等，并提供完善的用户权限控制。

2.3 MCGS组态软件的工作方式

MCGS与设备通讯：MCGS通过设备驱动程序与外部设备进行数据交换。包括数据采集和发送设备指令。设备驱动程序是由VB、VC程序设计语言编写的DLL(动态链接库)文件，设备驱动程序中包含符合各种设备通讯协议的处理程序，将设备运行状态的特征数据采集进来或发送出去。MCGS负责在运行环境中调用相应的设备驱动程序，将数据传送到工程中的各个部分，完成整个系统的通讯过程。每个驱动程序独占一个线程，达到互不干扰的目的。

MCGS产生动画效果：MCGS为每一种基本图形元素定义了不同的动画属性，如：一个长方形的动画属性有可见度、大小变化、水平移动等，每一种动画属性都会产生一定的动画效果。所谓动画属性，实际上是反映图形大小、颜色、位置、可见度、闪烁性等状态的特征参数。然而，我们在组态环境中生成的画面都是静止的，如何在工程运行中产生动画效果呢？方法是：图形的每一种动画属性中都有一个"表达式"设定栏，在该栏中设定一个与图形状态相联系的数据变量，链接到实时数据库中，以此建立相应的对应关系，MCGS称之为动画连接。详细情况请参阅后面第四讲中的动画连接。

MCGS实施远程多机监控：MCGS提供了一套完善的网络机制，可通过TCP/IP网、Modem网和串口网将多台计算机连接在一起，构成分布式网络监控系统，实现网络间的实时数据同步、历史数据同步和网络事件的快速传递。同时，可利用MCGS提供的网络功能，在工作站上直接对服务器中的数据库进行读写操作。分布式网络监控系统的每一台计算机都要安装一套MCGS工控组态软件。MCGS把各种网络形式，以父设备构件和子设备构件的形式，供用户调用，并进行工作状态、端口号、工作站地址等属性参数的设置。

MCGS对工程运行流程实施有效控制：MCGS开辟了专用的"运行策略"窗口，建立用户运行策略。MCGS提供了丰富的功能构件，供用户选用，通过构件配置和属性设置两项组态操作，生成各种功能模块(称为"用户策略")，使系统能够按照设定的顺序和条件，操作实时数据库，实现对动画窗口的任意切换，控制系统的运行流程和设备的工作状态。所有的操作均采用面向对象的直观方式，避免了烦琐的编程工作。

2.4 学习MCGS组态软件

如果计算机上安装了"MCGS组态软件"，在Windows桌面上，会有"MCGS组态环境"与"MCGS运行环境"图标。鼠标双击"MCGS组态环境"图标，进入MCGS组态环境。

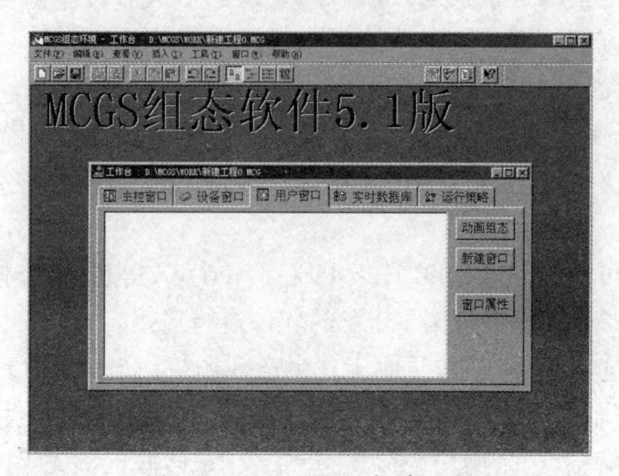

图5.4.1 MCGS启动画面

在菜单“文件”中选择“新建工程”菜单项，如果 MCGS 安装在 D 盘根目录下，则会在 D：\MCGS\WORK\下自动生成新建工程，默认的工程名为新建工程 X. MCG(X 表示新建工程的顺序号，如：0、1、2 等)。如下图：

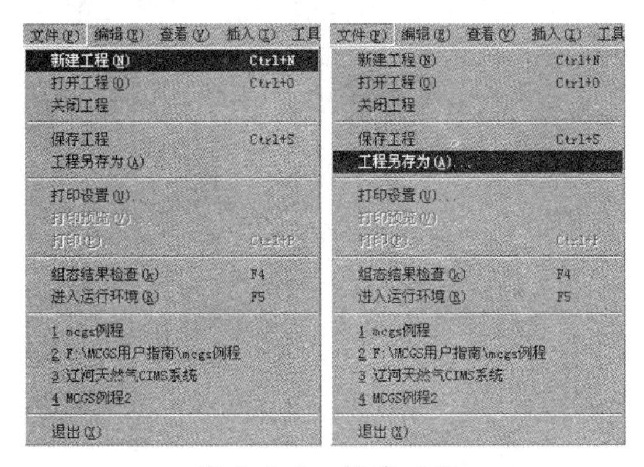

图 5.4.2　新建工程

或在菜单“文件”中选择“工程另存为”选项，把新建工程存为 D：\MCGS\WORK\水位控制系统。

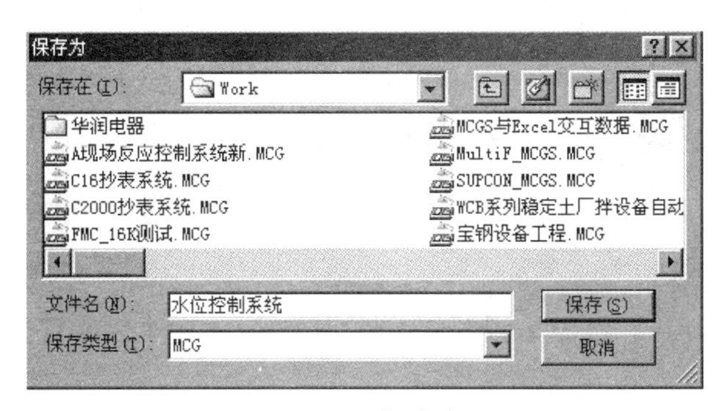

图 5.4.3　保存窗口

在 MCGS 组态平台上，单击“用户窗口”，在“用户窗口”中单击“新建窗口”按钮，则产生新“窗口 0”，即：

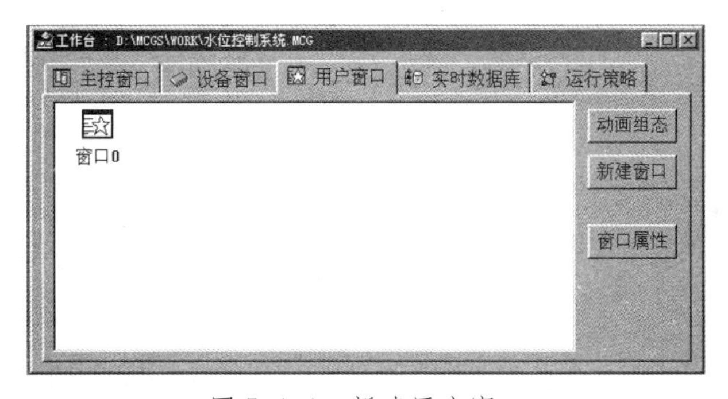

图 5.4.4　新建用户窗口

选中“窗口 0”，单击“窗口属性”，进入“用户窗口属性设置”，将“窗口名称”改为“水位控

制”;将“窗口标题”改为“水位控制”;在“窗口位置”中选中“最大化显示”,其他不变,单击“确认”。

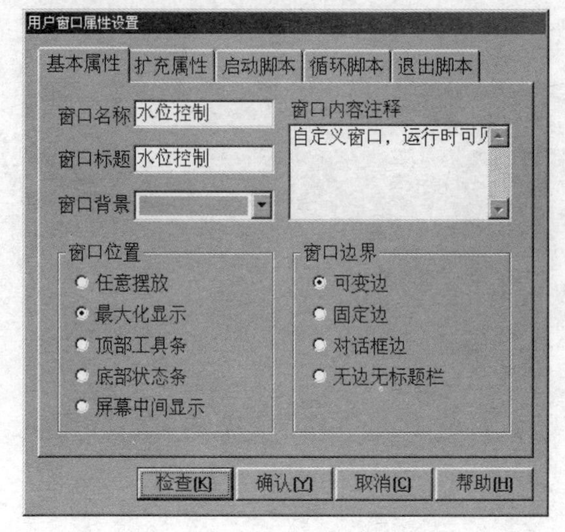

图 5.4.5　用户窗口属性设置

选中刚创建的“水位控制”用户窗口,单击“动画组态”,进入动画制作窗口。

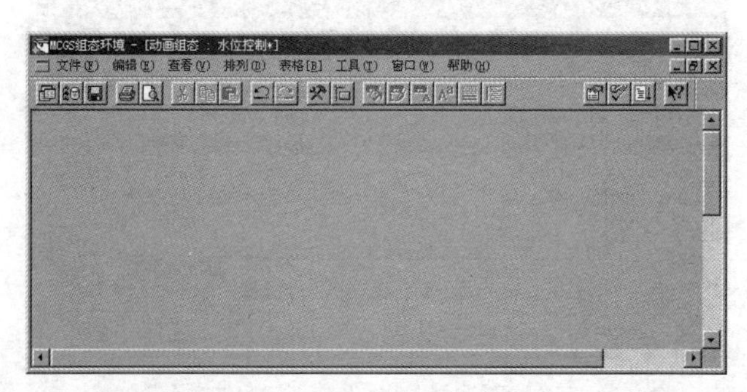

图 5.4.6　动画制作窗口

单击工具条中的“工具箱”按钮,则打开动画工具箱,如图 5.4.7 所示:

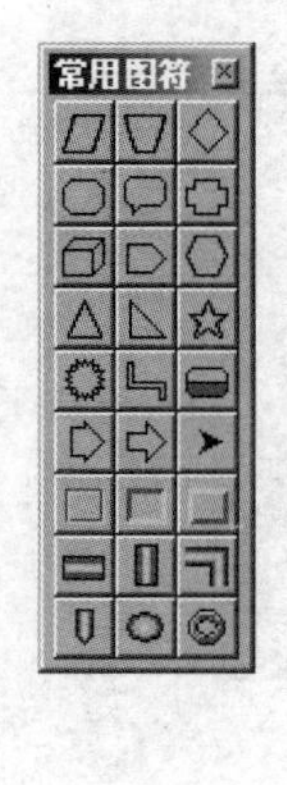

图 5.4.7　动画工具箱

建立文字框:打开工具箱,选择“工具箱”内的“标签”按钮 A ,鼠标的光标变为“十字”形,在窗口任意位置拖拽鼠标,拉出一个一定大小的矩形。

输入文字:建立矩形框后,光标在其内闪烁,可直接输入“水位控制系统演示工程”文字,按回车键或在窗口任意位置用鼠标点击一下,文字输入过程结束。如果用户想改变矩形框内的文字,先选中文字标签,按回车键或空格键,光标显示在文字起始位置,即可进行文字的修改。

设定文字框颜色:选中文字框,按工具条上的 (填充色)按钮,设定文字框的背景颜色(设为无填充色);按 (线色)按钮改变文字框的边线颜色(设为没有边线)。设定的结果是,不显示框图,只显示文字。

设定文字的颜色：按（字符字体）按钮改变文字字体和大小。按（字符颜色）按钮，改变文字颜色（为蓝色）。

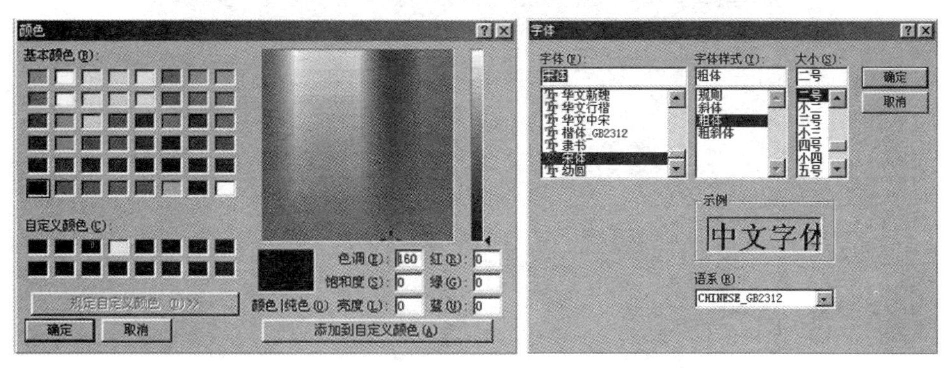

图 5.4.8　文字框的背景颜色设置图

单击“工具”菜单，选中“对象元件库管理”或单击工具条中的“工具箱”按钮，则打开动画工具箱，工具箱中的图标用于从对象元件库中读取存盘的图形对象；图标用于把当前用户窗口中选中的图形对象存入对象元件库中。如下图：

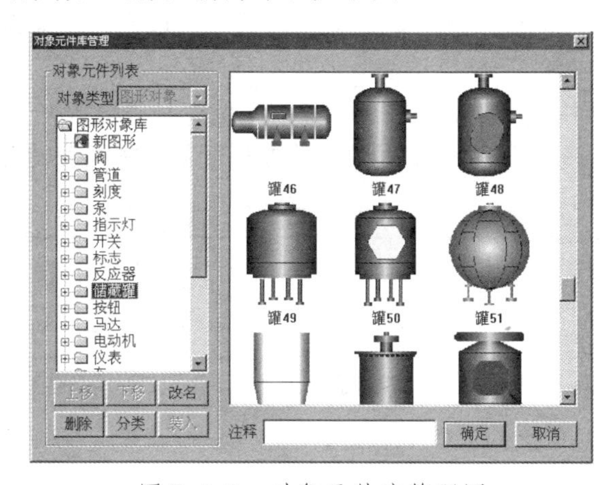

图 5.4.9　对象元件库管理图

从“对象元件库管理”中的“储藏罐”中选取中意的罐，按“确认”，则所选中的罐在桌面的左上角，可以改变其大小及位置，如罐 14、罐 20。

从“对象元件库管理”中的“阀”和“泵”中分别选取 2 个阀（阀 6、阀 33）、1 个泵（泵 12）。选中工具箱内的“流动块”动画构件（ ）。移动鼠标至窗口的预定位置，（鼠标的光标变为十字形状），点击一下鼠标左键，移动鼠标，在鼠标光标后形成一道虚线，拖动一定距离后，点击鼠标左键，生成一段流动块。再拖动鼠标（可沿原来方向，也可垂直原来方向），生成下一段流动块。当用户想结束绘制时，双击鼠标左键即可。当用户想修改流动块时，先选中流动块（流动块周围出现选中标志：白色小方块），鼠标指针指向小方块，按住左键不放，拖动鼠标，就可调整流动块的形状。

用工具箱中的 A 图标，分别对阀、罐进行文字注释，方法见上面做“水位控制系统演示工程”。最后生成的画面如图 5.4.10 所示：

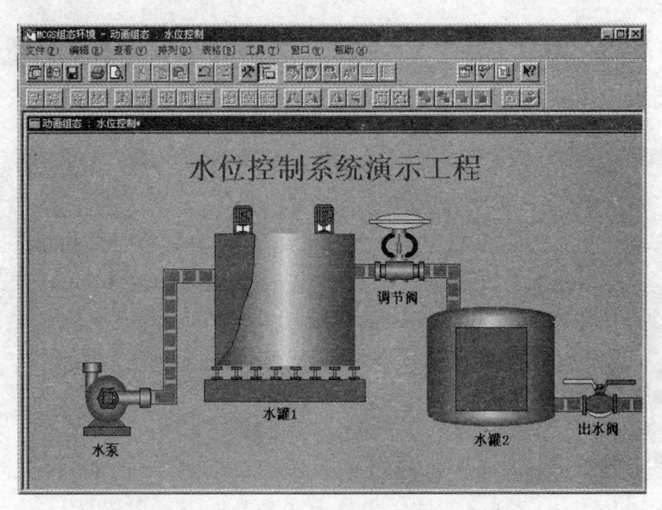

图 5.4.10　水位控制系统演示工程图

2.5　定义数据变量

实时数据库是 MCGS 工程的数据交换和数据处理中心。数据变量是构成实时数据库的基本单元，建立实时数据库的过程也即是定义数据变量的过程。定义数据变量的内容主要包括：指定数据变量的名称、类型、初始值和数值范围，确定与数据变量存盘相关的参数，如存盘的周期、存盘的时间范围和保存期限等。下面介绍水位控制系统数据变量的定义步骤。

分析变量名称：下表列出了样例工程中与动画和设备控制相关的变量名称。

表 5.4.1　项目中要用到的数据对象

变量名称	类　型	注　释
水泵	开关型	控制水泵“启动”、“停止”的变量
调节阀	开关型	控制调节阀“打开”、“关闭”的变量
出水阀	开关型	控制出水阀“打开”、“关闭”的变量
液位 1	数值型	水罐 1 的水位高度，用来控制 1# 水罐水位的变化
液位 2	数值型	水罐 2 的水位高度，用来控制 2# 水罐水位的变化
液位 1 上限	数值型	用来在运行环境下设定水罐 1 的上限报警值
液位 1 下限	数值型	用来在运行环境下设定水罐 1 的下限报警值
液位 2 上限	数值型	用来在运行环境下设定水罐 2 的上限报警值
液位 2 下限	数值型	用来在运行环境下设定水罐 2 的下限报警值
液位组	组对象	用于历史数据、历史曲线、报表输出等功能构件

鼠标点击工作台的“实时数据库”窗口标签，进入实时数据库窗口页。

按“新增对象”按钮，在窗口的数据变量列表中，增加新的数据变量，多次按该按钮，则增加多个数据变量，系统缺省定义的名称为“Data1”、“Data2”、“Data3”等。选中变量，按“对象属性”按钮或双击选中变量，则打开对象属性设置窗口。

指定名称类型：在窗口的数据变量列表中，用户将系统定义的缺省名称改为用户定义的名称，并指定类型，在注释栏中输入变量注释文字。本系统中要定义的数据变量如图 5.4.11 所示，以“液位 1”变量为例。

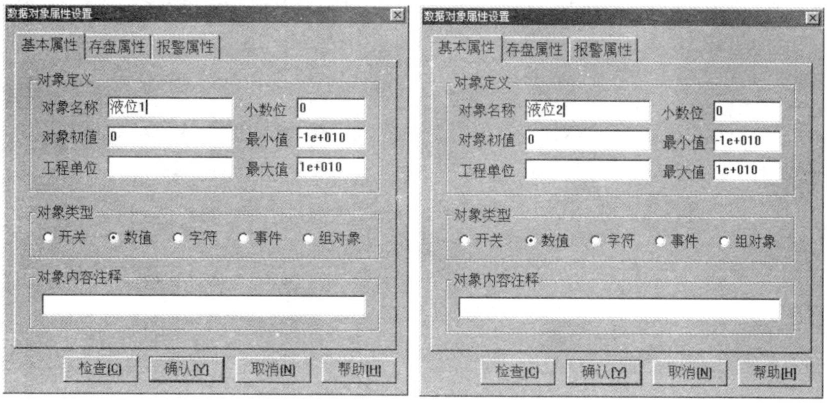

数据对象属性设置
基本属性 | 存盘属性 | 报警属性
对象定义
对象名称 液位1　小数位 0
对象初值 0　最小值 -1e+010
工程单位　最大值 1e+010
对象类型
开关 ◉数值 字符 事件 组对象
对象内容注释
检查[C] 确认[Y] 取消[N] 帮助[H]

数据对象属性设置
基本属性 | 存盘属性 | 报警属性
对象定义
对象名称 液位2　小数位 0
对象初值 0　最小值 -1e+010
工程单位　最大值 1e+010
对象类型
开关 ◉数值 字符 事件 组对象
对象内容注释
检查[C] 确认[Y] 取消[N] 帮助[H]

图 5.4.11 液位设置图

在基本属性中，对象名称为：液位 1；对象类型为：数值；其他不变。

液位组变量属性设置，在基本属性中，对象名称为：液位组；对象类型为：组对象；其他不变。在存盘属性中，数据对象值的存盘选中定时存盘，存盘周期设为 5 秒。在组对象成员中选择“液位 1”，“液位 2”。具体设置如图 5.4.12 所示：

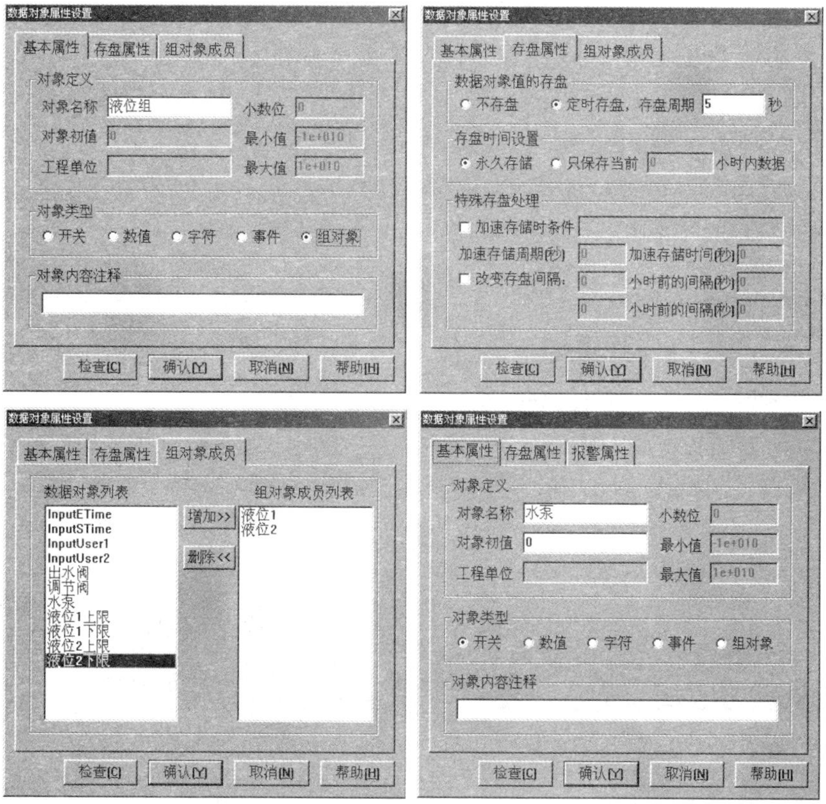

数据对象属性设置
基本属性 | 存盘属性 | 组对象成员
对象定义
对象名称 液位组　小数位 0
对象初值 0　最小值 -1e+010
工程单位　最大值 1e+010
对象类型
开关 数值 字符 事件 ◉组对象
对象内容注释
检查[C] 确认[Y] 取消[N] 帮助[H]

数据对象属性设置
基本属性 | 存盘属性 | 组对象成员
数据对象值的存盘
不存盘 ◉定时存盘，存盘周期 5 秒
存盘时间设置
◉永久存储 只保存当前 0 小时内数据
特殊存盘处理
□加速存储时条件
加速存储周期(秒) 0　加速存储时间(秒) 0
□改变存盘间隔： 0　小时前的间隔(秒) 0
0　小时前的间隔(秒) 0
检查[C] 确认[Y] 取消[N] 帮助[H]

数据对象属性设置
基本属性 | 存盘属性 | 组对象成员
数据对象列表　组对象成员列表
InputETime
InputSTime
InputUser1
InputUser2
出水阀
调节阀
水泵
液位1上限
液位1下限
液位2上限
液位2下限
增加>>
删除<<
液位1
液位2
检查[C] 确认[Y] 取消[N] 帮助[H]

数据对象属性设置
基本属性 | 存盘属性 | 报警属性
对象定义
对象名称 水泵　小数位 0
对象初值 0　最小值 -1e+010
工程单位　最大值 1e+010
对象类型
◉开关 数值 字符 事件 组对象
对象内容注释
检查[C] 确认[Y] 取消[N] 帮助[H]

图 5.4.12 定义数据变量

水泵、调节阀、出水阀三个开关型变量，属性设置只要把对象名称改为：水泵、调节阀、出水阀；对象类型选中“开关”，其他属性不变。如图 5.4.13 所示：

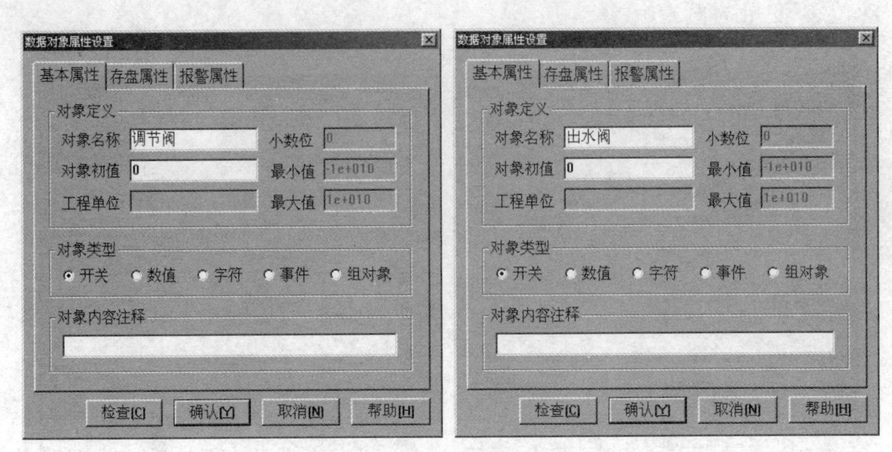

图 5.4.13　数据对象属性设置

2.6　动画连接

由图形对象搭制而成的图形界面是静止不动的，需要对这些图形对象进行动画设计，真实地描述外界对象的状态变化，达到过程实时监控的目的。MCGS 实现图形动画设计的主要方法是将用户窗口中图形对象与实时数据库中的数据对象建立相关性链接，并设置相应的动画属性。在系统运行过程中，图形对象的外观和状态特征，由数据对象的实时采集值驱动，从而实现了图形的动画效果。

在用户窗口中，双击水位控制窗口进入，选中水罐 1 双击，则弹出单元属性设置窗口。选中折线，则会出现 [>] ，单击 [>] 则进入动画组态属性设置窗口，按下图 5.4.15 所示修改，其他属性不变。设置好后，按确认，再按确认，变量链接成功。对于水罐 2，只需要把“液位 2”改为“液位 1”；最大变化百分比 100，对应的表达式的值由 10 改为 6 即可。

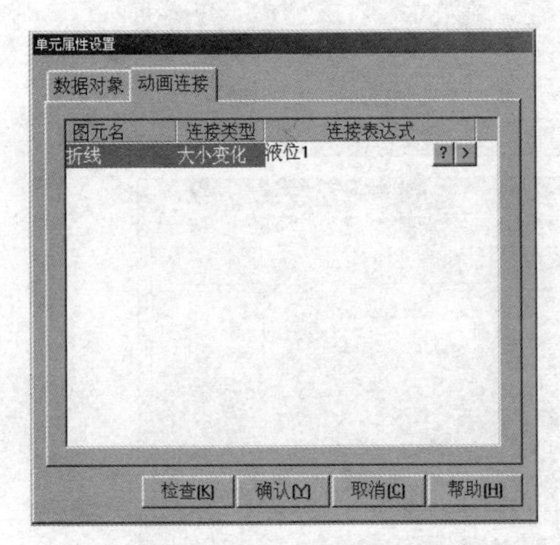

图 5.4.14　水罐单元属性设置窗口

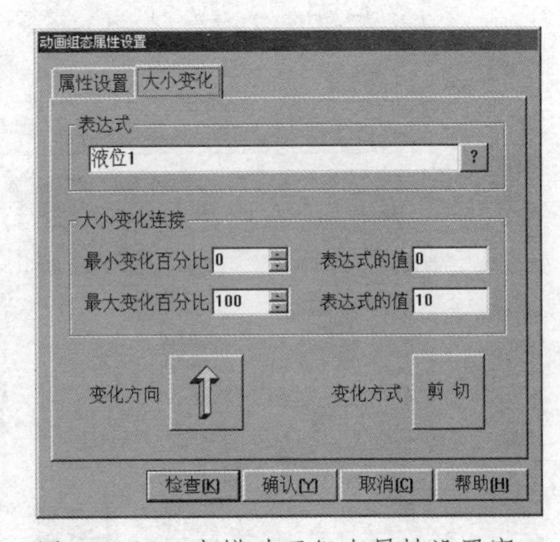

图 5.4.15　水罐动画组态属性设置窗口

在用户窗口中，双击水位控制窗口进入，选中调节阀双击，则弹出单元属性设置窗口。选中组合图符，则会出现 > ，单击 > 则进入动画组态属性设置窗口，按图 5.4.17 所示修改，其他属性不变。设置好后，按确认，再按确认，变量链接成功。水泵属性设置跟调节阀属性设置一样。

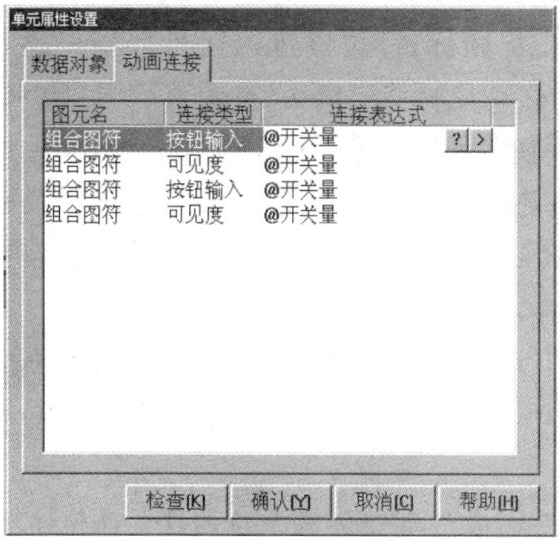

图 5.4.16　水位单元属性设置窗口

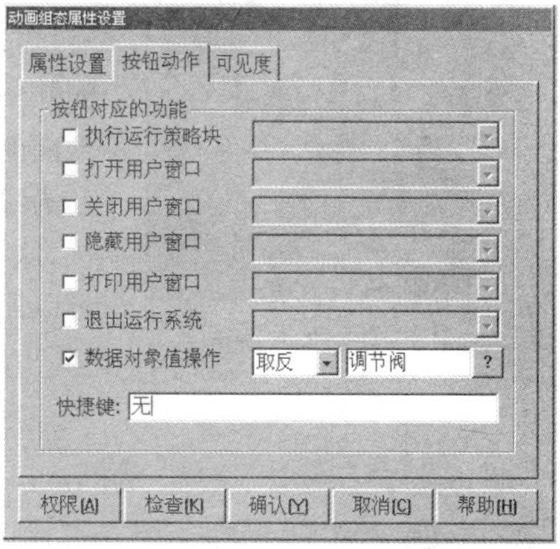

图 5.4.17　水位动画组态属性设置窗口

在用户窗口中，双击水位控制窗口进入，选中水泵右侧的流动块双击，则弹出流动块构件属性设置窗口。按上图所示修改，其他属性不变。水罐 1 右侧的流动块与水罐 2 右侧的流动块在流动块构件属性设置窗口中，只需要把表达式相应改为：调节阀=1，出水阀=1 即可，如下图 5.4.18 所示：

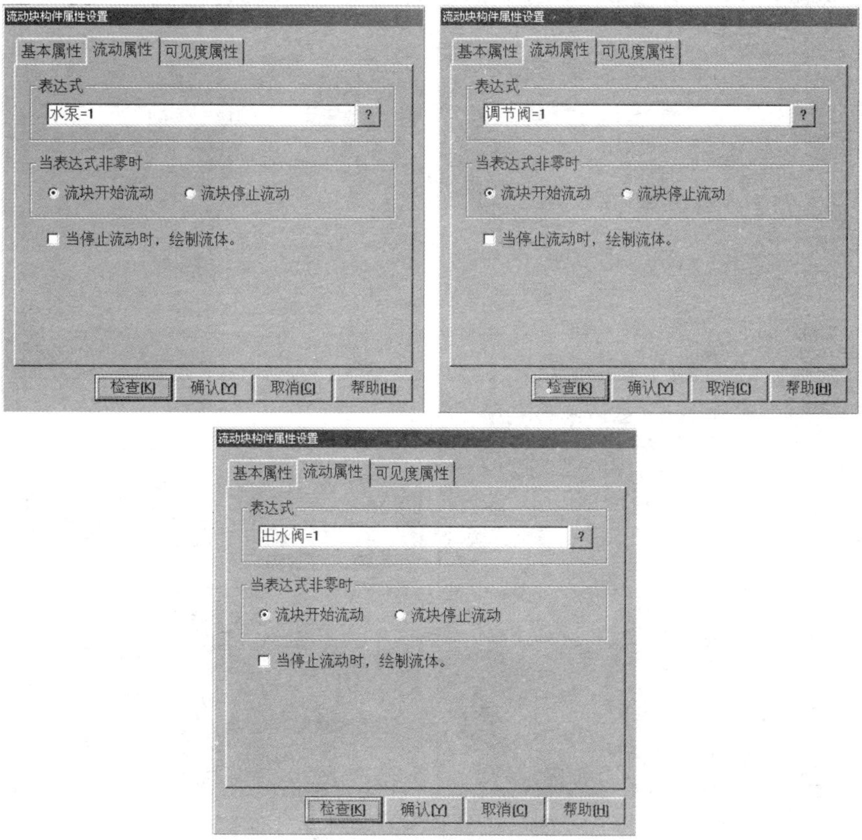

图 5.4.18　水泵流动块构件属性设置窗口

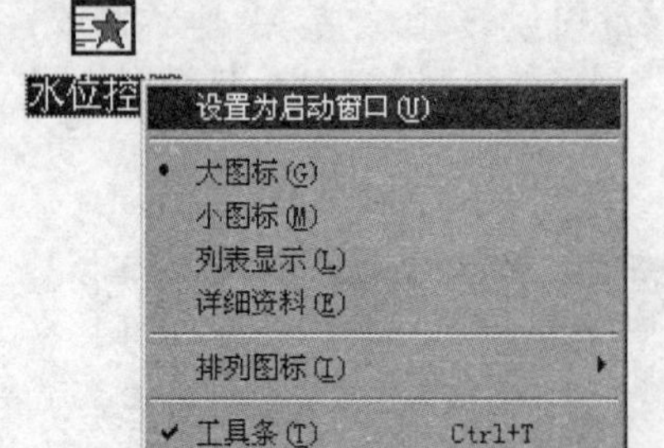

图 5.4.19　水位控制窗口

在运行之前还需做一下设置。在“用户窗口”中选中“水位控制”，单击鼠标右键，点击“设置为启动窗口”，这样工程运行后会自动进入“水位控制”窗口。

在菜单项“文件”中选“进入运行环境”或直接按“F5”或直接按工具条中 图标，都可以进入运行环境。此时画面并不能动，需要移动鼠标到“水泵”、“调节阀”、“出水阀”上面的红色部分，会出现一只小“手”，单击一下，红色部分变为绿色，同时流动块相应地运动起来。但水罐仍没有变化，这是由于没有信号输入，也没有人为地改变其值。现在可以用如下方法改变其值，使水罐动起来。

在“工具箱”中选中滑动输入器 图标，当鼠标变为“十”后，拖动鼠标到适当大小，然后双击进入属性设置，具体操作如图 5.4.20 所示，以液位 1 为例：

在“滑动输入器构件属性设置”的“操作属性”中，把对应数据对象的名称改为：液位 1，可以通过单击 图标，到库中选，自己输入也可；“滑块在最右边时对应的值”为：10。在“滑动输入器构件属性设置”的“基本属性”中，在“滑块指向”中选中“指向左(上)”，其他不变。在“滑动输入器构件属性设置”的“刻度与标注属性”中，把“主划线数目”改为：5，即能被 10 整除，其他不变。

属性设置好后，效果如图 5.4.20 所示：

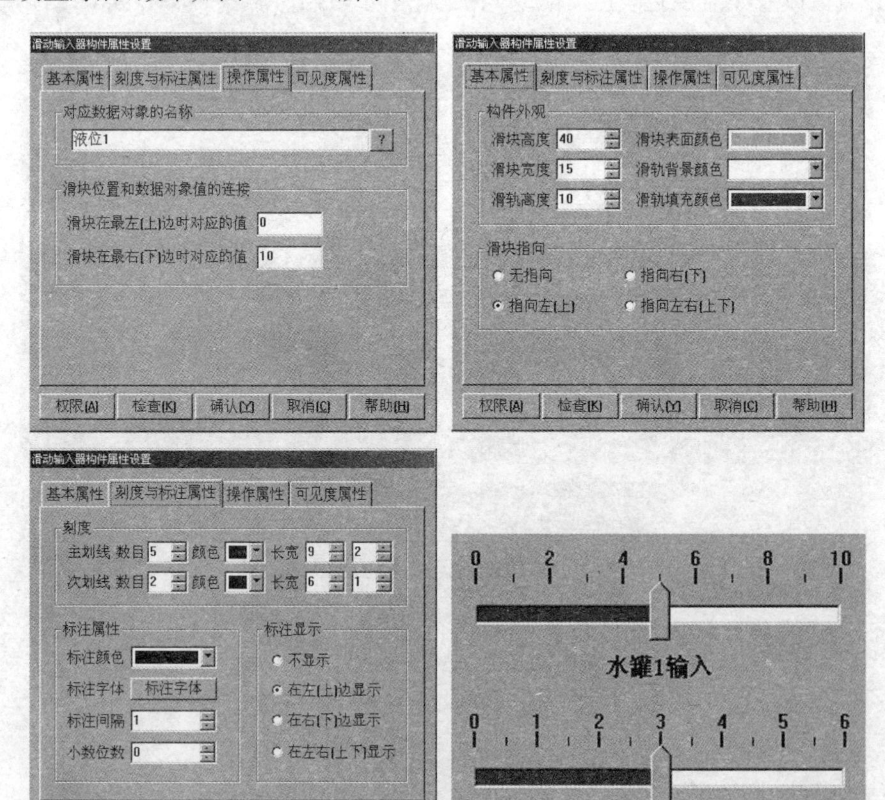

图 5.4.20　滑动输入器构件属性设置

此时再按“F5”或直接按工具条中图标，进入运行环境后，可以通过拉动滑动输入器而使水罐中的液面动起来。为了能准确了解水罐1、水罐2的值，可以用数字显示其值，具体操作如下：在“工具箱”中单击“标签”图标，调整大小放在水罐下面，双击进行属性设置如图5.4.21所示：

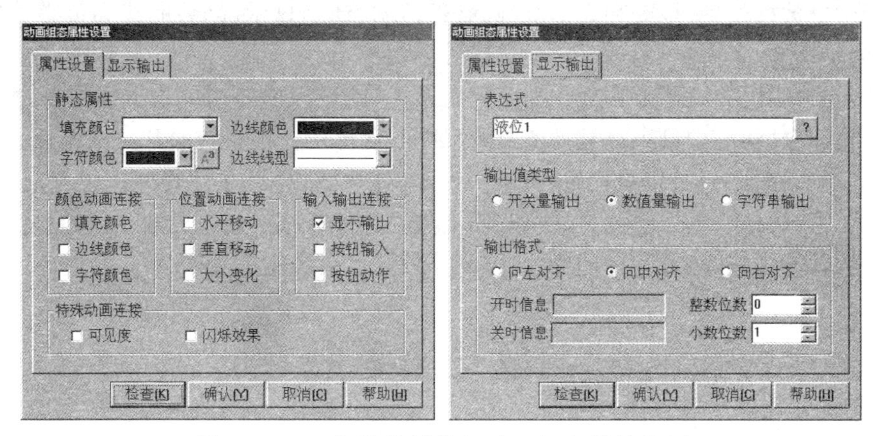

图5.4.21　水罐控制按钮动画组态属性设置

在“工具箱”中单击“旋转仪表”图标，调整大小放在水罐下面，双击进行属性设置如图5.4.22所示：

图5.4.22　旋转仪表属性设置

再按“F5”或直接按工具条中 图标，进入运行环境后，可以通过拉动滑动输入器使整个画面动起来。

MCGS为用户提供了解决实际工程问题的完整方案和开发平台，能够完成现场数据采集、实时和历史数据处理、报警和安全机制、流程控制、动画显示、趋势曲线和报表输出以及企业监控网络等功能。

使用MCGS，用户无须具备计算机编程的知识，就可以在短时间内轻而易举地完成一个运行稳定、功能全面、维护量小并且具备专业水准的计算机监控系统的开发工作。

MCGS具有操作简便、可视性好、可维护性强、高性能、高可靠性等突出特点，已成功应用于石油化工、钢铁行业、电力系统、水处理、环境监测、机械制造、交通运输、能源原材料、农业自动化、航空航天等领域，经过各种现场的长期实际运行，系统稳定可靠。

习题与思考题

1. 伺服控制系统一般包括哪几个部分？每部分能实现何种功能？
2. 伺服系统对执行元件有哪些要求？
3. 某三相步进电动机，通电方式为A—AB—B—BC—C—CA—A…，试计算其步矩角。
4. 试述减速器的作用。
5. 直流伺服电动机的控制方式？
6. 简述PWM调速原理。
7. 试根据机械特性曲线，分析当负载转矩不变时，直流伺服电动机的调压调速过程。
8. 试分析直流伺服电动机与交流伺服电动机在控制上有什么不同？
9. 液压泵的主要类型有哪些？
10. 气压传动系统由哪些部分组成？相应的作用是什么？
11. 交流变频调速有哪几种类型，各有什么特点？
12. 变频调速系统一般分为哪几类？
13. 通用变频器一般分为哪几类？在选用通用变频器时主要考虑哪些方面？
14. 组态软件包括哪些部分？

学习情境五小结

教学网络图

<table>
<tr><th colspan="3">学习情境</th><th>工作任务</th><th>学习流程</th><th>同步训练</th><th>综合训练</th><th>评价</th><th>教学载体</th><th>教学环境</th><th>教学资源</th><th>教学方法</th></tr>
<tr><td rowspan="9">机电一体化伺服系统设计</td><td rowspan="4">子情境1认识伺服系统</td><td>任务1</td><td>认识伺服系统的组成和结构</td><td rowspan="9">知识资讯→决策→计划→实施→检查→评价</td><td rowspan="4"></td><td rowspan="9">数控机床伺服系统设计</td><td rowspan="4">学生自评</td><td rowspan="4"></td><td rowspan="9">多媒体教室
机电控制实训室
机电数控实验室
机电一体化实验室</td><td rowspan="9">PPT课件、动画素材、视频材料、真实的机电产品零件、部件、机电仿真软件</td><td rowspan="9">情境教学法；
现场直观教学法；
模拟仿真教学法；
小组学习法；
自主学习法</td></tr>
<tr><td>任务2</td><td>了解进给伺服系统的分类</td></tr>
<tr><td>任务3</td><td>了解伺服系统的要求</td></tr>
<tr><td>任务4</td><td>了解伺服系统的发展趋势</td></tr>
<tr><td rowspan="5">子情境2执行元件的控制与驱动</td><td>任务1</td><td>步进电动机的控制与驱动</td><td rowspan="5">执行元件的选型</td><td rowspan="5">学生互评</td><td rowspan="5"></td></tr>
<tr><td>任务2</td><td>直流伺服电动机控制与驱动</td></tr>
<tr><td>任务3</td><td>交流伺服电动机控制与驱动</td></tr>
<tr><td>任务4</td><td>直线电动机的应用</td></tr>
<tr><td>任务5</td><td>液压执行装置的设计</td></tr>
</table>

续 表

学习情境		工作任务	学习流程	同步训练	综合训练	评价	教学载体	教学环境	教学资源	教学方法
	任务 6	认识气动执行装置								
	任务 7	开环控制的伺服系统设计								
子情境 3 应用变频器	任务 1	认识变频器		变频调速系统的应用实例及解析						
	任务 2	变频器基本功能及参数设定								
子情境 4 上位机组态监控技术及其应用	任务 1	认识上位机组态监控技术				教师评价				
	任务 2	MCGS 组态软件应用实例								

任务—知识点矩阵图

子情境\任务		知识点	伺服系统	执行元件	脉冲分配器	PWM 调速	液压执行装置设计	气压装置的选择	变频调速	上位机组态监控
子情境 1 认识伺服系统	任务 1 任务 2 任务 3 任务 4		★							
子情境 2 执行元件的控制与驱动	电动机的控制与驱动	步进电动机	★	★	★					
		直流电动机	★	★		★				
		交流电动机	★	★		★				
		直线电动机	★	★						
	液压气动执行装置	液压执行装置	★	★			★			
		气压执行装置	★	★				★		
	开环控制的伺服系统设计		★	★	★					
子情境 3 应用变频器	认识变频器		★	★					★	
	变频器基本功能及参数设定		★	★					★	
子情境 4 上位机组态监控技术及其应用	认识上位机组态监控技术		★	★						★
	MCGS 组态软件应用实例		★	★						★

学习情境六　机电一体化系统综合设计实例

情境导入

机电一体化产品琳琅满目，种类繁多。但无论是简单的还是极其复杂的机电一体化产品，一般都可以采用相同的设计流程：任务介绍→任务分析→资讯→方案设计及计算校核→总体评价

情境剖析

知识目标

1. 了解机电一体化系统综合设计过程；
2. 认识典型的机电一体化系统。

技能目标

掌握机电一体化系统的综合设计方法，熟悉机电一体化系统的综合设计流程。

任务1　3D打印机设计

图 6.1.1　3D打印机实物图

3D打印机（3D Printers）是根据三维模型要求，控制打印头在空间中有规律的移动，并将材料逐层叠加，制造出构件的打印设备。3D打印设备主要由机械平台、三轴传动系统和打印头组成。3D打印技术是一种以数字模型文件为基础，运用粉末状金属或塑料等可粘合材料，通过逐层打印的方式来构造物体的技术。

任务介绍　熔融沉积3D打印机，它的工作原理是将固态塑料丝材或其他类塑料丝材通过送丝机构送入加热腔内，丝材在加热腔内成为熔融状态，上方未熔融的固态丝材作为活塞将其推出压送到喷嘴，实现工件的逐层打印。对该种3D打印机，主要通过设计它的工作平台、送丝机构、挤出机构、伺服系统和控制系统等实现。

任务分析　3D打印机由机械硬件和控制系统两个方面组成，机械硬件部分包括工作平台、送丝机构、挤出机构，控制部分有伺服系统和控制系统，具体的设计内容包括：对工作台的水平微调机构进行设计，对送丝机构内部结构和送丝方式进行设计，对挤出装置进行设计，对加热平台的位移实现方式进行设计；控制系统的控制流程设计主要从两方面入手，一是三维模型的切片处理控制流程，二是打印机实际工作控制流程。

资讯　已实现商品化的3D打印机共涵盖了七类工艺，其中以SLA（stereo lithography

apparatus 激光固化式)、SLS(selective laser sintering 选择激光烧结)、FDM(fused deposition modeling 熔融沉积成形)和 3D 打印等为主。

激光固化式(SLA)　该工艺是采用紫外光在液态光敏树脂表面进行扫描，每次生成一定厚度的薄层，从底部逐层生成物体(零件)。其优点是原材料的利用率将近 100%，尺寸精度高(±0.1 mm)，表面质量优良，可以制作结构十分复杂的模型；缺点是价格昂贵，可用材料种类有限，制成品在光照下会逐渐解体。

选择性激光烧结打印(SLS)　该工艺是采用高功率的激光，把粉末加热烧结在一起形成零件。SLS 工艺的优点是可打印金属材料和多种热塑性塑料，如尼龙、聚碳酸酯、聚丙烯酸酯类、聚苯乙烯、聚氯乙烯、高密度聚乙烯等，打印时无需支撑，打印的零件机械性能好、强度高；缺点是材料粉末比较松散，烧结后成型精度不高，且高功率的激光器价格昂贵。

熔融沉积打印(FDM)　该工艺是采用热融喷头，使塑性纤维材料经熔化后从喷头内挤压而出，并沉积在指定位置后固化成型。这种工艺类似于挤牙膏的方式，其优点是价格低廉、体积小、生成操作难度相对较小；缺点是成型件的表面有较明显的条纹，产品层间的结合强度低、打印速度慢。

3D 打印　该工艺是采用类似喷墨打印机喷头的工作方式，这种工艺与选择性激光烧结十分类似，只是将激光烧结过程改为喷头粘结，光栅扫描器改为粘结剂喷射头。其优点是打印速度快、价格低；缺点是打印出来的产品机械强度不高。

华中科技大学史玉升科研团队经过十多年努力，实现重大突破，研发出全球最大的“3D 打印机”。这一“3D 打印机”可加工零件长宽最大尺寸均达到 1.2 米。从理论上说，只要长宽尺寸小于 1.2 米的零件(高度无需限制)，都可通过这部机器“打印”出来。这项技术将复杂的零件制造变为简单的由下至上的二维叠加，大大降低了设计与制造的复杂度，让一些传统方式无法加工的奇异结构制造变得快捷，一些复杂铸件的生产由传统的 3 个月缩短到 10 天左右。

中国科学院福建物质结构研究所 3D 打印工程技术研发中心林文雄课题组在国内首次突破了可连续打印的三维物体快速成型关键技术，并开发出了一款超级快速的连续打印的数字投影(DLP)3D 打印机。该 3D 打印机的速度达到了创记录的 600 mm/h，可以在短短 6 分钟内，从树脂槽中“拉”出一个高度为 60 mm 的三维物体，而同样物体采用传统的立体光固化成型工艺(SLA)来打印则需要约 10 个小时，速度提高了 100 倍。

方案设计及计算校核　3D 打印机从工作平台、送丝机构、挤出机构、伺服系统和控制系统五个部分进行设计。3D 打印机的工作原理图如图 6.1.2 所示。

1. 工作平台的设计

设计工作平台四角化安装配有弹簧的微调螺杆，并对加热底板类型和工作台表面材料进行选择。3D 打印工作台主要作用是对打印部件进行支撑，它能与最先打印的材料进行粘贴，从而能够很好地固定将要打印的试件，为整个打印工作提供了重要的保障。3D 打印机的加热底板包括置于加热底板底层的托板，在托板上面依次装有保温海绵、硅胶加热板和金属面板。

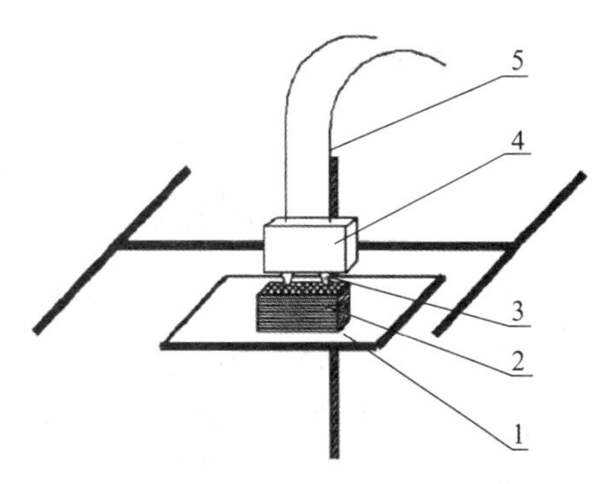

1—工作平台；2—成型工件；3—喷嘴；4—挤出机构；5—丝材

图 6.1.2　工作原理图

2. 送丝机构的设计

送丝机构是稳定地为打印机提供打印原料的机构，本任务要求对送丝机构内部结构和送丝方式进行设计。

(1) 送丝机构内部结构设计：采用步进电机驱动送丝轮转动，通过送丝轮上的轮齿与辅助轮配合将丝材送至加热腔内。

(2) 送丝方式设计：针对喷嘴挤出机构的设计，送丝方式采用远端送丝与近端送丝相结合的方式，表面成型由于挤出机构喷嘴直径较小出丝压力较大采用近端送丝方式、内部支撑和辅助支撑直径较大出丝压力较小采用远端送丝。

3. 挤出机构的设计

对于单个挤出装置设计提出了三种设计方案（活塞式挤出装置、滑片索式挤出装置、柱塞式挤出装置），本任务拟采用活塞式挤出装置，根据其使用要求设计挤出机构喷嘴的结构；采用不同直径喷嘴的挤出装置分别对工件表层、内部支撑及辅助支撑进行打印成型。

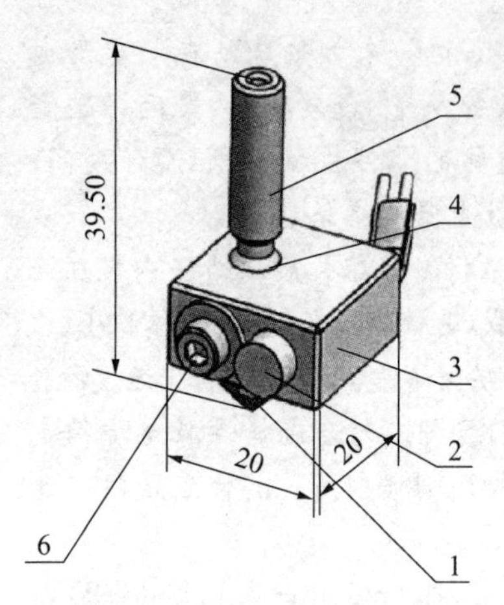

1—喷嘴；2—加热棒；3—加热铅块；4—加热腔；5—喉管；6—测温电偶

图 6.1.3　活塞式挤出机构模型图

活塞式挤出机构主要包括喷嘴、加热棒、加热铅块、加热腔、喉管及测温电偶，其机理采用活塞推进，喉管固态丝材作为活塞，通过步进电机对丝材进行输送，烙体丝材作为被推送的流体，将烙融态材料经由喷嘴挤出。其模型图如图 6.1.3 所示。

在设计过程中，除铁氟龙软管外，挤出机构各零部件均通过螺纹连接的方式彼此连接，构成挤出机构整体。考虑到流道、加热腔的尺寸问题，在尺寸小型化为目的的基础上，初选喉管与喷嘴的螺纹尺寸为 M，喉管选用材料为碳钢，其抗拉强度值为：

$$\sigma_{H1} = 200 \text{ MPa} \tag{6.1.1}$$

喷嘴材料选用铜，其抗拉强度为：

$$\sigma_{H2} = 230 \text{ MPa} \tag{6.1.2}$$

现就所设计螺纹连接部分进行强度计算。

所选用 42 两相步进电机，满载情况下，其扭矩为：

$$T = 0.65 \text{ N} \cdot \text{m} \tag{6.1.3}$$

送丝摩擦轮齿顶圆直径：

$$D = 10 \text{ mm} \tag{6.1.4}$$

由此，可计算得到抽送丝材所需拉力：

$$F = 65 \text{ N} \tag{6.1.5}$$

由于推送与抽送均通过送丝摩擦轮实现，因此，丝材受大小为 F 的推力向喷嘴移动。由于铁氟龙软管具有自润滑性，挤出机构内部成型材料与流道、加热腔壁面不发生摩擦。

在丝材的作用下，螺纹部分所受工作拉力为：

$$F_1 = 65 \text{ N} \tag{6.1.6}$$

拉伸强度条件为：

$$\sigma = \frac{F_0}{\frac{\pi}{4}d^2} \leqslant [\sigma] \tag{6.1.7}$$

M螺纹其小径为：

$$d = 4.917\ \text{mm} \tag{6.1.8}$$

带入上式中进行运算，得：

$$\sigma = \frac{65}{\frac{\pi}{4}\times 4.917^2} = 3.424\ \text{MPa} \tag{6.1.9}$$

则喉管螺纹危险截面其许用应力为：

$$[\sigma_1] = \frac{F}{A} = 10.54\ \text{MPa} \tag{6.1.10}$$

喷嘴部分螺纹危险截面其许用应力：

$$[\sigma_2] = \frac{F}{A} = 12.11\ \text{MPa} \tag{6.1.11}$$

对比得：$\sigma < [\sigma_1]$，$\sigma < [\sigma_2]$ 则喷嘴及喉管部分所设计螺纹连接强度符合要求。

4. 伺服控制系统的设计

伺服控制系统主要用于精确控制挤出机构运动距离及定位精度、工作平台升降、丝材的挤出等。基于FDM技术的3D打印机，其打印过程主要通过控制挤出机构的运动和工作平台的升降运动，使二者协同工作来完成。在现有的3D打印机中，挤出机构运动的源动机为固定在外框上的42步进电机，传动方式为带传动，通过控制电机的转动角度实现对挤出机构在XOY平面上位移的控制。而加热平台的位移，是通过控制电机驱动滚珠丝杠转动来实现的。送丝机构中为电机直接带动送丝摩擦轮将丝材注入加热腔或加热流道中，丝材注入量与送丝摩擦轮转过角度有关，即同样通过控制步进电机角位移来控制丝材挤出量。按驱动元件划分，上述伺服控制系统属于步进伺服控制系统。

本设计在伺服控制系统是以上述方式为基础对其进行了一定的改进，但其原理仍为步进电机控制，因此伺服系统同样为步进伺服控制系统。3D打印机步进伺服系统线路图如图6.1.4所示。

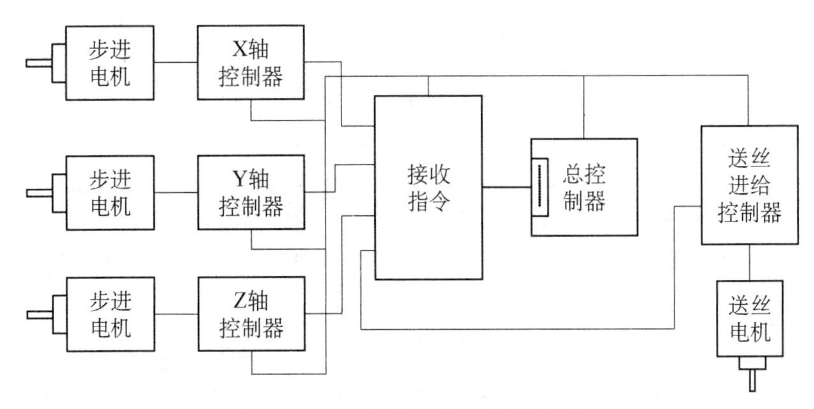

图6.1.4　步进伺服系统线路图

5. 控制系统设计

基于FDM技术的3D打印机其控制流程设计主要从两方面入手，一是三维模型的切片处理控制流程，二是打印机实际工作控制流程。

(1) 切片控制流程设计

通过分析切片软件Replicator G的切片过程可知，3D打印机各项加工参数设置是通过切片软件对STL数据文件处理所得到。打印工件前应将模型进行切片处理，将设计好的工件模型转化为STL文件，设置对应的主要参数，选定打印速度及分层厚度，针对工件的结构判断是否添加辅助支撑，如果选择添加辅助支撑，切片软件会根据模型自动生成符合条件的支撑结构，最终生成可打印的切片文件。

(2) 工作控制流程设计

为实现3D打印机的正常工作，需对整体控制过程进行设定。首先需要载入工件的切片文件，打印机开始工作时首先对挤出机构及工作平台进行初始化设置，对底板及挤出机构进行预热，达到设定好的数值后，进行工件模型的打印，在3D打印机工作过程中温度控制系统会实时监测温度变化并进行调整，保证温度稳定在所需的工作温度范围内。每打印完一层工件模型，丝杠电机则会带动工作平台下降一个层厚的距离进行下一层的打印，整个程序控制系统会保证打印机按照此流程一直工作直到完成整个工件模型的打印，工作平台下降至最低端停止工作。

总体评价　通过对3D打印机的学习，同学们应了解3D打印机的组成和工作过程，自己能够设计3D打印机的工作平台、送丝机构、挤出机构，掌握3D打印机的伺服系统和整体控制系统，能够自己设计出简单的3D打印机。

任务2　自动化立体仓库设计

物流系统的功能包括：①存储功能：等待的零件(非加工和非处理状态)的存储和缓存；②输送功能：工件在各工位之间的传输；③装卸功能：进出装卸站、进出库、设备上下料；④管理功能：工件的识别与管理。

现代物流系统由管理层、控制层和执行层三大部分组成。管理层是管理物料库存，生成物料作业计划，要求具有较高智能。控制层是检测物流状态，生成物流作业指令，要求具有较高的实时性。执行层是执行物流作业指令，要求较高的可靠性。

工件储运系统的组成设备如图6.2.1所示：

以下实例是一个关于物流自动化立体仓库的设计过程。自动化立体仓库作为现代物流系统的重要组成部分，是一种多层存放货物的高架仓库系统，它是在不直接进行人工干预的情况下自动地存储和取出物流的系统，是典型的机电一体化系统。

任务介绍　自动化立体仓库，出入库需求符合正态分布，均值为600货箱/周，标准方差为50箱，采购周期为4周，要求缺货率低于1%。设计该立体仓库。

任务分析　计算工件储运设备的尺寸参数、运货数量和相关的各种参数，选择硬件设备，对自动化立体仓库整体布局。

资讯　RFID技术是当代国际最先进的自动化立体仓库设计与应用技术，具有效率高、安全性好，寿命长等综合技术特点。自动化立体仓库是现代工业社会发展的高科技产物，对提高

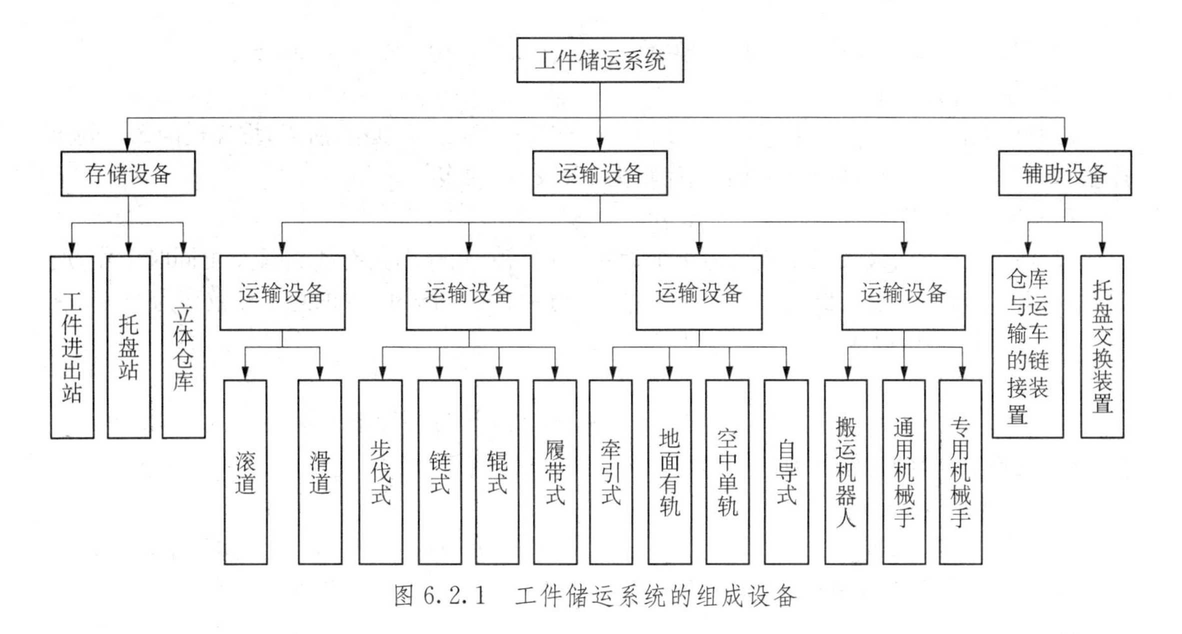

图 6.2.1　工件储运系统的组成设备

生产率、降低成本有着重要意义。

方案设计及计算校核

1. 设计计算(货物的有关参数)

(1) 计算货位数

根据需求为正态分布的特点,要保证缺货率低于 1%,因单周的标准方差为 σ,所以 4 周的标准方差 $\sigma' = \sigma + 2\sigma$ 则每 4 周库存量应为 $= 600 \times 4 + 2\sigma' = 2\,400 + 2 \times 3\sigma = 2\,400 + 6 \times 50 = 2\,700$。

所以该自动化仓库的货位数为 2 700 个。

(2) 立体仓库布局

因该配送中心的货位数为 2 700 个,设计巷道数为 5,所以立体货架为 $2 \times 5 = 10$ 排;立体仓库为 9 层,故列数为 $2\,700/(10 \times 9) = 30$ 列,所以此立体仓库的参数为: 10 排,9 层,30 列,5 个巷道,共计 2 700 个货位。

(3) 仓库存储区的总体尺寸

设计立体仓库的货箱尺寸为 $1\,000 \times 800 \times 600$ mm(长×宽×高),要求货箱和货架在高度方向的净空间为 90 mm,长度方向左右净空间各为 50 mm,宽度方向后方净空间为 50 mm,巷道式堆垛机宽度为 1.2 m,叉车在巷道里运行的安全间隙为左右各 400 mm,则:

货格的高度为: $600 + 90 = 690$(mm);

货格的长度为: $1\,000 + 50 \times 2 = 1\,100$(mm);

货格的宽度为: $800 + 50 \times 2 = 900$(mm);

每排货架总高度为: $690 \times 9 = 6\,210$(mm) $= 6.21$(m);

货架为 30 列,故每排货架的长度为: $1\,100 \times 30 = 33\,000$(mm) $= 33$(m);

每排货架的宽度为: 900(mm);

巷道的宽度为: 堆垛机宽度 + 左右间隙 $= 1\,200 + 400 \times 2 = 2000$(mm) $= 2$(m);

该仓库存储区的总体尺寸为: 总长 $= 33$ m;总高 $= 6.21$(m);

总宽为：5 个巷道宽度 + 10 排货架宽度 $= 5 \times 2.2 + 10 \times 0.9 = 20$(m)。

(4) 每小时出库量

因每周立体仓库的最大需求量为 $600 + 3\delta = 600 + 150 = 750$ 箱；所以，堆垛机的每天的出库量为 $750/7 = 108$ 箱；则每小时的出库量为 $108/8 = 14$ 箱。

(5) 校核工作能力

设计每台叉车的最大工作效率为 1 个货箱/15 分钟，此仓库共有 4 台叉车可同时工作，所以此仓库的堆垛机的总工作效率为 3 个货箱/15 分钟；在一个小时内的总工作效率为 $60/15 \times 4 = 16$ 箱 / 小时，所以能够满足工作要求。

(6) 计算工作节拍

因要求在一个小时内出库数量为 14 个货箱，所以平均每分钟出库量为 $14/60 = 0.23$ 个/分钟；取其倒数，得到工作节拍 $= 1/0.23 = 4.28$(分钟/个)。

(7) 计算输送机速度

因工作节拍为 4.28 分钟/个，在 4.28 分钟内，输送机需将一个货箱从立体货架送到库房出口，这段距离设计为 120 m，故输送机的速度为 $120/4.28 = 28$ m/分钟。

(8) 人员安排

该自动化仓库共设 5 名管理人员，其中 3 名操作人员，负责对仓库下达进出货指令；2 名监视人员，通过监视器对仓库运转状况进行监督。

2. 设施设备选择

该库整体工艺流程由码垛机器人、入库输送线、出库输送线、拆盘机、巷道堆垛机和一期空盘输送线等组成。其中，货叉采用多段齿轮同步伸缩结构，伸缩量长，动作迅速可靠，噪音低。货台架上安置检测装置判断货物尺寸规格和位置的准确性之后，再执行下一步动作，以确保设备的运行安全。在货架出入口处设有自动升降设备，自动运输小车将货物送往指定地点。具体介绍设备如下：

(1) 货架

货架采用横梁式组合货架。货架规格：10 排×30 列×9 层，共计 2 700 个货位，每排货架尺寸：33 m×0.9 m×6.21 m。每个货位按承重 500 kg 考虑，货架严格按 JB/T5323—96(立体仓库焊接式钢结构货架技术条件)标准设计、制造和安装调试。货架设置自动喷淋等消防系统。每两排货架由堆垛机的通行巷道分开，堆垛机装有可伸缩的叉式抓取装置，可以将装有货物的托盘送入两排货架的深处，从而使仓库的利用率提高。将收发货间分别设置在双排型货架相对的两端，这样可保证货物的连续移动，减少货物在仓库区的运输行程。

(2) 托盘

根据仓库的货箱尺寸，采用物流行业标准托盘即 1 000 mm×1 200 mm×150 mm，每个货格放一个托盘，每个托盘放一个货箱。

(3) 分拣系统

本仓库如果假设为储存一种货物，无需分拣，所以分拣系统无需设计；如果需要分拣，需要以下装置：

① 输入传输系统：使用皮带和辊道输送带相结合。

② 喂料装置：商品在进入分拣带之前，先经过喂料装置。使用一段皮带输送，长约 1 000 mm，其功能是使商品均匀输入后面的分拣系统。

③ 分拣信号给定器：利用激光条形码读取，把不同的信号输送到计算机。

④ 分拣传送带和分流装置：采用辊道分拣器—商品由辊道输送带传送，其分流装置采用上升的链条输送带。

⑤ 分拣道口：采用钢皮滑道。

⑥ 控制装置：分拣系统都设有单独的计算机控制系统，且多与管理部门的计算机中心联网。为提高分拣系统可靠性，需计算机模拟动态分析，这样可减少不必要的时间浪费。

(4) 出入库输送机及控制系统

① 出入库输送机。采用5辆链式输送机，采用分配车，主要参数如下：分配车数量：4台，额定载重量：500 kg；运行速度：60/12/2.4 m/min，变频调速；移载速度：12/3.0 m/min，双速。控制装置：可编程序控制器。供电方式：精触线。通讯方式：区域网红外通讯。带式输送机：带式输送机共10台，总长60 m。电动滚筒转盘共4套。电动滚筒弯道4个。电动滚筒输送机5.5 m。

② 出入库输送机系统的自动控制系统。整套设备共有分配车4台。链式输送机5台，带式输送机10台(总长60)分配车各用一套PLC控制。小车的PLC通过红外通讯装置与工业区域网相联，小车的PLC置于随机安装的控制箱内；链条输送机和辊子输送机及升降台由两套PLC控制，带式输送机控制采用3套PLC控制，输送机和带式输送机的PLC直接与工业区域网相联，控制台与电气柜置于库区两端的控制室中。9套PLC控制装置通过区域网与监控机相联，接收监控机发给的作业命令、返回命令的执行情况、系统状态等。PLC的I/O点连接外部的检测器操作开关，采集各设备的运行状态、设备占位情况，根据指令及信号输出各种控制命令及信号，驱动设备工作。分配车的驱动采用无级变频调速，可获得较高的运行效率。

该系统工作方式为：

① 手动控制。手动控制仅在调试、维修及应急时使用，输送机手动操作置于库区两端的控制室中，分配车手动操作随机安装。

② 自动控制。自动控制是系统的正常工作方式。监控机通过区域网协调输送机和分配车的运行，完成各项功能。

该系统的控制过程及特点为：

① 采用三级计算机管理控制系统，实现集散控制；

② 采用条形码识别技术获取货物信息；

③ 通过接近开关、光电开关获得货物位置信息，实现货物的适时跟踪；

④ 对移动设备采用远红外通讯，实现无线通讯，提高抗干扰能力。

该系统与监控机的信息交换流程为：系统接收监控机的作业命令并向监控机返回作业情况，包括作业完成、故障状态等。系统还向监控机返回各种状态，如货物占位情况各电机的运行情况，作为监控机对输送机动态监视的依据。信息的交换是双向的。

输送系统的检测流程为：系统的每台设备有完善的检测信号，分配车有货物占位停准信号，入库输送机一侧装有条码阅读器。所有检测开关均采用进口光电开关。

(5) 搬运设备

叉车4台，由任务要求计算得出。

(6) 堆垛机及其控制系统

① 堆垛机：采用巷道式堆垛机：单轨的、地面的、一维运行。由电力来驱动，通过自动控制，实现把货物从一处搬到另一处。速度可以在15分钟内取3个货物出来。堆垛机由金属结构，起升、运行、货叉三大机构，安全保护装置(断绳、松绳过载等)以及自动(含手动)控制系统

组成。由于没有拣选作业，故不设司机房。其主要参数如下：

额定起重量：500 kg。

运行速度：80/16/3.2 m/min，无级变频调速。

货叉伸缩速度：20/4 m/min，无级变频调速。

起升速度：20/3.33 m/min，双速，变极调速。

供电方式：滑触线。

通讯方式：远红外通讯。

控制方式：手动、单机自动、联机自动。

控制装置：Siemens 公司生产的可编程序控制器(PLC)。

堆垛机的所有电机、减速机由德国进口，严格按“有轨巷道堆垛起重机安全规范”和“有轨巷道堆垛起重机技术条件”设计、制造和安装调试。

② 堆垛机控制系统。

Ⅰ. 供电：堆垛机采用滑触线从地面传输电力。

Ⅱ. 变速方式：起升机构采用变极双速电机。运行机构采用变频调速，可获得可调的起制动过程及高、中、低三档速度。货叉伸缩机构也采用变频调速，起制动过程可调，具有高、低两档速度。

Ⅲ. 控制方式：堆垛机的控制方式分手动控制、单机自动、联机自动三种控制方式。

a. 手动控制方式：由操作人员在堆垛机上随机操作控制面板上的按钮开关，控制堆垛机的运行。手动操作仅为堆垛机调试时使用。b. 单机自动：此时操作人员在地面不随机运行，由操作人员在地面对机上操作面板上的开关进行作业设定，堆垛机自动完成出入库作业。c. 联机控制：由中央控制室监控机向堆垛机控制系统发出作业命令。

Ⅳ. 自动控制功能

a. 设定货位地址和作业命令后，PLC 将所设定的内容通过面板上的信号灯和数码显示器全部显示出来，供操作人员核对，如有误可重新设定，每次可设定一次入库或出库或先入后出的复合作业。b. 自动认址：本系统采用相对认址方式，可以按照指定地址自动运行到位。堆垛机在返回原点时，自动校验前面认址计数值，如不正确，报告计数错。c. 速度控制：各机构动作时，根据运行距离自动切换速度，以保证快速平稳准确地到达目的地。d. 准确停车：为准确停车，各机构在接近停车位置前，系统自动转换低速停车，如未停准，则自动调准停车位置。

Ⅴ. 红外通讯。堆垛机与地面的信息通讯用红外数据传递装置，使堆垛机与监控机在整个堆垛机的运行过程中，可适时通讯，快速准确地交换信息。并通过监控机将运行过程适时动画显示。

Ⅵ. 堆垛机安全保护措施。堆垛机除具有一般设备都有的常规保护措施(如失压零位短路及终端限位保护)以外，本系统设有以下专用保护措施：a. 货叉动作联锁；b. 运行强迫换速；c. 微升降超速检测；d. 双重入库检测；e. 货叉堵塞保护；f. 信息自检。

(7) 计算机管理、监控及控制系统的结构

① 本系统是由信息管理级、监控级和控制级组成。

② 管理计算机通过以太网(ETHERNET 网)与 4 台工作站和监控机连接，采用客户机/服务器体系结构。

③ 如果有必要的话，管理系统可与厂级 MIS 系统联网，并支持修改厂级 MIS 系统中项目主文件。通过网络可把库存有关信息，如库存资金占用分析，超低超高库存量报警信息，日、

月、年入出库量等信息传送给厂级 MIS 系统，作为制定生产计划和销售计划的重要依据。同时厂级 MIS 系统可通过网络向立体仓库管理计算机传送作业要求等信息。

④ 监控机通过 PLC 区域网(L2 网)与控制室进行信息交换。

(8) 土建

自动化立体仓库平面设计按照物流工艺流程来决定，采用设计面积较大，跨度和柱网尺寸也较大，并留有一定的发展余地。

(9) 消防系统

采用自动消防系统。每两排货架的中间设有消防管。因它由传感器不断检测现场温度、湿度、烟气等信息，当超过危险时，自动消防系统发出报警信号，待工作人员确认确实着火时，消防管充满水并喷出进行灭火等，从而达到灭火目的。消防每 2 排中间设置 1 根总管，每 2 层间隔 8 m 设置 1 个喷头。

(10) 照明系统

为使仓库的管理、操作和维护人员能正常进行生产活动，必须有一套发达的照明系统，尤其是外围的工作区和辅助区。仓库照明有日常照明、维修和应急照明。

(11) 通风及采暖系统

采用空调和暖气设备，通风和采暖的要求是根据所存物品的条件提出的，对该仓库则环境温度一般控制在 25℃±2℃，相对湿度控制在 60%～80%，其中尤其要确保相对湿度的要求。

3. 合理布置自动化立体仓库的总体布局及物流图

一般来说，自动化立体仓库包括：入库暂存区、检验区、码垛区、储存区、出库暂存区、托盘暂存区、不合格品暂存区及杂物区等。规划时，立体仓库内不一定要把上述的每一个区都规划进去，可根据用户的工艺特点及要求来合理划分各区域和增减区域。同时，还要合理考虑物料的流程，使物料的流动畅通无阻，这将直接影响到自动化立体仓库的能力和效率。

根据货物储存流程设计的仓库布局，如图 6.2.2 所示。主要由以下几部分组成：入库暂存区、检验区、储存区、出库暂存区、不合格品暂存区及杂物区。工作流程为：

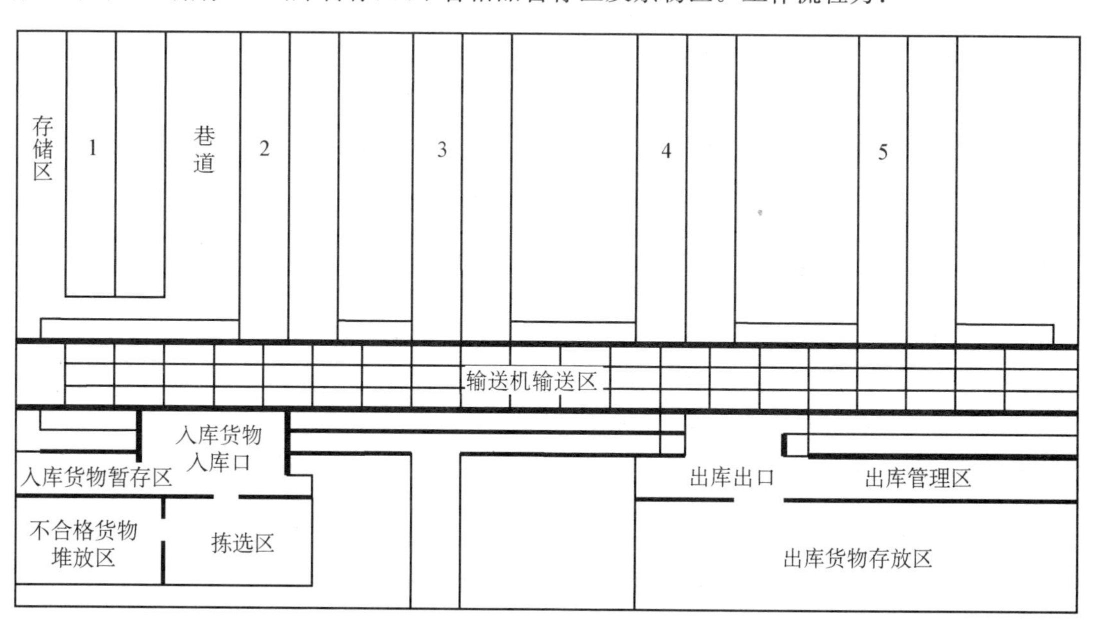

图 6.2.2 自动化立体仓库布局

货物到达后，在拣选区的拣选系统上进行对货物的检查和选择，将不合格的货物和杂物放入旁边的杂物间，合格的货物通过拣选系统的传送到达入库货物暂存区。入库货物暂存区的货物放入托盘中经过入库货物入口，由链式输送机到达巷道口，利用堆垛机将货物放入相应的货格中。当货物出库时，堆垛机由系统控制，取出需要的货物，放入输送机上，由输送机将货物送到出库出口，经过出库暂存区，到达出库货物存放区，然后将出库的货物进行运输或送往生产线。

总结评价

在对工件储运设备进行设计时，总体设计要做到：适用性布局合理、使用方便、易于维修和维护，满足需要，实行机械化、自动化和使用监视管理系统。经济性造价低、工期短、维修费用少，效率高、节约能源，合理利用土地和资源。通过此例同学们应了解自动化立体仓库的构成和工作过程，了解简单的自动化立体仓库的设计过程。

任务3　焊接机器人的设计

工业机器人是用计算机通过编程进行控制的替代人进行工作的自动化机电设备。在无人参与的情况下，工业机器人可以自动按不同轨迹、不同运动方式完成规定动作和各种任务。工业机器人由机械机构、驱动系统和控制系统三个基本部分组成。机械机构即机座和执行机构，包括臂部、腕部和手部，有的机器人还有行走机构；驱动系统包括动力装置和传动机构，用以使执行机构产生相应的动作；控制系统是按照输入的程序对驱动系统和执行机构发出指令信号，并进行控制。工业机器人主要应用在焊接、刷漆、组装、采集和放置(例如包装、码垛和SMT)、产品检测和测试等领域。

工业机器人根据完成任务的要求不同，复杂程度不同可分成多种类型。下面以焊接机器人设计为例介绍工业机器人设计流程。

任务介绍　现有的MZ-1000型埋弧焊机由人工操作，只能焊接对接、角接和搭接的直线焊缝，无法实现曲线焊缝焊接，也不便于实现远程自动控制。面对这种问题，本任务提出对MZ-1000型埋弧焊机进行数控化改型，使之成为埋弧焊接机器人。

任务分析　对机械系统和伺服系统进行改造设计，并对行走系统进行模拟仿真，最后对控制系统进行了设计。

资讯　工业机器人由机械机构、驱动系统和控制系统三个基本部分组成。大多数工业机器人有3～6个运动自由度，其中腕部通常有1～3个运动自由度。工业机器人按臂部的运动形式分为四种。直角坐标型的臂部可沿三个直角坐标移动；圆柱坐标型的臂部可作升降、回转和伸缩动作；球坐标型的臂部能回转、俯仰和伸缩；关节型的臂部有多个转动关节。焊接机器人主要包括机器人和焊接设备两部分。机器人由机器人本体和控制柜(硬件及软件)组成。而焊接设备，以弧焊及点焊为例，则由焊接电源(包括其控制系统)、送丝机(弧焊)、焊枪(钳)等部分组成。对于智能机器人还应有传感系统，如激光或摄像传感器及其控制装置等。焊接机器人主要分为弧焊机器人和点焊机器人。弧焊机器人应用：随着弧焊机器人应用技术的成熟，弧焊机器人的应用领域也越来越广。除汽车行业以外，弧焊机器人在工程机械、农业机械、家用电器、铁道车辆制造以及金属结构等多个焊接加工领域都有应用。弧焊机器人在熔化极气体保护焊(惰性气体保护焊、CO_2 气体保护焊、混合气体保护焊)方面的应用数量最大。

方案设计及计算校核

从X向和Z向行走机构进行改造，完成机械系统和伺服系统的改造升级，行走机构采用涡轮传动的方式改造并用Matlab软件进行了仿真。控制方案采用主从式控制方式，上位机为PC机，下位机为单片机。上位机完成焊缝图形绘制、信号处理、数据计算及插补运算等复杂工作，下位机同时控制X,Z方向的步进电机，两轴联动插补使得埋弧焊机按预定的轨道行走，从而完成任意直线的对接、角接和搭接焊缝的焊接。

1. 机械系统及伺服系统改造设计方案

(1) X向行走机构

X向行走机构：根据工况的实际要求，X向的移动距离大约在4 m，如果选用丝杠螺母副作为传动机构，梯形导轨作为导向机构，成本很高，不为厂家所接受。经考虑改进后机构如图6.3.1所示。为防止丢步，在机械结构上采取如下措施：

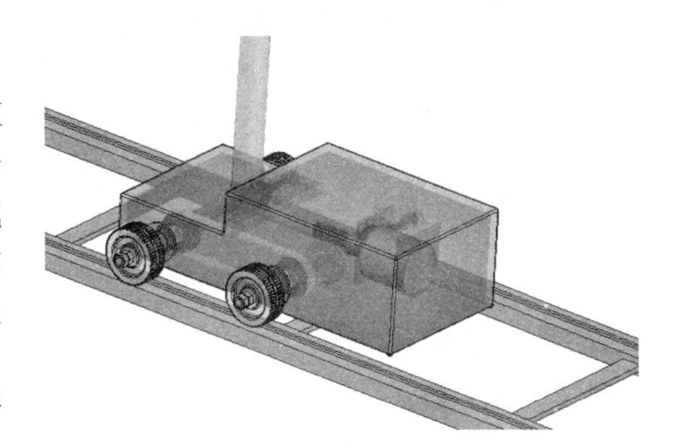

图6.3.1　X向行走机构

① 改变车轮材料为45钢，并在车轮上开设一系列小槽。

② 通过同步齿形带实现双主动轮，而无从动轮，减小了打滑的可能性。

③ 将导轨的材料选为铝锌合金，增大摩擦，保证小车作纯滚动，无滑动。

④ 为消除反向传动的间隙，车轮与轴的连接采用过盈配合。

(2) Z向行走机构

Z向设计要求最大行程为2 m，同样选用滚珠丝杆也是不经济的方案，而且机构庞大复杂。本设计中选用齿轮齿条传动，导轨选用圆柱型导轨。由于运动的焊枪部分较重，且处于悬臂状态易倾倒，本设计增加一个齿轮齿条并在齿条上增加一定配重，使其运动方向与焊枪运动方向相反且速度之比为2∶1，防止倾倒。具体做法如图6.3.2所示。

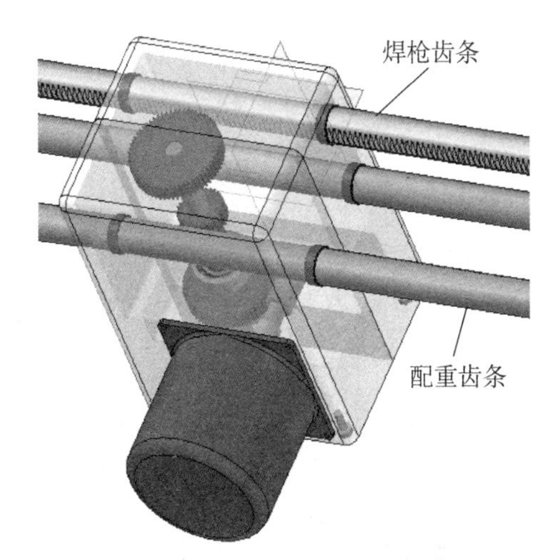

图6.3.2　Z向行走机构

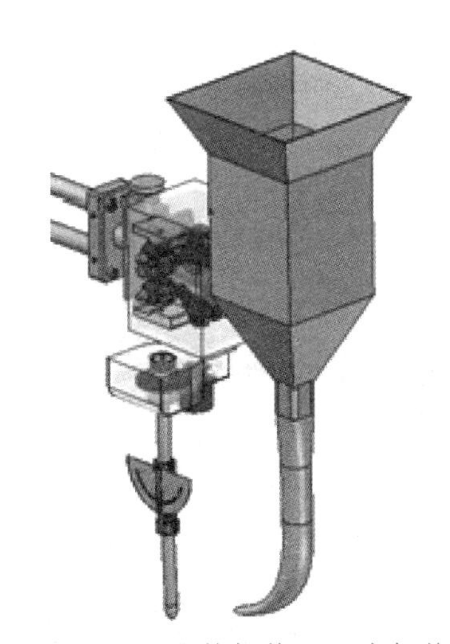

图6.3.3　旋转机构及分度机构

(3) 分度机构及焊枪的旋转机构

为了完成一定角度角缝的焊接，在焊枪上增加一个手动分度机构和旋转机构。结构如图6.3.3所示。

设计计算

① 同步齿形带的选型与计算：

根据计算，传动选用的同步齿形带型号为225L050；

小带轮齿数 $Z_1 = 18$，节圆直径 $d_1 = 54.57$ mm，节圆外径 $d_{a1} = 53.81$ mm

大带轮齿数 $Z_2 = 18$，节圆直径 $d_2 = 54.57$ mm，节圆外径 $d_{a2} = 53.81$ mm

② 蜗轮蜗杆校核计算：

选用一级蜗轮蜗杆传动，取传动比 $i = 37$

基本参数的确定如下：

蜗杆：齿数 $z_1 = 1$，模数 $m = 1.6$ mm，直径系数 $q = 12.5$，

分度圆直径 $d_1 = q \times m = 20$ mm

蜗轮：齿数 $z_2 = 37$，模数 $m = 1.6$ mm，直径系数 $q = 12.5$，

分度圆直径 $d_2 = z_2 \times m = 59.2$ mm

中心距 $a = 39.6$ mm

传动比 $i = 37$

蜗轮宽度 $B = 24$ mm

蜗杆齿宽 $b_1 = 48$ mm

③ 步进电动机选型计算：

通过计算校核，X向步进电动机选择75BF003。

转子的转动惯量 $J_m = 1.568 \times 10^{-5}$ kg·m²

最大静转矩 $T = 0.882$ N·m，工作电压 $U = 30$ V

采用三相六拍通电方式，则步距角 $\alpha = 1.5°$，相数为3。

脉冲当量 $\delta = 0.028$ mm/s

正常工作的频率 $f_e = 357$ Hz

快速启动频率 $f_k = 1\,190$ Hz

2. 行走机构系统动态特性仿真分析

传动系统简图如图6.3.4所示，T 为电动机传递的力矩，θ_m 为电动机转角 θ 为蜗轮轴的转角。

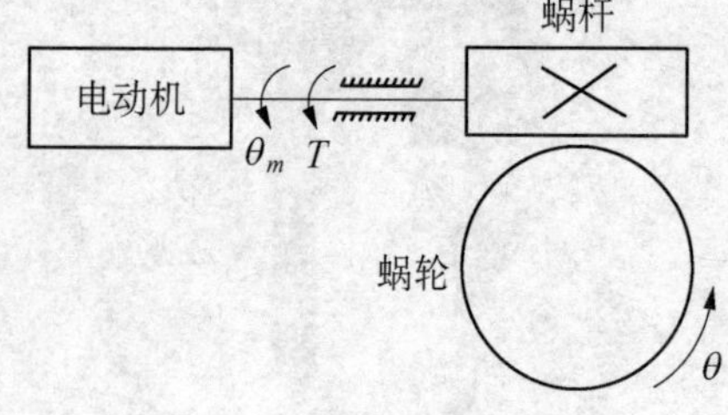

图6.3.4 蜗轮传动简图

对蜗轮轴进行分析如下。

蜗轮轴的等效刚度为：

$$\frac{1}{K} = \frac{1}{K_1 * i^2} + \frac{1}{K_2} \tag{6.3.1}$$

式中：i—传动比；

K_1，K_2—蜗杆轴，蜗轮轴的扭转刚度；

K——蜗轮轴等效扭转刚度。

同理给出等效转动惯量 J：

$$J = J_1 i^2 + J_2 + 2J_3 + J_4 \tag{6.3.2}$$

式中：J_1，J_2，J_3，J_4 分别为蜗杆轴，蜗轮轴，车轮，带轮的转动惯量。

等效阻尼系数 f：

$$f = f_1 i^2 + f_2 + f_3 \tag{6.3.3}$$

式中：f_1，f_2，f_3——蜗杆，蜗轮及车轮的粘性摩擦系数。

根据力矩平衡对蜗轮轴列方程得：

$$T = J\ddot{\theta} + f\dot{\theta} \tag{6.3.4}$$

又有：

$$T = K\left(\frac{\theta_m}{i} - \theta\right) \tag{6.3.5}$$

由于车轮作纯滚动则有：

$$\frac{\theta}{2\pi} = \frac{X_1}{2\pi d} \tag{6.3.6}$$

X_1 为小车的位移。

联立(6.3.4)(6.3.5)(6.3.6)式得

$$\frac{K}{i}\theta_m - \frac{K}{d}X_1 = \frac{J}{d}\ddot{X}_1 + \frac{f}{d}\dot{X}_1 \tag{6.3.7}$$

Laplace 变换得传递函数：

$$G(s) = \frac{X(s)}{\Theta(s)} = \frac{Kd/i}{Js^2 + f_s + K} \tag{6.3.8}$$

其中电动机转角 θ_m 为输入，小车位移 X_1 为输出。

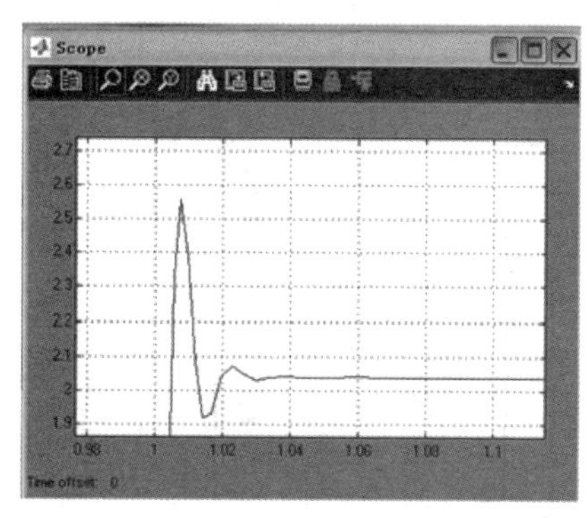

图 6.3.5　系统时频特性曲线

利用 Matlab 仿真功能对上述行走机构的控制系统动态特性进行求解，结果如图 6.3.5 所示。

由 Matlab 的仿真结果得出系统的动态特性指标如下：

① 延迟时间 $t_d = 1.0027$ s；

② 上升时间 $t_r = 1.0049$ s；

③ 峰值时间 $t_p = 1.0074$ s；

④ 最大超调量；

⑤ 调节时间 $t_s = 1.082$ s，取 ± 0.02 c 误差带。

3. 控制系统设计

本设计采用 PC 机为上位机，AT89C52 为核心的单片机系统作下位机，以 MAX232 作为两者间的通讯接口。

(1) 系统电气控制结构框图

根据设计，绘制系统电气控制结构框图如图 6.3.6 所示。

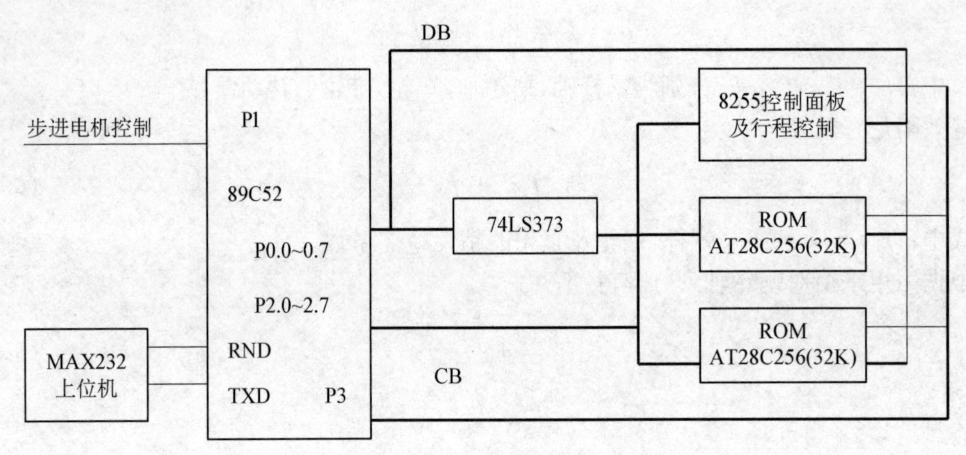

图 6.3.6　硬件结构原理图

(2) 存储器的扩展电路

埋弧焊机数控系统地址分配如表 6.3.1。

表 6.3.1　全地址译码

器件	地址选择线	片内地址单元数(字节)	地址译码
HM62256	1*** **** **** ****	32K	8000H～FFFFH
28C256	1*** **** **** ****	32K	8000H～FFFFH
8255	0111 1111 1111 11**	4	7FFCH～7FFFH

存储器的扩展电路如图 6.3.7 所示。

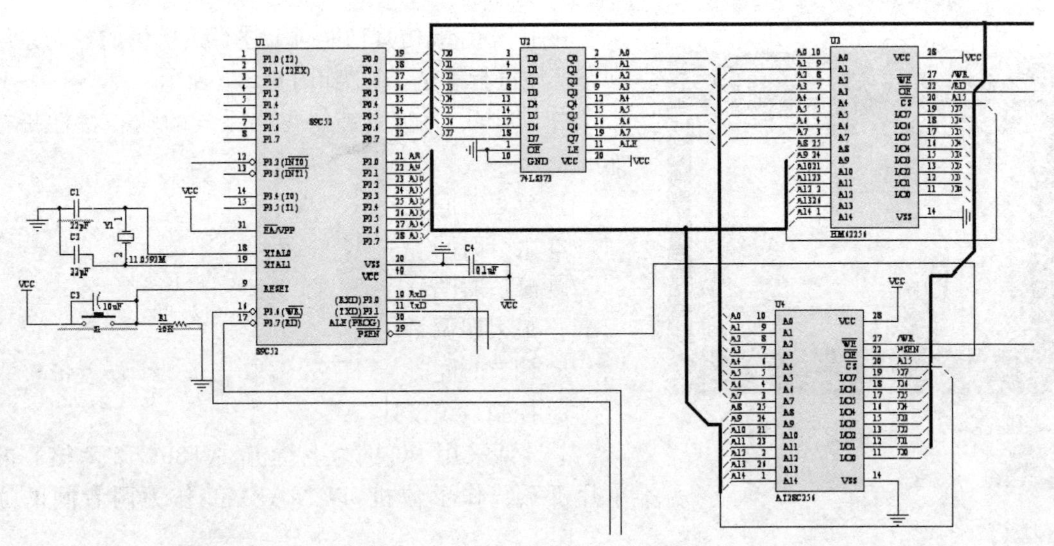

图 6.3.7　存储器扩展电路

(3) 上位机与单片机的通讯接口电路

本设计采用 MAX232 和一个九针的串口将上位机与单片机建立起通讯，如图 6.3.8

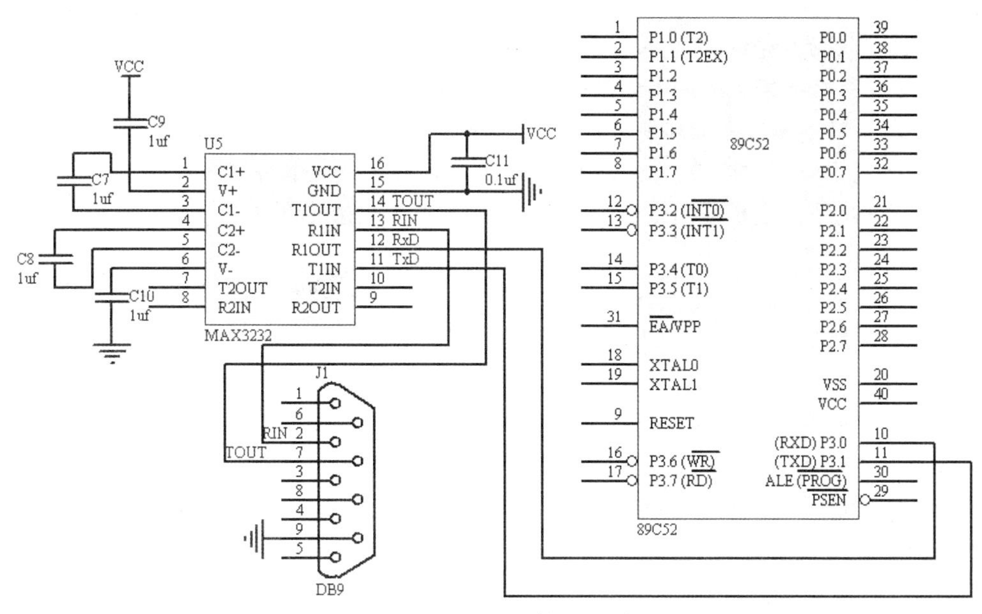

图 6.3.8　通讯接口电路

所示。

MAX232 芯片包含两路驱动器和接收器，芯片内部有一个电压转换器，可以把输入的 +5 V电压转换为 RS－232 接口所需的±10 V 电压。

(4) 步进电机接口及驱动电路

本设计采用步进电机开环控制。埋弧焊机焊枪的运动轨迹由三个步进电机控制——X、Z 方向的电机和用于焊接角缝时角度调整的 57GBY 电机。X、Z 向步进电机分别选择 75BF003 和 130BF003。75BF003 通电方式选择三相六拍的通电方式 A-AB-B-BC-C-CA，130BF003 采用五相十拍的通电方式。步进电机的控制如图 6.3.9 所示。

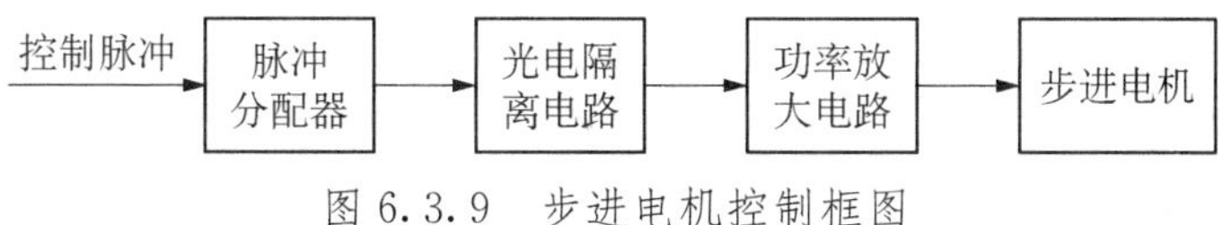

图 6.3.9　步进电机控制框图

总结评价

通过此实例的学习，同学们了解了工业机器人的组成和工作原理，对工业机器人的设计过程有了初步的认识，应熟悉简单的工业机器人的机械系统、伺服系统、控制系统的设计方法。

任务 4　普通机床的数控化改造设计

数控机床(Numerical Control Tools)是采用数字化信号，通过可编程的自动控制工作方式，实现对设备运行及其加工过程产生的位置、角度、速度、力等信号进行控制的新型自动化机床。数控机床的计算机信息处理及控制的内容主要包括：基本的数控数据输入输出、直线和圆弧插补运算、刀具补偿、间隙补偿、螺距误差补偿和位置伺服控制等。一些先进的数控机床甚至还具有某些智能的功能，如螺旋线插补、刀具监控、在线测量、自适应控制、故障诊断、软键、菜单、会话型编程及图形仿真等。数控机床的大部分功能对实时性要求很强，信息处理量也较大，因此许多数控机床都采用多微处理器数控方式。

任务介绍　普通车床是能对轴、盘、环等多种类型工件进行多种工序加工的卧式车床，常用于加工工件的内外回转表面、端面和各种内外螺纹，采用相应的刀具和附件，还可进行钻孔、扩孔、攻丝和滚花等。随着科技的发展，普通机床已经不能满足生产的要求，所以要对普通机床进行数控设计。

任务分析　对普通机床进行数控设计，主要包括主轴数控化设计的总体方案拟定、变频调速系统的设计、主轴 PLC 控制设计与主轴 I/O 开关量的设计，主轴数控系统设计后进行 PLC 调试。

资讯　随着计算机技术和信息技术的不断发展，作为国家装备工业基础的机床在向数字控制和智能控制的方向发展。数控机床是先进机械制造技术、数字控制技术、计算机技术、信息技术、微电子技术、自动控制技术、检测技术等先进技术的系统集成，只要改变零件加工程序就能加工所需要的产品，加工速度快、精度高、花样多，能快速满足市场需求。本任务采用华中数控系统，对普通车床主轴单元进行数控系统设计，主要包括主轴数控化设计的总体方案拟定、变频调速系统的设计、主轴 PLC 控制设计与主轴 I/O 开关量的设计，主轴数控系统设计后进行 PLC 调试。

方案设计　C6140 型车床进给伺服系统可以采用步进电动机通过齿轮减速器带动滚珠丝杠拖动工作台运动，详细设计参考学习情境二和学习情境五，这里不再赘述。本任务主要探讨采用国产华中数控系统，对 C6140 型车床主轴进行以变频技术与 PLC 控制技术为主的数控系统设计。

1. 华中数控系统的特点

华中数控综合实验台由数控装置、变频调速主轴及三相异步电动机、交流伺服单元及交流伺服电动机、步进电动机驱动器及步进电动机、测量装置、十字工作台组成。华中数控系统实物图如图 6.4.1 所示。

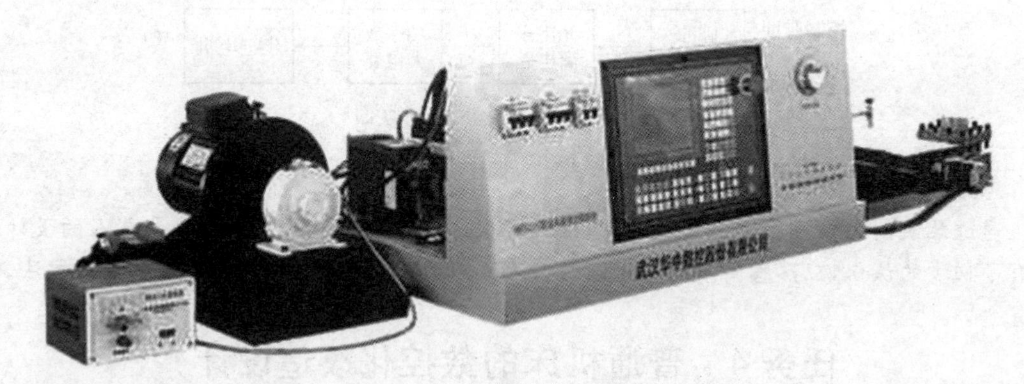

图 6.4.1　华中数控系统实物图

(1) 数控装置

HNC－21TF 数控装置内置嵌入式工业 PC 机，配置 7.7 寸彩色液晶屏和通用工程面板，集成进给轴接口、主轴接口、手持单元接口，内嵌式 PLC 于一体，可选配各种类型的脉冲接口、

模拟接口的交流伺服单元或步进电动机驱动器。

（2）变频调速主轴单元

变频主轴采用西门子 MICROMASTER 440 系列的 SE6440－2UD21－5AA0 变频器配三相异步电机。

（3）交流伺服驱动单元

交流伺服和交流伺服电机采用松下 MINAS A 系列的 MSDA023A1A 伺服单元和 MSMA022A1C 伺服电动机。

（4）步进驱动单元

步进驱动器和步进电机采用深圳雷塞 M535 和 57HS13。四相混合式步进电机，步距角为 1.8 度，静转矩 1.3 N·m，额定相电流 2.8 A。

（5）输入与输出装置

输入接线端子板提供 NPN 和 PNP 两种类型开关量信号输入，输出继电器板集成八个单刀单投继电器和两个双刀双投继电器。

（6）工作台

机械部分采用滚珠丝杠传动的模块化十字工作台，用于实现目标轨迹和动作。X 轴执行装置采用四相混合式步进电机，步进电机没有传感器，不需要反馈，用于实现开环控制。Y 轴执行装置采用交流伺服电机，交流伺服和交流伺服电机组成一个速度闭环控制系统。

安装在交流伺服电机轴上的增量式码盘充当位置传感器，用于间接测量机械部分的移动距离，构成一个位置半闭环控制系统；也可用安装在十字工作台上的光栅尺直接测量机械部分移动位移，构成一个位置闭环控制系统。

华中数控综合实验台简图如图 6.4.2 所示。

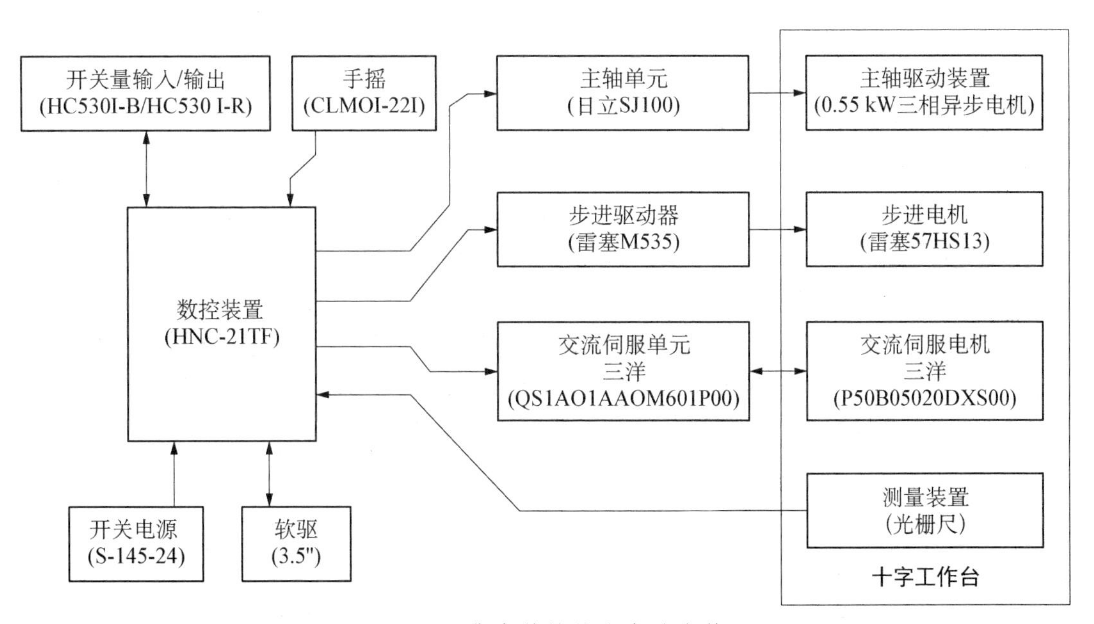

图 6.4.2　华中数控综合实验台简图

华中数控综合实验台示意图如图 6.4.3 所示。

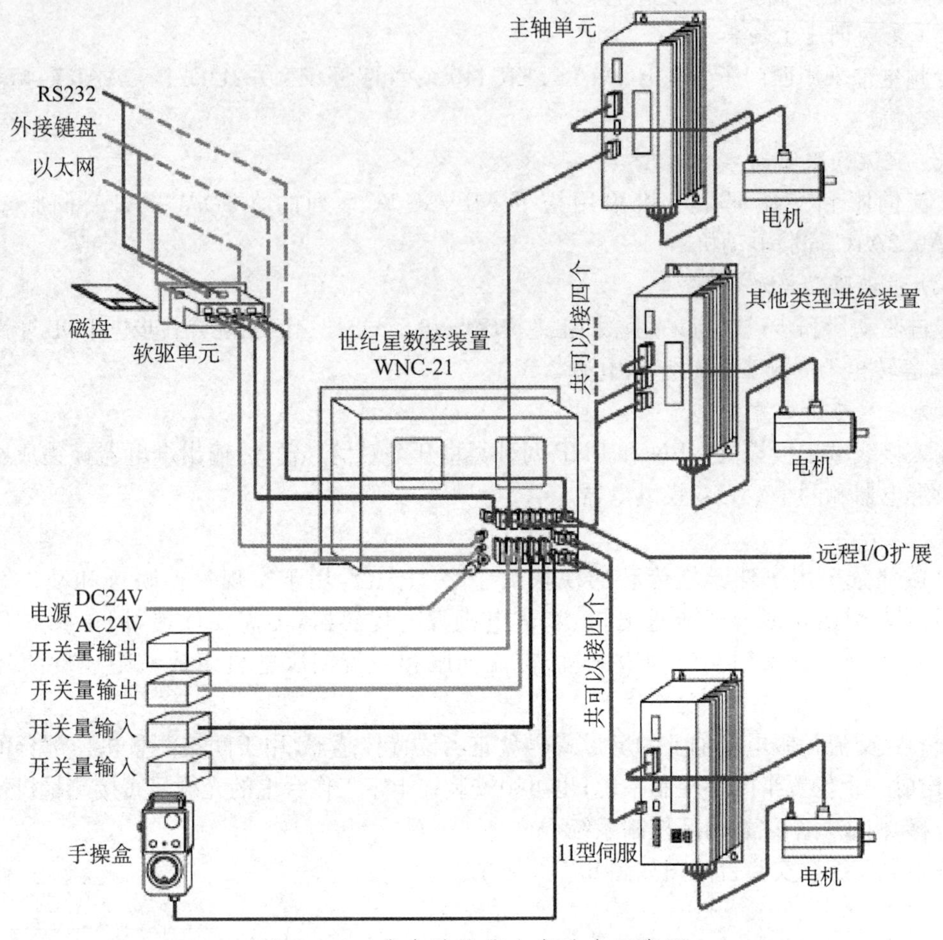

图 6.4.3 华中数控综合实验台示意图

2. 车床主轴数控化设计总体方案

目前国内常用的数控系统大型的有 SIEMENS 数控系统、中型的有 FANUC 数控系统、中小型的有三菱数控系统等，这些数控系统价格都在 5 万元以上，属于高精度的闭环或半闭环控制方式。通过对加工要求、精度要求、价格等因素比较后，采用国产华中数控系统，包括控制面板、主机系统板卡与输入输出接口，继电器与 PLC 外部 I/O 板，以及电气控制设计与元器件安装、调试等自行完成。主轴数控采用开环控制方式和半闭环控制方式，包括硬件电气控制系统和软件系统两部分。数控系统能实现主轴启停、转速、方向、过载和报警等控制功能，刀架能根据加工需要自动转位换刀。车床主轴数控系统设计原理图如图 6.4.4 所示。

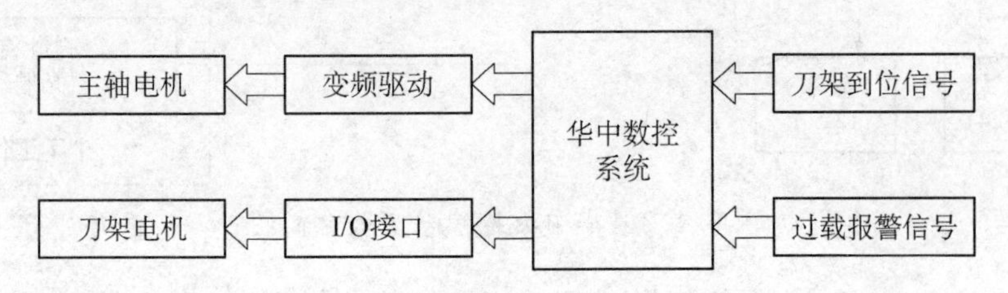

图 6.4.4 主轴数控系统设计原理图

(1) 主轴数控系统设计总方案

① 主轴变频器、电机与卡盘的选择。

为了提高车床的自动化程度，主轴采用变频调速，进行半闭环控制，根据机械部分的设计计算与C6140车床加工要求可选择FRF740－7.5KCH三菱变频器，适配7.5 kW的三相交流调速电机；为了实现较好的低速大转矩特性，采用分档无级变频调速，即在精密加工的时候可选择低速机械档位和高速机械档位，然后再通过变频器来调速；主轴运动由主轴电机驱动，电机的调速、正反转、启停、急停、报警等由PLC与数控系统控制。

主轴卡盘采用电动卡盘，卡盘的夹紧与松开由PLC与数控系统控制。可选择KD11250型号电动三爪自定心卡盘，加装夹紧与松开信号开关，与数控系统的对应端口连接。

② 主轴编码器的选择。

编码器常用来测量电机的转速、位移和转向。机床要能加工螺纹，主轴电机必须加装主轴编码器作为主轴位置信号的反馈元件，以保证加工螺纹或丝杠时，主轴每转一周，刀具能准确移动一个导程。根据机械部分的设计计算与要求，车床能加工的最大螺纹导程为24 mm，纵向的进给脉冲当量为0.01 mm/脉冲，所以每转一周加工一个导程输出2 400个脉冲，编码器有A、B相输出信号，A、B相位差为90°，另外为了重复车削同一螺纹时不乱扣，编码器还需每转输出一个零位脉冲Z。可选择ZLF－2400Z－05VO－15型号的螺纹编码器。编码器信号端与数控系统对应端口连接。

(2) 主轴数控系统设计与实施

① 主轴变频器调速系统电气控制实施。

本案例采用7.5 kW以下的普通变频器(诸如三菱、台达或日立等)来控制交流变频电机以实现主轴无级变速，通过已有的数控系统主轴控制接口(AOUT)输出的电流或电压模拟量信号，作为变频器的调速信号。若采用单极性模拟量电压信号作为变频器的调速信号，则应采用开关量输出信号控制主轴的启停、正反转，主轴速度模拟电压信号范围为－10 V～＋10 V，电流最大为10 mA。若采用双极性模拟量电压信号作为变频器的调速信号，则应采用使能信号控制主轴启停。主轴编码器电源输出为＋5 V，使用差分TTL方波，可提高可靠性和抗干扰能力，最大电流为200 mA，信号电平为RS422电平。数控装置与主轴变频器、编码器的电气连接图如图6.4.5所示。

② 主轴外部I/O开关量PLC控制原理与设计。

数控系统采用华中数控系统，该数控系统采用内置式PLC，可根据车床设计要求进行PLC程序的二次开发，开发源程序语言为C语言，前期设计可用梯形图语言。主轴系统PLC控制电气原理如图6.4.6所示。其中，主轴机械一档启动信号X2.0、二档启动信号X2.1，常开触点，闭合有效，启动机械变档；主轴外部运行允许信号X2.4，常开触点，闭合有效，主要检测变频器使能；主轴过载报警信号X3.0，常闭触点，断开有效，主要监控变频器是否异常；主轴速度到达信号X3.1，常开触点，闭合有效，检测主轴稳定速度；卡盘松开信号X0.7、常开触点，闭合有效，启动卡盘松开；卡盘夹紧信号X0.6，常开触点，闭合有效，启动卡盘夹紧。卡盘夹紧驱动信号Y1.6，数控系统内部低电平有效，由数控系统送出该信号，控制卡盘夹紧；主轴制动信号Y1.2，低电平有效，由数控系统送出该信号，控制电机制动；卡盘松开驱动信号Y1.3，低电平有效，由数控系统送出该信号，控制卡盘松开；主轴机械一档驱动信号Y1.4，低电平有效，由数控系统送出该信号，控制机械部分换到一挡；主轴机械二档驱动信号Y1.5，低电平有效，由数控系统送出该信号，控制机械部分换到二挡。

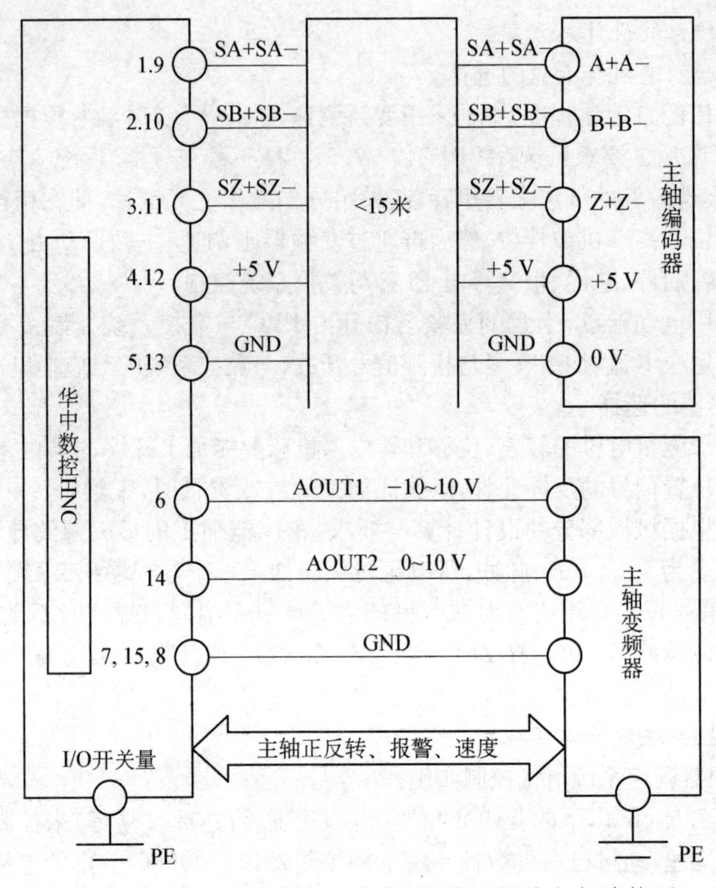

图 6.4.5 数控装置与主轴变频器、编码器的电气连接图

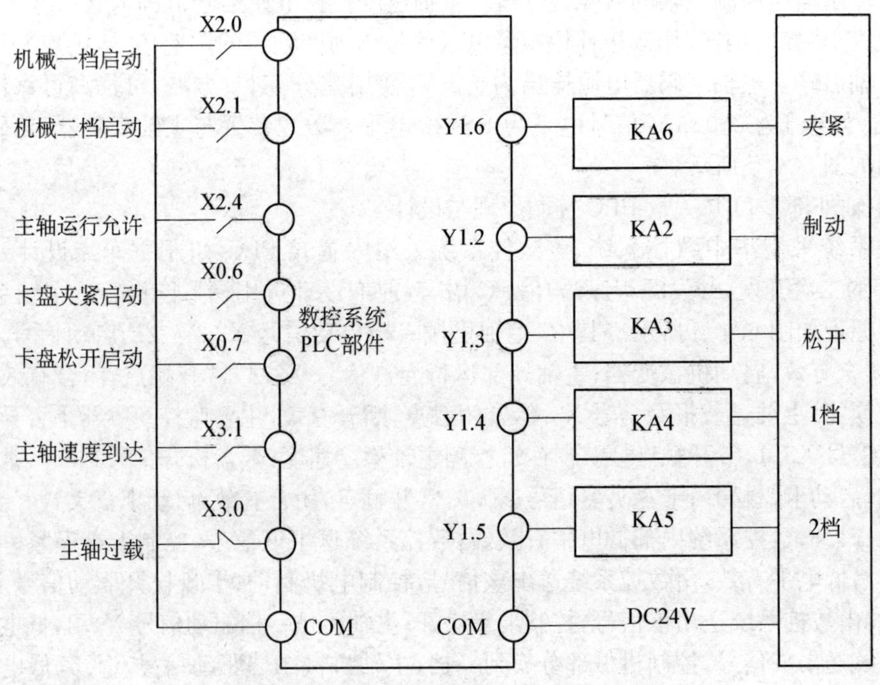

图 6.4.6 主轴系统 PLC 控制电气原理图

③ 数控系统与变频器组合控制。

数控系统与变频器的组合控制时主要参数有：主轴过载 X3.0，主轴速度到达 X3.1，主轴运行允许 X2.4，正转启动 X0.0，反转启动 X0.1，外部停止 X0.2，变频高速启动 X4.0，变频中速启动 X4.1，变频低速启动 X4.2，制动解除 X4.3，主轴正转控制 Y1.0，主轴反转控制 Y1.1，高速控制 Y2.0，中速控制 Y2.1，低速控制 Y2.2，停止控制 Y2.3，变频器 STF 为正转启动端，变频器 STR 为反转启动端，变频器 RH 为高速启动端，变频器 RM 为中速启动端，变频器 RL 为低速启动端，变频器 MRS 为变频停止端，变频器 OL 为过载报警端，变频器 SU 为频率到达端，变频器无级调速电流为 AOUT2/4～20 mA，无级调速控制端 Y2.4，变频模拟调速端 4 与 AU 为 ON，变频器公共端 SD。变频器工作时需根据要求设置好主要参数。主轴数控系统与变频器控制电气原理图如图 6.4.7 所示。

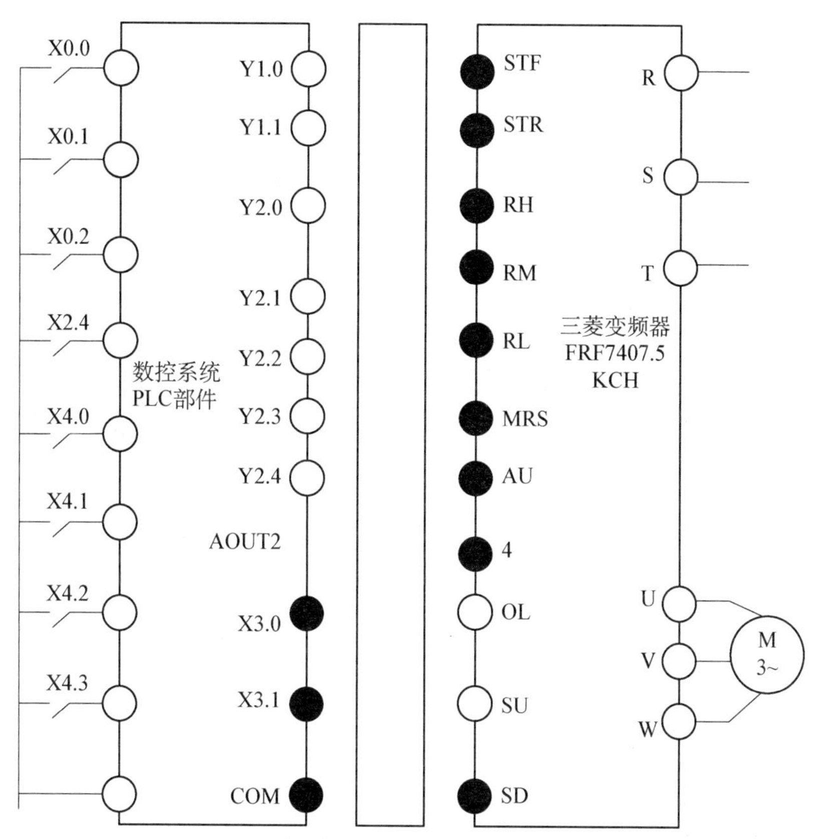

图 6.4.7　主轴数控系统与变频器控制电气原理图

④ 主轴 PLC 控制系统外部 I/O 开关量设计。

外部 I/O 开关量通过输入信号板和输出信号板接入主轴 PLC 控制系统。输入信号板和输出信号板可自行设计制作，也可以购买华中数控的输入输出继电器板，但其价格较高、成本高。开关量输入、输出的电气控制类型有 NPN、PNP 两种，输入输出信号板采用 NPN 型的输入输出类型，开关量输入技术参数采用光耦合技术，最大隔离电压为 2 500 V，电源电压为 DC24V，导通电流为 5～9 mA，最大漏电流小于 0.1 mA，滤波时间小于 2 ms。开关量输出技术参数亦采用光耦合技术，最大隔离电压为 2 500 V，电源电压为 DC24V，最大输出电流为 100 mA。输入等效电路如图 6.4.8、输出如图 6.4.9 所示。按下输入按键 X，光耦合器接口电路导通，产生输入信号 X，通过数控系统与 PLC 提供的接口送入数控系统内部进行运算处理。

数控系统与 PLC 通过输出接口送出控制信号 Y，高电平时候，光耦合器接口电路导通，输出端子 Y 连接外部继电器 KA 导通，KA 常开触点闭合，变频器控制电路导通，实现主轴电机的控制。控制信号 Y 为低电平时，光耦合器接口电路不导通，外部继电器 KA 失电，KA 断开，变频器控制电路断开。

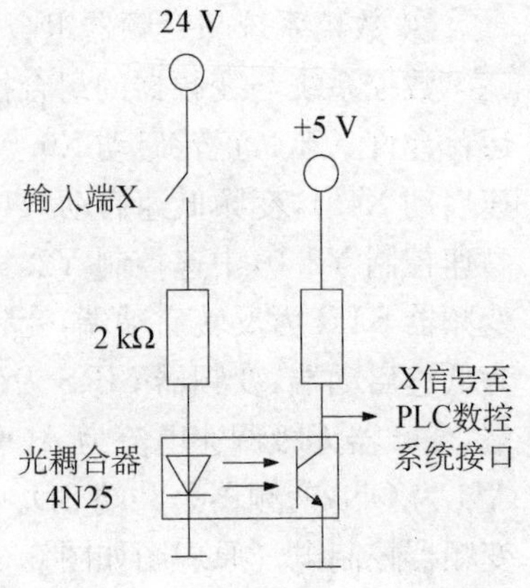

图 6.4.8　开关输入电气原理图

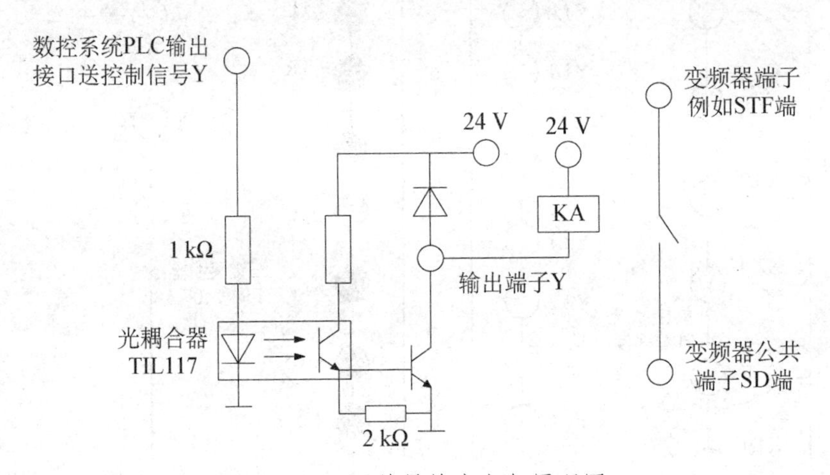

图 6.4.9　开关量输出电气原理图

(3) 主轴电气控制与数控系统调试

主轴变频调速与数控系统 PLC 控制电路设计完成后，开始进行 PLC 控制与变频器调速以及卡盘夹紧、松开，机械自动变换一挡和二挡的调试。首先，进行 PLC 程序的编写。由于华中数控系统是内置 PLC 系统，并且源程序需用 C 或 C++语言编写，因此，需要将前述的 PLC 梯形图程序改变为 C 语言程序，可取名为“zhuzhouplc. cld”文件名，后缀必须是“. cld”。在 DOS 下面进入 PLC 安装目录，如：C：\HNC－21\PLC>EDIT zhuzhouplc. cld<回车>，就建立了 PLC 的 C 语言程序，并取名为 zhuzhouplc. cld。然后输入 C：\HNC－21\PLC>MAKEPLC zhuzhouplc. cld<回车>，这时系统又回到 C：\HNC－21\PLC>下，表明程序编译成功，编译结果为 zhuzhouplc. com，然后更改数控系统配置文件 NCBIOS. CFG，进入 C：\HNC－21>EDIT NCBIOS. CFG，并加上：Device＝C：\HNC－21\PLC\zhuzhouplc. com，这时数控系统启动时就会加载新编写的 PLC 程序。

其次调用华中数控系统车床标准 PLC 系统。根据前面改造设计的 PLC 控制与 I/O 开关量参数，如果参数状态发生变化，如开关被压下，则对应的开关量数字状态也会发生变化，由此可检测 I/O 开关量的电路连接改造设计是否正确。数控系统主机启动

后，对主轴外部 I/O 开关量进行接通与断开测试，X、Y 的状态都能在 PLC 状态界面显示出来，由此可见电气电路设计正确。如图 6.4.10 所示为主轴 PLC 控制系统主要梯形图程序。

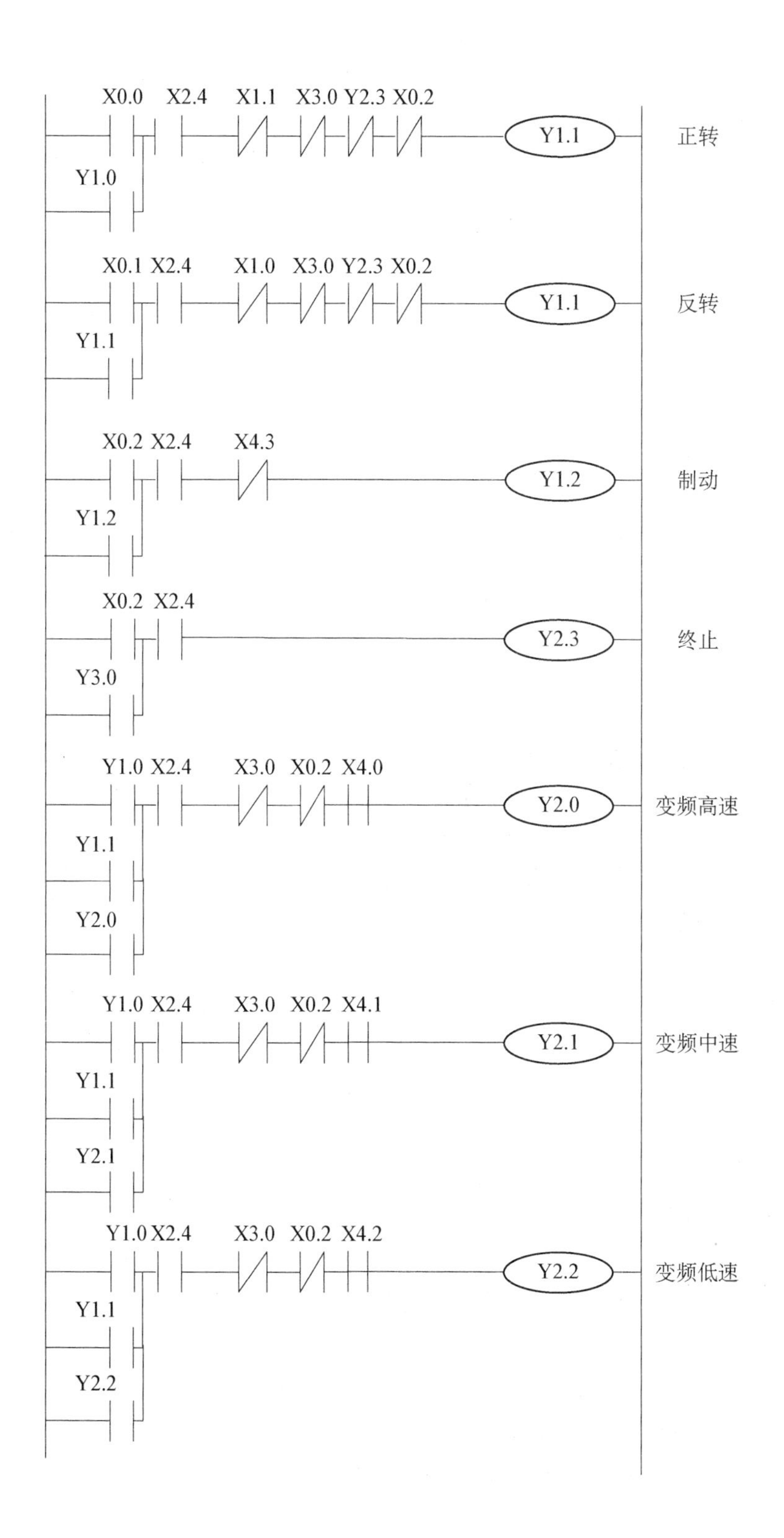

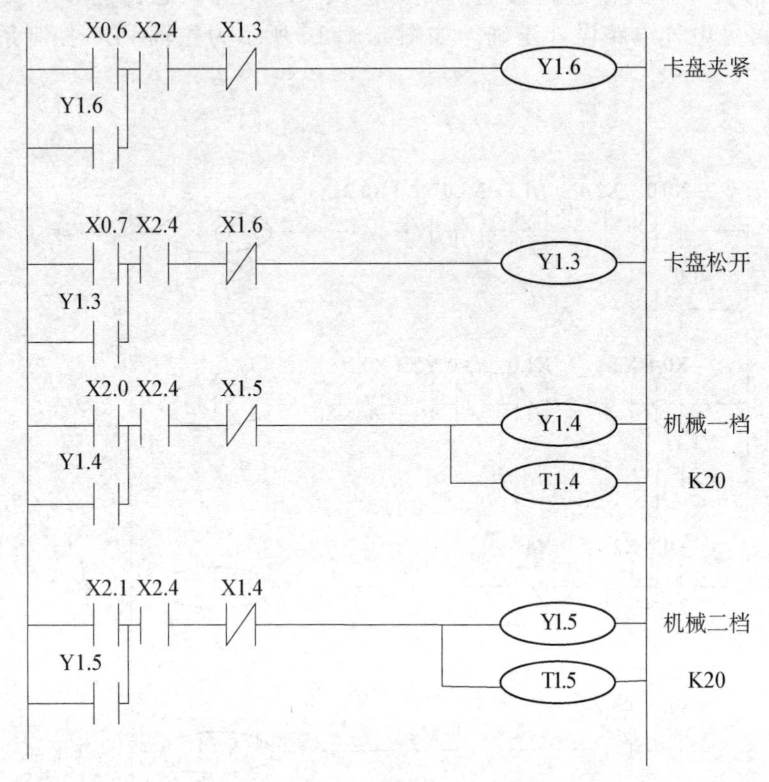

图 6.4.10 主轴 PLC 控制系统主要梯形图程序

主轴数控系统设计后进行调试，控制软件采用华中数控系统，该系统能实现方便快捷的人机对话、数控加工程序的编译、运行、计算和信号输出以及整个系统的管理等。主轴自动和手动调试运行结果显示，主轴电气与 PLC 控制系统运行时间短、速度快、效率高、无死循环、死机现象，I/O 开关量接口的信号响应快，主轴加工的稳定性、准确性、快速性比普通车床有较大改善，整个主轴运行正常。

总结评价

主轴数控系统设计后进行调试，控制软件采用华中数控系统，该系统能实现方便快捷的人机对话、数控加工程序的编译、运行、计算和信号输出以及整个系统的管理等。主轴自动和手动调试运行结果显示，主轴电气与 PLC 控制系统运行时间短、速度快、效率高、无死循环、死机现象，I/O 开关量接口的信号响应快，主轴加工的稳定性、准确性、快速性比普通车床有较大改善，整个主轴运行正常。通过此例学习，同学们应了解数控机床的组成和工作原理，了解普通机床改造成数控机床的步骤。

任务 5 基于 PLC 的智能洗衣机控制系统设计

洗衣机是将电能转化为机械转动来实现洗涤衣物的机电一体清洁电器。洗衣机目前有普通洗衣机和智能洗衣机，智能洗衣机区别于普通洗衣机地方就是洗衣机能够随着用户要求的改变而改变洗涤方式，且更加节水省能。本任务介绍一种以三菱 PLC 作为控制核心的全自动

洗衣机的设计流程。

任务介绍 根据全自动洗衣机的工作过程及控制要求,设计基于 PLC 的全自动洗衣机的控制系统,以实现控制系统的灵活性、高稳定性和可靠性。

任务分析 全自动洗衣机的控制核心可以采用单片机或是可编程控制器(PLC),相比较而言,采用 PLC 比单片机合适。因为采用以单片机为核心的控制系统,存在着一些缺点:首先,单片机控制系统的指令较复杂,所以编写的洗涤、脱水程序也相对复杂;其次,在设计控制系统硬件时,要有多种电路保护装置,这样会增加硬件的复杂性。而 PLC 是以计算机技术为核心的通用工业自动化装置,它将传统的继电器控制系统与计算机技术结合在一起,是整体模块,集中了驱动电路、检测电路、保护电路以及通讯联网功能,具有硬件相对简单,高可靠性,灵活通用,易于编程和调试,使用、维修方便等特点,更可以提高控制系统设计的灵活性及控制系统的可靠性,目前已在工业自动控制、机电一体化及改造传统产业等方面得到了广泛的应用,被誉为现代工业生产自动化的三大支柱之首。因此,全自动洗衣机采用以 PLC 为核心部件的控制系统。

资讯 全自动洗衣机的结构示意图如图 6.5.1 所示。它的洗衣桶(外桶)和脱水桶(内桶)是以同一中心安放的。外桶固定,作盛水用。内桶可以旋转,作脱水(甩水)用。内桶的四周有很多小孔,使内、外桶的水流相通。全自动洗衣机的进水和排水分别由进水电磁阀和排水电磁阀来执行。进水时,通过电控系统使进水电磁阀打开,经进水管将水注入到外桶。排水时,通过电控系统使排水电磁阀打开,将水由外桶排出到机外。洗涤正转、反转由洗涤电动机驱动波盘正、反转来实现,此时脱水桶并不旋转。脱水时,通过电控系统将离合器合上,由洗涤电动机带动内桶正转进行甩干。高、低水位开关分别用来检测高、低水位。启动按钮用来启动洗衣机工作。停止按钮用来实现手动停止、进水、排水、脱水及报警。排水按钮用来实现手动排水。

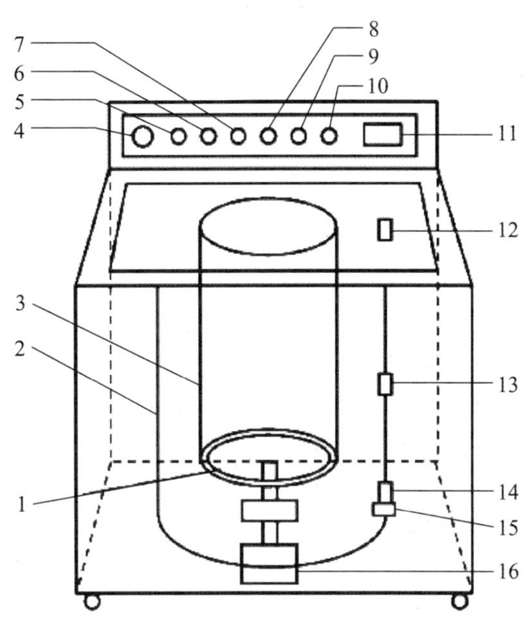

1—波盘;2—外桶;3—内桶;4—进水口;5—启动按钮;6—排水按钮;7—停止按钮;8—高水位按钮;9—中水位按钮;10—低水位按钮;11—显示器;12—高水位开关;13—中水位开关;14—低水位开关;15—排水口;16—洗涤电动机

图 6.5.1 全自动洗衣机外形图

方案设计 本设计实例根据全自动洗衣机的控制要求,采用三菱 PLC 进行全自动洗衣机控制系统的设计。

1. 全自动洗衣机的工作过程

全自动洗衣机的工作过程一般包括启动、进水、洗涤、排水和脱水等。在实现控制过程中,各种采样信息都是通过控制中心进行各种判断、比较和选择,再经信息线路反馈给洗衣机的各种控制机构,决定洗衣机的工作状态。PLC 在系统中处于中心位置,水位开关是 PLC 的输入信号控制开关,进水阀、排水阀和电动机是洗衣机各种动作的执行机构,其中进水阀和排水阀由 PLC 给定信号来决定其工作状态;电动机的工作状态也是由控制中心 PLC 给定信号来决定的，而电动机的正、反转状态直接决定了洗衣机的洗涤状态和脱水状态。由 PLC 控制洗衣机的各种动作控制图如图 6.5.2 所示。

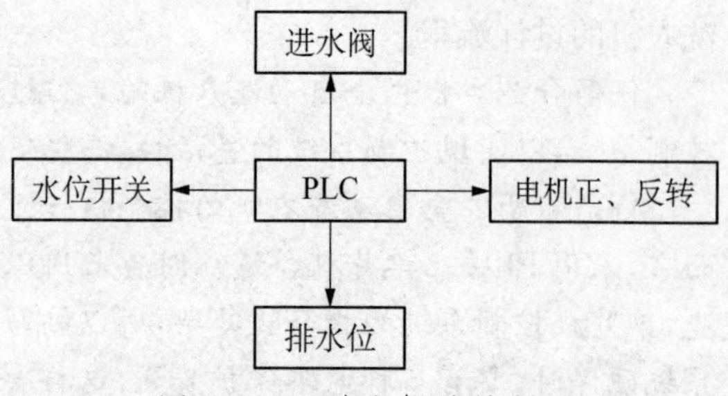

图 6.5.2　洗衣机的控制图

2. 全自动洗衣机的 PLC 控制系统的要求

全自动洗衣机的 PLC 控制系统的要求是：系统在初始状态，准备好启动。选择水位，按启动按钮打开进水阀，自来水经进水管进入到外筒。到达预定水位时，停止进水，并开始洗涤正转。洗涤正转 30 s 后，洗涤电动机暂停；暂停 2 s 后开始洗涤反转；洗涤反转 30 s 后暂停 2 s(为一个小循环)。若正、反转洗涤小循环未满 5 次，则返回洗涤正转开始下一个小循环；若正、反转洗涤小循环满 5 次，则结束小循环，开始排水。当水位降到低水位时，开始脱水并继续排水 30 s。完成一次大循环；若完成了 3 次大循环，则进行洗涤完报警，报警 5 s 结束全部过程。若按下停止按钮，可以手动排水和脱水。其流程如图 6.5.3 所示。

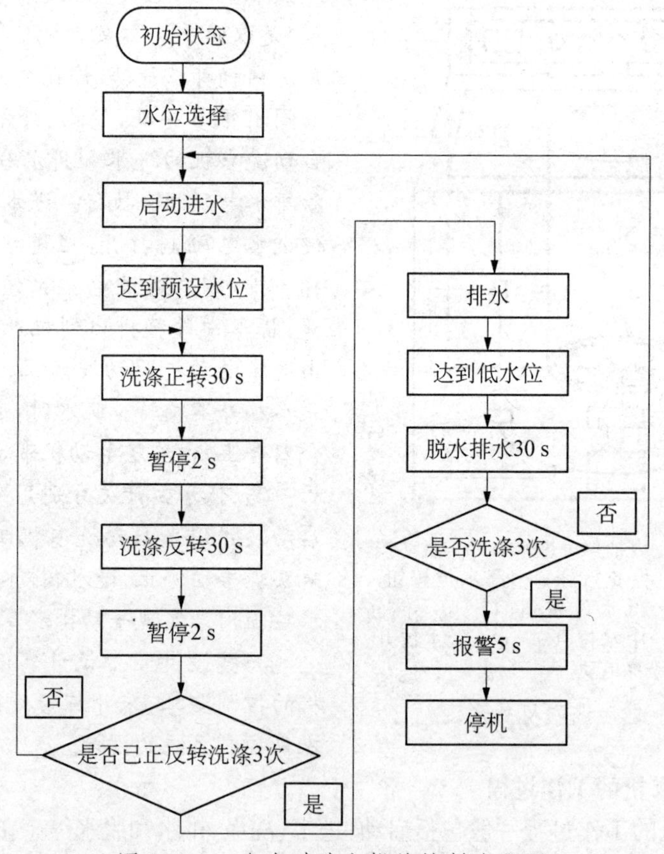

图 6.5.3　全自动洗衣机的控制流程图

3. 控制系统的设计过程

(1) 硬件设计及 I/O 分配

① 硬件设计结构接线图。

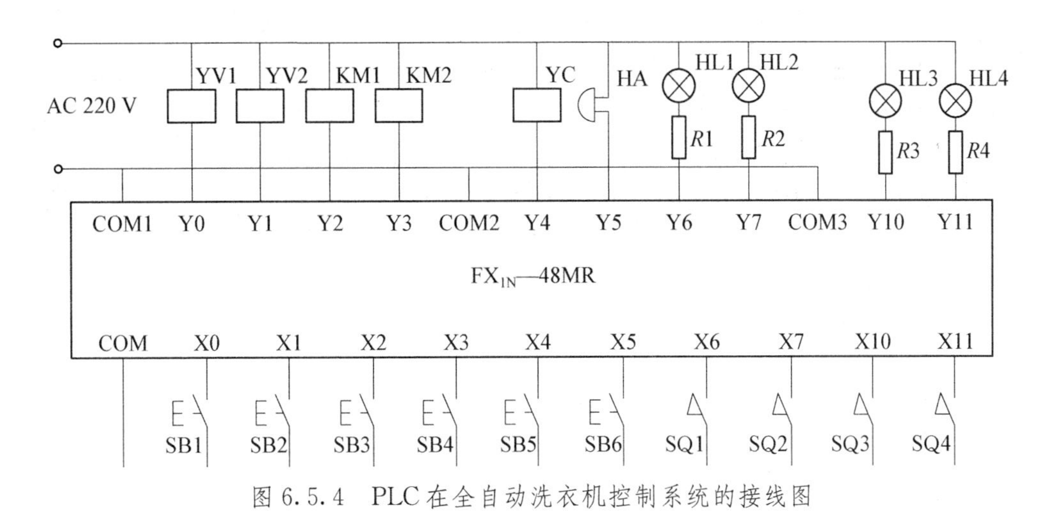

图 6.5.4　PLC 在全自动洗衣机控制系统的接线图

根据全自动洗衣机的控制系统的要求，PLC 控制的硬件设计接线图如图 6.5.4 所示。

② I/O 分配表。

PLC 的 I/O 分配表如 6.5.1 所示。

表 6.5.1　PLC 的 I/O 元件分配表

输入			输出		
符号	电器名称	元件号	符号	电器名称	元件号
SB1	电源按钮	X0	YV1	进水电磁阀	Y0
SB2	启动按钮	X1	YV2	排水电磁阀	Y1
SB3	高水位选择按钮	X2	KM1	洗涤电动机正转接触器	Y2
SB4	中水位选择按钮	X3	KM2	洗涤电动机反转接触器	Y3
SB5	低水位选择按钮	X4	YC	脱水电磁离合器	Y4
SB6	排水按钮	X5	HA	报警蜂鸣器	Y5
SQ1	高水位限位开关	X6	HL1	电源指示灯	Y6
SQ2	中水位限位开关	X7	HL2	高水位指示灯	Y7
SQ3	低水位限位开关	X10	HL3	中水位指示灯	Y10
SQ4	最低水位限位开关	X11	HL4	低水位指示灯	Y11

(2) 程序设计与调试

① 程序设计。

根据全自动洗衣机的 PLC 控制系统的要求及 I/O 分配，实现该功能的指令程序如表 6.5.2 所示。

表 6.5.2 全自动洗衣机 PLC 控制的指令程序表

步序	指令		步序	指令		步序	指令	
0	LD	X0	33	ANI	M2		SP	K20
1	ANI	M0	34	ANI	M3	79	LD	T3
2	LDI	X0	35	OUT	M4	80	OUT	C0
3	AND	Y0	39	OR	M4			K5
4	ORB		40	ANI	M5	83	LD	X2
5	ANI	T5	41	ANI	Y6	84	OR	C0
6	OUT	Y0	42	OUT	Y5	85	OR	Y6
7	LD	X0	43	LD	X6	86	AND	Y0
8	AND	Y0	44	AND	M2	87	ANI	T4
9	LD	X0	45	LD	X7	88	OUT	Y6
10	AND	M0	46	AND	M3	89	LD	C0
11	ORB		47	ORB		90	RST	C0
12	OUT	M0	48	LD	X10	92	LDI	Y5
13	LD	Y0	49	AND	M4	93	AND	X11
14	AND	X1	50	ORB		94	OUT	Y7
15	OUT	M1	51	OUT	M5	95	OUT	Y10
16	LD	X3	52	LD	M5	96	LD	Y7
17	OR	M2	53	ANI	T0	97	OUT	T4
18	AND	M1	54	ANI	Y3			K300
19	ANI	M3	55	OUT	Y10	100	LD	T4
20	ANI	M4	56	LD	Y10	101	OUT	C1
21	OUT	M2	57	OR	T0		SP	K3
22	OUT	Y1	58	ANI	T3	104	LD	C1
23	LD	X4	59	OUT	T0	105	OR	Y4
24	OR	M3	62	LD	T0	106	ANI	T5
25	AND	M1		SP	K300	107	ANI	M1
26	ANI	M2	63	OUT	T1	108	OUT	Y4
27	ANI	M4	66	SP	K20	109	LD	C1

续 表

步序	指令		步序	指令		步序	指令	
28	OUT	M3	67	LD	T1	110	RST	C1
29	OUT	Y2	68	ANI	T2	112	LD	Y4
30	LD	X5	69	OUT	Y11	113	OUT	T5
31	OR	M4	70	LD	Y11		SP	K50
32	AND	M1	72	OUT	T2	116	END	
34	OR	T2		SP	K300			
36	ANI	T3	75	LD	T2			
38	OR	M3	76	OUT	T3			

② 程序调试。

连接好 PLC，打开软件，选定合适的通信端口。首先用软件远程使 PLC 停止工作，RUN 灯熄灭。然后将程序写入 PLC，再用软件启动 PLC，PLC 的 RUN 指示灯亮，程序运行时，按下电源按钮 SB1，电源指示灯 HL1 亮；按下启动按钮 SB2，然后选择高水位按钮 SB3，高水位指示灯 HL2 亮，进水电磁阀打开；水位达到高位后，高水位开关 SQ1 接通，进水电磁阀 YV1 断开，洗涤电动机正转接触器 KM1 接通，同时定时器 T0 开始计时；30 s 后洗涤电动机停转，同时定时器 T1 开始计时；2 s 后洗涤电动机反转接触器 KM2 接通，同时定时器 T2 开始计时；30 s 后洗涤电动机停转，同时定时器 T3 开始计时；2 s 后计数器 C0 计数，判断是否已正、反洗涤 5 次，如未洗涤 5 次，则继续洗涤，如已洗涤 5 次，则排水电磁阀 YV2 接通，开始排水；达到最低水位时，最低水位开关 SQ4 接通，开始脱水、排水，定时器 T4 开始计时；30 s 后计数器计数，并判断是否已洗涤 3 次，如未洗涤 3 次，则继续洗涤，如已洗涤 3 次，则报警蜂鸣器 HA 接通，定时器 T5 开始计时；5 s 后停机。

低水位和中水位时，只要选择好水位开关即可，其调试过程同上。

总结评价

全自动洗衣机采用 PLC 为控制核心结构合理、测试方法可靠，它具有较强的灵活性，提高了设备运行的可靠性，缩短了产品开发周期，保证产品各项技术开发的同步性，提高了效率，达到了良好的经济效果。通过此例，同学们应了解 PLC 与单片机的区别；洗衣机的构造及工作过程；一个控制系统的设计过程。

课程评价

课程名称	学习内容	学生自评	学生互评	老师评价

参考文献>>>

1. 姜大源.职业教育学研究新论[M].北京:教育科学出版社.2007.
2. 姜大源.当代德国职业教育主流教学思想研究:理论、实践与创新[M].北京:清华大学出版社.2007.
3. 姜大源.职业学校专业设置的理论、策略与方法[M].北京:高等教育出版社.2002.
4. 姜大源.当代世界职业教育发展趋势研究[M].北京:电子工业出版社.2012.
5. 姜大源.工作过程系统化课程开发.http://wenku.baidu.com/view/c91934125f0e7cd184253608.html 2012.
6. 姜大源.以工作过程为导向的职业教育课程改革.http://wenku.baidu.com/view/c91934125f0e7cd184253608.html 2010.
7. 姜大源.基于工作过程导向的课程开发的方法与解读.http://wenku.baidu.com/view/8ad216db50e2524de5187ecb.html 2011.
8. 吴全全.中等职业学校教师专业标准解读[M].北京:北京师范大学出版社.2015.
9. 吴全全.职业教育"双师型"教师基本问题研究——基于跨界视域的诠释[M].北京:清华大学出版社.2011.
10. 吴全全."双师型"教师素质结构及专业化发展.http://wenku.baidu.com/view/3e84238871fe910ef12df8f2.html 2013.
11. 吴全全跨界视域的课程与教师.http://wenku.baidu.com/view/3853ae7dc850ad02df80412c.html? re=view 2014.
12. 吴全全课程改革新要求及职教教师专业化发展之对策.http://wenku.baidu.com/view/d13ee3bcd4d8d15abe234e7d.html? re=view 2014.
13. 沈希.中等职业学校人员编制标准研究[M].南昌:浙江大学出版社.2015.
14. 姜培刚,盖玉先.机电一体化系统设计[M].北京:机械工业出版社,2011.
15. 张建民等.机电一体化系统设计.3版[M].北京:高等教育出版社.2007.
16. 芮延年等.机电一体化系统设计[M].北京:机械工业出版社,2004.
17. 张建民等.机电一体化系统设计[M].北京:北京理工大学出版社,2000.
18. 郑堤,唐可洪.机电一体化设计基础[M].北京:机械工业出版社,1997.
19. 梁景凯.机电一体化技术与系统[M].北京:机械工业出版社,2001
20. 梁景凯,盖玉先.机电一体化技术与系统[M].北京:机械工业出版社,2006
21. 袁中凡等.机电一体化技术[M].北京:电子工业出版社.2006.
22. 尹志强等.机电一体化系统设计课程设计指导书[M].北京:机械工业出版社.2007.
23. 李建勇.机电一体化技术[M].北京:科学出版社,2004.
24. 徐元昌.机电系统设计[M].北京:化学工业出版社,2005.
25. 李郝林,方键.机床数控技术[M].北京:机械工业出版社,2007.
26. 卢玉明.机械设计基础第六版[M].北京:高等教育出版社,1999.
27. 王积伟等.液压传动[M].北京:机械工业出版社,2006.

28. 沙占友．智能化传感器原理与应用[M]. 北京：电子工业出版社，2004.
29. 贾伯年，余朴，宋爱国．传感器技术[M]. 南京：东南大学出版社，2007.
30. 王剑锋，张在宜等. 分布式光纤温度传感器新测温原理的研究[J]. 中国计量学院学报，2006，17(1)：25－28.
31. 欧洲，张晓东，田先亮．基于变频与 PLC 控制的车床主轴数控系统设计[J]. 制造业自动化，2010，32(2)：175－178.
32. 李美霞，李卫东. 企业物流自动化立体仓库设计[J]. 物流技术，2010，219：138－143.
33. 张明金. 基于 PLC 的全自动洗衣机控制系统的设计[J]. 机电技术，2012，5：24－25.
34. 刘歌群，刘卫国等．民用无人机飞行控制器可靠性设计[J]. 计算机测量与控制，2005. 13(2)：135－137.
35. 孙淑霞，田芳，顾宏民．齿轮传动的可靠性优化设计[J]. 机械设计与制造，2001，5：3－4.
36. 刘波，王建华，张君安，李少康，杨景洲．CCZ40 A 型齿轮测量中心机械系统设计[J]. 西安工业学院学报，1996，16(3)：205－208.
37. 鲍晓华. 电机控制芯片 TPIC2101 的一个应用[J]. 电子技术，2003，3：55－57.
38. 谢朝夕. 气动伺服定位系统的理论研究与应用[D]. 重庆大学硕士学位论文，2005.
39. 刘璐. 基于直线电机的精密位置伺服控制系统研究[D]. 哈尔滨工业大学硕士学位论文，2006.
40. 冀承凯. 基于 MCGS 组态监控技术的溢流染色机集散控制系统研究[D]. 济南大学硕士学位论文，2012.
41. 程文通. 精密机床进给系统误差补偿的研究[D]. 内蒙古科技大学硕士学位论文，2014.